学电脑从新手到高手

Windows 10 + Office 2019版

龙马高新教育 ◎ 编著

人民邮电出版社
北　京

图书在版编目（CIP）数据

学电脑从新手到高手 : Windows 10+Office 2019版 / 龙马高新教育编著. -- 北京 : 人民邮电出版社, 2020.6
ISBN 978-7-115-51421-9

Ⅰ. ①学… Ⅱ. ①龙… Ⅲ. ①电子计算机－基本知识 Ⅳ. ①TP3

中国版本图书馆CIP数据核字(2020)第058115号

内 容 提 要

全书分为 4 篇，共 21 章。第 1 篇“电脑入门篇”介绍了电脑的基本应用、Windows 10 的基本操作、Windows 10 的个性化设置、轻松学打字、管理电脑文件和文件夹、程序的安装与硬件的管理等内容；第 2 篇“网络应用篇”介绍了电脑网络的连接与配置、使用电脑上网、多媒体娱乐、网络沟通与交流、网络查询生活信息和学会网上购物等内容；第 3 篇“Office 2019 办公篇”介绍了使用 Word 2019 制作文档、使用 Excel 2019 制作报表、使用 PowerPoint 2019 制作演示文稿、Office 文件的打印和复制、使用网络协助办公，以及 Office 2019 的共享与协作等内容；第 4 篇“高手秘籍篇”介绍了电脑系统安全与优化，电脑系统的备份、还原与重装，以及电脑硬件故障处理等内容。

本书附赠有 19 小时与图书内容同步的视频教程，以及所有案例的配套素材和结果文件。此外，还附赠大量相关学习资源供读者扩展学习。

本书不仅适合电脑的初、中级用户学习使用，也可以作为各类院校相关专业学生和电脑培训班学员的教材或辅导用书。

◆ 编　　著　龙马高新教育
　责任编辑　李永涛
　责任印制　马振武

◆ 人民邮电出版社出版发行　　北京市丰台区成寿寺路 11 号
　邮编　100164　　电子邮件　315@ptpress.com.cn
　网址　https://www.ptpress.com.cn
　山东华立印务有限公司印刷

◆ 开本：787×1092　1/16
　印张：24.25
　字数：620 千字　　　　2020 年 6 月第 1 版
　印数：1－2 500 册　　　2020 年 6 月山东第 1 次印刷

定价：59.80 元

读者服务热线：(010) 81055410　印装质量热线：(010) 81055316
反盗版热线：(010) 81055315
广告经营许可证：京东工商广登字 20170147 号

前言

写作初衷

电脑是现代信息社会的重要工具，掌握丰富的电脑知识，正确熟练地操作电脑已成为信息时代对每个人的要求。为满足广大读者的学习需要，我们针对不同学习对象的接受能力，总结了多位电脑高手、高级设计师及电脑教育专家的经验，精心编写了这套“从新手到高手”丛书。

本书特色

◇ 零基础、入门级的讲解

无论读者是否从事相关行业，是否使用过电脑，都能从本书中找到最佳起点。本书入门级的讲解，可以帮助读者快速地从新手迈向高手的行列。

◇ 实例为主，图文并茂

在介绍的过程中，每个知识点均配有实例辅助讲解，每个操作步骤均配有对应的插图以加深认识。这种图文并茂的方式，能够使读者在学习过程中直观、清晰地看到操作过程和效果，便于深刻理解和掌握相关知识。

◇ 高手指导，扩展学习

本书在每章的最后以“高手支招”的形式为读者提炼了各种高级操作技巧，在全书最后的“高手秘籍篇”中，还总结了大量实用的操作方法，以便读者学习到更多内容。

◇ 单双混排，超大容量

本书采用单双栏混排的形式，大大扩充了信息容量，在将近 400 页的篇幅中容纳了传统图书 700 多页的内容。这样，就能在有限的篇幅中为读者奉送更多的知识和实战案例。

◇ 视频教程，相互补充

本书配套的视频教程内容与书中的知识点紧密结合并相互补充，可以帮助读者体验实际应用环境，并借此掌握日常所需的技能和各种问题的处理方法，达到学以致用的目的。

视频教程

◇ 19 小时全程同步视频教程

视频教程涵盖本书的所有知识点，详细讲解了每个实例的操作过程和关键要点，帮助读者轻松掌握书中的操作方法和技巧，而扩展的讲解部分则可使读者获得更多相关的知识和内容。

◇ 超多、超值资源大放送

除了与图书内容同步的视频教程外，本书还通过云盘奉送了大量超值学习资源，包括 Windows 10 操作系统安装视频教程、电脑维护与故障处理技巧查询手册、移动办公技巧手册、2000 个 Word 精选文档模板、1800 个 Excel 典型表格模板、1500 个 PPT 精美演示模板、Office 快捷键查询手册等超值资源，以方便读者扩展学习。

二维码视频教程学习方法

为了方便读者学习，本书以二维码的方式提供了大量视频教程。读者在手机上使用微信、QQ 等软件的“扫一扫”功能扫描二维码，即可通过手机观看视频教程。

扩展学习资源下载方法

除同步视频教程外，本书额外赠送了大量扩展学习资源。读者可以使用微信扫描封底二维码，关注“职场精进指南”公众号，发送“51421”后，将获得资源下载链接和提取码。将下载链接复制到任何浏览器中并访问下载页面，即可通过提取码下载本书的扩展学习资源。

创作团队

本书由龙马高新教育策划，赵源源负责编著，在编写过程中，我们竭尽所能地将详尽的讲解呈现给读者，但也难免有疏漏和不妥之处，敬请广大读者不吝指正。若读者在阅读本书过程中产生疑问，或有任何建议，可发送电子邮件至 liyongtao@ptpress.com.cn。

编者

2020 年 4 月

目录

第1篇 电脑入门篇

第1章 初次接触——电脑的基本应用

第2章 Windows 10的基本操作

第3章 Windows 10的个性化设置

第 4 章 轻松学打字

第 5 章 管理电脑文件和文件夹

第 6 章 程序的安装与硬件的管理

第 2 篇 网络应用篇

第 7 章 电脑网络的连接与配置

第 8 章 使用电脑上网

第9章 多媒体娱乐

第10章 网络沟通与交流

第11章 网络查询生活信息

第12章 学会网上购物

第3篇 Office 2019 办公篇

第13章 使用Word 2019制作文档

第14章 使用Excel 2019制作报表

第15章 使用PowerPoint 2019制作演示文稿

第16章 Office文件的打印和复制

第17章 使用网络协助办公

第18章 Office 2019的共享与协作

第 4 篇 高手秘籍篇

第 19 章 电脑系统安全与优化

第 20 章 电脑系统的备份、还原与重装

第 21 章 电脑硬件故障处理

赠送资源

- 赠送资源 1 Windows 10 操作系统安装视频教程
- 赠送资源 2 电脑维护与故障处理技巧查询手册
- 赠送资源 3 移动办公技巧手册
- 赠送资源 4 2000 个 Word 精选文档模板
- 赠送资源 5 1800 个 Excel 典型表格模板
- 赠送资源 6 1500 个 PPT 精美演示模板
- 赠送资源 7 Office 快捷键查询手册

第1篇

电脑入门篇

第1章 初次接触——电脑的基本应用

高手指引

电脑初学者要想熟练地掌握电脑应用知识，首先要认识电脑并掌握电脑上各种按钮与接口的使用方法，并学会如何正确地启动与关闭电脑，以及正确地使用鼠标与键盘等。

重点导读

- 掌握电脑的分类
- 学习组装电脑
- 学习开启和关闭电脑

1.1 电脑的分类

电脑的类型日新月异，种类越来越多，市面上最为常见的有台式机、笔记本电脑、平板电脑、智能手机等。另外，智能家居、智能穿戴设备也一跃成为当下热点。本节将介绍不同种类的电脑及其特点。

1.1.1 台式机

台式机也称为桌面计算机，是最为常见的电脑，其特点是体积大，较笨重，一般需要放置在电脑桌或专门的工作台上，主要用于比较稳定的场所，如公司与家庭。

目前，台式机主要分为分体式和一体机。分体式是出现最早的传统机型，显示屏和主机分离，占位空间大，通风条件好，与一体机相比，台式机用户群更广。下图所示就是一款台式机。

一体机是将主机、显示器等集成到一起，与传统台式机相比，它结合了台式机和笔记本电脑的优点，具有连线少、体积小、设计时尚的特点，吸引了无数用户的眼球，成为一种新的产品形态，如下图所示。

当然，除了分体式和一体机外，迷你 PC 产品也逐渐进入市场，成为时下热门产品。虽然迷你 PC 产品体积小，有的甚至与 U 盘一般大小，却搭载着处理器、内存、硬盘等，并配有操作系统，可以插入电视机、显示器或投影仪等，使之成为一个电脑，用户还可以使用蓝牙鼠标、键盘连接操作。下图所示就是英特尔公司推出的一款一体式迷你电脑棒。

1.1.2 笔记本电脑

笔记本电脑（NoteBook Computer，简写为NoteBook），又称为笔记型、手提或膝上电脑（Laptop Computer，简写为Laptop），是一种方便携带的小型个人电脑。笔记本电脑与台式机有着类似的结构，包括显示器、键盘、鼠标、CPU、内存和硬盘等。笔记本电脑主要的优点是体积小、重量轻、携带方便，所以便携性是笔记本电脑相对于台式机最大的优势。下图所示就是一款笔记本电脑。

笔记本电脑与台式机的对比如下。

（1）便携性比较。

与笨重的台式机相比，笔记本电脑小巧便携，且消耗的电能较少，产生的噪音较小。

（2）性能比较。

相对于同等价格的台式机，笔记本电脑的运行速度通常会稍慢一点，对图像和声音的处理能力也比台式机稍逊一筹。

（3）价格比较。

对于同等性能的笔记本电脑和台式机来说，笔记本电脑由于对各种组件的搭配要求更高，其价格也相应较高。但是，随着现代工艺和技术的进步，笔记本电脑和台式机之间的价格差距正在缩小。

1.1.3 平板电脑

平板电脑是个人电脑（PC）家族新增加的一名成员。其外观和笔记本电脑相似，是一种小型、携带方便的个人电脑。集移动商务、移动通信和移动娱乐为一体，是平板电脑最重要的特点，其具有与笔记本电脑一样的体积小而轻的特点，可以随时转移使用场所，移动灵活性较高。

平板电脑最为典型的是iPad，它的出现，在全世界掀起了平板电脑的热潮。如今，平板电脑种类、样式、功能更多，可谓百花齐放，如有支持打电话的、带全键盘滑盖的、支持电磁笔双触控的。另外，根据应用领域划分，平板电脑有多种类型，如商务型、学生型、工业型等。右图所示就是一款平板电脑。

平板电脑

1.1.4 智能手机

智能手机已基本替代了传统的、功能单一的手持电话，它可以像个人电脑一样，拥有独立的操作系统、运行和存储空间。除了具有手机的通话功能外，它还具备 PDA（Personal Digital Assistant，掌上电脑）的功能。

智能手机，与平板电脑相比，以通信为核心，尺寸小，便携性强，可以放入口袋中随身携带。从广义上说，智能手机是使用人群最多的个人电脑。右图所示就是一款智能手机。

智能手机

1.1.5 可穿戴电脑、智能家居与 VR 设备

从表面上看，可穿戴电脑同智能家居和电脑有些风马牛不相及的感觉，但它们却同属于电脑的范畴，可以像电脑一样智能。下面就简单介绍可穿戴电脑、智能家居与 VR 设备。

1. 可穿戴电脑

可穿戴电脑是实现某些功能的微型电子设备。它由轻巧的装置构成，便携性更强，具有满足可佩戴的形态，具备独立的计算能力及拥有专用的应用程序和功能，可以完美地将电脑和穿戴设备结合，如眼镜、手表、项链，给用户提供全新的人机交互方式和用户体验等。

随着 PC 互联网向移动互联网过渡，相信可穿戴计算设备也会以更多的产品形态和更好的用户体验被人们接受，逐渐实现大众化。右图所示就是一款智能手表。

智能手表

2. 智能家居

相对于可穿戴电脑，智能家居则提供了一个无缝的环境，以住宅为平台，利用综合布线技术、网络通信技术、安全防范技术、自动控制技术、音视频技术等与家居生活有关的设施集成，构建高效的住宅设施与家庭日程事务的管理系统，提升家居生活的安全性、便利性、舒适性和艺术性，并实现居住环境的环保节能。

传统的家电、家居设备、房屋建筑等都成为智能家居的发展方向，尤其是物联网的快速发展和“互联网 +”的提出，使更多的家电和家居设备成为连接物联网的终端和载体。如今，我们可以明显地发现，我国的智能电视市场，基本完成市场布局，传统电视逐渐被替代和淘汰，在市场上基本无迹可寻。

智能家居的出现给用户带来了各种便利，如电灯可以根据光线、用户位置或用户需求，自动打开或关闭，自动调整灯光和颜色；电视可以感知用户的观看状态，据此判断是否关闭等；手机可以控制插座、定时开关、充电保护等。下图所示为一款智能扫地机器人，可以通过手机远程或 Wi-Fi 网络，控制扫地机器人扫地。

3.VR 设备

利用虚拟现实（英文缩写“VR”）技术，可以创建和体验虚拟环境的计算机仿真系统。用户可以通过 VR 设备，增强对听觉、视觉、触觉、嗅觉等感知，满足工作和娱乐需要。

虚拟现实，给用户带来了超逼真的沉浸式体验。目前，市面上的 VR 眼镜（见右图），价格十分亲民，售价多在几百元人民币左右，戴上眼镜，配合手机或电脑，可以让人体验沉浸式的虚拟现实。

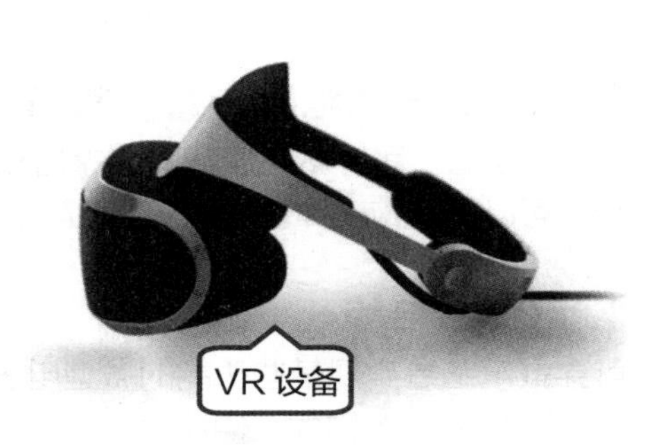

1.2 认识电脑的组成

电脑已经完全融入了我们的日常生活，成为生活、工作和学习中的一部分。本节主要从电脑的硬件和软件两方面入手，介绍电脑的内部组成部件和软件组成。

1.2.1 硬件

通常情况下，一台电脑的硬件主要包括主机、显示器、键盘、鼠标、音箱等。用户还可根据需要配置麦克风、摄像头、打印机、扫描仪等部件。

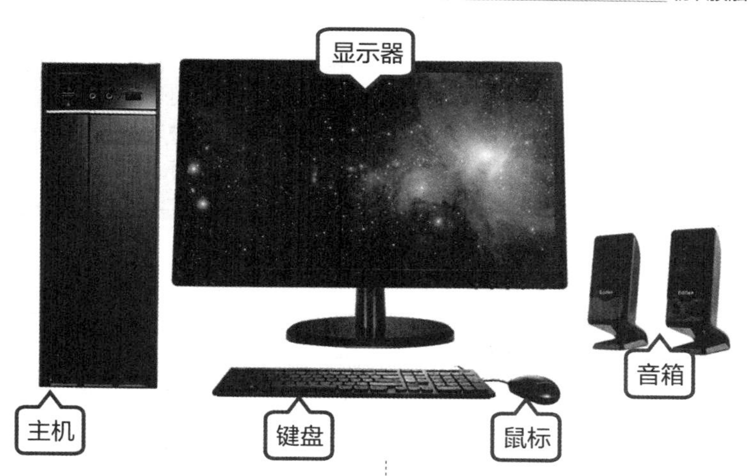

1. 主机

主机是电脑的重要组成部分，其由多个硬件部件组成，包括 CPU（中央处理器）、主板、内存、硬盘、电源、光驱、显卡等。主机外部主要包含电源按钮、重启按钮及其他电脑配件的连接端口等。

一台电脑上的按钮主要有主机上的电源按钮、重启按钮、光驱开关按钮以及显示器上的电源按钮。按下电脑主机上的电源按钮，可以开启电脑；按下主机上的重启按钮，可以重新启动电脑。

2. 显示器

显示器是电脑重要的输出设备。电脑操作的各种状态、结果、编辑的文本、程序、图形等都是在显示器上显示出来的。目前，大多数显示器都是液晶显示器。

显示器上的电源按钮主要用于控制显示器的开与关。除该按钮外，不同的型号与品牌的显示器还提供其他按钮，如用于调节亮度的按钮、用于调节对比度的按钮以及自动调节显示器亮度与对比度的按钮。当然，不同的显示器其按钮也有所差异，下图所示是一款显示器按键功能图。

3. 键盘

键盘是电脑最基本的输入设备，如下页右图所示。各种命令、程序和数据都可以通过键盘输入到电脑中。按照键盘的结构，可以将键盘分为机械式键盘和电容式键盘；按照键盘的外形，可以将键盘分为标准键盘和人体工学键盘；按照键盘的接口，可以将键盘分为 AT 接口（大口）、PS/2 接口（小口）、USB 接口、无线等种类的键盘。

4. 鼠标

鼠标用于确定鼠标指针在屏幕上的位置。在应用软件的支持下，利用鼠标可以快速、方便地完成某种特定的操作。鼠标包括鼠标右键、鼠标左键、鼠标滚轮、鼠标线和鼠标插头。按照插头的类型，鼠标可分为 USB 接口的鼠标、PS/2 接口的鼠标和无线鼠标，如下图所示。

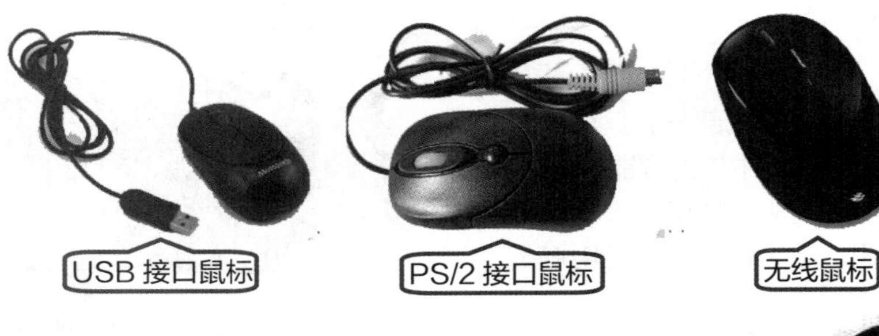

5. 音箱

音箱是可以将音频信号变换为声音的一种设备，如下图所示。通俗地讲，其基本原理是音箱主机箱体内或低音箱体内自带的功率放大器，对音频信号进行放大处理后由音箱本身回放出声音，使其声音变大。

6. 其他扩展硬件

除了以上几种硬件设备，麦克风、摄像头、U 盘、路由器等都是常用的电脑设备。

（1）麦克风。

麦克风也称话筒，是将声音转换为电信号的转换器件，它通过声波作用到电声元件上产生电压，使其转换的电能作用于各种扩音设备。

（2）摄像头。

摄像头（Camera）又称为电脑相机、电脑眼等，是一种视频输入设备，被广泛地运用于视频会议、远程医疗、实时监控。我们可以通过摄像头在网上进行有影像、有声音的交谈和沟通等。

（3）U 盘。

U 盘是一种使用 USB 接口与电脑连接的微

型高容量移动存储设备，无需物理驱动器就可以实现即插即用。U 盘最突出的优点就是小巧便于携带、存储容量大、价格便宜、性能可靠。

（4）路由器。

路由器是用于连接多个逻辑上分开的网络的设备，可以用来建立局域网，也可以实现家庭中多台电脑同时上网，还可以将有线网络转换为无线网络。

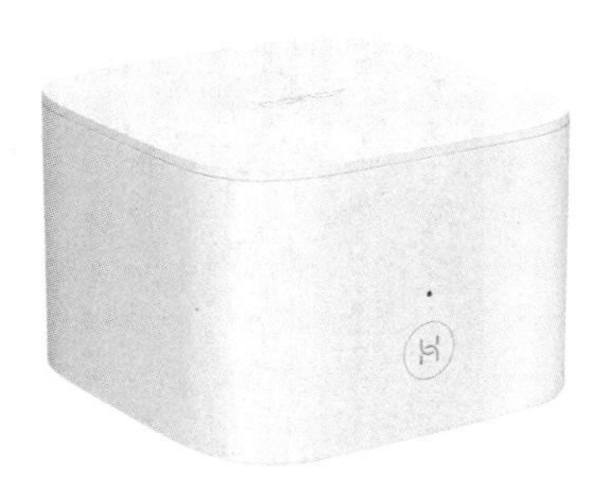

1.2.2 软件

电脑要正常运行，离不开软件。电脑的软件可以分为系统软件、驱动软件和应用软件 3 大类。在电脑上使用不同的软件，可以完成不同的工作。

1. 最常用的软件——应用软件

所谓应用软件，是指除了系统软件以外的所有软件，它是用户利用电脑及其提供的系统软件为解决各种实际问题而编制的。

目前，常见的应用软件有各种用于科学计算的程序包、各种数字处理软件、信息管理软件、电脑辅助设计软件、实时控制软件和各种图形软件等。其中，应用最为广泛的应用软件就是文字处理软件。它能实现对文本的编辑、排版和打印，如 Microsoft（微软）公司的 Office 办公软件。

2. 人机对话的桥梁——操作系统

操作系统是一款管理电脑硬件与软件资源的程序，同时也是电脑系统的内核与基石。目前，操作系统主要有 Windows 7、Windows 8 和 Windows 10 等。

（1）Windows 7。

Windows 7 继承了 Windows XP 的实用和 Windows Vista 的华丽，同时进行了一次升华。该系统旨在让人们的日常电脑操作更加简单和快捷，为人们提供高效易行的工作环境。

（2）Windows 8。

Windows 8 是具有革命性变化的操作系统。Windows 8 系统支持来自 Intel、AMD 和 ARM 的芯片架构，这意味着 Windows 系统开始向更多平台迈进。

（3）Windows 10。

Windows 10 是美国微软公司跨平台及设备应用的操作系统，可用于 PC、平板电脑、手机、XBOX 和服务器端等。

3. 不得不用的软件——驱动软件

驱动软件（Device Driver），全称为“设备驱动程序”，是一种可以使电脑和设备通信的特殊软件，相当于硬件的接口。操作系统只有通过驱动软件才能控制硬件设备的工作。

1.3 组装电脑

电脑上的接口有很多，主机上主要有电源接口、USB 接口、显示器接口、网线接口、鼠标接口、键盘接口等，显示器上主要有电源接口、主机接口等。在连接主机外设之间的连线时，只要按照“辨清接头，对准插上”这一要领口诀去操作，即可顺利完成电脑与外设的连接。

另外，在连接电脑与外设前，一定要先切断用于给电脑供电的插座电源。下图所示为主机外部接口。

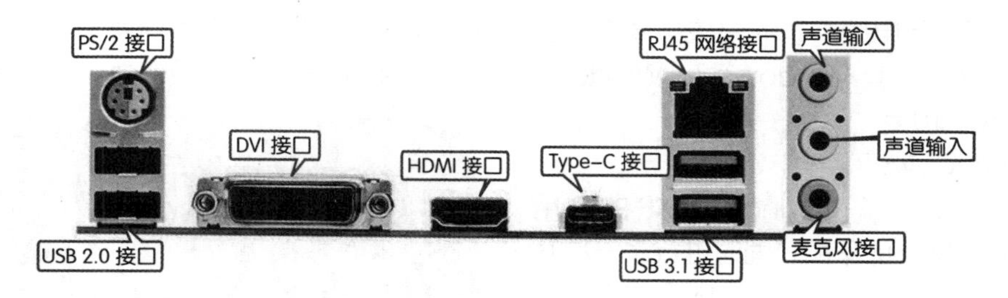

1. 连接显示器

主机上连接显示器的接口在主机的后面。连接的方法是将显示器的信号线，即 15 针的信号线接在显卡上，插好后拧紧接头两侧的螺钉即可。显示器电源一般都是单独连接电源插座的。

2. 连接键盘和鼠标

键盘接口在主机的后部，是一个紫色圆形的接口。一般情况下，键盘的插口会在机箱的外侧，同时键盘插头上有向上的标记，连接时按照这个方向插好即可。PS/2 鼠标的接口也是圆形的，位于键盘接口旁边，按照指定方向插好即可。

USB 接口的鼠标和键盘的连接方法更为简单，直接接入主机后端的 USB 端口即可。

3. 连接网线

网线接口在主机的后面。将网线一端的水晶头按指示的方向插入网线接口中，就完成了网线的连接。

4. 连接音箱

将音箱的音频线接头分别连接到主机声卡的接口中，即可连接音箱。

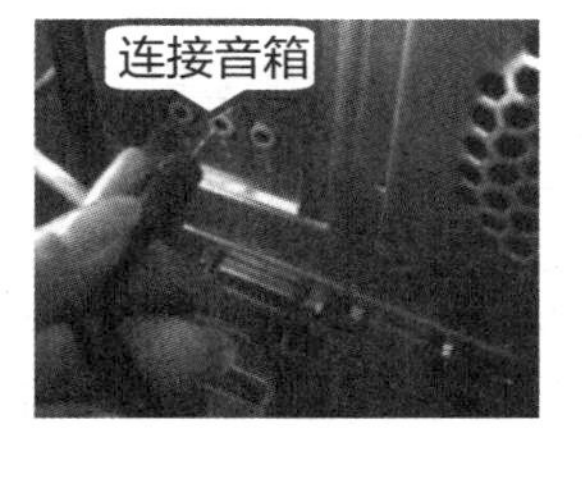

5. 连接主机电源

主机电源线的接法很简单，只需要将电源线接头插入电源接口即可

1.4 开启和关闭电脑

开启和关闭电脑是使用电脑的最基本的操作。

1.4.1 正确开启电脑的方法

启动电脑的方法很简单。连通电源后，按下主机箱前面的电源开关即可启动电脑。当然，别忘了打开连接显示器的电源开关。当按下显示器的电源开关时，开关旁边的电源指示灯会亮起。通常显示器的电源开关在显示屏的下方。正确开机的操作步骤如下。

第1步 在显示器右下角，按下【电源】按钮，打开显示器。

提示 无论任何品牌显示器，其电源按钮的标识都为⏻。

第2步 按下主机上的【电源】按钮，打开主机电源。

第3步 电脑启动并自检后，首先进入 Window 10 的系统加载界面。

第4步 加载完成后，系统会成功进入 Windows 系统桌面。

1.4.2 重启电脑

重启电脑有两种比较常用的方法。

方法1：单击屏幕左下角的⊞按钮，打开“开始”菜单，然后单击【电源】按钮⏻，在弹出的选项菜单中，单击【重启】选项，即可重启计算机。如果系统还有程序正在运行，则会弹出警告窗口，用户可根据需要选择是否保存。

方法 2：按下主机机箱上的【重新启动】按钮，即可重新启动电脑。

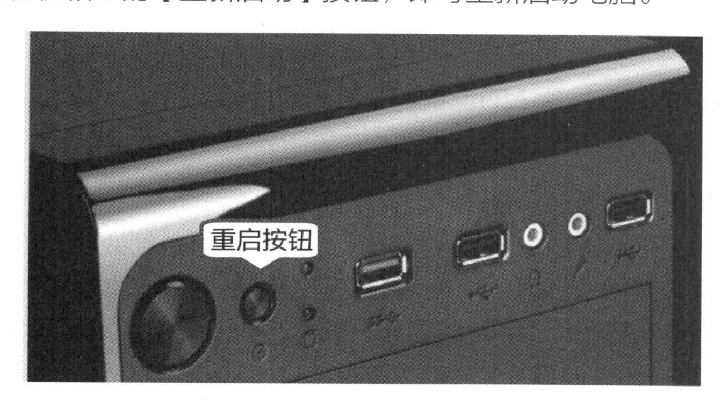

1.4.3 正确关闭电脑的方法

在使用 Windows 操作系统时，当电脑执行了系统的关机命令后，某些电源设置可以自动切断电源，关闭电脑。如果是使用只退出操作系统而不关闭电脑本身的电源设置，用户还需要手动按下电源开关以切断电源，实现关机操作。不过这种情况的电脑目前已不多见。正确关闭电脑有以下 4 种方法。

1. 使用“开始”菜单

打开“开始”菜单，单击【电源】按钮，在弹出的选项菜单中，单击【关机】选项，即可关闭计算机。

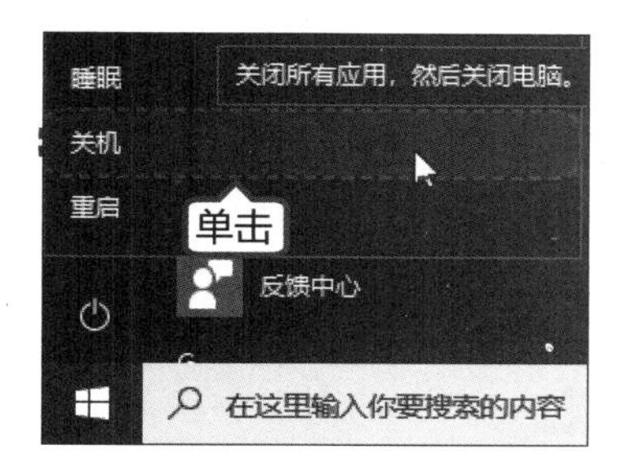

2. 使用快捷键

在桌面环境中，按【Alt+F4】组合键，打开【关闭 Windows】对话框，其默认选项为【关机】，单击【确定】按钮，即可关闭计算机。

3. 使用右键快捷菜单

右键单击【开始】按钮，或者按【Windows+X】组合键，在打开的菜单中单击【关机或注销】➢【关机】，进行关机操作。

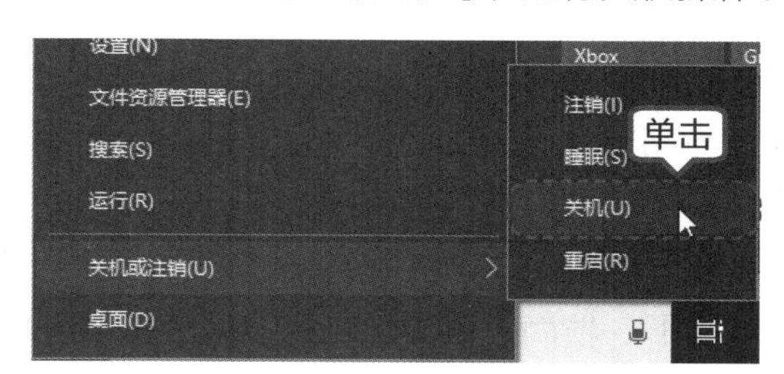

4. 其他方法

在特殊情况下，如电脑无响应，可以在键盘上按【Ctrl+Alt+Delete】组合键，进入下图所示界面，单击【电源】按钮，即可关闭电脑。

1.5 使用鼠标

鼠标用于确定鼠标指针在屏幕上的位置，在应用软件的支持下，借助鼠标可以快速、方便地完成某种特定的功能。

1.5.1 鼠标的正确“握”法

正确持握鼠标，有利于用户在长时间的工作和学习时不感觉到疲劳。正确的鼠标握法是，手腕自然放在桌面上，用右手大拇指和无名指轻轻夹住鼠标的两侧，食指和中指分别对准鼠标的左键和右键，手掌心不要紧贴在鼠标上，这样有利于鼠标的移动操作。正确的鼠标握法如下图所示。

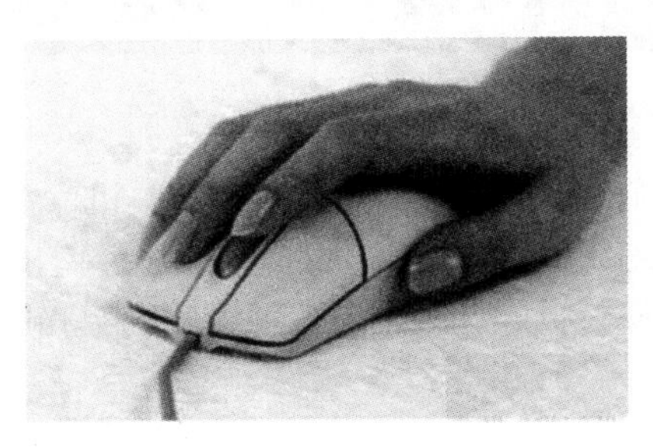

1.5.2 鼠标的基本操作

通常，鼠标包含 3 个功能键，每个按键都有一定的功能用法，具体如下。

● 左键：“选择”作用，当用户需要选择某个程序、文件及命令时，可以单击该键。

● 中间：又称“滑轮”，主要用于“上下浏览”，当阅读较长的文件、网页时，滑动鼠标滑轮，就可以向上或向下浏览内容。

● 右键：“快捷菜单”的作用，当选定目标后，单击鼠标右键，可以打开对应的快捷菜单，并可对菜单命令进行选择和操作。

鼠标的基本操作包括指向、单击、双击、右击和拖曳等。

（1）指向。指移动鼠标，将鼠标指针移动到操作对象上。下图所示为指向【此电脑】桌面图标。

（2）单击。指快速按下并释放鼠标左键。单击一般用于选定一个操作对象。下图所示为单击【此电脑】桌面图标。

（3）双击。指连续两次快速按下并释放鼠标左键。双击一般用于打开窗口或启动应用程序。右图所示为双击【此电脑】桌面图标，打开【此电脑】窗口。

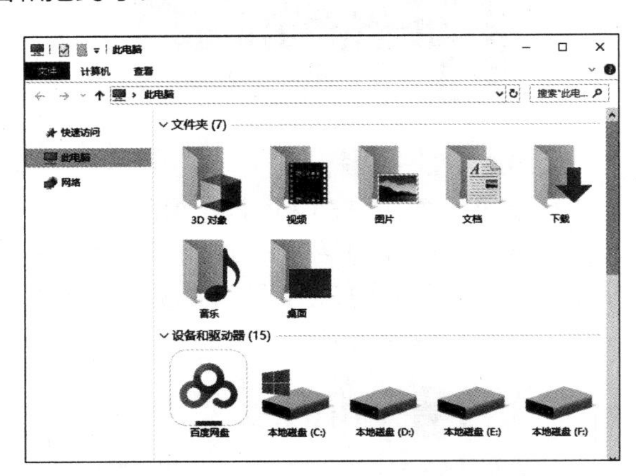

（4）拖曳。指按下鼠标左键并移动鼠标指针到指定位置，然后再释放按键的操作。拖曳一般用于选择多个操作对象、复制或移动对象等。下图所示为拖曳鼠标指针选择多个对象的操作。

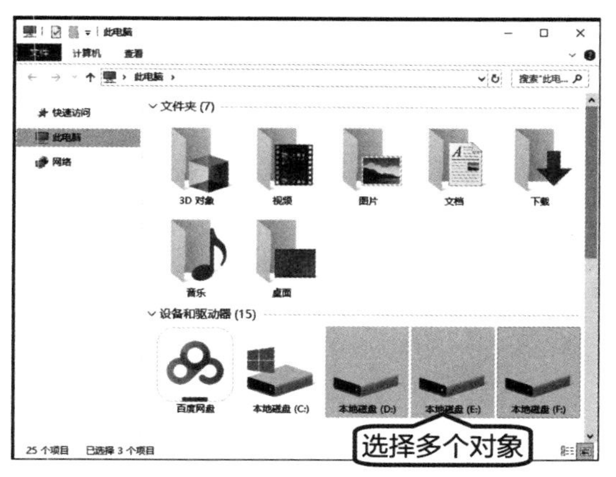

（5）右击。指快速按下并释放鼠标右键。

右击一般用于打开一个与操作相关的快捷菜单。下图所示为右击【此电脑】桌面图标打开快捷菜单的操作。

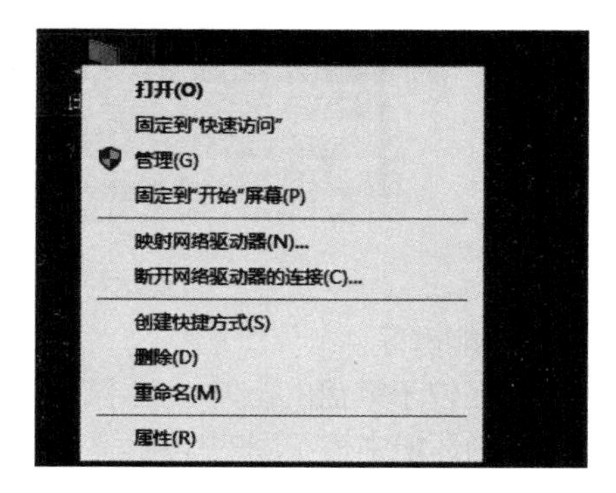

1.5.3 不同鼠标指针的含义

在使用鼠标操作电脑的时候，鼠标指针的形状会随着用户操作的不同或是系统工作状态的不同，呈现出不同的形状。因此，了解鼠标指针的不同形状，可以帮助用户方便快捷地操作电脑。下面介绍几种常见的鼠标指针形状及其所表示的状态。

指针形状	表示的状态	用途
	正常选择	Windows 的基本指针，用于选择菜单、命令或选项等
	后台运行	表示计算机打开程序，正在加载中
	忙碌状态	表示计算机打开的程序或操作未响应，需要用户等待
+	精准选择	用于精准调整对象
I	文本选择	用于文字编辑区内指示编辑位置
	禁用状态	表示当前状态及操作不可用
和	垂直或水平调整	鼠标指针移动到窗口边框线，会出现双向箭头，拖动鼠标，可上下或左右移动边框改变窗口大小
和	沿对角线调整	鼠标指针移动到窗口四个角落时，会出现斜向双向箭头，拖动鼠标，可沿水平或垂直两个方向等比例放大或缩小窗口
	移动对象	用于移动选定的对象
	链接选择	表示当前位置有超文本链接，单击鼠标左键即可进入

1.6 使用键盘

键盘是用户向电脑内部输入数据和控制电脑的工具，是电脑的一个重要组成部分。尽管现在鼠标已经代替了键盘的一部分工作，但是像文字和数据输入这样的工作还是要靠键盘来完成的。

1.6.1 键盘的基本分区

整个键盘分为五个小区：上面一行是功能键区和状态指示区；下面是主键盘区、编辑键区和辅助键区。

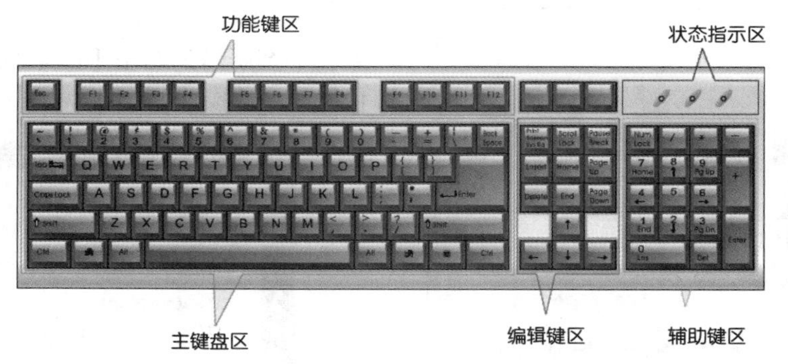

（1）功能键区。

功能键区位于键盘的上方，由【Esc】键、【F1】键 ~【F12】键及其他 3 个功能键组成。这些键在不同的环境中有不同的作用。

（2）主键盘区。

主键盘区位于键盘的左下部，是键盘的最大区域。它既是键盘的主体部分，又是用户经常操作的部分。在主键盘区，除了数字和字母之外，还有若干辅助键。

（3）编辑键区。

编辑键区位于键盘的中间部分，包括上、下、左、右 4 个方向键和几个控制键。

（4）辅助键区。

辅助键区位于键盘的右下部，相当于集中录入数据时的快捷键，其中的按键功能都可以用其他区中的按键代替。

（5）状态指示区。

键盘上除了按键以外，还有 3 个指示灯，位于键盘的右上角，从左到右依次为 Num Lock 指示灯、Caps Lock 指示灯、Scroll Lock 指示灯。它们与键盘上的【Num Lock】键、【Caps Lock】键及【Scroll Lock】键一一对应。

1.6.2 键盘的基本操作

键盘的基本操作包括按下和按住两种操作。

（1）按下。即按下并快速松开按键，如同使用遥控器一样。下图所示为按下【Windows】键弹出的开始屏幕。

（2）按住。即按下按键不放。主要用于两个或两个以上的按键组合，称为组合键。按住【Windows】键不放，再按下【L】键，即可锁定 Windows 桌面。

1.6.3 打字的正确姿势

打字一定要端正坐姿。如果坐姿不正确，不但会影响打字速度，而且会容易疲劳和出错。

正确的坐姿应遵循以下几个原则。

（1）两脚平放，腰部挺直，两臂自然下垂，两肘贴于肋边。

（2）身体可略倾斜，离键盘的距离为 20 ~ 30cm。

（3）将文稿放在键盘左边，或者用专用夹夹在显示器旁边。

（4）打字时眼观文稿，但身体不要跟着倾斜。

高手支招

技巧 1：怎样用左手操作鼠标

如果用户习惯用左手操作鼠标，就需要对系统进行简单的设置，以满足用户个性化的需求。设置的具体操作步骤如下。

第1步 在桌面的空白处单击鼠标右键，在弹出的快捷菜单中选择【个性化】菜单命令，在弹出的【设置】窗口左侧单击【主题】选项，然后单击右侧的【鼠标指针设置】超链接。

第2步 弹出【鼠标 属性】对话框，选择【鼠标键】选项卡，然后勾选【切换主要和次要的按钮】复选框，再单击【确定】按钮即可完成设置。

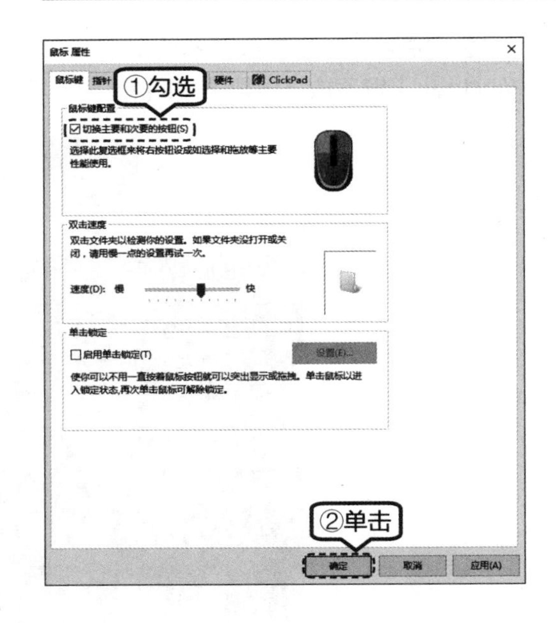

技巧 2：定时关闭电脑

在使用电脑时，如果突然有事要离开，而电脑中有重要的操作，如正在下载或上传文件，不能立即关闭电脑，但又不想长时间开机，此时，可以使用定时关闭电脑功能。例如，要在2个小时后关闭电脑，可以执行以下操作。

第1步 按【Windows+R】组合键，弹出【运行】对话框，在【打开】文本框中输入“shutdown -s -t 7200”，单击【确定】按钮。

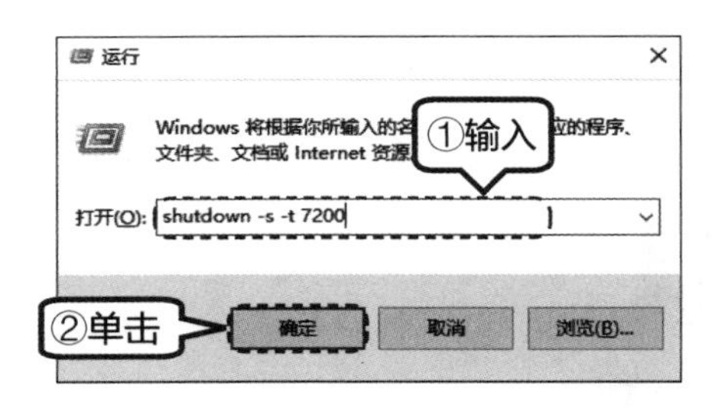

提示 其中“7200”为秒，“shutdown -s -t 7200”表示在7200秒，即2小时后执行关机操作；如果1小时后关机，则命令为“shutdown -s -t 3600”。

第2步 桌面右下角即会弹出关机提醒，并显示关机时间。

第3步 如果要撤销关机命令，可以再次打开【运行】对话框，输入“shutdown -a”命令，单击【确定】按钮。

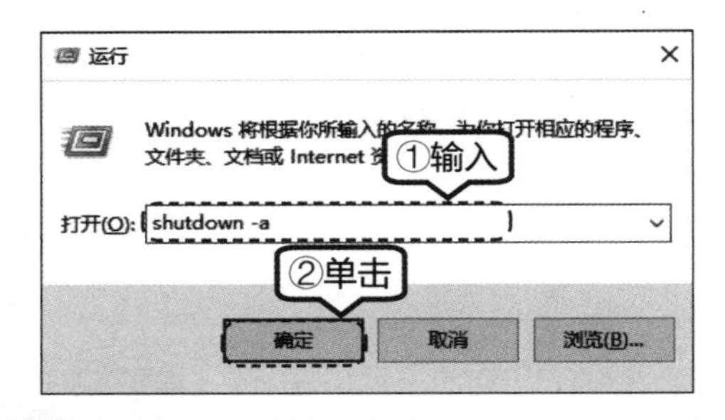

第4步 此时，定时关机任务终止，并在桌面右下角弹出如下图所示提示，通知“注销被取消”。

Windows 10 的基本操作

高手指引

了解电脑的基本应用后，还需要学习 Windows 10 操作系统的一些基础知识和操作方法，如窗口、菜单、任务栏与控制中心等。

重点导读

- 掌握窗口的基本操作
- 掌握“开始”菜单的基本操作
- 掌握任务栏的基本操作
- 掌握操作中心的基本操作

2.1 认识Windows 10桌面

进入Windows 10操作系统后，用户首先看到的是桌面，本节就来介绍Windows 10桌面。

2.1.1 桌面的组成

桌面的组成元素主要包括桌面背景、桌面图标和任务栏等。

1. 桌面背景

桌面背景可以是个人收集的数字图片、Windows提供的图片、纯色或带有颜色框架的图片，也可以显示幻灯片图片。

Windows 10操作系统自带了很多漂亮的背景图片，用户可以从中选择自己喜欢的图片作为桌面背景。除此之外，用户还可以把自己收藏的精美图片设置为桌面背景。

2. 桌面图标

Windows 10操作系统中，所有的文件、文件夹和应用程序等都由相应的图标表示。桌面图标一般是由文字和图片组成的，文字说明图标的名称或功能，图片是它的标识符。新安装的系统桌面中只有一个【回收站】图标。

双击桌面上的图标，可以快速地打开相应的文件、文件夹或应用程序。例如，双击桌面上的【回收站】图标，即可打开【回收站】窗口。

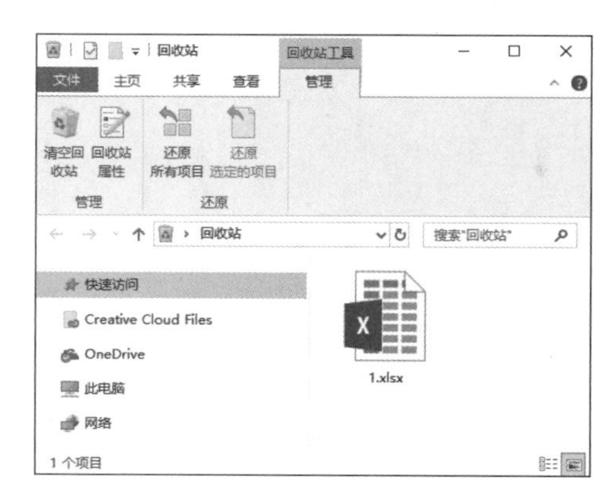

3. 任务栏

【任务栏】是位于桌面最底部的长条，显示系统正在运行的程序、当前时间等，主要由【开始】按钮、搜索框、任务视图、快速启动区、系统图标显示区和【显示桌面】按钮组成。和以前的操作系统相比，Windows 10 中的任务栏设计得更加人性化，使用更加方便，功能和灵活性更强大。用户按【Alt +Tab】组合键可以在不同的窗口之间进行切换操作。

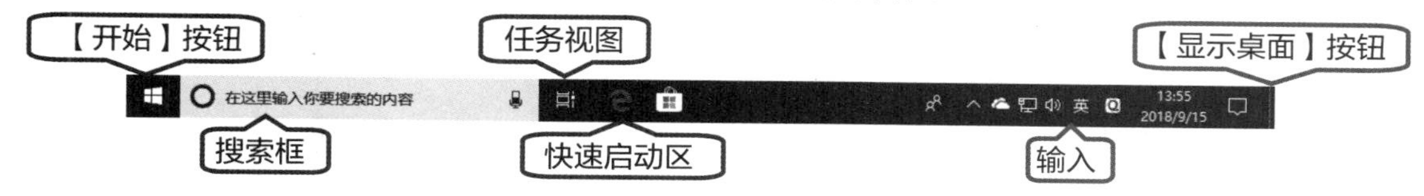

4. 通知区域

默认情况下，通知区域位于任务栏的右侧。它包含一些程序图标，这些程序图标提供有关传入的电子邮件、更新、网络连接等事项的状态和通知。安装新程序时，可以将此程序的图标添加到通知区域。

新的电脑在通知区域经常已有一些图标，而且某些程序在安装过程中会自动将图标添加到通知区域。用户可以更改出现在通知区域中的图标和通知，对于某些特殊图标（称为“系统图标”），还可以选择是否显示它们。

用户可以通过将图标拖曳到所需的位置来更改图标在通知区域中的顺序以及隐藏图标的顺序。

5.【开始】按钮

单击桌面左下角的【开始】按钮或者按下 Windows 徽标键，即可打开“开始”菜单，左侧依次为用户账户头像、常用的应用程序列表及快捷选项，右侧为“开始”屏幕。

6. 搜索框

Windows 10 中，搜索框和 Cortana 高度集成，在搜索框中直接输入关键词或打开“开始”菜单输入关键词，即可搜索相关的桌面程序、网页、资料等。

2.1.2 找回传统桌面的系统图标

刚装好 Windows 10 操作系统时，桌面上只有【回收站】一个图标，用户可以添加【此电脑】、【用户的文件】、【控制面板】和【网络】图标，具体操作步骤如下。

第1步 在桌面上空白处右击，在弹出的快捷菜单中选择【个性化】菜单命令。

第 2 步 在弹出的【设置】窗口中，单击【主题】>【桌面图标设置】选项。

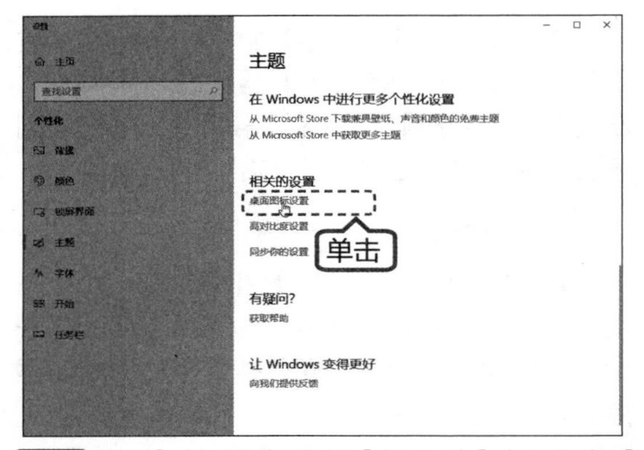

第 3 步 弹出【桌面图标设置】窗口，在【桌面图标】选项组中勾选要显示的桌面图标复选框，然后单击【确定】按钮。

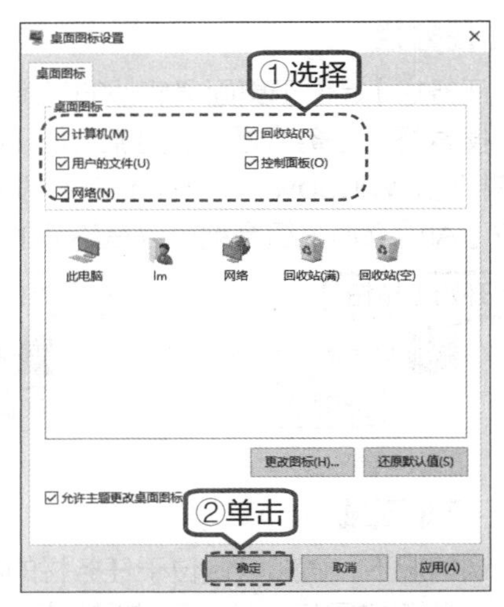

第 4 步 可以看到，桌面上添加了所选择的图标。

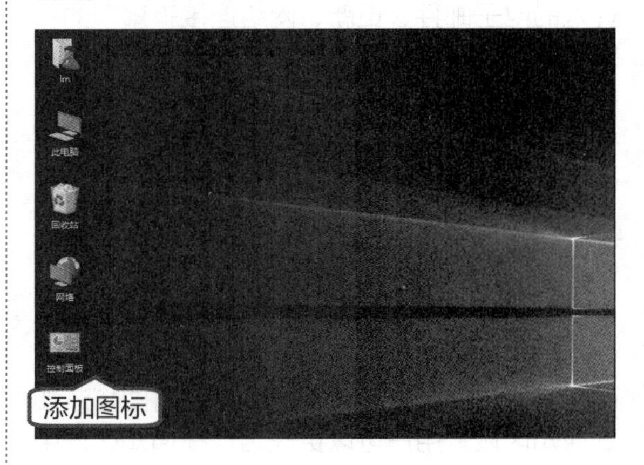

2.2 窗口的基本操作

在 Windows 10 中，窗口是用户界面中最重要的组成部分，对窗口的操作是最基本的操作。

2.2.1 Windows 10 的窗口组成

窗口是屏幕上与一个应用程序相对应的矩形区域，是用户与产生该窗口的应用程序之间的可视界面。当用户开始运行一个应用程序时，应用程序就创建并显示一个窗口；当用户操作窗口中的对象时，程序会做出相应的反应。用户通过关闭一个窗口来终止一个程序的运行，通过选择相应的应用程序窗口来选择相应的应用程序。

下图所示是【此电脑】窗口，由标题栏、地址栏、快速访问工具栏、导航窗口、内容窗口、搜索框和视图按钮等部分组成。

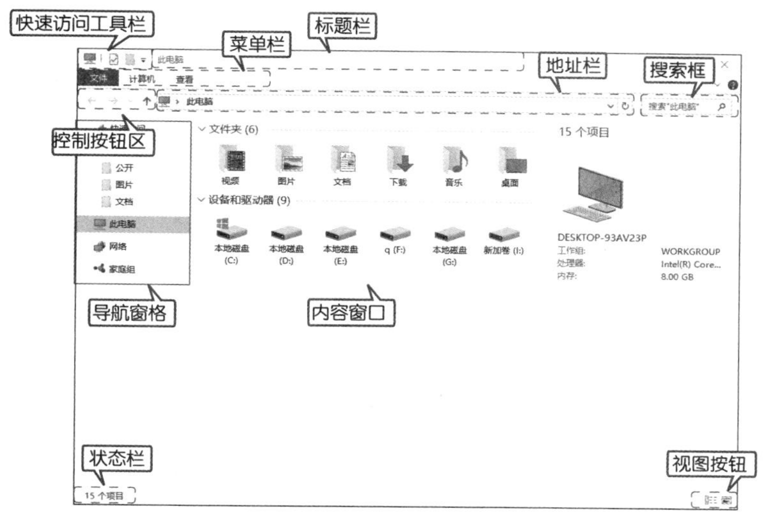

1. 标题栏

标题栏位于窗口的最上方，显示了当前的目录位置。标题栏右侧分别为“最小化”“最大化 / 还原”“关闭”三个按钮，单击相应的按钮可以执行相应的窗口操作。

2. 快速访问工具栏

快速访问工具栏位于标题栏的左侧，显示了当前窗口图标和查看属性、新建文件夹、自定义快速访问工具栏三个按钮。

单击【自定义快速访问工具栏】按钮，弹出下拉列表，用户可以勾选列表中的功能选项，将其添加到快速访问工具栏中。

3. 菜单栏

菜单栏位于标题栏下方，包含了当前窗口或窗口内容的一些常用操作菜单。在菜单栏的右侧为“展开功能区 / 最小化功能区”和“帮助”按钮。

4. 地址栏

地址栏位于菜单栏的下方，主要反映了从根目录开始到现在所在目录的路径，单击地址栏即可看到具体的路径。下图表示当前路径为【D 盘】下【软件】文件夹目录。

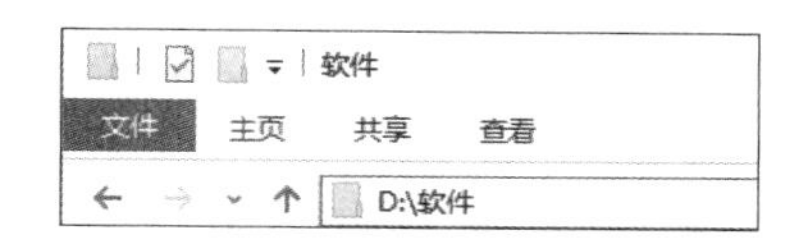

在地址栏中直接输入路径地址，单击【转到】按钮或者按【Enter】键，可以快速到达要访问的位置。

5. 控制按钮区

控制按钮区位于地址栏的左侧，主要用于返回、前进、上移到前一个目录位置。单击按钮，打开下拉列表，可以查看最近访问的位置信息；单击下拉列表中的位置信息，可以快速进入该位置目录。

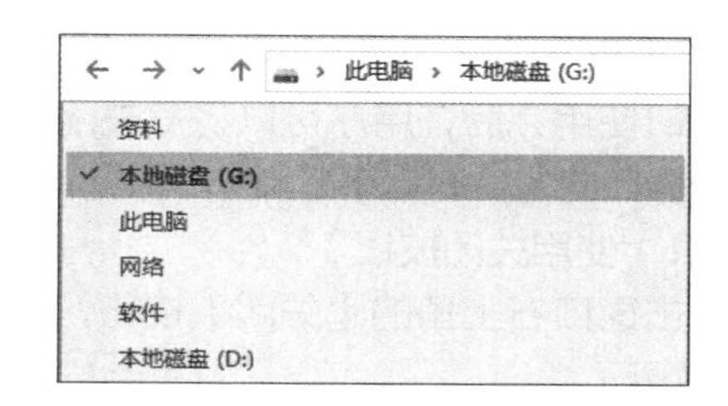

6. 搜索框

搜索框位于地址栏的右侧，通过在搜索框中输入要查看信息的关键字，可以快速查找当前目录中相关的文件、文件夹。

7. 导航窗格

导航窗格位于控制按钮区下方，显示了电脑中包含的具体位置，如快速访问、OneDrive、此电脑、网络等，用户可以通过左侧的导航窗格，快速定位相应的目录。另外，用户也可以通过单击导航窗格中的【展开】按钮和【收缩】按钮，来显示或隐藏详细的子目录。

8. 内容窗口

内容窗口位于导航窗格右侧，是显示当前目录的内容区域，也叫工作区域。

9. 状态栏

状态栏位于导航窗格下方，会显示当前目录文件中的项目数量，也会根据用户选择的内容，显示所选文件或文件夹的数量、容量等属性信息。

10. 视图按钮

视图按钮位于状态栏右侧，包含了【在窗口中显示每一项的相关信息】和【使用大缩略图显示项】两个按钮，用户可以单击选择视图方式。

2.2.2 打开和关闭窗口

打开和关闭窗口是最基本的操作，本节主要介绍其操作方法。

1. 打开窗口

在 Windows 10 中，双击应用程序图标，即可打开窗口。在【开始】菜单列表、桌面快捷方式、快速启动工具栏中都可以打开程序的窗口。

另外，在程序图标上右键单击鼠标，在弹出的快捷菜单中，选择【打开】命令，也可打开窗口。

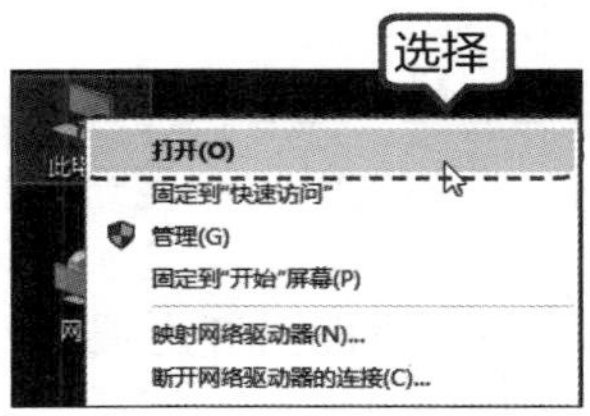

2. 关闭窗口

窗口使用完后，用户可以将其关闭。常见的关闭窗口的方法有以下几种。

（1）使用关闭按钮。

单击窗口右上角的【关闭】按钮，即可关闭当前窗口。

（2）使用快速访问工具栏。

单击快速访问工具栏最左侧的窗口图标，在弹出的快捷菜单中单击【关闭】按钮，即可关闭当前窗口。

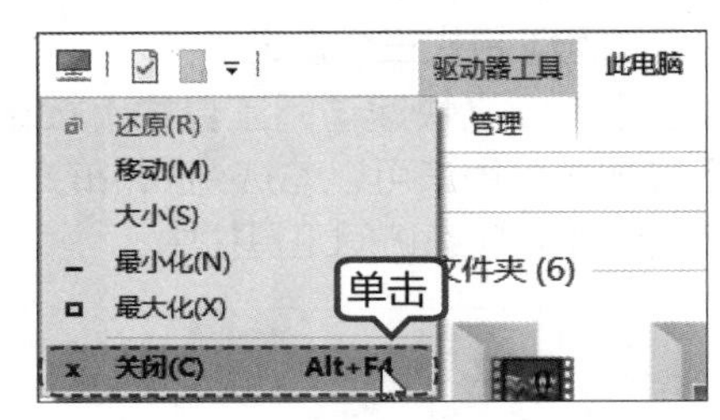

（3）使用标题栏。

在标题栏上单击鼠标右键，在弹出的快捷菜单中选择【关闭】菜单命令即可关闭当前窗口。

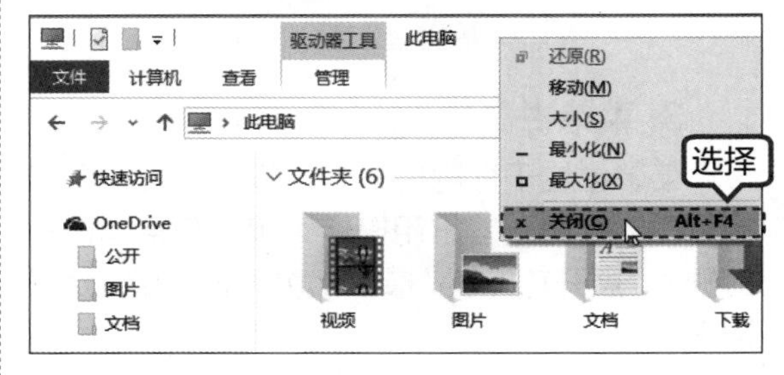

（4）使用任务栏。

在任务栏上选择需要关闭的程序，单击鼠标右键并在弹出的快捷菜单中选择【关闭窗口】菜单命令，即可关闭当前窗口。

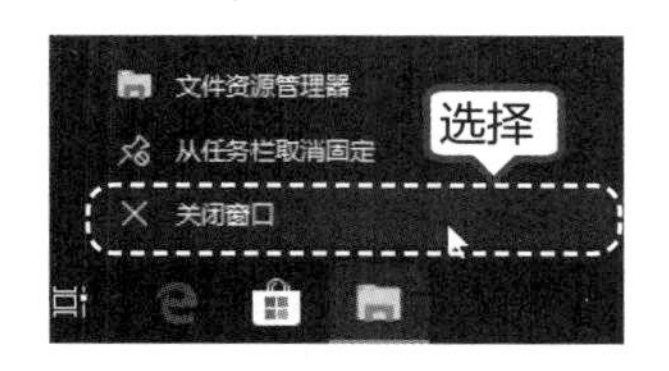

（5）使用快捷键。

在当前窗口上按【Alt+F4】组合键，即可关闭窗口。

2.2.3 移动窗口的位置

当窗口没有处于最大化或最小化状态时，将鼠标指针放在需要移动位置的窗口的标题栏上，鼠标指针此时是▷形状。按住鼠标左键不放，拖曳标题栏到需要移动到的位置，松开鼠标，即可完成窗口位置的移动。

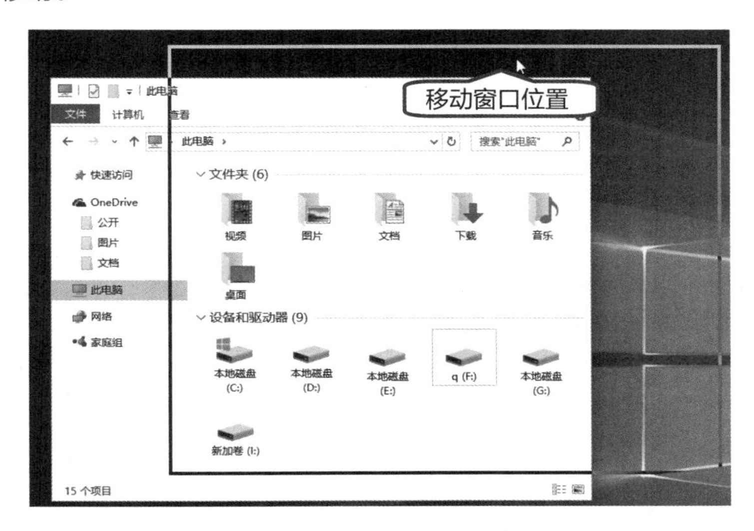

2.2.4 调整窗口的大小

默认情况下，打开的窗口大小和上次关闭时的大小一样。用户将鼠标指针移动到窗口的边缘，鼠标指针变为⇕或⇔形状时，可上下或左右移动边框以纵向或横向改变窗口大小。将鼠标指针移动到窗口的四个角，鼠标指针变为⤡或⤢形状时，拖曳鼠标，可沿水平或垂直两个方向等比例放大或缩小窗口。

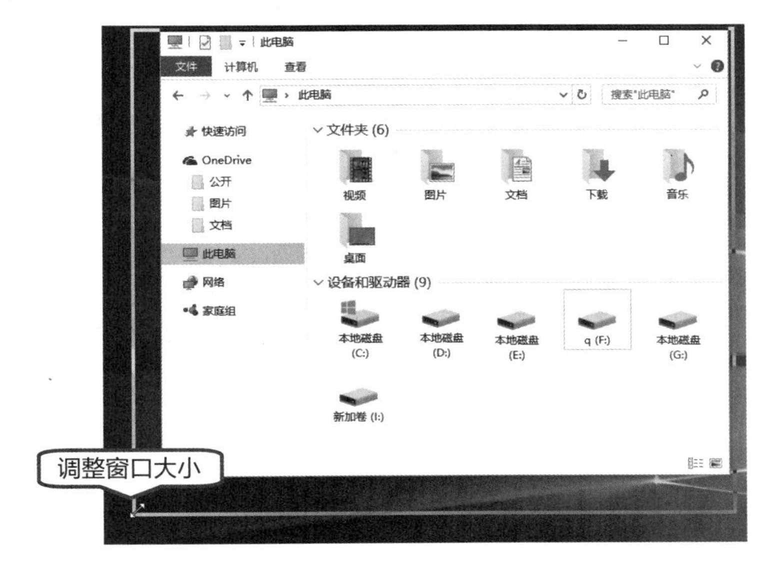

另外，单击窗口右上角的最小化按钮 - ，可使当前窗口最小化；单击最大化按钮 □ ，可使当前窗口最大化；在窗口最大化时，单击【向下还原】按钮 ⧉ ，可还原到窗口最大化之前的大小。

提示

在当前窗口中，双击窗口，可使当前窗口最大化；再次双击窗口，可以向下还原窗口。

2.2.5 切换当前窗口

如果同时打开了多个窗口，用户有时会需要在各个窗口之间进行切换操作。

1. 使用鼠标切换

如果打开多个窗口，使用鼠标在需要切换的窗口中任意位置单击，该窗口即可出现在所有窗口最前面。

另外，将鼠标指针停留在任务栏左侧的某个程序图标上，该程序图标上方会显示该程序的预览小窗口，在预览小窗口中移动鼠标指针，桌面上也会同时显示该程序中的某个窗口。如果是需要切换的窗口，单击该窗口任意位置即可在桌面上显示。

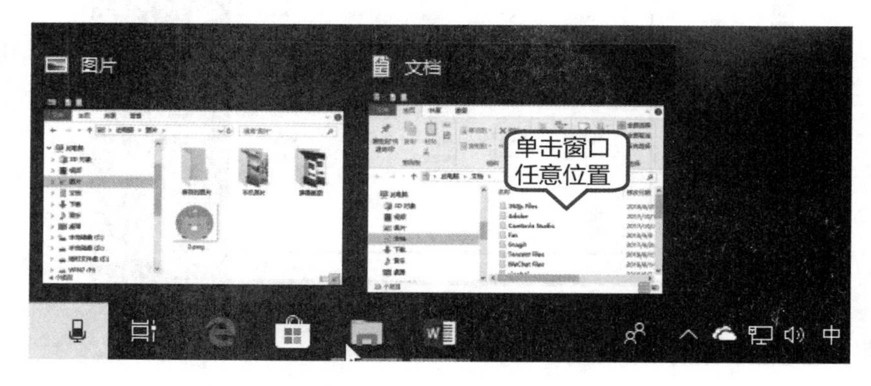

2. 使用【Alt+Tab】组合键

在Windows 10系统中，按键盘上主键盘区中的【Alt+Tab】组合键切换窗口时，桌面中间会出现当前打开的各程序预览小窗口。按住【Alt】键不放，每按一次【Tab】键，就会切换一次，直至切换到需要打开的窗口。

3. 使用【Windows+Tab】组合键

在Windows 10系统中，按键盘上主键盘区中的【Windows+Tab】组合键或者单击【任务视图】按钮 ⧉，即可显示当前桌面环境中的所有窗口缩略图，在需要切换的窗口上单击鼠标，即可快速切换。

2.2.6 窗口贴边显示

在Windows 10系统中，如果需要同时处理两个窗口，可以单击一个窗口的标题栏并按住鼠标拖曳至屏幕左右边缘或角落位置，窗口会出现气泡，此时松开鼠标，窗口即会贴边显示。

2.3 “开始”菜单的基本操作

在Windows 10操作系统中，“开始”菜单重新回归。与Windows 7系统中的“开始”菜单相比，界面经过了全新的设计，右侧集成了Windows 8操作系统中的“开始”屏幕。本节将主要介绍“开始”菜单的基本操作。

2.3.1 认识“开始”屏幕

在学习“开始”屏幕的操作之前，先来认识一下“开始”屏幕。

1. 打开“开始”屏幕

使用下面两种方法都可以打开“开始”屏幕。

（1）单击屏幕左下角的【开始】图标。

（2）按键盘上的Windows徽标键。

2. “开始”屏幕的组成

电脑上的应用、文件、设置等都可以在“开始”屏幕上找到相应内容。单击屏幕左下角的【开始】图标，打开“开始”屏幕，如下图所示。可以看到其包含：菜单、项目列表、程序列表及磁贴面板。

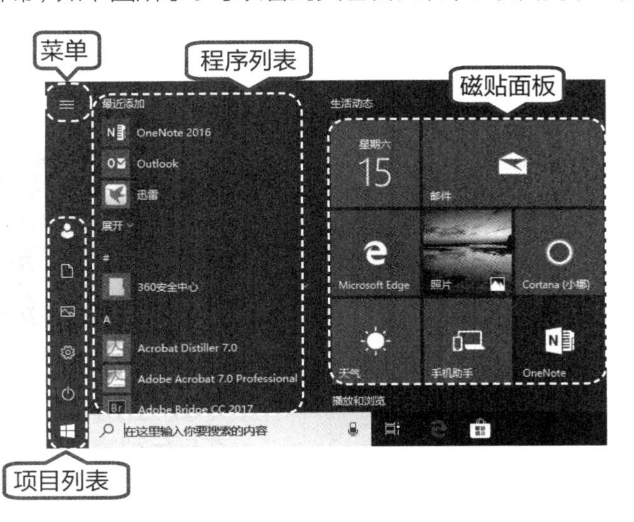

（1）菜单。

单击☰按钮，可以显示所有菜单项的名称。

（2）项目列表。

开始“屏幕”的项目列表中，默认情况下包括：用户、文档、图片、设置及电源按钮。

①【用户】按钮。

单击【用户】按钮，即会弹出如下图所示的菜单，用户可以执行更改账户设置、锁定屏幕及注销操作。

②【文档】按钮。

单击【文档】按钮，打开【文档】窗口，可以查看电脑的“文档”文件夹中的文件或文件夹。

③【图片】按钮。

单击【图片】按钮，打开【图片】窗口，可以查看“图片”文件夹内的图片文件。

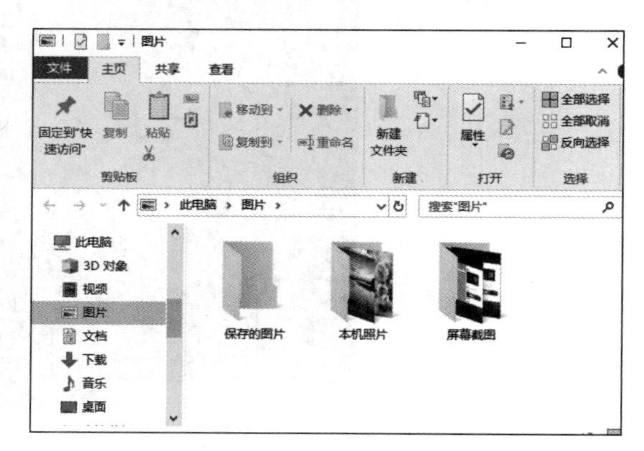

④【设置】按钮。

单击【设置】按钮，打开【设置】面板，可以选择相关的功能，对系统的设备、账户、时间和语言等内容进行设置。另外，按【Windows+I】组合键，也可以打开该面板。

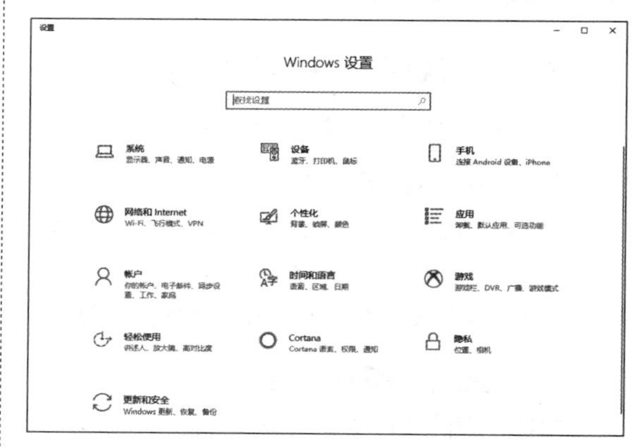

⑤【电源】按钮。

【电源】按钮，主要是用来对操作系统进行关闭操作，包括【睡眠】【关机】【重启】3个选项。

（3）应用列表。

在应用列表中，显示了电脑中安装的所有应用，通过鼠标滚轮，可以浏览程序列表。

（4）磁贴面板。

Windows 10 的磁贴面板中有图片、文字，用于表示和启动应用，其中的动态磁贴，可以不断更新显示应用的信息，如天气、日期、新闻等应用。

2.3.2 调整“开始”屏幕大小

在 Windows 8 系统中，“开始”屏幕是全屏显示的，而在 Windows 10 中，其大小并不是一成不变的，用户可以根据需要调整大小，也可以将其设置为全屏幕显示。

调整“开始”屏幕大小，是极为方便的。如果要横向调整“开始”屏幕大小，只需将鼠标指针放在“开始”屏幕边栏右侧，待鼠标指针变为 ⇔ 形状，即可以横向调整其大小，如下图所示。

如果要纵向调整“开始”屏幕大小，只需将鼠标指针放在“开始”屏幕边栏上侧，待鼠标指针变为 ⇕ 形状，即可以纵向调整其大小，如下图所示。

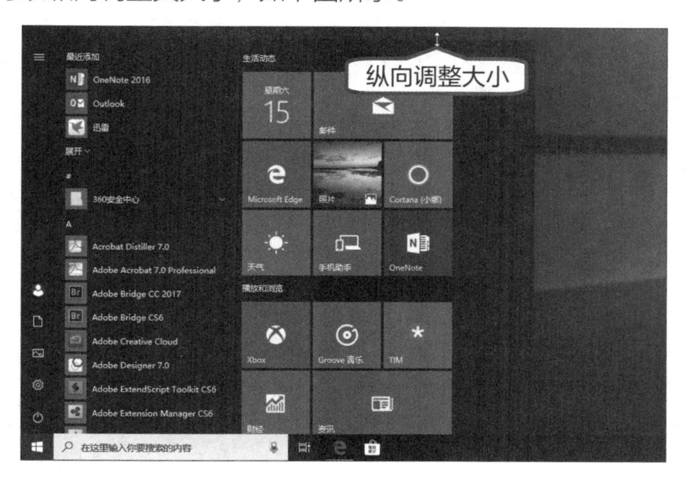

如果要全屏幕显示“开始”屏幕，按【Windows+I】组合键，打开【设置】对话框，单击【个性化】➤【开始】选项，将【使用全屏幕“开始”菜单】设置为“开”即可。

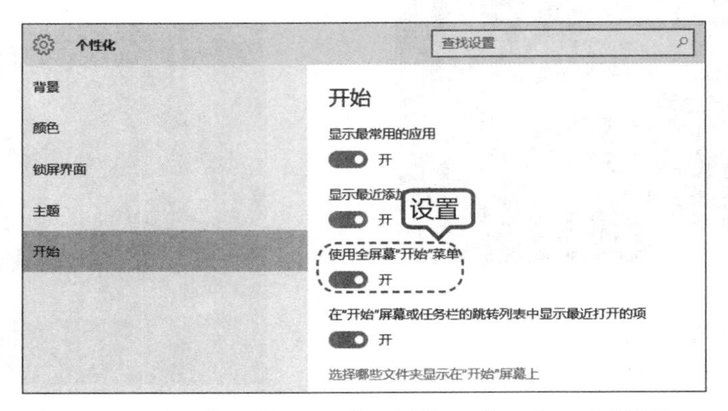

当按【Windows】键时，即可全屏幕显示“开始”屏幕，如下图所示。

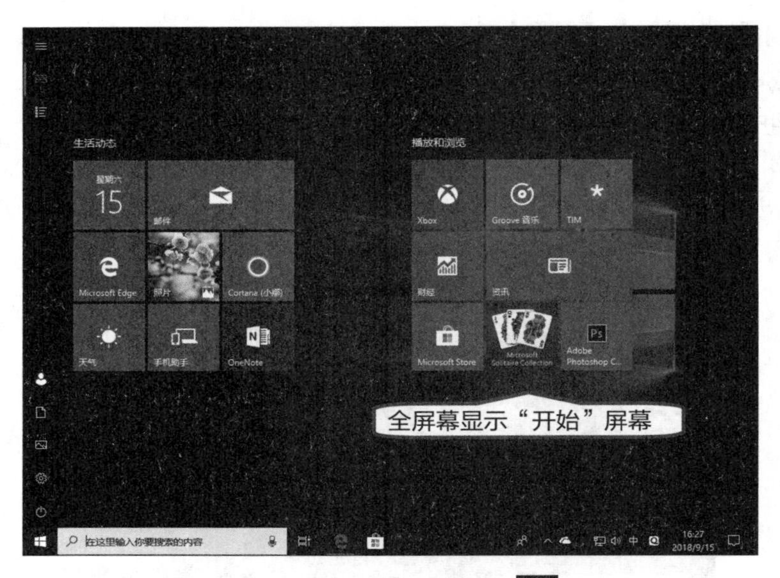

如果要显示所有程序列表，可以单击【所有应用】按钮，如下图所示。

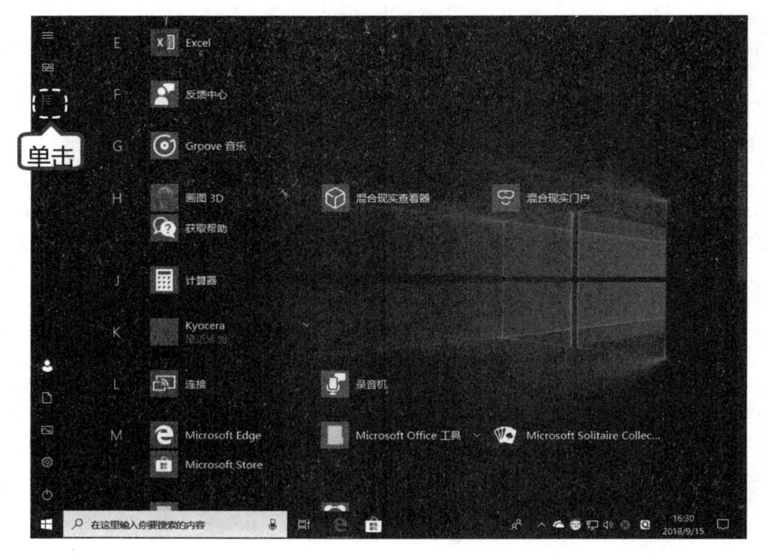

2.3.3 将应用程序固定到“开始”屏幕

系统默认下，“开始”屏幕主要包含了生活动态及播发和浏览的主要应用，用户可以根据需要将应用程序添加到“开始”屏幕中。

第1步 打开“开始”菜单，在最常用程序列表或所有应用列表中，选择要固定到“开始”屏幕的程序，单击鼠标右键，在弹出的菜单中选择【固定到“开始”屏幕】命令。

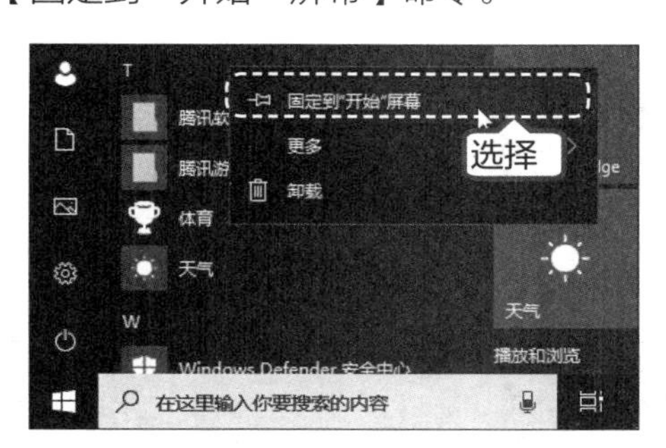

第2步 可以看到选择的程序已被固定到“开始”屏幕中，如下图所示。

第3步 如果要从“开始”屏幕中取消固定，右键单击“开始”屏幕中的程序，在弹出的菜单中选择【从“开始”屏幕取消固定】命令，即可取消固定显示。

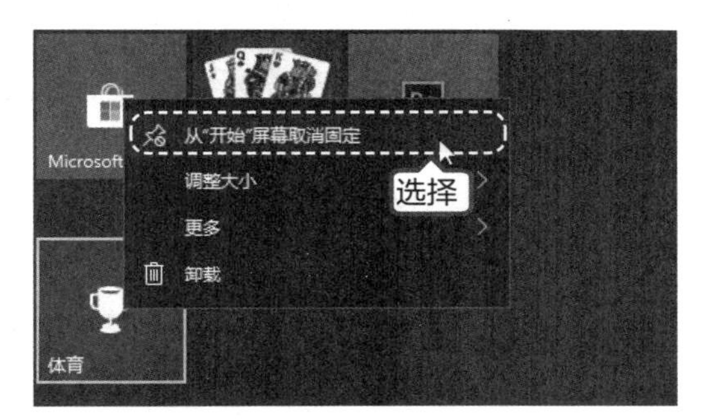

2.3.4 动态磁贴的使用

动态磁贴（Live Tile）是“开始”屏幕界面中的图形方块，也叫“磁贴”，通过它可以快速打开应用程序。磁贴中的信息是根据时间或发展活动的，如下方左图所示即为“开始”屏幕中开启了动态磁贴的日历程序，下方右图所示则为未开启动态磁贴。对比发现，动态磁贴显示了当前的日期和星期。

1. 调整磁贴大小

在磁贴上单击鼠标右键，在弹出的快捷菜单中选择【调整大小】命令，在弹出的子菜单中有 4 种显示方式，包括小、中、宽和大，选择对应的命令，即可调整磁贴大小。

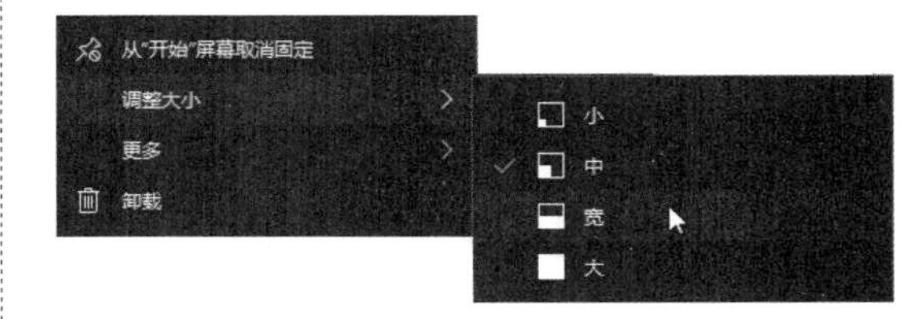

2. 打开 / 关闭磁贴

在磁贴上单击鼠标右键，在弹出的快捷菜单中选择【更多】命令，在弹出的子菜单中，单击【关闭动态磁贴】或【打开动态磁贴】命令，即可关闭或打开磁贴的动态显示。

2.3.5 管理“开始”屏幕的分类

用户可以根据所需形式，自定义“开始”屏幕。例如，将最常用的应用、网站、文件夹等固定到“开始”屏幕上，并对其进行合理的分类，以便可以快速访问，也可以使其更加美观。

第1步 选择一个磁贴向下方空白处拖曳，即可独立一个组。

此时可以拖曳相关的磁贴到该组中，如下图所示。

第2步 将鼠标指针移至该磁贴上方空白处，则显示“命名组”字样，单击鼠标，即可显示文本框。可以在框中输入名称，如输入“音乐视频”，按【Enter】键即可完成命名。

用户可以根据需要，设置磁贴的排列顺序和大小。

2.4 任务栏的基本操作

在 Windows 10 操作系统中，掌握对任务栏的设置及操作，可以提高电脑的操作效率。下面介绍任务栏的基本操作技巧。

2.4.1 调整任务栏的大小

默认情况下，任务栏只有一栏，用户可以根据需要调整任务栏大小。

第1步 在任务栏的空白处单击鼠标右键，在弹出的快捷菜单中单击【锁定任务栏】命令。

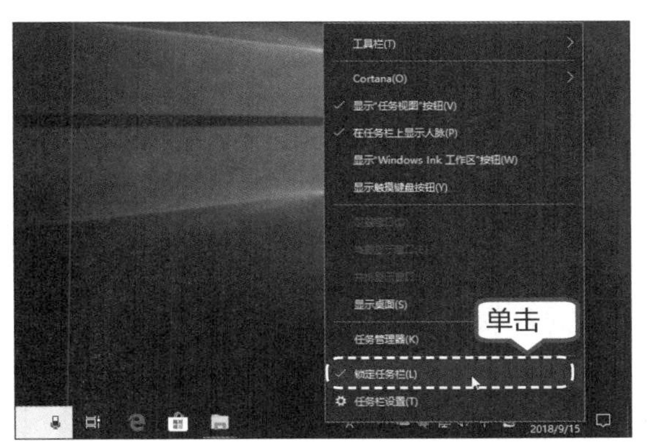

第 2 步 解锁任务栏，将鼠标指针放到任务栏边上，待鼠标光标变为⇕形状，向上拖曳鼠标，即可调整任务栏大小。

2.4.2 调整任务栏的位置

默认情况下，任务栏位于屏幕下方，用户可以根据操作习惯，调整任务栏的位置。

第 1 步 在任务栏的空白处单击鼠标右键，在弹出的快捷菜单中单击【任务栏设置】命令。

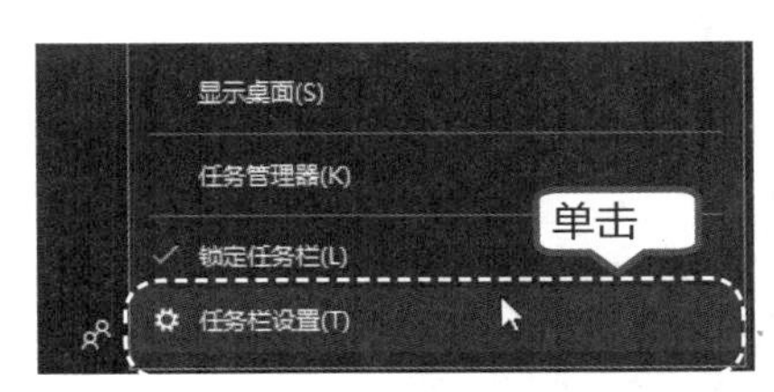

第 2 步 打开【设置—任务栏】面板，如下图所示。

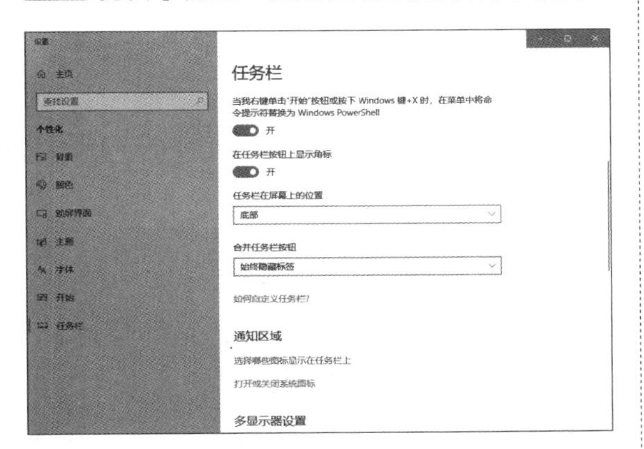

第 3 步 单击【任务栏在屏幕上的位置】右侧的下拉按钮，在弹出的下拉列表中，选择要调整的位置，如要靠右显示，则选择【靠右】选项。

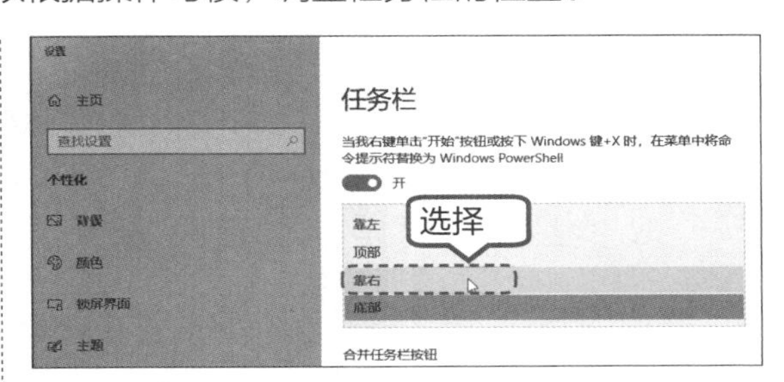

第 4 步 这时，任务栏即可靠屏幕右侧显示，如下图所示。

另外，在任务栏未锁定的状态下，可以拖曳任务栏，调整它的显示位置。

2.4.3 自动隐藏任务栏

默认情况下，任务栏位于屏幕下方，如果为了保持桌面整洁，可以将任务栏自动隐藏起来。

第 1 步 在任务栏的空白处单击鼠标右键，在弹出的快捷菜单中单击【任务栏设置】命令。

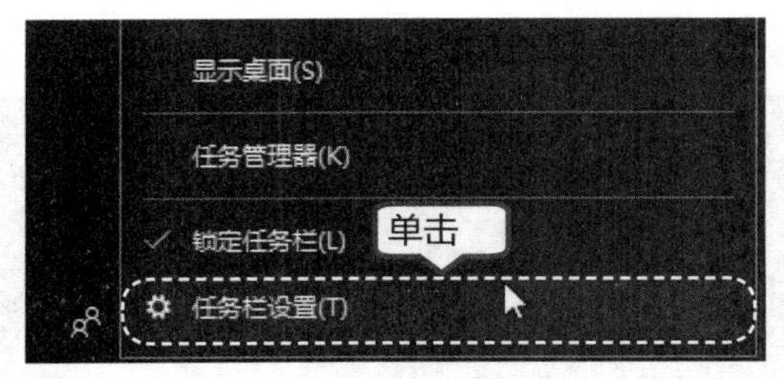

第2步 打开【设置—任务栏】面板，将右侧任务栏区域下的【在桌面模式下自动隐藏任务栏】按钮设置为“开”。

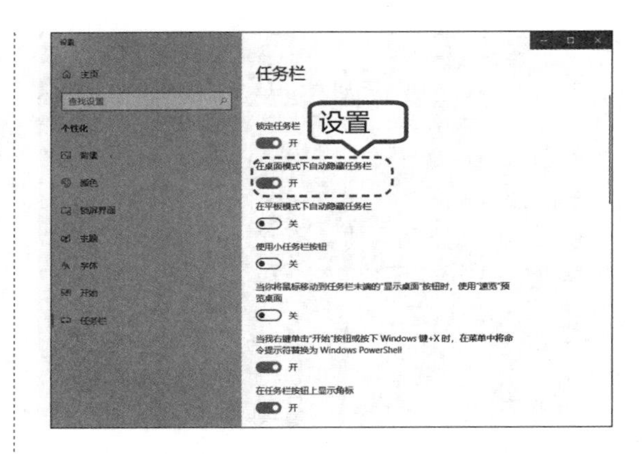

第3步 这时，任务栏会自动隐藏，当鼠标指针指向屏幕底部时则会显示任务栏。若不对任务栏进行任何操作，即会隐藏任务栏。

2.4.4 将应用程序固定到任务栏

除了可以将应用程序固定到“开始”屏幕外，还可以将应用程序固定到任务栏中的快速启动区域，以便在使用程序时，可以快速启动。

第1步 单击【开始】按钮，选择要添加到任务栏的程序，单击鼠标右键，在弹出的快捷菜单中选择【更多】➤【固定到任务栏】命令。

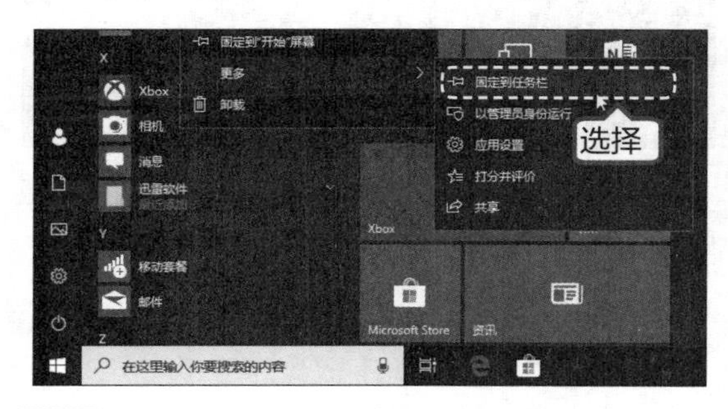

第2步 此时，即可将其固定到任务栏中，如右图所示。

对于不常用的程序图标，用户也可以将其从任务栏中删除。右键单击需要删除的程序图标，在弹出的快捷菜单中选择【从任务栏取消固定】命令即可。

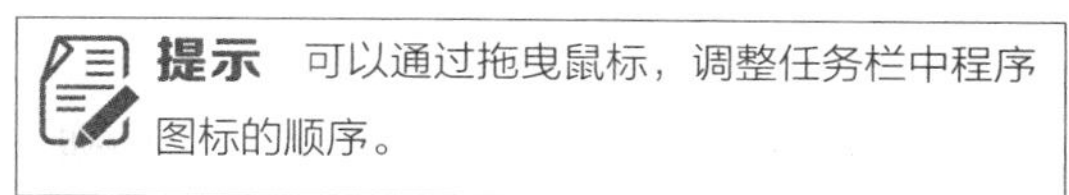

2.4.5 自定义任务栏通知区域

通知区域位于任务栏的右侧，包含了常用的图标，如网络、音量、输入法、时钟和日历及操作中心等状态和通知。用户可以根据需要，自定义通知区域显示的图标和通知，设置可以隐藏一些图标和通知。

第 1 步 右键单击任务栏上的任何空白区域，在弹出的快捷菜单中选择【任务栏设置】命令。

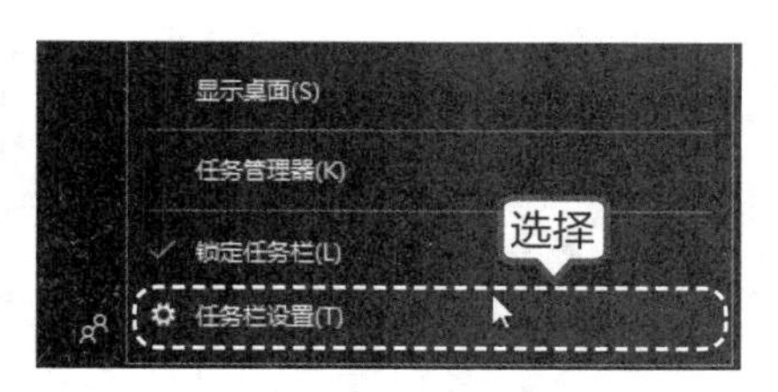

第 2 步 打开【设置—任务栏】面板，单击右侧【通知区域】下的【选择哪些图标显示在任务栏上】超链接。

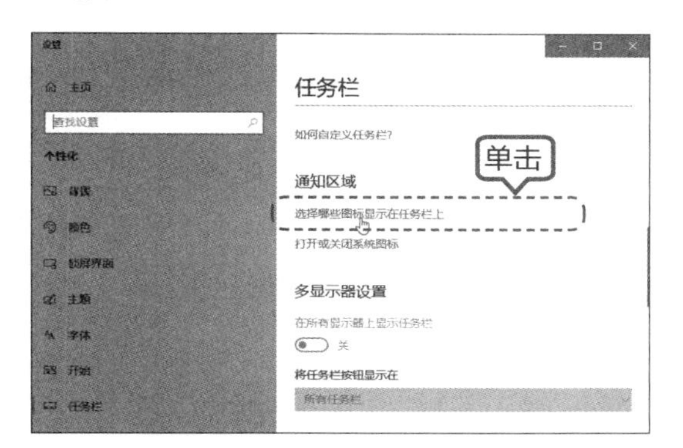

第 3 步 进入“选择哪些图标显示在任务栏上”面板，可根据需要设置图标的显示状态，可通过“开”或“关”，设置其显示状态。例如，将“Realtek 高清晰音频管理器”设置为“开”。

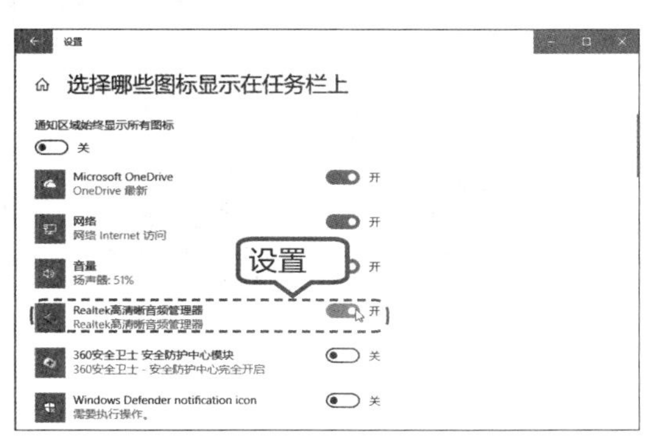

第 4 步 此时，即可看到通知区域设置的图标。

第 5 步 返回【设置—任务栏】面板，单击【打开或关闭系统图标】超链接。

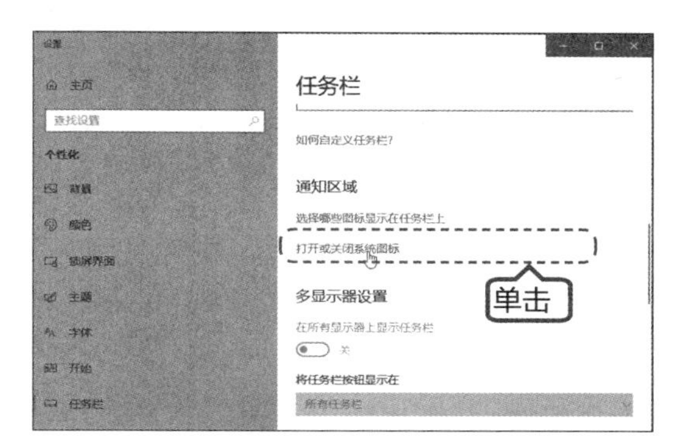

第 6 步 进入“打开或关闭系统图标”面板，可以看到系统图标打开状态，也可以通过“开”或“关”进行设置。

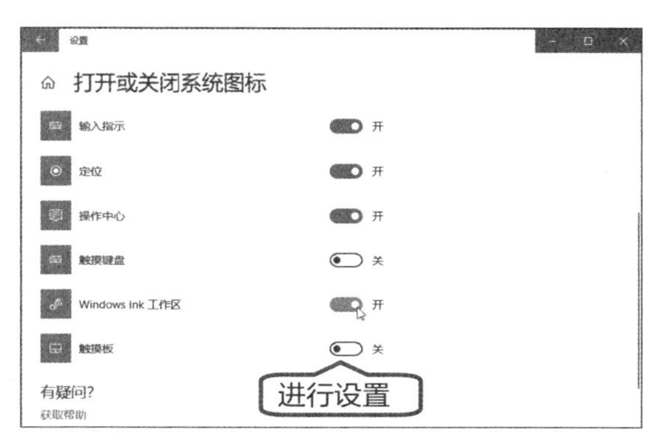

第7步 另外，用户还可以隐藏通知区域的图标。单击【显示隐藏的图标】按钮^，可以看到隐藏的图标。

第8步 拖曳通知区域的图标到隐藏区域，即可将图标隐藏起来。用户也可以使用同样方法，将隐藏区域的图标拖曳到通知区域中。

第9步 如果需要调整通知区域的图标显示顺序，将图标拖曳到其他位置即可。

第10步 松开鼠标，即可完成图标的排列。

2.5 操作中心的基本操作

Windows 10 增加了操作中心，也叫通知中心，可以显示更新内容、电子邮件和日历等通知信息。随着 Windows 10 的版本更新，通知中心的作用也不断被强化。本节将介绍通知中心的基本操作技巧。

2.5.1 认识操作中心

在我们使用手机时，手机界面的顶部通知栏是为用户推送和传达各种应用消息的信息聚合中心。Windows 10 中也一样，可提示用户系统、应用、网络连接的各种消息，另外还提供了“快速操作”的功能，方便用户快速进行设置。

单击桌面右下角的【操作中心】按钮 或者按【Windows+A】组合键，即可打开 Windows 10 操作中心，如右图所示。

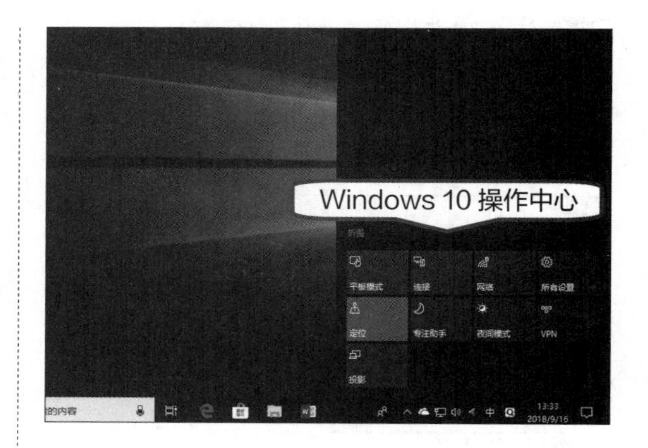

从图中可以看到，在操作中心的底部位置，显示了快速操作图标，其中各图标的作用如下。

（1）平板模式：单击“平板模式”快捷图标后，切换当前设备到平板模式，开始菜单会以全屏显示，如下图所示。

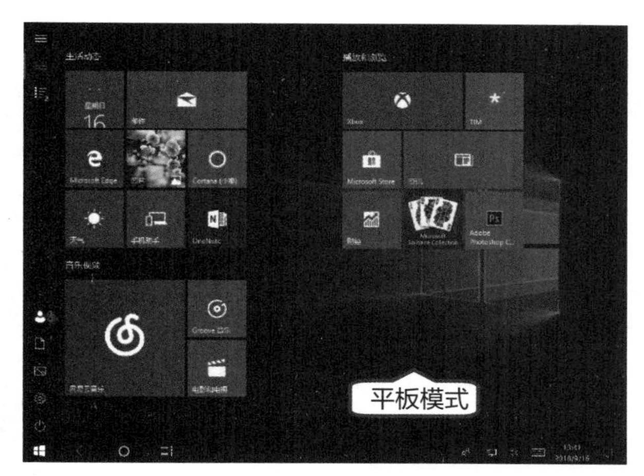

（2）连接：可以用于快速连接无线设备及音频等。

（3）网络：可以查看网络状态。

（4）所有设置：可以快速打开【设置】面板。

（5）定位：用于设置 Windows 定位，以及位置历史记录方面的操作。

（6）专注助手：可以快速开 / 关专注助手。

（7）夜间模式：可以快速开 / 关夜间模式。

（8）VPN：VPN 设置的快速入口。

（9）投影：用于投影多个屏幕的快速入口。

另外，用户还可以添加或删除操作中心的快速操作图标，也可以重新排列图标的顺序。如果用户要通过快速操作图标进行设置，右键单击快捷图标，在弹出的快捷菜单中单击【转到“设置”】命令，即可打开相应的设置面板。

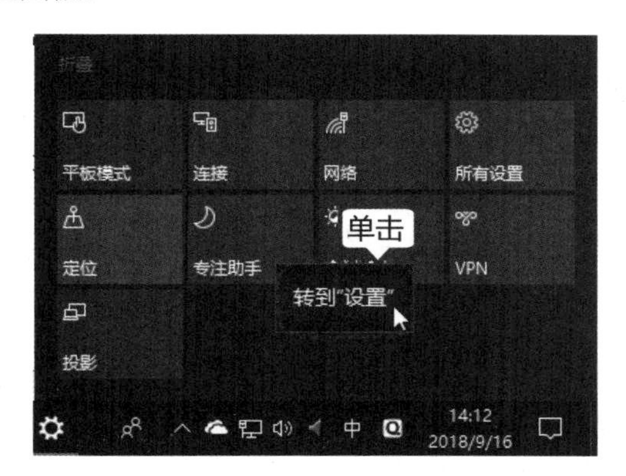

2.5.2 查看操作中心的消息

认识了操作中心后，接下来看看如何查看推送的消息。

第1步 当操作中心有新通知时，操作中心的图标会发生变化，并显示消息的数量，如下图所示。

第2步 单击【操作中心】图标，即可打开操作中心，并显示消息。

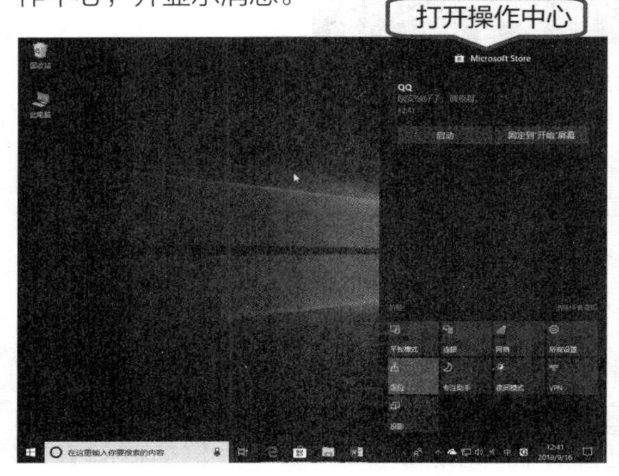

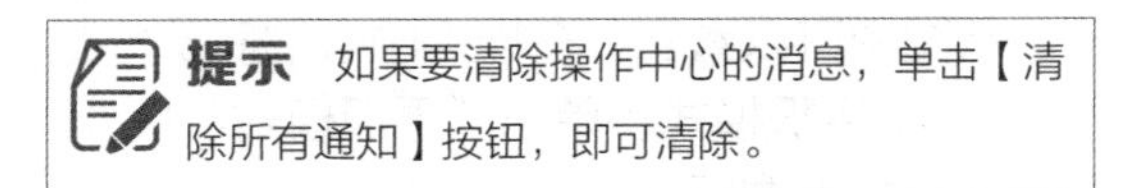

提示 如果要清除操作中心的消息，单击【清除所有通知】按钮，即可清除。

第3步 例如，单击【启动】按钮，即可启动程序。

第4步 另外，也会在屏幕右下角弹出通知消息，如下图所示。

2.5.3 自定义快速操作的显示顺序

用户可以将操作中心的快速操作重新安排显示，并调整它们的显示顺序。

第1步 在任务栏右侧的“时间与日期”上单击鼠标右键，在弹出的快捷菜单中单击【自定义通知图标】命令。

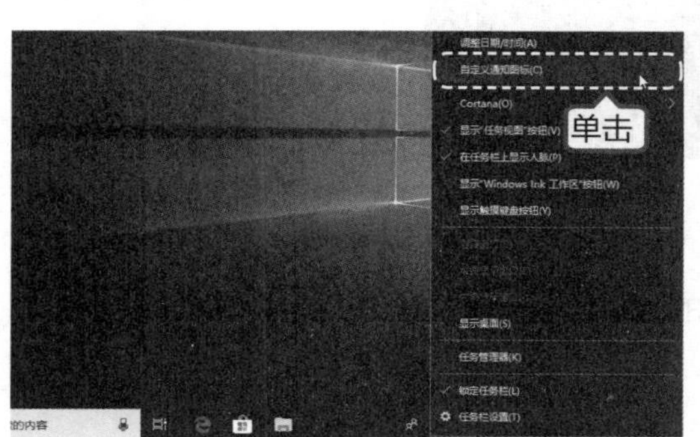

第2步 此时，即可打开【设置—通知和操作】面板，在右侧的【快速操作】区域下方，单击【添加或删除快速操作】超链接。

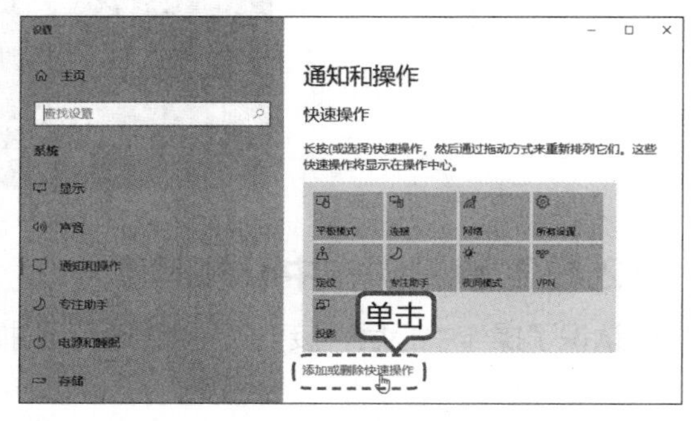

第3步 进入“添加或删除快速操作”面板，可以将不需要的快速操作设置为“开”或“关”，

例如这里将“VPN”设置为“关”。

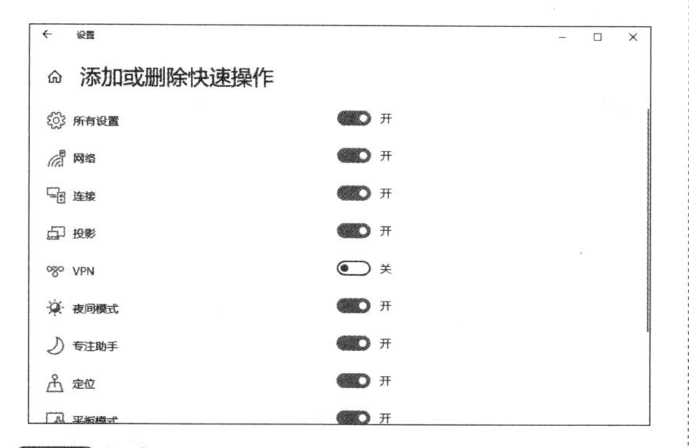

第4步 按【Windows+A】组合键打开操作中心，即可看到设置后的快速操作图标。

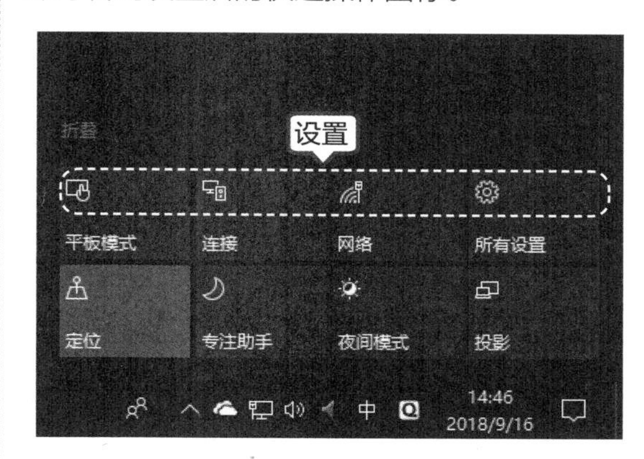

第5步 返回【设置—通知和操作】面板，可以拖曳“快速操作”下方的图标，调整它们的顺序。

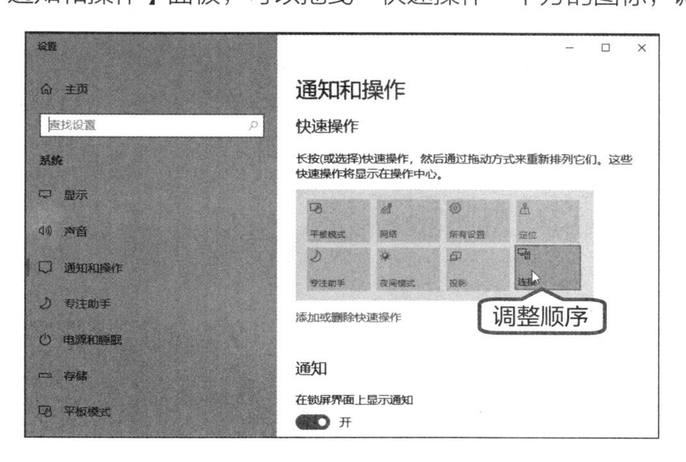

2.5.4 更改通知设置

用户可以打开或关闭通知，还可以更改个别发送方的通知设置。

第1步 打开【设置—通知和操作】面板，在右侧“通知”区域下，可以打开或关闭所有通知，以及更改查看通知的时间和位置。

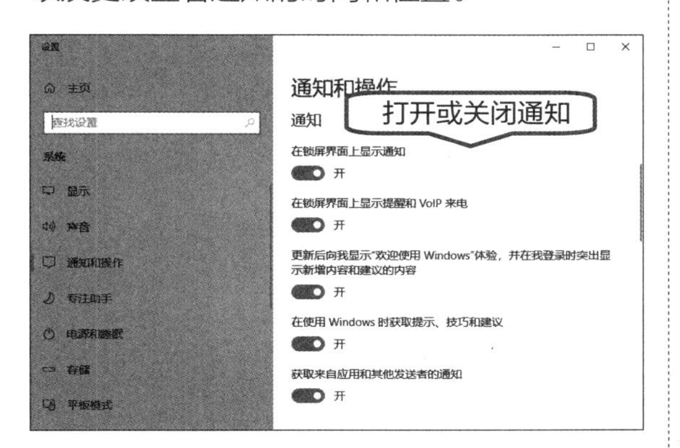

第2步 在“获取来自这些发送者的通知”区域下，用户可以打开或关闭发送者的通知，还可以选择某个发送者的名称，然后打开或关闭通知横幅、锁屏界面隐私和通知声音，并设置通知优先级。

2.5.5 使用“专注助手”保持专注，拒绝打扰

在Windows 10新版本中增加了“专注助手”功能，可以帮助用户隐藏工作中可能出现的干扰，以便集中注意力处理工作。

第1步 按【Windows+A】组合键，打开操作中心，单击【专注助手】图标，即可打开“专注助手”，并显示“仅优先通知”。此时仅优先显示优先级列表中的通知，【操作中心】按钮则变为。

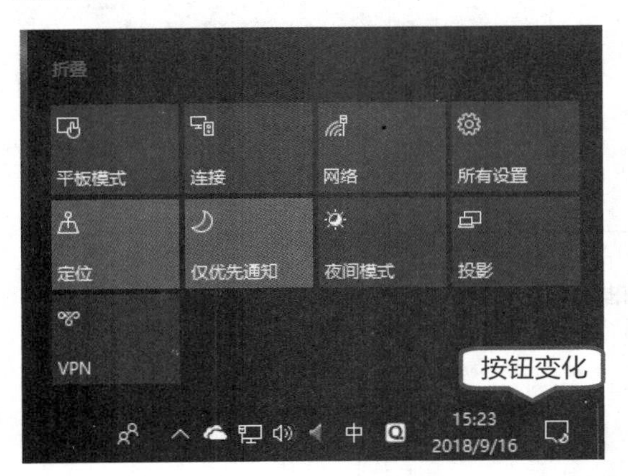

第2步 再次单击【专注助手】图标，即可切换至“仅限闹钟”的方案，此时将隐藏除闹钟外的所有通知。如果需要关闭“专注助手”，再次单击图标即可。

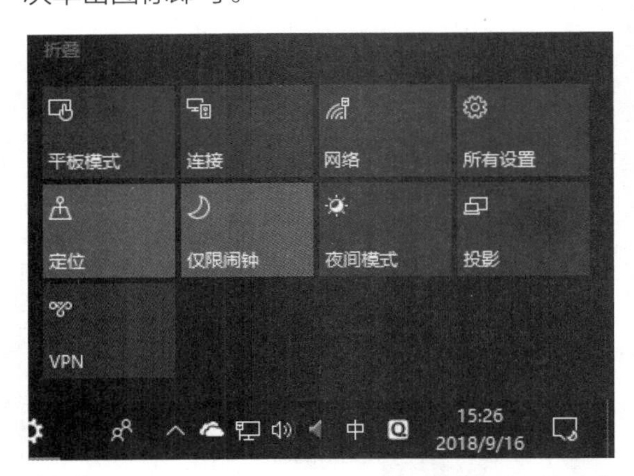

第3步 另外，用户还可以右键单击【操作中心】按钮，在弹出的快捷菜单中选择【专注助手】命令，再在子菜单中选择方案。

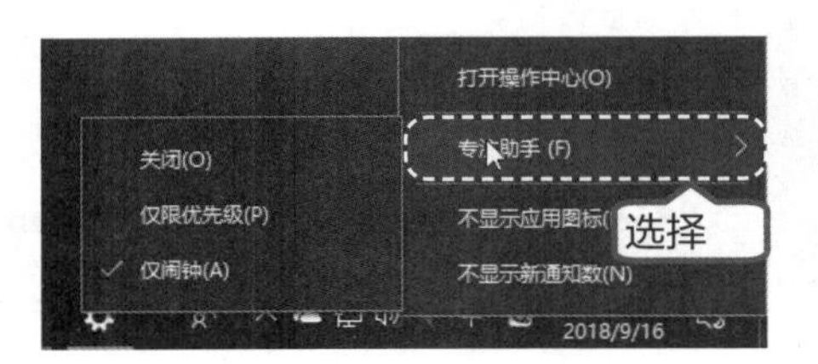

第4步 如果要对“专注助手”进行设置，可以在操作中心的“专注助手”图标上右键单击，在弹出的菜单中单击【转到“设置”】命令。

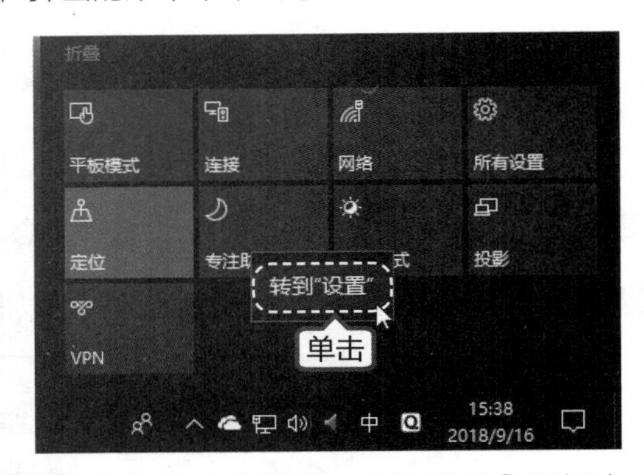

第5步 在打开的【设置—专注助手】面板中，单击【自定义优先列表】超链接。

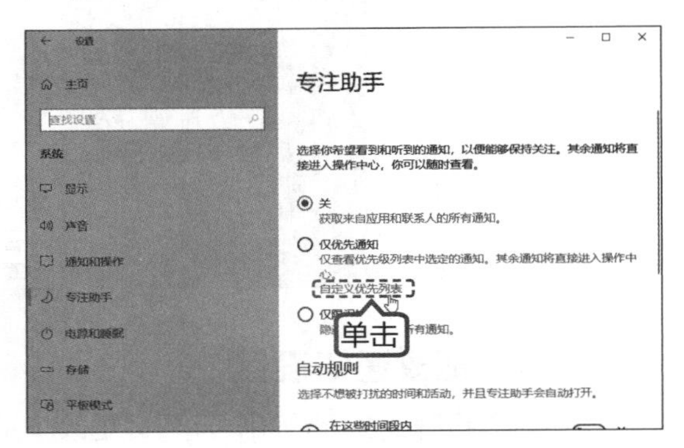

第6步 此时，即可对优先级列表进行设置，如短信、提醒、联系人及应用等。

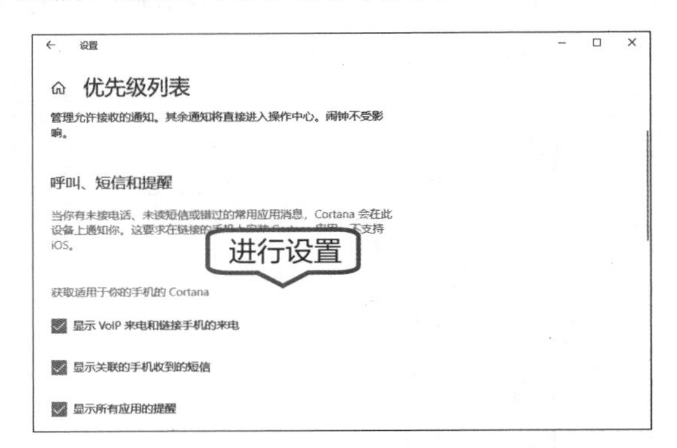

第7步 另外，在【自动规则】区域下，可以设置不被打扰的时间和活动，如下图所示。

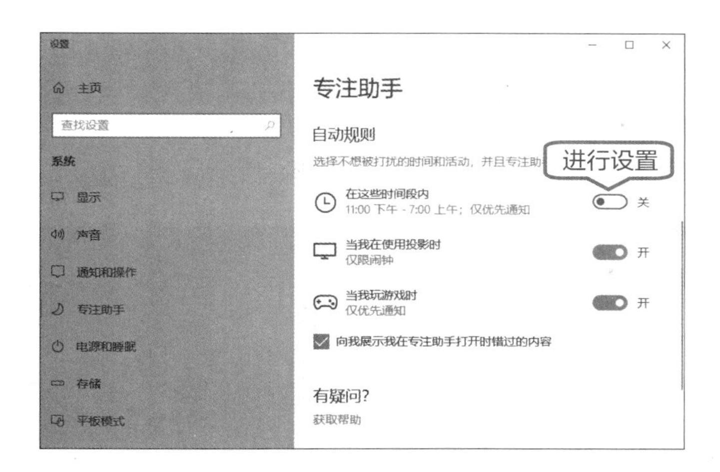

高手支招

技巧 1：快速锁定 Windows 桌面

在离开电脑时，可以将电脑锁屏，从而有效地保护桌面隐私。主要有以下两种快速锁屏的方法。

（1）使用菜单命令。

按【Windows】键，弹出开始菜单，单击账户头像，在弹出的快捷菜单中单击【锁定】命令，即可进入锁屏界面。

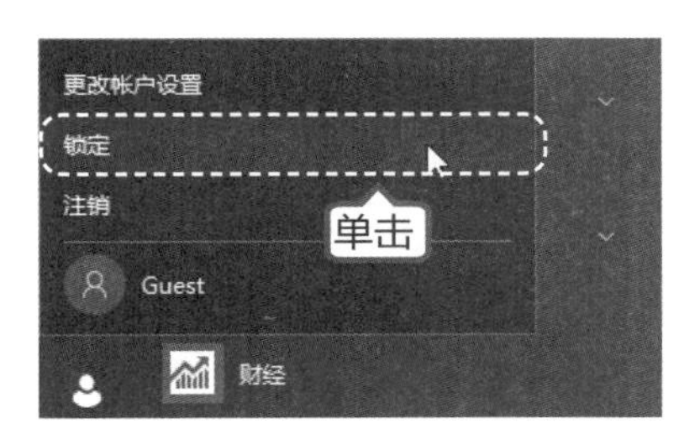

（2）使用快捷键。

按【Windows+L】组合键，可以快速锁定 Windows 系统，进入锁屏界面。

技巧 2：隐藏搜索框

Windows 10 操作系统任务栏默认显示搜索框，用户可以根据需要隐藏搜索框，具体操作步骤如下。

第 1 步 在任务栏上单击鼠标右键，在弹出的快捷菜单中选择【Cortana】➢【隐藏】菜单命令。

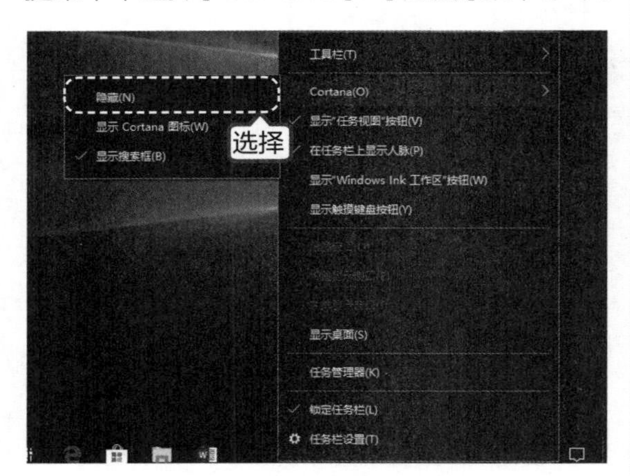

第 2 步 此时，即可隐藏搜索框，如下图所示。

Windows 10 的个性化设置

➲ 高手指引

与之前的 Windows 系统版本相比，Windows 10 进行了重大的变革，不仅延续了 Windows 家族的传统，而且带来了更多新的体验。用户在使用过程中，可以根据使用习惯，打造自己喜欢的桌面环境。

➲ 重点导读

- 掌握桌面的个性化设置
- 学习设置桌面图标
- 学习设置日期和时间
- 掌握 Microsoft 账户的设置
- 学习 Windows 10 的多任务处理

3.1 桌面的个性化设置

桌面是打开电脑并登录 Windows 之后看到的主屏幕区域，用户可以对它进行个性化设置，让屏幕看起来更漂亮，更舒服。

3.1.1 设置桌面背景

桌面背景可以是个人收集的数字图片、Windows 提供的图片、纯色或带有颜色框架的图片，也可以显示幻灯片图片。

Windows 10 操作系统自带了很多漂亮的背景图片，用户可以从中选择自己喜欢的图片作为桌面背景。除此之外，用户还可以把自己收藏的精美图片设置为桌面背景。

第 1 步 在桌面的空白处右击，在弹出的快捷菜单中选择【个性化】菜单命令。

第 2 步 在弹出的【个性化】窗口中，选择【背景】选项，在【选择图片】下方区域的图片缩略图中，选择要设置的背景图片，单击即可应用。

第 3 步 如果用户希望把自己喜欢的图片设置为桌面背景，可以将图片存储到电脑中，然后单击上图所示界面下方的【浏览】按钮，在弹出的【打开】对话框中，单击【选择图片】按钮，即可完成设置。

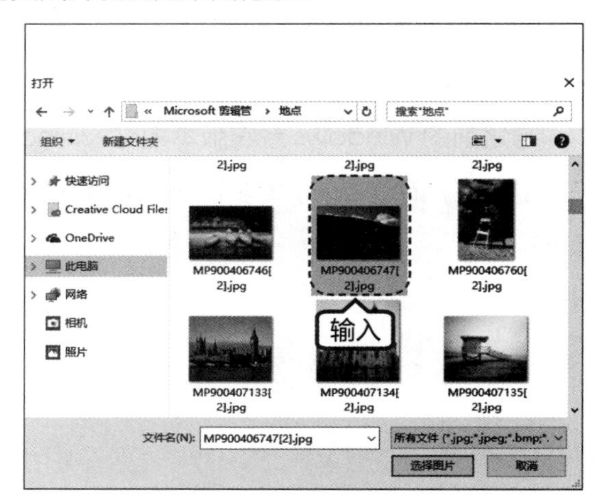

第 4 步 另外，用户可以使用纯色作为桌面背景。单击【背景】下拉按钮，在弹出的列表中选择【纯色】选项，然后在【选择你的背景色】区域中，单击喜欢的颜色，即可应用。

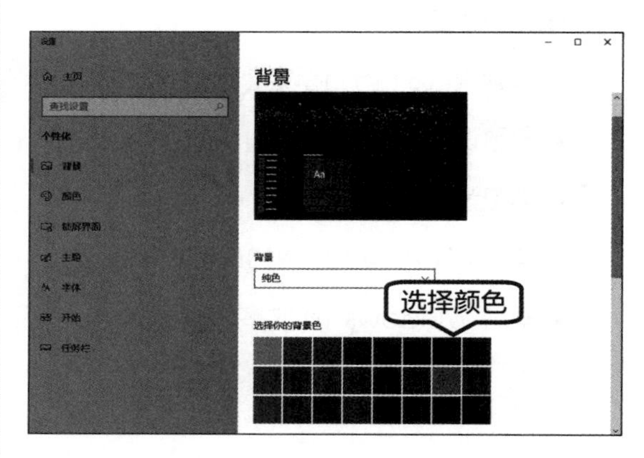

第 5 步 如果觉得同一桌面背景单调，可以使用“幻灯片放映”模式。单击【背景】下拉按钮，在弹出的列表中选择【幻灯片放映】选项，然

后可以在下方区域设置图片的刷新时间，播放顺序及契合度等。

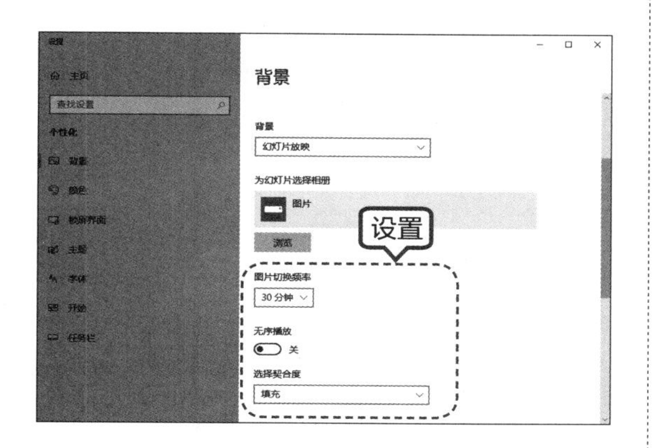

第6步 默认选择并放映的是【图片】文件夹内图片，如果要自定义图片文件夹，可以单击【浏览】按钮，在弹出的【选择文件夹】对话框中选择图片所在的文件夹后，单击【选择此文件夹】按钮，完成设置。

3.1.2 设置锁屏界面

用户可以根据自己的喜好，设置锁屏界面的背景、显示状态的应用等，具体操作步骤如下。

第1步 打开【个性化】窗口，单击【锁屏界面】选项，可以将背景设置为 Windows 聚焦、图片和幻灯片放映三种方式。设置为 Windows 聚焦，系统会根据用户的使用习惯联网下载精美壁纸；设置为图片形式，可以选择系统自带或电脑本地的图片设置为锁屏界面；设置为幻灯片放映，可以将自定义图片或相册设置为锁屏界面，并以幻灯片形式展示。例如这里选择【Windows 聚焦】选项。

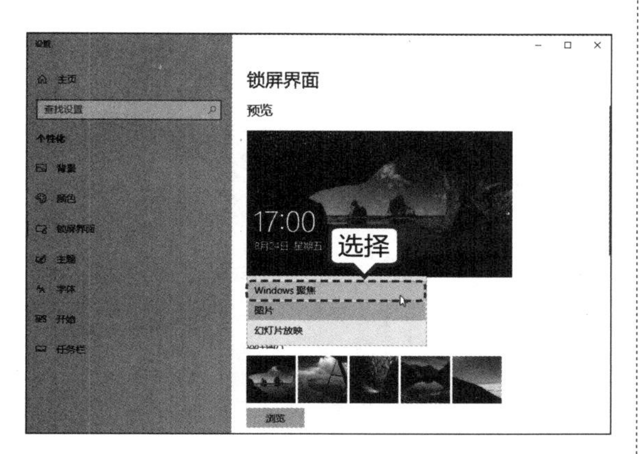

第2步 可以看到，系统正在联网加载壁纸，等待加载完毕后，即可看到 Windows 提供的壁纸效果。

第3步 按【Windows+L】组合键，打开锁定屏幕界面，即可看到设置的壁纸。

第4步 另外，也可以选择显示详细状态和快速状态应用的任意组合，向用户显示即将到来的日历事件、社交网络更新以及其他应用和系统通知。

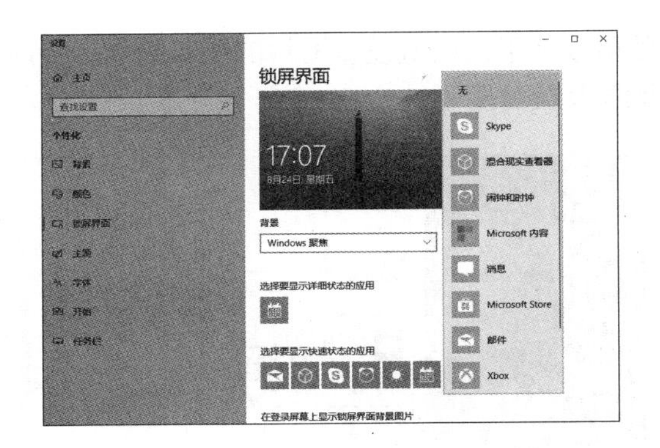

3.1.3 为桌面应用主题

系统主题是桌面背景、窗口颜色、声音及鼠标指针的组合，Windows 10采用了新的主题方案，无边框设计的窗口、扁平化设计的图标等，使其更具现代感。本节主要介绍如何设置系统主题。

第1步 打开【个性化】窗口，单击【主题】选项，在主题区域显示了当前主题，可单击下方的【背景】、【颜色】、【声音】或【鼠标光标】选项，对它们进行自定义。例如，这里单击【颜色】选项。

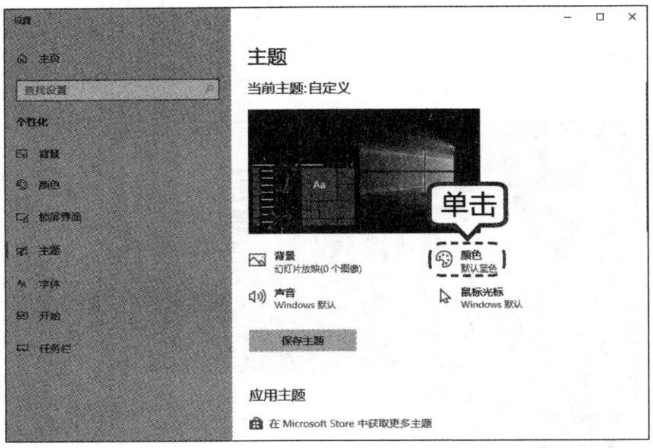

第2步 此时，即可进入【颜色】界面，用户可以选择喜欢的颜色，电脑的系统颜色即会发生变化，如面板和对话框的边框、高亮显示的文字及图标等。

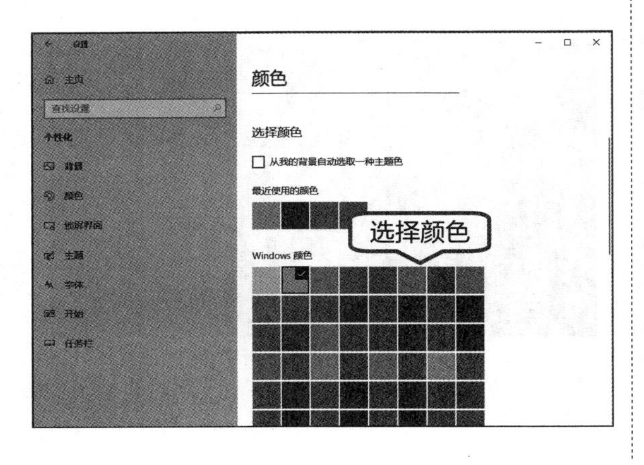

第3步 再次打开【主题】界面，在【应用主题】区域，显示了当前电脑已安装的主题列表，单击主题缩略图即可应用该主题。例如这里单击【鲜花】主题。

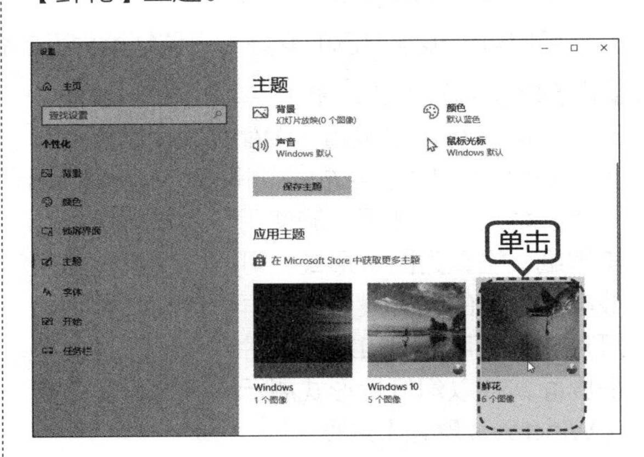

第4步 返回桌面，即可看到桌面背景、任务栏颜色等均发生了变化。

第5步 如果想获得更多主题，可以单击【在

Microsoft Store 中获取更多主题】超链接。即可打开【Microsoft Store】程序，并显示【Windows Themes】主题列表。这里单击【In the Desert】主题。

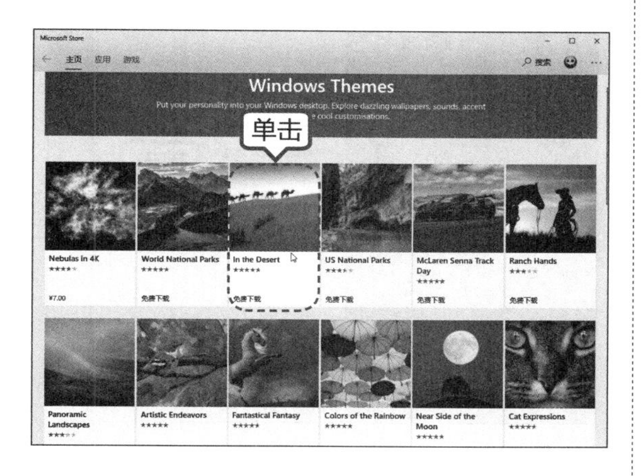

提示 要想在 Microsoft Store 中获取联机主题，需要登录 Windows 账号方可下载。账户的登录和设置可参考本章 3.4 节的内容。

第6步 进入主题详情页面，单击【获取】按钮。

提示 用户可以参照该方法，在【Microsoft Store】程序中下载并安装其他应用程序。

第7步 此时，即可获取认可并下载该主题，屏幕上会显示下载进度。

第8步 下载完成后，单击【启动】按钮。

第9步 此时，即可转到【主题】界面中，单击新安装的主题。

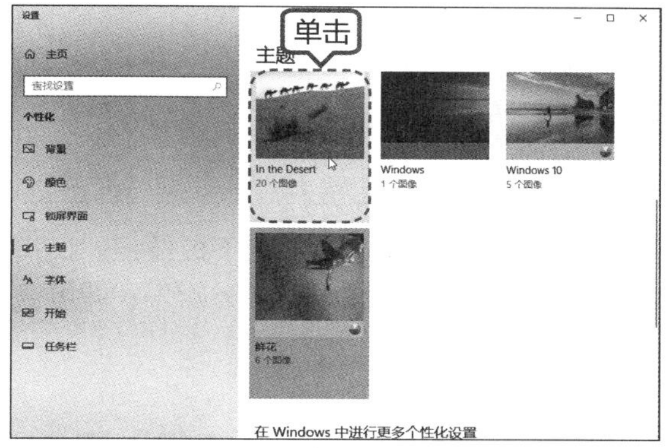

第10步 按【Windows+D】组合键，显示电脑桌面，即可看到应用后的效果。

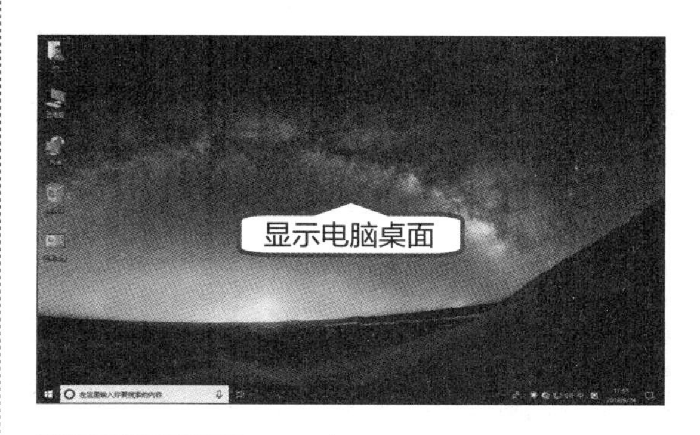

提示 对于包含多个图像的主题，在桌面空白处单击鼠标右键，在弹出的快捷菜单中单击【下一个桌面背景】命令，即可切换背景效果。

3.1.4 设置屏幕分辨率

屏幕分辨率指的是屏幕上显示的文本和图像的清晰度。分辨率越高，项目越清楚，同时屏幕上的项目越小，因此屏幕可以容纳越多的项目。分辨率越低，在屏幕上显示的项目越少，但尺寸越大。设置适当的分辨率，有助于提高屏幕上图像的清晰度。具体操作步骤如下。

第 1 步 在桌面上空白处右击，在弹出的快捷菜单中选择【显示设置】菜单命令，即可打开【设置—显示】面板。

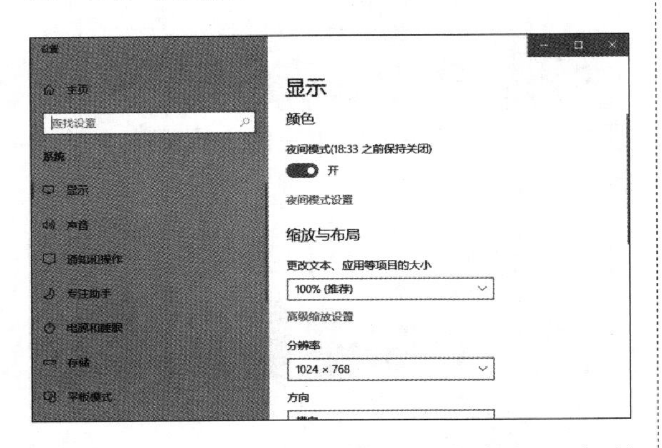

第 2 步 单击【分辨率】右侧的下拉按钮，在弹出的分辨率列表中选择适合的分辨率，即可快速应用。

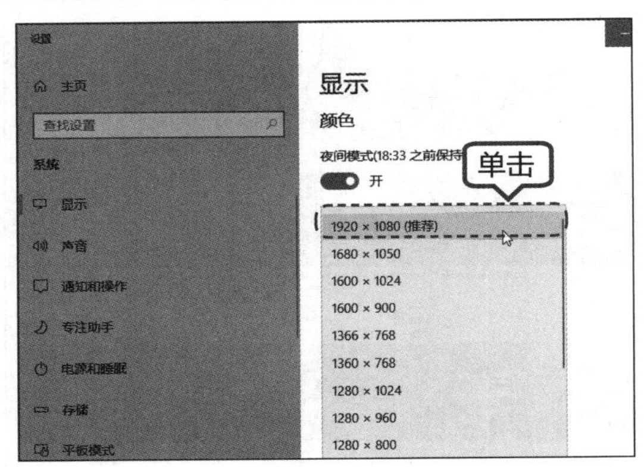

> **提示** 在显卡驱动安装正常的情况下，建议用户选择推荐的分辨率。如果将监视器设置为它不支持的屏幕分辨率，那么该屏幕在几秒内将变为黑色，监视器则还原至原始分辨率。

3.1.5 设置显示为“夜间”模式

电脑显示器会发出一种蓝光，它会对眼睛造成一些危害，尤其是在夜晚的时候。Windows 10 提供了“夜间”模式，可以使显示器呈现一种更加舒服的暖色调，减少蓝光，避免对眼睛造成过大损害。

第 1 步 单击【操作中心】按钮▭，打开操作中心，单击【夜间模式】图标，即可开启夜间模式。如果需要关闭，再次单击即可。

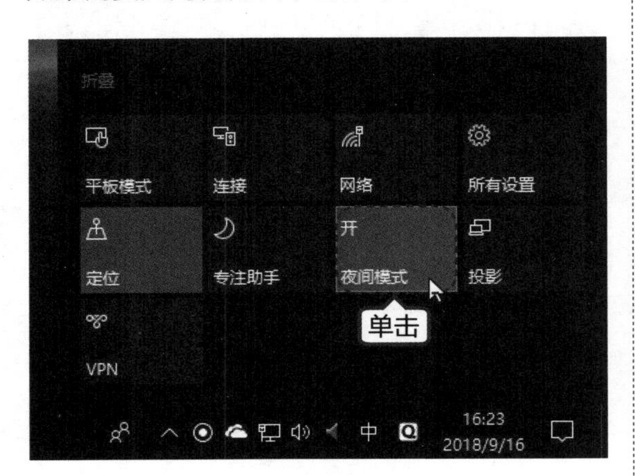

第 2 步 右键单击【夜间模式】图标，在弹出的快捷菜单中选择【转到“设置”】命令。

第3步 此时，即可进入【设置—显示】面板，然后单击【夜间模式设置】超链接。

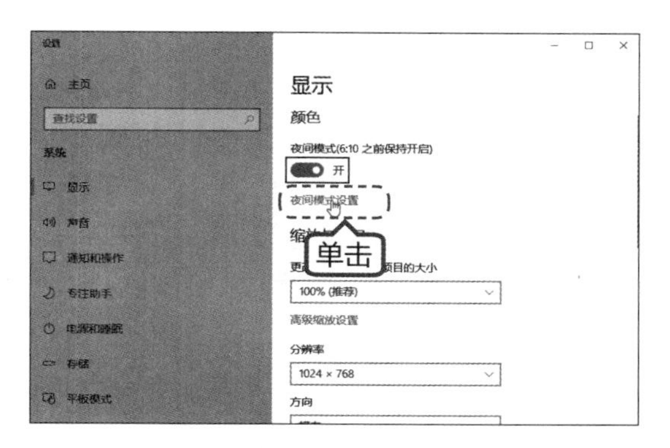

第4步 进入“夜间模式设置”面板，可以拖曳【夜间色温】下的滑块调整色温，向左拖曳颜色更重，向右拖曳则颜色浅一些。

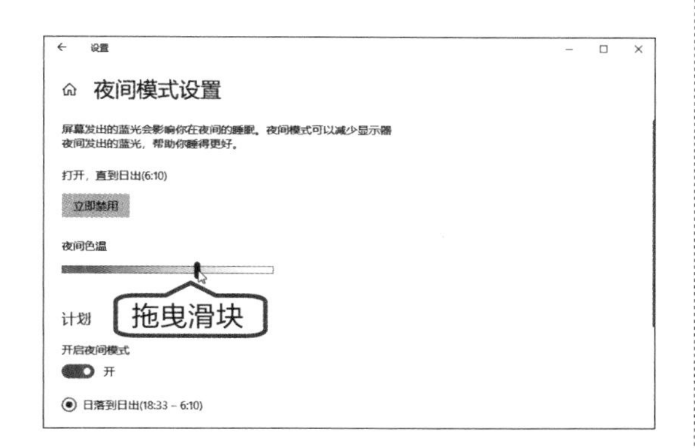

第5步 另外，在【计划】区域下，可以设置“开启夜间模式”的计划。

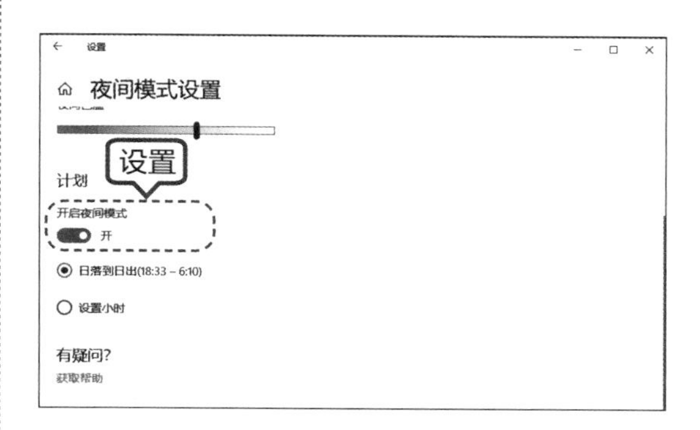

第6步 单击选中【设置小时】选项，设置自己想要打开夜间模式的时间，输入夜间模式打开或关闭的时间即可。

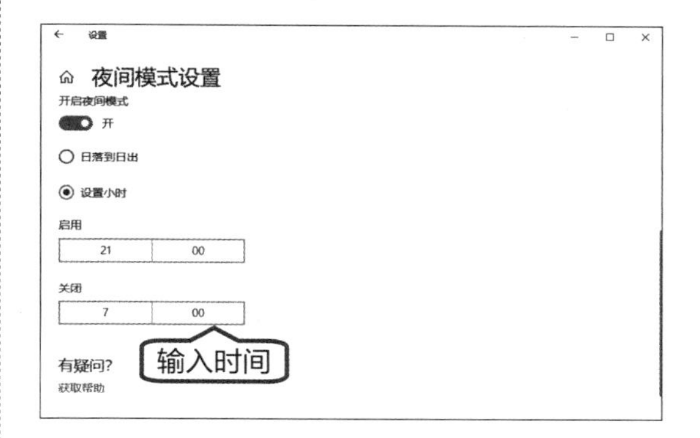

3.2 设置桌面图标

在 Windows 10 操作系统中，所有的文件、文件夹以及应用程序都由形象化的图标表示。桌面上的图标被称为桌面图标，双击桌面图标可以快速打开相应的文件、文件夹或应用程序。本节将介绍桌面图标的基本操作。

3.2.1 添加桌面图标

为了方便使用，用户可以将文件、文件夹和应用程序的图标添加到桌面上。

1. 添加文件或文件夹图标

添加文件或文件夹图标的具体操作步骤如下。

第1步 右键单击需要添加的文件或文件夹，在弹出的快捷菜单中选择【发送到】➢【桌面快捷方式】菜单命令。

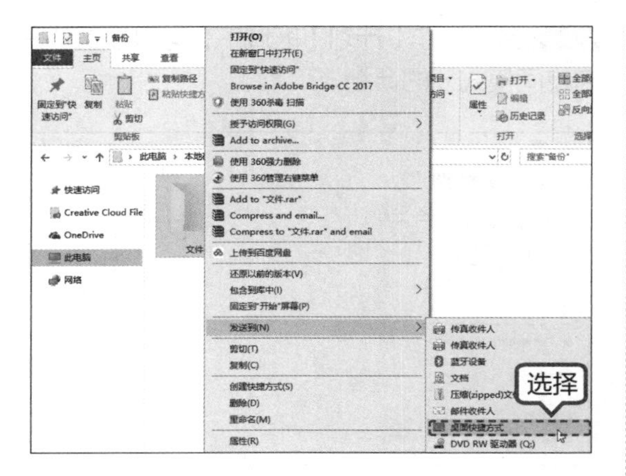

第2步 此时，该文件或文件夹图标就被添加到桌面。

2. 添加应用程序桌面图标

也可以将程序的快捷方式放置在桌面上。下面以添加【记事本】为例进行讲解，具体操作步骤如下。

第1步 单击【开始】按钮，在弹出的程序列表中，在要放置的桌面程序图标上单击鼠标右键，在弹出的快捷菜单中选择【更多】➢【打开文件位置】命令。

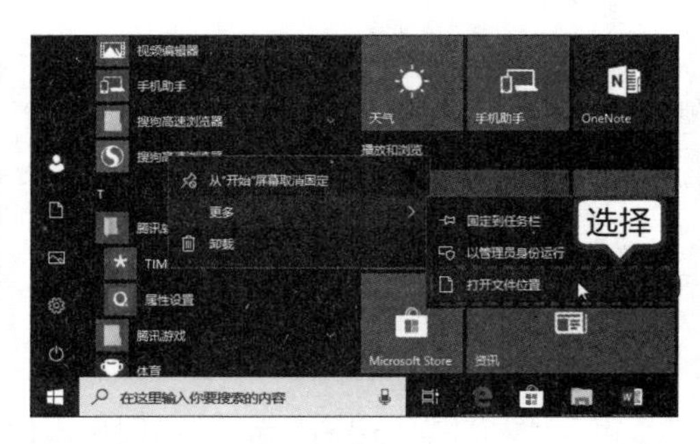

第2步 弹出如下图所示窗口，右键单击【TIM】图标，在弹出的快捷菜单中选择【发送到】➢【桌面快捷方式】命令，即可将其添加到桌面。

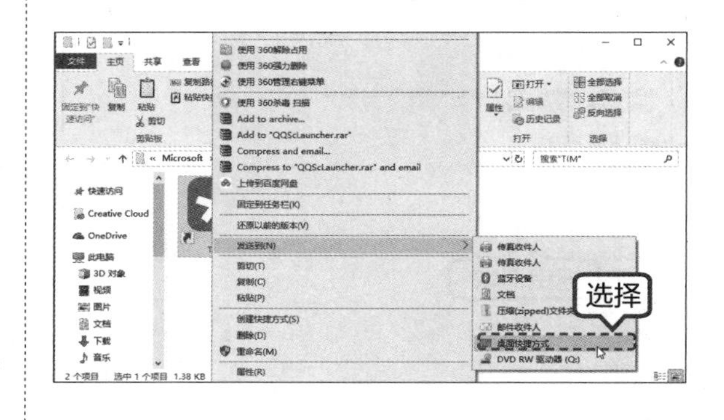

3.2.2 删除桌面图标

对于不常用的桌面图标，用户可以将其删除，这样有利于管理，也使桌面看起来更简洁美观。

1. 使用【删除】命令

在桌面上选择要删除的桌面图标，右键单击并在弹出的快捷菜单中选择【删除】菜单命令，即可将其删除。

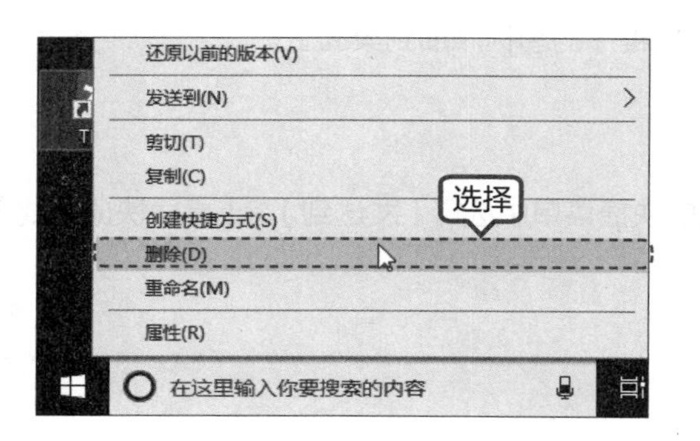

提示 删除的图标将被放在【回收站】中，用户可以将其还原。

2. 利用快捷键删除

选择需要删除的桌面图标，按下【Delete】键，即可快速将该图标删除。

如果想彻底删除桌面图标，按下【Delete】键的同时按下【Shift】键，此时会弹出【删除快捷方式】对话框，提示“你确定要永久删除此快捷方式吗？”，单击【是】按钮即可。

3.2.3 设置桌面图标的大小和排列方式

如果桌面上的图标比较多，会显得很乱，这时可以通过设置桌面图标的大小和排列方式等来整理桌面。具体操作步骤如下。

第 1 步 在桌面的空白处右击，在弹出的快捷菜单中选择【查看】菜单命令，在弹出的子菜单中显示了 3 种图标大小，包括大图标、中等图标和小图标。本实例选择【大图标】菜单命令。

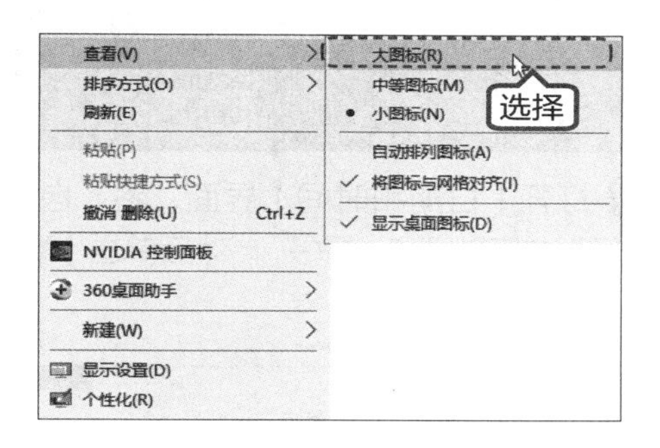

第 2 步 返回桌面，此时桌面图标已经以大图标的方式显示。

> **提示** 单击桌面任意位置，按住【Ctrl】键不放并向上滚动鼠标滑轮，则缩小图标；向下滚动鼠标滑轮，则放大图标。

第 3 步 在桌面的空白处右击，在弹出的快捷菜单中选择【排序方式】菜单命令，弹出的子菜单中有 4 种排列方式，分别为名称、大小、项目类型和修改日期。本实例选择【名称】菜单命令。

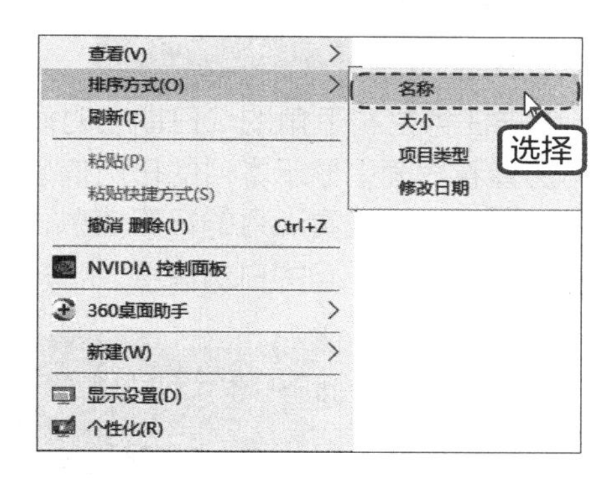

第 4 步 返回桌面，图标的排列方式将按名称进行排列，如下图所示。

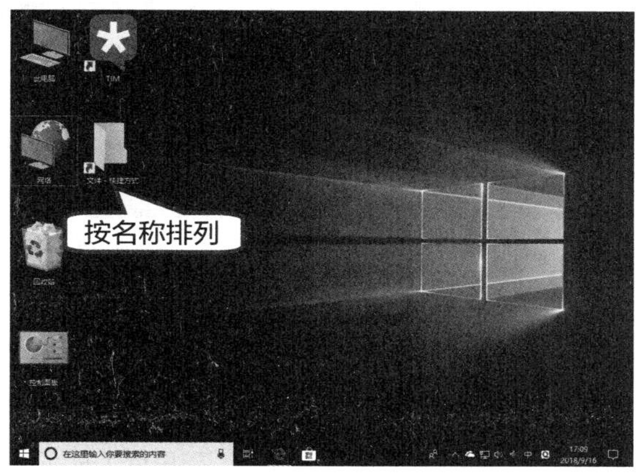

3.3 设置日期和时间

在Windows 10中，不仅可以查看日期，还可以查看农历信息、添加事件提醒以及添加闹钟等。

3.3.1 查看和调整日期和时间

用户可以查看和调整系统的日期和时间，下面介绍具体的操作步骤。

1. 查看日期和时间

日期和时间位于任务栏的右下角位置，查看日期和时间的具体步骤如下。

第1步 将鼠标指针移动到状态栏右下角的日期和时间上，即会弹出当前日期和星期提示框。

第2步 单击任务栏右下角的“日期和时间”，弹出日历查看界面，显示本月的日历信息，也可以单击^按钮来查看上月的日历信息，或者单击∨按钮来查看下月的日历信息。

2. 调整日期和时间

如果系统日期和时间和当前日期不一致，可以对其进行调整，具体步骤如下。

第1步 在任务栏右下角的“日期和时间”上右键单击，在弹出的菜单中单击【调整日期/时间】命令。

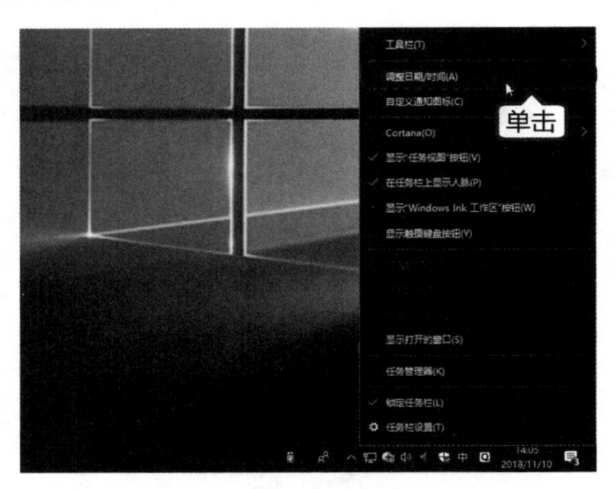

第2步 打开【日期和时间】界面，将“自动设置时间”按钮设置为“关”，然后单击【更改】按钮。

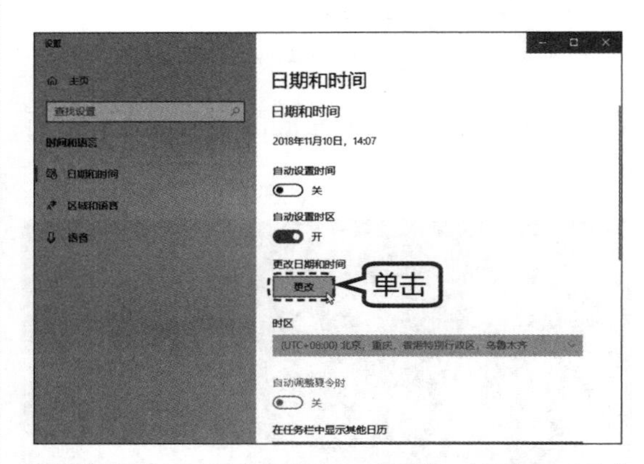

第3步 弹出【更改日期和时间】对话框，用户可以选择或手动输入时间和日期，然后单击【更改】按钮，即可更改。

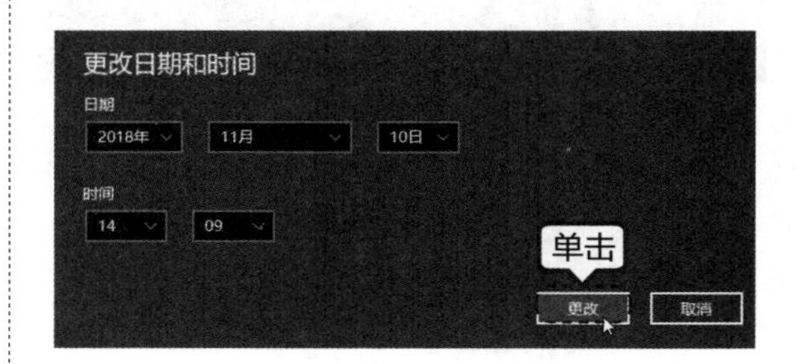

第4步 另外，Windows 10 系统可以联网并自动修改时间，将“自动设置时间”开关按钮设置为“开”即可。

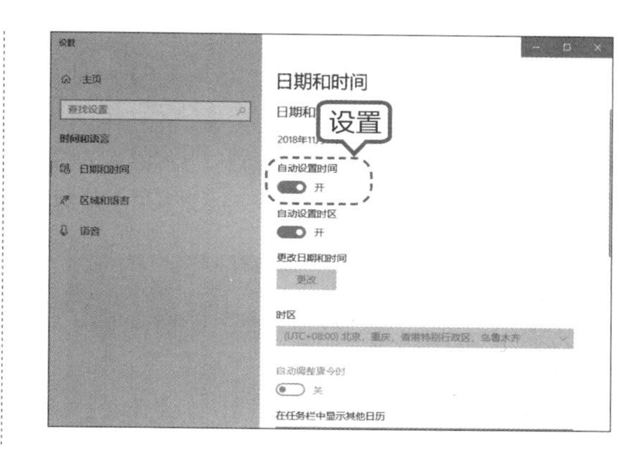

3.3.2 添加事件提醒

可以在 Windows 10 的日历中添加日程安排，以便在设定的时间做出提醒，具体步骤如下。

第1步 打开【日期和时间】界面，单击【显示日程】按钮。

第2步 此时显示日程区域，单击+按钮。

第3步 弹出【日历】面板，在【开始】选项卡下设置日程信息，然后单击【保存】按钮。

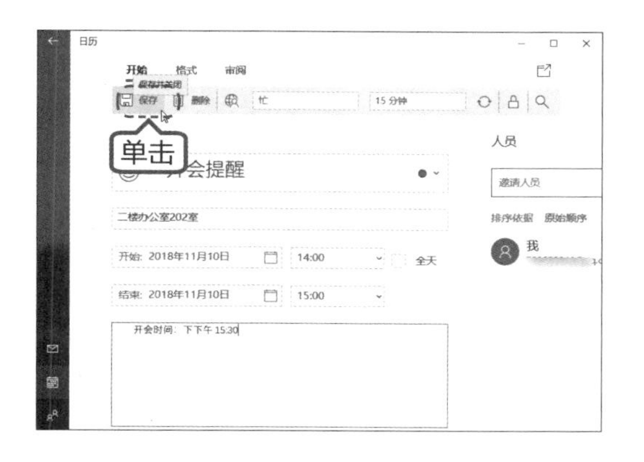

第4步 再次打开【日期和时间】界面，即可看到添加的事件提醒，如下图所示。

第5步 当到设定提醒时间时，桌面右下角即会弹出事件提醒，如下图所示。单击【推迟】按钮，会再次提醒；单击【取消】按钮，则取消提醒。

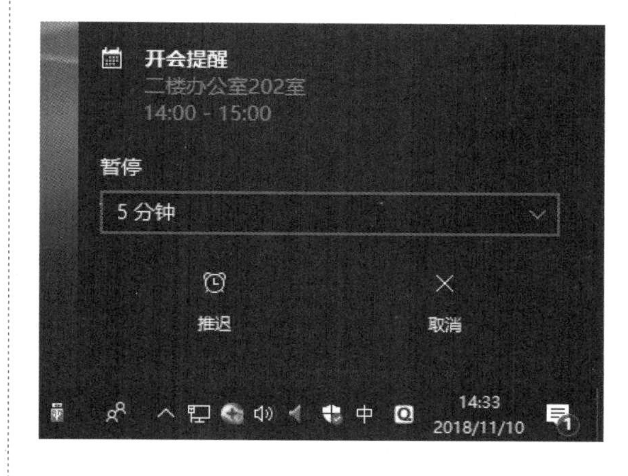

> **提示** 除了上述方法，用户还可以使用 Cortana 设置时间提醒，Cortana 的使用方法参见 8.6 节。

3.3.3 添加闹钟

添加闹钟的具体步骤如下。

第1步 按【Windows】键，打开“开始”屏幕，在所有程序列表中，选择【闹钟和时钟】应用。

第2步 打开【闹钟和时钟】应用面板，单击【添加新闹钟】按钮。

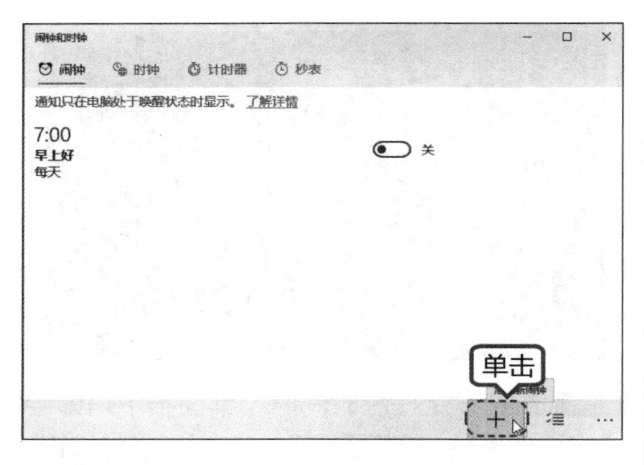

第3步 设置【新闹钟】的时间、闹钟名称、重复、声音及暂停时间等，然后单击【保存】按钮 。

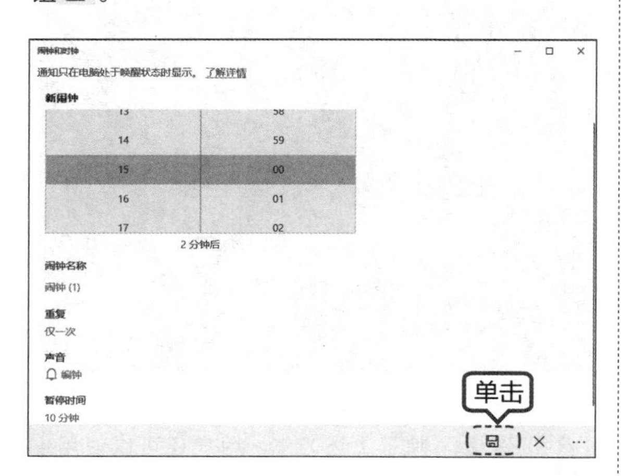

第4步 返回【闹钟】页面，即可看到添加的新闹钟，并处于开启状态。

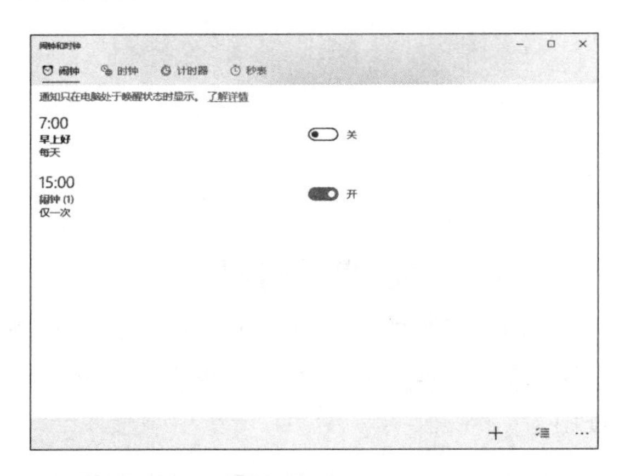

第5步 当到指定的时间时，即会弹出【闹钟】通知，如下图所示。

第6步 另外，用户也可以在【闹钟和时钟】面板中开启或关闭闹钟。

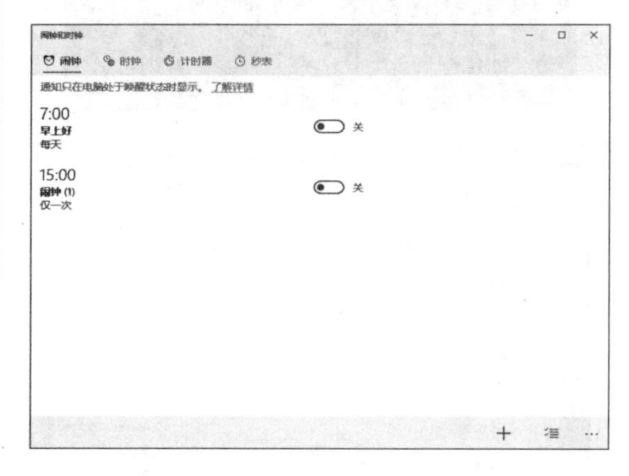

3.4 Microsoft 账户的设置

管理 Windows 用户账户是使用 Windows 10 系统的第一步。

3.4.1 认识 Microsoft 账户

Windows 10 系统中集成了很多 Microsoft 服务，但都需要使用 Microsoft 账户才能使用这些服务。

使用 Microsoft 账户可以登录并使用任何 Microsoft 应用程序和服务，如 Outlook.com、Hotmail、Office 365、OneDrive、Skype、Xbox 等，而且登录 Microsoft 账户后，还可以在多个 Windows 10 设备上同步设置和操作内容。

用户使用 Microsoft 账户登录本地计算机后，部分 Modern 应用启动时默认使用 Microsoft 账户，如 Windows 应用商店，使用 Microsoft 账户才能购买并下载 Modern 应用程序。

3.4.2 注册并登录 Microsoft 账户

在首次使用 Windows 10 时，系统会以计算机的名称创建本地账户，如果需要改用 Microsoft 账户，就需要注册并登录 Microsoft 账户。具体操作步骤如下。

第1步 按【Windows】键，弹出“开始”菜单，单击本地账户头像，在弹出的快捷菜单中单击【更改账户设置】命令。

第2步 在弹出的【设置—账户信息】界面中，单击【改用 Microsoft 账户登录】超链接。

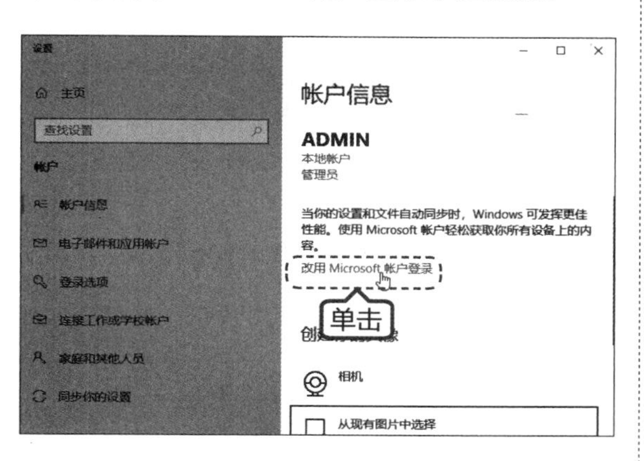

第3步 弹出【个性化设置】对话框，输入 Microsoft 账户，单击【下一步】按钮即可。如果没有 Microsoft 账户，则单击【创建一个】超链接。这里单击【创建一个】超链接。

第4步 弹出【让我们来创建你的账户】对话框，在文本框中输入相应的信息，包括邮箱地址和使用密码等，单击【下一步】按钮。

第 5 步 在弹出的【查看与你相关度最高的内容】对话框中，单击【下一步】按钮。

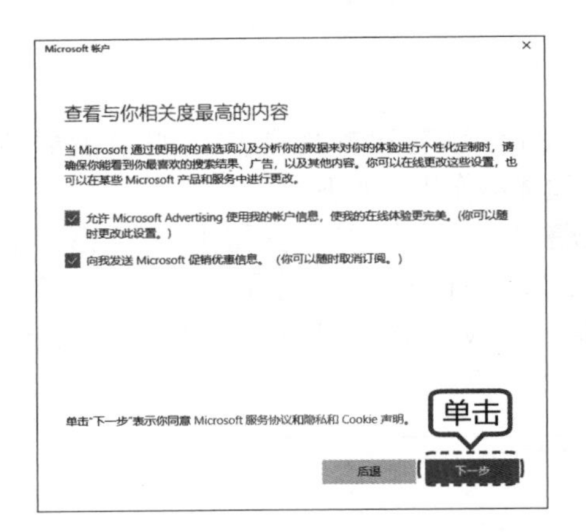

第 6 步 弹出【使用你的 Microsoft 账户登录此设备】对话框，在【旧密码】文本框中，输入设置的本地账户密码（即开机登录密码），如果没有设置密码，则无需填写，直接单击【下一步】按钮。

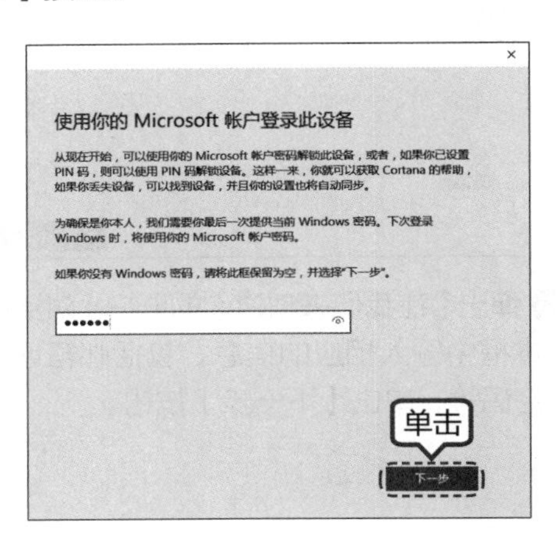

第 7 步 弹出【创建 PIN】对话框，单击【下一步】按钮。

> **提示** PIN 是为了方便用户使用移动、手持设备登录、验证身份的一种密码措施，在 Windows 8 中已被使用。设置 PIN 之后，在登录系统时，只要输入设置的数字字符，不需要按回车键或单击鼠标，即可快速登录系统，也可以访问 Microsoft 服务的应用。

第 8 步 在弹出的【设置 PIN】对话框中，输入新 PIN 码，并再次输入确认 PIN 码，单击【确定】按钮。

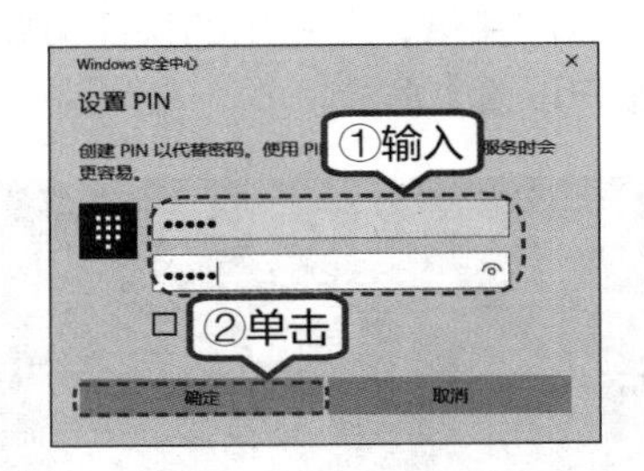

> **提示** PIN 码最少为 4 位数字字符，如果要包含字母和符号，请勾选【包括字母和符号】复选框。Windows 10 最多支持 32 位字符。

第 9 步 设置完成后，即可在【账户信息】下看到登录的账户信息。微软为了确保用户账户的使用安全，需要对注册的邮箱或手机号进行验证，此时请单击【验证】超链接。

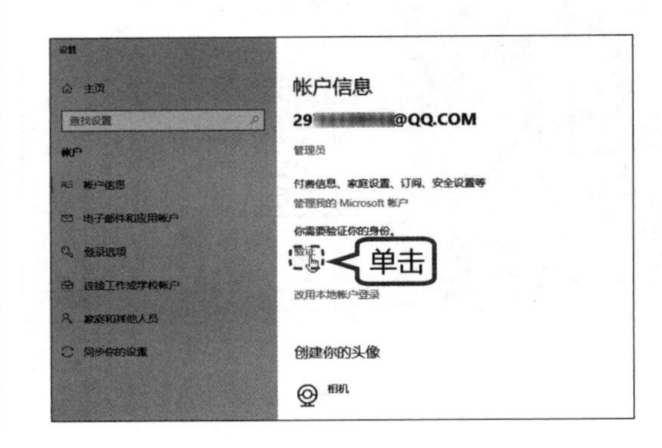

第 10 步 进入【验证你的电子邮件】对话框，输入邮箱收到的安全代码，并单击【下一步】按钮。

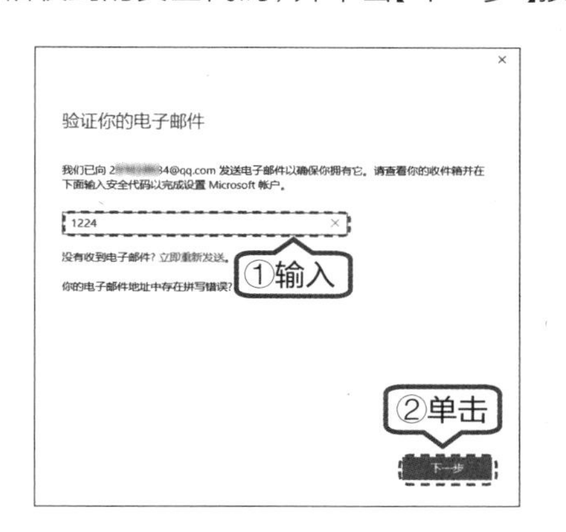

第 11 步 返回【账户信息】界面，即可看到【验证】超链接已消失，表示已完成设置，如下图所示。此时，即可正常使用该账号。

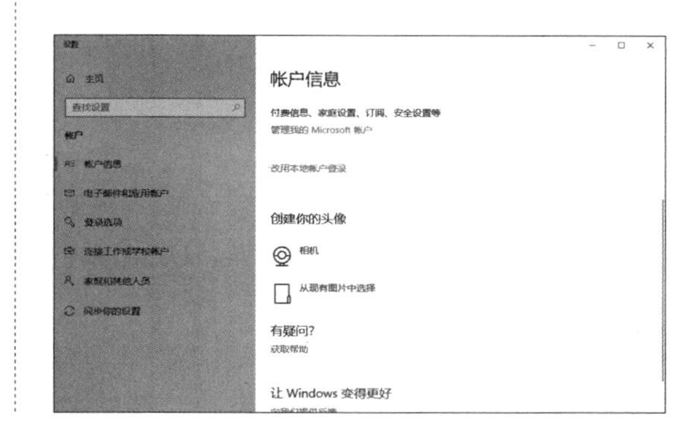

3.4.3 添加账户头像

登录 Microsoft 账户后，默认没有任何头像，用户可以将喜欢的图片设置为该账户的头像，具体操作步骤如下。

第 1 步 在【账户信息】界面，单击【创建你的头像】下的【从现有图片中选择】选项。

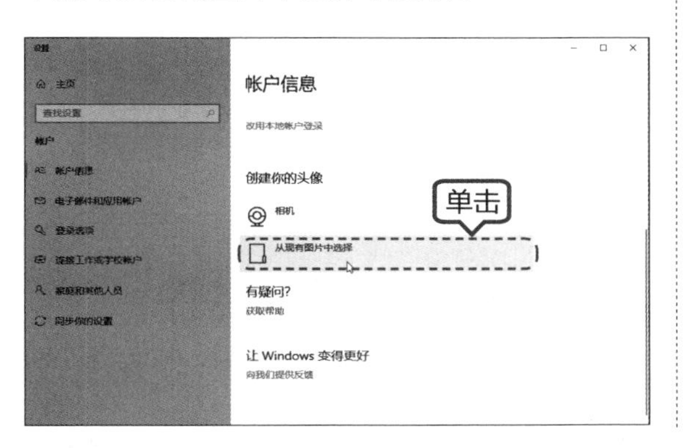

第 2 步 弹出【打开】对话框，从电脑中选择要设置的图片，然后单击【选择图片】按钮。

第 3 步 返回【账户信息】界面，即可看到设置好的头像。

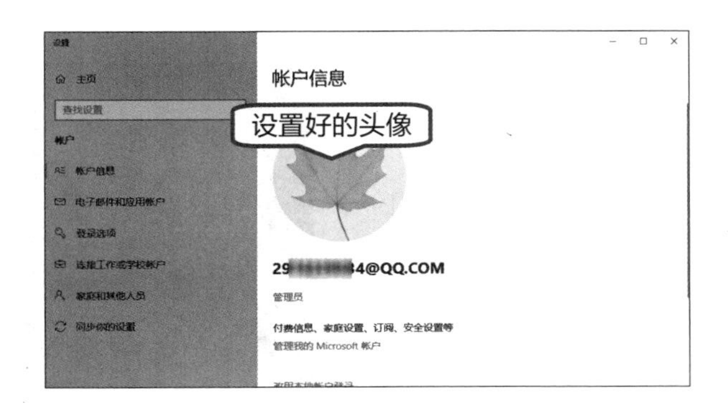

3.4.4 更改账户密码

定期更改账户密码，可以确保账户的安全，具体修改步骤如下。

第 1 步 打开【账户】对话框，单击【登录选项】选项，在其界面中，单击【密码】区域中的【更改】按钮。

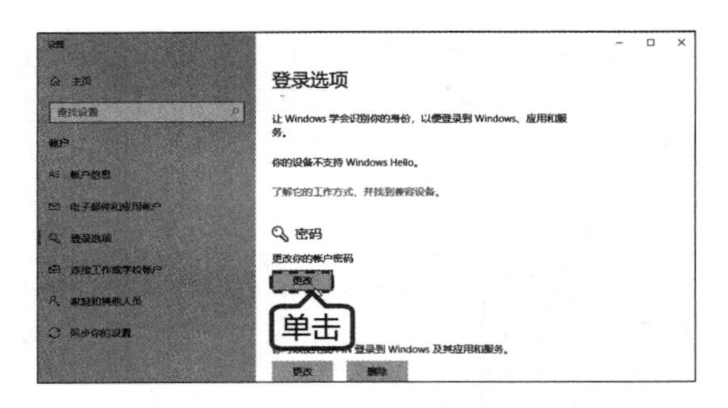

提示 按【Windows+I】组合键，打开【设置】对话框，选择【账户】图标选项，即可进入【账户】对话框。

第2步 在弹出的如下所示对话框中，输入PIN码。

第3步 自动进入【更改密码】界面，分别输入当前密码、新密码，并单击【下一步】按钮。

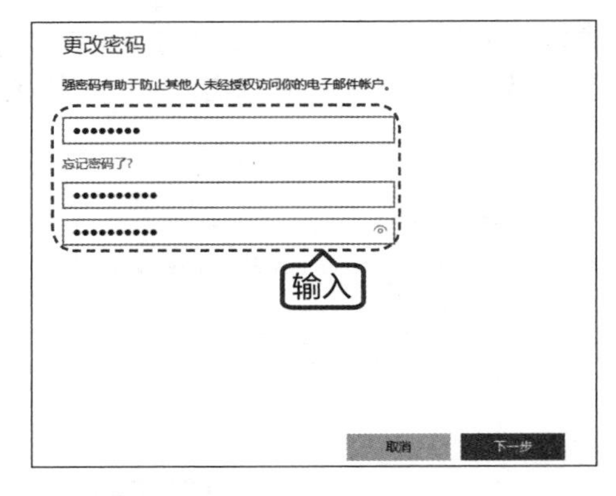

第4步 提示更改密码成功，单击【完成】按钮即可。

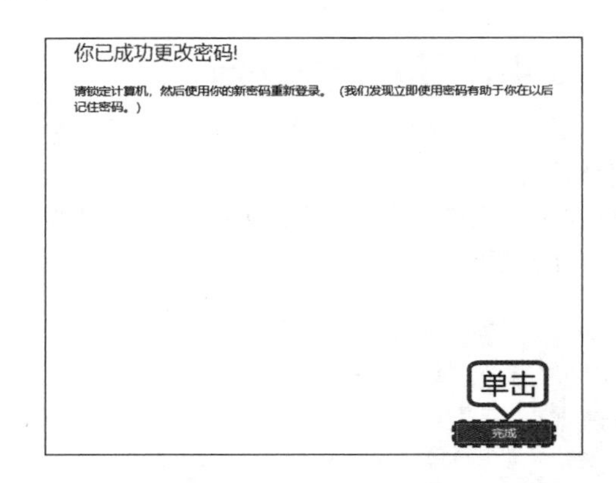

3.4.5 使用动态锁保护隐私

动态锁是Windows 10新版本中更新的一个功能，它可以通过电脑上的蓝牙和蓝牙设备（如手机、手环）配对，当离开电脑时带上蓝牙设备，并走出蓝牙覆盖范围约1分钟后，将会自动锁定你的电脑。具体设置步骤如下。

第1步 首先确保电脑支持蓝牙，并打开手机的蓝牙功能。然后打开【设置】➢【设备】➢【蓝牙和其他设备】选项，先将【蓝牙】下方的按钮设置为【开】，然后单击【添加蓝牙或其他设备】按钮。

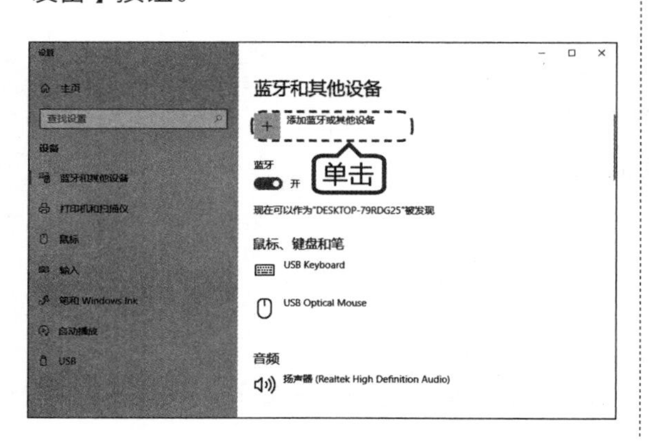

第2步 在弹出的【添加设备】对话框中，单击【蓝牙】选项。

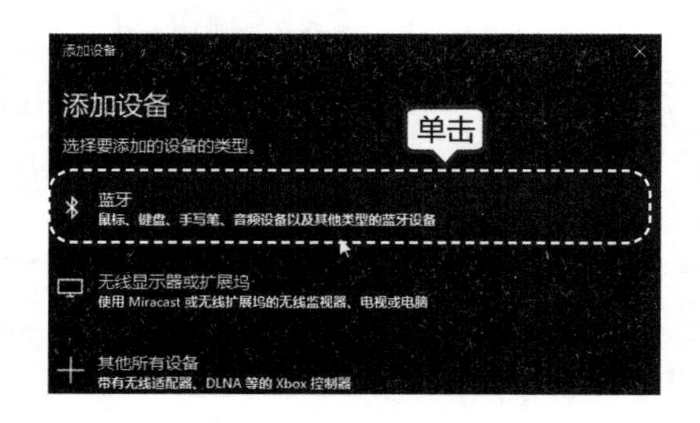

第3步 在可连接的设备列表中，选择要连接的设备，这里选择连接手机。

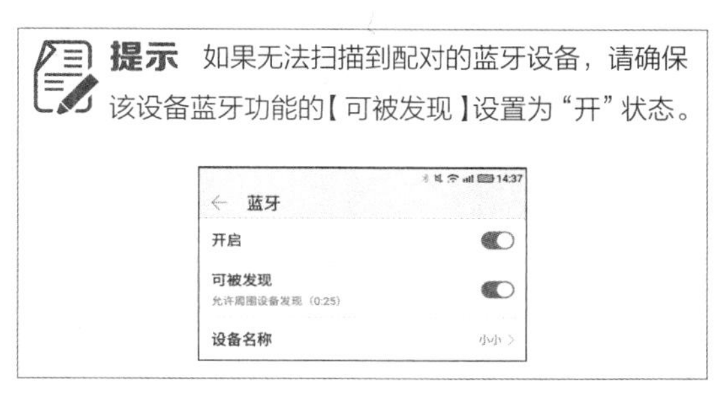

提示 如果无法扫描到配对的蓝牙设备，请确保该设备蓝牙功能的【可被发现】设置为“开”状态。

第4步 在弹出匹配信息时，分别单击手机和电脑上弹出对话框中的【连接】按钮。

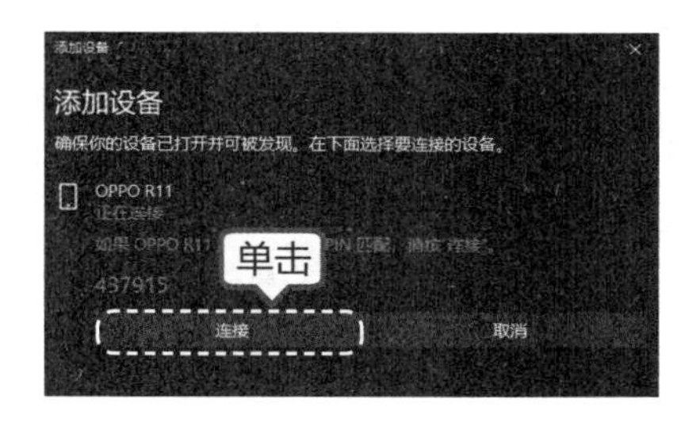

第5步 如果提示配对成功，则单击【已完成】按钮。

第6步 打开【设置】➢【账户】➢【登录选项】选项，在“动态锁”下方，勾选【允许 Windows 在你离开时自动锁定设备】复选框即可完成设置。此时，当走出蓝牙覆盖范围后不久，Windows Hello 便可以通过已与你的设备配对的手机进行自动锁定。

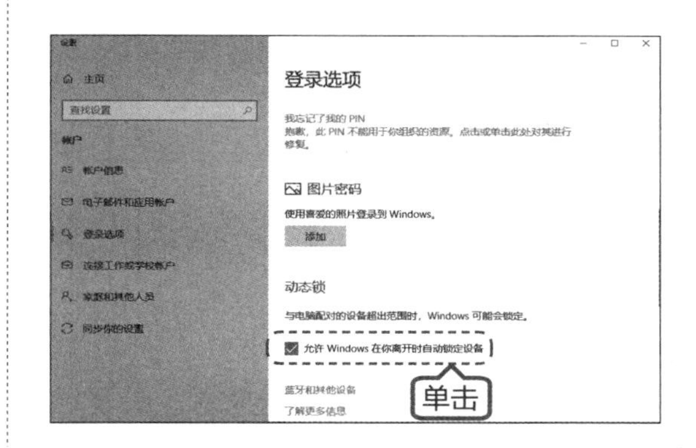

3.4.6 使用图片密码

图片密码是 Windows 10 中集成的一种新的密码登录方式，用户可以选择一张图片并绘制一组手势，在登录系统时，通过绘制与之相同的手势，即可登录系统。具体操作步骤如下。

第1步 在【账户】界面，单击【登录选项】选项，然后单击【图片密码】区域下方的【添加】按钮。

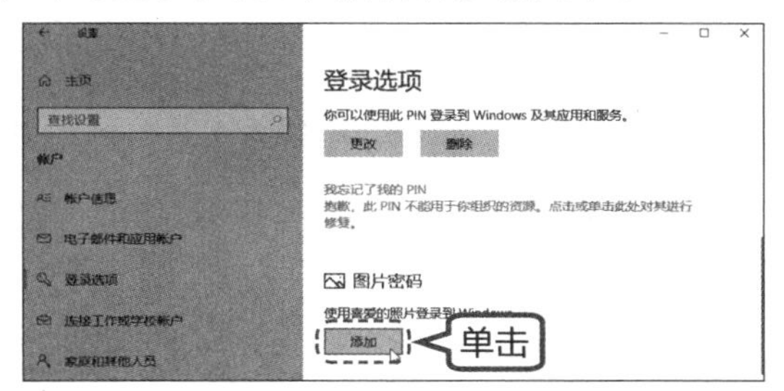

第2步 进入图片密码设置界面，首先弹出【创建图片密码】对话框，在【密码】文本框中输入当前账户密码，并单击【确定】按钮。

第3步 如果是第一次使用图片密码，系统会在界面左侧介绍如何创建手势，右侧为创建手势的演示动画。清楚如何绘制手势后，单击【选择图片】按钮。

第4步 选择图片后，系统会提示是否使用该图片，用户可以通过拖曳图片来确定它的显示区域。单击【使用此图片】按钮，即开始创建手势组合；单击【选择新图片】按钮，则可以重新选取图片。

第5步 进入【设置你的手势】界面，用户可以依次绘制3个手势，手势可以使用圆、直线和点等。界面左侧的3个数字显示创建至第几个手势，完成后这3个手势将成为图片的密码。

第6步 进入【确认你的手势】界面，重新绘制手势进行验证。

第7步 验证通过后，会提示图片密码创建成功；如果验证失败，系统则会演示创建的手势组合，重新验证即可。提示创建成功后，单击【完成】按钮关闭该窗口，完成创建。

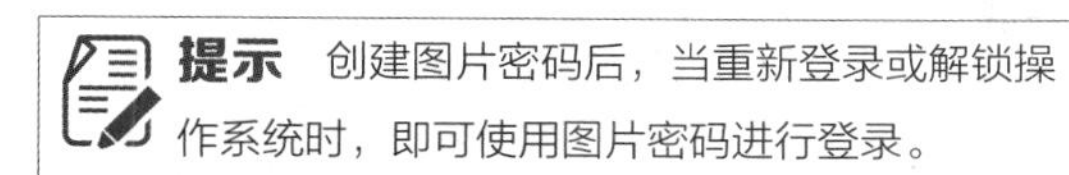
提示 创建图片密码后，当重新登录或解锁操作系统时，即可使用图片密码进行登录。

用户也可以单击【登录选项】按钮，使用密码或 PIN 登录操作系统。如果图片密码登录输入次数达到 5 次，则不能再使用图片密码登录，只能使用密码或 PIN 进行登录。

3.5 Windows 10 的多任务处理

Windows 10 系统的多任务处理功能，可以提高用户的电脑使用效率，如贴靠窗口、虚拟桌面和时间线等。下面将介绍它们的使用方法。

3.5.1 多任务窗口贴靠显示

在 Windows 10 中，如果需要同时处理两个窗口，可以使用贴靠功能，使屏幕上同时显示两个不同应用程序的窗口，从而大大提高工作效率。

第1步 单击并按住一个窗口的标题栏，拖曳至屏幕左右边缘或角落位置，窗口会出现气泡，此时松开鼠标，窗口即会贴边显示。其他窗口则以缩略图的形式显示。

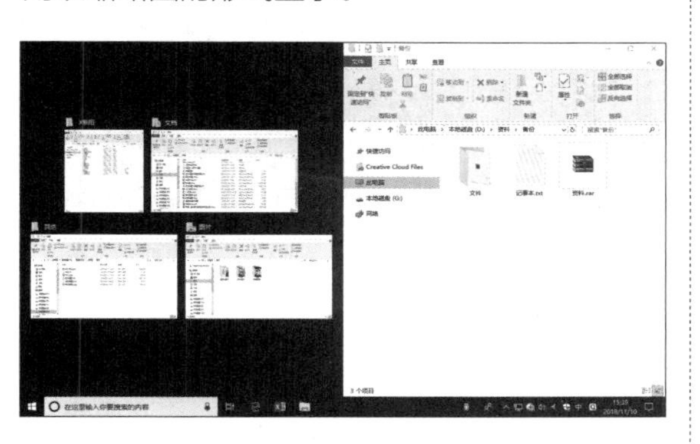

第2步 在左侧缩略图中，选择一个要对比查看的窗口，即可打开查看，如下图所示。

3.5.2 多任务不干扰的“虚拟桌面”

虚拟桌面是 Windows 10 操作系统中新增的功能，可以创建多个传统桌面环境，在不同的虚拟桌面中，放置不同的窗口，从而给用户带来更多的桌面使用空间。

第1步 单击任务栏上的【任务视图】按钮或者按【Windows+Tab】组合键，即可显示当前桌面环境中的窗口，用户可单击不同的窗口进行切换，或者关闭该窗口。如果要创建虚拟桌面，单击左上角的【新建桌面】选项。

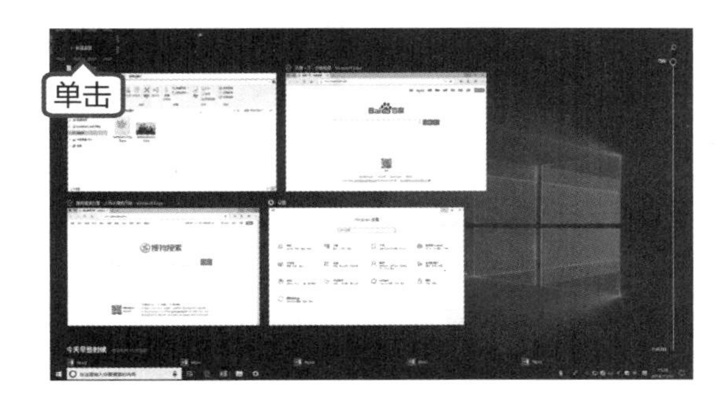

第2步 此时，即可看到创建的虚拟桌面列表。用户可以单击【新建桌面】选项创建多个虚拟桌面，且没有数量限制。按【Windows+Ctrl+左/右方向】组合键，可以快速切换虚拟桌面。

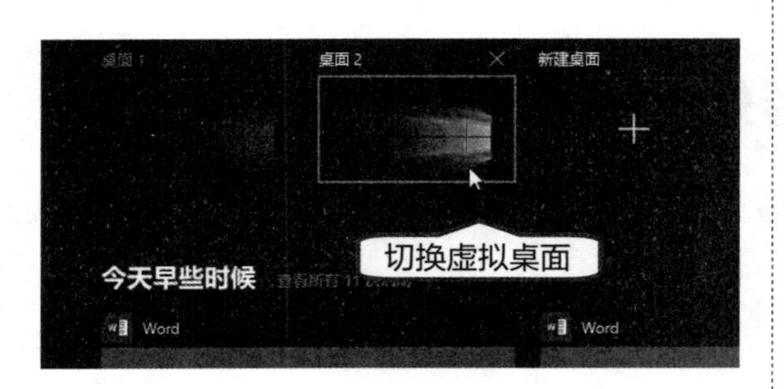

提示 按【Windows+Ctrl+D】组合键也可以快速创建虚拟桌面。

第3步 创建虚拟桌面后，用户可以单击不同的虚拟桌面缩略图，如在“桌面2”中打开了某些程序，就会在这个桌面上显示，如下图所示。

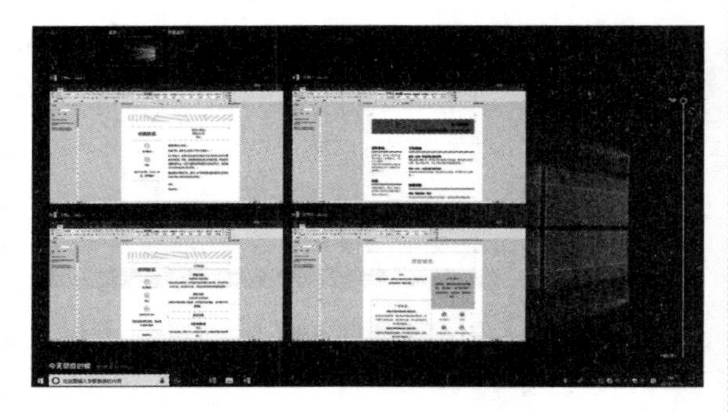

第4步 虽然虚拟桌面之间并不冲突，但是用户可以将任意一个桌面上的窗口移动到另外一个桌面上。右键单击要移动的窗口，在弹出的快捷菜单中选择【移动到】菜单命令，然后在子菜单中选择要移动的桌面，此处选择“桌面1”，单击即可。

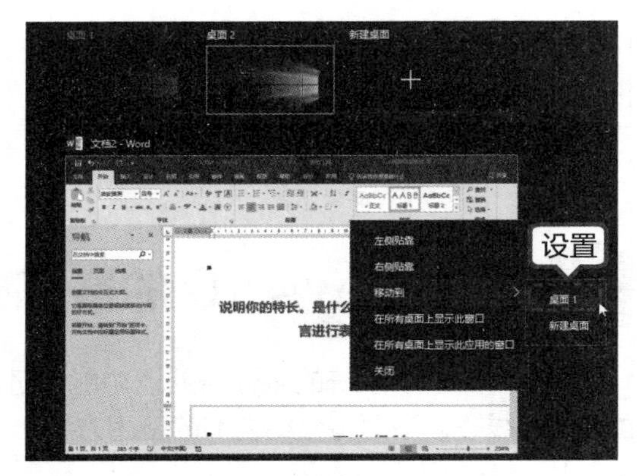

提示 用户也可以选择要移动的窗口，单击并按住鼠标左键，将其拖曳至其他桌面完成移动。

第5步 如果要关闭虚拟桌面，单击虚拟桌面列表右上角的关闭按钮即可，也可以在要删除的虚拟桌面环境中按【Windows+Ctrl+F4】组合键关闭。

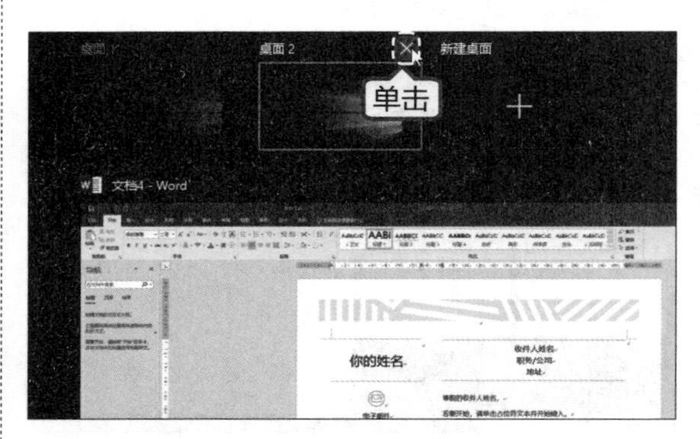

第6步 此时，“桌面2”中打开的程序会合并到“桌面1”中，如下图所示。

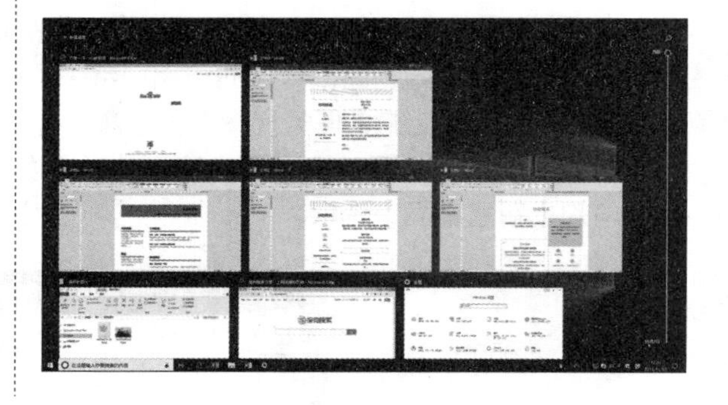

3.5.3 返回时间线中过去的活动

Windows 10新版本中推出了时间线功能，它是一个基于时间的新任务视图。开启时间线后，可以跟踪用户在Windows 10上所做的事情，例如访问的文件、浏览器、文件夹、文档、应用程序等，就像历史记录一样，可以保留用户浏览的任何记录，并且可以立即跳回到特定的文件、网页或浏览器中，这样用户就再也不用为自己是否保存工作而担心了。

不过时间线并不是所有活动都可以跟踪，仅适用于商店中的 Microsoft 产品或应用程序。如果以其他浏览器作为默认浏览器，则时间线就无法准确跟踪它的记录。

1. 查看时间线上的活动

默认情况下，时间线会显示用户从今天早些时候或者过去某个特定日期起操作内容的快照。用户可以打开任务视图查看时间线上的活动，具体步骤如下。

第1步 单击任务栏中的【任务视图】按钮或者按【Windows+Tab】组合键。

第2步 此时，即可快速打开任务视图，在桌面上侧显示了当前已开启的应用程序和所有活动的卡片式缩略图。拖曳右侧的轴或者向下滚动鼠标滑轮，即可浏览时间轴上的历史活动，如下图所示。

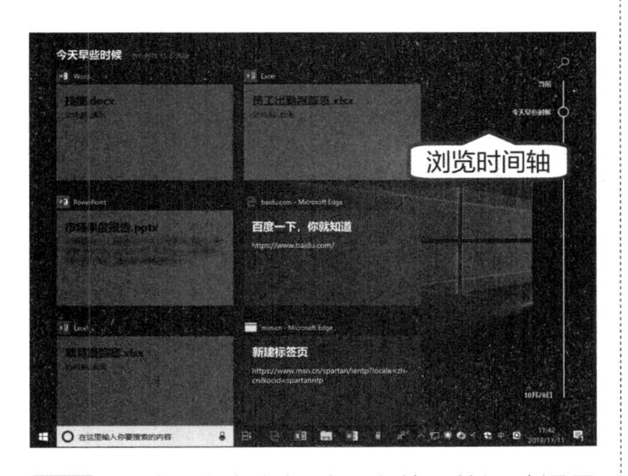

第3步 当时间线中有超过一定数量的活动记录时，时间线上会显示一个链接，该链接将被标记为“查看所有 × 次活动”。单击该链接，会展开一个详细的时间线，并且显示每小时的活动，可向下拖曳，查看其他时间段活动记录。

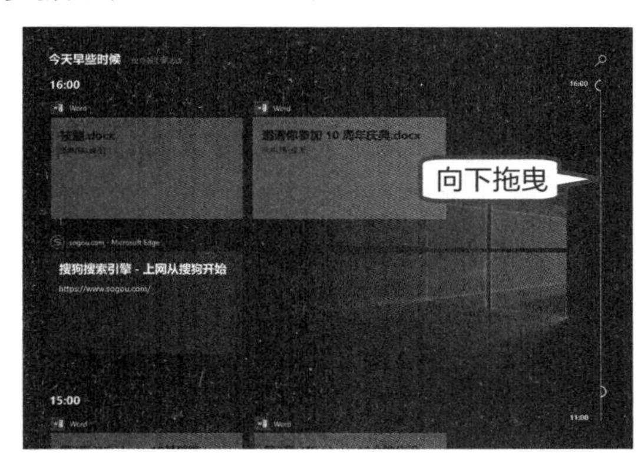

第4步 再次单击【仅查看主要活动】链接，即可返回【任务视图】窗口，可以向下拖曳查看其他日期的历史活动。

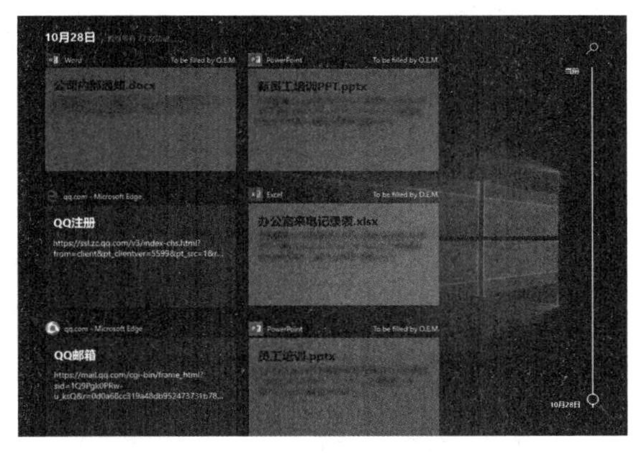

第5步 如果时间线上的活动过多，可以通过右上角的【搜索】按钮进行查看。单击该按钮，输入要搜索的历史活动，即可搜索出相关结果，如下图所示。

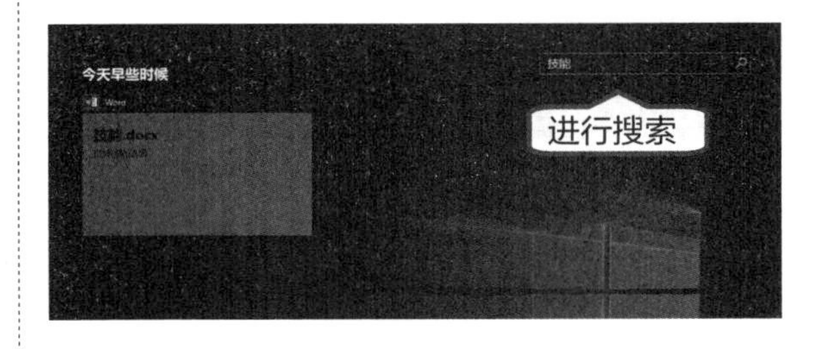

第6步 如果要查看某个历史活动，单击该活动卡片即可查看，如下图所示。

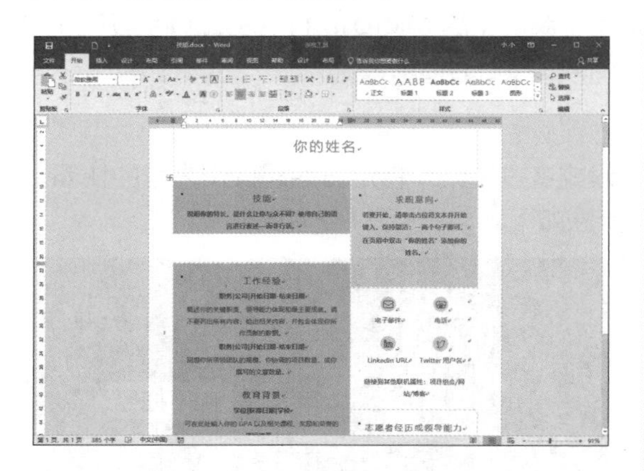

2. 清除时间线上的记录

如果不希望别人看到自己的历史活动记录，可以根据需要对其进行删除，具体步骤如下。

第1步 删除某项活动。在时间线窗口，选择要删除的活动记录，并右键单击活动卡，在弹出的快捷菜单中选择【删除】命令，即可删除该项记录。

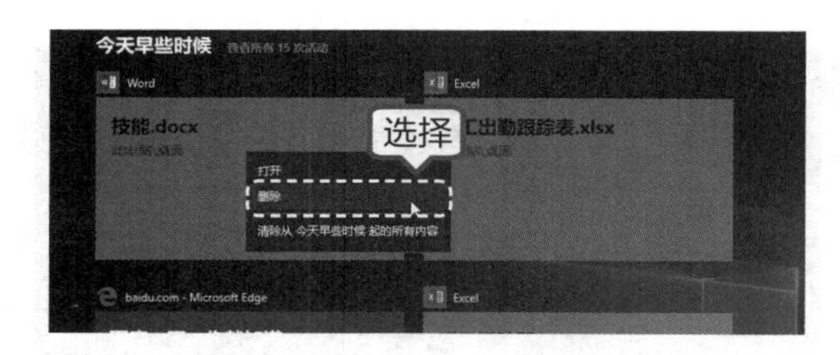

第2步 如果要删除某一天的所有活动记录，右键单击该日期下的任一活动卡，在弹出的菜单中选择【清除从 ×××× 起的所有内容】命令。

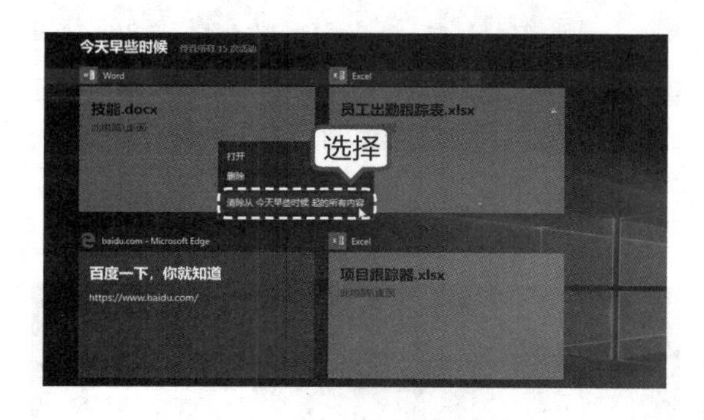

提示 其中，【清除从 ×××× 起的所有内容】命令中的“××××”是某一天的具体时间。

第3步 此时，弹出如下图所示提示框，单击【是】按钮，即可删除某一天的所有活动。

第4步 删除某一天某个时段的所有活动。进入某一天的详细时间线窗口，右键单击该时间段下的任一活动卡，在弹出的快捷菜单中选择【清除从 ×× 起的所有内容】命令，在弹出的提示框中，单击【是】按钮，即可删除。

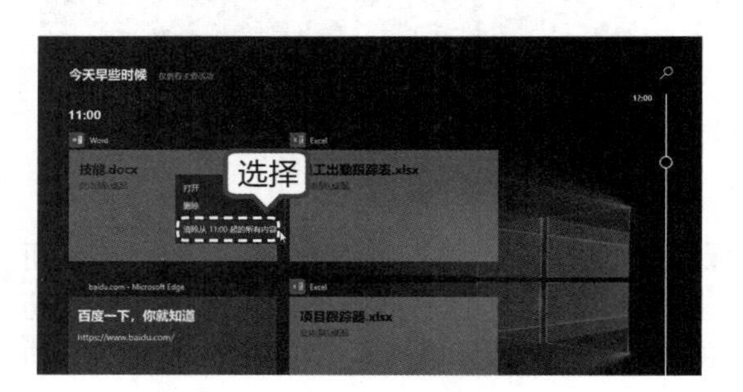

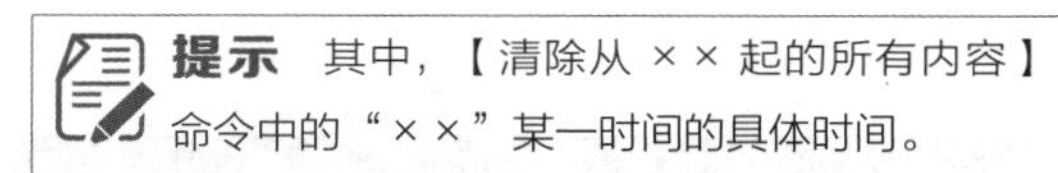

提示 其中，【清除从 ×× 起的所有内容】命令中的“××”某一时间的具体时间。

3. 完全关闭时间线

如果不希望使用时间线功能，可以将其关闭，具体步骤如下。

第1步 按【Windows+I】组合键，打开【设置】面板，单击【隐私】选项。

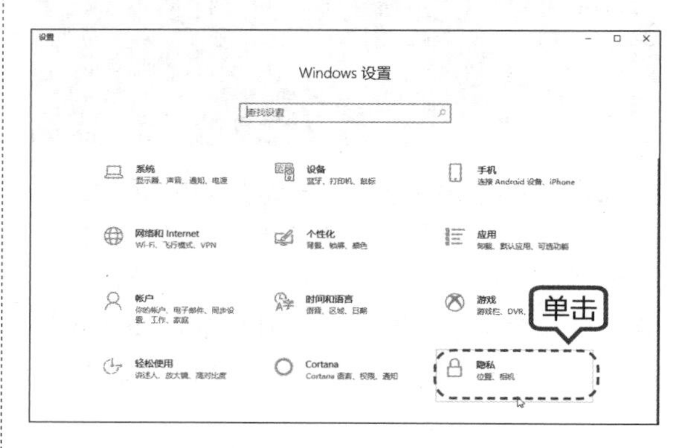

第2步 在弹出的【设置—隐私】面板中，选择左侧列表中的【活动历史记录】选项，并在显示的右侧区域中，将【显示账户活动】下的按钮设置为“关”。

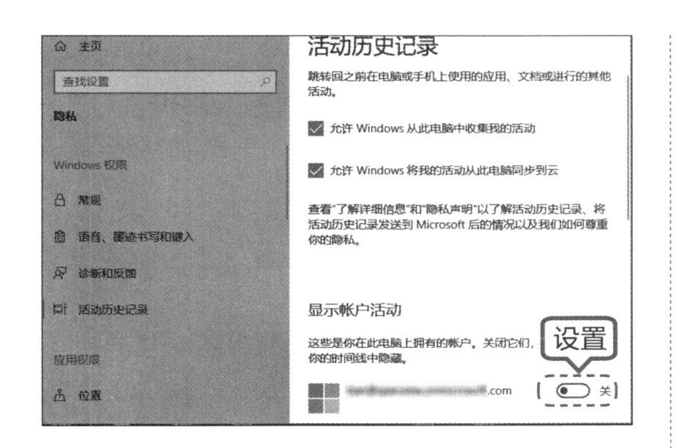

> **提示** 若要停止在本地保存活动历史记录，取消勾选【允许 Windows 从此电脑中收集我的活动】复选框。如果关闭此功能，则无法使用依赖活动历史记录的任何设备上的功能，例如时间线或 Cortana 的"继续中断的工作"功能， 但用户仍可以在 Microsoft Edge 中查看浏览历史记录。

若要停止向 Microsoft 发送活动历史记录。取消勾选【允许 Windows 将我的活动从此电脑同步到云】复选框。如果关闭同步功能，则无法使用完整的 30 天的时间线，也无法使用跨设备活动。

第 3 步 再次进入【任务视图】窗口，可以看到已不显示时间线功能，如下图所示。

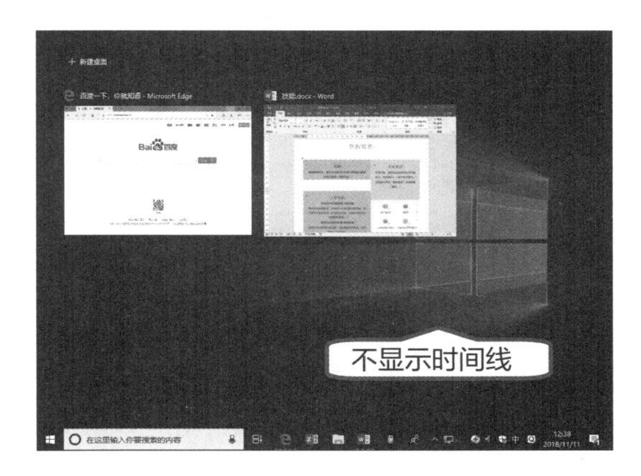

高手支招

技巧 1：调大电脑上显示的字体

用户可以将电脑上显示的字体调大，以方便阅读。具体步骤如下。

第 1 步 在桌面的空白处右击，在弹出的快捷菜单中选择【显示设置】菜单命令。

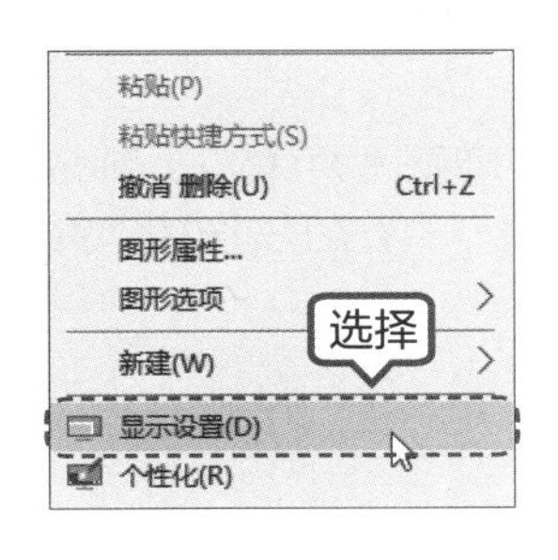

第 2 步 弹出【设置—显示】窗口，单击右侧的【更改文本、应用等项目的大小】的下拉按钮，在弹出的列表中选择【125%】选项。

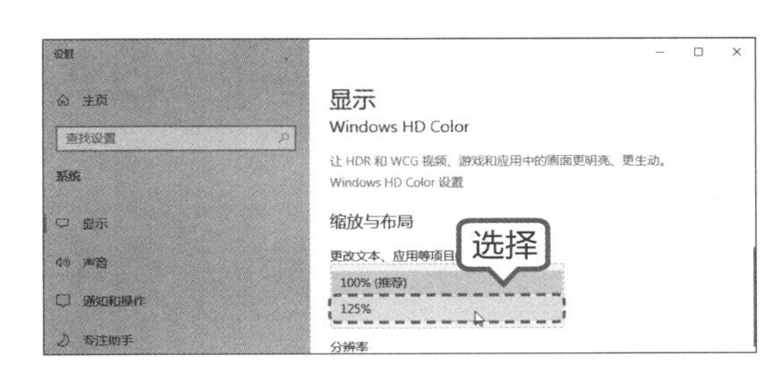

第 3 步 按【Windows+D】组合键，显示桌面，即可看到调大字体后的效果。

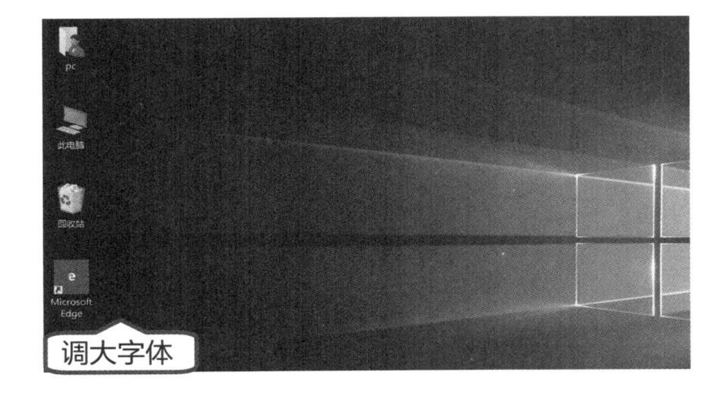

技巧 2：取消开机密码，设置 Windows 自动登录

虽然使用账户登录密码，可以保护电脑的隐私安全，但是每次登录时都要输入密码，对于一部分用户来讲，太过于麻烦。用户可以根据需求，选择是否使用开机密码，如果希望 Windows 可以跳过输入密码直接登录，可以参照以下步骤。

第 1 步 在电脑桌面中，按【Windows+R】组合键打开【运行】对话框，在文本框中输入“netplwiz”，按【Enter】键确认。

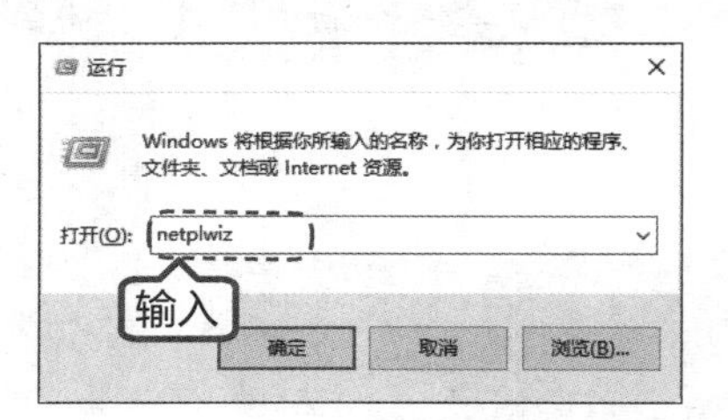

第 2 步 弹出【用户账户】对话框，选中本机用户，并取消勾选【要使用本计算机，用户必须输入用户名和密码】复选框，然后单击【确定】按钮。

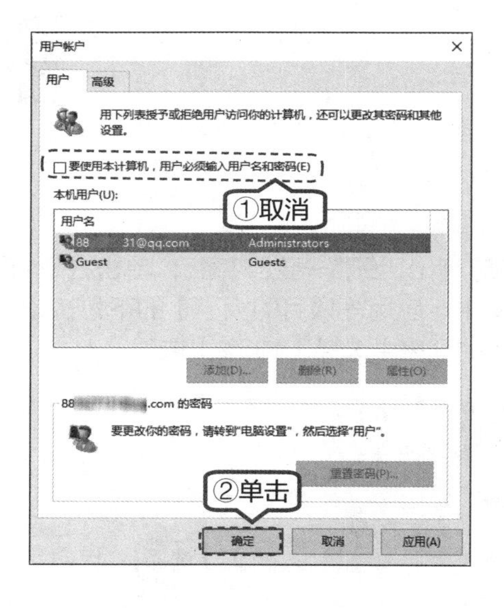

第 3 步 弹出【自动登录】对话框，在【密码】和【确认密码】文本框中输入当前账户密码，然后单击【确定】按钮，即可取消开机登录密码。

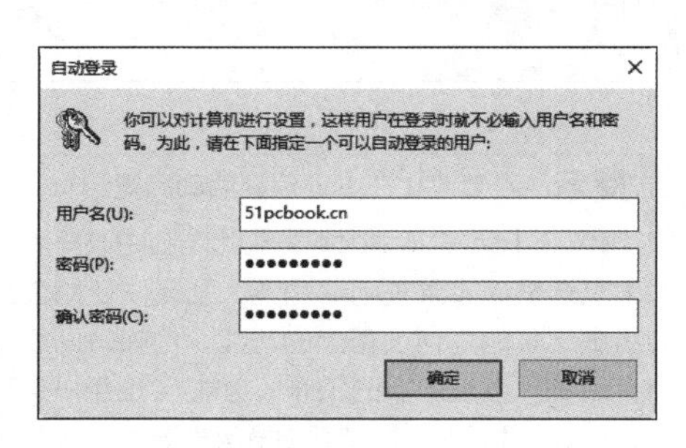

第 4 步 再次重新登录时，无需输入用户名和密码，可直接登录系统。

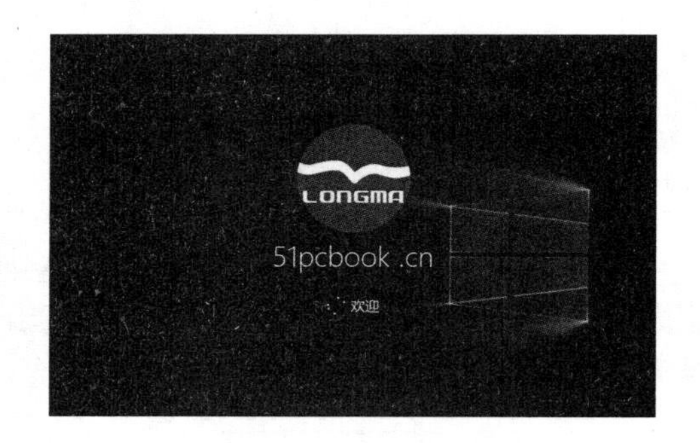

> **提示** 如果在锁屏状态下，则还是需要输入账户密码的，只有在启动系统登录时，可以免输入账户密码。

第4章

轻松学打字

高手指引

学会输入汉字和英文是使用电脑的第一步。对于英文，只要按键盘上的字符键就可以输入了。而汉字却不能像英文那样直接输入电脑中，需要使用英文字母和数字对汉字进行编码，然后通过输入编码得到所需汉字，这就是汉字输入法。本章主要介绍输入法的管理以及拼音打字和五笔打字的方法。

重点导读

- 掌握正确的指法操作
- 掌握输入法的管理
- 掌握拼音打字
- 学习陌生字的输入方法
- 学习五笔打字

4.1 正确的指法操作

要在电脑中输入文字或输入操作命令，通常需要使用键盘。使用键盘时，为了防止由于坐姿不对造成身体疲劳，以及指法不对造成手臂疲劳的现象发生，用户一定要有正确的坐姿并掌握击键要领，劳逸结合，尽量减小使用电脑过程中造成身体疲劳的程度。本节将介绍使用键盘的基本方法。

4.1.1 手指的基准键位

为了保证手指的出击迅速，在没有击键时，十指可放在键盘的中央位置，也就是基准键位上，这样无论是敲击上方的按键还是下方的按键，都可以快速进行击键并返回。

键盘中有 8 个按键被规定为基准键位，基准键位位于主键盘区，是打字时确定其他键位置的标准，从左到右依次为【A】、【S】、【D】、【F】、【J】、【K】、【L】和【；】，如下图所示。在敲击按键前，将手指放在基准键位时，手指要虚放在按键上，注意不要按下按键。

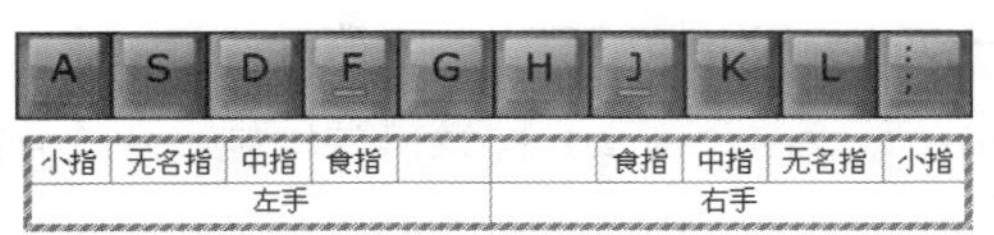

提示 基准键共有 8 个，其中【F】键和【J】键上都有一个凸起的小横杠，用于盲打时手指通过触觉定位。另外，两手的大拇指要放在空格键上。

4.1.2 手指的正确分工

指法就是指按键的手指分工。键盘的排列是根据字母在英文打字中出现的频率而精心设计的，正确的指法可以提高手指击键的速度，提高输入的准确率，同时减少手指疲劳。

在敲击按键时，每个手指要负责所对应的基准键周围的按键，左右手所负责的按键具体分配情况如下图所示。

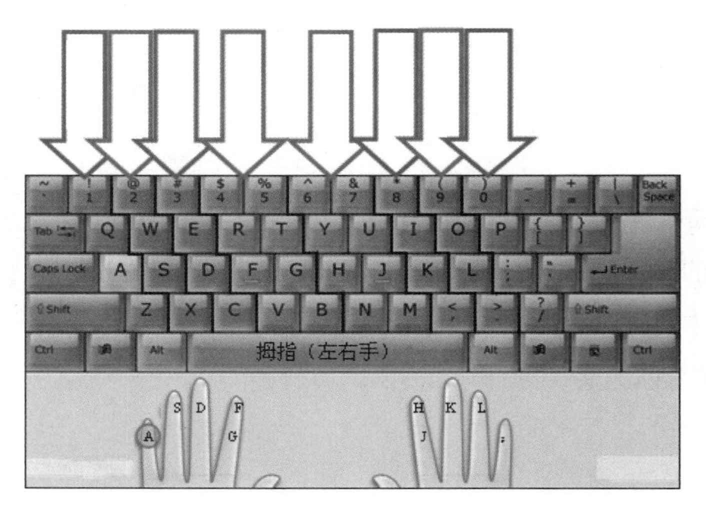

图中用不同颜色和线条区分了双手十指具体负责的键位，具体说明如下。

（1）左手。

食指负责的键位有 4、5、R、T、F、G、V、B 八个键；中指负责 3、E、D、C 四个键；无名指负责 2、W、S、X 四个键；小指负责 1、Q、A、Z 及其左边的所有键位。

（2）右手。

食指负责 6、7、Y、U、H、J、N、M 八个键；中指负责 8、I、K、“，”四个键，无名指负责 9、O、L、“。”四个键；小指负责 0、P、“；”、“/”及其右边的所有键位。

（3）拇指。

双手的拇指用来控制空格键。

提示 在敲击按键时，手指应该放在基准键位上，迅速出击，快速返回。一直保持手指在基准键位上，才能达到快速输入的效果。

4.1.3 正确的打字姿势

在使用键盘进行编辑操作时，正确的坐姿可以帮助用户提高打字速度，减少疲劳。正确的打字姿势如下图所示，具体要求如下。

（1）座椅高度合适，坐姿端正自然，两脚平放，全身放松，上身挺直并稍微前倾。

（2）眼睛距显示器的距离为 30 ~ 40cm，并让视线与显示器保持 15° ~ 20° 的角度。

（3）两肘贴近身体，下臂和腕向上倾斜，与键盘保持相同的斜度；手指略弯曲，指尖轻放在基准键位上，左右手的大拇指轻轻放在空格键上。

（4）大腿自然平直，与小腿之间的角度为 90°，双脚平放于地面上。

（5）按键时，手抬起，伸出要按键的手指按键，按键要轻巧，用力要均匀。

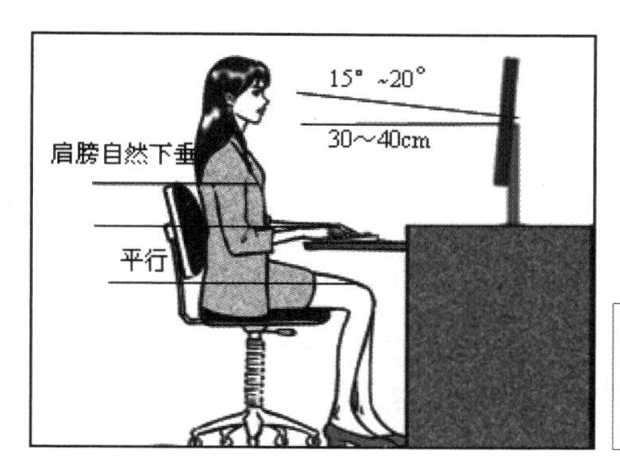

提示 使用电脑过程中要适当休息，连续坐了 2 小时后，就要让眼睛休息一下，防止眼睛疲劳，以保护视力。

4.1.4 按键的敲打要领

了解指法规则及打字姿势后即可进行输入操作。击键时要按照指法规则，十个手指各司其职，采用正确的击键方法。

（1）击键前，除拇指外的 8 个手指要放置在基准键位上，指关节自然弯曲，手指的第一关节与键面垂直，手腕要平直，手臂保持不动。

（2）击键时，用各手指的第一指腹击键。以与指尖垂直的方向，向键位瞬间爆发冲击力，并立即反弹，力量要适中。做到稳、准、快，不拖拉犹豫。

（3）击键后，手指立即回到基准键位上，为下一次击键做好准备。

（4）不击键的手指不要离开基本键位。

（5）需要同时击两个键时，若两个键分别位于左右手区，则由左右手各击相对应的键。

（6）击键时，喜欢单手操作是初学者的习惯，在打字初期一定要克服这个毛病，进行双手操作。

4.2 输入法的管理

本节主要介绍输入法的基本概念、输入法的安装和删除，以及如何设置默认的输入法。

4.2.1 输入法的种类

输入法是指为了将各种符号输入计算机或其他设备而采用的编码方法。汉字输入的编码方法基本上都是将音、形、义与特定的键相联系，再根据不同汉字进行组合来完成汉字的输入。

目前，键盘输入的解决方案有区位码、拼音、表形码和五笔字型等。在这几种输入方案中，又以拼音输入法和五笔字型输入法为主。

拼音输入是常见的一种输入方法，用户最初的输入形式基本都是从拼音开始的。拼音输入法是按照拼音规定来输入汉字的，不需要特殊记忆，符合人的思维习惯，只要会拼音就可以输入汉字。

而五笔字型输入法（简称五笔）是依据笔画和字形特征对汉字进行编码，是典型的形码输入法。五笔是目前常用的汉字输入法之一。五笔相对于拼音输入法具有重码率低的特点，熟练后可快速输入汉字。

4.2.2 挑选合适的输入法

随着网络的快速发展，各类输入法软件也如雨后春笋般飞速发展，面对如此多的输入法软件，很多人都觉得很迷茫，不知道应该选择哪一种，本小节将从不同的角度出发，介绍如何挑选一款适合自己的输入法。

1. 根据自己的输入方式

有些人不懂拼音，这些人就适合使用五笔输入法；相反，有些人对于拆分汉字很难上手，这些人最好是选择拼音输入法。

2. 根据输入法的性能

功能上更胜一筹的输入法软件，显然可以更好地满足需求。那么，如何去了解各输入法的性能呢？我们可以访问该输入法的官方网站，对以下几方面加以了解。

（1）对于输入法的基本操作，有些软件在操作上比较人性化，有些则相对有所欠缺，选择时要注意。

（2）在功能上，可以根据各输入法软件的官方介绍，联系自己的实际需要，对比它们各自不同的功能。

（3）看输入法的其他设计是否符合个人需要，例如皮肤、字数统计等功能。

3. 根据有无特殊需求选择

有些人选择输入法，是有着一些特殊需求的。例如，很多朋友选择 QQ 输入法，因为他们本身就是腾讯的用户，而且登录使用 QQ 输入法可以加速 QQ 升级。有不少人是因为类似的特殊需要才会选择某种输入法的。

选择一种适合自己的输入法，可以使工作和社交变得更加开心和方便。

4.2.3 安装与删除输入法

Windows 10 操作系统虽然自带了微软拼音输入法，但不一定能满足用户的需求。用户可以自行安装其他输入法。安装输入法前，需要先从网上下载输入法程序。

下面以搜狗拼音输入法的安装为例，介绍安装输入法的一般方法。

第 1 步 双击下载的安装文件，即可启动搜狗拼音输入法安装向导。单击勾选【已阅读并接受用户协议 & 隐私政策】复选框，单击【自定义安装】按钮。

> **提示** 如果不需要更改设置，可直接单击【立即安装】按钮。

第 2 步 在打开的界面中的【安装位置】文本框中输入安装路径，也可以单击【浏览】按钮选择安装路径，设置完成后，单击【立即安装】按钮。

第 3 步 此时，即开始安装，如下图所示。

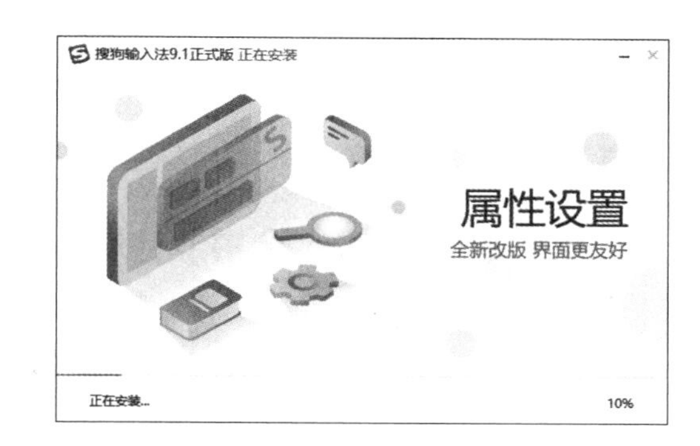

第 4 步 安装完成，在弹出的界面中单击【立即体验】按钮即可。

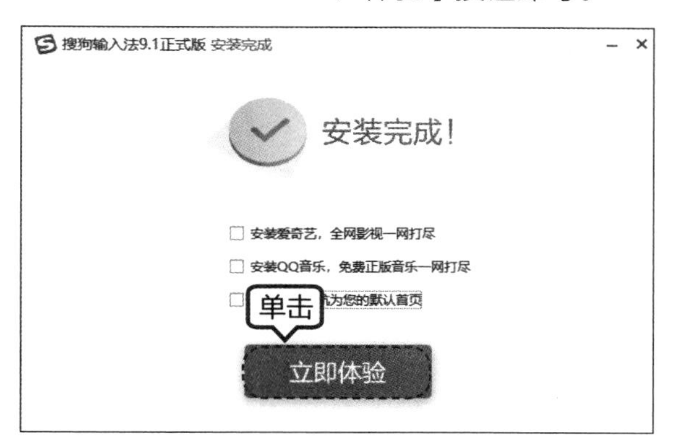

4.2.4 输入法的切换

在文本输入中，会经常用到中英文输入，或者使用不同的输入法，在使用过程中就可以快速切换到需要使用的输入法。下面介绍具体操作方法。

1. 输入法的切换

按【Windows+ 空格】组合键，可以快速切换输入法。另外，单击桌面右下角通知区域的输入法图标M，在弹出的输入法列表中单击鼠标进行选择，也可完成切换。

2. 中英文的切换

输入法主要分为中文模式和英文模式，在当前输入法中，可按【Shift】键或【Ctrl+ 空格】组合键切换中英文模式；如果用户使用的是中文模式中，可按【Shift】键切换到英文模式英，再按【Shift】键又会恢复成中文模式中。

4.3 拼音打字

拼音输入法是比较常用的输入法，本节主要以搜狗输入法为例介绍拼音打字的方法。

4.3.1 使用简拼、全拼混合输入

使用简拼和全拼的混合输入可以使打字更加顺畅。

例如要输入“计算机”，在全拼模式下需要从键盘输入“jisuanji”，如下图所示。

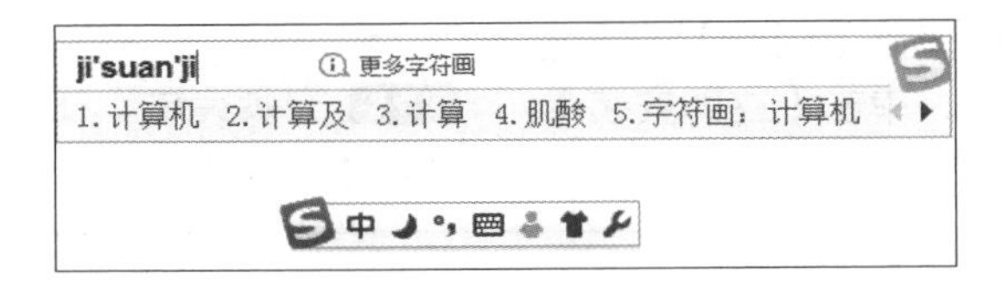

而使用简拼则只需要输入“jsj”，如下图所示。

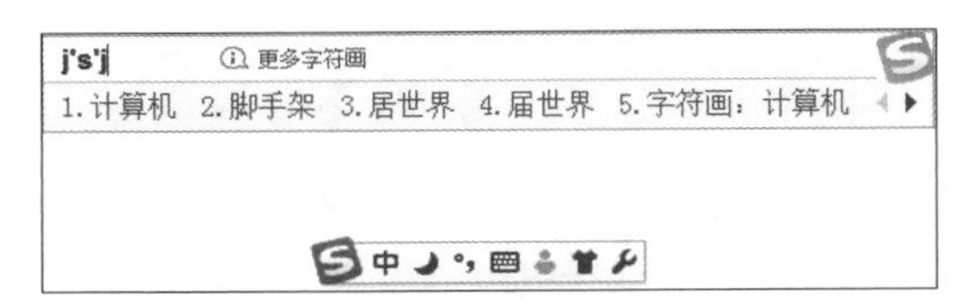

但是，简拼候选词过多，使用双拼又需要输入较多的字符。开启双拼模式后，就可以采用简拼和全拼混用的模式，这样能够兼顾最少输入字母和输入效率。例如，想输入“龙马精神”，从键盘输入“longmajs”“lmjings”“lmjshen”“lmajs”等都是可以的。打字熟练的人会经常使用全拼和简拼混用的方式。

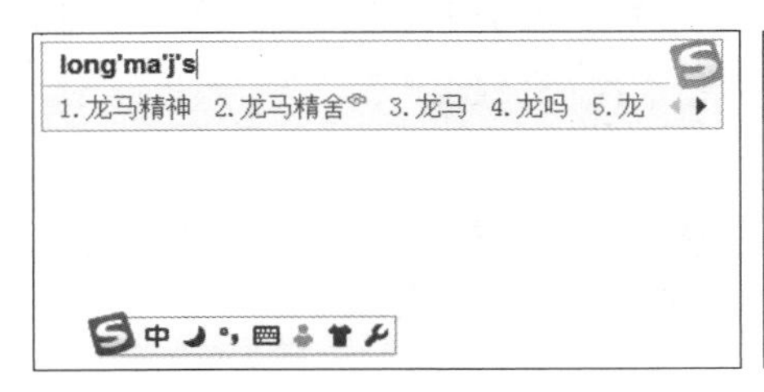

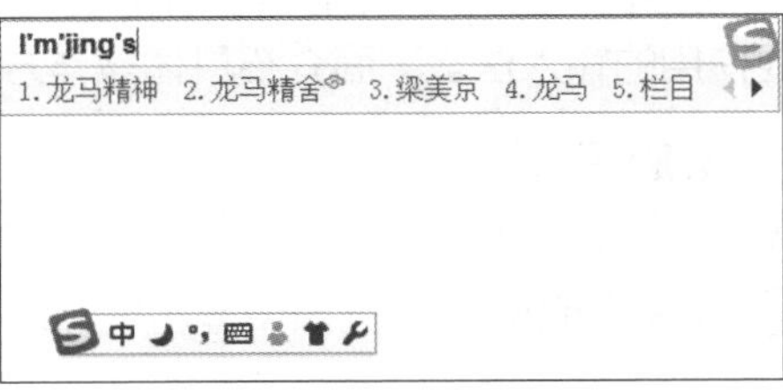

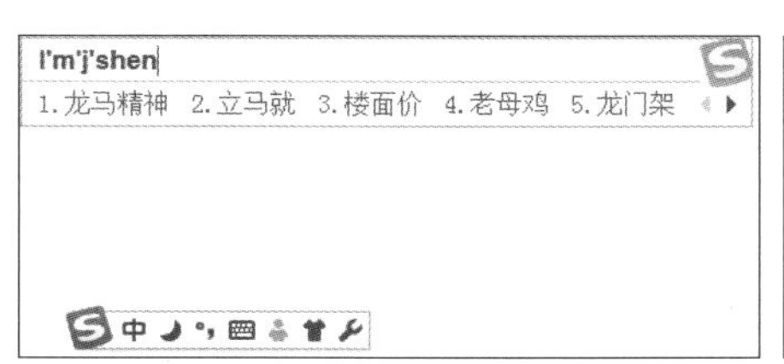

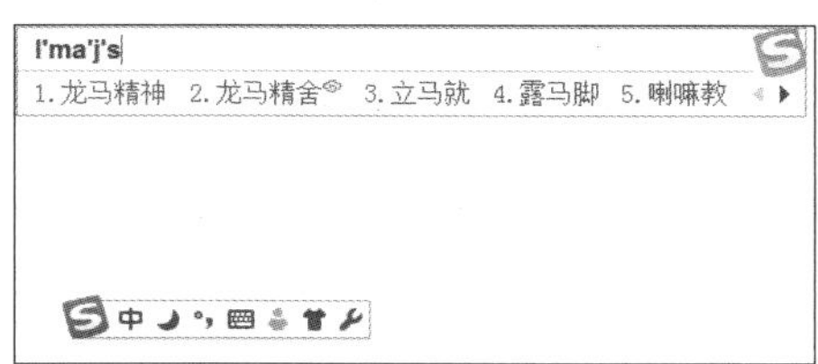

4.3.2 中英文混合输入

在平时输入时需要输入一些英文字符，搜狗拼音自带了中英文混合输入功能，便于用户快速地在中文输入状态下输入英文。

1. 通过按【Enter】键输入拼音

在中文输入状态下，如果要输入拼音，可以在输入拼音的全拼后，直接按【Enter】键输入。下面以输入“搜狗”的拼音“sougou”为例介绍。

第1步 在中文输入状态下，从键盘输入“sougou”。

第2步 直接按【Enter】即可输入英文字符。

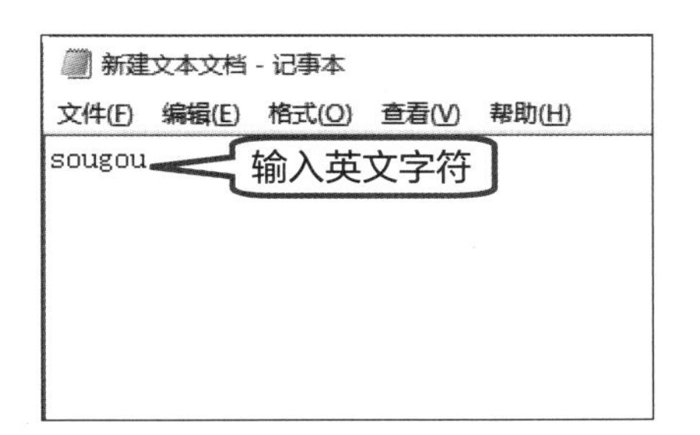

> **提示** 如果要输入一些常用的包含字母和数字的验证码，如“q8g7”，也可以直接输入“q8g7”，然后按【Enter】键。

2. 输入中英文

在输入中文字符的过程中，如果要在中间输入英文，例如要输入“你好的英文是hello”，具体操作步骤如下。

第1步 通过键盘输入“nihaodeyingwenshihello”。

第2步 此时，直接按空格键或者按数字键【1】，即可输入“你好的英文是 hello”。

你好的英文是 hello

4.3.3 使用拆字辅助码输入汉字

使用搜狗拼音的拆字辅助码可以快速定位到一个单字，常在候选字较多，并且要输入的汉字比较靠后时使用。下面介绍使用拆字辅助码输入汉字“娴”的具体操作步骤。

第1步 从键盘中输入“娴”字的汉语拼音“xian”。此时看不到候选项中包含有“娴”字。

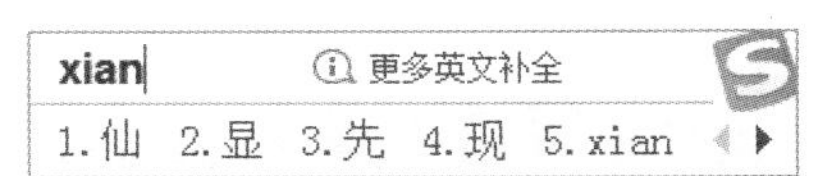

第2步 按【Tab】键。

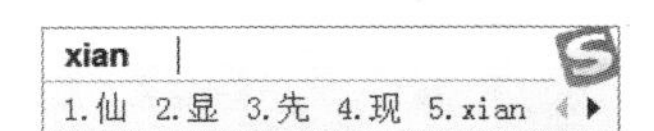

第3步 再输入“娴”的两部分【女】和【闲】的首字母nx，就可以看到“娴”字了。

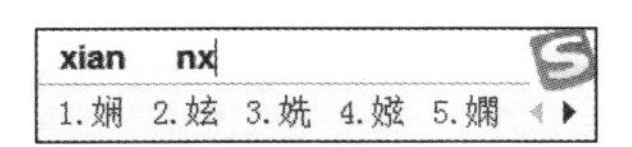

第4步 按空格键即可完成输入。

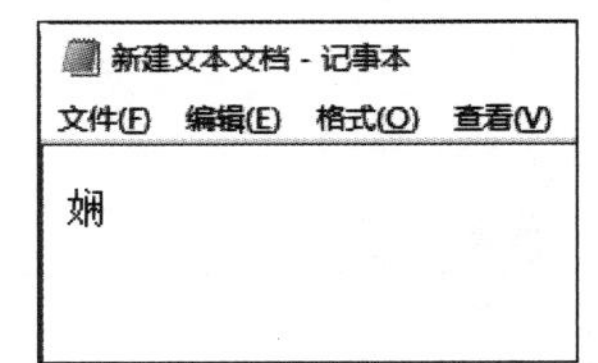

> **提示**
> 独体字由于不能被拆成两部分，所以独体字是没有拆字辅助码的。

4.3.4 快速插入当前日期和时间

如果需要插入当前的日期，可以使用搜狗拼音输入法快速插入当前的日期和时间。具体操作步骤如下。

第1步 直接在键盘上按【R】和【Q】键输入日期的简拼“rq”，即可在候选字中看到当前的日期。

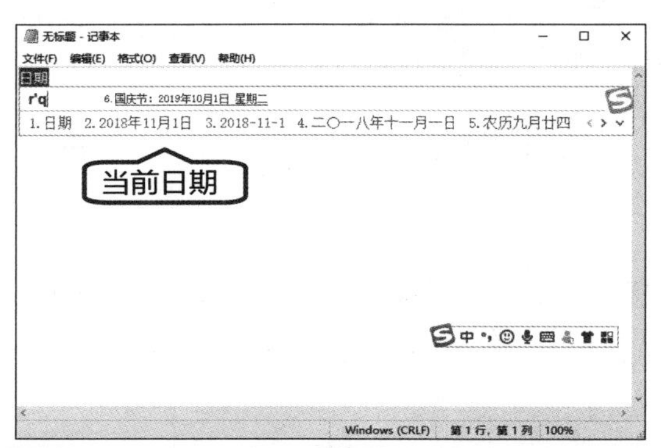

第2步 直接单击要插入的日期，即可完成日期的插入。

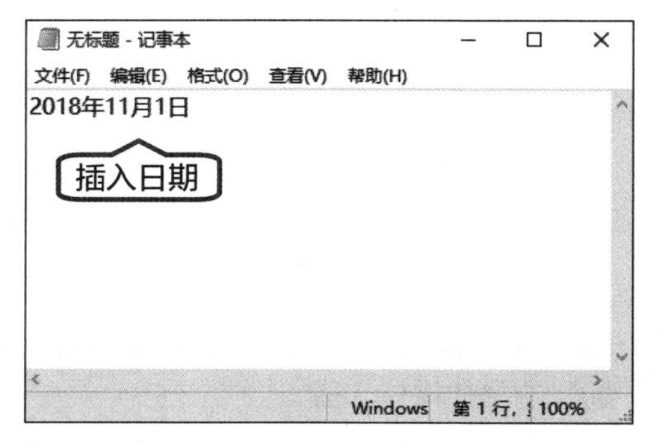

第3步 使用同样的方法，输入时间的简拼“sj”，可快速插入当前时间。

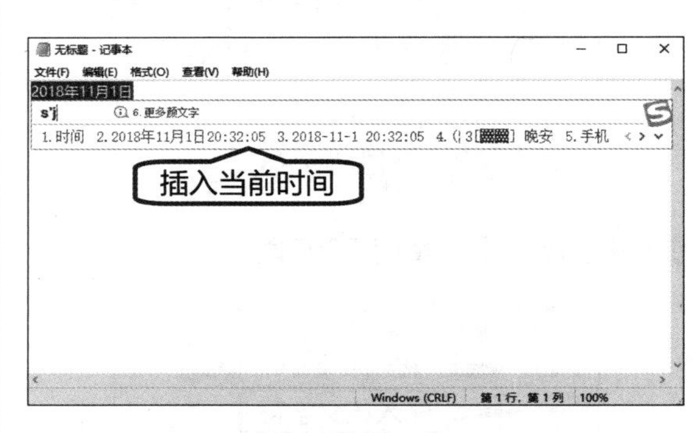

第4步 使用同样方法还可以快速输入当前星期。

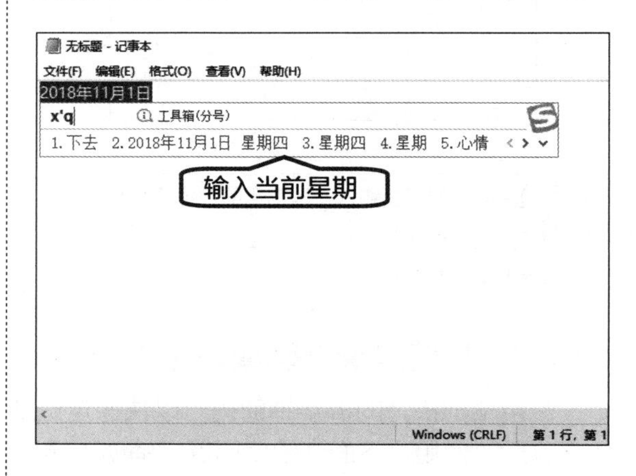

4.4 陌生字的输入方法

在输入汉字的时候，经常会遇到不知道读音的陌生汉字，此时可以使用输入法的U模式通过

笔画、拆分的方式来输入。以搜狗拼音输入法为例，在输入状态下，输入字母“U”，即可打开U模式来输入陌生汉字。

提示

在双拼模式下可按【Shift+U】组合键启动U模式。

（1）笔画输入。

常用的汉字均可通过笔画输入的方法输入。例如，输入“囧”字的具体操作步骤如下。

第1步 在搜狗拼音输入法状态下，按字母“U”，启动U模式，可以看到笔画对应的按键。

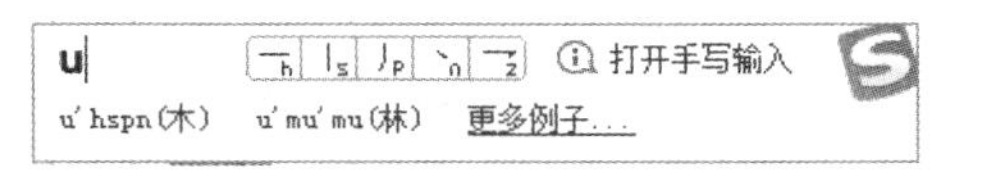

提示 按键【H】代表横或提，按键【S】代表竖或竖钩，按键【P】代表撇，按键【N】代表点或捺，按键【Z】代表折。

第2步 据“囧”的笔画依次输入“szpnsz”，即可看到显示的汉字以及其正确的读音。按空格键，即可将“囧”字插入到鼠标指针所在位置。

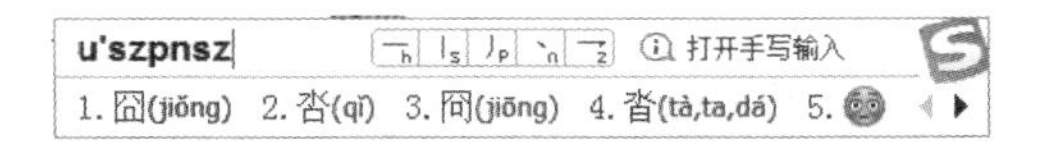

提示 需要注意的是“忄”的笔画是点点竖（dds），而不是竖点点（sdd）或点竖点（dsd）。

（2）拆分输入。

将一个汉字拆分成多个组成部分，在U模式下分别输入各部分的拼音即可得到对应的汉字。例如，输入“犇”“肫”“湸”的方法分别如下。

第1步 “犇”字可以拆分为3个“牛（niu）”，因此在搜狗拼音输入法下输入“u' niu' niu' niu”（'符号起分割作用，不用输入），即可显示“犇”字及其汉语拼音，按空格键即可输入。

第2步 “肫”字可以拆分为“月（yue）”和“屯（tun）”，在搜狗拼音输入法下输入“u' yue' tun”（'符号起分割作用，不用输入），即可显示“肫”字及其汉语拼音，按空格键即可输入。

u'yue'tun

1.肫(zhūn,chún) 2.脏(zāng,zang,zàng)

第3步 “湸”字可以拆分为“氵（shui）”和“亮（liang）”，在搜狗拼音输入法下输入“u' shui' liang”（'符号起分割作用，不用输入），即可显示“湸”字及其汉语拼音，按数字键“2”即可输入“湸”字。

u'shui'liang

1.浪(làng) 2.湸(liàng) 3.沟(jūn) 4.潧(zī) 5.U树

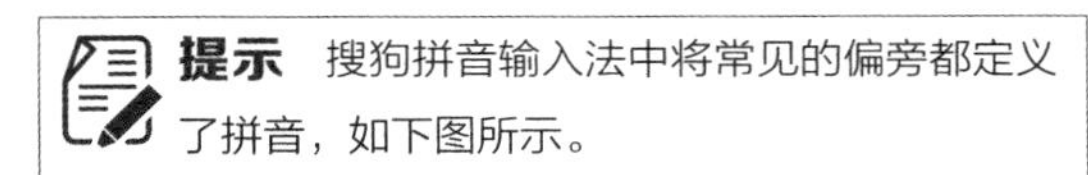

提示 搜狗拼音输入法中将常见的偏旁都定义了拼音，如下图所示。

偏旁部首	输入	偏旁部首	输入
阝	fu	忄	xin
卩	jie	钅	jin
讠	yan	礻	shi
辶	chuo	廴	yin
冫	bing	氵	shui
宀	mian	冖	mi
扌	shou	犭	quan
纟	si	幺	yao
灬	huo	罒	wang

（3）笔画拆分混输。

除了使用笔画和拆分的方法输入陌生汉字外，还可以使用笔画拆分混输的方法输入。例如，输入“绎”字的具体操作步骤如下。

第1步 “绎”字左侧可以拆分为“纟（si）”，输入“u' si”（'符号起分割作用，不用输入）。

第 2 步 右侧部分可按照笔画顺序，输入“znhhs”，即可看到要输入的陌生汉字以及其正确读音。

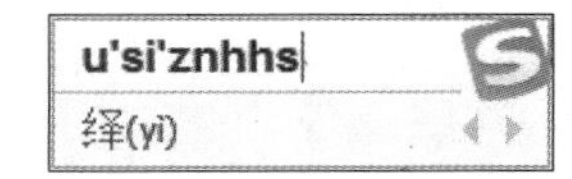

4.5 五笔打字

通常所说的五笔输入法以王码公司开发的王码五笔输入法为主。到目前为止，王码五笔输入法经过了 3 次的改版升级，分为 86 版五笔输入法、98 版五笔输入法和 18030 版五笔输入法。其中，86 版五笔输入法的使用率占五笔输入法的 85% 以上。不同版本的五笔字型输入法除了字根的分布不同外，拆字和使用方法是一样的。除了王码五笔输入法外，也有其他的五笔输入法，但它们的用法与王码五笔输入法完全兼容甚至一样。常见的其他五笔输入法有万能五笔、智能陈桥五笔、极品五笔、海峰五笔和超级五笔等。

4.5.1 五笔字根在键盘上的分布

五笔字型输入法的原理是从汉字中选出 150 多种常见的字根作为输入汉字的基本单位，例如把“别”字拆分为口、力、刂，并分配到键盘上的 K、L、J 按键上，输入“别”字时，把“别”字拆分的字根按照书写顺序输入即可。

学习五笔字型，需要掌握键盘上的编码字根，字根的定义以及英文字母键是五笔字型输入法的核心，这是学习五笔输入法的关键。

1. 字根简介

由不同的笔画交叉连接而成的结构就叫做字根。字根可以是汉字的偏旁（如彳、冫、凵、廴、火），也可以是部首的一部分（如𠂇、勹、厶），甚至是笔画（如一、丨、丿、丶、乛）。

五笔字根在键盘上的分布是有规律的，所以记忆字根并不是很难的事情。

2. 字根在键盘上的分布

用键盘输入汉字是通过手指击键来完成的，然而由于每个汉字或字根的使用频率不同，而十个手指在键盘上的用力及灵活性又有很大区别。因此，五笔字型的字根键盘分配，将各个键位的使用频率和手指的灵活性结合起来，把字根代号从键盘中央向两侧依大小顺序排列，将使用频率高的字根集中在各区的中间位置，便于灵活性强的食指和中指操作。这样，键位更容易掌握，击键效率也会提高。

五笔字根的分布按照首笔笔画分为 5 类，各对应英文键盘上的一个区，每个区又分作 5 个位，位号从键盘中部向两端排列，共 25 个键位。其中【Z】键不用于定义字根，而是用于五笔字型的学习。各键位的代码，既可以用区位号表示，也可以用英文字母表示，五笔字型中优选了 130 多种基本字根，分五大区，每区又分 5 个位，其分区情况如下图所示。

3区（撇起笔字根）←					4区（点、捺起笔字根）→				
金 35 Q	人 34 W	月 33 E	白 32 R	禾 31 T	言 41 Y	立 42 U	水 43 I	火 44 O	之 45 P
1区（横起笔字根）←					2区（竖起笔字根）→				
工 15 A	木 14 S	大 13 D	土 12 F	王 11 G	目 21H	日 22 J	口 23 K	田 24 L	： ；
	5区（折起笔字根）←								
Z	纟 55 X	又 54 C	女 53 V	子 52 B	已 51 N	山 25 M	< ,	> .	? /

①区：横起笔类，分王（G）、土（F）、大（D）、木（S）、工（A）5个位。

②区：竖起笔类，分目（H）、日（J）、口（K）、田（L）、山（M）5个位。

③区：撇起笔类，分禾（T）、白（R）、月（E）、人（W）、金（Q）5个位。

④区：点、捺起笔类，分言（Y）、立（U）、水（I）、火（O）、之（P）5个位。

⑤区：折起笔类，分已（N）、子（B）、女（V）、又（C）、纟（X）5个位。

上面5个区中，没有给出每个键位对应的所有字根，只给出了键名字根，下图所示是86版五笔字型键盘字根键位分布。

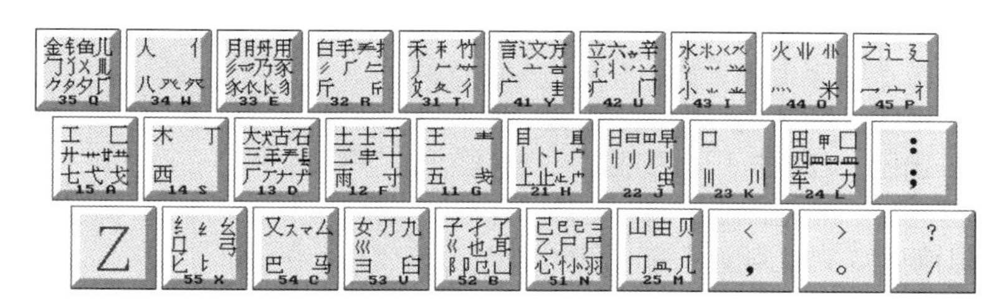

在五笔字根分布图的各个键面上，有不同的符号。现以第1区的【A】键（见下图）为例介绍如下。

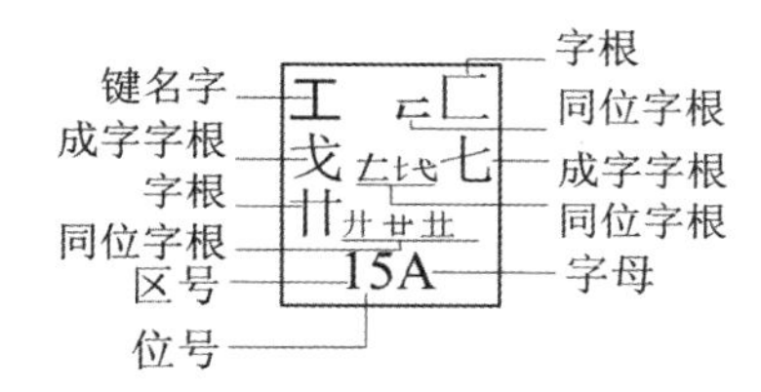

（1）键名字。每个键的左上角的那个主码元，都是构字能力很强或是有代表性的汉字，这个汉字就叫做键名字，简称“键名”。

（2）字根。字根是各键上代表某种汉字结构“特征”的笔画结构，如戈、七、艹等。

（3）同位字根。同位字根也称为辅助字根，它与其主字根是“一家人”，或者是不太常用的笔画结构。

4.5.2 巧记五笔字根

前面介绍的五笔字型键盘字根图给出了86版每个字母所对应的笔画、键名和基本字根，以及帮助记忆基本字根的口诀等。为了方便用户记忆，王码公司为每一区的码元编写了一首“助记词”，其中括号内的为注释内容。不过，记忆字根时不必死记硬背，最好是通过理解来记住字根。

11 王旁青头戋（兼）五一（兼、戋同音）；

12 土士二干十寸雨；

13 大犬三丰（羊）古石厂；

14 木丁西；

15 工戈草头右框（匚）七；

21 目具上止卜虎皮（“具上”指“且”）；

22 日早两竖与虫依；

23 口与川，字根稀；

24 田甲方框四车力（“方框”即“口”）；

25 山由贝，下框几；

31 禾竹一撇双人立（“双人立”即“彳”），反文条头共三一（“条头”即“夂”）；

32 白手看头三二斤（“看头”即“⺷”）；
33 月彡（衫）乃用家衣底（即“豕、𧘇”）；
34 人和八，三四里（在34区）；
35 金（钅）勺缺点（勹）无尾鱼（⻅），犬旁留叉儿（乂）一点夕（指“夕⺈”），氏无七（妻）（“氏”去掉“七”为“𠂆”）；
41 言文方广在四一，高头一捺谁人去（高头“亠”，“谁”去“亻”即是“讠隹”）；
42 立辛两点六门疒；
43 水旁兴头小倒立；
44 火业头（⺌），四点（灬）米；
45 之字军盖建道底（即“之、宀、冖、廴、辶”），摘礻（示）衤（衣）⻂；
51 已半巳满不出己，左框折尸心和羽（“左框”即“コ”）；
52 子耳了也框向上（“框向上”即“凵”）；
53 女刀九臼山朝西（“山朝西”即“彐”）；
54 又巴马，丢矢矣（“矣”去“矢”为“厶”）；
55 慈母无心弓和匕（“母无心”即“⺟”），幼无力（“幼”去“力”为“幺”）。

4.5.3 灵活输入汉字

五笔字型最大的优点就是重码少，但并非没有重码。重码是指在五笔字型输入法中有许多编码相同的汉字。另外，在五笔字型中，还有为对键盘字根不熟悉的用户提供帮助的万能【Z】键。这就需要我们对汉字编码有个灵活的输入。下面将介绍重码与万能键的使用方法。

1. 输入重码汉字

在五笔字型输入法中，不可避免地有许多汉字或词组的编码相同，输入时就需要进行特殊选择。在输入汉字的过程中，若出现了重码字，五笔输入法软件就会自动报警，发出“嘟”的声音，提醒用户出现了重码字。

五笔字型对重码字按其使用频率进行了分级处理，输入重码字的编码时，重码字同时显示在提示行中，较常用的字一般排在前面。

如果所需要的字排在第一位，按空格键后，这个字就会自动显示到编辑位置，输入时就像没有重码一样，输入速度完全不受影响；如果所需要的字不是排在第一位，则根据它的位置号按数字键，使它显示到编辑位置。

例如，“去”“云”和“支”等字，输入五笔编码“FCU”都可以显示，按其常用顺序排列，如果需要输入“去”字，按空格后只管输入下文；如果需要“云”和“支”等字时，则根据其前面的位置号按相应的数字键即可，如下图所示。

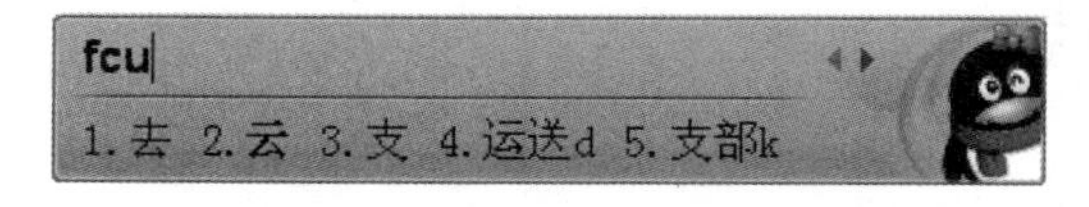

又如：输入“IYJH”时，“济”和“浏”重码；输入“FKUK”时，“喜”和“嘉”重码；

输入“FGHY”时，“雨”和“寸”重码；

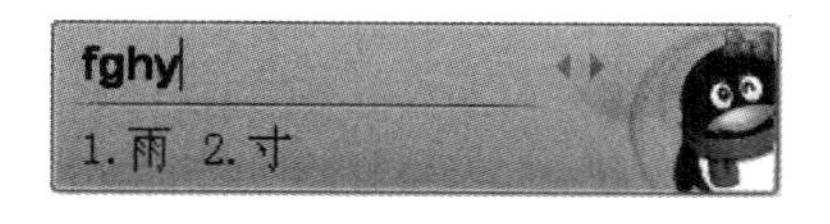

输入“TFJ”时，“午”和“竿”重码。

2. 万能【Z】键的妙用

在使用五笔字型输入法输入汉字时，如果忘记某个字根所在键或者不知道汉字的末笔识别码，可用万能键【Z】来代替，它可以代替任何一个按键。

为了便于理解，下面以举例的方式说明万能【Z】键的使用方法。

例如，“虽”字，输入完字根“口”之后，不记得“虫”的键位是哪个，就可以直接按【Z】键，如下图所示。

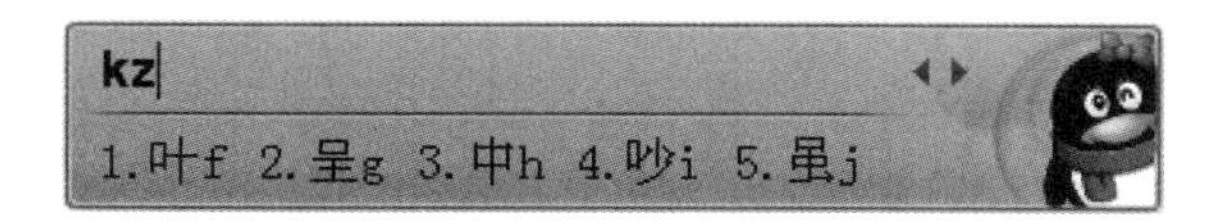

在其备选字列表中，可以看到“虽”字的字根“虫”在【J】键上，这时根据列表序号按相应的数字键，即可输入该字。

接着，按照正确的编码再次进行输入，以加深记忆，如下图所示。

> **提示** 在使用万能键时，如果在候选框中未找到准备输入的汉字，可以在键盘上按【+】键或【Page Down】键向后翻页，或者按下【-】键或【Page Up】键向前翻页进行查找。由于使用【Z】键输入重码率高，容易影响打字的速度，所以建议用户尽量不要依赖【Z】键。

4.5.4 简码的输入

为了充分利用键盘资源，提高汉字输入速度，五笔字根表还将一些最常用的汉字设为简码，只要击一键、两键或三键，再加一个空格键就可以将简码输入。

1. 一级简码的输入

一级简码，顾名思义就是只需敲打一次键码就能出现的汉字。

在五笔键盘中，根据每一个键位的特征，在五个区的 25 个键位（Z 为学习键）上分别安排了一个使用频率最高的汉字，这称为一级简码，即高频字，如下图所示。

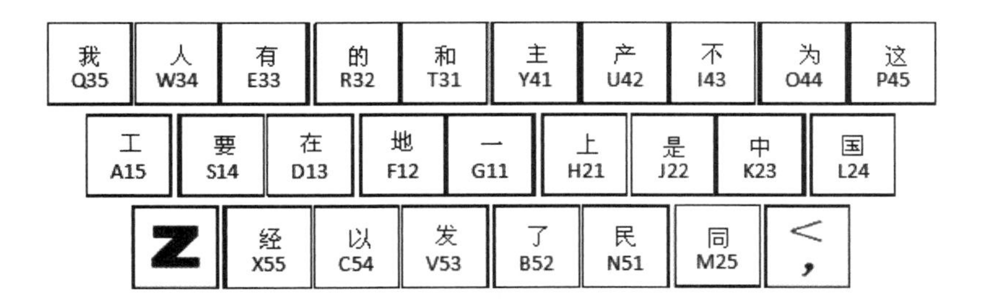

一级简码的输入方法：简码汉字所在键 + 空格键。

例如，当我们输入“要”字时，只需要按一次简码所在键“S”，即可在输入法的备选框中看到要输入的“要”字，如下图所示。

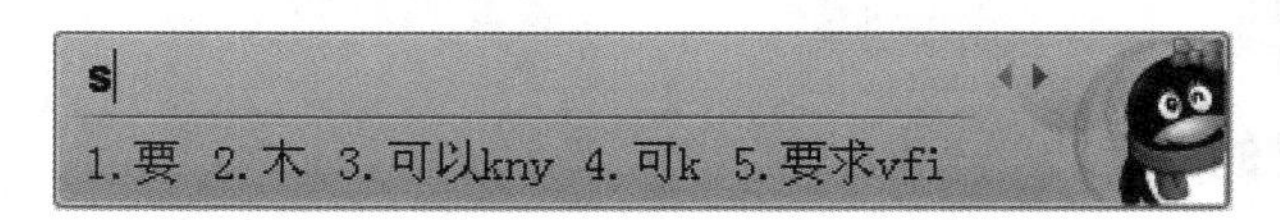

接着按下空格键，就可以看到已经输入的“要”字。

一级简码的出现大大提高了五笔打字的输入速度，对五笔打字学习初期也有极大的帮助。如果没有熟记一级简码所对应的汉字，输入速度将相当缓慢。

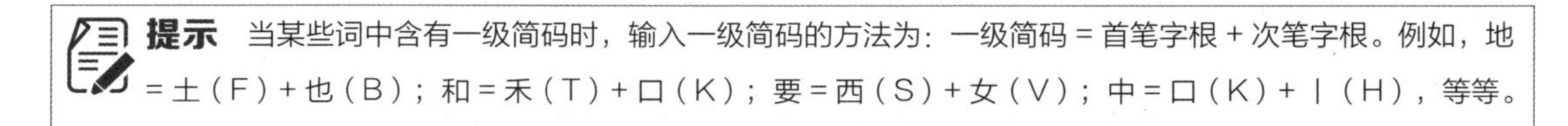
提示 当某些词中含有一级简码时，输入一级简码的方法为：一级简码 = 首笔字根 + 次笔字根。例如，地 = 土（F）+ 也（B）；和 = 禾（T）+ 口（K）；要 = 西（S）+ 女（V）；中 = 口（K）+ 丨（H），等等。

2. 二级简码的输入

二级简码就是只需敲打两次键码就能出现的汉字。它是由前两个字根的键码作为该字的编码，输入时只要取前两个字根，再按空格键即可。但是，并不是所有的汉字都能用二级简码来输入，五笔字型将一些使用频率较高的汉字作为二级简码。下面将举例说明二级简码的输入方法。

例如，如 = 女（V）+ 口（K）+ 空格，如下图所示。

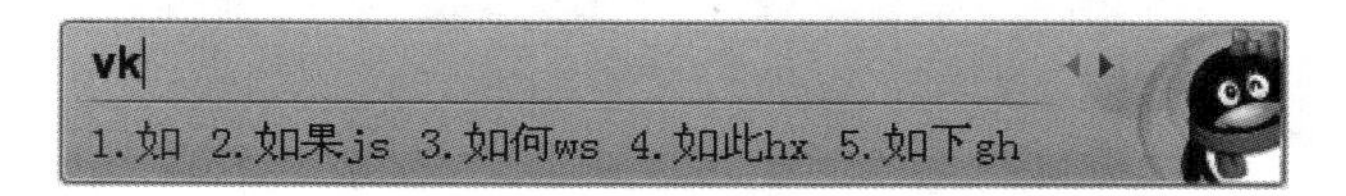

输入前两个字根，再按空格键即可输入。

同样地，暗 = 日（J）+ 立（U）+ 空格；

果 = 日（J）+ 木 (S) + 空格；

炽 = 火（O）+ 口（K）+ 空格；

蝗 = 虫（J）+ 白（R）+ 空格，等等。

二级简码是由 25 个键位（Z 为学习键）代码排列组合而成的，共 25×25 个，去掉一些空字，二级简码大约有 600 个。二级简码的输入方法为：第 1 个字根所在键 + 第 2 个字根所在键 + 空格键。二级简码表如下表所示。

区号 / 位号		11 ~ 15	21 ~ 25	31 ~ 35	41 ~ 45	51 ~ 55
		GFDSA	HJKLM	TREWQ	YUIOP	NBVCX
11	G	五于天末开	下理事画现	玫珠表珍列	玉平不来	与屯妻到互
12	F	二寺城霜载	直进吉协南	才垢圾夫无	坟增示赤过	志地雪支
13	D	三夺大厅左	丰百右历面	帮原胡春克	太磁砂灰达	成顾肆友龙
14	S	本村枯林械	相查可楞机	格析极检构	术样档杰棕	杨李要权楷
15	A	七革基苛式	牙划或功贡	攻匠菜共区	芳燕东　芝	世节切芭药
21	H	睛睦睚盯虎	止旧占卤贞	睡睥肯具餐	眩瞳步眯瞎	卢　眼皮此
22	J	量时晨果虹	早昌蝇曙遇	昨蝗明蛤晚	景暗晃显晕	电最归紧昆
23	K	呈叶顺呆呀	中虽吕另员	呼听吸只史	嘛啼吵噗喧	叫啊哪吧哟
24	L	车轩因困轼	四辊加男轴	力斩胃办罗	罚较　辚边	思团轨轻累
25	M	同财央朵曲	由则　崭册	几贩骨内风	凡赠峭赕迪	岂邮　凤嶷
31	T	生行知条长	处得各务向	笔物秀答称	入科秒秋管	秘季委么第

续表

区号 位号		11 ~ 15	21 ~ 25	31 ~ 35	41 ~ 45	51 ~ 55
		GFDSA	HJKLM	TREWQ	YUIOP	NBVCX
32	R	后持拓打找	年提扣押抽	手白扔失换	扩拉朱搂近	所报扫反批
33	E	且肝须采肛	胩胆肿肋肌	用遥朋脸胸	及胶膛膦爱	甩服妥肥脂
34	W	全会估休代	个介保佃仙	作伯仍从你	信们偿伙	亿他分公化
35	Q	钱针然钉氏	外旬名甸负	儿铁角欠多	久匀乐炙锭	包凶争色
41	Y	主计庆订度	让刘训为高	放诉衣认义	方说就变这	记离良充率
42	U	闰半关亲并	站间部曾商	产瓣前闪交	六立冰普帝	决闻妆冯北
43	I	汪法尖洒江	小浊澡渐没	少泊肖兴光	注洋水淡学	沁池当汉涨
44	O	业灶类灯煤	粘烛炽烟灿	烽煌粗粉炮	米料炒炎迷	断籽娄烃糨
45	P	定守害宁宽	寂审宫军宙	客宾家空宛	社实宵灾之	官字安 它
51	N	怀导居 民	收慢避惭届	必怕 愉懈	心习悄屡忱	忆敢恨怪尼
52	B	卫际承阿陈	耻阳职阵出	降孤阴队隐	防联孙耿辽	也子限取陛
53	V	姨寻姑杂毁	叟旭如舅妯	九 奶 婚	妨嫌录灵巡	刀好妇妈姆
54	C	骊对参骠戏	骒台劝观	矣牟能难允	驻骈 驼	马邓艰双
55	X	线结顷 红	引旨强细纲	张绵级给约	纺弱纱继综	纪弛绿经比

提示 虽然一级简码输入速度快，但毕竟只有25个，真正提高五笔打字输入速度的是这600多个二级简码的汉字。二级简码数量较大，靠记忆并不容易，只能在平时多加注意与练习，日积月累慢慢就会记住二级简码汉字，从而大大提高输入速度。

3. 三级简码的输入

三级简码是以单字全码中的前三个字根作为该字的编码。

在五笔字根表所有的简码中三级简码汉字字数多，输入三级简码字也只需击键四次（含一个空格键）。三个简码字母与全码的前三者相同，但用空格代替了末字根或末笔识别码。即三级简码汉字的输入方法为：第1个字根所在键 + 第2个字根所在键 + 第3个字根所在键 + 空格键。由于省略了最后一个字根的判定和末笔识别码的判定，可显著提高输入速度。

三级简码汉字数量众多，大约有4 400多个，故在此就不再一一列举。下面只举例说明三级简码汉字的输入，以帮助读者学习。

例如，模 = 木（S）+ 艹（A）+ 日（J）+ 空格，如下图所示。

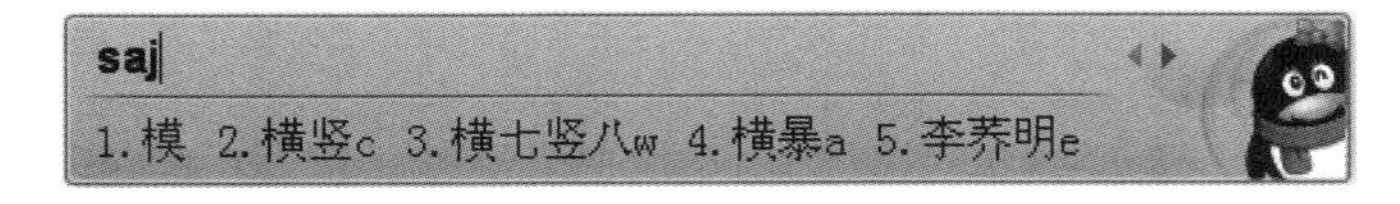

输入前三个字根，再输入空格即可输入。

同样地，隔 = 阝（B）+ 一（G）+ 口（K）+ 空格；

输 = 车（L）+ 人（W）+ 一（G）+ 空格；

蓉 = 艹（A）+ 宀（P）+ 八（W）+ 空格；

措 = 扌（R）+ 艹（A）+ 日（J）+ 空格；

修 = 亻（W）+ 丨（H）+ 夂（T）+ 空格，等等。

4.5.5 输入词组

五笔输入法中不仅可以输入单个汉字，而且提供了大规模词组数据库，使输入更加快速。用好词组输入是提高五笔输入速度的关键。

五笔字根表中词组输入法按词组字数分为二字词组、三字词组、四字词组和多字词组四种，但不论哪一种词组其编码构成数目都为四码。因此采用词组的方式输入汉字会比单个输入汉字的速度快得多。本节将介绍五笔输入法中词组的编码规则。

1. 输入二字词组

二字词组输入法为：分别取单字的前两个字根代码，即第 1 个汉字的第 1 个字根所在键 + 第 1 个汉字的第 2 个字根所在键 + 第 2 个汉字的第 1 个字根所在键 + 第 2 个汉字的第 2 个字根所在键。下面举例来说明二字词组的编码规则。

例如，汉字 = 氵（I）+ 又（C）+ 宀（P）+ 子（B），如下图所示。

当输入“B”时，二字词组“汉字”即可输入。

再如，下表所示的都是二字词组的编码规则。

词组	第 1 个字根 第 1 个汉字的第 1 个字根	第 2 个字根 第 1 个汉字的第 2 个字根	第 3 个字根 第 2 个汉字的第 1 个字根	第 4 个字根 第 2 个汉字的第 2 个字根	编码
词组	讠	乙	纟	月	YNXE
机器	木	几	口	口	SMKK
代码	亻	弋	石	马	WADC
输入	车	人	丿	丶	LWTY
多少	夕	夕	小	丿	QQIT
方法	方	丶	氵	土	YYIF
字根	宀	子	木	彐	PBSV
编码	纟	丶	石	马	XYDC
中国	口	丨	囗	王	KHLG
你好	亻	勹	女	子	WQVB
家庭	宀	豕	广	丿	PEYT
帮助	三	丿	月	一	DTEG

提示 在拆分二字词组时，如果词组中包含有一级简码的独体字或键名字，连续按两次该汉字所在键位即可；如果一级简码非独体字，则按照键外字的拆分方法进行拆分即可；如果包含成字字根，则按照成字字根的拆分方法进行拆分即可。

二字词组在汉语词汇中占有的比重较大，熟练掌握其输入方法可有效提高五笔打字速度。

2. 输入三字词组

所谓三字词组，就是指构成词组的汉字个数有三个。三字词组的取码规则为：前两字各取第一码，后一字取前两码，即第 1 个汉字的第 1 个字根 + 第 2 个汉字的第 1 个字根 + 第 3 个汉字的第 1 个字根 + 第 3 个汉字的第 2 个字根。下面举例说明三字词组的编码规则。

例如，计算机 = 讠（Y）+ ⺮（T）+ 木（S）+ 几（M），如下图所示。

当输入“M”时，“计算机”三字即可输入。

再如，下表所示的都是三字词组的编码规则。

词组	第 1 个字根	第 2 个字根	第 3 个字根	第 4 个字根	编码
	第 1 个汉字的第 1 个字根	第 2 个汉字的第 1 个字根	第 3 个汉字的第 1 个字根	第 3 个汉字的第 2 个字根	
瞧不起	目	一	土	龰	HGFH
奥运会	丿	二	人	二	TFWF
平均值	一	土	亻	十	GFWF
运动员	二	二	口	贝	FFKM
共产党	艹	立	⺌	冖	AUIP
飞行员	乙	彳	口	贝	NTKM
电视机	日	礻	木	几	JPSM
动物园	二	丿	囗	二	FTLF
摄影师	扌	日	刂	一	RJJG
董事长	艹	一	丿	七	AGTA
联合国	耳	人	囗	王	BWLG
操作员	扌	亻	口	贝	RWKM

提示 在拆分三字词组时，若词组中包含有一级简码或键名字，如果该汉字在词组中，选取该字所在键位即可；如果该汉字在词组末尾又是独体字，则按其所在的键位两次作为该词的第三码和第四码；若包含成字字根，则按照成字字根的拆分方法拆分即可。

三字词组在汉语词汇中占有的比重也很大，其输入速度大约为普通汉字输入速度的 3 倍，因此熟练掌握其输入方法可以有效地提高输入速度。

3. 输入四字词组

四字词组在汉语词汇中同样占有一定的比重，其输入速度约为普通汉字的 4 倍，因而熟练掌握四字词组的编码对五笔打字的速度相当重要。

四字词组的编码规则为取每个单字的第一码，即第 1 个汉字的第 1 个字根 + 第 2 个汉字的第 1 个字根 + 第 3 个汉字的第 1 个字根 + 第 4 个汉字的第 1 个字根。下面举例说明四字词组的编码规则。

例如，前程似锦 = 䒑（U）+ 禾（T）+ 亻（W）+ 钅（Q），如下图所示。

当输入“Q”时，“前程似锦”四字即可输入。

再如，下表所示的都是四字词组的编码规则。

词组	第 1 个字根	第 2 个字根	第 3 个字根	第 4 个字根	编码
	第 1 个汉字的第 1 个字根	第 2 个汉字的第 1 个字根	第 3 个汉字的第 1 个字根	第 4 个汉字的第 1 个字根	
青山绿水	龶	山	纟	水	GMXI
势如破竹	扌	女	石	竹	RVDT

续表

词组	第 1 个字根 第 1 个汉字的第 1 个字根	第 2 个字根 第 2 个汉字的第 1 个字根	第 3 个字根 第 3 个汉字的第 1 个字根	第 4 个字根 第 4 个汉字的第 1 个字根	编码
天涯海角	一	氵	氵	勹	GIIQ
三心二意	三	心	二	立	DNFU
熟能生巧	亠	厶	丿	工	YCTA
釜底抽薪	八	广	扌	艹	WYRA
刻舟求剑	亠	丿	十	人	YTFW
万事如意	丆	一	女	立	DGVU
当机立断	丷	木	立	米	ISUO
明知故犯	日	𠂉	古	犭	JTDQ
惊天动地	忄	一	二	土	NGFF
高瞻远瞩	亠	目	二	目	YHFH

提示 在拆分四字词组时，词组中如果包含有一级简码的独体字或键名字，选取该字所在键位即可；如果一级简码非独体字，则按照键外字的拆分方法拆分即可；若包含成字字根，则按照成字字根的拆分方法拆分即可。

4. 输入多字词组

多字词组是指四个字以上的词组，能通过五笔输入法输入的多字词组并不多见，一般在使用率特别高的情况下，才能够完成输入，其输入速度非常之快。

多字词组的输入同样也是取四码，其规则为取第一、二、三及末字的第一码，即第 1 个汉字的第 1 个字根 + 第 2 个汉字的第 1 个字根 + 第 3 个汉字的第 1 个字根 + 末尾汉字的第 1 个字根。下面举例来说明多字词组的编码规则。

例如，中华人民共和国 = 口（K）+ 亻（W）+ 人（W）+ 口（L），如下图所示。

当输入“L”时，“中华人民共和国”七字即可输入。

再如，下表所示的都是多字词组的编码规则。

词组	第 1 个字根 第 1 个汉字的第 1 个字根	第 2 个字根 第 2 个汉字的第 1 个字根	第 3 个字根 第 3 个汉字的第 1 个字根	第 4 个字根 第末个汉字的第 1 个字根	编码
中国人民解放军	口	囗	人	冖	KLWP
百闻不如一见	丆	门	一	冂	DUGM
中央人民广播电台	口	冂	人	厶	KMWC
不识庐山真面目	一	讠	广	目	GYYH
但愿人长久	亻	厂	人	勹	WDWQ
心有灵犀一点通	心	𠂇	彐	龴	NDVC
广西壮族自治区	广	西	丬	匚	YSUA
天涯何处无芳草	一	氵	亻	艹	GIWA
唯恐天下不乱	口	工	一	丿	KADT
不管三七二十一	一	𥫗	三	一	GTDG

提示 在拆分多字词组时，词组中如果包含有一级简码的独体字或键名字，选取该字所在键位即可；如果一级简码非独体字，则按照键外字的拆分方法拆分即可；若包含成字字根，则按照成字字根的拆分方法拆分即可。

5. 手工造词

五笔输入法词库中，只添加了最常用的一些词组，如果用户要经常用到某个词组，那么可以把词组添加到词库中。

例如，用户要把“床前明月光”添加到词库中，那么可以先复制这 5 个字，然后右击五笔输入法的状态条，在弹出的快捷菜单中选择【手工造词】命令，打开【手工造词】对话框，然后把“床前明月光”粘贴到【词语】文本框中，此时【外码】文本框中就会自动填上相应的编码。单击【添加】按钮后，再单击【关闭】按钮退出【手工造词】对话框即可。

高手支招

技巧 1：单字的五笔字根编码歌诀技巧

通过前面的介绍，五笔打字已经学得差不多了，相信读者也会有不少心得。这里总结了如下的单字五笔字根编码歌诀。

五笔字型均直观，依照笔顺把码编；
键名汉字打 4 下，基本字根请照搬；
一二三末取四码，顺序拆分大优先；
不足四码要注意，交叉识别补后边。

此歌诀中不仅包含了五笔打字的拆分原则，还包含了五笔打字的输入规则。

（1）“依照笔顺把码编”说明取码顺序要依照从左到右、从上到下、从外到内的书写顺序。

（2）“键名汉字打 4 下”说明 25 个“键名汉字”的输入规则。

（3）“一二三末取四码”说明字根数为 4 个或大于 4 个时，按一、二、三、末字根顺序取四码。

（4）“不足四码要注意，交叉识别补后边”说明不足 4 个字根时，打完字根识别码后，补交叉识别码于尾部。此种情况下，码长为 3 个或 4 个。

（5）“基本字根请照搬”和“顺序拆分大优先”是拆分原则，就是说，在拆分中以基本字根为单位，并且在拆分时“取大优先”，尽可能先拆出笔画最多的字根，或者说拆分出的字根数要尽量少。

总之，在拆分汉字时，一般情况下，应当保证每次拆出最大的基本字根；如果拆出字根的数目相同时，“散”比“连”优先，“连”比“交”优先。

技巧 2：造词

造词工具用于管理和维护自造词词典以及自学习词表，用户可以对自造词的词条进行编辑、删除、设置快捷键、导入或导出到文本文件等操作，以使下次输入可以轻松完成。在 QQ 拼音输入法中定义用户词和自定义短语的具体操作步骤如下。

第 1 步 在 QQ 拼音输入法下按【I】键，启动 i 模式，并按功能键区的数字【7】。

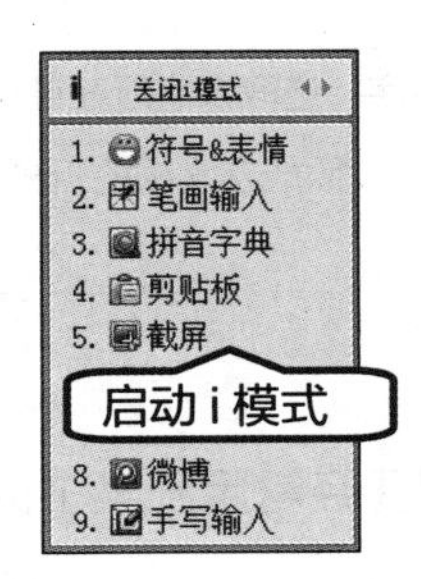

第 2 步 弹出【QQ 拼音造词工具】对话框，选择【用户词】选项卡。如果经常使用“扇淀”这个词，可以在【新词】文本框中输入该词，并单击【保存】按钮。

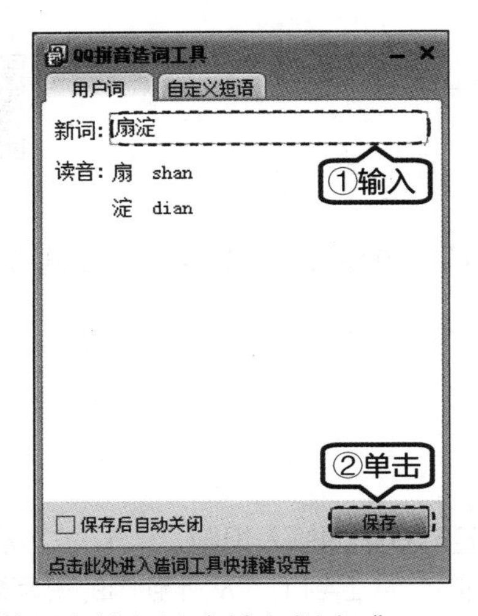

第 3 步 然后在输入法中输入拼音“shandian”，即可在第一个位置上显示设置的新词“扇淀”。

第 4 步【自定义短语】选项卡，在【自定义短语】文本框中输入“吃葡萄不吐葡萄皮”，【缩写】文本框中设置缩写，例如输入“cpb”，单击【保存】按钮。

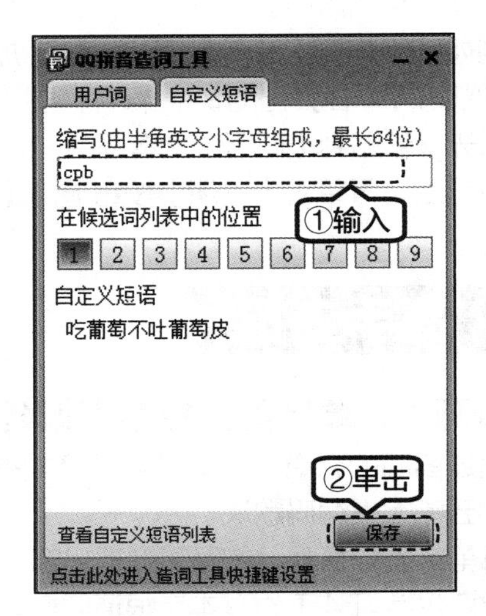

第 5 步 然后在输入法中输入拼音“cpb”，即可在第一个位置上显示设置的新短语。

第5章

管理电脑文件和文件夹

高手指引

文件和文件夹是 Windows 10 操作系统资源的重要组成部分。用户只有掌握好管理文件和文件夹的基本操作，才能更好地运用操作系统完成工作和学习。本章主要讲述 Windows 10 中文件和文件夹的基本操作。

重点导读

- 学习文件和文件夹的管理
- 认识文件和文件夹
- 学习文件和文件夹的基本操作
- 学习文件和文件夹的高级操作

5.1 文件和文件夹的管理

Windows 10 系统中一般是用【此电脑】来存放文件，此外也可以用移动存储设备存放文件，如 U 盘、移动 U 盘及手机的内部存储等。

5.1.1 电脑

理论上来说，文件可以被存放在【此电脑】的任意位置。但是为了便于管理，文件应按性质分盘存放。

通常情况下，电脑的硬盘最少需要划分为 3 个分区：C、D 和 E 盘。3 个盘的功能分别如下。

（1）C 盘。C 盘主要是用来存放系统文件。所谓系统文件，是指操作系统和应用软件中的系统操作部分，默认情况下都会被安装在 C 盘，包括常用的程序。

（2）D 盘。D 盘主要用来存放应用软件文件。如 Office、Photoshop 和 3ds Max 等程序，常常被安装在 D 盘。对于软件的安装，有以下常见的原则。

① 一般小的软件，如 RAR 压缩软件等可以安装在 C 盘。

② 对于大的软件，如 Office 2016，建议安装在 D 盘。

> **提示** 几乎所有软件默认的安装路径都在 C 盘中，电脑用得越久，C 盘被占用的空间越多。这样一来随着时间的增加，系统反应会越来越慢。所以安装软件时，需要根据具体情况改变安装路径。

（3）E 盘。E 盘用来存放用户自己的文件，如用户自己的电影、图片和资料文件等。如果硬盘还有多余的空间，可以添加更多的分区。

5.1.2 文件夹组

【文件夹组】是 Windows 10 中的一个系统文件夹，系统为每个用户建立了文件夹，主要用于保存视频、图片、文档、下载、音乐以及桌面等，当然也可以保存其他任何文件。对于常用的文件，用户可以将其存放在【文件夹组】对应的文件夹中，以便于及时调用。

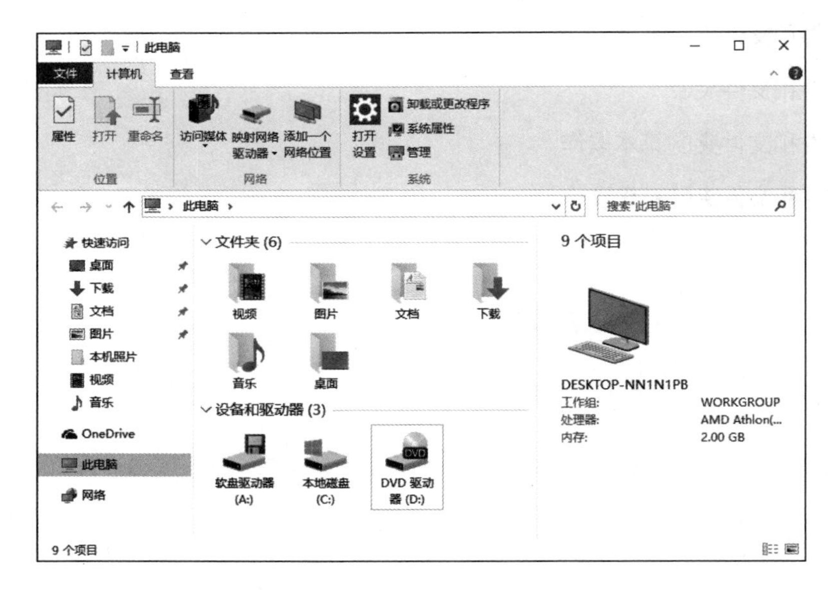

5.2 认识文件和文件夹

在 Windows 10 操作系统中，文件是最小的数据组织单位。文件中可以存放文本、图像和数值数据等信息。而硬盘则是存储文件的大容量存储设备，其中可以存储很多文件。为了便于管理文件，还可以把文件组织到文件夹和子文件夹中去。

5.2.1 文件

文件是 Windows 存取磁盘信息的基本单位，一个文件是磁盘上存储的信息的一个集合，可以是文字、图片、影片或一个应用程序等。每个文件都有自己唯一的名称，Windows 10 正是通过文件的名字来对文件进行管理的。

Windows 10 与 DOS 最显著的差别就是它支持长文件名，甚至在文件和文件夹名称中允许有空格。在 Windows 7 中，默认情况下系统自动按照类型显示和查找文件。有时为了方便查找和转换，也可以为文件指定扩展名。

1. 文件名的组成

在 Windows 10 操作系统中，文件名由“基本名”和“扩展名”构成，它们之间用英文符号“.”隔开。例如，文件“tupian.jpg”的基本名是“tupian”，扩展名是“jpg”，文件“月末总结 .docx”的基本名是“月末总结”，扩展名是“docx”。

提示

文件可以只有基本名，没有扩展名，但不能只有扩展名，没有基本名。

2. 文件命名规则

文件的命名有以下规则。

（1）文件名称长度最多可达 256 个字符，1 个汉字相当于 2 个字符。

文件名中不能出现这些字符：斜线（\、/）、竖线（|）、小于号（<）、大于号（>）、冒号（：）、引号（“）、问号（？）、星号（*）。

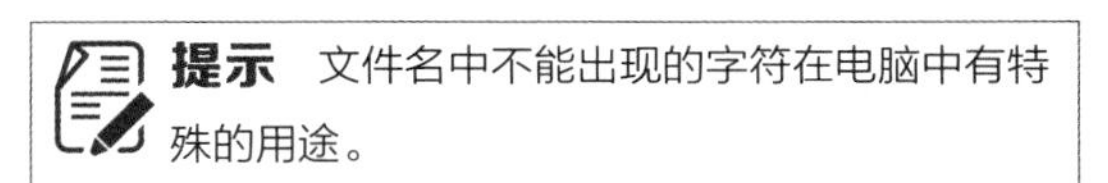

提示 文件名中不能出现的字符在电脑中有特殊的用途。

（2）文件命名不区分大小写字母，如“abc.txt”和“ABC.txt”是同一个文件名。

（3）同一个文件夹下的文件名称不能相同。

3. 文件地址

文件的地址由“盘符”和“文件夹”组成，它们之间用一个反斜杠“\”隔开，其中后一个文件夹是前一个文件夹的子文件夹。例如“ E:\Work\Monday\ 总结报告 .docx”的地址是“E:\Work\Monday”，其中“Monday”文件夹是“Work”文件夹的子文件夹，如下图所示。

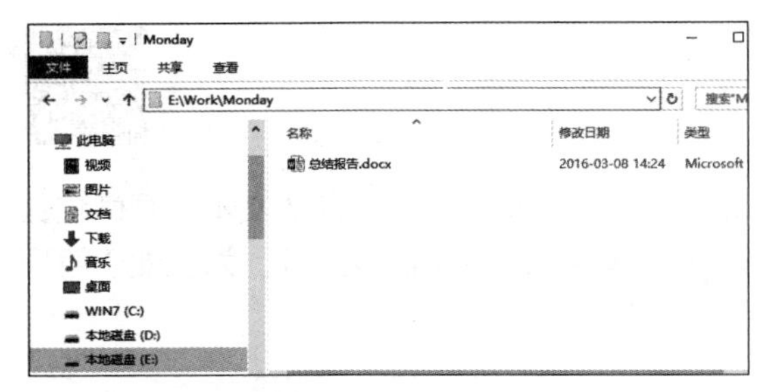

4. 文件图标

在 Windows 10 操作系统中，文件的图标和扩展名代表了文件的类型，而且文件的图标和扩展名之间有一定的对应关系，看到文件的图标，知道文件的扩展名就能判断出文件的类型。例如，文本文件中后缀名为“.docx”的文件图标为，图片文件中后缀名“.jpeg”的文件图标为，压缩文件中后缀名“.rar”的文件图标为，视频文件中后缀名“.avi”的文件图标为。

5. 文件大小

查看文件的大小有两种方法。

方法 1：选择要查看大小的文件并单击鼠标右键，在弹出的快捷菜单中选择【属性】菜单命令，即可在打开的【属性】对话框中查看文件的大小。

> **提示** 文件的大小用 B（Byte 字节）、KB（千字节）、MB（兆字节）和 GB（吉字节）做单位。1 个字节（1B）能存储一个英文字符，1 个汉字占两个字节。

方法 2：打开包含要查看文件的文件夹，单击窗口右下角的按钮，即可在文件夹中查看文件的大小。

5.2.2 文件夹

在 Windows 10 操作系统中，文件夹主要用来存放文件，是存放文件的容器。

文件夹是从 Windows 95 开始提出的一个概念。它实际上是 DOS 中目录的概念，在过去的电脑操作系统中，习惯把它称为目录。树状结构的文件夹是目前微型电脑操作系统的流行文件管理模式。它的结构层次分明，容易被人们理解，只要用户明白它的基本概念，就可以熟练使用它。

1. 文件夹命名规则

在 Windows 10 中，文件夹的命名有以下规则。

（1）文件夹名称长度最多可达 256 个字符，1 个汉字相当于 2 个字符。

文件夹名中不能出现这些字符：斜线（\、/）、竖线（|）、小于号（<）、大于号（>）、冒号（：）、引号（“）、问号（？）、星号（*）。

（2）文件夹不区分大小写字母，如“abc”和“ABC”是同一个文件夹名。

（3）文件夹通常没有扩展名。

（4）同一个文件夹中文件夹不能同名。

2. 选择文件或文件夹

（1）单击即可选择一个对象。

（2）单击菜单栏中的【编辑】➤【全选】菜单命令，或者按【Ctrl+A】组合键，即可选择所有对象。

（3）选择一个对象，按住【Ctrl】键同时单击其他对象，可以选择不连续的多个对象。

（4）选择第一个对象，按住【Shift】键同时单击最后一个对象，或者拖曳鼠标指针绘制矩形框选择多个对象，可以选择连续的多个对象。

3. 文件夹大小

文件夹的大小单位与文件的大小单位相同，但只能使用【属性】对话框查看文件夹的大小。选择要查看的文件夹并单击鼠标右键，在弹出的快捷菜单中选择【属性】菜单命令，在弹出的【属性】对话框中即可查看文件夹的大小

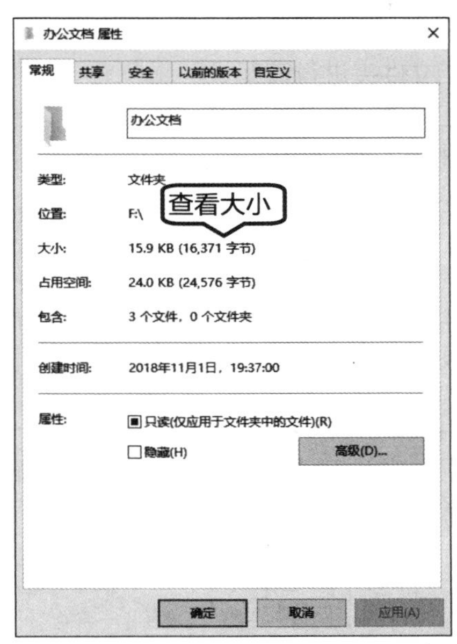

5.3 文件和文件夹的基本操作

文件和文件夹是 Windows 10 操作系统资源的重要组成部分。用户只有掌握好管理文件和文件夹的基本操作，才能更好地运用操作系统完成工作和学习。

5.3.1 找到电脑上的文件和文件夹

双击桌面上的【此电脑】图标，进入任意一个本地磁盘，即可看到其中分布的文件夹，如下图所示。

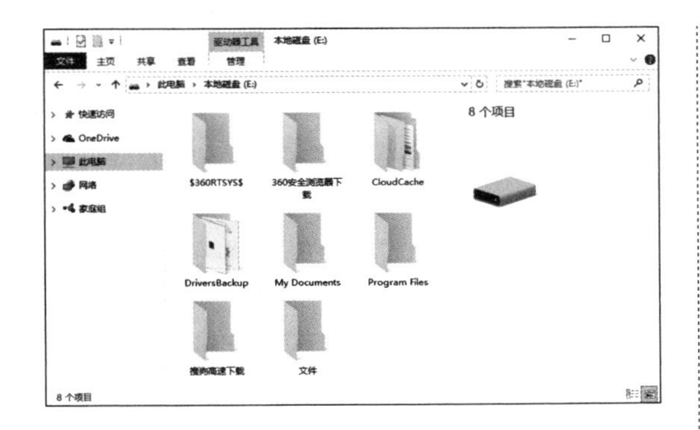

文件的种类是由文件的扩展名来标示的，由于扩展名是无限制的，所以文件的类型自然也就是无限制的。文件的扩展名是 Windows 10 操作系统识别文件的重要方法，因而了解常见的文件扩展名对于学习和管理文件有很大的帮助。

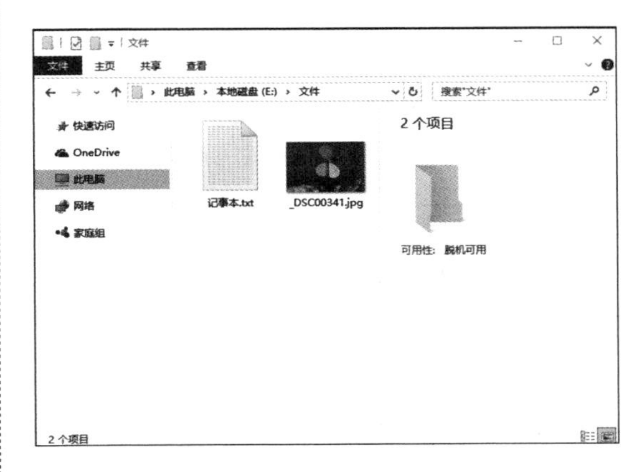

5.3.2 文件资源管理功能区

在 Windows 10 操作系统中，文件资源管理器采用了 Ribbon 界面，其实它并不是首次出现，在 Office 2007 到 Office 2019 都采用了 Ribbon 界面，最明显的标识就是采用了标签页和功能

区的形式，便于用户的管理。本节介绍 Ribbon 界面的主要目的是方便用户通过新的功能区，对文件和文件夹进行管理。

在文件资源管理器中，默认隐藏功能区，用户可以单击窗口最右侧的向下按钮或者按【Ctrl+F1】组合键展开或隐藏功能区。另外，单击标签页选项卡，也可显示功能区。

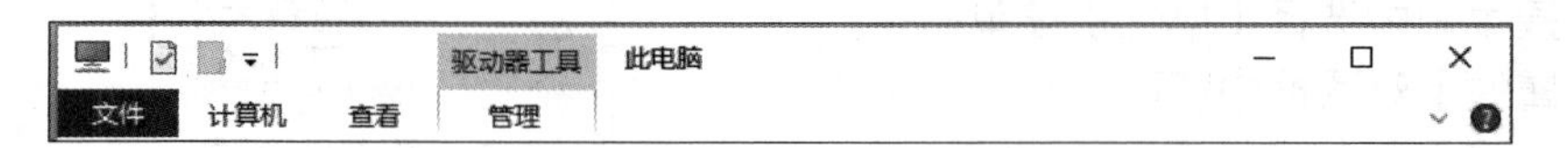

在 Ribbon 界面中，主要包含计算机、主页、共享和查看 4 种标签页，单击不同的标签页，则包含不同类型的命令。

1. 计算机标签页

双击【此电脑】图标，进入【此电脑】窗口，默认显示【计算机】标签页，主要包含了对电脑的常用操作，如磁盘操作、网络位置、打开设置、程序卸载、查看系统属性等。

2. 主页标签页

打开任意磁盘或文件夹，可看到【主页】标签页，主要包含对文件或文件夹的复制、移动、粘贴、重命名、删除、查看属性和选择等操作，如下图所示。

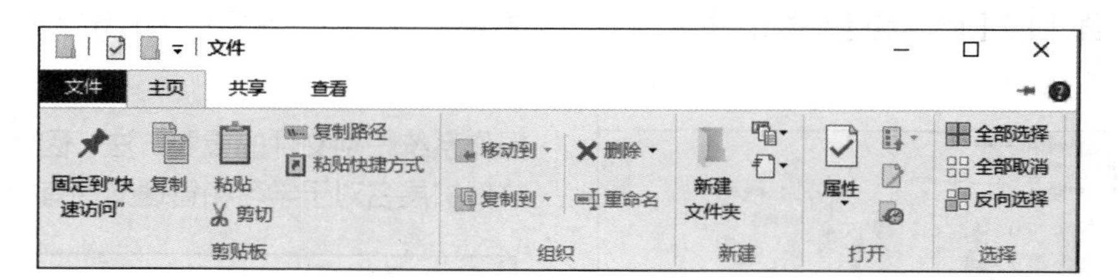

3. 共享标签页

【共享】标签页中，主要包括对文件的发送和共享操作，如文件压缩、刻录、打印等。

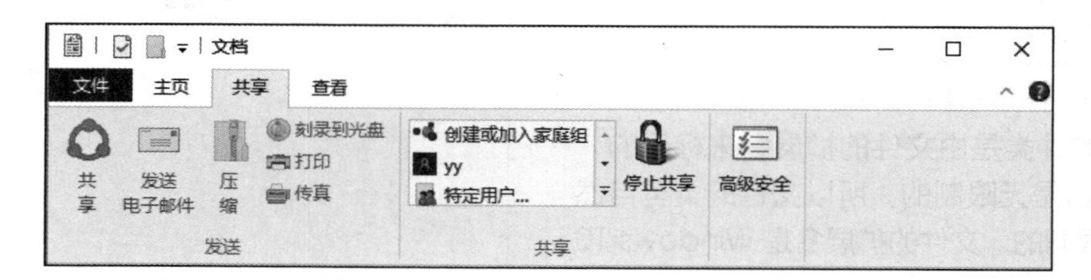

4. 查看标签页

【查看】标签页中，主要包含对窗口、布局、视图和显示 / 隐藏等操作，如文件或文件夹显示方式、排列文件或文件夹、显示 / 隐藏文件或文件夹都可在该标签页中进行操作。

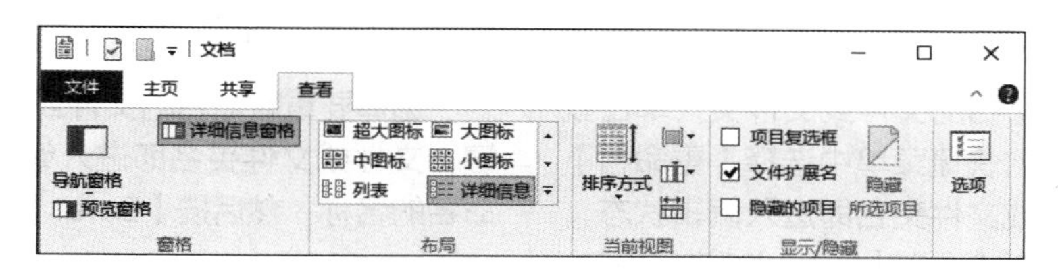

除了上述主要的标签页外，当文件夹中包含图片时，则会出现【图片工具】标签页；当文件夹中包含音乐文件时，则会出现【音乐工具】标签页。另外，还有【管理】、【解压缩】、【应用程序工具】等标签页。

5.3.3 打开 / 关闭文件或文件夹

对文件或文件夹进行最多的操作就是打开和关闭，打开和关闭文件或文件夹的常用方法有以下几种。

（1）双击要打开的文件。

（2）在需要打开的文件名上单击鼠标右键，在弹出的快捷菜单中选择【打开】菜单命令。

（3）利用【打开方式】打开，具体操作步骤如下。

第1步 在需要打开的文件名上单击鼠标右键，在弹出的快捷菜单中选择【打开方式】菜单命令，在其子菜单中选择相关的软件，如这里选择以【写字板】方式打开记事本文件。

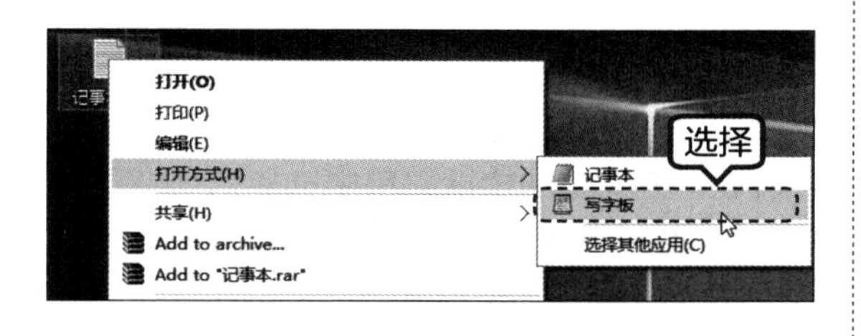

第2步 写字板软件将自动打开选择的记事本文件。

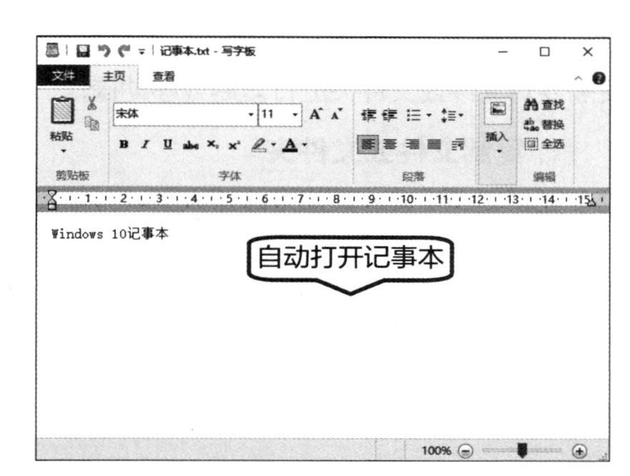

5.3.4 更改文件或文件夹的名称

新建文件或文件夹后，都有一个默认的名称作为文件名，用户可以根据需要给新建的或已有的文件或文件夹重新命名。

更改文件名称和更改文件夹名称的操作类似，主要有 3 种方法。

1. 使用功能区

选择要重新命名的文件或文件夹，单击【主页】标签页，在【组织】功能区中，单击【重命名】按钮，文件或文件夹名即进入编辑状态，输入要命名的名称，然后按【Enter】键进行确认。

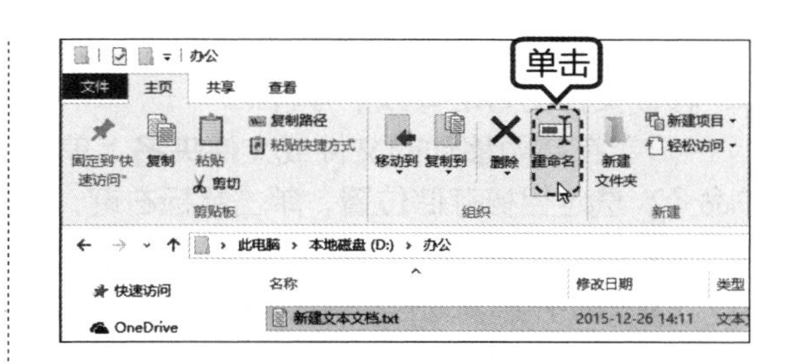

2. 右键菜单命令

选择要重新命名的文件或文件夹，单击鼠标右键，在弹出的快捷菜单中选择【重命名】菜单命令，文件或文件夹名即进入编辑状态，输入要命名的名称，然后按【Enter】键进行确认。

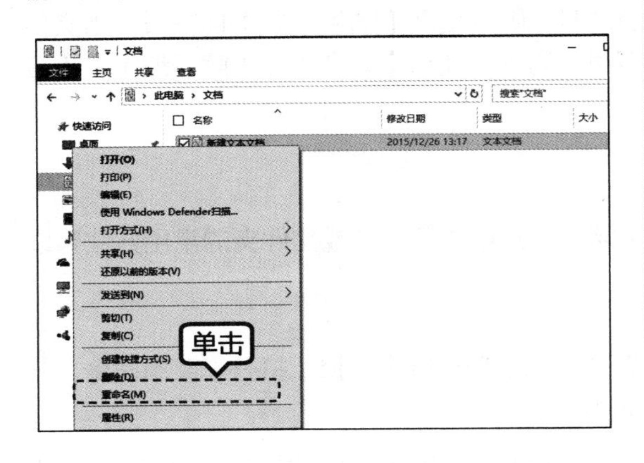

3. F2 快捷键

选择要重新命名的文件或文件夹，按【F2】键，文件或文件夹名即进入编辑状态，输入要命名的名称，然后按【Enter】键进行确认。

提示 在重命名文件时，不能改变已有文件的扩展名，否则可能会导致文件不可用。

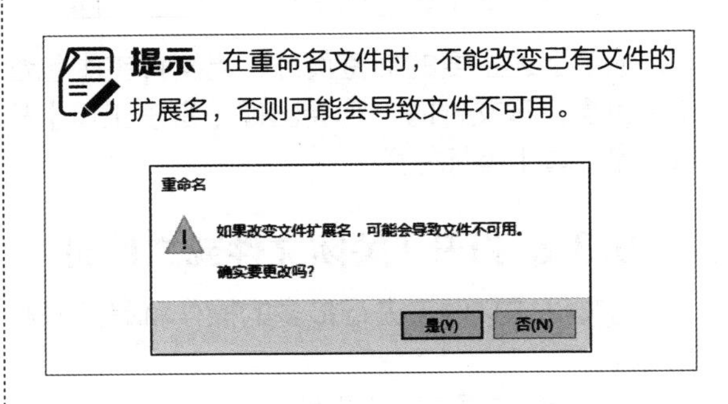

5.3.5 复制 / 移动文件或文件夹

有时需要对一些文件或文件夹进行备份，也就是创建文件的副本，或者改变文件的位置，这就需要对文件或文件夹进行复制或移动操作。

1. 复制文件或文件夹

复制文件或文件夹的方法有以下 4 种。

（1）在需要复制的文件或文件夹名上单击鼠标右键，在弹出的快捷菜单中选择【复制】菜单命令；选定目标存储位置，单击鼠标右键，在弹出的快捷菜单中选择【粘贴】菜单命令即可。

（2）选择要复制的文件或文件夹，按住【Ctrl】键并拖曳到目标位置。

（3）选择要复制的文件或文件夹，按住鼠标右键并拖曳到目标位置，松开鼠标，在弹出的快捷菜单中选择【复制到当前位置】菜单命令。

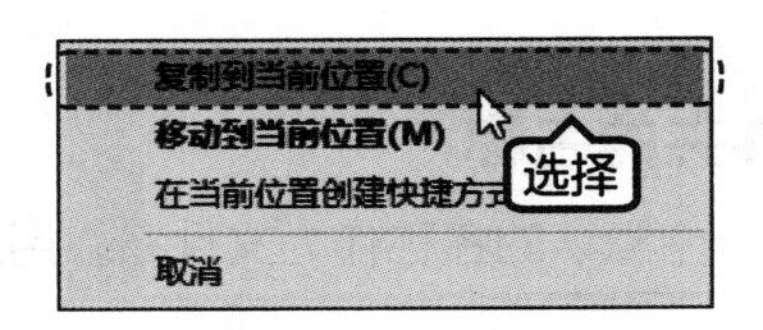

（4）选择要复制的文件或文件夹，按【Ctrl+C】组合键，然后在目标位置按【Ctrl+V】组合键即可。

2. 移动文件或文件夹

移动文件的方法有以下 4 种。

（1）在需要移动的文件或文件夹名上单击鼠标右键，在弹出的快捷菜单中选择【剪切】菜单命令；选定目标存储位置，单击鼠标右键，在弹出的快捷菜单中选择【粘贴】菜单命令即可。

（2）选择要移动的文件或文件夹，按住【Shift】键并拖曳到目标位置。

（3）选中要移动的文件或文件夹，单击并按住鼠标直接将其拖曳到目标位置，即可完成文件或文件夹的移动操作，这也是最简单的一种操作。

（4）选择要移动的文件或文件夹，按【Ctrl+X】组合键，然后在目标位置按【Ctrl +V】组合键即可。

5.4 文件和文件夹的高级操作

5.4.1 隐藏 / 显示文件或文件夹

隐藏文件或文件夹可以增强文件的安全性，同时可以防止误操作导致文件或文件夹丢失。隐藏与显示文件或文件夹的操作类似，本节仅以隐藏和显示文件为例进行介绍。

1. 隐藏文件或文件夹

隐藏文件或文件夹的操作步骤如下。

第 1 步 选择需要隐藏的文件并单击鼠标右键，在弹出的快捷菜单中选择【属性】菜单命令。

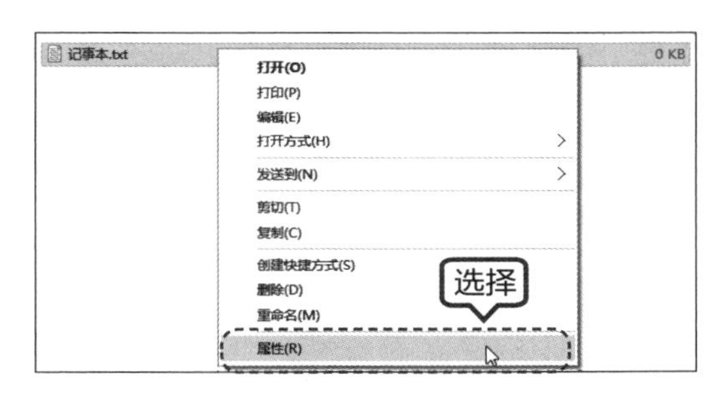

第 2 步 弹出【属性】对话框，选择【常规】选项卡，然后勾选【隐藏】复选框，单击【确定】按钮，选择的文件被成功隐藏

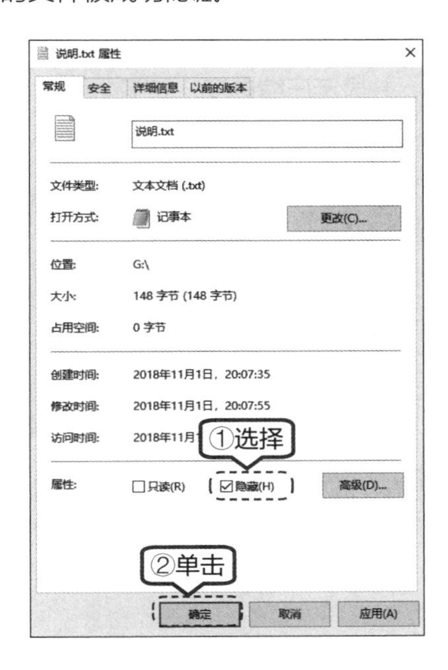

2. 显示文件

文件被隐藏后，当用户要想调出隐藏文件时，需要显示文件，具体操作步骤如下。

第 1 步 按一下【Alt】功能键，调出功能区，选择【查看】标签页，单击勾选【显示 / 隐藏】的【隐藏的项目】复选框，即可看到隐藏的文件或文件夹。

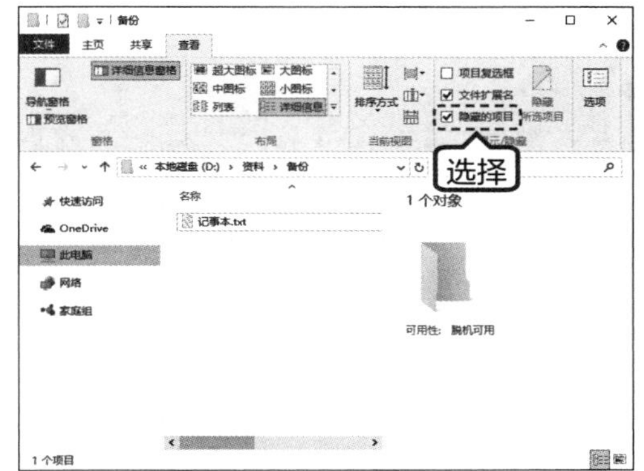

第 2 步 右键单击该文件，弹出【属性】对话框，选择【常规】选项卡，然后取消勾选【隐藏】复选框，单击【确定】按钮，即成功显示隐藏的文件。

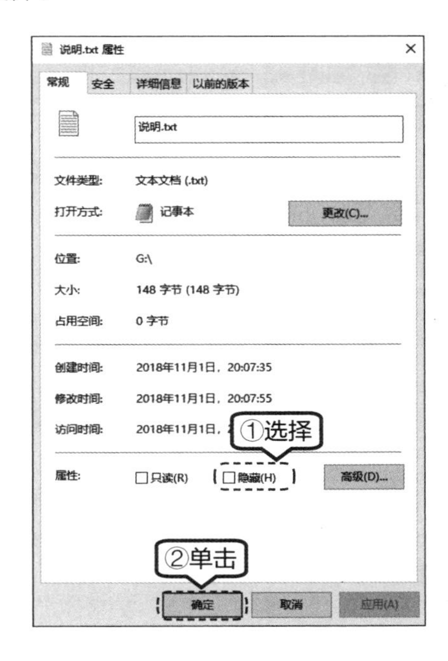

5.4.2 压缩和解压缩文件或文件夹

在进行文件发送和传输时，通过对文件和文件夹进行压缩，创建一个压缩包，不仅可以将多个文件或文件夹压缩为一个文件，也可以方便携带和传输。

在 Windows 10 的文件资源管理功能区【共享】➤【发送】组中，包含了“压缩”功能，用户可以直接单击【压缩】按钮，进行压缩操作。不过，因为该压缩功能较为单一，且仅支持 ZIP 格式的压缩和解压缩，用户可以使用其他工具，如 WINRAR、好压、360 压缩等进行操作，不仅支持多种格式的压缩，而且可以设置密码等功能。

下面以 WINRAR 为例，介绍如何创建压缩文件和如何解压缩文件。

1. 创建压缩文件

创建压缩文件的具体操作步骤如下。

第1步 选择要压缩的文件或文件夹，然后单击鼠标右键，在弹出的快捷菜单中单击【添加到压缩文件】命令。

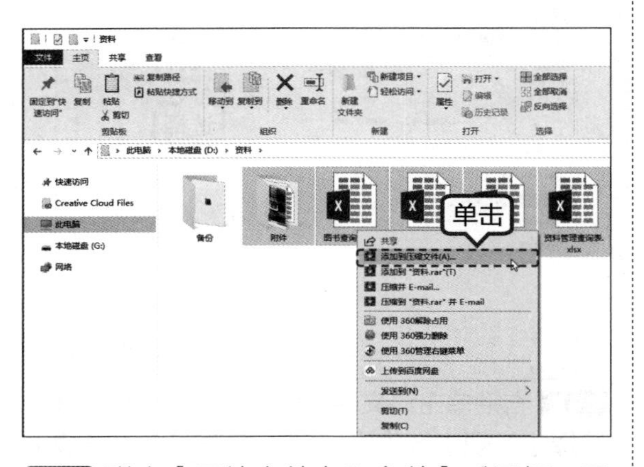

第2步 弹出【压缩文件名和参数】对话框，用户可以设置文件名称、压缩格式、压缩方式等。

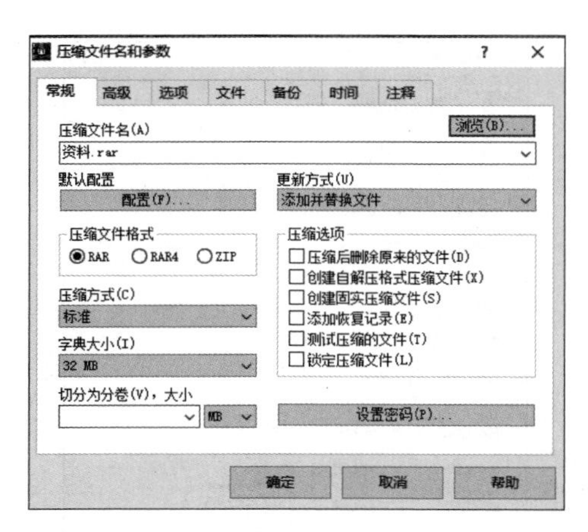

> **提示** 单击【浏览】按钮，可以打开【查找压缩文件】对话框，从中用户可以选择压缩文件的保存路径。

第3步 如果需要为压缩文件设置密码保护，则单击【设置密码】按钮，在弹出的【输入密码】对话框中，输入保护密码并单击【确定】按钮即可。如果不需要为压缩文件设置密码，直接在【压缩文件名和参数】对话框中单击【确定】按钮即可。

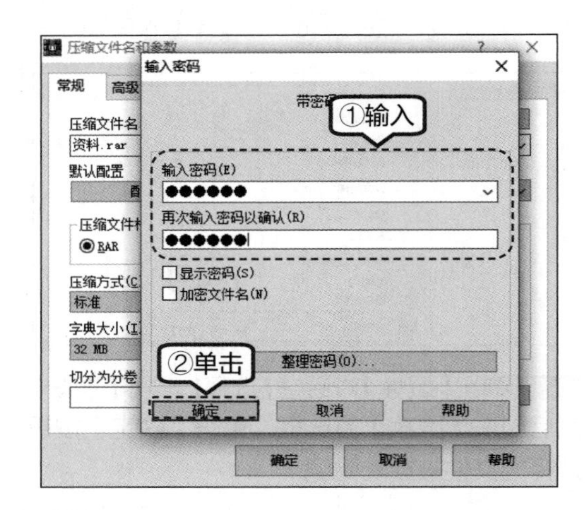

第4步 设置完成，并确定压缩后，即可创建压缩文件，并显示压缩进度，如下图所示。

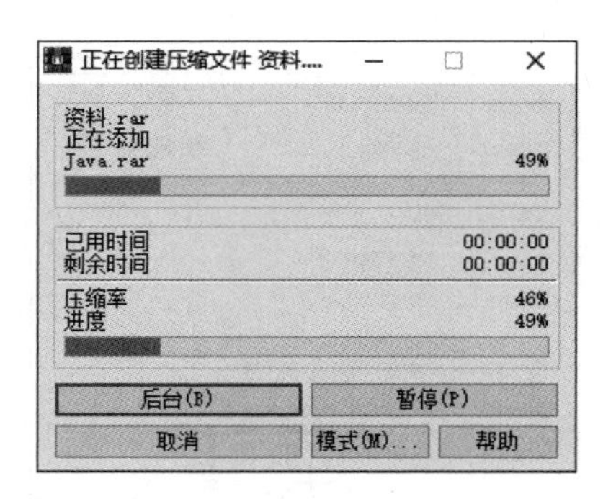

第5步 即在当前文件夹下，创建一个压缩文件，如下图所示。

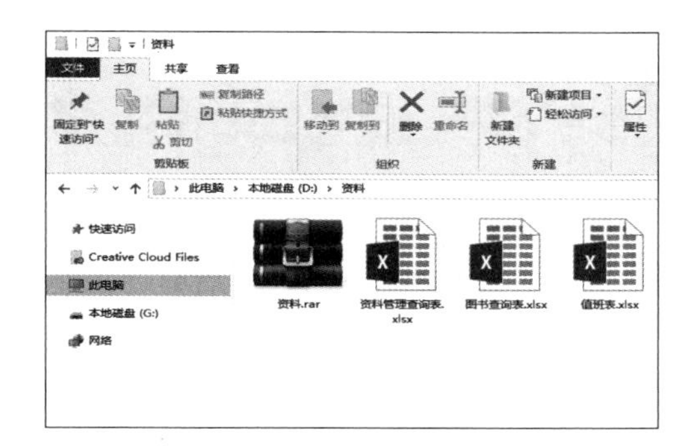

2. 解压压缩文件包

解压压缩文件包的具体操作步骤如下。

第 1 步 双击压缩文件，即可打开以压缩文件命名的窗口，窗口列表中显示了压缩文件中包含的文件或文件夹，如下图所示。

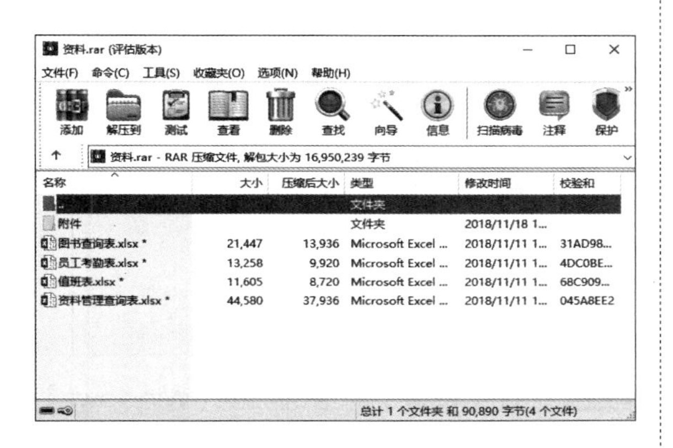

> **提示** 如果文件名后有 * 符号，则表示该压缩文件已加密，需输入密码方可查看。

第 2 步 双击列表中的文件即可查看，如果压缩文件包设置了密码，则首先弹出【输入密码】对话框，需输入密码，然后单击【确定】按钮，即可打开该文件。

第 3 步 选择要解压的文件或文件夹，单击窗口中的【解压到】按钮。

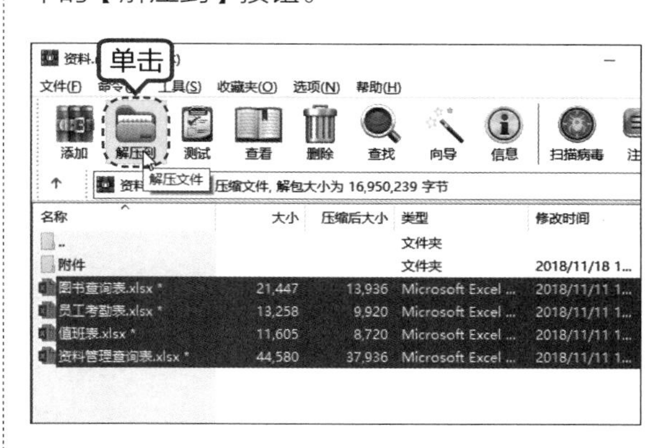

第 4 步 弹出【解压路径和选项】对话框，选择要解压的路径，单击【确定】按钮。

第 5 步 如果包含密码，则输入密码，即可解压压缩文件包。进入选择的压缩位置，即可看到解压缩的文件或文件夹，如下图所示。

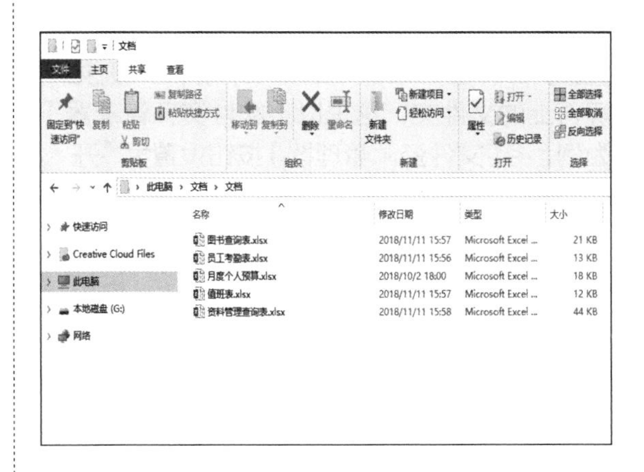

另外，也可以选中压缩文件，单击鼠标右键，在弹出的快捷菜单中选择【解压文件】命令，可直接打开【解压路径和选项】对话框，即可解压压缩文件包中的所有文件。

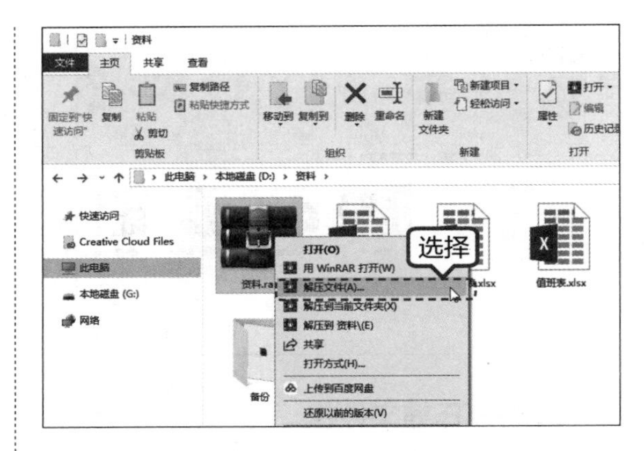

高手支招

技巧1：添加常用文件夹到“开始”屏幕

在 Windows 10 中，用户可以自定义“开始”屏幕显示的内容，因此可以把常用文件夹（例如文档、图片、音乐、视频、下载等常用文件夹）添加到“开始”屏幕上。具体步骤如下。

第1步 按【Windows+I】组合键，打开【设置】窗口，并单击【个性化】➢【开始】➢【选择哪些文件夹显示在“开始”菜单上】链接。

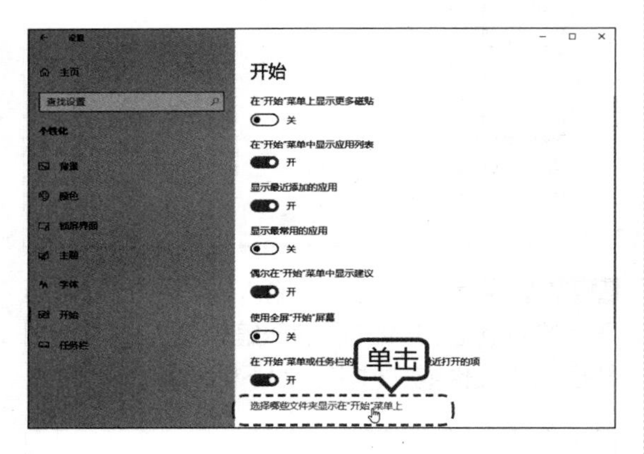

第2步 在弹出的窗口中选择要添加到“开始”屏幕上的文件夹，这里以【文件资源管理器】为例，将【文件资源管理器】按钮设置为“开”。

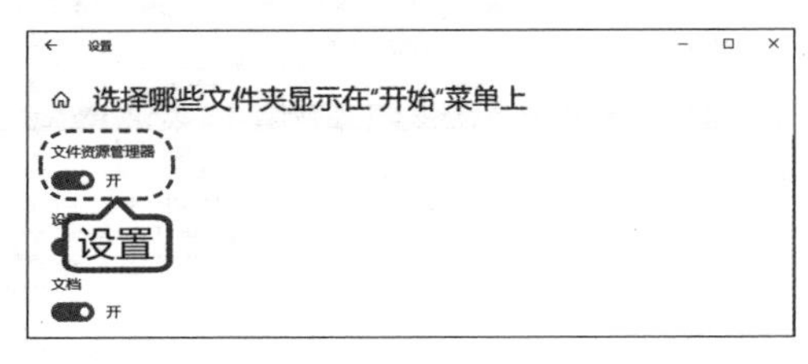

第3步 关闭【设置】对话框，按【Windows】键打开“开始”屏幕，即可看到添加的文件夹。

技巧2：如何快速查找文件

下面简单介绍文件的搜索技巧。

（1）关键词搜索。

利用关键词可以精准地搜索到某个文件，可以从以下元素入手，进行搜索。

① 文档搜索——文档的标题、创建时间、关键词、作者、摘要、内容、大小。

② 音乐搜索——音乐文件的标题、艺术家、唱片集、流派。

③ 图片搜索——图片的标题、日期、类型、备注。

因此，在创建文件或文件夹时，建议尽可能地完善属性信息，以方便查找。

（2）缩小搜索范围。

如果知道被搜索文件的大致范围，就尽量缩小搜索范围。例如文件在J盘，可打开J盘，按【Ctrl+F】组合键，单击【搜索】标签页，在【优化】组中设置日期、类型、大小和其他属性信息。

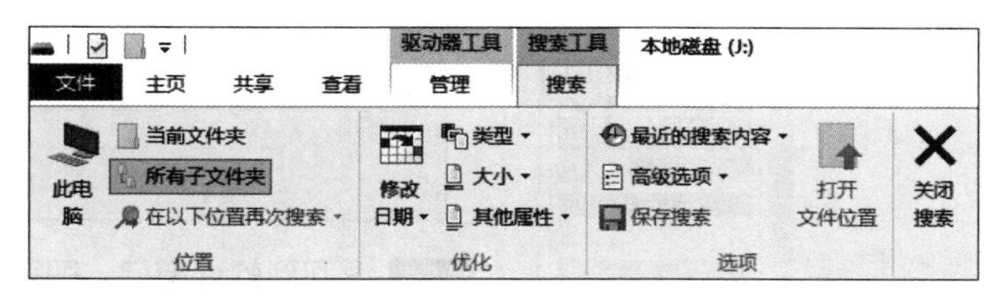

（3）添加索引。

在Windows 10系统文件资源管理器窗口中，可以通过【选项】组中的【高级选择】，使用索引，根据提示确认对此位置进行索引。这样可以快速搜索到要查找的文件。

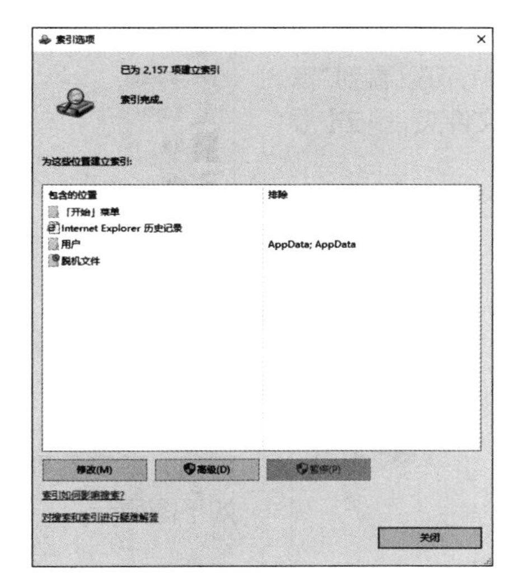

技巧3：自定义文件夹组，高效管理电脑

在“此电脑”窗口“文件夹组”中，默认包含了3D对象、视频、图片、文档等文件夹，其中很多文件夹对于一般用户很少使用，如下图所示。那么如果将常用的文件夹添加到该位置，将不经常使用的文件夹删除，可以大大提高操作效率，高效管理电脑。

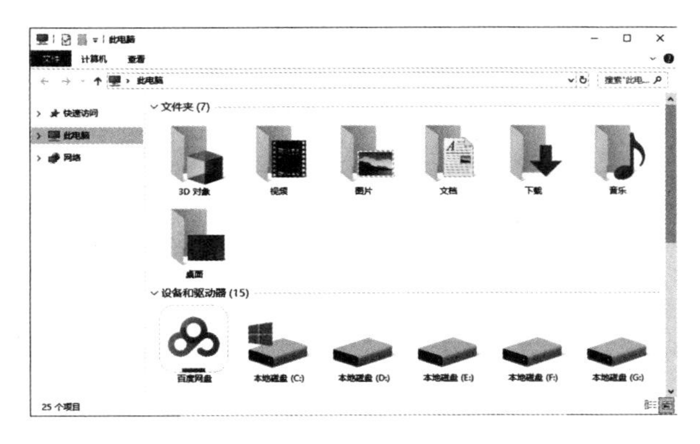

下面使用“This PC Tweaker”工具自定义文件夹组，用户可以使用浏览器下载该工具，其使用方法如下。

第1步 启动“This PC Tweaker”软件，可以看到显示的文件夹组中的文件夹，如这里选择“音乐”文件夹，然后单击【删除所选】按钮。

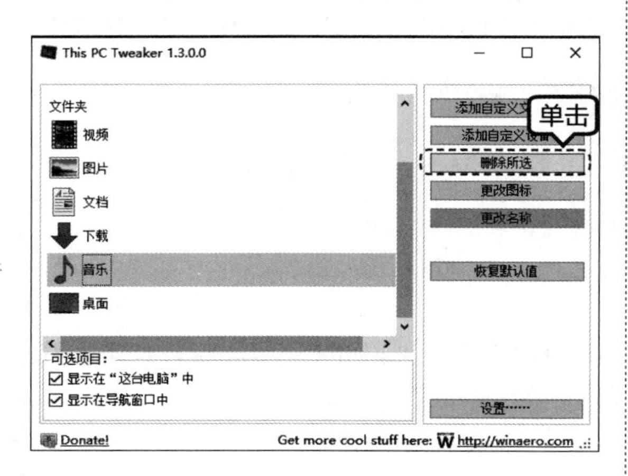

第2步 此时，在窗口文件夹列表中，可以看到“音乐”文件夹已删除。如果要添加文件夹，单击【添加自定义文件夹】按钮。

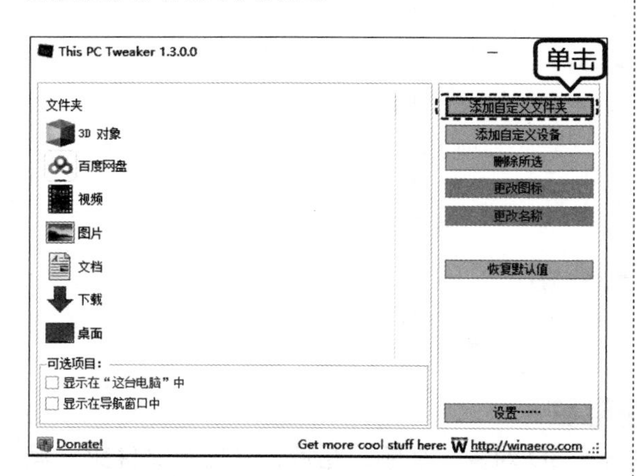

第3步 弹出【选择文件夹】对话框，在电脑中选择要添加的文件夹，如选择“工作资料”文件夹，单击【选择文件夹】按钮。

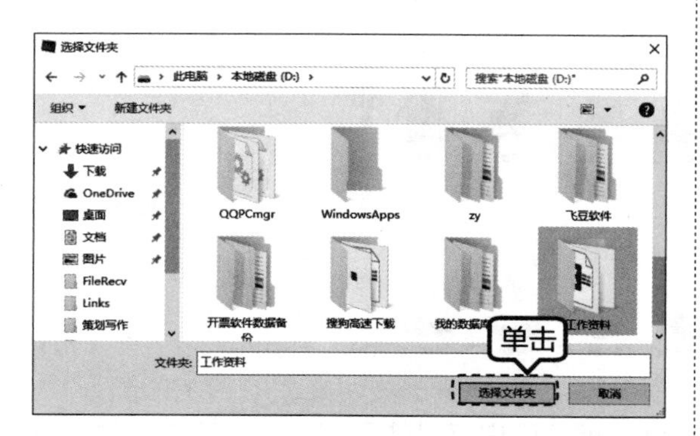

第4步 弹出【重命名文件夹】对话框，可以为文件夹指定一个新名称，然后单击【OK】按钮。

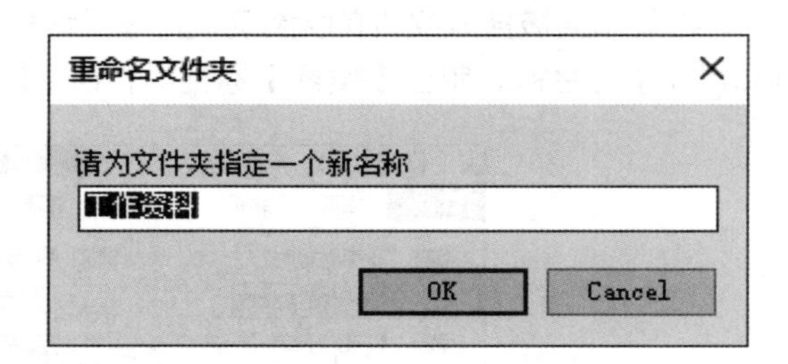

第5步 返回到软件窗口，即可在文件夹列表中看到已添加到的文件夹，如下图所示。

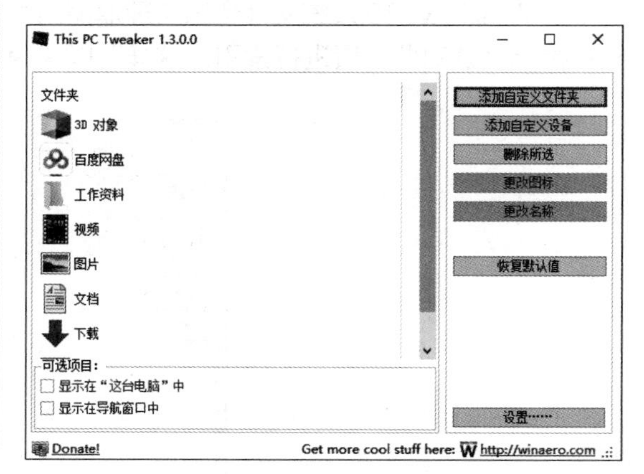

第6步 此时，按【Ctrl+E】组合键打开【此电脑】窗口，即可看到添加的“工作资料”文件夹，如下图所示。

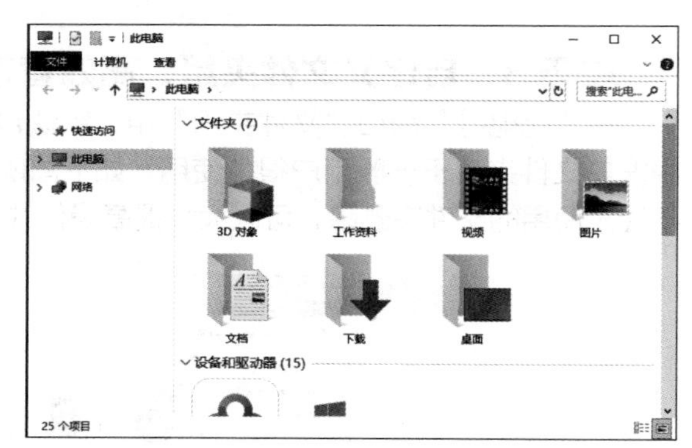

程序的安装与硬件的管理

➲ 高手指引

学会在电脑上安装软件以及管理电脑上的硬件，是学电脑非常重要的一步，本章将详细介绍软件的安装与卸载以及硬件设备管理等操作，让用户通过学习本章，可以自主地管理电脑中的软件和硬件设备。

➲ 重点导读

- 掌握软件安装的方法
- 掌握软件的更新 / 升级
- 掌握软件的卸载
- 掌握硬件设备的管理

6.1 认识常用软件

软件是多种多样的，渗透了各个领域，分类也极为丰富，主要的种类有视频音乐、聊天互动、游戏娱乐、系统工具、安全防护、办公应用、教育学习、图形图像、编程开发、手机数码等。下面主要介绍常用的软件。

1. 文件处理类

电脑办公离不开文件的处理。常见的文件处理软件有 Office、WPS、Adobe Acrobat 等。

（1）Office 电脑办公软件。

Office 是最常用的办公软件之一，使用人群较广。Office 办公软件包含 Word、Excel、PowerPoint、Outlook、Access、Publisher 和 OneNote 等组件。Office 中最常用的 4 大办公组件是 Word、Excel、PowerPoint 和 Outlook。

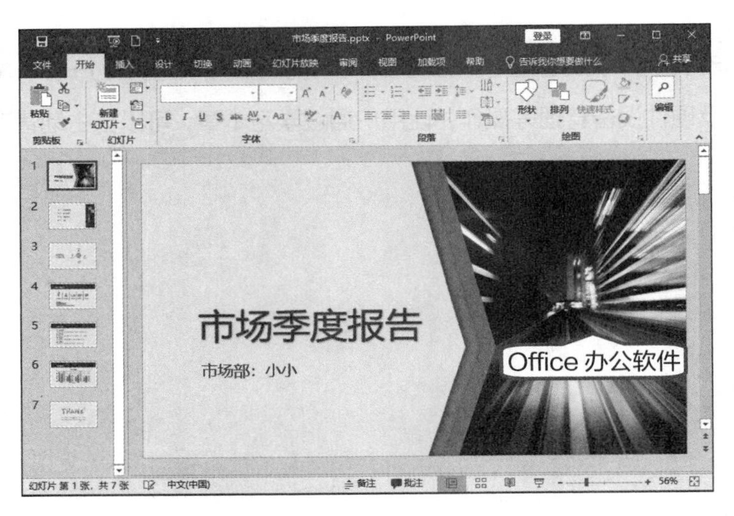

（2）WPS Office。

WPS（Word Processing System），中文意为文字编辑系统，是金山软件公司开发的一种办公软件，可以实现办公软件最常用的文字、表格、演示等多种功能。而且该软件完全免费，目前最新版本为 WPS Office 2019。

2. 文字输入类

输入法软件有搜狗拼音输入法、QQ 拼音输入法、微软拼音输入法、智能拼音输入法、全拼输入法、五笔字型输入法等。下面介绍几种常用的输入法。

（1）搜狗输入法。

搜狗输入法是国内主流的汉字拼音输入法之一，其最大特点，是实现了输入法和互联网的结合。搜狗拼音输入法是基于搜索引擎技术的输入法产品，用户可以通过互联网备份自己的个性化词库和配置信息。下图所示为搜狗拼音输入法的状态栏。

（2）QQ 拼音输入法。

QQ 输入法是腾讯旗下的一款拼音输入法，与大多数拼音输入法一样，QQ 拼音输入法支持全拼、简拼、双拼三种基本的拼音输入模式。而在输入方式上，QQ 拼音输入法支持单字、词组、整句的输入方式。目前 QQ 拼音输入法由搜狗公司提供客户端软件，与搜狗输入法无太大区别。

3. 沟通交流类

常见的办公软件中便于沟通交流的软件有飞鸽传书、QQ、微信等。

（1）飞鸽传书。

飞鸽传书（FreeEIM）是一款优秀的企业即时通信工具。它具有体积小、速度快、运行稳定、半自动化等特点，被公认为是目前企业即时通信软件中比较优秀的一款。

（2）QQ。

腾讯 QQ 有在线聊天、视频电话、点对点续传文件、共享文件等多种功能，是在办公中使用率较高的一款软件。

（3）微信。

微信是腾讯公司推出的一款即时聊天工具，可以通过网络发送语音、视频、图片和文字等，在手机中使用最为普遍。

4. 网络应用类

在办公中，有时需要查找资料或是下载资料，使用网络可快速完成这些工作。常见的网络应用软件有浏览器、下载工具等。

浏览器是指可以显示网页服务器或文件系统的 HTML 文件内容，并让用户与这些文件交互的一种软件。常见的浏览器有 Microsoft Edge 浏览器、搜狗浏览器、360 安全浏览器等。

5. 安全防护类

在电脑办公的过程中，有时会出现电脑死机、黑屏、重新启动以及电脑反应速度很慢，或者中毒的现象，使工作成果丢失。为防止这些现象的发生，防护措施一定要做好。常用的免费安全防护类软件有 360 安全卫士、腾讯电脑管家等。

360 安全卫士是一款由奇虎 360 推出的功能强、效果好、受用户欢迎的上网安全软件。360 安全卫士拥有查杀木马、清理插件、修复漏洞、电脑体检、保护隐私等多种功能，并独创了“木马防火墙”功能。360 安全卫士使用极其方便实用，用户口碑极佳，用户较多。

电脑管家是腾讯公司出品的一款免费专业安全软件，它集“专业病毒查杀、智能软件管理、系统安全防护”于一身，同时还融合了清理垃圾、电脑加速、修复漏洞、软件管理、电脑诊所等一系列辅助电脑管理功能，可满足用户杀毒防护和安全管理的双重需求。

6. 影音图像类

在办公中，有时需要作图或播放影音等，这时就需要使用影音图像工具。常见的影音图像工具有 Photoshop、暴风影音、会声会影等。

Adobe Photoshop，简称“PS”，主要处理以像素所构成的数字图像。使用其众多的编修与绘图工具，可以更有效地进行图像编辑工作，PS 是比较专业的图像处理软件，使用难度较大。

会声会影，是一个功能强大的“视频编辑” 软件，具有图像抓取和编修功能，可以抓取并提供100多种编制功能与效果，可导出多种常见的视频格式，甚至可以直接制作成DVD和VCD光盘。它支持各类编码，包括音频和视频编码，是最简单好用的 DV、HDV 影片剪辑软件。

6.2 软件的获取方法

安装软件的前提就是需要有软件安装程序。这些安装程序一般是 EXE 程序文件，基本上都是以 setup.exe 命名的，还有不常用的 MSI 格式的大型安装文件和 RAR、ZIP 格式的绿色软件，而这些文件的获取方法也是多种多样的，主要有以下几种途径。

6.2.1 安装光盘

如购买的电脑、打印机、扫描仪等设备，都会有一张随机光盘，里面包含了相关驱动程序，用户可以将光盘放入电脑光驱中，读取里面的驱动安装程序，并进行安装。

另外，也可以购买安装光盘，市面上普遍销售的是一些杀毒软件、常用工具软件的合集光盘，用户可以根据需要进行购买。

6.2.2 在官方网站下载

官方网站是指一些公司或个人建立的最具权威、最有公信力或唯一指定的网站，以达到介绍和宣传产品的目的。下面以“美图秀秀”软件为例进行介绍。

第 1 步 在 Microsoft Edge 浏览器地址栏中输入软件下载网址，并按【Enter】键，进入官方网站，单击【立即下载】按钮下载该软件。

第 2 步 页面底部将弹出操作框，提示“运行”还是“保存”。这里单击【保存】按钮的上拉按钮，在弹出的列表中选择【另存为】选项。

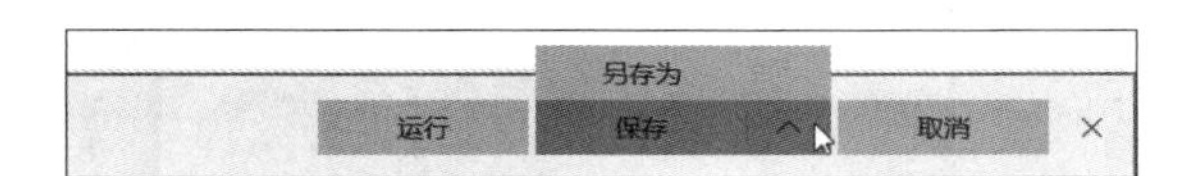

> **提示** 选择【保存】选项，将会自动保存至默认的文件夹中。选择【另存为】选项，可以自定义软件保存位置。选择【保存并运行】选项，在软件下载完成之后将自动运行安装文件。

第 3 步 弹出【另存为】对话框，在其中选择文件存储的位置。

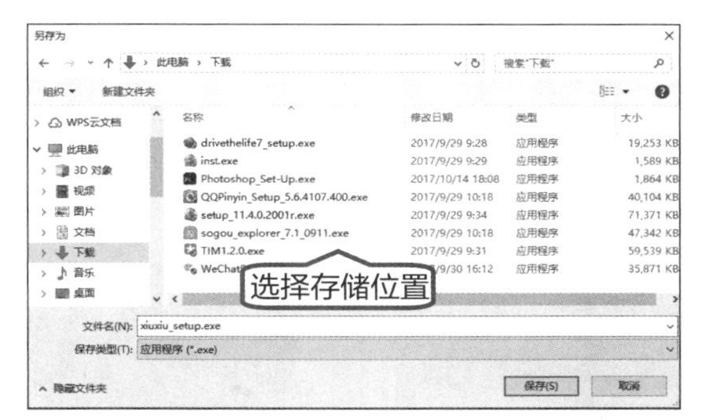

第 4 步 单击【保存】按钮，即可开始下载软件。提示下载完成后，单击【运行】按钮，可打开该软件安装界面；单击【打开文件夹】按钮，可以打开保存软件的文件夹。

6.2.3 通过电脑管理软件下载

通过电脑管理软件，也可以使用自带的软件管理工具下载和安装，如常用的有 360 安全卫士、电脑管家等。下图所示为 360 安全卫士的 360 软件管家界面。

6.3 软件安装的方法

使用安装光盘或者从官网下载软件后，需要使用安装文件的 EXE 文件进行安装；而在电脑管理软件中选择要安装的软件后，系统会自动进行下载安装。下面以美图秀秀软件为例介绍软件安装的具体操作步骤。

第 1 步 打开上一节下载美图秀秀软件时保存的文件夹，即可看到下载后的美图秀秀安装文件。双击名称为“XiuXiu_setup.exe”的文件。

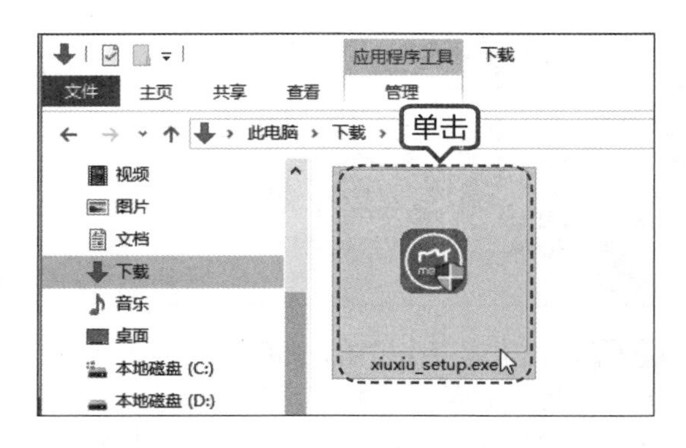

提示 可以看到安装文件的后缀名为“.exe”，说明该文件为可执行文件。

第 2 步 弹出美图秀秀的安装界面，单击【一键安装】按钮。

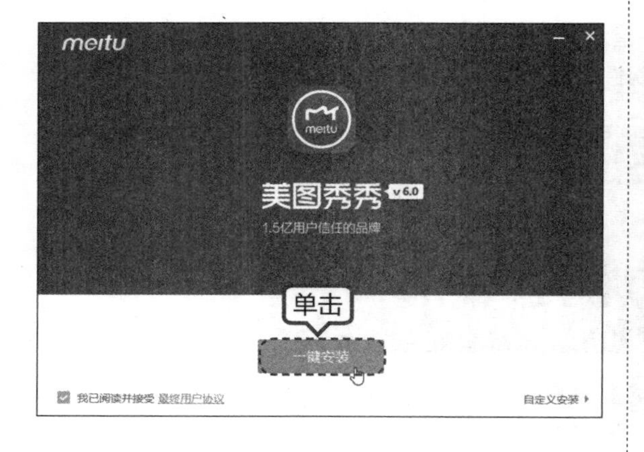

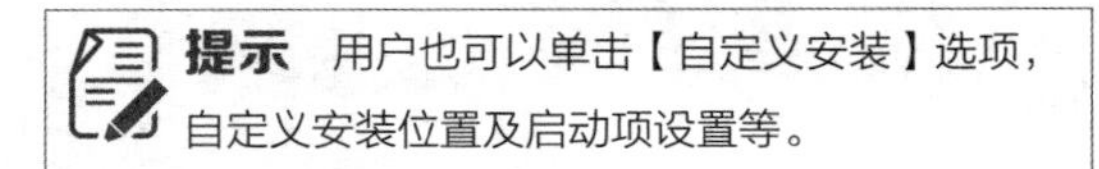

提示 用户也可以单击【自定义安装】选项，自定义安装位置及启动项设置等。

第 3 步 软件开始安装，如下图所示。

第 4 步 提示安装完成后，单击【立即体验】按钮，即可运行该软件。如不需要运行该软件，单击【安装完成】按钮即可。

6.4 软件的更新 / 升级

软件不是一成不变的，而是一直处于升级和更新状态，特别是杀毒软件的病毒库，必须不断升级。软件升级主要分为自动检测升级和使用第三方软件升级两种方法。

6.4.1 自动检测升级

这里以“360 安全卫士”为例来介绍自动检测升级的方法。

第 1 步 右键单击电脑桌面右下角“360 安全卫士”图标，在弹出的界面中选择【升级】➢【程序升级】命令。

第 2 步 弹出【获取新版本中】对话框，如下图所示。

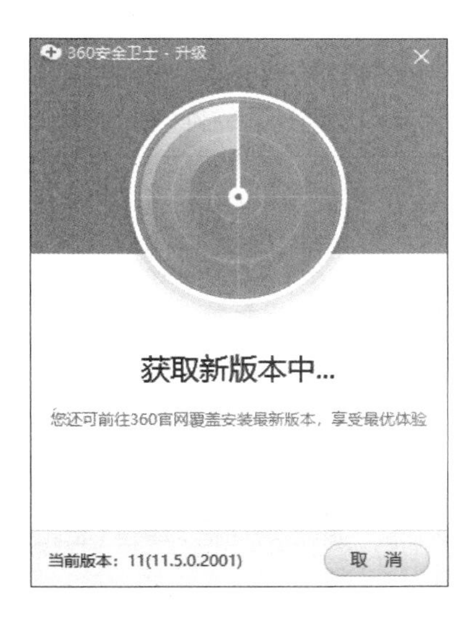

第 3 步 获取完毕后弹出【发现新版本】对话框，选择要升级的版本选项，单击【确定】按钮。

第 4 步 弹出【正在下载新版本】对话框，显示下载的进度。下载完成后，单击【安装】即可将软件更新到最新版本。

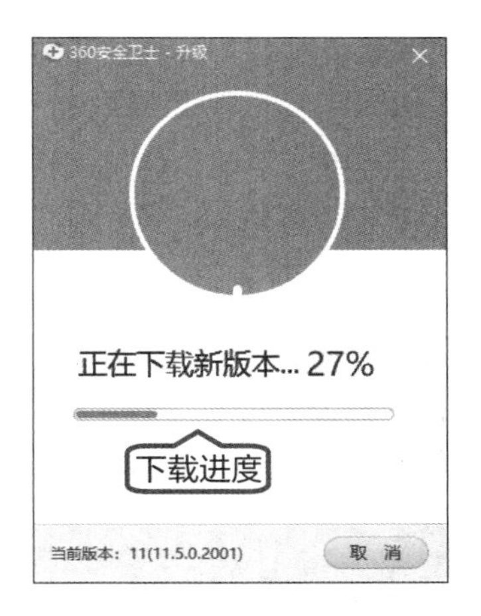

6.4.2 使用第三方软件升级

用户可以通过第三方软件升级软件，如 360 安全卫士和 QQ 电脑管家等。下面以 360 软件管家为例简单介绍如何利用第三方软件升级软件。

打开 360 软件管家界面，选择【软件升级】选项卡，界面中会显示出可以升级的软件，单击【升级】或【一键升级】按钮即可。

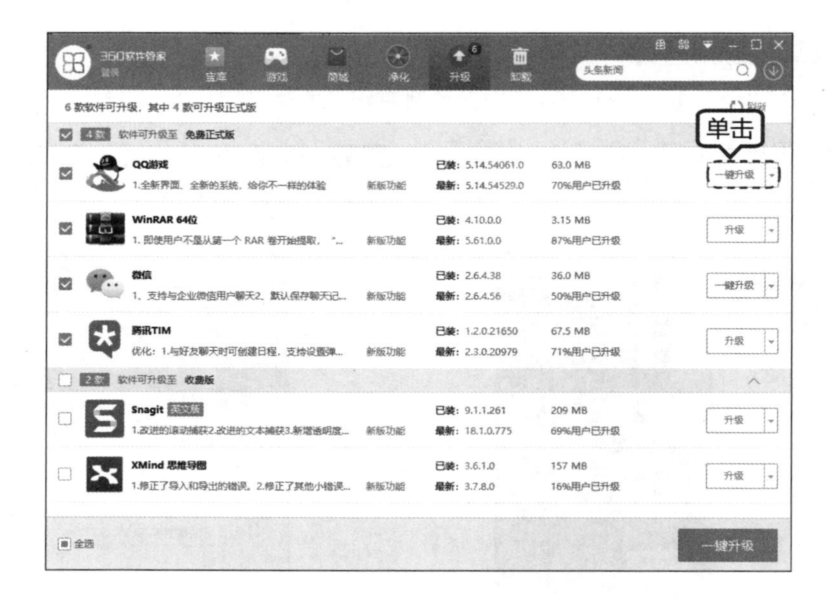

6.5 软件的卸载

软件的卸载主要有以下几种方法。

6.5.1 使用软件自带的卸载组件

当软件安装完成后，会自动添加在【开始】菜单中，如果需要卸载软件，可以在【开始】菜单中查找是否有自带的卸载组件。下面以卸载“微软 Windows 10 易升”软件为例讲解。

第1步 打开“开始”菜单，在常用程序列表或所有应用列表中，选择要卸载的软件，单击鼠标右键，在弹出的快捷菜单中选择【卸载】命令。

第2步 弹出【程序和功能】窗口，选择需要卸载的程序，然后单击【卸载/更改】按钮。

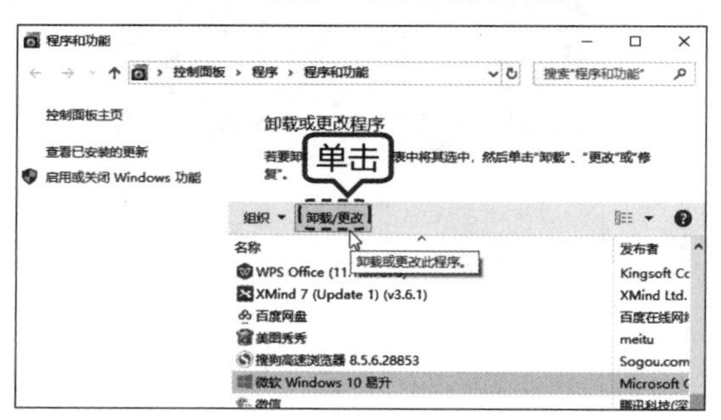

第3步 弹出软件卸载对话框，单击【卸载】按钮，即可卸载。

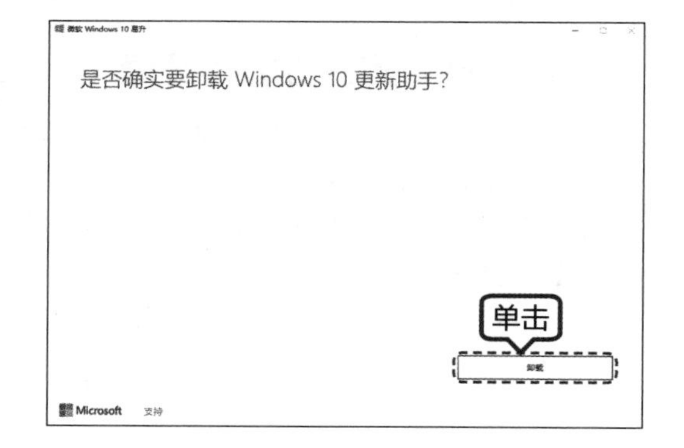

6.5.2 使用设置面板

Windows 10 操作系统中推出了【设置】面板，其中集成了控制面板的主要功能，用户也可以在【设置】面板中卸载软件。

第 1 步 按【Windows+I】组合键，打开【设置】界面，单击【应用】选项。

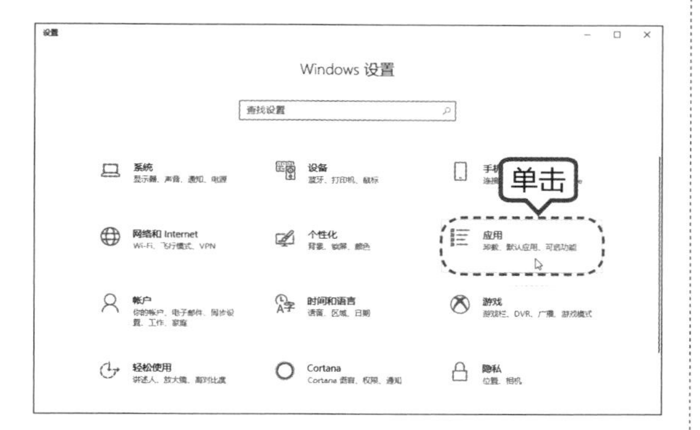

第 2 步 进入【设置】界面，选择【应用和功能】选项，即可看到所有应用列表。

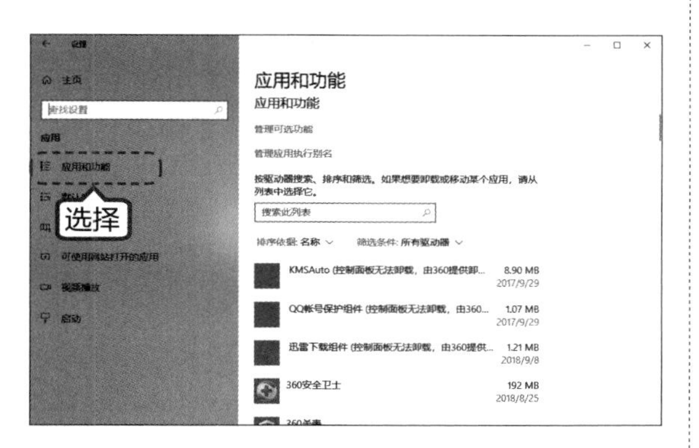

第 3 步 在应用列表中，选择要卸载的程序，单击程序下方的【卸载】按钮。

第 4 步 在弹出的提示框中，单击【卸载】按钮。

第 5 步 弹出软件卸载对话框，单击【开始卸载】按钮，即可开始卸载。

6.5.3 使用第三方软件卸载

用户还可以使用第三方软件，如 360 软件管家、电脑管家等来卸载不需要的软件，具体操作步骤如下。

第 1 步 启动 360 软件管家，在打开的主界面中单击【卸载】图标，进入【卸载】界面，可以看到电脑中已安装的软件，单击选中需要卸载的软件，然后单击【一键卸载】按钮。

第 2 步 提示卸载完成后，表示卸载完成，如下图所示。

6.6 使用 Microsoft Store 下载应用

在 Windows 商店中，用户可以获取并安装 Modern 应用程序。经过多年的发展，应用商店中的应用程序包括 20 多种分类，总数量达 60 万以上，包括商务办公、影音娱乐、日常生活等各种应用，可以满足不同用户的使用需求，极大地增强了 Windows 的使用体验。本节主要介绍如何使用 Microsoft Store。

6.6.1 搜索并下载应用

在使用 Microsoft Store 之前，用户必须登录 Microsoft 账户。

第 1 步 初次使用 Microsoft Store 时，其启动图标固定在“开始”屏幕中，按【Windows】键，弹出开始菜单，单击【Microsoft Store】磁贴。

第 2 步 此时，即可打开应用商店程序。在应用商店中包括主页、应用和游戏 3 个选项，默认打开为【主页】页面，单击【应用】选项，则显示热门应用和详细的应用类别；单击【游戏】选项，则显示热门的游戏应用和详细的游戏分类。在右侧的搜索框中，输入要下载的应用，如“微信”，会在搜索框下方弹出相关的应用列表，选择符合的应用。

第 3 步 进入相关应用界面，单击【获取】按钮。

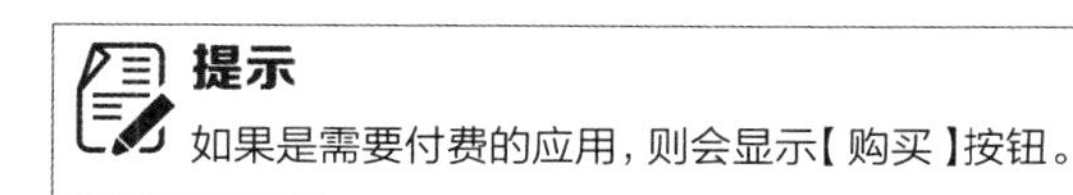

提示

如果是需要付费的应用，则会显示【购买】按钮。

第 4 步 开始下载该应用，并在页面顶端显示下载的进度。

第 5 步 下载完成后，即会显示【启动】按钮，单击该按钮即可运行该应用程序。

第 6 步 下图所示即为该应用的主界面。用户也可以在所有程序列表中找到下载的应用，将其固定到“开始”屏幕，以方便使用。

6.6.2 购买付费应用

在 Microsoft Store 中，有一部分应用是收费性质的，需要用户进行支付并购买，以人民币为结算单位，默认支付方式为支付宝，购买付费应用具体步骤如下。

第 1 步 选择要下载的付费应用，单击【购买】按钮。

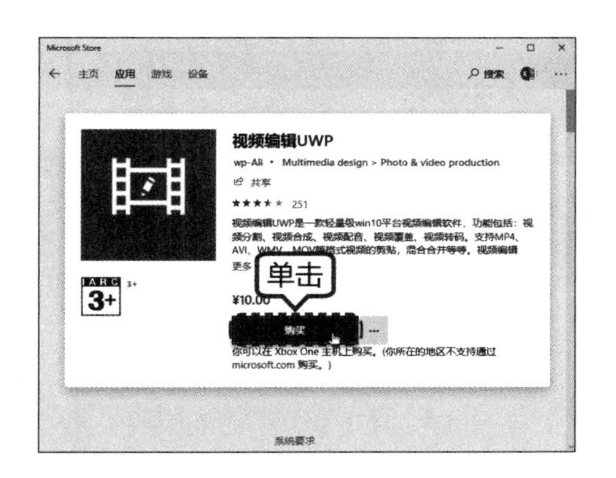

第 2 步 首次购买付费应用，会弹出【请重新输入 Microsoft Store 的密码】对话框，在密码文本框中输入账号密码，单击【登录】按钮。

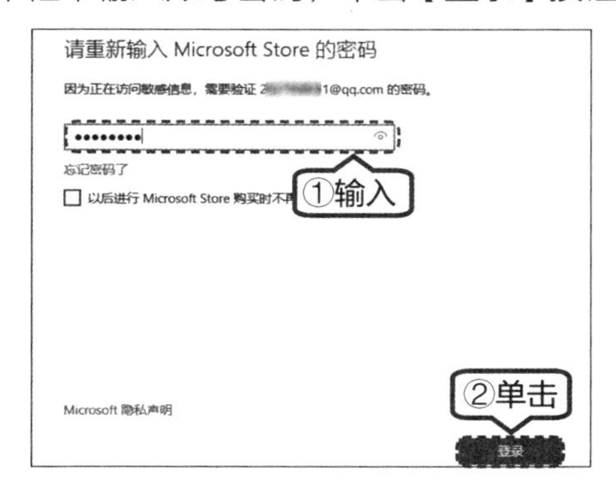

第3步 进入如下图所示界面，单击【开始使用！增加一种支付方式】选项。

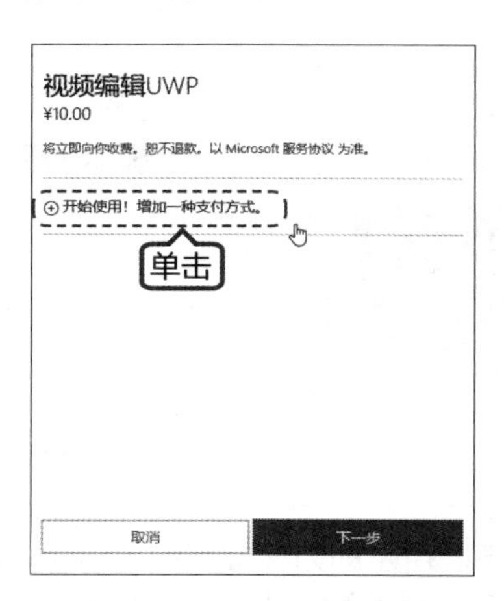

第4步 进入【获取付款方式】界面，选择付款方式，如选择【支付宝】选项。

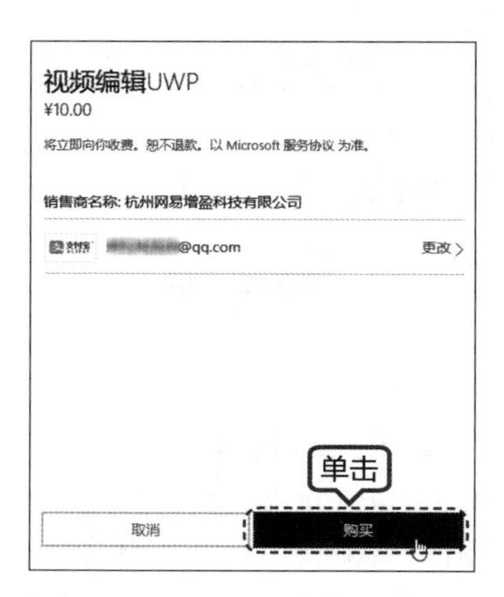

第5步 进入【添加你的支付宝账户】界面，输入账号及绑定的手机号，单击【下一步】按钮。

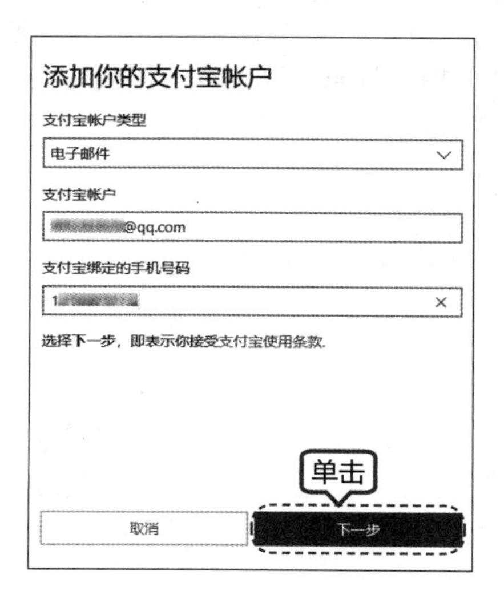

第6步 进入【需要其他验证】界面，输入手机上收到的代码，并单击【确定】按钮。

第7步 进入购买页面，单击【购买】按钮，即可购买。

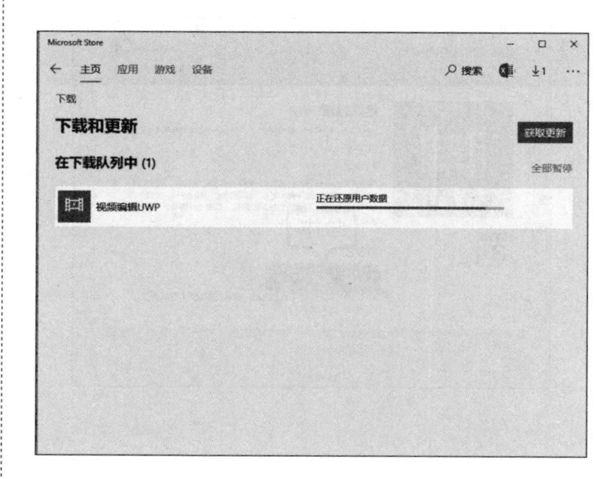

第8步 支付成功后，返回应用商店即可看到对话框提示购买成功，则转向程序下载。

6.6.3 查看已购买应用

不管是收费的应用程序，还是免费的应用程序，在 Microsoft Store 中都可以查看使用当前 Microsoft 账号购买的所有应用，也包括 Windows 8 中购买的应用，具体查看步骤如下。

第 1 步 打开 Microsoft Store，单击顶部的账号头像，在弹出的菜单中，单击【我的资料库】命令。

提示 单击【已购买】命令，可转向浏览器查看购买的记录。

第 2 步 进入【全部已拥有项目】界面，可以看到该账户拥有的应用。

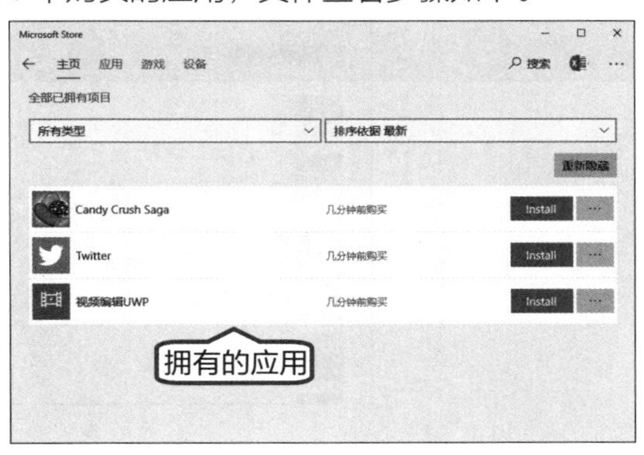

第 3 步 在已购买应用的右侧有【install】按钮，则表示当前电脑未安装该应用，单击【install】按钮，可以直接下载，如下图所示。否则，即表示电脑中安装有该应用。

6.6.4 更新应用

Modern 应用和常规软件一样，每隔一段时间，应用开发者会对应用进行版本升级，以修补前期版本的问题或提升功能体验。如果希望获得最新版本，可以通过查看更新来升级当前版本，具体步骤如下。

第 1 步 在 Microsoft Store 中，单击顶部的账号头像，在弹出的菜单中，单击【下载和更新】命令，即可进入【下载和更新】界面，在此界面也可以看到正在下载的应用队列和进度。如果更新应用，单击【获取更新】按钮。

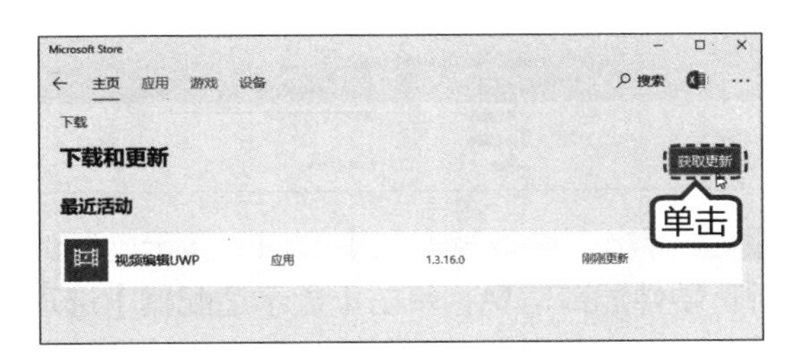

第 2 步 应用商店即会搜索并下载可更新的应用，如下图所示。

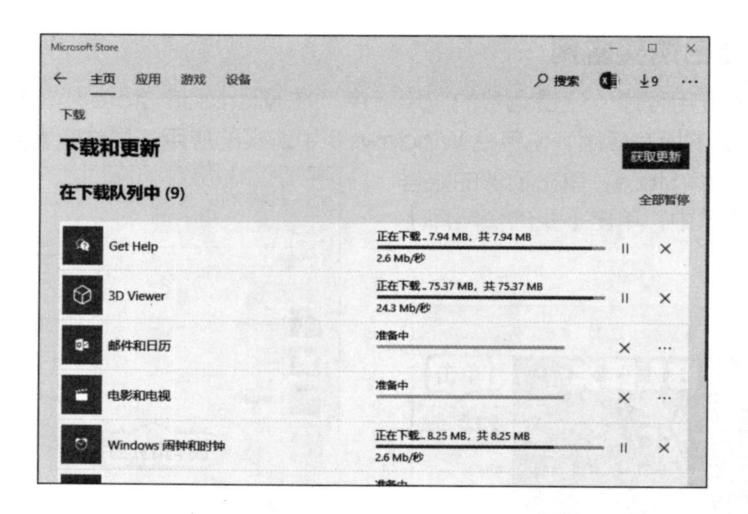

6.7 硬件设备的管理

硬件是硬件运行的基础，本节主要讲述电脑中硬件的管理方法。

6.7.1 查看硬件的型号

查看硬件设置属性的主要方法有三种。

每个硬件的说明书上都有硬件型号，用户只需查看即可。

用户可以在设备管理器中查看型号。具体操作步骤如下。

第1步 按【Windows+Break】组合键，打开【系统】对话框，单击【设备管理器】超链接。

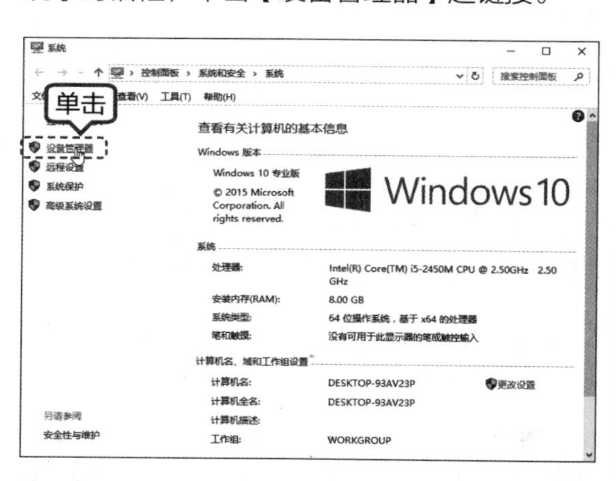

第2步 弹出【设备管理器】窗口，显示电脑的所有硬件配置信息，单击【显示适配器】选项并在弹出的型号上右键单击，在弹出的快捷菜单中选择【属性】菜单命令。

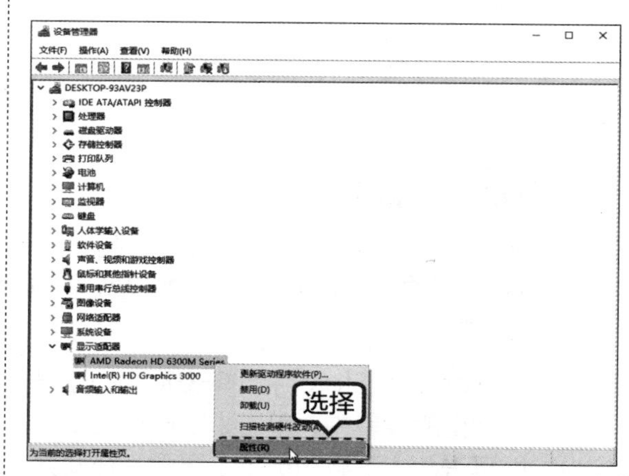

第3步 弹出【AMD Radeon HD 6300M Series属性】对话框，用户可以从中查看设备的类型、制造商等。

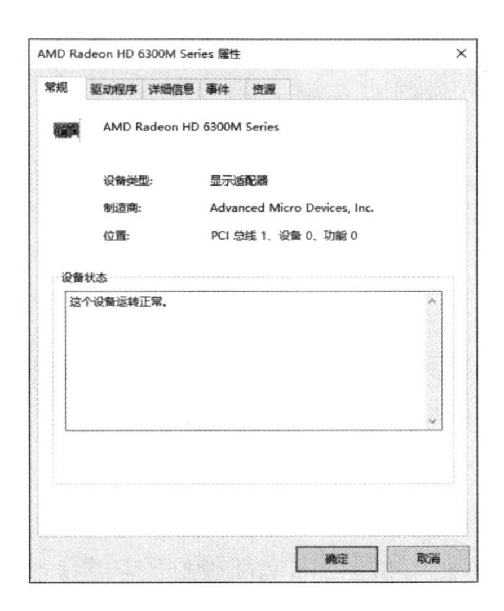

> **提示** 对话框的名称由电脑适配器的具体型号确定。不同的适配器型号，弹出的对话框名也不同。

第 4 步 选择【驱动程序】选项卡，可以查看驱动程序的提供商、日期、版本和数字签名等信息，单击【驱动程序详细信息】按钮。

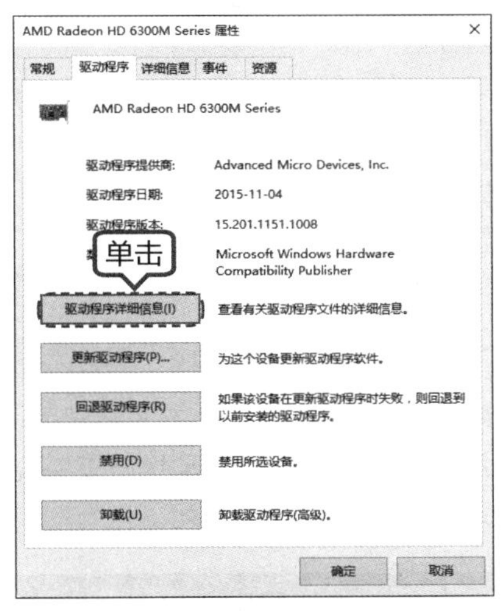

> **提示** 单击【更新驱动程序】按钮，可以更新硬件的驱动程序。

第 5 步 弹出【驱动程序文件详细信息】对话框，可以查看驱动程序的详细信息和安装路径。

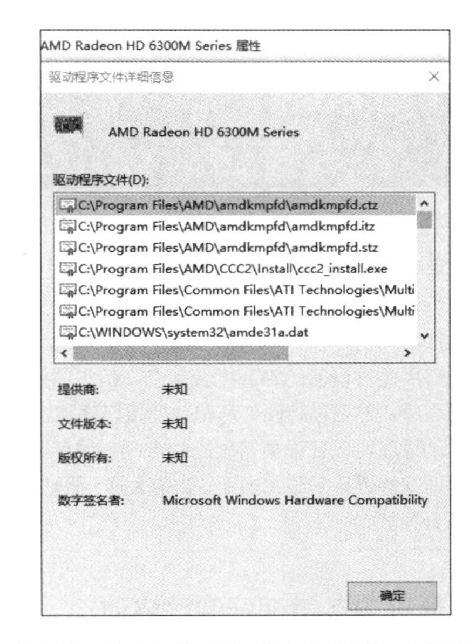

使用硬件检测工具检查当前设备的硬件信息，如 360 的鲁大师、腾讯电脑管家等。下图所示即为鲁大师的硬件检测信息。

6.7.2 更新和卸载硬件的驱动程序

根据硬件对象的不同，硬件的卸载分为两种情况：即插即用硬件设备的卸载和非即插即用硬件设备的卸载。

即插即用设备的卸载过程很简单，将设备从电脑的 USB 接口或 PS/2 接口中拔掉即可。

下面以卸载 U 盘为例，介绍卸载即插即用设备的具体步骤。

第 1 步 单击通知区域中识别的图标，在弹出的列表中选择【弹出 Data Traveler 3.0】选项。

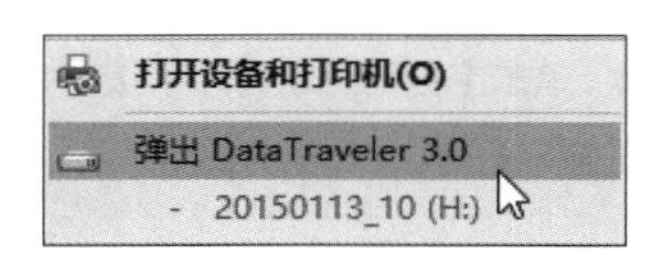

第 2 步 即会弹出【安全地移除硬件】通知框，此时 U 盘已经成功移除。然后将 U 盘从 USB 口中拔出即可。

> **提示** 如果不执行上述操作而直接将 U 盘从 USB 接口中拔出，很可能造成数据的丢失，严重时会损坏 U 盘。
>
> 非即插即用硬件设备的卸载比较复杂，首先需要先卸载驱动程序，然后再将硬件从电脑的接口移除。
>
> 卸载驱动程序可以在设备管理器中进行，也可以使用驱动管理软件进行卸载和更新，如鲁大师、驱动人生、驱动精灵等。

1. 通过设备管理器卸载驱动

通过设备管理器可以升级与更新驱动，反之，通过设备管理器也可以卸载驱动程序。这里以卸载打印机驱动为例，具体操作步骤如下。

第 1 步 打开【设备管理器】窗口，单击【打印队列】展开设备信息列表，选择需要卸载的驱动程序并右键单击，在弹出的快捷菜单中单击【卸载】菜单命令。

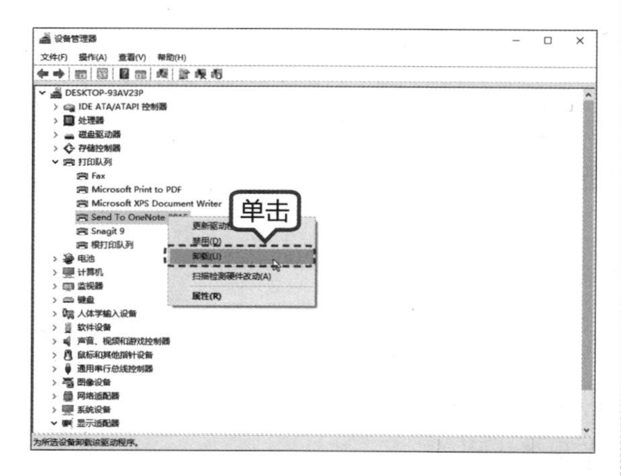

第 2 步 弹出【确认设备卸载】对话框，单击【确定】按钮，即可开始卸载设备。

卸载完成后，设备管理器中将不再显示已卸载的驱动程序。

2. 更新驱动程序

通过更新驱动程序，不仅可以解决硬件的兼容问题，而且可以增加硬件的功能。一般较为方便的是使用驱动管理软件进行更新。下面以驱动精灵为例，其具体操作步骤如下。

第 1 步 下载并安装驱动精灵程序，进入程序界面后，单击【驱动程序】选项，程序会自动检查驱动程序并显示需要安装或更新的驱动，勾选要安装的驱动，单击【一键安装】按钮。

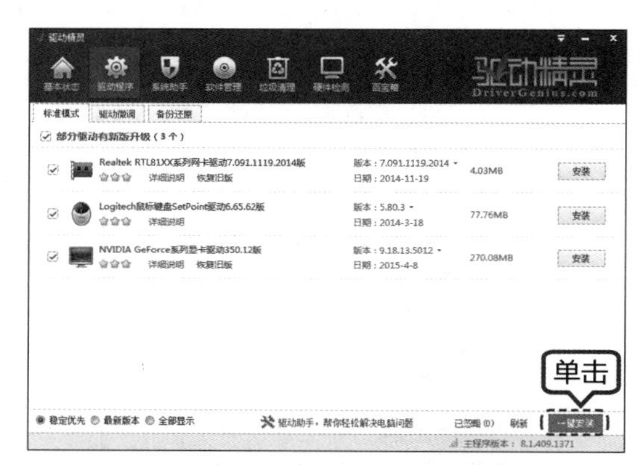

第 2 步 系统会自动进入下载与安装界面，待安装完毕后，会提示“本机驱动均已安装完成”。驱动安装后关闭软件界面即可。

6.7.3 禁用或启用硬件

用户可以根据需要禁用或者启动硬件。打开【设备管理器】窗口后，在需要禁用的硬件上右键单击，在弹出的快捷菜单中选择【禁用】命令，即可禁用该硬件。在已禁用的硬件上右键单击，在弹出的快捷菜单中选择【启用】命令，则可以启用该硬件。

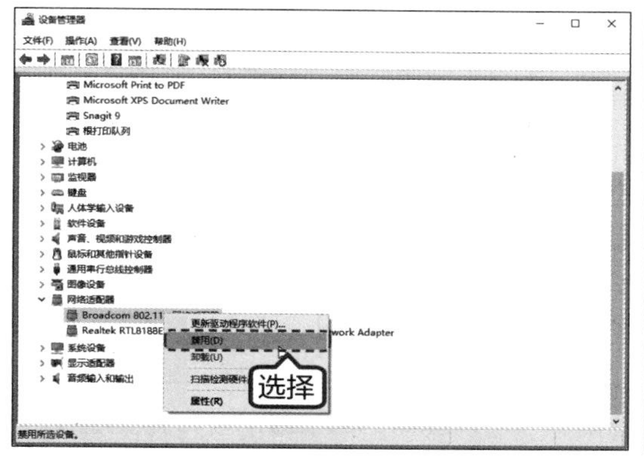

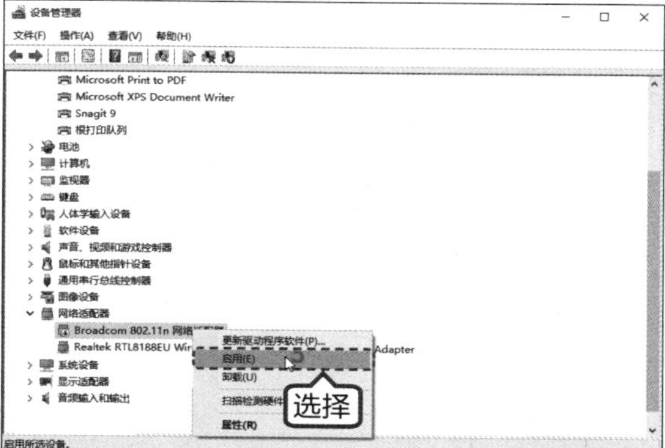

高手支招

技巧 1：如何在 Windows 10 中更改默认程序

用户可以根据使用喜好，设置 Windows 10 系统中应用程序启动的默认应用，具体操作步骤如下。

第 1 步 按【Windows+I】组合键，打开【设置】面板，单击【应用】图标选项。

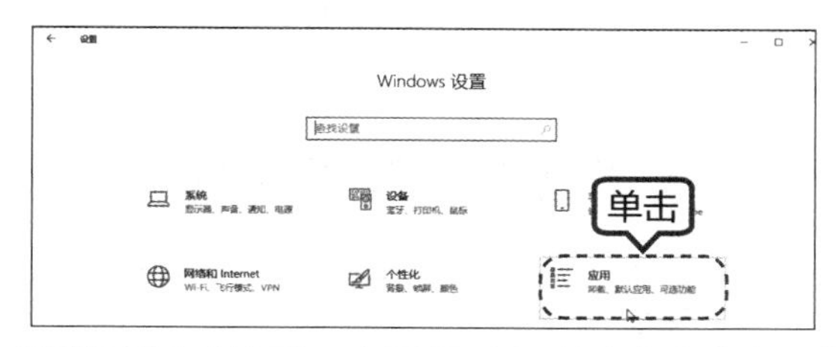

第 2 步 进入【设置—应用】面板，单击【默认应用】选项，即可看到当前的默认应用列表，如下图所示。

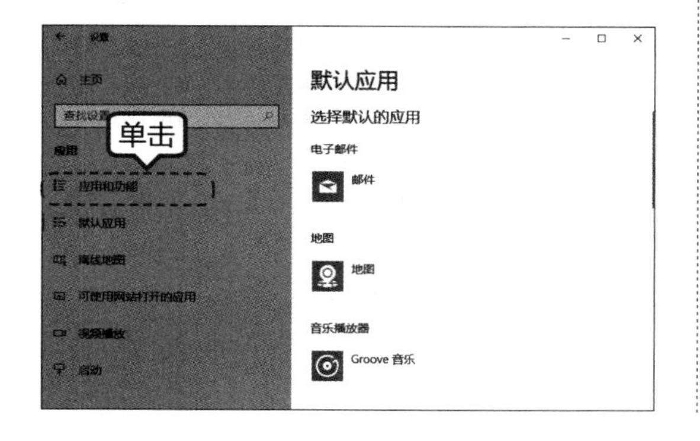

第 3 步 如单击【Web 浏览器】下的默认应用，即可弹出“选择应用”列表，可以在列表中，选择默认打开的方式。这里选择【搜狗高级浏览器】选项。

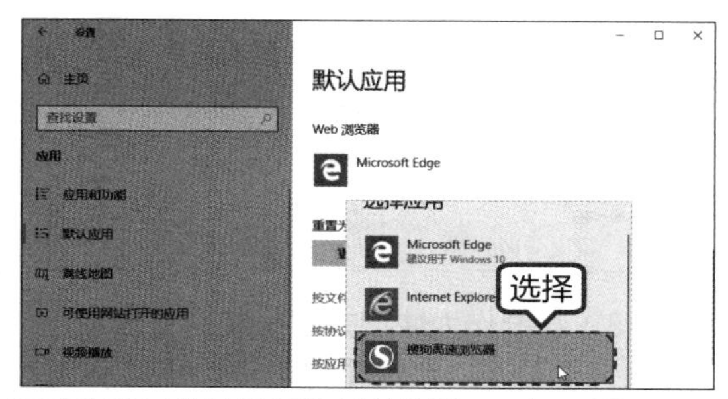

第 4 步 即可将其设置为默认浏览器，如下图所示。

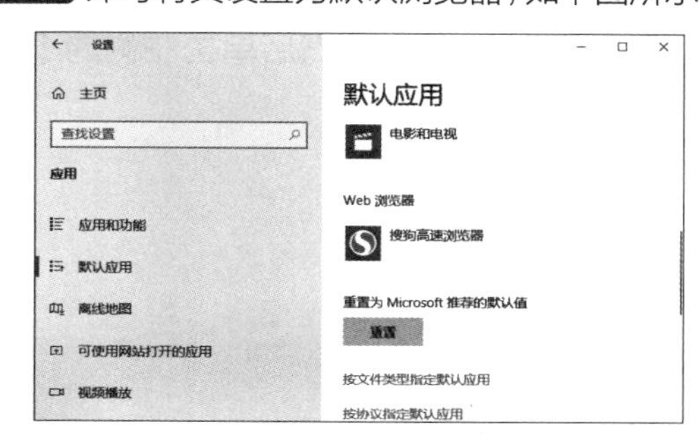

技巧 2：如何给电脑中安装更多字体

除了 Windows 10 系统中自带的字体外，用户还可以自行安装字体，从而在文字编辑上更胜一筹。字体安装的方法主要有 3 种。

（1）右键安装。

选择要安装的字体，单击鼠标右键，在弹出的快捷菜单中选择【安装】选项，即可进行安装，如下图所示。

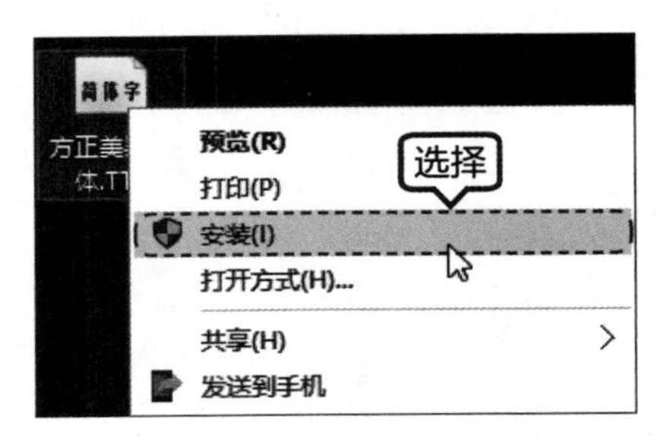

（2）复制到系统字体文件夹中。

复制要安装的字体，打开【计算机】在地址栏里输入 C:/WINDOWS/Fonts，按【Enter】键，进入 Windows 字体文件夹，粘贴到文件夹里即可，如下图所示。

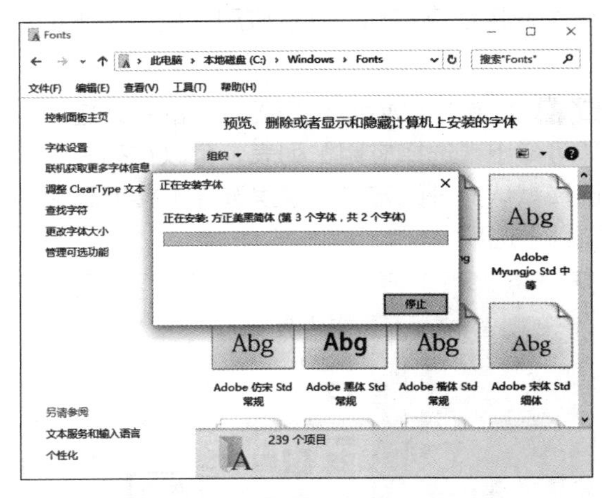

（3）右键作为快捷方式安装。

第 1 步 开【计算机】在地址栏里输入 C:/WINDOWS/Fonts，按【Enter】键，进入 Windows 字体文件夹，然后单击左侧的【字体设置】链接。

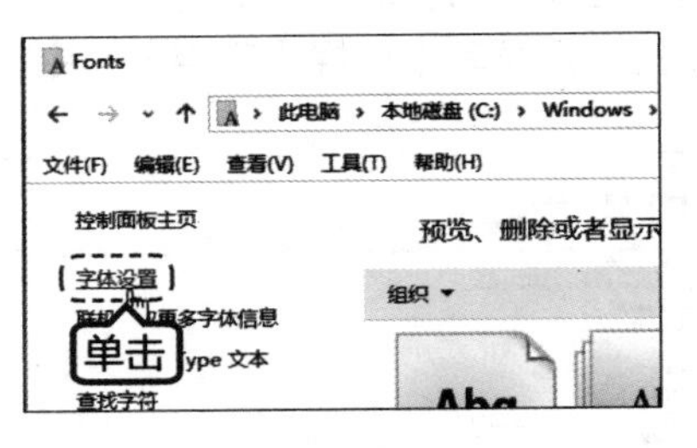

第 2 步 在打开的【字体设置】窗口中，勾选【允许使用快捷方式安装字体（高级）（A）】选项，然后单击【确定】按钮。

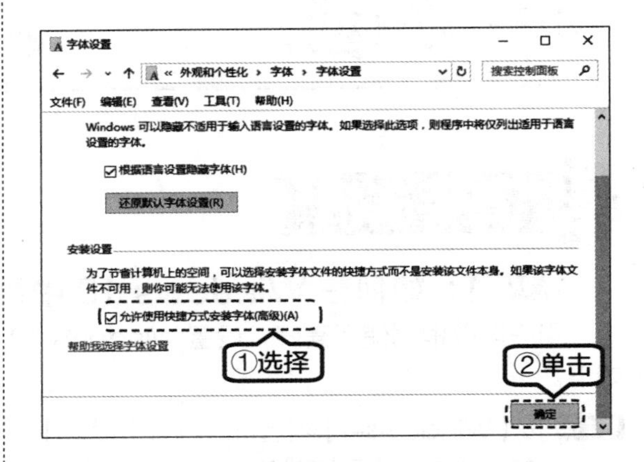

第 3 步 选择要安装的字体，单击鼠标右键，在弹出的快捷菜单中选择【作为快捷方式安装】菜单命令，即可安装。

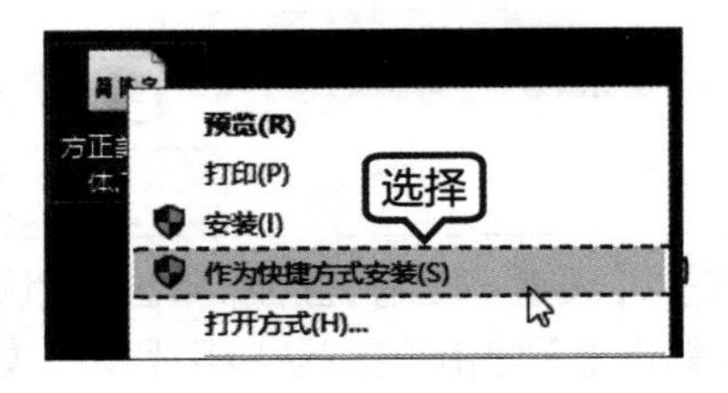

> **提示** 第 1 和第 2 种方法直接安装到 Windows 字体文件夹里，会占用系统内存，并会影响开机速度，建议如果是少量的字体安装，可使用该方法。而使用快捷方式安装字体，只是将字体的快捷方式保存到 Windows 字体文件夹里，可以达到节省系统空间的目的，但是不能删除安装字体或改变位置，否则无法使用。

第2篇

网络应用篇

第7章

电脑网络的连接与配置

➲ 高手指引

网络影响着人们生活和工作的方式，通过上网，我们可以和万里之外的人交流信息。而上网的方式也是多种多样的，如拨号上网、ADSL 宽带上网、小区宽带上网、无线上网等。它们带来的效果也是有差异的，用户可以根据自己的实际情况来选择不同的上网方式。

➲ 重点导读

- 掌握组建无线局域网
- 掌握组建有线局域网
- 掌握管理无线网

7.1 了解网络连接的常见名词

在接触网络连接时，我们总会碰到许多英文缩写或不太容易理解的名词，如 ADSL、4G、Wi-Fi、光纤猫、路由器、交换机等。

1. ADSL

ADSL（Asymmetric Digital Subscriber Line，非对称数字用户环路）是一种使用较为广泛的数据传输方式，它采用频分复用技术，实现了边打电话边上网的功能，并且不影响上网速率和通话质量。

2. 4G

4G（第四代移动通信技术），顾名思义，与 3G 都属于无线通信的范畴，但它采用的技术和传输速度更胜一筹。第四代通信系统可以达到 100Mbit/s，是 3G 传输速度的 50 倍，给人们的沟通带来更好的效果。如今，我国 4G 用户数量已超过 11 亿。

3. 5G

5G 是第五代移动通信技术，理论传输速度可达 10Gbit/s，将比 4G 网络传输速度快百倍，这意味着用户可以在不到 1 秒的时间就可以完成一部超高画质电影的下载。5G 网络的推出，不但给用户带来超高的带宽，而且以其较低的延迟的优势，将在今后广泛应用于物联网、远程驾驶、自动驾驶汽车、远程医疗手术及工业智能控制等方面。目前，我国已进行了大规模试验组网，在 2019 年 10 月 31 日 5G 商用正式启动，首批开通覆盖了 50 个城市，随着 5G 基站的建设，2020 年将覆盖更多的地方，届时大家就都可享受高速率的 5G 网络了。

4. 光猫

Modem 俗称“猫”，即调制解调器，在网络连接中，它扮演着信号翻译员的角色，将数字信号转成模拟信号，可在线路上传输，是早期 ADSL 联网的必备设备。随着宽带升级，调制设备为了适应更高的带宽，推出了光 Modem，也就是光调制解调器，常称为“光猫”，承担着将光信号转换成数字信号的任务，转换后我们才能上网。因此，对于安装光纤宽带的家庭，光猫是必备的设备。

5. 带宽

带宽又称为频宽，是指在固定时间内可传输的数据量，一般以 bit/s 表示，即每秒可传输的位数。例如，我们常说的带宽是“1M”，实际上是 1MB/s，而这里的 MB 是指 1 024×1 024 位，转换为字节就是（1 024×1 024）/8=131 072 字节（Byte）=128KB。

6. WLAN 和 Wi-Fi

常常有人把这两个名词混淆，以为是一个意思，其实二者是有区别的。WLAN（Wireless Local Area Networks，无线局域网络）是利用射频技术进行数据传输的，可弥补有线局域网的不足，达到网络延伸的目的。Wi-Fi （Wireless Fidelity，无线保真）技术是一个基于 IEEE 802.11 系列标准的无线网络通信技术的品牌，目的是改善基于 IEEE 802.11 标准的无线网络产品之间的互通性。简单来说就是，通过无线电波实现无线联网的目的。

二者的联系是 Wi-Fi 包含于 WLAN 中，只是发射的信号和覆盖的范围不同。一般 Wi-Fi 的覆盖半径可达 90m 左右，WLAN 的最大覆盖半径可达 5 000m。

7. IEEE 802.11

关于 802.11，最为常见的有 802.11b/g、802.11n 等，出现在路由器、笔记本电脑中，它们都属于无线网络标准协议的范畴。目前，比较流行的 WLAN 协议是 802.11n，是在 802.11g 和 802.11a 之上发展起来的一项技术，其最大的特点是速率提升，理论速率可达 600Mbit/s，目前业界主流为 300Mbit/s，可工作在 2.4GHz 和 5GHz 两个频段。802.11ac 是新的 WLAN 协议，它是在 802.11n 标准之上建立起来的，包括将使用 802.11n 的 5GHz 频段。802.11ac 每个通道的工作频宽将由 802.11n 的 40MHz，提升到 80MHz，甚至是 160MHz，再加上大约 10% 的实际频率调制效率提升，最终理论传输速率将由 802.11n 最高的 600Mbit/s 跃升至 1Gbit/s。

不过，随着 802.11ax 通信标准的推出，无线速度将进一步提升。802.11ax，也称“WiFi 6”，可以通过 5GHz 频段进行传输，是 802.11ac 的升级版，不仅传输速率将大大提升，而且支持更多的联网设备的接入，对于人口密集环境，如大学校园、商场、公司、体育场等的使用具有较大意义。目前，支持 802.11ax 的无线终端设备不断推新，2020 年会大规模普及，价格也会大幅度下降，覆盖手机、无线路由器、智能设备终端等。

IEEE 802.11 协议	工作频段	最大传输速率
IEEE 802.11a	5GHz 频段	54Mbit/s
IEEE 802.11b	2.4GHz 频段	11Mbit/s
IEEE 802.11g	2.4GHz 频段	54Mbit/s 和 108Mbit/s
IEEE 802.11n	2.4GHz 或 5GHz 频段	600Mbit/s
IEEE 802.11ac	2.4GHz 或 5GHz 频段	1Gbit/s
IEEE 802.11ad	2.4GHz、5GHz 和 60GHz 频段	7Gbit/s
IEEE 802.11ax	2.4GHz 或 5GHz 频段	10Gbit/s

8. 信道

信道，又称为通道或频道，是信号在通信系统中传输介质的总称，是由信号从发射端（如无线路由器、电力猫等）传输到接收端（如电脑、手机、智能家居设备等）所必须经过的传输媒质。无线信道主要有以辐射无线电波为传输方式的无线电信道和在水下传播声波的水声信道等。

目前，最为常见的主要是 2.4GHz 和 5GHz 无线频段。在 2.4GHz 频段，有 2.412 ~ 2.472GHz，共 13 个信道，这个我们在路由器中都可以看到，如下方左图所示。而 5GHz 频段，主要包含 5 150 ~ 5 825MHz 无线电频段，拥有 201 个信道，但是在我国仅有 5 个信道，包括 149、153、157、161 和 165 信道，如下方右图所示。

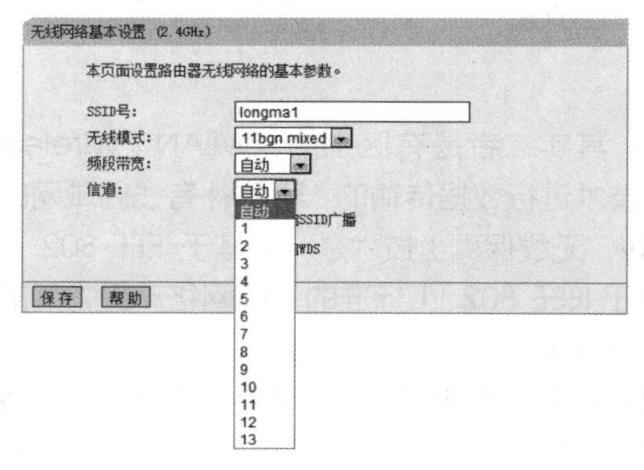

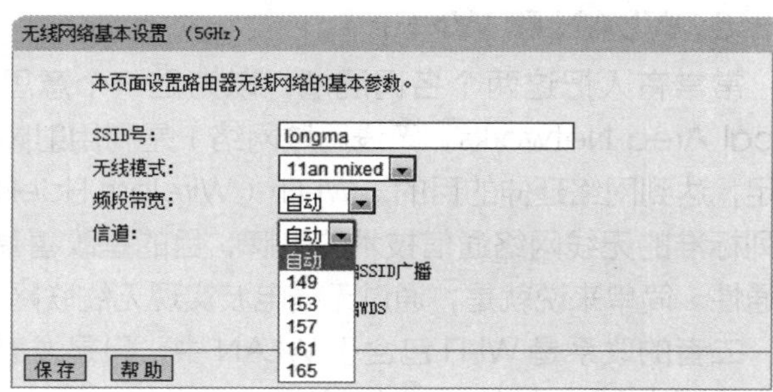

9.WiGig

WiGig（Wireless Gigabit，无线吉比特）对于绝大多数用户来说都比较陌生，但却是未来无线网络发展的一种趋势。WiGig 可以满足设备吉比特以上传输速率的通信，工作频段为 60GHz，它相比于 Wi-Fi 的 2.4GHz 和 5GHz 拥有更好的频宽，可以建立 7Gbit/s 速率的无线传输网络，又称 IEEE 802.11ad，比 Wi-Fi 无线网络 802.11n 快 10 倍以上。WiGig 将广泛应用到路由器、电脑、手机等，满足人们的工作和家庭需求。

7.2 电脑连接上网的方式及配置方法

上网的方式多种多样，主要的上网方式包括光纤入户、小区宽带上网、PLC 上网等，不同的上网方式所带来的网络体验也不尽相同。本节主要讲述有线网络的设置。

7.2.1 光纤入户上网

光纤入户是目前最常见的家庭联网方式，一般常见的联通、电信和移动都是采用光纤入户的形式，配合千兆光纤猫，即可享用光纤上网，速度达百兆至千兆以上，拥有速度快、掉线少的优点。

1. 开通业务

常见的宽带服务商有电信、联通及移动，申请开通宽带上网一般可以通过两条途径实现。一种是携带有效证件（个人用户携带电话机主身份证，单位用户携带公章），直接到受理光纤业务的当地附近营业厅申请；另一种是登录宽带服务商的官方网站，在网站中进行在线申请。申请光纤入户服务后，当地服务提供商的员工会主动上门安装光纤猫并做好上网设置，进而安装网络拨号程序，并设置上网客户端。

提示 用户申请后会获得一组上网账号和密码。有的宽带服务商会提供光纤猫，有的则不提供，用户需要自行购买。

2. 电脑端配置

如果家里没有路由器，希望使用电脑直接拨号上网，可以采用以下方法。

第1步 按【Windows+I】组合键，打开【Windows 设置】面板，单击【网络和 Internet】选项。

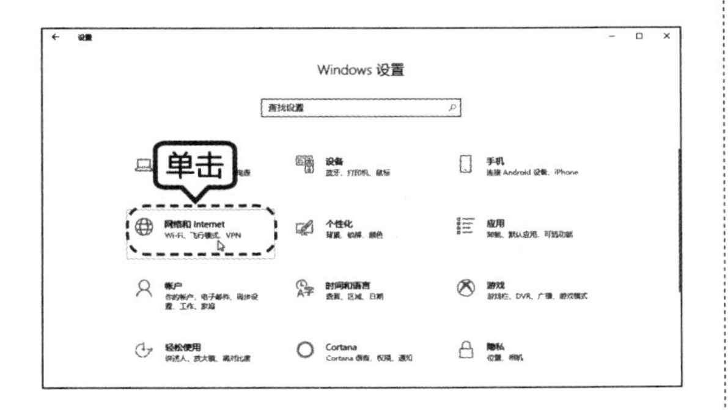

第2步 在弹出的面板中，单击左侧的【拨号】选项，并在其右侧界面中，单击【设置新连接】超链接。

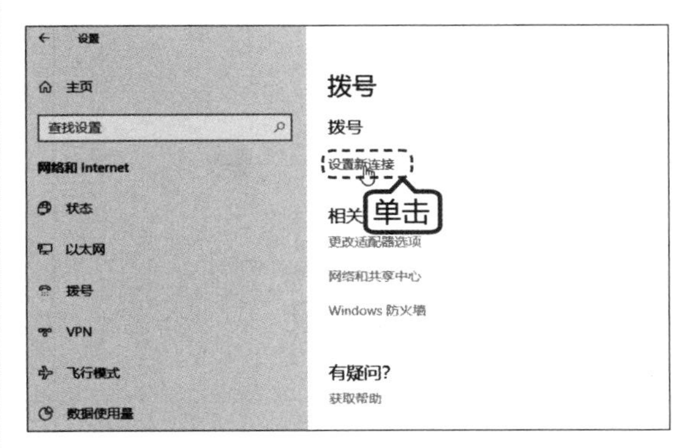

第3步 弹出【连接到 Internet】对话框，单击【宽带（PPPoE）（R）】选项。

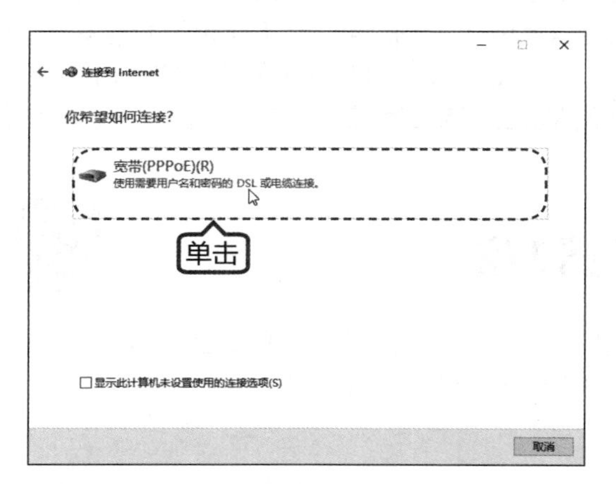

第4步 打开【键入你的 Internet 服务提供商（ISP）提供的信息】对话框，在【用户名】文本框中输入服务提供商的账户号，在【密码】文本框中输入账户密码，单击【连接】按钮。

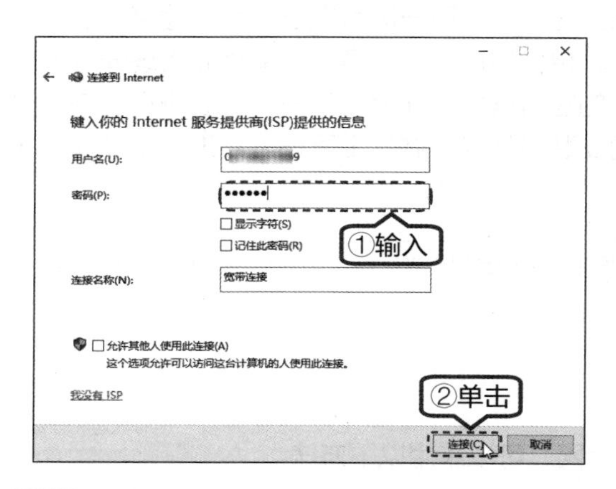

第5步 此时，即可打开【正在测试 Internet 连接】对话框，提示用户正在连接到宽带连接，并显示正在验证用户名和密码等信息。

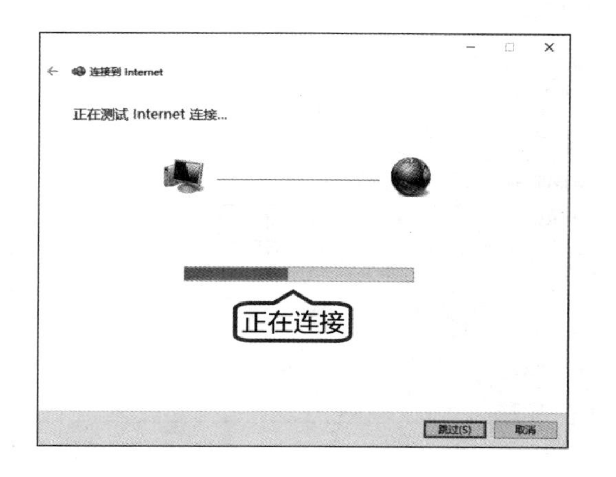

第6步 等待验证用户名和密码完毕后，如果正确，则弹出【你已连接到 Internet】对话框。单击【立即浏览 Internet】选项。

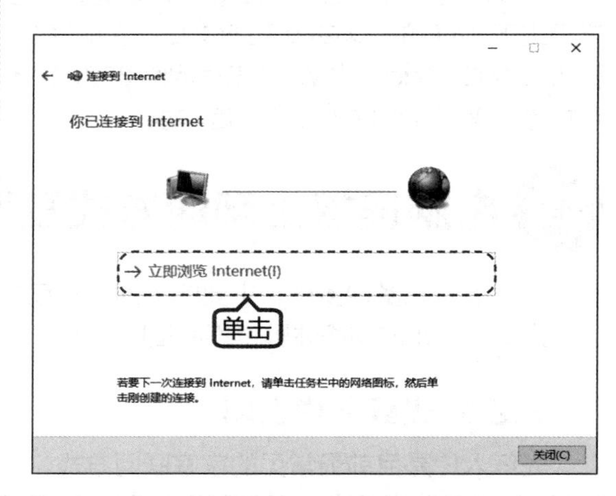

第7步 此时，则自动打开 Microsoft Edge 浏览器，并进入浏览器主页页面。

第8步 在百度页面，单击顶部的任一超链接，进一步验证网络的连通情况，例如单击【贴吧】超链接，则自动打开【百度贴吧】页面，则表示网络连接正常。

7.2.2 小区宽带上网

小区宽带一般指的是光纤到小区，也就是 LAN 宽带，使用大型交换机，分配网线给各户，不需要使用光猫（光调制解调器）设备，配有网卡的电脑即可连接上网。整个小区共享一根光纤。在用户不多的时候，速度非常快。这是大中城市目前较普遍的一种宽带接入方式，有多家公司提供此类宽带接入方式，如联通、电信和长城宽带等。

1. 开通业务

小区宽带上网的申请比较简单，用户只需携带自己的有效证件和本机的物理地址到负责小区宽带的服务商处申请即可。

2. 设备的安装与设置

小区宽带申请开通业务后，服务商会安排工作人员上门安装。另外，不同的服务商会提供不同的上网信息，有的会提供上网的账号和密码；有的会提供 IP 地址、子网掩码以及 DNS 服务器；也有的会提供 MAC 地址。

3. 电脑端配置

不同的小区宽带上网方式，其设置也不尽相同。下面介绍不同小区宽带上网方式。

（1）使用账户和密码。

如果服务商提供上网账号和密码，用户只需将服务商接入的网线连接到电脑上，在【登录】对话框中输入用户名和密码，即可连接上网。

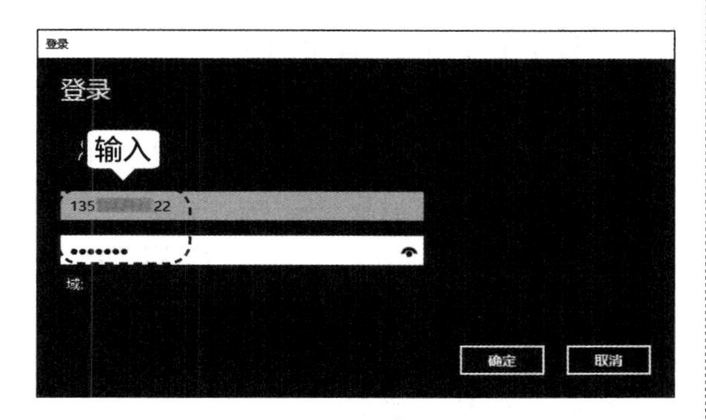

（2）使用 IP 地址上网。

如果服务商提供 IP 地址、子网掩码以及 DNS 服务器，用户需要在本地连接中设置 Internet（TCP/IP）协议，具体步骤如下。

第 1 步 用网线将电脑的以太网接口和小区的网络接口连接起来，然后在【网络】图标上单击鼠标右键，在弹出的快捷菜单中选择【属性】命令，打开【网络和共享中心】窗口，单击【以太网】超链接。

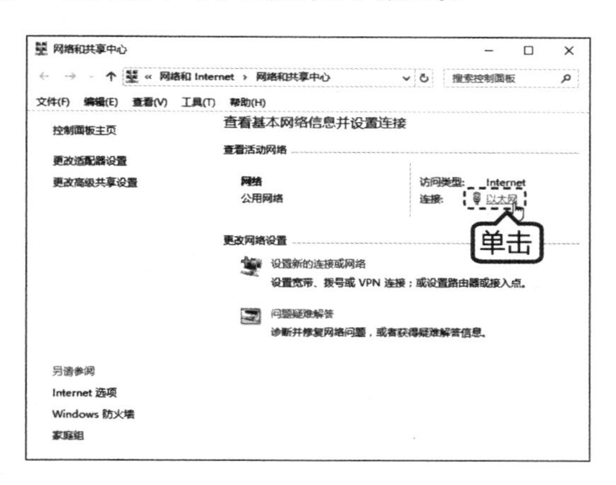

第 2 步 弹出【以太网 状态】对话框，单击【属性】按钮。

第 3 步 单击勾选【Internet 协议版本 4（TCP/IPv4）】选项，然后单击【属性】按钮。

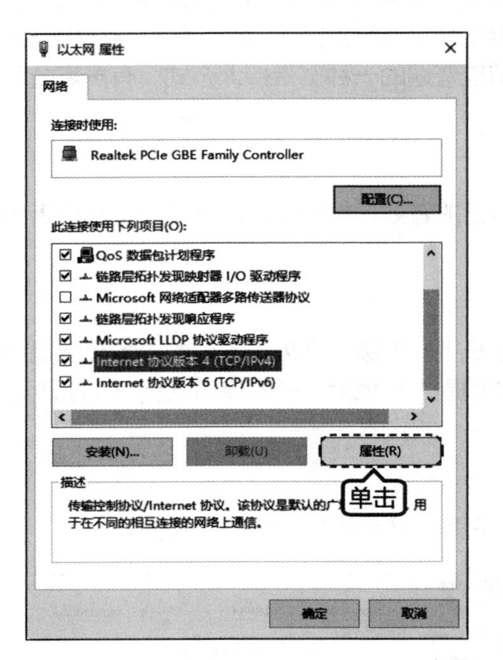

第 4 步 在弹出的对话框中，单击选中【使用下面的 IP 地址】单选项，然后在下面的文本框中填写服务商提供的 IP 地址和 DNS 服务器地址，然后单击【确定】按钮即可连接。

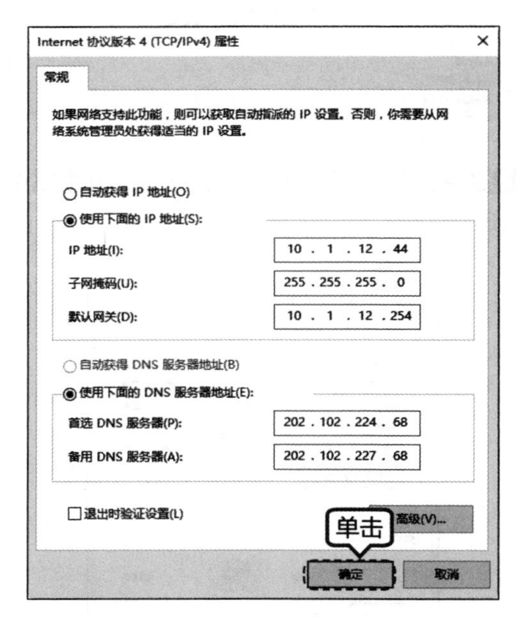

（3）使用 MAC 地址。

如果小区或单位提供 MAC 地址，用户可以使用以下步骤进行设置。

第 1 步 打开【以太网 属性】对话框，单击【配置】按钮。

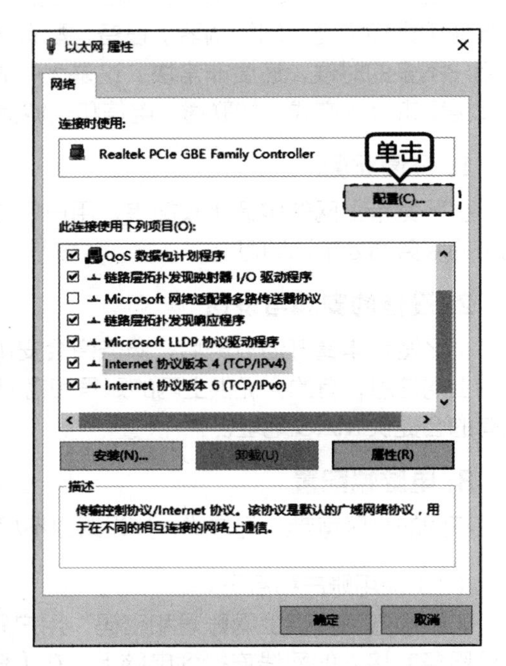

第 2 步 弹出属性对话框，单击【高级】选项卡，在属性列表中选择【Network Address】选项，在右侧【值】文本框中，输入 12 位 MAC 地址，单击【确定】按钮即可连接网络。

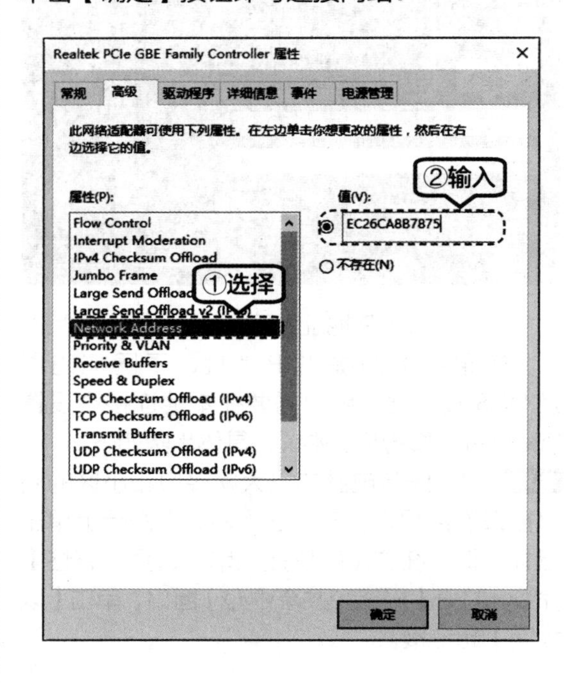

7.3 组建无线局域网

随着笔记本电脑、手机、平板电脑等便携式电子设备的日益普及和发展，有线连接已不能满足工作和生活需要。无线局域网不需要布置网线就可以将几台设备连接在一起。无线局域网以其高速的传输能力、方便性及灵活性，得到广泛应用。本节就来介绍组建无线局域网的方法。

7.3.1 准备工作

无线局域网目前应用最多的是无线电波传播，覆盖范围广，应用也较广泛。在组建中最重要的设备就是无线路由器和无线网卡。

1. 无线路由器

路由器是用于连接多个逻辑上分开的网络的设备，简单来说，就是用来连接多个电脑实现共同上网，且将其连接为一个局域网的设备。

而无线路由器是指带有无线覆盖功能的路由器，主要应用于无线上网，也可将宽带网络信号转发给周围的无线设备使用，如笔记本电脑、手机、平板电脑等。

如下图所示，无线路由器的背面由若干端口构成，通常包括 1 个 WAN 口、4 个 LAN 口、1 个电源接口和一个 Reset（复位）键。

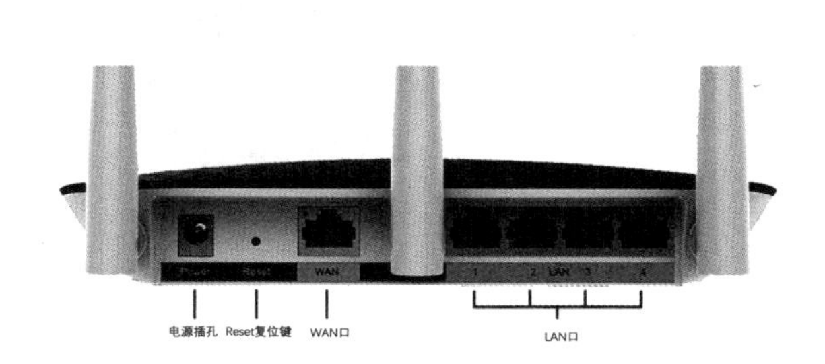

电源接口，是路由器连接电源的插口。

Reset 键，又称为重置键，如需将路由器重置为出厂设置，可长按该键恢复。

WAN 口，是外部网线的接入口，将从“光猫”连出的网线直接插入该端口，或者小区宽带用户直接将网线插入该端口。

LAN 口，为用来连接局域网的端口，使用网线将端口与电脑网络端口互联，实现电脑上网。

2. 无线网卡

无线网卡的作用、功能和普通电脑网卡一样，就是不通过有线连接，而采用无线信号连接到局域网上的信号收发装备。在无线局域网搭建时，采用无线网卡就是为了保证台式电脑可以接收无线路由器发送的无线信号，如果电脑自带无线网卡（如笔记本电脑），则不需要再添置无线网卡。

目前，无线网卡较为常用的是 PCI 和 USB 接口两种，如下图所示。

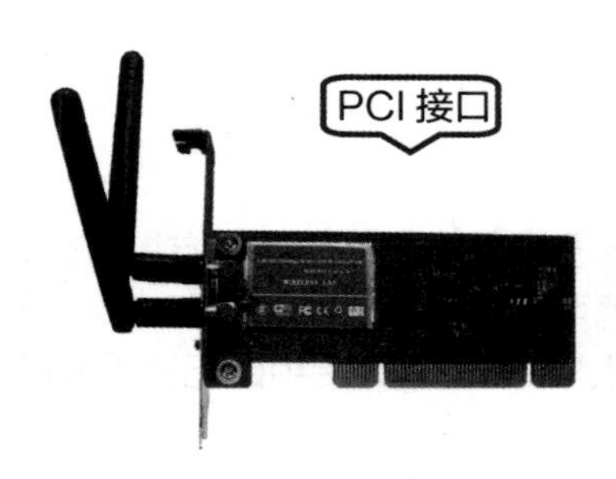

PCI 接口无线网卡主要适用于台式电脑，将该网卡插入主板上的网卡槽内即可。PCI 接口的网卡信号接收和传输范围广，传输速度快，使用寿命长，稳定性好。

USB 接口无线网卡适用于台式电脑和笔记本电脑，即插即用，使用方便，价格便宜。

在选择上，如果考虑到便捷性可以选择 USB 接口的无线网卡，如果考虑到使用效果和稳定性、使用寿命等，建议选择 PCI 接口无线网卡。

3. 网线

网线是连接局域网的重要传输媒体，在局域网中常见的网线有双绞线、同轴电缆、光缆三种，而使用最为广泛的就是双绞线。

双绞线是由一对或多对绝缘铜导线组成的，为了减少信号传输中串扰及电磁干扰的影响，通常将这些线按一定的密度互相缠绕在一起，双绞线可传输模拟信号和数字信号，价格便宜，并且安装简单，所以得到广泛的使用。

一般使用方法就是和 RJ45 水晶头相连，然后接入电脑、路由器、交换机等设备中的 RJ45 接口。

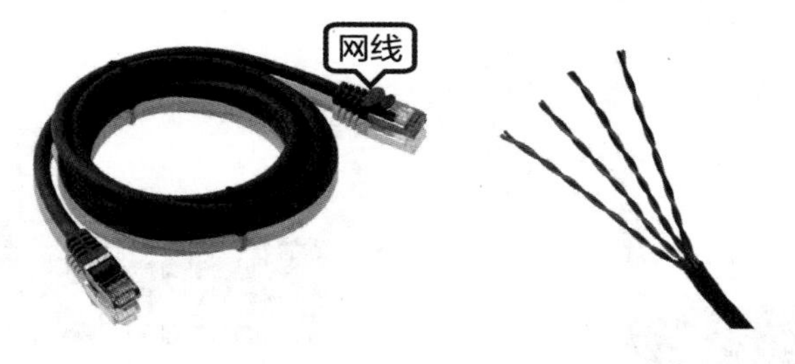

提示 RJ45 接口也就是我们说的网卡接口，常见的 RJ45 接口有两类：用于以太网网卡、路由器以太网接口等的 DTE 类型，还有用于交换机等的 DCE 类型。DTE 可以称作“数据终端设备”，DCE 可以称作“数据通信设备”。从某种意义来说，DTE 设备称为“主动通信设备”，DCE 设备称为“被动通信设备”。

通常，在判定双绞线是否为通路时，主要使用万用表和网线测试仪测试，而网线测试仪是使用最方便、最普遍的方法。

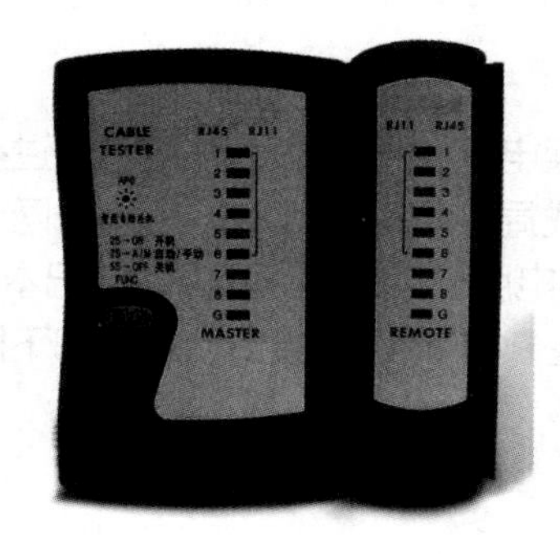

双绞线的测试方法，是将网线两端的水晶头分别插入主机和分机的 RJ45 接口，然后将开关调制到“ON”位置（“ON”为快速测试，“S”为慢速测试，一般使用快速测试即可），此时观察亮灯的顺序，如果主机和分机的指示灯 1~8 逐一对应闪亮，则表明网线正常。

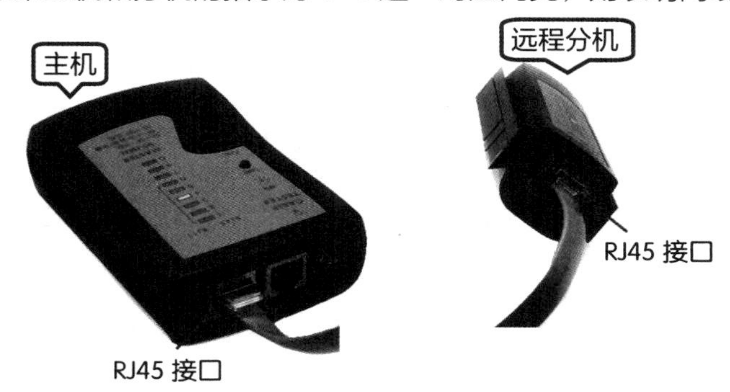

提示

下表所示为双绞线对应的位置和颜色，双绞线一端是按 568A 标准制作，一端按 568B 标准制作。

引脚	568A 定义的色线位置	568B 定义的色线位置
1	绿白（W–G）	橙白（W–O）
2	绿（G）	橙（O）
3	橙白（W–O）	绿白（W–G）
4	蓝（BL）	蓝（BL）
5	蓝白（W–BL）	蓝白（W–BL）
6	橙（O）	绿（G）
7	棕白（W–BR）	棕白（W–BR）
8	棕（BR）	棕（BR）

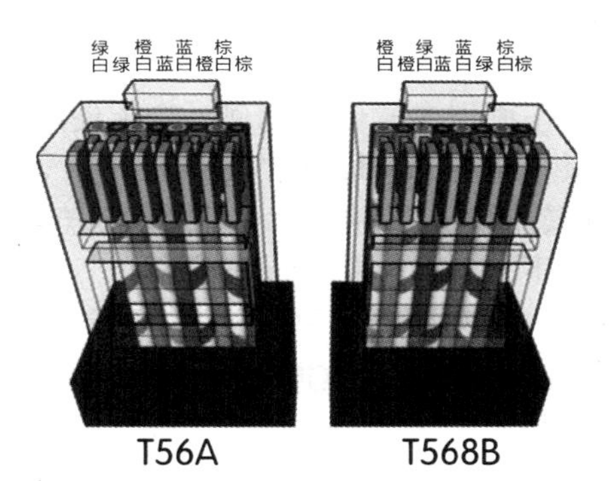

7.3.2 组建无线局域网的方法

组建无线局域网的具体操作步骤如下。

1. 硬件搭建

在组建无线局域网之前，要先将硬件设备搭建好。

首先，通过网线将电脑与路由器相连接，将网线一端接入电脑主机后的网孔内，另一端接入路由器的任意一个 LAN 口内。

其次，通过网线将“光猫”与路由器相连接，将网线一端接入“光猫”的 LAN 口，另一端接入路由器的 WAN 口内。

最后，将路由器自带的电源插头连接电源，此时即完成了硬件搭建工作。

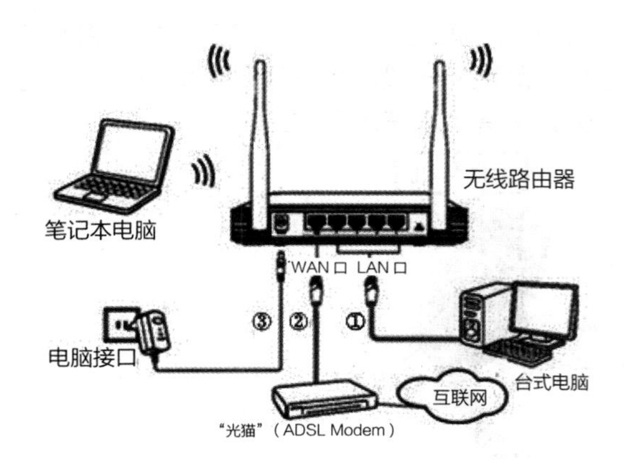

> **提示** 如果台式电脑要接入无线网，可安装无线网卡，然后将随机光盘中的驱动程序安装在电脑上。

2. 路由器设置

路由器设置主要指在电脑或便携设备端，为路由器配置上网账号、设置无线网络名称、密码等信息。

下面以台式电脑为例，介绍使用TP-LINK品牌型号为WR882N的路由器，在Windows 10操作系统、Microsoft Edge浏览器的软件环境下的操作。具体步骤如下。

第1步 完成硬件搭建后，启动任意一台电脑，打开Microsoft Edge浏览器，在地址栏中输入“192.168.1.1”，按【Enter】键，进入路由器管理页面。初次使用时，需要设置管理员密码，在文本框中输入密码和确认密码，然后单击【确认】按钮完成设置。

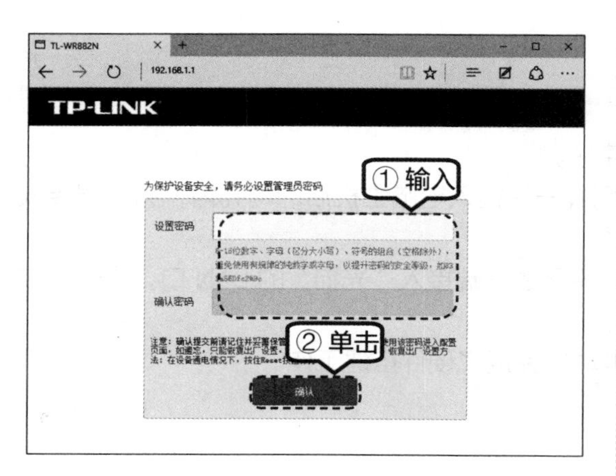

> **提示** 不同路由器的配置地址不同，可以在路由器的背面或说明书中找到对应的配置地址、用户名和密码。部分路由器，输入配置地址后，会弹出对话框，要求输入用户名和密码，此时，可以在路由器的背面或说明书中找到，输入即可。
> 另外，用户名和密码可以在路由器设置界面的【系统工具】>【修改登录口令】中设置。如果遗忘，可以在路由器开启的状态下，长按【Reset】键恢复出厂设置，此时登录账户名和密码恢复为原始密码。

第2步 进入设置界面，选择左侧的【设置向导】选项，然后在右侧【设置向导】中单击【下一步】按钮。

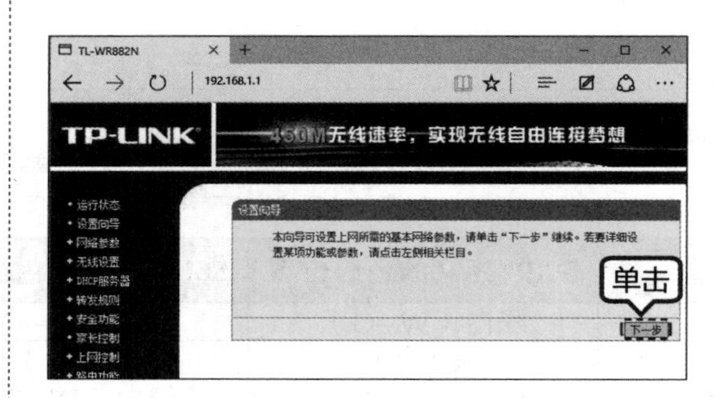

第3步 选择连接类型，这里单击选中【让路由器自动选择上网方式（推荐）】单选项，并单击【下一步】按钮。

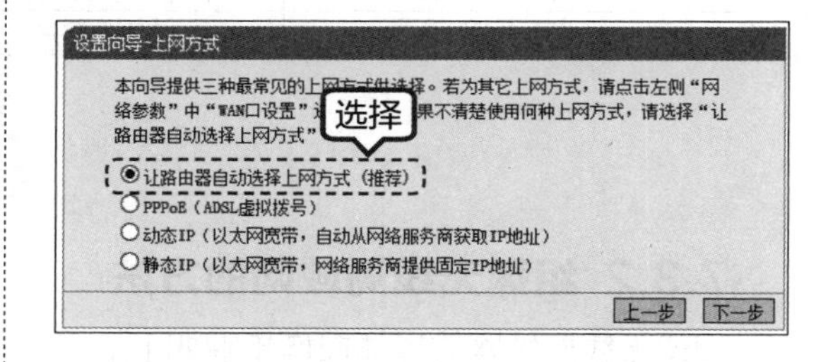

> **提示** PPPoE是一种协议，适用于拨号上网；而动态IP每连接一次网络，就会自动分配一个IP地址；静态IP是运营商给的固定的IP地址。

第4步 如果检测为拨号上网，则输入账号和口令；如果检测为静态IP，则需输入IP地址和子网掩码，然后单击【下一步】按钮。如果检测为动态IP，则无需输入任何内容，直接跳转到下一步操作。

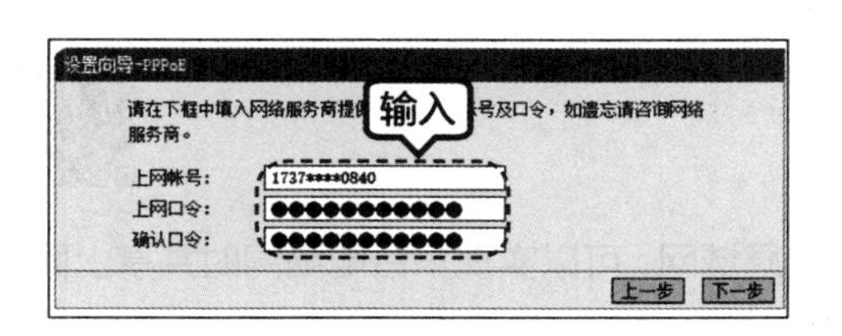

> **提示** 此处的用户名和密码是指在开通网络时，运营商提供的用户名和密码。如果账户和密码遗忘或者需要修改密码，可联系网络运营商找回或修改密码。若选用静态 IP，所需的 IP 地址、子网掩码等都由运营商提供。

第 5 步 在【设置向导—无线设置】页面设置路由器无线网络的基本参数，单击选中【WPA-PSK/WPA2-PSK】单选项，在【PSK 密码】文本框中设置 PSK 密码，然后单击【下一步】按钮。

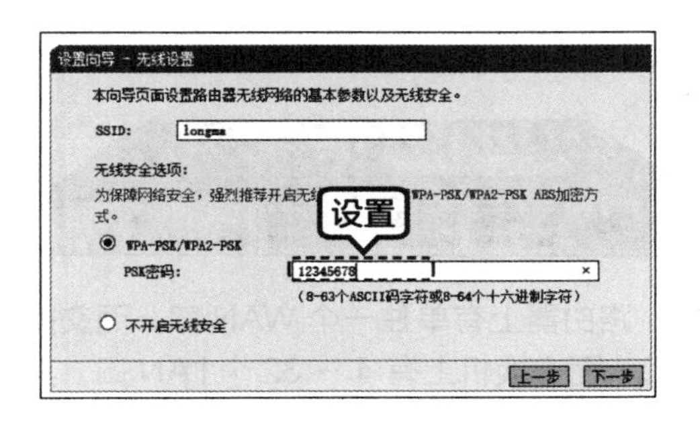

> **提示** 用户也可以在路由器管理界面，单击【无线设置】选项进行设置。
> SSID：是无线网络的名称，用户通过 SSID 号识别网络并登录。
> WPA-PSK/WPA2-PSK：基于共享密钥的 WPA 模式，使用安全级别较高的加密模式。在设置无线网络密码时，建议优先选择该模式，不选择 WPA/WPA2 和 WEP 这两种模式。

第 6 步 在弹出的页面单击【重启】按钮，如果弹出“此站点提示”对话框提示是否重启路由器，单击【确定】按钮即可重启路由器，完成设置。

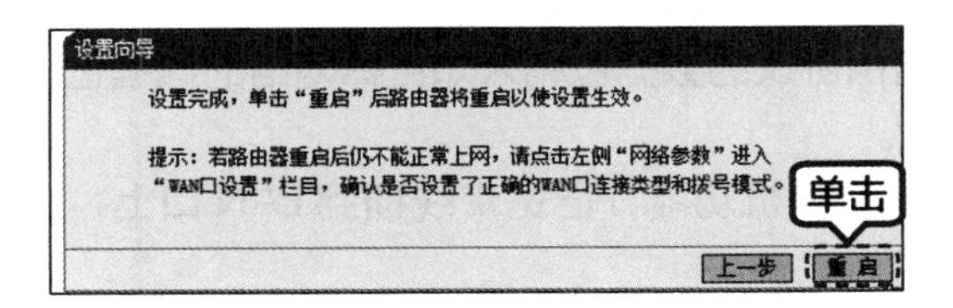

3. 连接上网

无线网络开启并设置成功后，其他电脑需要搜索设置的无线网络名称，然后输入密码，连接该网络。具体操作步骤如下。

第 1 步 单击电脑任务栏中的无线网络图标，在弹出的对话框中会显示无线网络的列表。单击需要连接的网络名称，在展开项中，勾选【自动连接】复选框，方便网络连接，然后单击【连接】按钮。

第 2 步 网络名称下方弹出的【输入网络安全密钥】对话框中，输入在路由器中设置的无线网络密码，单击【下一步】按钮。

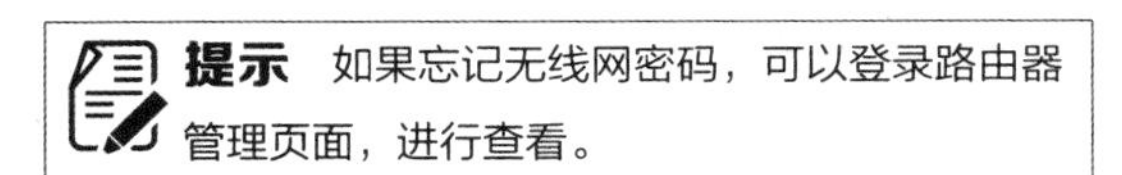

> **提示** 如果忘记无线网密码，可以登录路由器管理页面，进行查看。

第 3 步 密钥验证成功后，即可连接网络。该网络名称下会显示“已连接”字样，任务栏中的网络图标也显示为已连接样式。

7.4 组建有线局域网

通过将多个电脑和路由器连接起来，组建一个小的局域网，可以实现多台电脑同时共享上网。本节以组建有线局域网为例，介绍多台电脑同时上网的方法。

7.4.1 准备工作

组建有线局域网和无线局域网最大的差别在无线信号收发设备上，前者主要使用的设备是交换机或路由器。下面来介绍组建有线局域网所需的设备。

1. 交换机

交换机是用于电信号转发的设备，可以简单地理解为把若干台电脑连接在一起组成一个局域网。一般在家庭、办公室常用的交换机属于局域网交换机，而小区、一幢大楼等使用的多为企业级的以太网交换机。

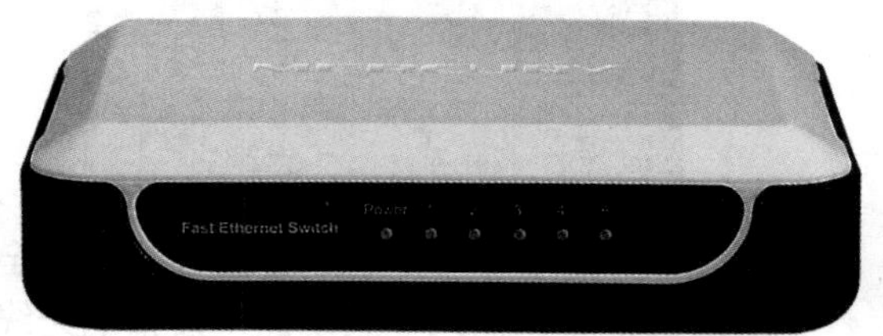

如上图所示，交换机和路由器外观并无太大差异，路由器上有单独一个 WAN 口，而交换机上全部是 LAN 口；另外，路由器一般只有 4 个 LAN 口，而交换机上有 4 ~ 32 个 LAN 口。其实这只是外观的对比，二者在本质上有明显的区别。

（1）交换机是通过一根网线上网，如果几台电脑上网，是分别拨号，各自使用自己的带宽，互不影响。而路由器自带了虚拟拨号功能，是几台电脑通过一个路由器、一个宽带账号上网，几台电脑之间上网会相互影响。

（2）交换机工作在中继层（数据链路层），是利用 MAC 地址寻找转发数据的目的地址，MAC 地址是硬件自带的，是不可更改的，工作原理相对比较简单；而路由器工作在网络层（第三层），是利用 IP 地址寻找转发数据的目的地址，可以获取更多的协议信息，以做出更多的转发决策。通俗地讲，交换机的工作方式相当于要找一个人，知道这个人的电话号码（类似于 MAC 地址），于是通过拨打电话和这个人建立连接；而路由器的工作方式是，知道这个人的具体住址 ×× 省 ×× 市 ×× 区 ×× 街道 ×× 号 ×× 单元 ×× 户（类似于 IP 地址），然后根据这个地址，确定最佳的到达路径，然后到这个地方，找到这个人。

（3）交换机负责配送网络，而路由器负责入网。交换机可以使连接它的多台电脑组建成局域网，但是不能自动识别数据包发送和到达地址的功能，而路由器则为这些数据包发送和到达的地址指明方向和进行分配。简单地说，就是交换机负责开门，路由器给用户找路上网。

（4）路由器具有防火墙功能，不传送不支持路由协议的数据包和未知目标网络的数据包，仅支持转发特定地址的数据包，从而防止了网络风暴。

（5）路由器也是交换机，如果要使用路由器的交换机功能，把宽带线插到 LAN 口上，把 WAN 口空置起来就可以。

2. 路由器

组建有线局域网时，不必要求为无线路由器，一般路由器即可使用，主要差别就是无线路由器带有无线信号收发功能，但价格较贵。

7.4.2 组建有线局域网的方法

在日常生活和工作中，组建有线局域网的常用方法是使用路由器搭建和交换机搭建，也可以使用双网卡网络共享的方法搭建。本节主要介绍使用路由器组建有线局域网的方法。

使用路由器组建有线局域网，其中硬件搭建和路由器设置与组件无线局域网基本一致，如果电脑比较多的话，可以接入交换机，连接方式如下图所示。

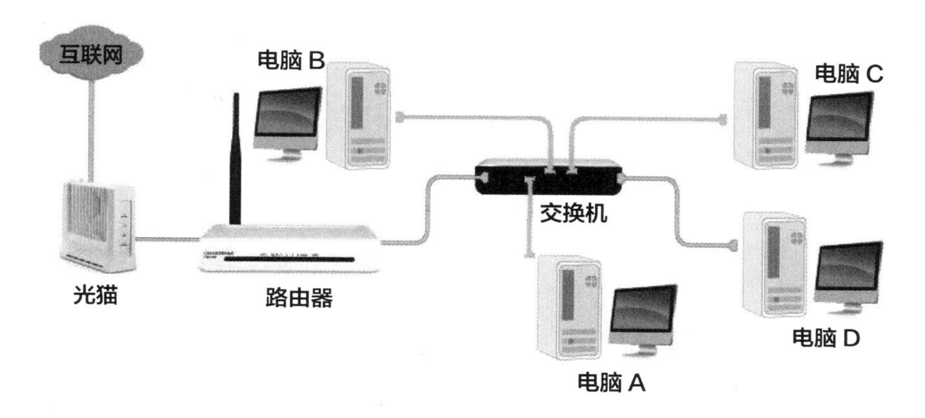

如果一台交换机和路由器的接口，还不能够满足电脑的使用，可以在交换机中接出一根线，连接到第二台交换机，利用第二台交换机的其余接口，连接其他电脑接口。以此类推，根据电脑数量增加交换机的布控。

路由器端的设置和无线网的设置方法一样，这里就不再赘述。为了避免所有电脑不在一个 IP 区域段中，可以执行下面操作，确保所有电脑之间的连接，具体操作步骤如下。

第 1 步 在【网络】图标上单击鼠标右键，在弹出的快捷菜单中选择【打开网络和共享中心】命令，打开【网络和共享中心】窗口，单击【以太网】超链接。

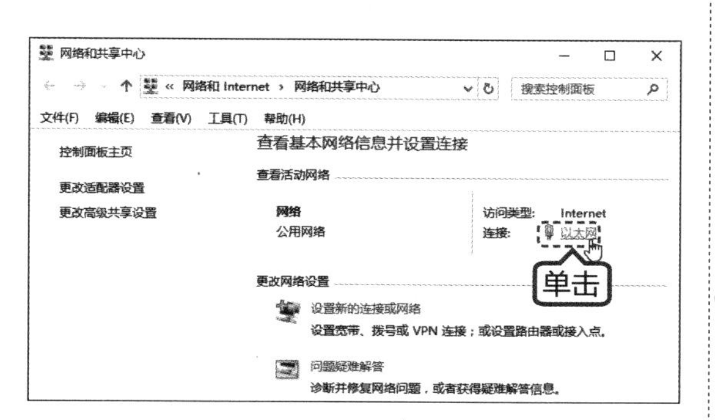

第 2 步 弹出【以太网状态】对话框，单击【属性】按钮，在弹出的对话框列表中选择【Internet 协议版本 4（TCP/IPv4）】选项，并单击【属性】按钮。在弹出的对话框中，单击选中【自动获取 IP 地址】和【自动获取 DNS 服务器地址】单选项，然后单击【确定】按钮。

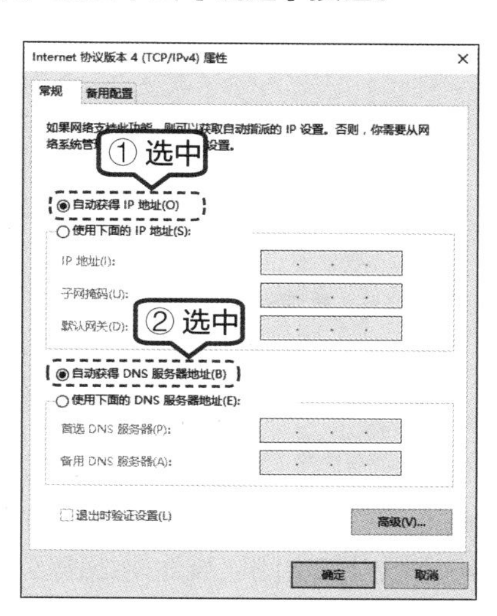

7.5 管理无线网

局域网搭建完成后，网速、无线网密码和名称、带宽控制等都可能需要进行管理，以满足使用需要。本节主要介绍一些常用的局域网管理知识。

7.5.1 网速测试

网速的快慢一直是用户较为关心的，在日常使用中，可以自行对带宽进行测试。本小节主要介绍如何使用“360 宽带测速器”进行测试。具体步骤如下。

第1步 打开 360 安全卫士，单击【功能大全】➤【网络优化】类别中的【宽带测速器】图标。

第2步 打开【360 宽带测速器】工具，软件自动进行宽带测速，如下图所示。

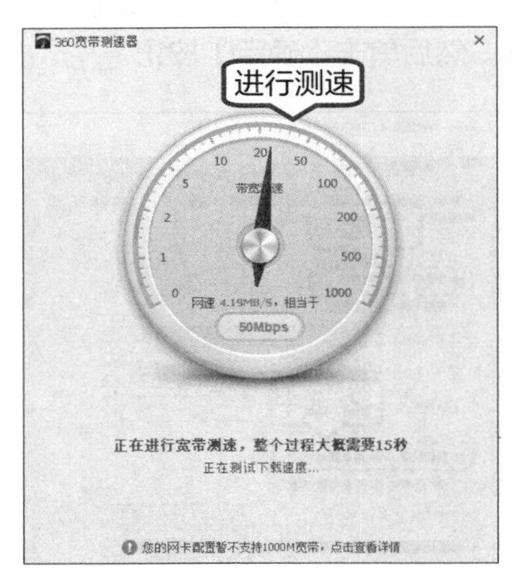

第3步 测试完毕后，软件会显示网络的接入速度。用户还可以依次测试长途网络速度、网页打开速度等。

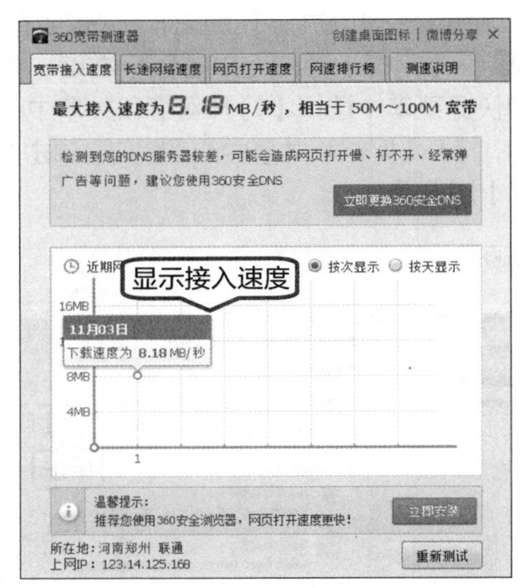

提示 如果个别宽带服务商采用域名劫持、下载缓存等技术方法，测试值可能高于实际网速。

7.5.2 修改无线网络名称和密码

经常更换无线网络名称有助于保护用户的无线网络安全，防止别人蹭取。下面以 TP-Link 路由器为例，介绍修改的具体步骤。

第 1 步 打开浏览器，在地址栏中输入路由器的管理地址，如 http://192.168.1.1，按【Enter】键，进入路由器登录界面，输入管理员密码，单击【确认】按钮。

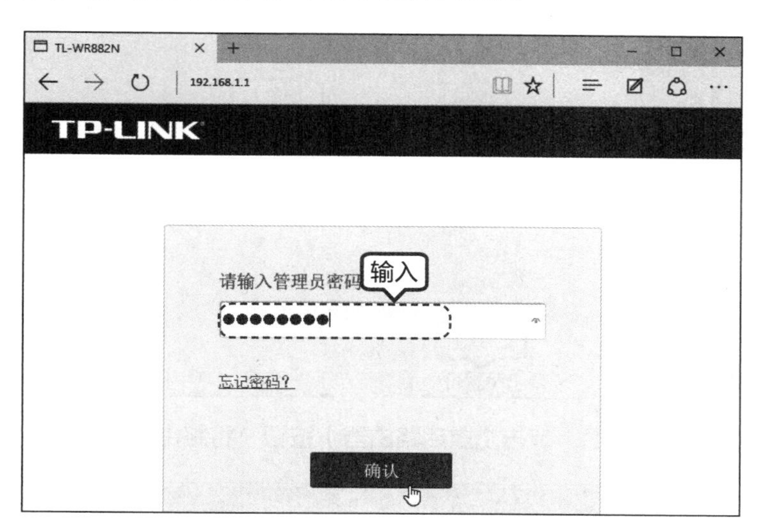

第 2 步 单击【无线设置】➢【基本设置】选项，进入无线网络基本设置界面，在 SSID 号文本框中输入新的网络名称，单击【保存】按钮。

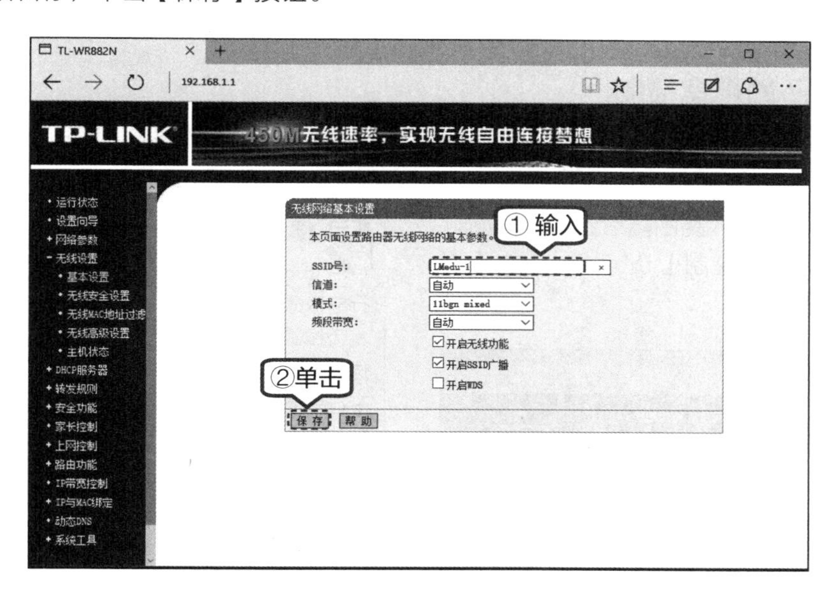

提示

如果仅修改网络名称，单击【保存】按钮后，根据提示重启路由器即可。

第 3 步 单击左侧【无线安全设置】，进入无线网络安全设置界面，在“WPA-PSK/WPA2-PSK”下面的【PSK 密码】文本框中输入新密码，单击【保存】按钮。然后单击按钮上方出现的【重启】超链接。

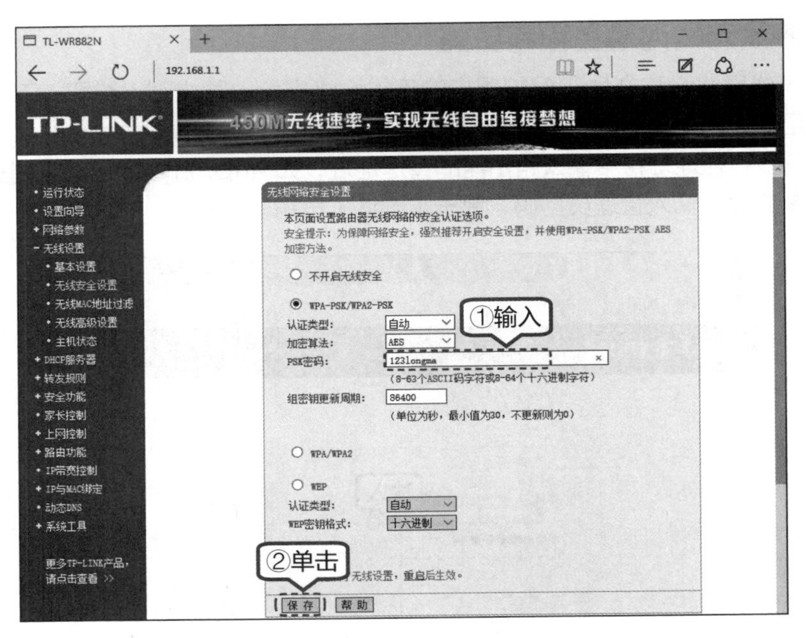

第 4 步 进入【重启路由器】界面，单击【重启路由器】按钮，将路由器重启即可。

7.5.3 IP 的带宽控制

在局域网中，如果希望限制其他 IP 的网速，除了使用 P2P 工具外，还可以使用路由器的 IP 流量控制功能来管控，具体步骤如下。

第 1 步 打开浏览器，进入路由器后台管理界面，单击左侧的【IP 带宽控制】超链接，单击【添加新条目】按钮。

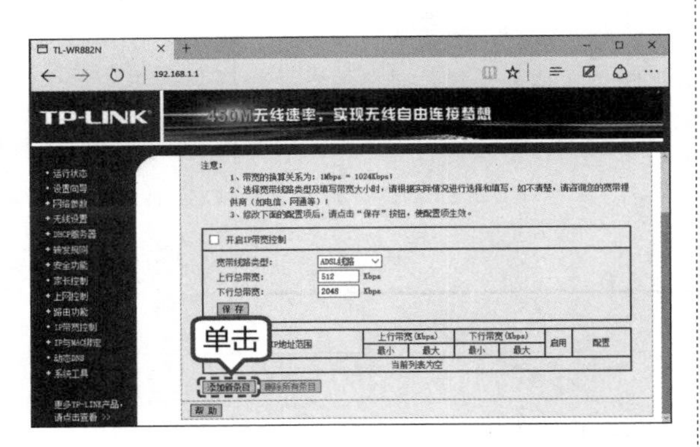

> **提示** 在 IP 带宽控制界面，勾选【开启 IP 带宽控制】复选框，然后设置宽带线路类型、上行总带宽和下行总带宽。
> 宽带线路类型，如果上网方式为 ADSL 宽带上网，选择【ADSL 线路】即可，否则选择【其他线路】。
> 下行总带宽是通过 WAN 口可以提供的下载速度。上行总带宽是通过 WAN 口可以提供的上传速度。

第 2 步 进入【条目规则配置】界面，在 IP 地址范围中设置 IP 地址段、上行带宽和下行带宽。如下图所示设置即表示分配给局域网内 IP 地址为 192.168.1.100 的计算机的上行带宽最小 128Kbit/s、最大 256Kbit/s，下行带宽最小 512Kbit/s、最大 1024Kbit/s。设置完毕后，单击【保存】按钮。

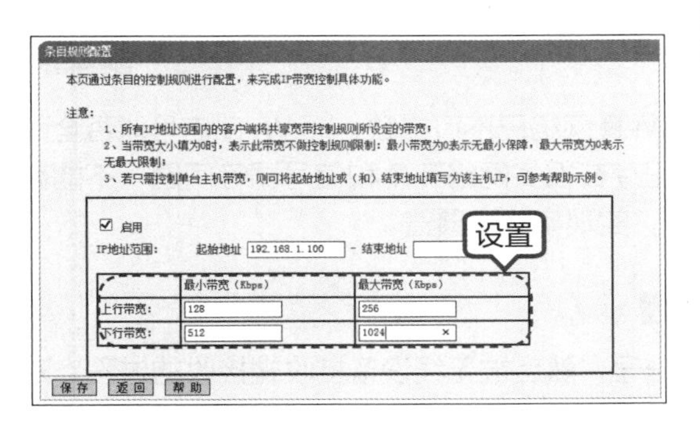

第3步 如果要设置连续 IP 地址段，则如下图所示，设置 101~103 的 IP 段，表示局域网内 IP 地址为 192.168.1.101 到 192.168.1.103 的三台计算机的带宽总和为上行带宽最小 256Kbit/s、最大 512Kbit/s，下行带宽最小 1 024Kbit/s、最大 2 048Kbit/s。

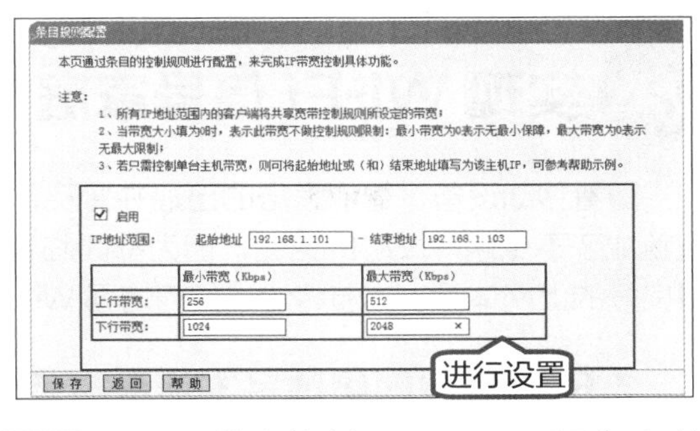

第4步 返回 IP 带宽控制界面，即可看到添加的 IP 地址段。

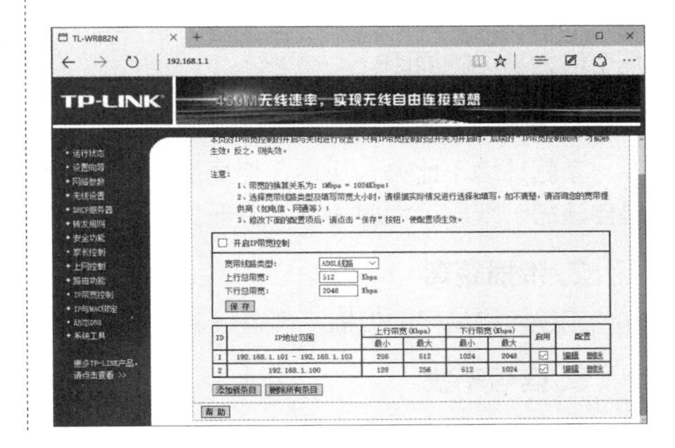

7.5.4 关闭路由器无线广播

通过关闭路由器的无线广播，可以防止其他用户搜索到无线网络名称，从根本上杜绝别人蹭网。

打开浏览器，输入路由器的管理地址，登录路由器后台管理页面，单击【无线设置】>【基本设置】超链接，进入【无线网络基本设置】页面，取消勾选【开启 SSID 广播】复选框，并单击【保存】按钮，重启路由器即可。

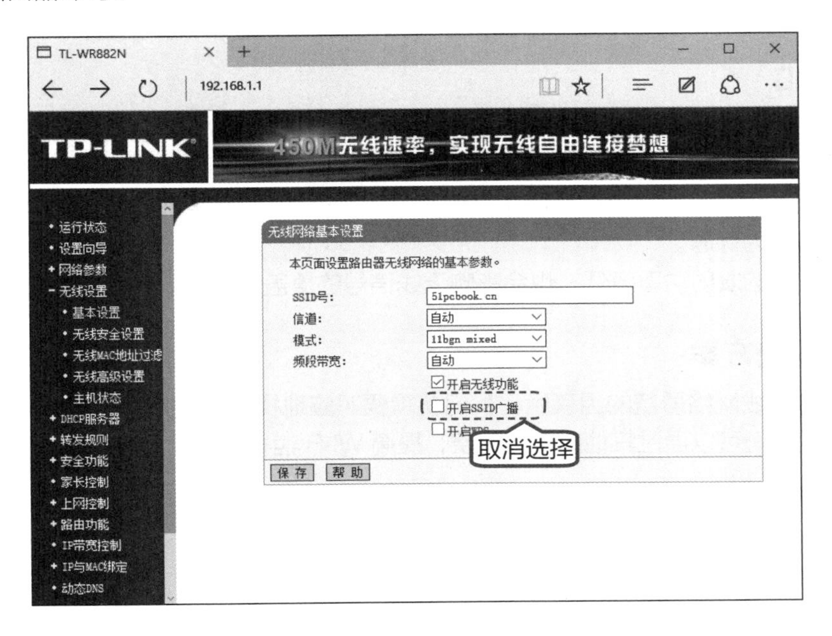

7.6 实现 Wi-Fi 信号家庭全覆盖

随着移动设备、智能家居的出现并普及，无线 Wi-Fi 网络已不可或缺，而 Wi-Fi 信号能否全面覆盖成了不少用户关心的话题。因为都面临着在家里存在很多网络死角和信号弱等问题，不能获得良好的上网体验。本节将讲述如何增强 Wi-Fi 信号，实现家庭全覆盖。

7.6.1 家庭网络信号不能全覆盖的原因

无线网络传输是一个信号发射端发送无线网络信号，然后被无线设备接收端接收的过程。对于一般家庭网络布局，主要是由网络运营商接入互联网，家中配备一个路由器实现有线和无线的小型局域网络布局。在这个信号传输过程中，会由于不同的因素，导致信号变弱。下面简单分析几个最为常见的原因。

1. 物体阻隔

家庭环境不比办公环境，格局更为复杂，墙体、家具、电器等都对无线信号产生阻隔，尤其是自建房、跃层、大房间等，由于混凝土墙的阻隔，无线网络信号会逐渐递减到接收不到。

2. 传播距离

无线网络信号的传播距离有限，如果接收端距离无线路由器过长，则会影响其接收效果。

3. 信号干扰

家庭中有很多家用电器，它们在使用中都会产生向外的电磁辐射，如冰箱、洗衣机、空调、微波炉等，都会对无线信号产生干扰。

另外，如果周围处于同一信道的无线路由器过多，也会相互干扰，影响 Wi-Fi 的传播效果。

4. 天线角度

天线的摆放角度也是影响 Wi-Fi 传播的因素之一。大多数路由器配备的是标准偶极天线，在垂直方向上覆盖更广，但在其上方或下方覆盖就极为薄弱。因此，当无线路由器的天线以垂直方向摆放时，如果无线接收端处在天线的上方或下方，就会得不到好的接收效果。

5. 设备老旧

过于老旧的无线路由器不如目前主流路由器的无线信号发射功率强。早期的无线路由器都是单根天线，增益过低，而目前市场上主流路由器最少是两根天线，普遍为三根、四根，或者更多。当然，天线数量多少并不是衡量一个路由器信号强度和覆盖面的唯一标准，但在同等条件下，天线数量多的表现更为优越。

另外，路由器的发射功率较低，也会影响无线信号的覆盖质量。

7.6.2 解决方案

了解了影响无线网络覆盖的因素后，我们就需要对应地找到解决方案。虽然家庭的格局环境不便改变，但是我们可以通过其他的布局调整，提高 Wi-Fi 信号的强度和覆盖面。

1. 合理摆放路由器

合理摆放路由器，可以减少信号阻隔，缩短传输距离等。在摆放路由器时，切勿放在角落处或靠墙的地方，应该放在宽敞的位置，比如客厅或几个房间的交汇处。例如下图所示，二室一厅中的圆心位置就是路由器摆放的最佳位置，正是几个房间的交汇处。

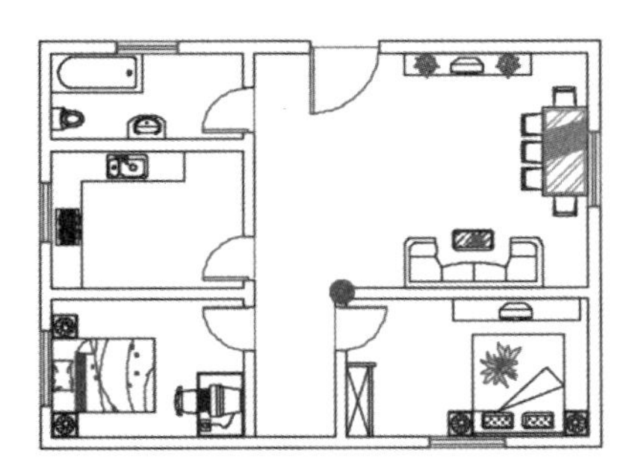

关于信号角度，建议将路由器摆放在较高位置，使信号向下辐射，减少阻碍物的阻拦，减少信号盲区。下图所示就是在沙发上方的置物架上摆放无线路由器。

另外，尽量将路由器摆放在远离其他无线设备和家用电器的地方，以减少相互干扰。

2. 改变路由器信道

信号的干扰，是影响无线网络接收效果的因素之一，而除了家用电器发射的电磁波影响外，网络信号扎堆同一信道段，也是信号干扰的主要问题。因此，用户应尽量选择干扰较少的信道，以获得更好的信号接收效果。可以使用类似 Network Stumbler 或 Wi-Fi 分析工具等，查看附近存在的无线信号及其使用的信道。下面介绍如何修改无线网络信道，具体步骤如下。

第1步 打开浏览器，进入路由器后台管理界面，单击【无线设置】➤【基本设置】超链接，进入【无线网络基本设置】界面。

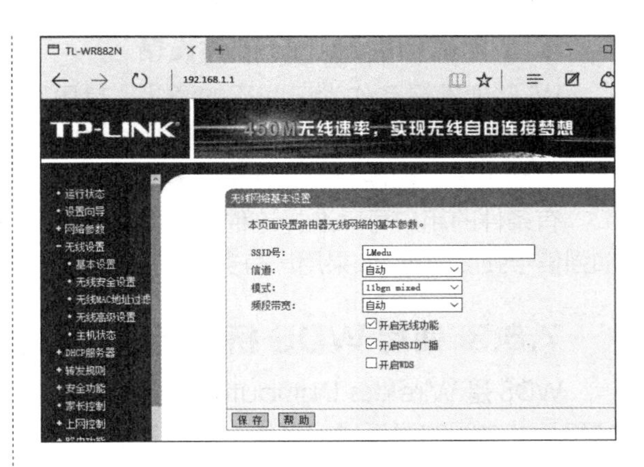

第2步 单击信道后面的☑按钮，打开信道列表，选择要修改的信道。

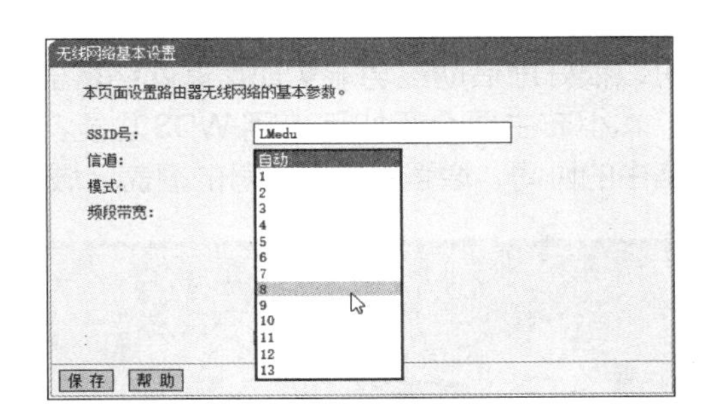

第3步 这里将信道由【自动】改为【8】，单击【保存】按钮，并重启路由器即可。

如果路由器支持双频，建议开启 5GHz 频段，如今使用 11ac 的用户较少，5GHz 频段干扰小，信号传输也较为稳定。

3. 扩展天线，增强 Wi-Fi 信号

目前，网络流行的一种用易拉罐增强 Wi-Fi 信号的方法，确实屡试不爽，可以较好地加强无线 Wi-Fi 信号。它主要是将信号集中起来，套上易拉罐后把最初的 360° 球面波向 180° 集中，改道向另一方向传播，改道后方向的信号就会比较强。下图所示就是一个易拉罐 Wi-Fi 信号放大器。

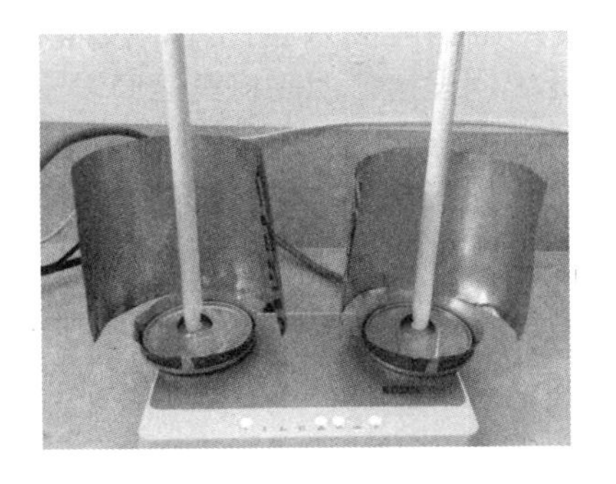

4. 使用最新的 Wi-Fi 硬件设备

Wi-Fi 硬件设备作为无线网的源头，其质量的好坏也影响着无线信号的覆盖面，使用最新的 Wi-Fi 硬件设备可以得到最新的技术支持，能够最直接、最快地提升上网体验。尤其是现在有各种大功率路由器，即使穿过墙面信号受到削弱，也可以表现出较好的信号强度。

有条件的用户可以选择这种大功率路由器，一般用户建议使用前 3 种方法，减少信号的削弱，加强信号强度即可。如果用户有多个路由器，可以尝试 WDS 桥接功能，来大大增强路由器的覆盖区域。

7.6.3 使用 WDS 桥接增强路由器覆盖区域

WDS 是 Wireless Distribution System 的英文缩写，译为无线分布系统，最初运用在无线基站和基站之间的联系通信系统。随着技术的发展，WDS 开始在家庭和办公方面充当无线网络的中继器，让无线 AP 或无线路由器之间通过无线进行桥接（中继），可以延伸扩展无线信号，从而覆盖更广、更大的范围。

目前大多数路由器都支持 WDS 功能，用户可以很好地借助该功能实现家庭网络覆盖布局。本小节主要介绍如何使用 WDS 功能实现多路由的协同，增强路由器信号的覆盖区域。

在设置之前，需要准备两台无线路由器。其中需要一台支持 WDS 功能，用户可以将无 WDS 功能的作为中心无线路由器，如果都有 WDS 功能，选用性能最好的路由器作为中心无线路由器 A，也就是与互联网相连的路由器，另外一台路由器作为桥接路由器 B。A 路由器按照日常的路由设置即可，可按 7.3.2 小节设置，本节不再赘述。主要是 B 路由器，需满足两点，一是与中心无线路由器信道相同，二是关闭 DHCP 功能。具体设置步骤如下。

第 1 步 使用电脑连接 A 路由器，按照 7.3.2 小节进行无线网设置，但需将其信道设置为固定数。这里将其设置为“1”，勾选【开启无线功能】和【开启 SSID 广播】复选框，不勾选【开启 WDS】复选框，如下图所示。

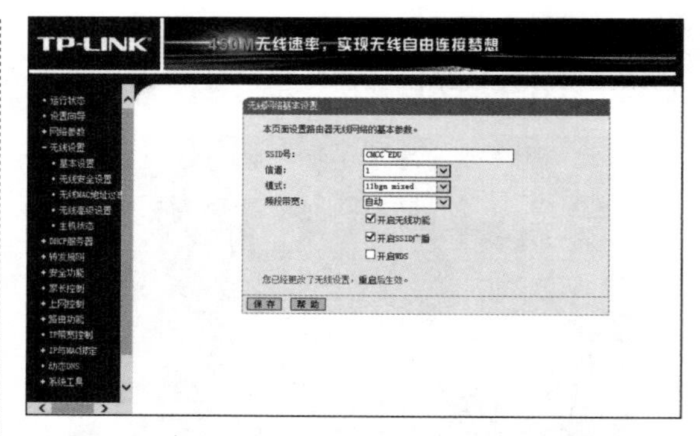

第 2 步 A 路由器设置完毕后，将桥接路由器选择好要覆盖的位置，连接电源，然后通过电脑连接 B 路由器，如果电脑不支持无线，可以使用手机连接，比起有线连接更为方便。连接后，打开电脑或手机端的浏览器，登录 B 路由器后台管理页面，单击【网络参数】➤【LAN 口设置】超链接，进入【LAN 口设置】页面，将 IP 地址修改为与 A 路由器不同的地址，如 A 路由器 IP 地址为 192.168.1.1。这里将 B 路由器 IP 地址修改为 192.168.1.2，避免 IP 冲突，然后将【DHCP 服务器】设置为【不启用】。单击【保存】按钮，进行重启。

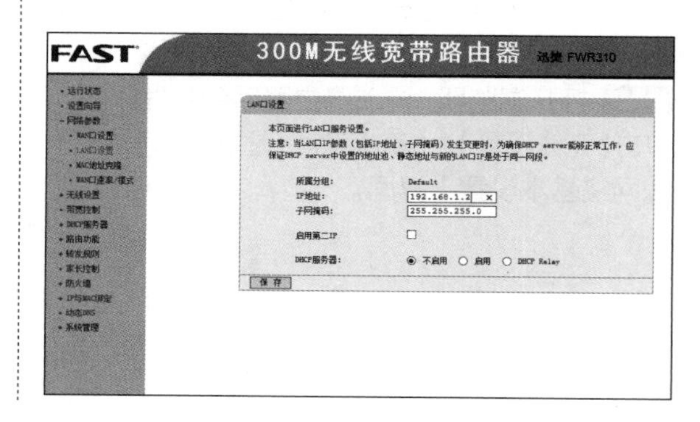

提示 开启路由器的 DHCP 服务器功能，可以让 DHCP 服务器自动替用户配置局域网中各计算机的 TCP/IP 协议。B 路由器关闭 DHCP 功能主要是有 A 路由器分配 IP。另外如果【LAN 口设置】页面没有 DHCP 服务器选项，可在【DHCP 服务器】页面关闭。

第3步 重启路由器后，登录 B 路由器管理页面，此时 B 路由器的配置地址变为：192.168.1.2。登录后，单击【无线设置】➤【基本设置】超链接，进入【无线基本设置】页面，将信道设置为与 A 路由器相同的信道，然后勾选【开启 WDS】复选框。

第4步 单击弹出的【扫描】按钮。

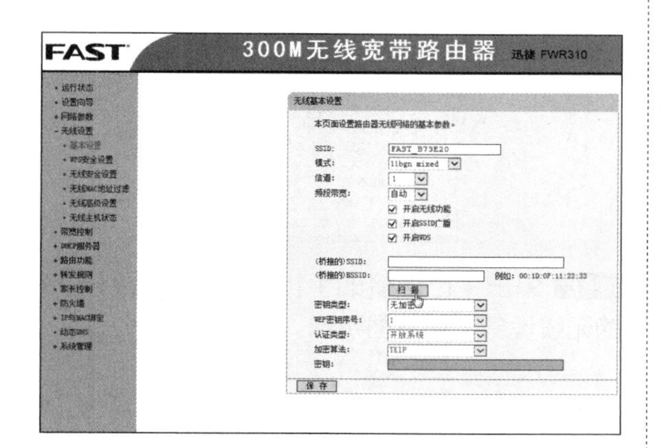

第5步 在扫描的 AP 列表中，找到 A 路由器的 SSID 名称，然后单击【连接】超链接；如果未找到，单击【刷新】按钮。

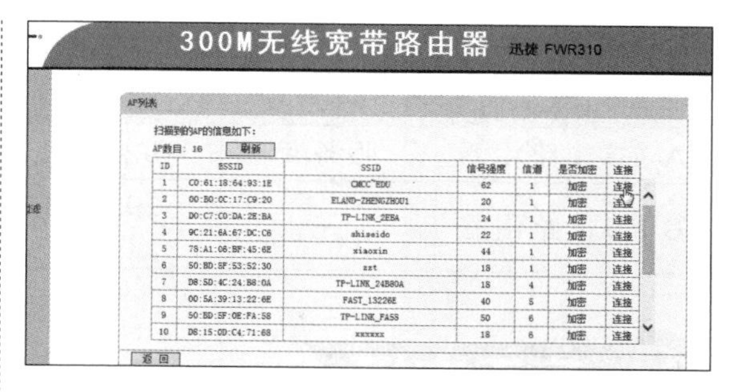

第6步 返回【无线基本设置】页面，将【密钥类型】设置为与 A 路由器一致的加密方式，这里选择【WPA2-PSK】，并在【密钥】文本框中输入 A 路由器的无线网络密码，单击【保存】按钮。

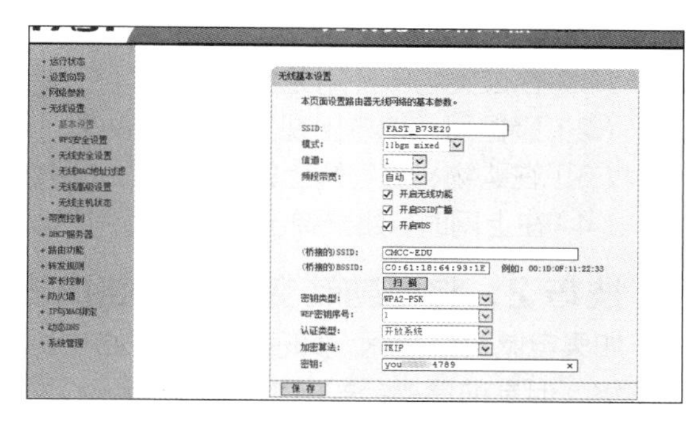

第7步 进入【无线安全设置】页面，设置 B 路由器的无线网络密码，单击【保存】按钮，重启路由器即可。

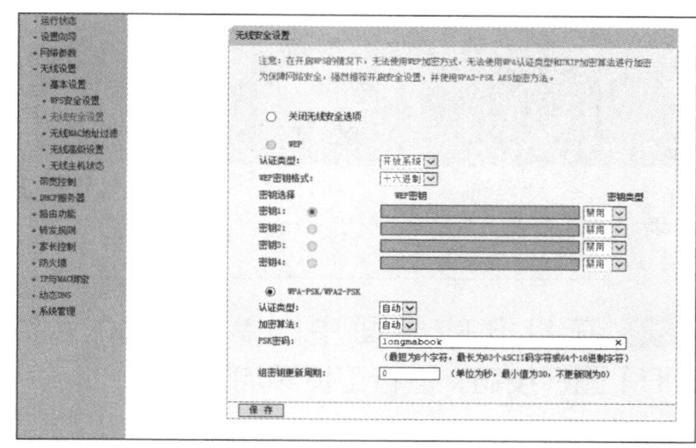

此时，两台路由器的桥接完成，用户可以连接 B 路由器上网了。同样，用户还可以连接更多从路由器，进行无线网络布局，增强 Wi-Fi 信号。

<table>
<tr><th rowspan="2">设置</th><th rowspan="2">WAN 口设置</th><th rowspan="2">LAN 口设置</th><th rowspan="2">DHCP</th><th colspan="2">无线设置</th></tr>
<tr><th>信道</th><th>WDS</th></tr>
<tr><td>A（主）路由器</td><td>服务商</td><td>192.168.1.1（默认）</td><td>启用</td><td rowspan="2">信道一致即可</td><td>不勾选</td></tr>
<tr><td>B（从）路由器</td><td>无</td><td>192.168.1.X（$1 < X \leqslant 255$）</td><td>不启用</td><td>勾选</td></tr>
</table>

高手支招

技巧 1：安全使用免费 Wi-Fi

黑客可以利用虚假 Wi-Fi 盗取手机系统、品牌型号、自拍照片、邮箱账号密码等各类隐私数据，类似的事件不胜枚举，尤其是盗号、窃取银行卡、盗取支付宝信息、植入病毒等。在使用免费 Wi-Fi 时，建议注意以下几点。

（1）在公共场所使用免费 Wi-Fi 时，不要进行网购和银行支付，尽量使用手机流量进行支付。

（2）警惕同一地方出现多个相同 Wi-Fi，很有可能是诱骗用户信息的钓鱼 Wi-Fi。

（3）在购物、进行网上银行支付时，尽量使用安全键盘，不要使用网页之类的。

（4）在上网时，如果弹出不明网页，让输入个人私密信息时，请谨慎，及时关闭 WLAN 功能。

技巧 2：将电脑转变为无线路由器

如果电脑可以上网，即使没有无线路由器，也可以通过简单的设置将电脑的有线网络转为无线网络，但是前提是台式电脑必须装有无线网卡（笔记本电脑自带有无线网卡）。准备好后，可以参照以下操作，创建 Wi-Fi，实现网络共享。

第 1 步 打开 360 安全卫士主界面，然后单击【更多】超链接。

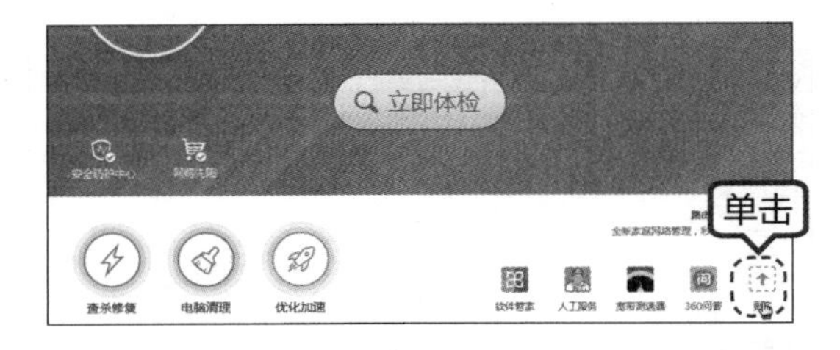

第 2 步 在打开的界面中，单击【360 免费 WiFi】图标按钮，进行工具添加。

第 3 步 添加完毕后，弹出【360 免费 WiFi】对话框，用户可以根据需要设置 Wi-Fi 名称和密码。

第 4 步 单击【已连接的手机】即可以看到连接的无线设备，如下图所示。

使用电脑上网

➲ 高手指引

上网已成为人们学习和工作的一种方式，可以在网上查看信息，下载需要的资源，进行网上购物等等，给人们的生活带来了极大的便利。

➲ 重点导读

- 掌握收藏网页
- 掌握网络资源搜索
- 掌握网上下载
- 学习使用智能助理 Cortana（小娜）

8.1 认识常用的浏览器

浏览器是指可以显示网页服务器或者文件系统的 HTML 文件内容，并让用户与这些文件交互的一种软件。一台电脑只有安装了浏览器软件，才能进行网页浏览。下面就来认识一下常用的浏览器。

8.1.1 Microsoft Edge 浏览器

Microsoft Edge 浏览器是 Windows 10 操作系统内置的浏览器，为用户提供新的方法以查找资料、管理标签页、阅读电子书，可在 Web 上书写，添加扩展以进行翻译网站、阻止广告和管理密码等操作。下图所示为 Microsoft Edge 浏览器的工作界面。

8.1.2 搜狗高速浏览器

搜狗高速浏览器是由搜狗公司基于谷歌 Chromium 内核研发的一款网页浏览器。搜狗高速浏览器打造了九级加速体系，无论用户的电脑配置如何，都可以享受迅捷的高速体验；另外，利用大数据技术优势，当用户在搜索、查找信息时，能准确提供需要的信息。下图所示为搜狗高速浏览器工作界面图。

8.1.3 360 安全浏览器

360 安全浏览器是奇虎 360 推出的一款速度快、占用内存低、稳定性高的双核浏览器，其采用先进的恶意网址拦截技术，可自动拦截挂马、欺诈、网银仿冒等恶意网址。另外，结合 360 庞大的安全数据库，为用户提供 9 层保护，全面保障上网安全。360 安全浏览器界面如下图所示。

8.1.4 Google Chrome 网络浏览器

Google Chrome 是一款由谷歌公司开发的网页浏览器，具有简洁、高效的特点。Google Chrome 最大的亮点是采用多进程架构，不会因为恶意网页和应用软件而崩溃，而且确保了更快的浏览速度。Google Chrome 浏览器的界面如下图所示。

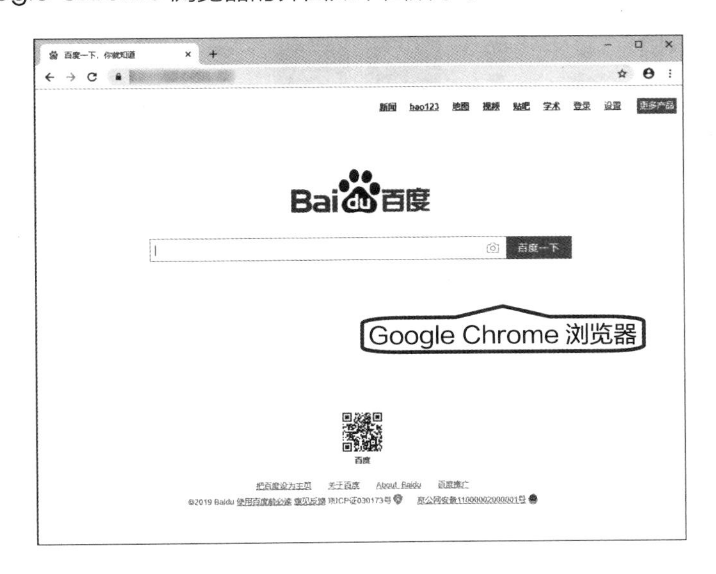

8.2 Microsoft Edge 浏览器的基本操作

Microsoft Edge 浏览器是微软推出的一款全新、轻量级的浏览器，是 Windows 10 操作系统的默认浏览器。与 IE 浏览器相比，其在媒体播放、扩展性和安全性上都有很大提升，又集成了 Cortana、Web 笔记和阅读视图等众多新功能，是浏览网页的不错选择。

8.2.1 Microsoft Edge 的功能与设置

Microsoft Edge 浏览器采用了简单整洁的界面设计风格，使其更具现代感。其主界面如下图所示，主要由标签栏、功能栏和浏览区 3 部分组成。

标签栏中显示了当前打开的网页标签，如上图显示了百度的网页标签。单击【新建标签页】按钮+，即可新建一个标签页，如下图所示。

功能栏中包含了后退、前进、刷新、主页、地址栏、收藏夹、添加备注和共享此页面。

单击【设置及其他】按钮，可以打开 Microsoft Edge 浏览器的设置菜单，用户可以设置浏览器的主题、显示收藏夹栏、默认主页、清除浏览数据、阅读视图风格以及高级设置等。下面介绍几个常用的设置。

1. 主页的设置

用户可以根据需求设置启动 Microsoft Edge 浏览器后显示的网页主页面。单击【设置及其他】按钮，在弹出的菜单列表中，选择【设置】命令，打开 Microsoft Edge 浏览器的设置菜单。在【Microsoft Edge 打开方式】列表中选择【特定页】选项，并在【输入网址】文本框中输入要设置的主页网址，然后单击【保存】按钮，即可将其设置为默认主页。

2. 设置地址栏搜索方式

在 Microsoft Edge 浏览器地址栏中可以输入并访问网址，也可以输入要搜索的关键词或内容进行搜索，默认搜索引擎为必应，另外也提供百度搜索引擎方式，用户可以根据需要对其进行修改。

在【设置】菜单中，单击【高级】选项，并在【地址栏搜索】区域下，单击【更改搜索提供程序】按钮，进入“更改搜索引擎”页面，选择【百度】选项，并单击【设为默认值】按钮即可完成设置。

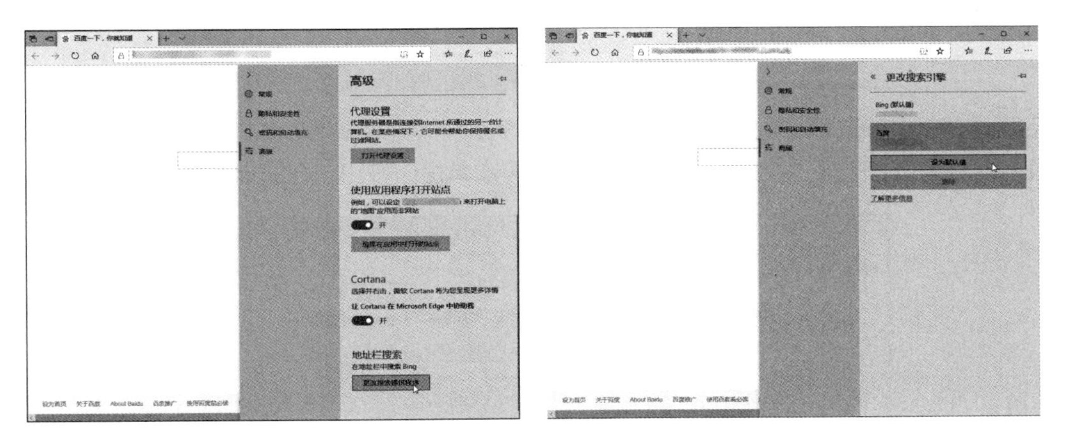

按【Esc】键，退出设置菜单。在地址栏中输入关键词，按【Enter】键，即可显示搜索的结果，如下图所示。

8.2.2 无干扰阅读——阅读视图

阅读视图是一种特殊的查看方式，开启阅读视图模式后，浏览器可以自动识别和屏蔽与网页无关的内容干扰，如广告等，可以使阅读更加方便。

开启阅读视图模式很简单，只要是符合阅读视图模式的网页，Microsoft Edge浏览器地址栏右侧的【阅读视图】按钮即显示为可选状态，否则为灰色不可选状态。单击【阅读视图】按钮，即可开启阅读视图模式。

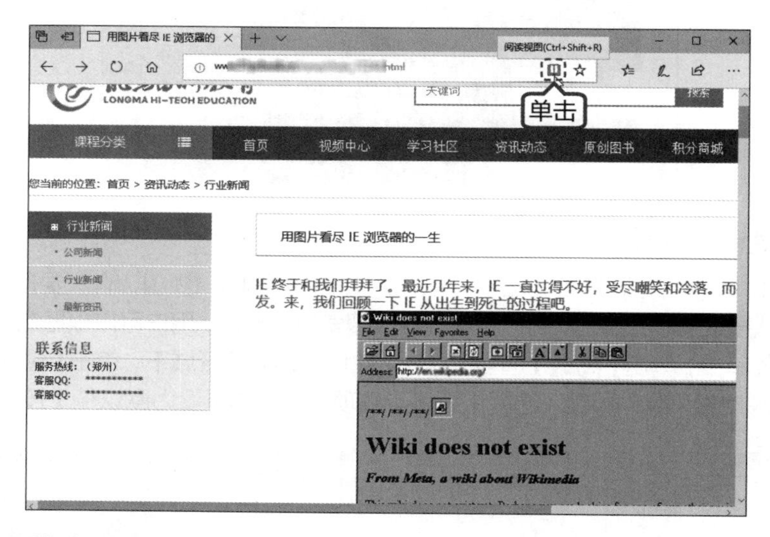

启用阅读视图模式后，浏览器会为用户提供一个最佳的排版视图，将多页内容合并到同一页。此时【阅读视图】按钮则变为蓝色可选状态，再次单击该按钮，则退出阅读视图模式。

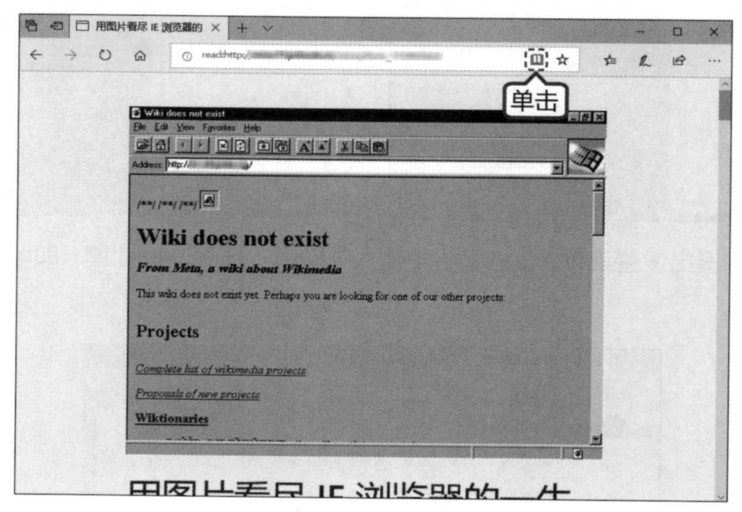

另外，用户可以在设置菜单中设置阅读视图的显示风格和字号。

8.2.3 在Web上书写——做Web笔记

Web笔记是Microsoft Edge浏览器自带的一个功能，用户可以使用该功能对任何网页进行标注，可将其保存至收藏夹或阅读列表，也可以通过邮件或OneNote将其分享给其他用户查看。

在要编辑的网页中，单击Microsoft Edge浏览器右上角的【添加备注】按钮，即可启动笔记模式，网页上方及标签都变为紫色，如下图所示。

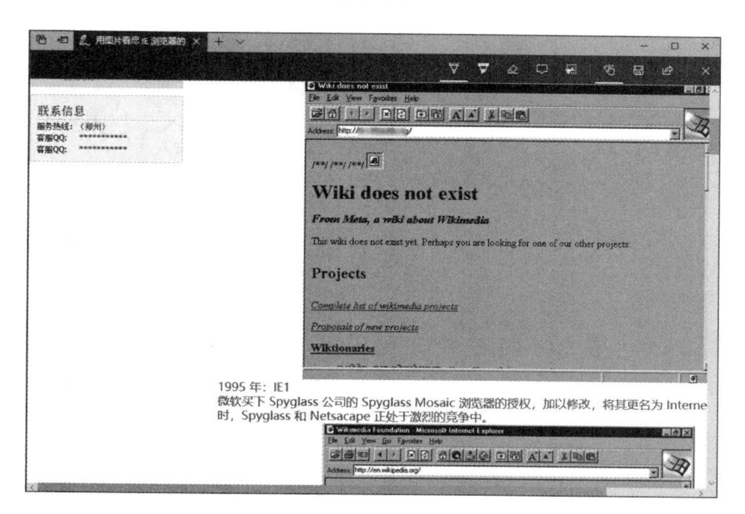

在功能栏中，从左至右包括圆珠笔、荧光笔、橡皮擦、添加的笔记、剪辑、触摸写入保存 Web 笔记、共享 Web 笔记和退出 9 个按钮。

单击【圆珠笔】按钮或【荧光笔】按钮，可以结合鼠标或触摸屏在页面中进行标记，当再次单击，可以设置笔的颜色和尺寸。单击【橡皮擦】按钮，可以清除涂写的墨迹，也可清除页面中所有的墨迹。单击【添加笔记】按钮，可以为文本进行注释、添加评论等，如下图所示。

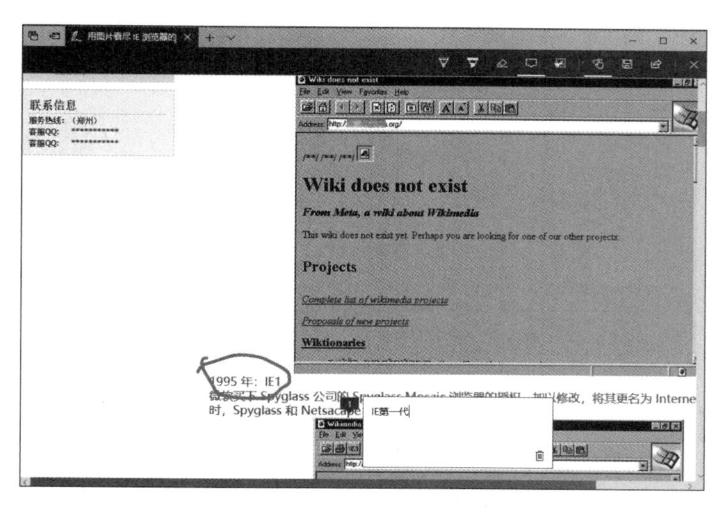

单击【剪辑】按钮，可以拖曳鼠标选择裁剪区域，以图片的形式截取复制。然后可以将其粘贴到文档中，如 Windows 日记、Word、邮件等。

Web 笔记完成后，单击【保存 Web 笔记】按钮，可以将其保存到收藏夹或阅读列表中，单击【共享 Web 笔记】按钮，可以将其以邮件或 OneNote 分享给朋友。

单击【退出】按钮，则退出笔记模式。

8.2.4 无痕迹浏览——InPrivate

Microsoft Edge 浏览器支持 InPrivate 浏览，使用该功能时，用户在浏览完网页关闭 InPrivate 标签页后，会删除浏览的数据——如 Cookie、历史记录、临时文件、表单数据及用户名和密码等信息，不留任何痕迹。

第1步 在 Microsoft Edge 浏览器中，单击【设置及其他】按钮…，在打开的菜单列表中，单击【新建 InPrivate 窗口】命令。

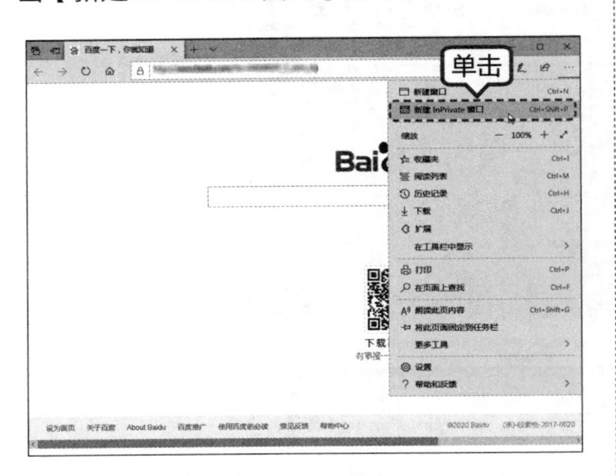

第2步 此时，即可启用 InPrivate 浏览，打开一个新的浏览窗口，如下图所示。

第3步 在浏览器中输入地址，并浏览网页，如下图所示。

第4步 关闭该窗口后，在该窗口中进行的任何浏览操作或记录都会被删除。在【历史记录】中是没有刚才的浏览记录的，如下图所示。

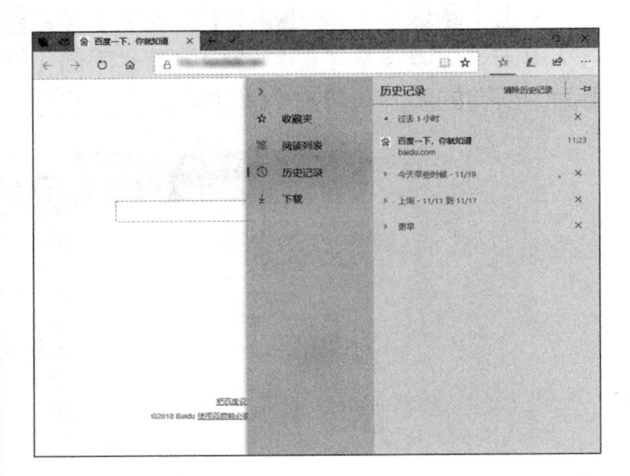

8.3 收藏网页

利用浏览器的收藏夹功能可以将需要经常使用或者喜欢的网站保存起来，以便日后快速访问这些网站。

8.3.1 将浏览的网页添加至收藏夹

下面介绍如何将喜欢的网页添加到收藏夹内。由于浏览器的设置基本一致，本小节将以 Microsoft Edge 浏览器为例介绍，其具体操作步骤如下。

第1步 在 Microsoft Edge 浏览器中，打开需要收藏的网页，单击【添加到收藏夹或阅读列表】按钮。

第 2 步 弹出收藏夹对话框，可以设置网站的收藏名称和收藏位置，默认保存在【收藏夹】文件夹下。用户还可以自建子文件夹保存，如这里单击【保存位置】的下拉按钮，并单击【创建新的文件夹】按钮。

提示　按【Ctrl+D】组合键即可快速打开收藏夹对话框。

第 3 步 在显示的【文件夹名称】文本框中输入子文件夹名称，然后单击【添加】按钮。

第 4 步 返回浏览器页面，即可看到【添加到收藏夹或阅读列表】按钮点亮显示，如下图所示。

第 5 步 单击【收藏夹】按钮 ，在【收藏夹】区域下即可看到刚才创建的子文件夹及添加收藏的网站，如下图所示。

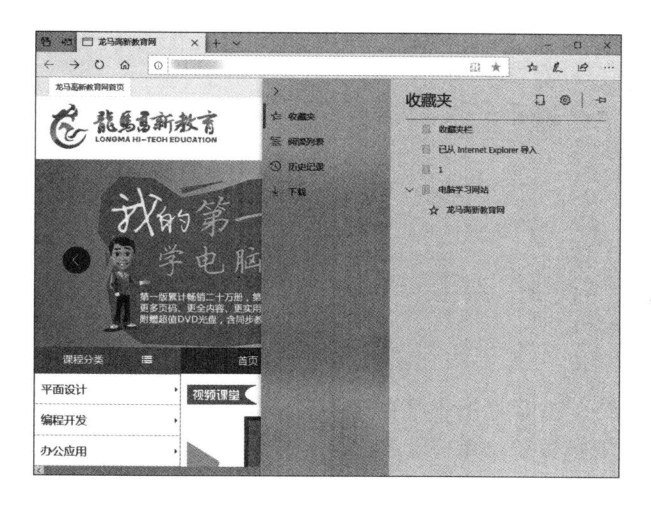

8.3.2 归类与整理收藏夹

如果在收藏夹中收藏有很多网站，可以将收藏夹进行归类和整理，以便于查找需要的网站。

第 1 步 单击【收藏夹】按钮，在【收藏夹】区域下，即可看到收藏的所有网址。

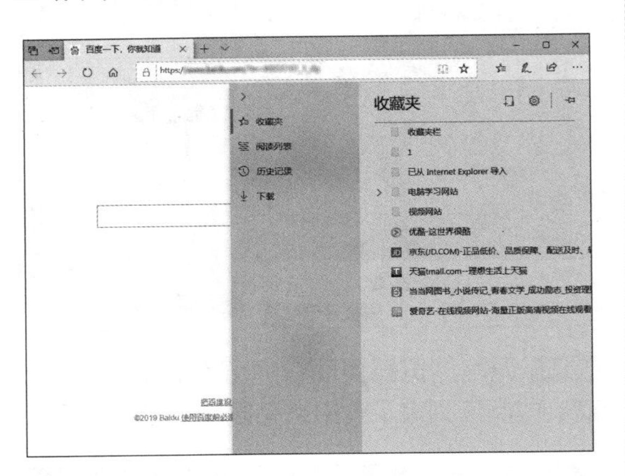

第 2 步 将收藏的网址归类到已有文件夹中。用鼠标选中网址拖曳至已有的文件夹。

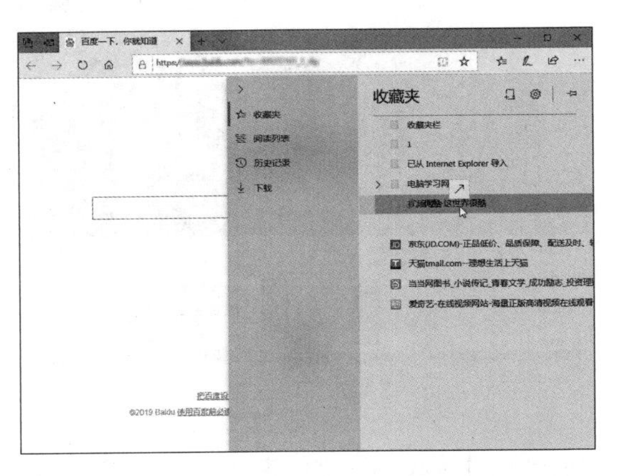

第 3 步 松开鼠标左键即可将其归类到已有文件夹中。可以继续将同类的网址进行归类。

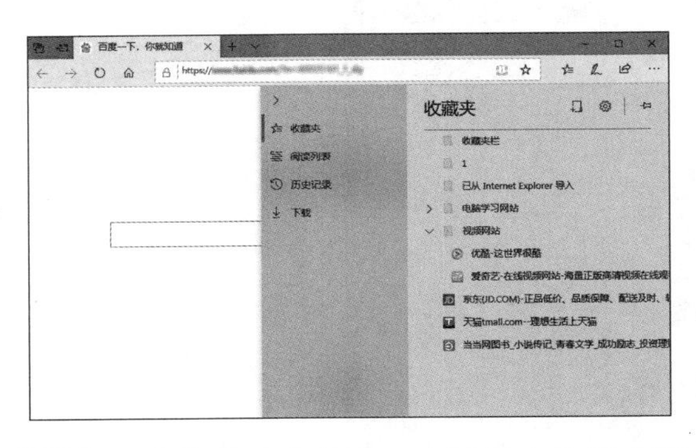

第 4 步 新建收藏子文件夹。右键单击收藏夹下的任一区域，在弹出的快捷菜单中单击【创建新的文件夹】命令。

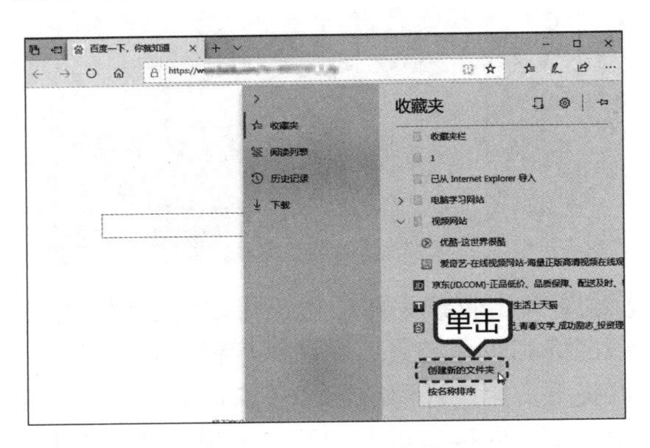

第 5 步 即可创建一个子文件夹，将其重命名为“购物网站”，如下图所示。

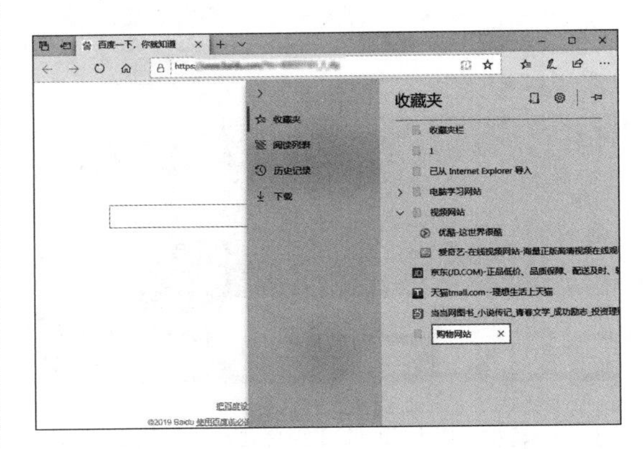

第 6 步 将符合分类的网址拖曳至该文件夹，如下图所示。

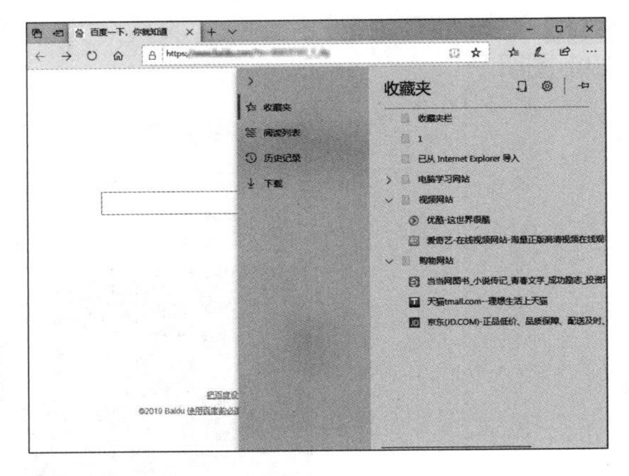

第 7 步 右键单击要删除收藏的网址或子文件夹，在弹出的快捷菜单中单击【删除】命令，即可将不需要的网址或子文件夹删除。

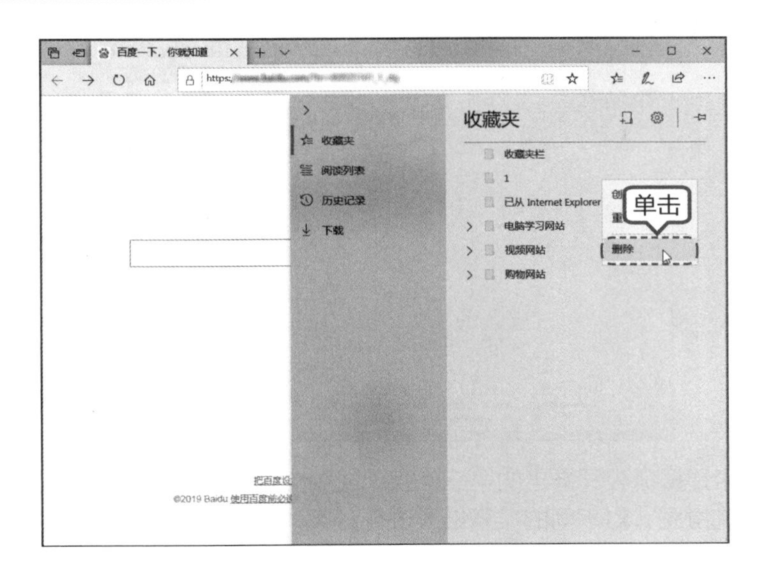

8.4 网络资源搜索

网络中的资源极多，用户要想寻找自己需要的资料，就要进行网络搜索。本节就来介绍如何进行网络大搜索。

8.4.1 认识各种搜索工具

搜索工具也被称为搜索引擎，它根据一定的策略，运用特定的电脑程序搜集互联网上的信息，并将组织和处理后的信息显示给用户。简而言之，搜索引擎就是一个为用户提供检索服务的系统。主要搜索引擎网站有：百度搜索、360 搜索、搜狗搜索、必应等。

百度是最大的中文搜索引擎。在百度网站中可以搜索页面、图片、新闻、音乐、百科知识及专业文档等内容。

360 搜索是基于机器学习技术的第三代搜索引擎，具备“自学习、自进化”能力，善于发现用户最需要的搜索结果，而不会被垃圾信息蒙蔽，具有一定的安全性，搜索内容完整。

另外，搜狗搜索是搜狐公司推出的第三代互动式中文搜索引擎，以人工智能新算法，分析和理解用户可能的查询意图，对不同的搜索结果进行分类，对相同的搜索结果进行聚类，引导用户更快速准确地定位目标内容。必应（Bing）也是一种常用的搜索引擎，可以查找和归类用户所需的答案，以帮助用户更加快速地做出具有远见卓识的决策。

8.4.2 搜索信息

本小节将以百度搜索为例进行介绍，具体操作步骤如下。

第1步 打开 Microsoft Edge 浏览器，输入百度网址，按【Enter】键打开百度首页。在首页文本框中输入要搜索的内容，系统会自动检索并显示相关的内容，如搜索“股市行情”，如下图所示。

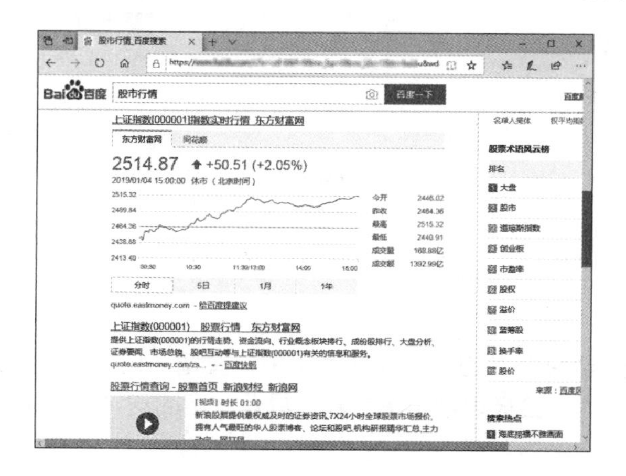

第 2 步 在搜索的结果中，单击要查看的网站的超链接，即可打开该页面查看详细的信息。

利用同样的方法，用户还可以在网上搜索新闻、资料、电影等，在此不一一赘述。

8.5 网上下载

网络就像一个虚拟的世界。在网络中，用户可以搜索到各种各样的资源。当自己遇到想要保存的数据时，就需要将其从网络中下载到自己的电脑硬盘之中。

8.5.1 到哪里下载

用户可根据自己需要下载的内容，进行选择。

下载音乐，代表网站有酷我音乐、酷狗音乐、虾米音乐及腾讯音乐等。

下载电影，代表网站有爱奇艺、优酷视频、腾讯视频、乐视网等。

下载软件，代表网站有太平洋下载、天空下载站、华军软件园、非凡软件站等。

8.5.2 怎样下载

当在网络中搜索出自己想要下载的资源后，怎样才能下载呢？这就需要了解一下下载方法的相关知识了。本小节就来简单介绍一些常用的下载方法，包括“另存为”下载、使用浏览器下载、使用软件进行下载等。

（1）“另存为”

“另存为”是保存文件的一种方法，也是下载文件的一种方法。尤其是当用户在网络上遇到自己想要收藏的图片时，就可以使用“另存为”方法将其下载到自己的电脑中。

（2）使用浏览器下载

用浏览器直接下载是最常用的一种下载方式。但是这种下载方式不支持断点续传，一般情况下只在下载小文件时使用，对于下载大文件就很不适用。

（3）使用下载软件

对于在网络上搜索到的资料用户可以利用下载软件进行下载。常用的下载软件有迅雷、QQ 旋风、电驴等。用户需要先在电脑中安装这些软件，然后才能使用它们下载资料。

8.5.3 保存网页上的图片

图片是组成网页的主要元素之一。在浏览网页时，如果遇到比较漂亮的图片，用户可以将其下载并保存起来，以方便以后欣赏和使用。保存网页中的图片的具体操作步骤如下。

第1步 打开一个存在图片的网页，在图片的任意位置处单击鼠标右键，从弹出的快捷菜单中选择【将图片另存为】菜单项。

第2步 打开【另存为】对话框，在【文件名】文本框中输入要保存图片的名称，单击【保存类型】右侧的下拉按钮，在弹出的下拉列表中选择【JPEG（*.jpg）】选项。单击【保存】按钮，即可将图片保存到该文件夹下。

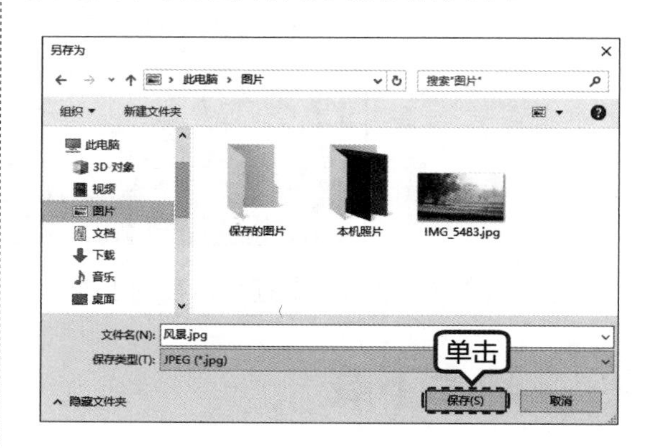

8.5.4 保存网页上的文字

在浏览网页时，不仅可以保存整个网页，还可以将网页的部分内容（文本或图像）下载下来。下载网页中的文本的具体操作步骤如下。

第1步 打开一个包含文本信息的网页，选中需要复制的文本信息，单击鼠标右键，在弹出的快捷菜单中选择【复制】菜单项，或者按【Ctrl+C】组合键复制。

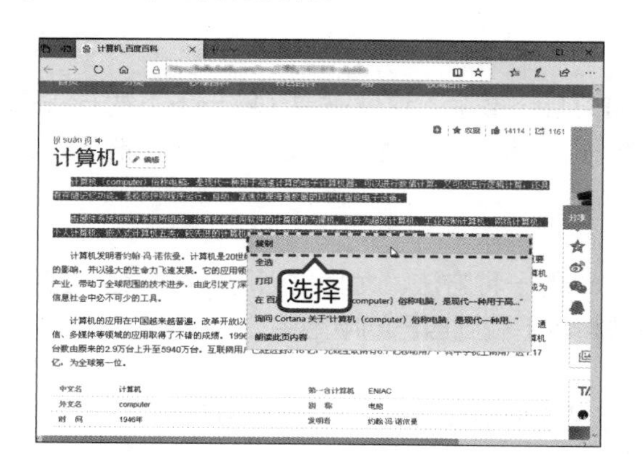

第2步 打开记事本应用，在其窗口中选择【编辑】➤【粘贴】菜单项或者按【Ctrl+V】组合键，将复制的网页文本信息粘贴到记事本之中。然后选择【文件】➤【保存】菜单项，将网页中的文本信息保存起来。

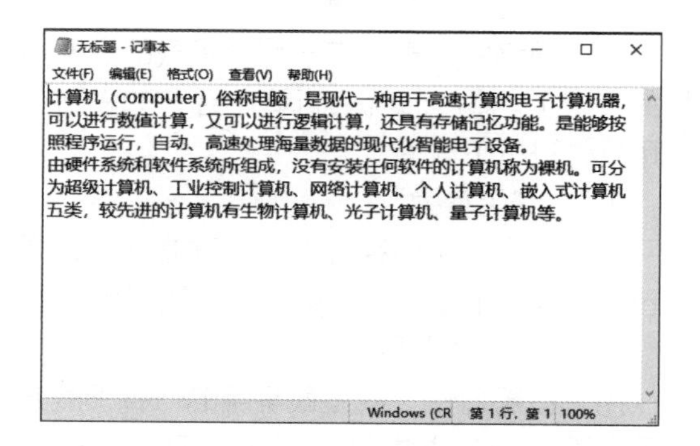

8.6 使用智能助理 Cortana（小娜）

Cortana 是微软发布的一款个人智能助理，可以记录并了解用户的使用习惯，帮助用户在电

脑上查找资料、管理日历、跟踪程序包、查找文件、聊天，还可以推送关注的信息等。

8.6.1 什么是 Cortana

Cortana 会记录用户的行为和使用习惯，利用云计算、搜索引擎和“非结构化数据”分析，读取和“学习”包括手机中的文本文件、电子邮件、图片、视频等数据，来理解用户的语义和语境，从而实现人机交互。

单击 Windows 10 窗口左下角的【与 Cortana 交流】按钮，就可以打开 Cortana 助手，如下图所示即为 Cortana 窗口。激活 Cortana 后，其窗口左侧主要包括主页、笔记本、设置和反馈 4 个选项，右下角为麦克风标识。

Cortana 可以为用户完成很多事务，如：根据时间、地点或人脉为用户设置提醒；跟踪包裹、运动队、兴趣和航班；发送电子邮件和短信；管理日历，使用户了解最新日程；创建和管理列表；闲聊和玩游戏；查找事实、文件、地点和信息；打开系统上的任一应用；等等。

8.6.2 唤醒 Cortana

用户可以将 Cortana 设置为听到“你好小娜”就随时可以响应，具体操作步骤如下。

第1步 单击任务栏中的搜索栏，在弹出的界面中，单击【设置】按钮⚙。

第2步 打开 Cortana 设置界面，单击【你好小娜】下面的【让 Cortana 响应“你好小娜”】按钮，该按钮默认设置为【关】状态。

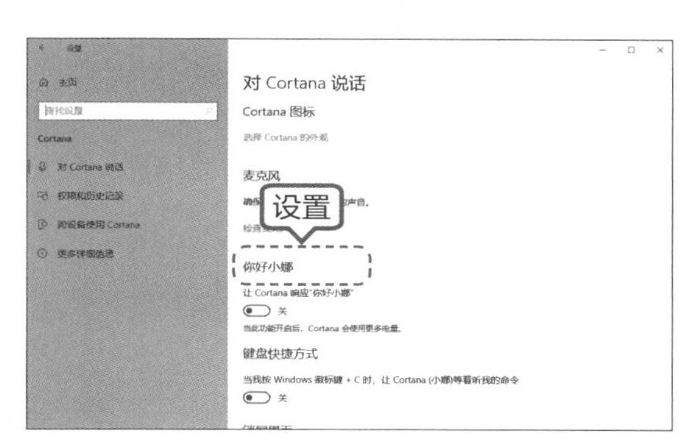

第3步 此时，弹出 Cortana 界面，单击【当然】按钮。

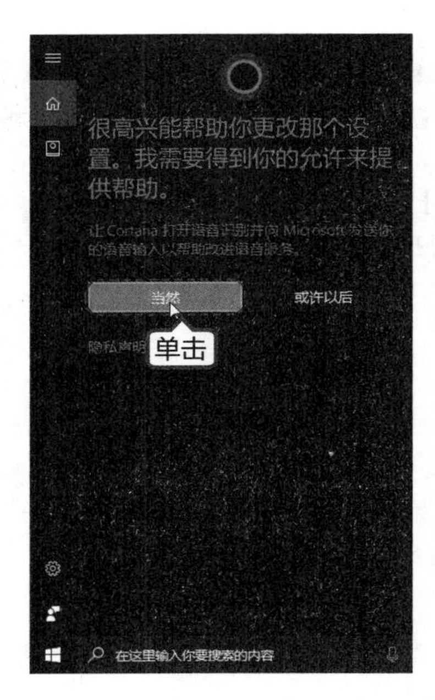

第4步 再次返回【设置】面板，将【让 Cortana 响应"你好小娜"】按钮设置为"开"，此时，即可通过"你好小娜"唤醒 Cortana。

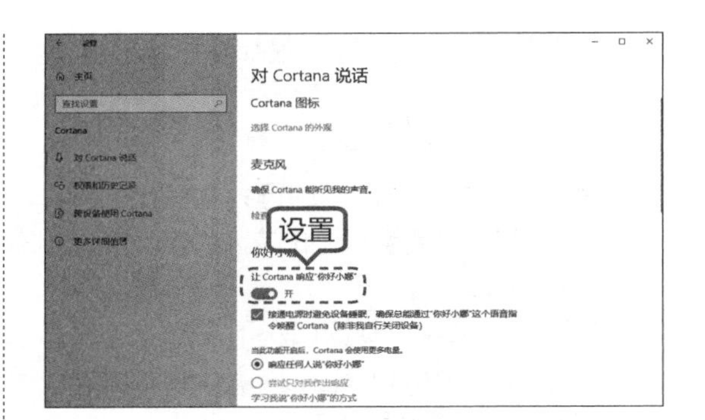

第5步 对准麦克风说"你好小娜"，任务栏左侧位置即弹出 Cortana 聆听面板。

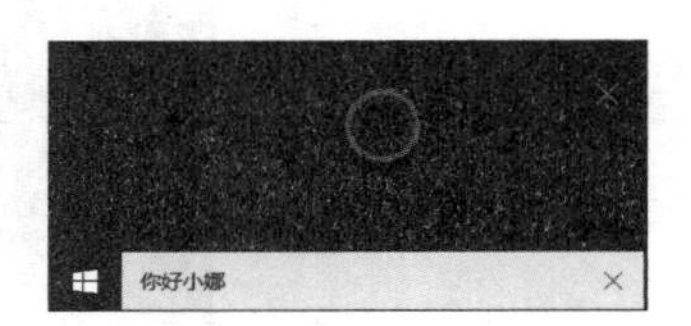

第6步 另外，打开键盘快捷方式设置后，按【Windows+C】组合键，可唤醒 Cortana 至迷你版聆听状态。

8.6.3 Cortana 的使用

设置完 Cortana 之后，就可以使用 Cortana 了。使用 Cortana 的操作步骤如下。

第1步 对准麦克风说"你好小娜 明天会下雨吗"，系统会自动识别声音，弹出聆听面板。

第2步 识别要搜索的信息后，即可在打开的界面中显示今天的天气情况。查看完毕后，单击右上角的【关闭】按钮×。

第3步 也可以单击搜索栏中的按钮，直接输入对话内容，如“日历”。

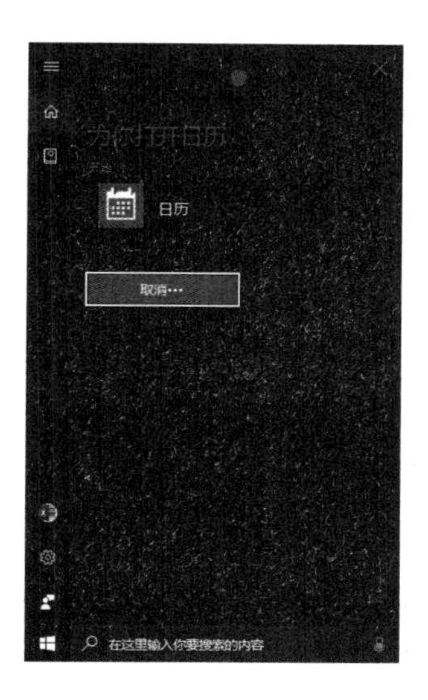

第4步 聆听完毕后，Cortana会打开系统上的“日历”应用，如下图所示。

8.6.4 在浏览器中使用Cortana

Microsoft Edge浏览器中集成了私人助理Cortana，可以在浏览网页时随时询问Cortana，以获取更多的相关信息，如相关解释、路线信息、来源信息、天气信息等。

在当前网页中，选择一个词组或一段文字，例如这里选择“微软”单击鼠标右键，在弹出的快捷菜单中选择【询问Cortana关于“微软”的信息】命令。

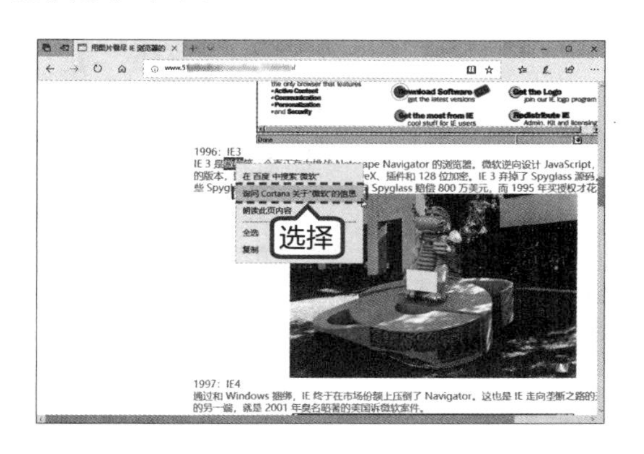

浏览器右侧即会显示搜索的相关信息，如下图所示。

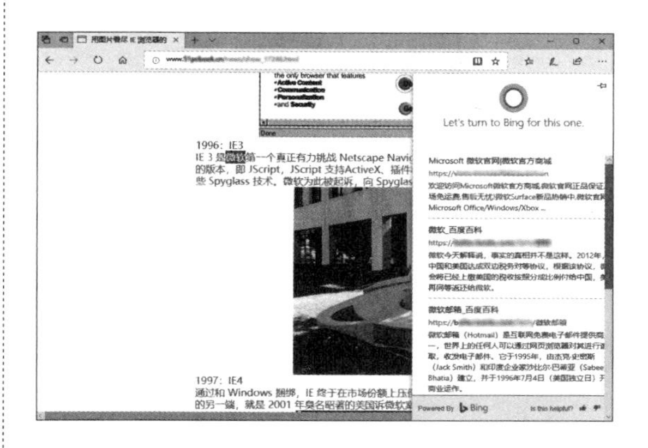

技巧1：放大网页文字大小，方便查看

在浏览网页时，如果网页字体较小，可以调整网页字体的大小，以方便清晰地阅读。

在浏览器页面，按住【Ctrl】键不放，并向上滚动鼠标滑轮，即可调大网页页面字体大小；向下滚动鼠标滑轮，则调小网页页面字体大小。

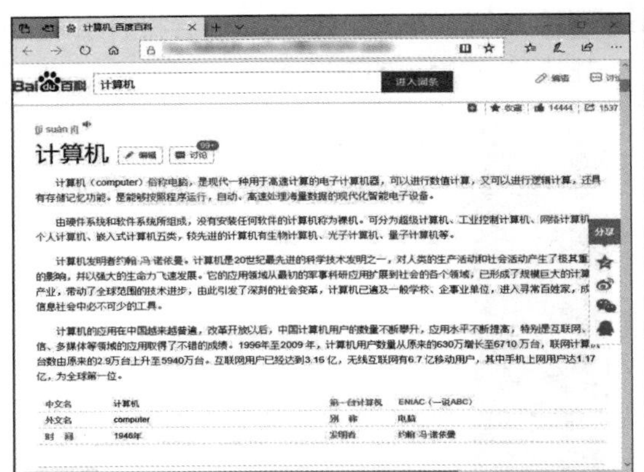

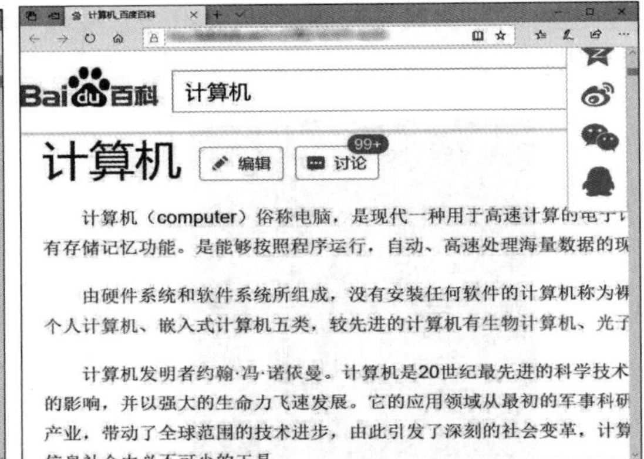

如果希望恢复默认显示的字体大小，按【Ctrl+0】组合键即可。

技巧 2：删除上网记录

在上网时浏览器会保存很多上网记录，这些上网记录不但随着时间的增加越来越多，而且还有可能泄露用户的隐私信息。如果不想让别人看见自己的上网记录，则可以把上网记录删除。具体的操作步骤如下。

第 1 步 打开 Microsoft Edge 浏览器，选择【设置及其他】➤【设置】➤【隐私和安全性】选项，单击【选择要清除的内容】按钮。

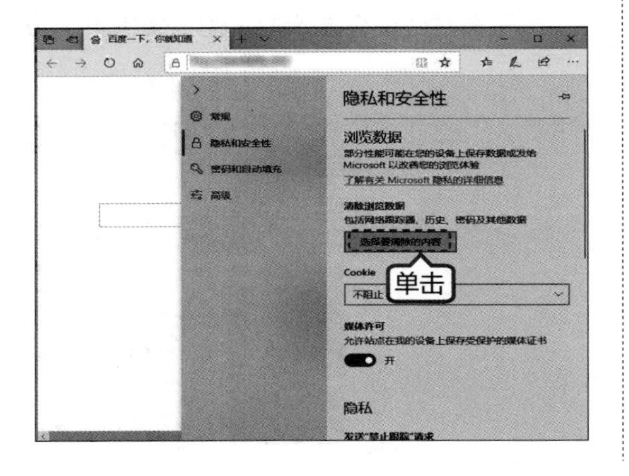

第 2 步 弹出【清除浏览数据】对话框，勾选想要删除的内容的复选框，然后单击【清除】按钮，即可删除浏览的历史记录。

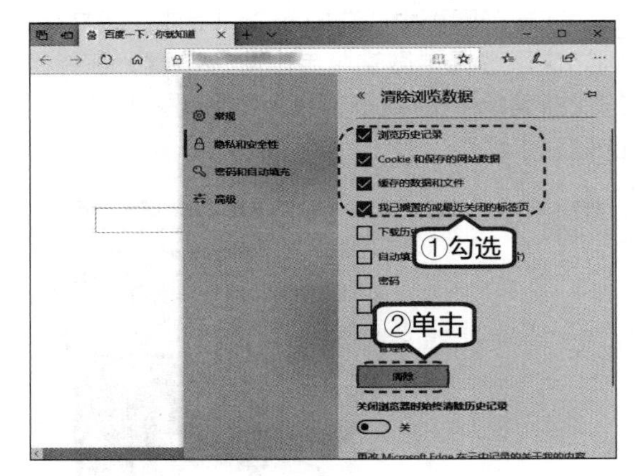

多媒体娱乐

高手指引

Windows 10 操作系统提供了强大的多媒体娱乐功能，用户可以利用其充分放松身心。本章主要介绍如何使用电脑浏览和编辑照片、听音乐、看电影和玩游戏。

重点导读

- 掌握浏览和编辑照片
- 掌握使用 Groove 音乐播放器
- 学习使用电影和电视应用
- 掌握玩游戏的方法

9.1 浏览和编辑照片

利用 Windows 系统自带的照片管理软件可以很方便地进行照片的查看与管理。除此之外，还可以使用美图秀秀和 Photoshop 美化处理照片。本节以“照片”应用为例，介绍如何浏览和编辑照片。

9.1.1 查看照片

在 Windows 10 操作系统中，默认的看图工具是“照片”应用，查看照片的具体操作步骤如下。

第 1 步 打开照片所在的文件夹。双击需要查看的照片，即可通过“照片”应用查看照片。

第 2 步 单击【照片】应用窗口中的【下一个】按钮，可查看下一张照片；单击【上一个】按钮，可查看上一张照片。

> **提示** 向上或向下滚动鼠标滑轮，可以向上或向下切换照片。

第 3 步 单击窗口中的【查看更多】按钮⋯，在弹出的菜单中，单击【幻灯片放映】命令。

第 4 步 此时，即可以幻灯片的形式查看照片，照片上无任何按钮，且自动切换并播放该文件夹内的照片。

> **提示** 按【F5】键，可以快速进入幻灯片放映状态。

第 5 步 放大或缩小查看照片。单击【缩放】按钮，弹出控制器，可以通过拖曳滑块，调整照片大小。

提示 按住【Ctrl】键的同时，向上或向下滚动鼠标滑轮，可以放大或缩小照片大小比例；也可以双击鼠标左键，来放大或缩小照片大小比例。按【Ctrl+1】组合键为实际大小显示照片，按【Ctrl+0】组合键为适应窗口大小显示照片。

9.1.2 旋转照片

图像的旋转就是对图像进行旋转操作，可以纠正照片中主体颠倒的问题，具体操作步骤如下。

第 1 步 打开要编辑的照片，单击【照片】应用窗口顶端的【旋转】按钮或者按【Ctrl+R】组合键。

第 2 步 照片会向右顺时针旋转 90°，再次单击则再次旋转，直至旋转为合适的方向即可，如下图所示。

9.1.3 裁剪照片

在编辑照片时，为了突出照片主体，可以将多余的照片留白进行裁剪，以达到更好的效果。裁剪照片的具体步骤如下。

第 1 步 打开要编辑的照片，单击【照片】应用窗口顶端的【通过此照片获取创意】按钮，在弹出的菜单列表中，选择【编辑】命令。

第2步 此时，即可进入编辑界面，单击【裁剪和旋转】按钮。

第3步 将鼠标指针移至定界框的控制点上，单击并拖曳鼠标来调整定界框的大小。

第4步 也可以单击【纵横比】按钮，然后选择要调整的纵横比，左侧预览窗口即可显示效果。

第5步 尺寸调整完毕后，单击【完成】按钮，即可完成调整。单击【保存】按钮，则替换原有照片为当前编辑后的照片，单击【保存副本】按钮，则另存为一个新照片，原照片则继续保留。例如，单击【保存副本】按钮，如下图所示。

第6步 此时，即生成一个新照片，其文件名会发生改变，并进入照片预览模式，如下图所示。

9.1.4 美化照片

除了基本编辑外，使用“照片”应用，可以增强照片的效果和调整照片的色彩等。

第1步 打开要美化的照片，按【Ctrl+E】组合键，进入照片编辑模式。

第2步 选择【增强照片】按钮，照片即会自动调整，并显示调整后的效果，也可用鼠标拖曳调整增强强度。

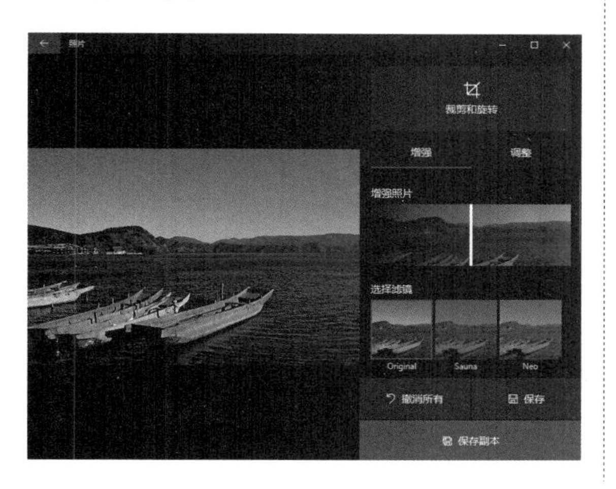

第3步 还可以为照片应用滤镜，单击可查看滤镜效果。

第4步 单击【调整】选项卡，拖曳鼠标可调整光线、颜色、清晰度及晕影等，调整完成后，单击【保存】按钮即可。

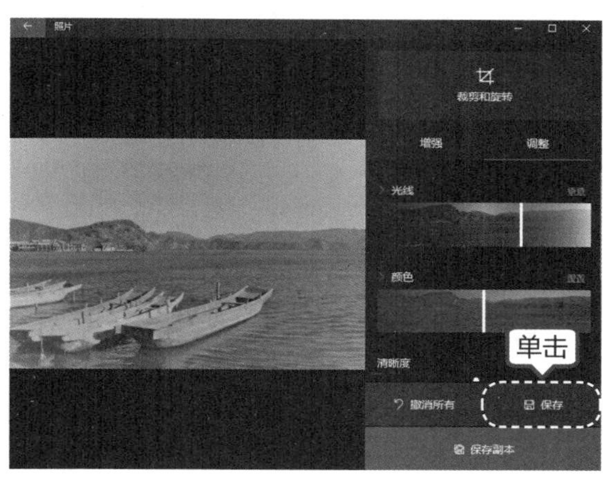

9.1.5 为照片添加 3D 效果

在新版Windows 10中，添加了“添加3D效果”功能，如降雪、落叶等效果，具体操作步骤如下。

第1步 打开要编辑的照片，单击【照片】应用窗口顶端的【通过此照片获取创意】按钮，在弹出的下拉菜单中，单击【添加 3D 效果】命令。

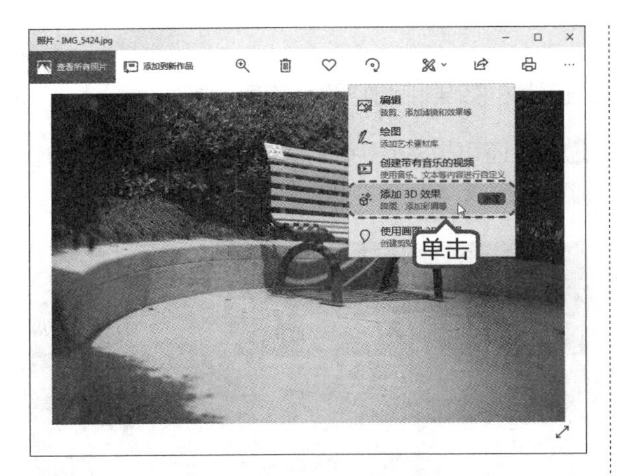

第 2 步 此时，即可打开 3D 照片编辑器，如下图所示。界面右侧展示了内置的 3D 效果。

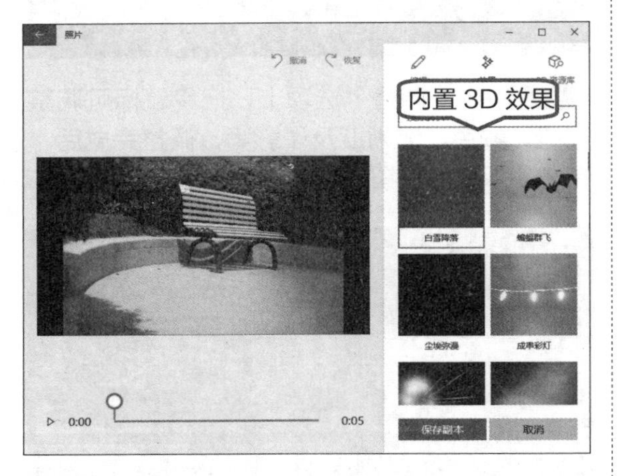

第 3 步 例如单击【纷飞秋叶】效果，则进入编辑页面，可以移动效果将其附加到图片中的某一位置及设置效果展示的时间，也可以设置效果的音量大小。

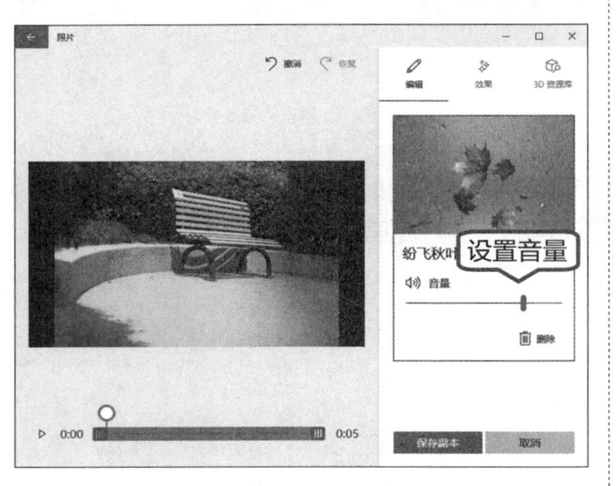

第 4 步 单击【播放】按钮▷，即可预览添加后的效果。

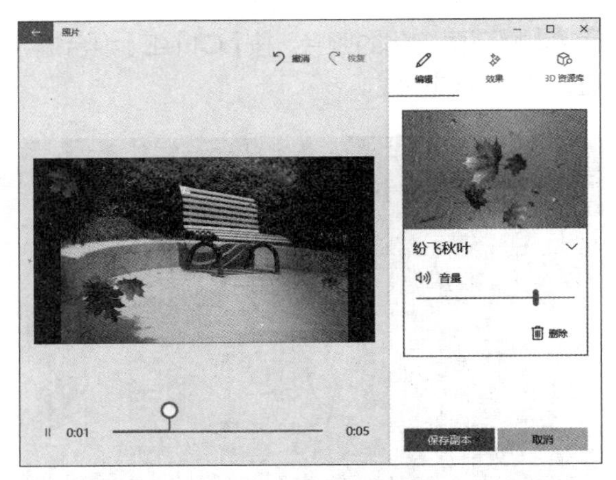

第 5 步 设置完成后，单击【保存副本】按钮，即会保存用户的作品。

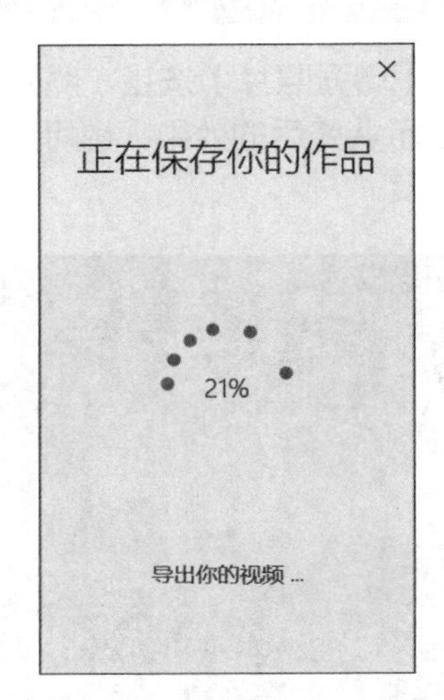

第 6 步 保存完毕后，即会生成一个 MP4 格式的小视频。

9.2 听音乐

Windows 10 操作系统给用户带来了更好的音乐体验，本节主要介绍 Groove 音乐播放器的设置与使用、在线听歌曲、下载音乐等内容。

9.2.1 Groove 音乐播放器的设置与使用

Groove 音乐播放器是 Windows 10 操作系统中自带的一个音乐播放器，其简单干净的界面，继承了 Windows Media Player 的优点，但对于初次接触的用户，多少会有些陌生。本小节就来介绍如何使用 Groove 音乐播放器。

1. 播放选取的歌曲

如果电脑中没有安装其他音乐播放器，则默认 Groove 音乐播放器为打开软件，双击歌曲文件即可播放。如果选取多首歌曲，则需右键单击歌曲文件，在弹出的快捷菜单中单击【打开】命令，进行播放。

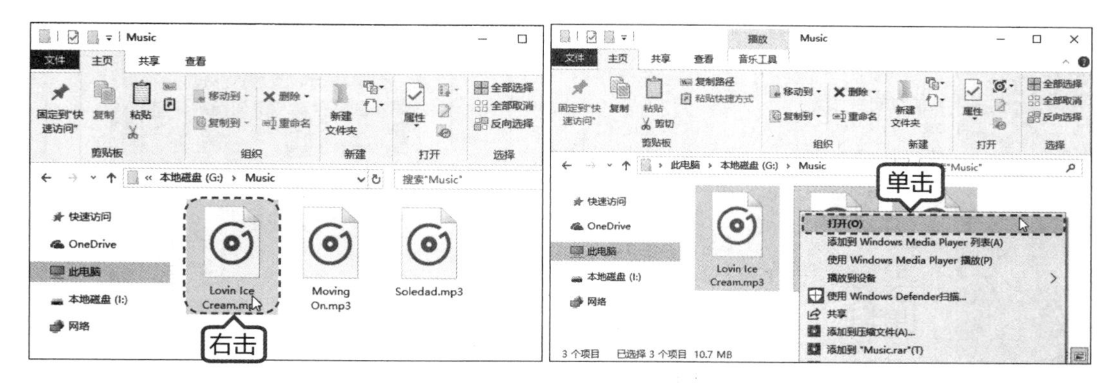

如果电脑中安装多个音乐播放器，而想用 Groove 音乐播放器播放歌曲，可以右键单击歌曲文件，在弹出的快捷菜单中单击【打开方式】➢【Groove 音乐】菜单命令，播放所选歌曲。

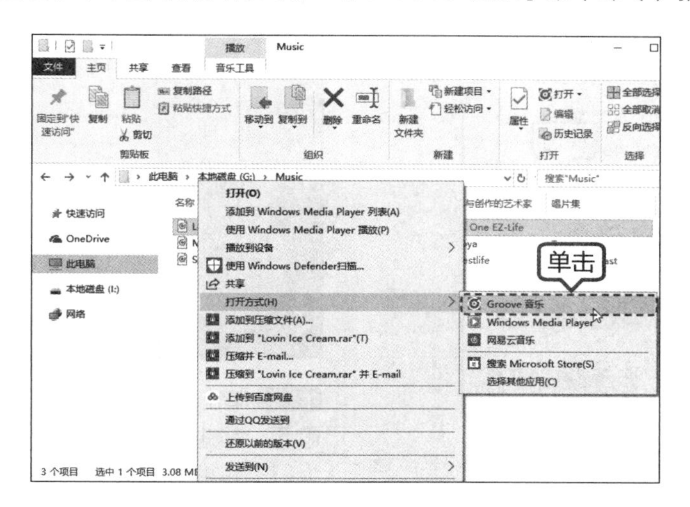

2. 在 Groove 音乐播放器添加歌曲

用户可以在 Groove 音乐播放器中添加包含歌曲的文件夹，以便该应用可以快速识别并将歌曲添加到应用中，具体操作步骤如下。

第 1 步 新建文件夹，将歌曲文件放在文件夹下，如下图所示。

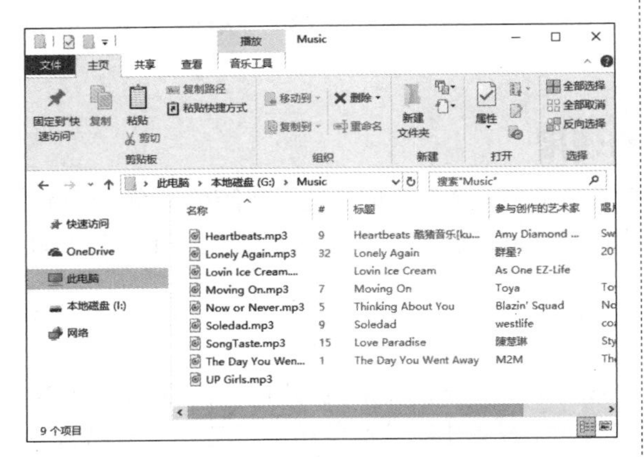

第 2 步 打开 Groove 音乐播放器，单击【我的音乐】页面下的【选择查找音乐的位置】选项。

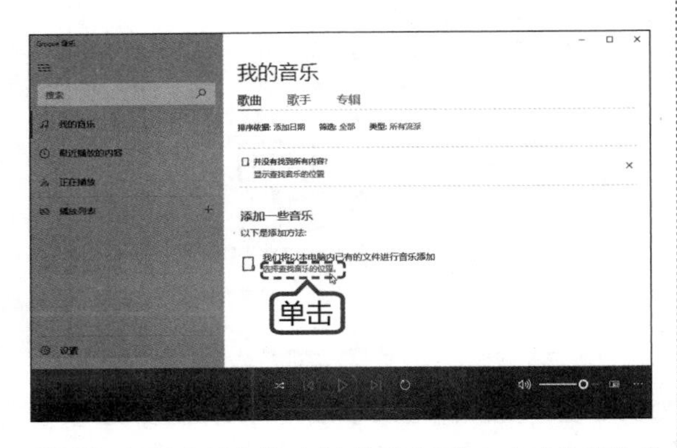

第 3 步 在弹出的【从本地曲库创建个人“收藏”】对话框中，单击【添加文件夹】按钮。

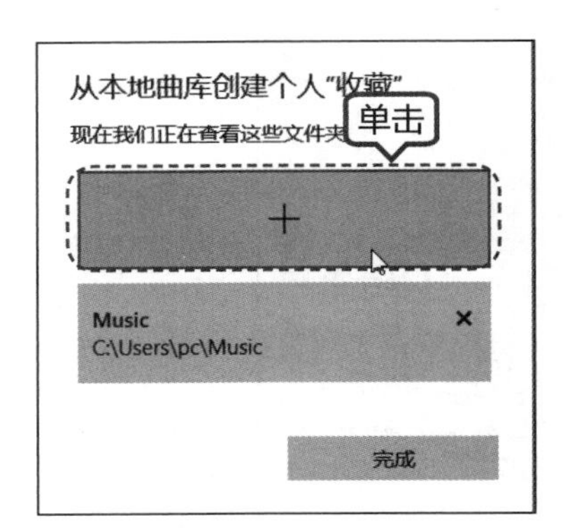

第 4 步 在弹出的【选择文件夹】对话框中，选择电脑中的歌曲文件夹，然后单击【将此文件夹添加到 音乐】按钮。

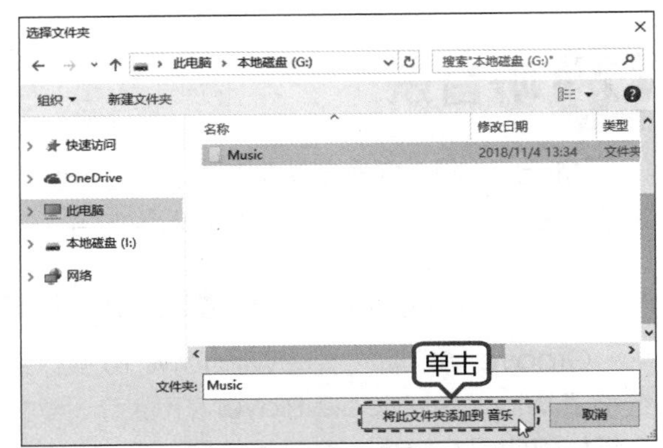

第 5 步 返回【从本地曲库创建个人“收藏”】对话框，单击【完成】按钮。

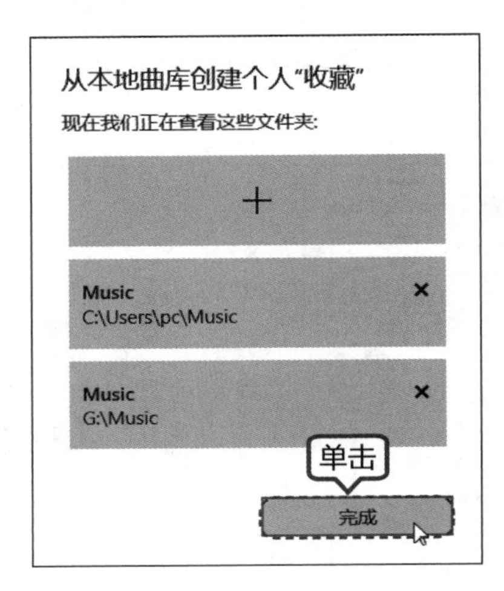

第 6 步 播放器即会扫描并添加音乐文件，如下图所示。

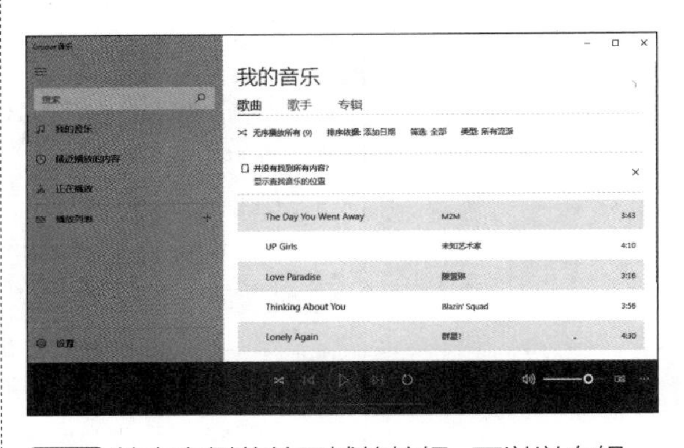

第 7 步 单击右侧菜单区域的按钮，可以以专辑、歌手、歌曲等分类显示添加的歌曲，下图所示为以“歌曲”列表显示。单击【无序播放所有】按钮即可播放所有歌曲。

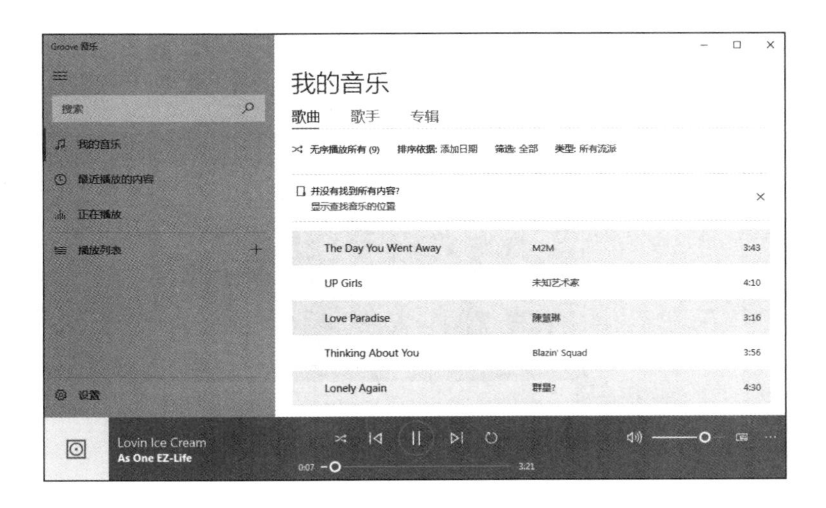

3. 建立播放列表

除了可以添加文件夹外，用户还可以建立播放列表，方便对不同的歌曲进行分类，具体操作步骤如下。

第 1 步 在歌曲左侧的复选框中进行勾选，选择要添加的歌曲后，单击【添加到】按钮。

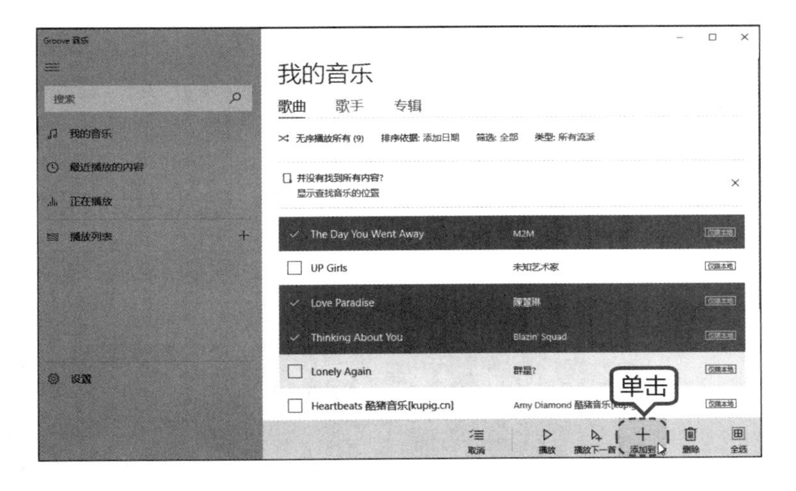

第 2 步 在弹出的快捷菜单中，选择【新的播放列表】命令。

第 3 步 弹出如下图所示对话框，在文本框中输入播放列表名称，然后单击【创建播放列表】按钮。

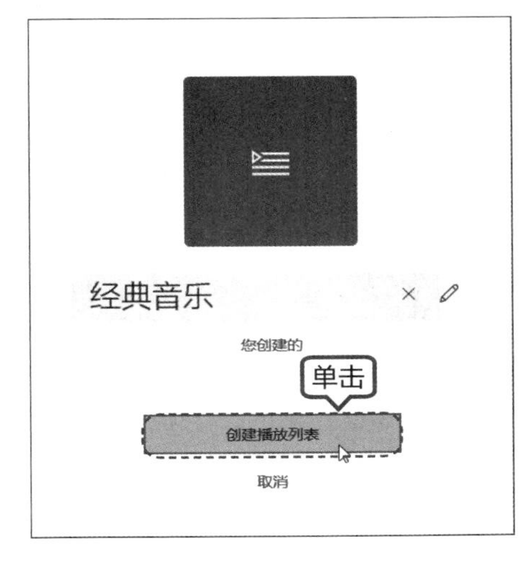

第4步 单击【显示菜单】按钮，即可看到创建的播放列表名称，单击该名称，即可显示改播放列表页面，单击【播放】按钮，即可播放音乐。

9.2.2 在线听歌

除了电脑上的音频文件，也可以直接在线收听网上的音乐。用户可以直接在搜索引擎中查找想听的音乐，也可以使用音乐播放软件在线听歌，如酷我音乐盒、酷狗音乐、QQ 音乐、多米音乐等。下面以酷我音乐盒为例，介绍如何在线听歌。

第1步 下载并安装“酷我音乐盒”软件，安装完成后启动软件，进入酷我音乐盒的播放主界面。

第2步 在酷我音乐盒界面上方，可选择【精选】、【歌手】、【排行榜】、【歌单分类】、【主播电台】、【音乐会员】等。这里选择【排行榜】菜单。

第 3 步 在音乐列表中，选择要播放的音乐，单击歌曲名称即可播放。单击【打开音乐详情页】按钮，即可同步显示歌词。

第 4 步 单击左侧的【MV】选项，可以观看歌曲的 MV。

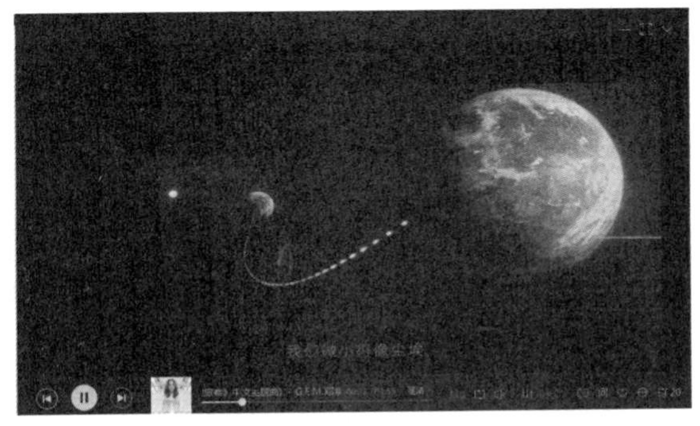

9.2.3 下载音乐

下载音乐主要可以在网站和音乐客户端下载，而在客户端更为方便、快捷。下面以“搜狗音乐”为例，讲述如何下载音乐。

第 1 步 下载并安装搜狗音乐软件，并启动软件进入主界面。在顶部搜索框中输入要下载的歌曲，按【Enter】键进行搜索，然后在搜索出的相关歌曲中选择要下载的歌曲，单击对应歌曲的【下载】按钮进行下载。如果要下载多首，可勾选歌曲名前的复选框，然后单击【下载】按钮，进行批量下载。

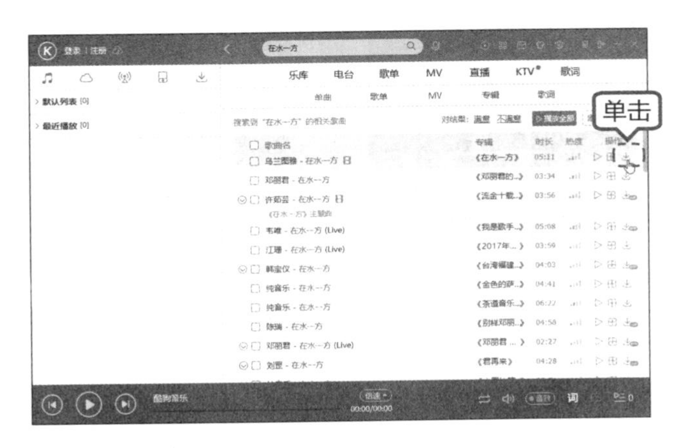

第2步 弹出【下载窗口】，选择歌曲的音质，设置下载地址。

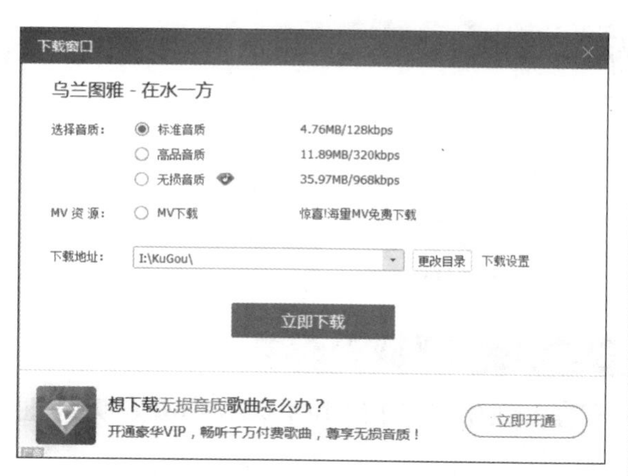

第3步 单击【立即下载】按钮，即可下载该歌曲，左侧【我的下载】列表中会显示下载的进度。

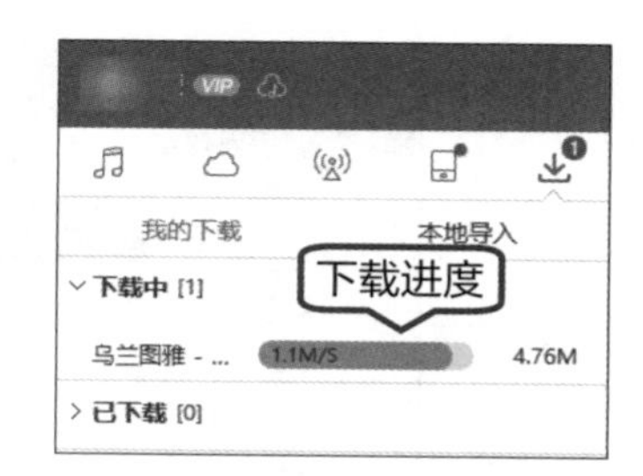

第4步 下载完毕后，单击【已下载】选项即可看到下载的歌曲，单击歌曲名即可播放，也可将其传到手机或者添加到播放列表中。

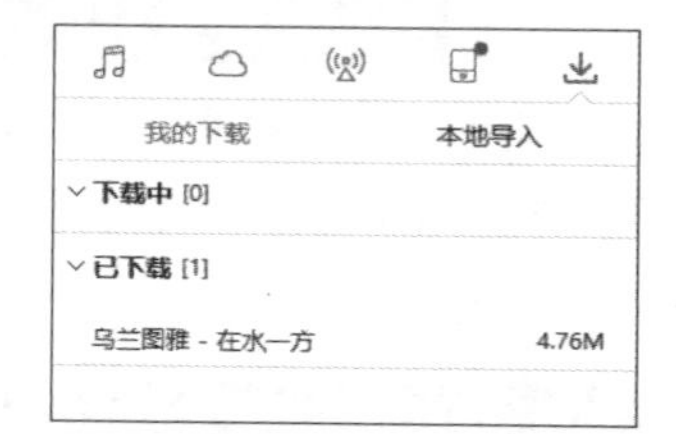

9.3 看电影

随着电脑及网络的普及，越来越多的人开始在电脑上观看电影视频。本节主要介绍如何在电脑中看视频、在线看电影、下载电影等。

9.3.1 使用电影和电视应用

电影和电视是 Windows 10 中默认的视频播放应用，以其简洁的界面、简单的操作，给用户带来了不错的体验。

电影和电视应用与 Groove 音乐播放器的使用方法相似，具体使用方法如下。

第1步 按【Windows】键，在弹出的“开始”屏幕中，单击【电影和电视】磁贴。

第2步 此时，即可打开电影和电视应用，如下图所示即为主界面。如要添加视频，可单击【添加文件夹】选项。

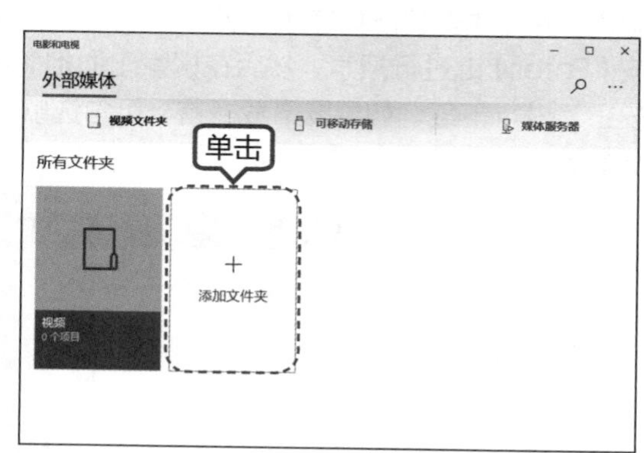

第3步 在弹出的界面中，添加视频所在的文件夹，并单击【完成】按钮。

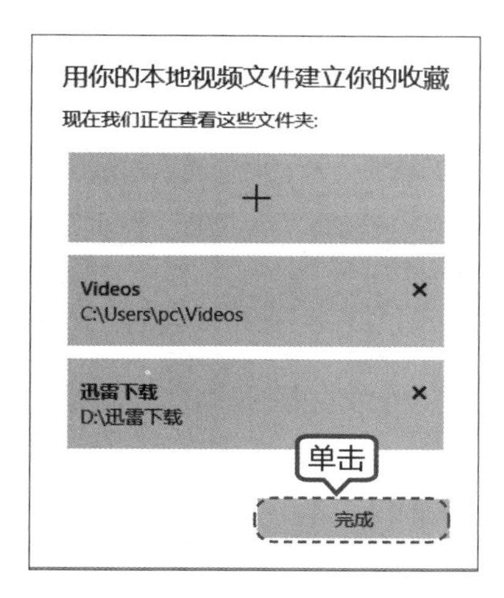

第 4 步 返回【视频】界面，即可看到添加的文件夹。

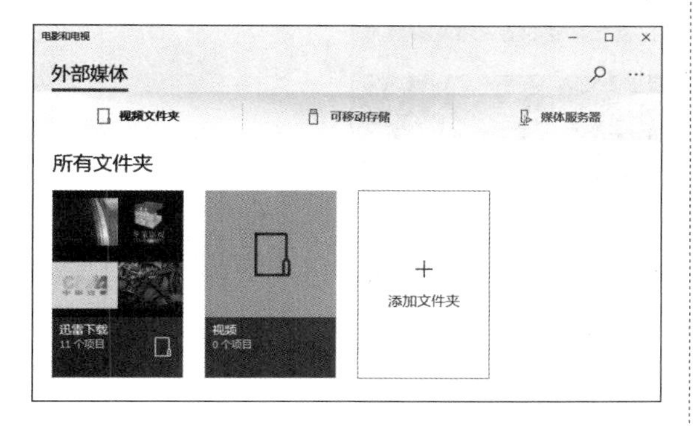

第 5 步 单击文件夹图标，即可看到文件夹内的电影缩略图。

第 6 步 单击要播放的视频缩略图，即可播放，如下图所示。通过窗口下方的控制按钮，可以调整电影的播放速度、声音、窗口大小等。

【电影和电视】应用支持的视频格式有限，主要支持 mp4 格式视频文件。对于不支持的 avi、rmvb、rm、mkv 等格式，建议使用系统自带的 Windows Media Player 播放器进行播放，或者下载迅雷看看、暴风影音等播放工具观看视频。

9.3.2 在线看电影

在网速允许的情况下，可以在线看视频、看电影，不需要将其缓存下来，极其方便。一般在线看电影主要是通过视频客户端或网页浏览器。使用视频客户端是较为常用的方式，可以随看随播，常用的有爱奇艺视频、腾讯视频、优酷和乐视视频等。下面以爱奇艺为例，讲述如何在线播放视频。

第 1 步 打开浏览器，在地址栏中输入爱奇艺网网址，然后按【Enter】键，即可进入爱奇艺网主页。

第2步 如果要观看指定的视频，可以在搜索框中输入要搜索的视频，然后在搜索的结果中选择要播放的视频。

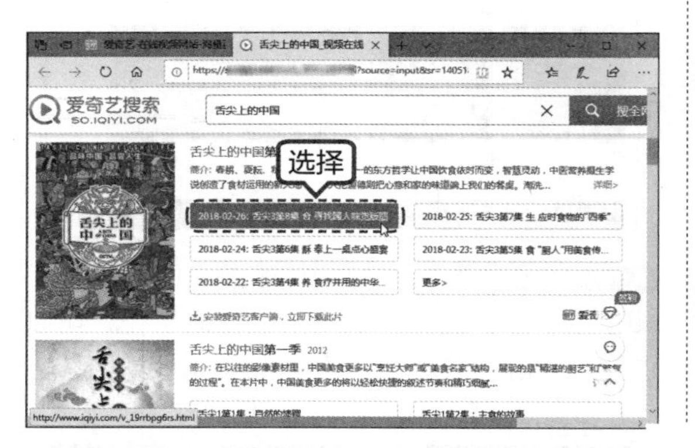

第3步 此时，即可观看视频节目，效果如下图所示。

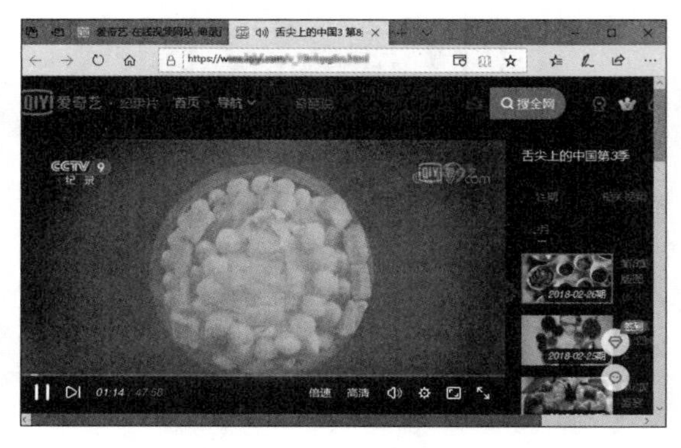

第4步 单击【导航】选项，可在弹出的导航栏中选择要看的节目分类。

9.3.3 下载电影

将电影下载到电脑中，可以方便自己随时观看影片。而下载电影的方法也有多种，可以使用软件下载电影，也可以使用影视客户端离线下载。下面以爱奇艺客户端为例，讲述如何离线下载电影。

第1步 打开软件进入主界面，在顶部搜索框中输入想看的节目名称，进行搜索。在搜索的结果中找到要下载的栏目，单击【下载】按钮。

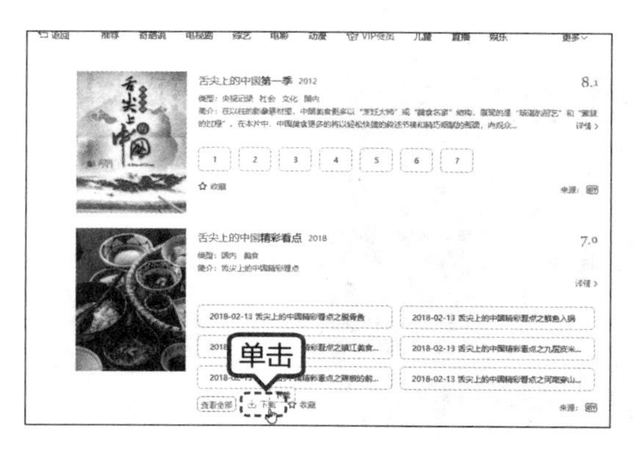

第2步 在弹出的【新建下载任务】窗格中，选择要下载的视频、清晰度及保存路径，然后单击【下载】按钮。

第3步 弹出如右图所示提示框，则表示已添加下载，单击【确定】按钮，可以查看其他内容，也可以单击【查看列表】按钮。

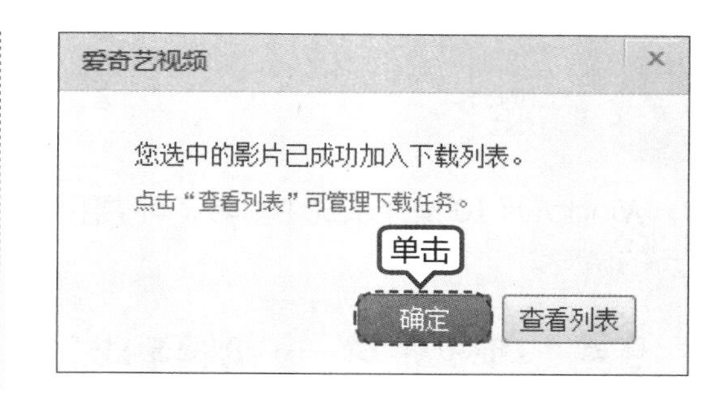

第4步 此时，即可查看下载情况，如下图所示。

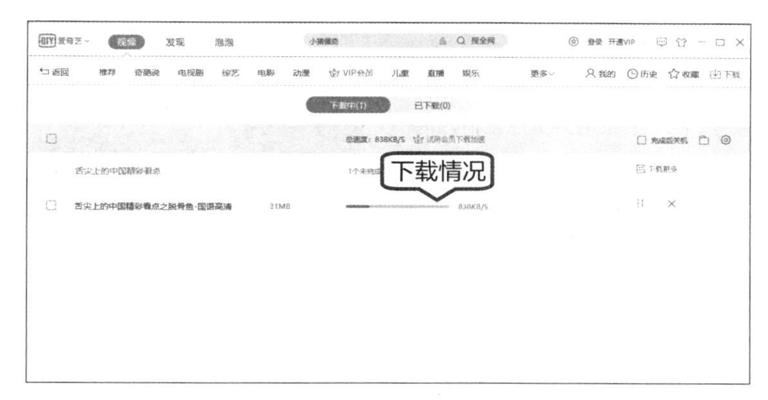

第5步 下载完成后，即可显示在【已下载】列表中，单击【播放】按钮 ▷。

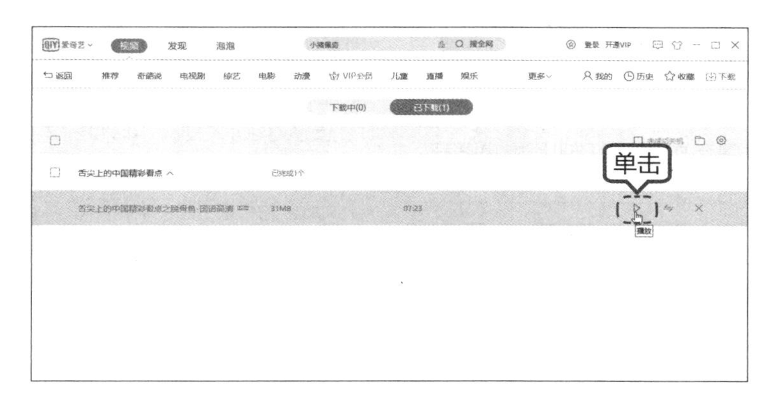

第6步 此时，即可播放该视频文件，如下图所示。

9.4 玩游戏

Windows 10操作系统中附带了可供用户娱乐的小游戏，玩家还可以在应用商店中下载很多好玩的游戏。

9.4.1 单机游戏——纸牌游戏

Windows 10系统自带了多种纸牌游戏，每种玩法中又分为简单、困难等几个级别，可以给用户带来不同的休闲娱乐体验。下面简单地介绍Windows 10系统中自带的纸牌游戏玩法，具体操作步骤如下。

第1步 按【Windows】键，打开“开始”屏幕，在所有应用列表中选择“Microsoft Solitaire Collection”选项。

第2步 打开【Microsoft Solitaire Collection】游戏主界面，在主界面单击【纸牌】游戏图标。

第3步 此时，即可进入【纸牌】游戏的主界面，在弹出的对话框中，选择一种模式，并单击【开始游戏】按钮。

第4步 Klondike纸牌的目标是在右上角构建四组按从小到大顺序排列的牌，每组只能包含一个花色。四组牌基牌必须从A开始，以K结束。下方各列中的牌可以移动，但必须从大到小排列，并且两张相邻的牌必须黑红交替。将底牌翻开之后，根据顺序再将下面罗列好的牌放到上面的空白处。

第5步 单击左上角的【菜单】按钮，可以对游戏进行设置。

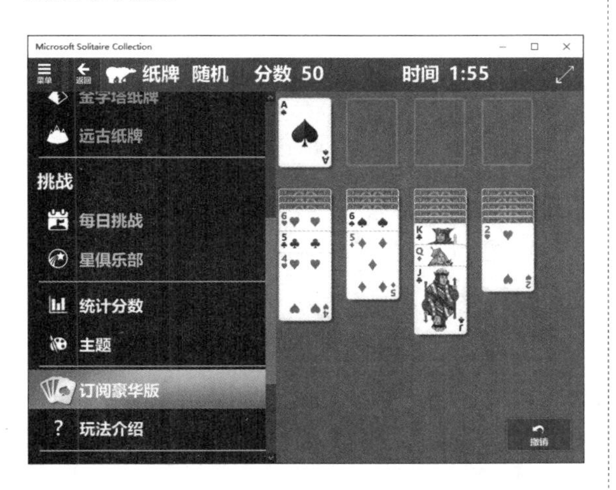

第6步 如果全部罗列完成，则会弹出下图所示对话框，单击【新游戏】按钮，可以重新开始。

9.4.2 联机游戏——Xbox

Xbox 是微软公司所开发的一款家用游戏机，在 Windows 10 系统中，微软将旗下各个平台的设备通过 Microsoft 账户进行统一，同时也推出了 Windows 10 版 Xbox One 应用程序，从而将 Xbox 游戏体验融入 Windows 10 中。用户可以通过本地 Wi-Fi 将 Xbox 游戏串流到 Windows 10 设备中，如台式机、笔记本或平板电脑上，也可以同步储存用户的游戏记录、好友列表、成就额点数等信息。

1. 登录 Xbox 应用

用户使用 Microsoft 账户即可登录 Xbox 应用，具体操作步骤如下。

第1步 按【Windows】键，在弹出的开始菜单中，单击【Xbox】应用磁贴。

第2步 弹出 Xbox 登录界面，即可开始登录 Xbox。

第3步 首次登录后，弹出如下对话框，设置用

户名称，然后单击【让我们一起玩吧】按钮。

第 4 步 连接成功后，即可进入 Xbox 界面，如下图所示。

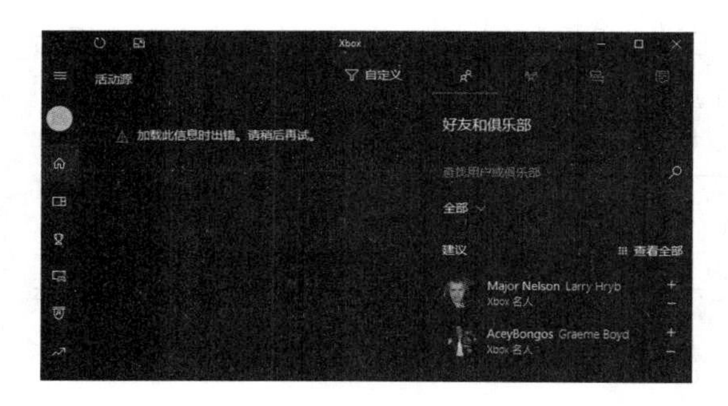

2. 添加游戏

用户可以将游戏添加到 Xbox 应用中，这样可以储存游戏记录、记录游戏成就以及分享游戏片段等。

在 Xbox 应用中，单击【我的游戏】按钮，即可看到电脑中的游戏列表。用户从应用商店中下载的游戏都会显示在列表中，也可以单击【从您的电脑添加游戏】按钮，添加电脑中的游戏。

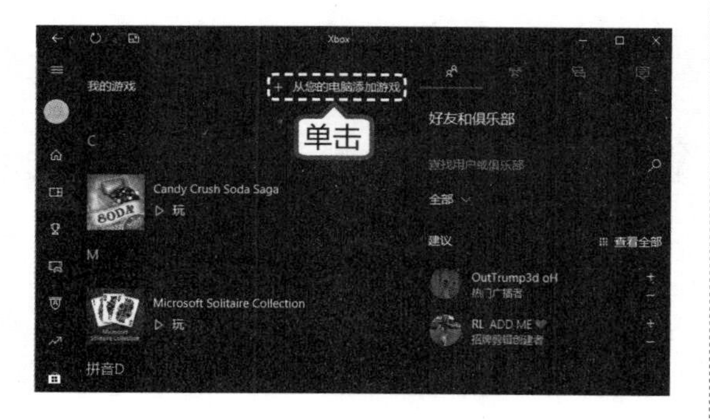

另外，可以单击【Microsoft Store】按钮，从 Windows 10 应用商店、Xbox One 或 Xbox Game Pass 获取应用。

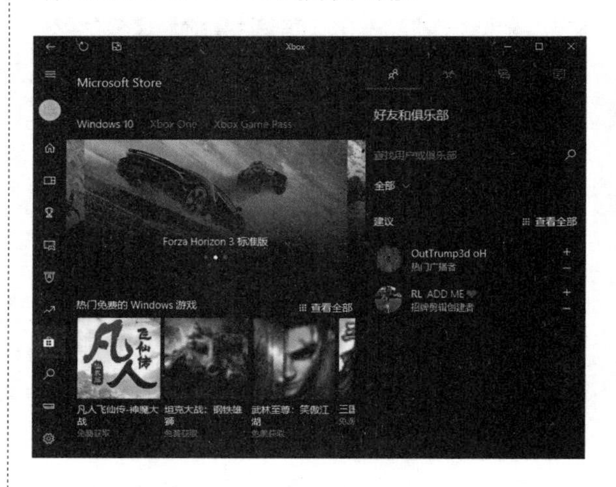

3. 流式传输游戏

Windows 10 扩展了 Xbox 游戏的体验方式，用户可以通过台式机、笔记本电脑或平板电脑，利用本地 Wi-Fi 将 Xbox One 中的游戏流式传输到设备中，具体步骤如下。

第 1 步 在 Xbox 界面中，单击【连接】按钮，进入【连接您的 Xbox One】界面，单击【添加一个设备】按钮。

第 2 步 弹出【添加一个设备】对话框，选择要添加的设备。如果未检测到 Xbox 游戏主机，可以在文本框中输入 IP 地址，然后单击【连接】按钮。

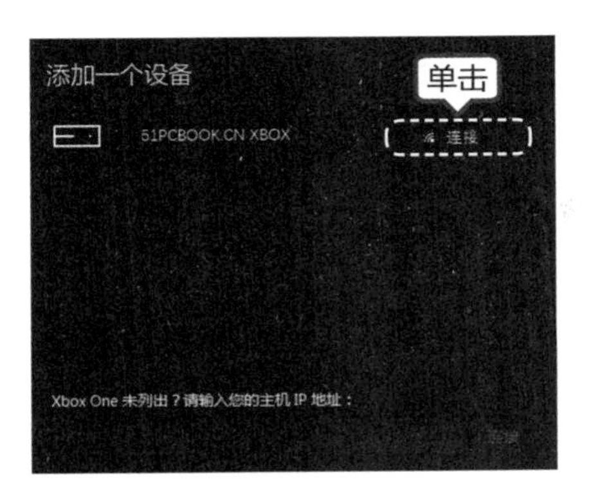

第3步 返回【连接您的 Xbox One】界面，单击【流式传输】按钮。

第4步 此时，即可开始连接 Xbox 游戏主机，提示连接成功后，即可使用控制器操纵屏幕，开始游戏。

高手支招

技巧 1：将喜欢的照片设置为照片磁贴

用户可以将自己喜欢的照片设置为照片应用的磁贴，以使开始屏幕更加个性化，具体操作步骤如下。

第1步 打开要设置为照片磁贴的照片，单击【查看更多】按钮⋯，在弹出的菜单中单击【设置为】➤【设置为应用磁贴】菜单命令。

第2步 设置完毕后，打开开始屏幕，即可看到应用后的效果，如下图所示。

技巧 2：创建照片相册

在照片应用中，用户可以创建照片相册，将同一主题或同一时间段的照片添加到同一个相册中，并为其设置封面，以方便查看。创建照片相册的具体操作步骤如下。

第1步 打开【照片】应用，单击【相册】选择，进入相册界面，然后单击【新建相册】按钮。

第 2 步 进入【新建相册】界面，拖曳鼠标浏览并选择要添加到相册的照片，然后单击【创建】按钮，进行确认。

第 3 步 进入相册创建界面，用户可以在标题文本框中编辑相册标题、设置相册封面和添加或删除照片。编辑完成后，单击【完成】按钮。

第 4 步 单击【编辑】按钮。

第 5 步 进入相册编辑页面，可以单击设置主题、旁白、纵横比及文字等效果。

第10章

网络沟通与交流

高手指引

当前，网络已成为人们交流的主要媒介之一。无论是工作、学习还是生活，利用聊天软件，都可以简单、高效地实现信息传递。

重点导读

- 学习聊 QQ
- 学习玩微信
- 学习刷微博

10.1 聊 QQ

腾讯 QQ 软件不仅支持显示朋友在线信息、即时传送信息、即时交谈、即时传输文件，而且具有发送离线文件、超级文件、聊天室、共享文件、QQ 邮箱、游戏、网络收藏夹和发送贺卡等功能。

10.1.1 申请 QQ 账号

在使用 QQ 聊天之前，需要注册 QQ 账号。具体步骤如下。

第 1 步 下载并安装 QQ，安装完成后，双击桌面上的 QQ 快捷图标，打开【腾讯 QQ】登录界面，单击【注册账号】超链接。

第 2 步 系统自动打开 Microsoft Edge 浏览器，并进入“欢迎注册 QQ”页面，在其中输入注册账号的昵称、密码、手机号码信息，并单击【发送短信验证码】按钮。

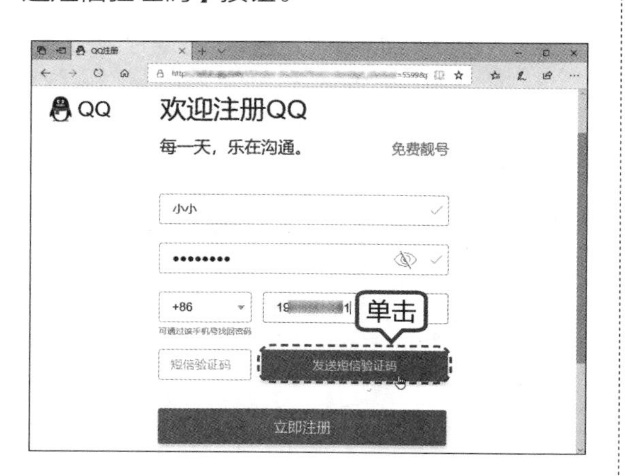

第 3 步 将手机收到的短信验证码，输入文本框中，单击【立即注册】按钮。

第 4 步 申请成功后，即可得到一个 QQ 号码，如下图所示。

10.1.2 登录 QQ

申请完 QQ 账号，用户即可登录自己的 QQ。

第 1 步 打开 QQ 登录界面，输入申请的 QQ 账号及密码，并单击【登录】按钮。

提示 勾选【记住密码】复选框，在下次登录的时候就不需要再输入密码，不过不建议在陌生人电脑中勾选该项。勾选【自动登录】复选框，在下次启动 QQ 软件时，会自动登录这个 QQ 账号。

第 2 步 验证信息成功后，登录 QQ 的主界面。

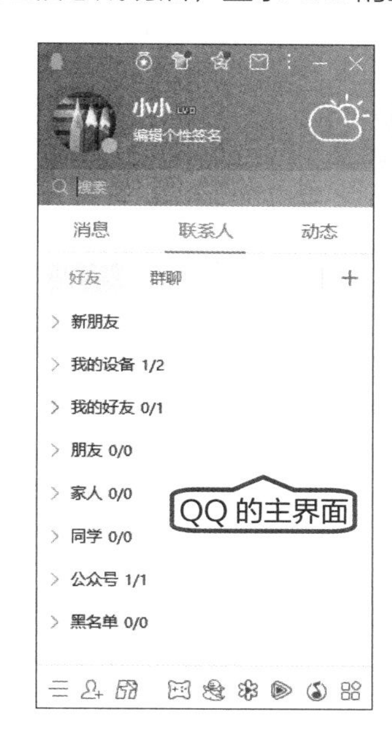

10.1.3 添加 QQ 好友

首次登录的 QQ 号是没有好友的，需要添加好友并且得到对方同意之后，才可以开始与好友交流。

第 1 步 在 QQ 的主界面中，单击【加好友】按钮 。

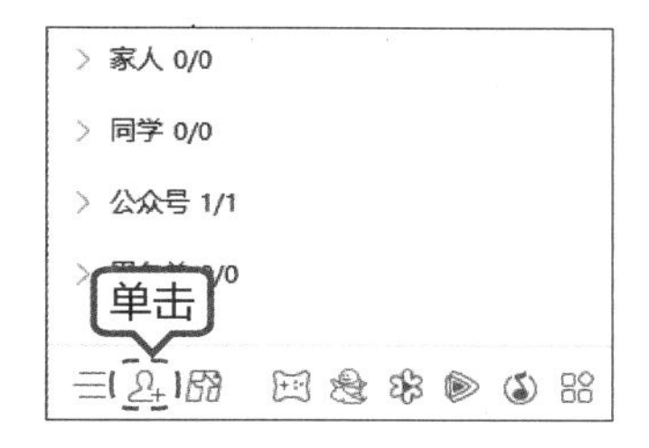

第 2 步 弹出【查找】对话框，选择【找人】选项卡，在搜索文本框中输入账号或昵称，单击【查找】按钮。在【查找】对话框下方将显示查询结果，单击下方的【添加好友】按钮 + 好友 。

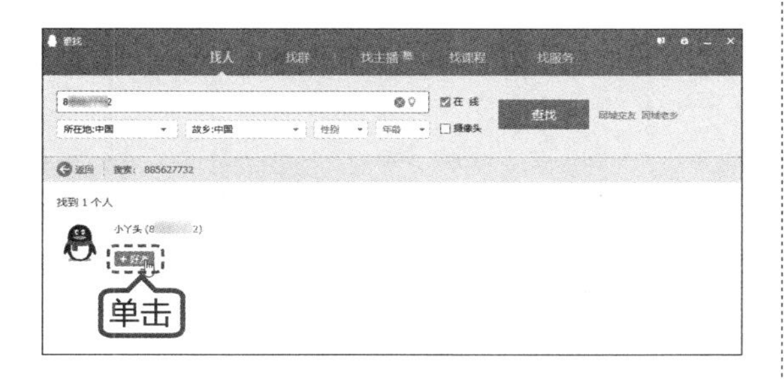

第 3 步 弹出添加好友对话框，输入验证信息，单击【下一步】按钮。

第 4 步 在打开的窗口中单击【分组】文本框右侧的下拉按钮，在弹出的下拉列表中选择好友的分组，单击【下一步】按钮。

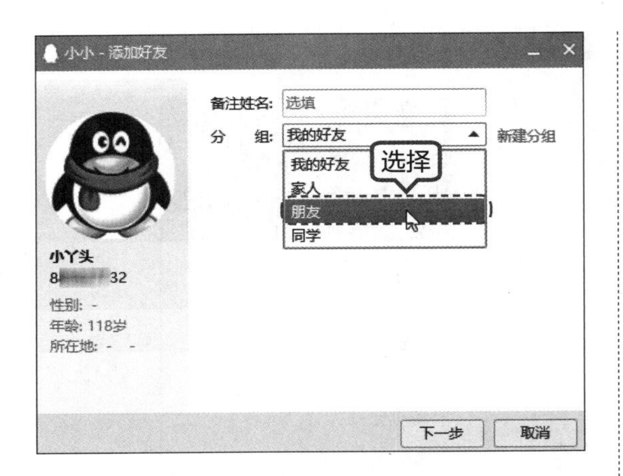

第 5 步 好友添加请求将会自动发送，单击【完成】按钮。

第 6 步 此时，对方 QQ 的任务栏中“验证消息”图标会不停跳动，单击该图标。

第 7 步 弹出【验证消息】对话框，在【好友验证】列表中，单击【同意】按钮。

第 8 步 好友接受请求后系统将会给出提示，此时打开聊天界面，就可以发送消息开始聊天。

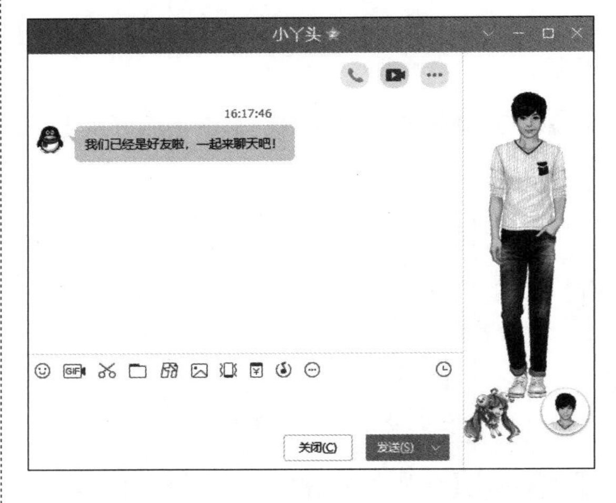

10.1.4 与好友聊天

好友添加完成后，即可与之聊天。

1. 发送文字消息

收 / 发信息是 QQ 最常用和最重要的功能，实现信息收 / 发的前提是用户拥有一个自己的 QQ 号和至少一个发送对象（即 QQ 好友）。

双击好友头像，打开即时聊天窗口，输入发送的文字信息，单击【发送】按钮即可。

2. 发送表情

发送表情的具体操作步骤如下。

第 1 步 在即时聊天窗口中单击【选择表情】按钮，弹出系统默认表情库，单击选择需要发送的表情，如下图所示的眨眼睛图标。

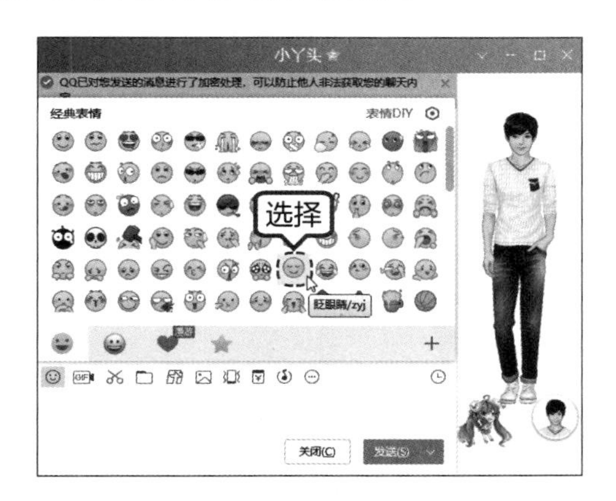

第 2 步 单击【发送】按钮，即可发送表情。

3. 发送图片

在 QQ 上，可以将电脑或相册中的图片分享给朋友。发送图片的具体步骤如下。

第 1 步 在即时聊天窗口中单击【发送图片】按钮 。

第 2 步 此时，即可打开【打开】对话框，选择图片后，单击【发送】按钮即可。

> **提示** 用户也可以将图片或文字复制并粘贴到信息输入框中，单击【发送】按钮进行发送。

10.1.5 语音和视频聊天

利用 QQ 软件不仅可以通过手动输入文字和图像的方式与好友进行交流，还可以通过语音与视频进行沟通。

1. 语音聊天

在双方都安装了声卡及其驱动程序，并配备音箱或耳机、麦克风的情况下，才可以进行语音聊天。语音聊天的具体操作步骤如下。

第 1 步 双击要进行语音聊天的 QQ 好友头像，在聊天窗口中单击【发起语音通话】按钮 。

第 2 步 软件即开始向对方发送语音聊天请求。如果对方同意语音聊天，会提示已经和对方建立了连接，此时用户可以调整麦克风和扬声器的音量大小，并进行通话。单击【挂断】按钮可结束语音聊天。

2. 视频聊天

在双方安装好摄像头的情况下，就可以进行视频聊天了。视频聊天的具体操作步骤如下。

第 1 步 双击要进行视频聊天的 QQ 好友头像，在打开的聊天窗口中单击【发起视频通话】按钮 。

第 2 步 软件即开始向对方发送视频聊天请求。如果对方同意视频聊天，会提示已经和对方建立了连接，并显示出对方的头像。如果没有安装好摄像头，则不会显示任何信息，但可以进行语音聊天。

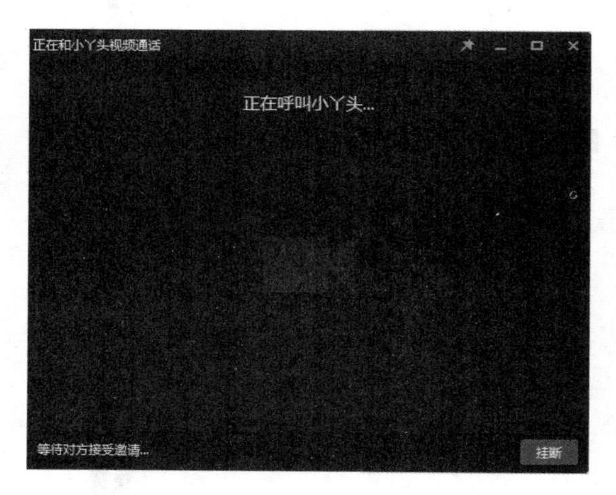

10.1.6 使用 QQ 发送文件

使用 QQ 可以给对方传送文件，可以使用在线传送，也可以使用离线传送。

在线发送文件，主要是在双方都在线的情况下，对文件进行实时发送和接收。

第 1 步 打开聊天对话框，将要发送的文件拖曳到信息输入框中。

第 2 步 单击【发送】按钮，即可看到文件显示在发送列表中，等待对方的接收。

> **提示** 单击【转离线发送】按钮，即可以离线文件的形式发送给对方，不需要等待对方接收，待对方看到后，可进行接收。

10.2 玩微信

微信是腾讯公司推出的一款即时聊天工具，可以通过网络发送语音、视频、图片和文字等。除了在手机上玩微信外，也可以使用微信电脑版，在学习、办公方面也可以实现高效的沟通。

微信电脑版和网页版功能基本相同，一个是在客户端中登录，另一个是在网页浏览器中登录。下面介绍微信电脑版的使用步骤。

第 1 步 打开微信网站，下载并安装 Windows 客户端，然后运行软件，显示如下二维码验证界面。

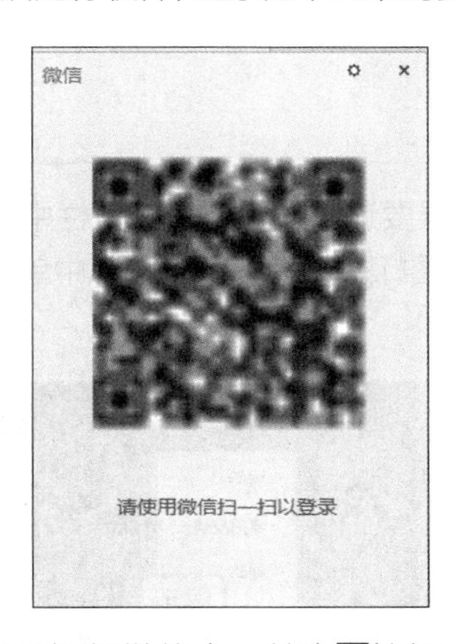

第 2 步 在手机版微信中，单击⊞按钮，在弹出的菜单中选择【扫一扫】选项。

第 3 步 扫描电脑桌面上的微信二维码，弹出如下页面，提示用户在手机上单击【登录】按钮确认登录。

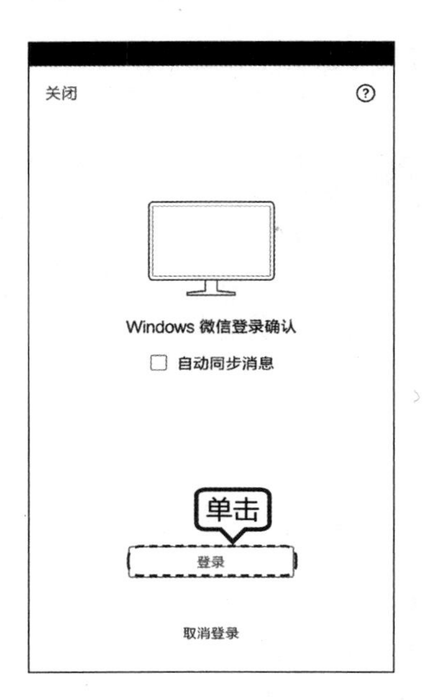

第 4 步 验证通过后，电脑端即可进入微信主界面，如下图所示。

第 5 步 单击【通讯录】图标，进入通讯录窗口，选择要发送消息的好友，并在右侧好友信息窗口单击【发消息】按钮。

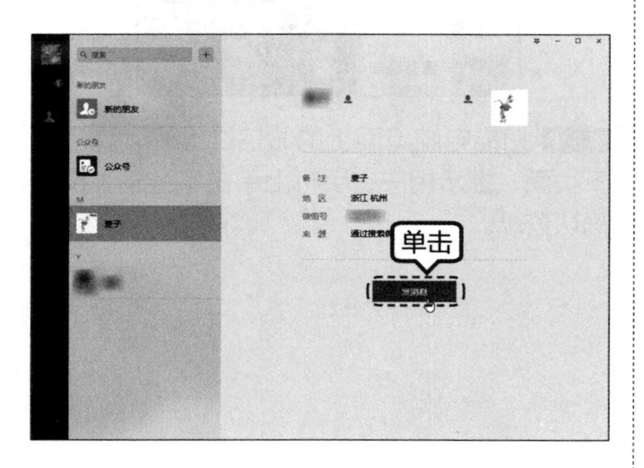

第 6 步 进入即时聊天窗口，在文本框中，输入要发送的信息，单击【发送】按钮或者按【Enter】键。

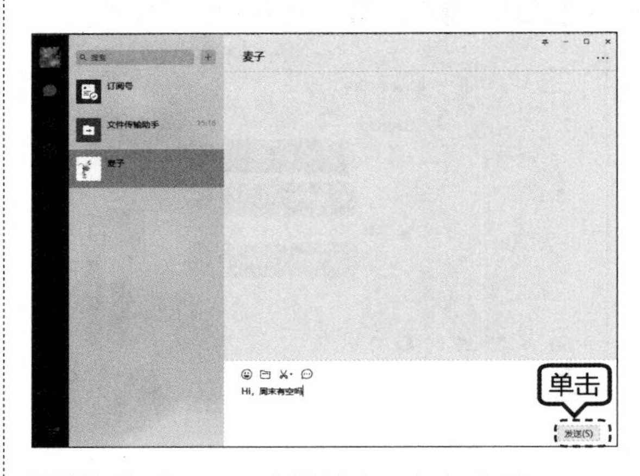

第 7 步 此时，即可发送消息，与好友聊天了。另外，也可以单击窗口中的【表情】按钮，发送表情，还可以发送文件、截图等，与 QQ 用法相似。

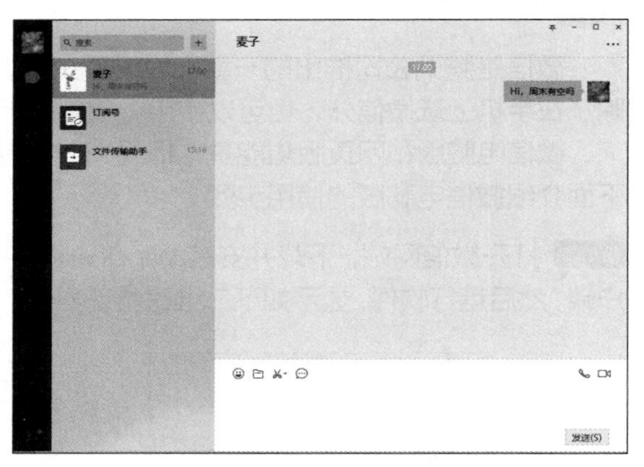

第 8 步 如果要退出微信，在任务栏中右键单击【微信】图标，在弹出的菜单中单击【退出微信】即可。

10.3 刷微博

如果说博客相当于日记本，那么微博就相当于便利贴。用户可以通过 Web、WAP 以及各种客户端组件编辑 140 字以内的文字来发表日常信息。使用微博，可以用一句话随时随地记录生活，分享新鲜事。

下面以新浪微博为例，介绍如何刷微博。

10.3.1 发布微博

在开通了自己的微博之后，就可以在微博之中发表微博言论了。在新浪微博之中发表自己的言论的具体操作步骤如下。

第 1 步 登录自己的微博页面，在【有什么新鲜事想告诉大家？】文本框中输入自己的新鲜事，如最近的心情、遇到的好笑的事情等，单击【发布】按钮。

第 2 步 可以看到，在【我的微博】主页下方显示出发布的言论。

提示 也可以按键盘上的【N】键，弹出【发布】对话框，在文本框中输入想要说的话，单击【发布】按钮，即可发布微博。

10.3.2 添加关注

在开通微博之后，可以添加自己想要关注的人，具体的操作步骤如下。

第 1 步 打开新浪微博首页，单击顶部的【搜索】按钮。

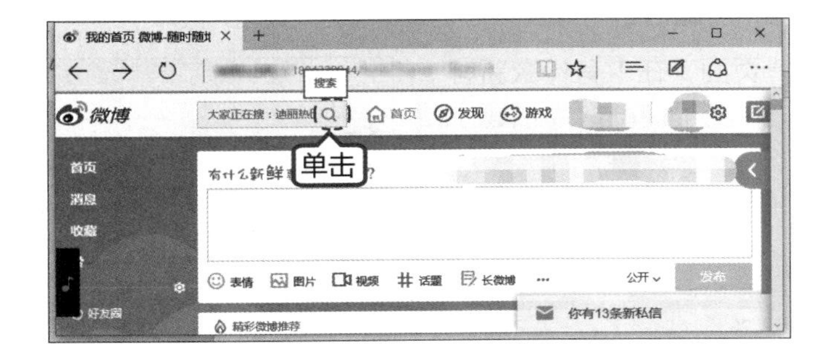

第2步 在打开的搜索页面，将要添加为关注的人的昵称或微博账号输入文本框中。这里输入“龙马数码”，然后单击【找人】链接。在搜索结果列表中，在需要关注的账号后面，单击【+关注】按钮即可添加。

10.3.3 转发并评论

用户可以对自己感兴趣的微博发表评论及转发，具体操作步骤如下。

第1步 选择要转发的微博，单击微博内容下面的【转发】超链接。

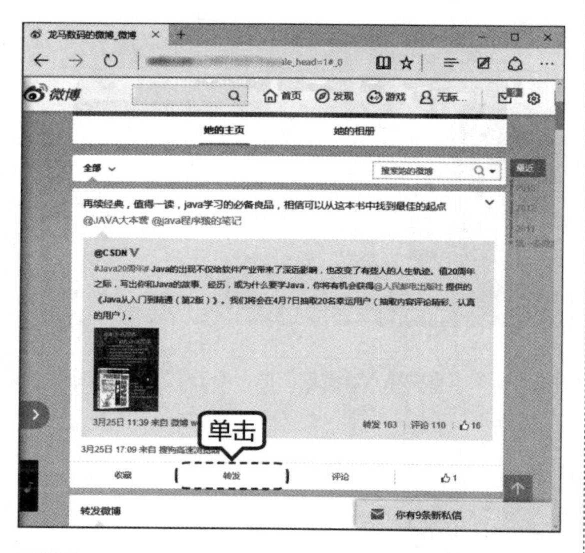

第2步 弹出【转发微博】对话框，在文本框中输入要评论的内容，然后单击【转发】按钮。

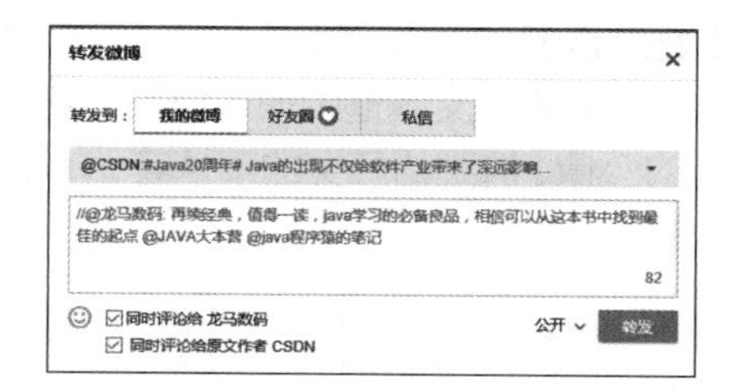

第3步 此时，即可看到微博【我的主页】下显示所转发的微博内容。

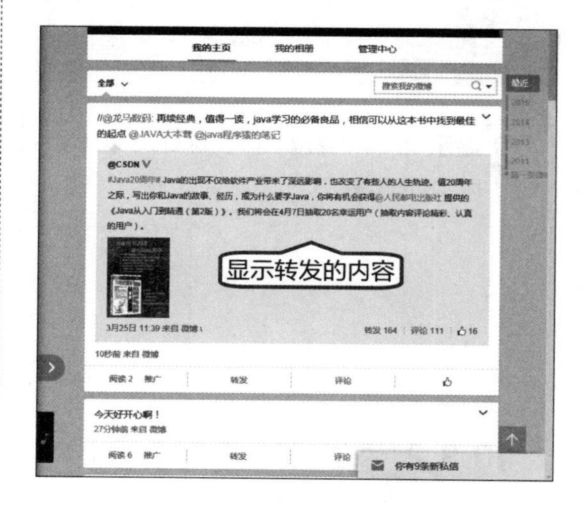

10.3.4 发起话题

用户也可以在微博中发起话题与好友一起讨论，具体操作步骤如下。

第1步 登录自己的微博页面，在【有什么新鲜事想告诉大家？】文本框下面单击【# 话题】链接。

第2步 在弹出的信息框中单击【插入话题】按钮。

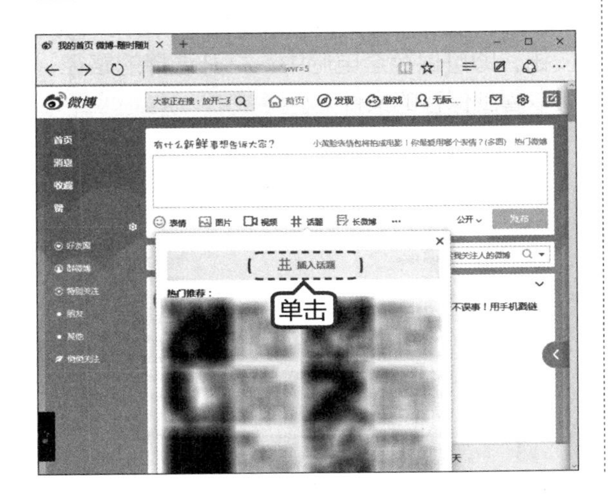

第3步 在【有什么新鲜事想告诉大家？】文本框中的两个“#”符号之间输入想要说的话题，然后单击【发布】按钮，即可完成话题的发布。

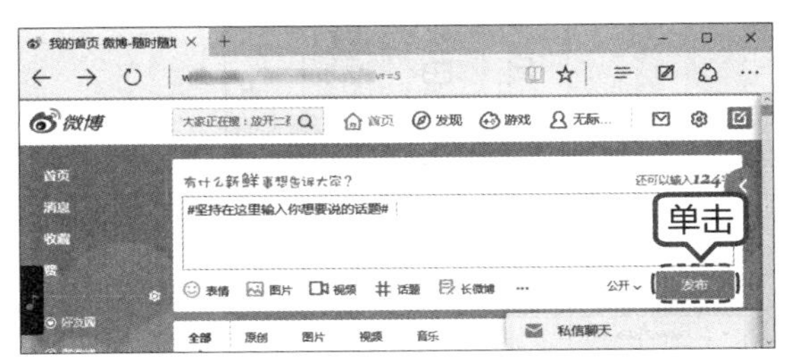

高手支招

技巧1：一键锁定QQ保护隐私

在自己离开电脑时，如果担心别人看到自己的QQ聊天信息，除了关闭QQ外，可以将其锁定，防止别人窥探QQ聊天记录。下面就介绍具体操作方法。

第1步 打开QQ界面，按【Ctrl+Alt+L】组合键，弹出系统提示框，选择锁定QQ的方式，可以选择QQ密码解锁，也可以选择输入独立密码，选择后，单击【确定】按钮，即可锁定QQ。

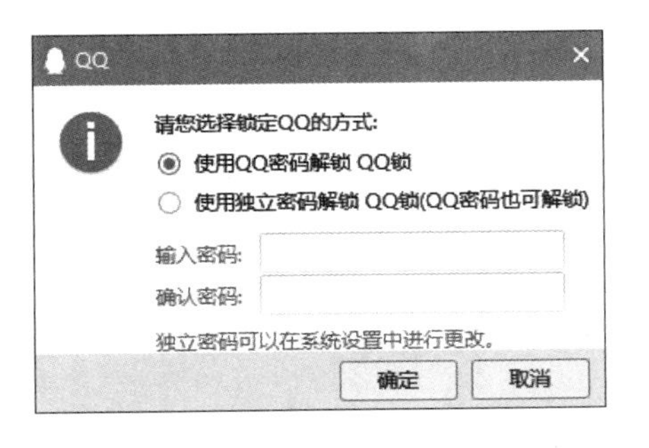

第2步 在QQ锁定状态下，将不会弹出新消息。单击【解锁】图标或者按【Ctrl+Alt+L】组合键，在密码框中输入解锁密码，按【Enter】键即可解锁。

技巧2：备份/还原QQ聊天记录

QQ是最为常用的聊天工具，而QQ资料则是极为重要的数据，如用户信息、聊天资料和系统消息等，用户可以将其导入到电脑中进行备份。这样在QQ资料因软件卸载、系统重装等丢失时，还可以重新导入备份到QQ中恢复历史聊天记录。

第1步 打开登录到个人QQ主界面，单击底部的【主菜单】按钮 ≡，在弹出的列表中单击【消息管理】选项。

第2步 弹出【消息管理器】对话框，单击右上角的【工具】按钮▾，在弹出的菜单命令中，选择【导出全部消息记录】命令。

第3步 在弹出的【另存为】对话框中，选择要保存的路径并设置文件名等，然后单击【保存】按钮，即可保存至电脑中。打开选择的路径，可以看到保存的文件。

如果要恢复聊天记录，打开【消息管理器】对话框，单击右上角的【工具】按钮▾，在弹出的菜单命令中，选择【导入消息记录】命令。根据提示进行导入操作，选择备份的文件，然后单击【导入】按钮，即可将消息记录导入QQ中。

第11章 网络查询生活信息

高手指引

网络与人们的日常生活息息相关，日历、天气、地图、股市行情、租房、招聘等生活信息都可以通过网络进行查询。Windows 10 操作系统提供的日历、天气、地图、财经等应用可以方便用户快捷地建立日程提醒、查看天气、搜索地图路线以及查看股市行情等。此外，还可以通过浏览器查询其他生活信息。本章主要介绍各种利用网络查询生活信息的方法。

重点导读

- 学习使用“日历”查看日期
- 学习查看天气情况
- 学习搜索租房信息
- 学习查询航班班次

11.1 使用“日历”查看日期

利用 Windows 10 系统自带的日历，可以方便快捷地查询日期或者设置需要的工作提醒等。

11.1.1 查看日历

打开日历，可查看当前日期，具体操作步骤如下。

第1步 按【Windows】键，在弹出的开始菜单中，单击【日历】磁贴图标。

第2步 初次使用【日历】时，首先弹出如下欢迎界面，用户可以添加账户，在多个设备上同步和管理日历。这里单击【转到日历】按钮。

第3步 进入【日历】主界面，蓝色字体标识为当前日期，用户可以滚动鼠标滑轮查看日期。

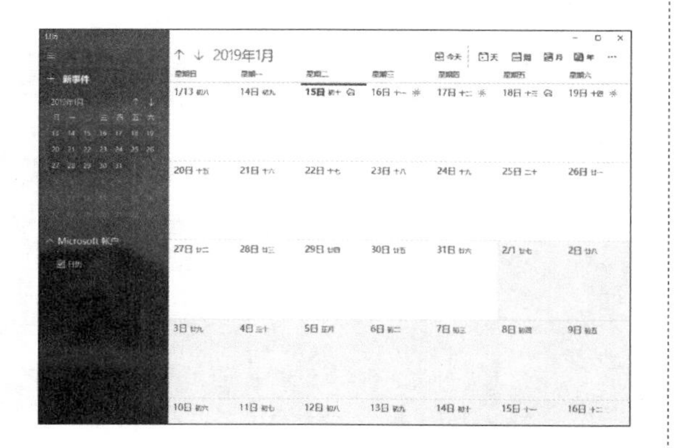

第4步 在【日历】界面左侧单击月份后的【往前一个月】按钮↑或【往后一个月】按钮↓，可以查看当前月上一月或下一月的日期。

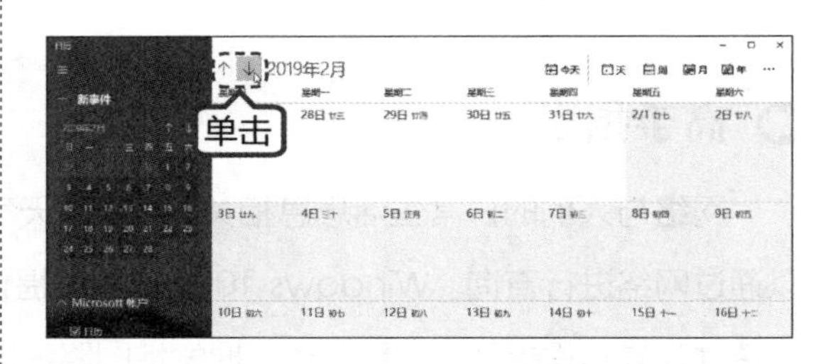

第5步 单击【今天】按钮，则返回当前日期，如下图所示。

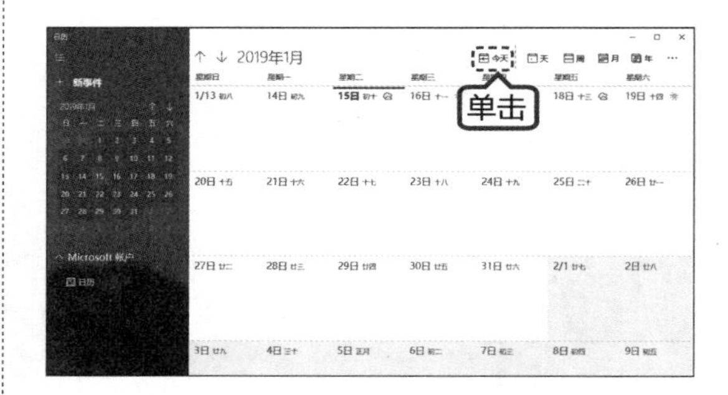

第6步 单击【日历】应用上方【天】按钮，可以让【日历】界面只显示当前日期；单击【周】按钮的【工作周】选项，以工作日的形式显示；单击【周】按钮的【周】选项，以【整周】的形式显示；单击【月】按钮，以整月的形式显示；单击【年】按钮，以【整年】的形式显示。

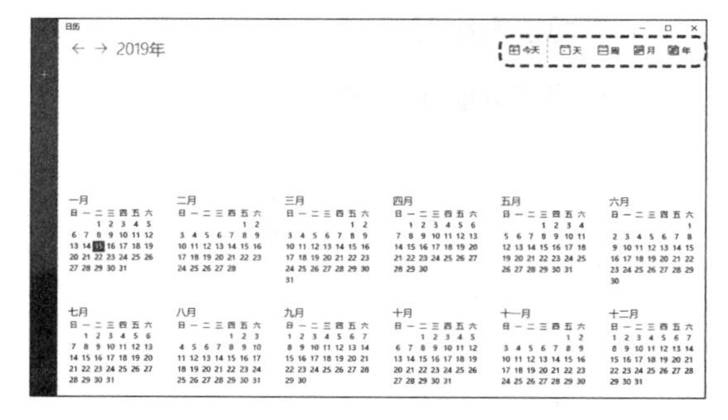

11.1.2 建立日程提醒

在 Windows 10 的日历中，用户可以根据需要设置提醒，提高工作效率。下面介绍在 Windows 10 中建立日程提醒的方法。

第 1 步 在【日历】界面中，单击【日历】窗口左上角的【新事件】按钮。

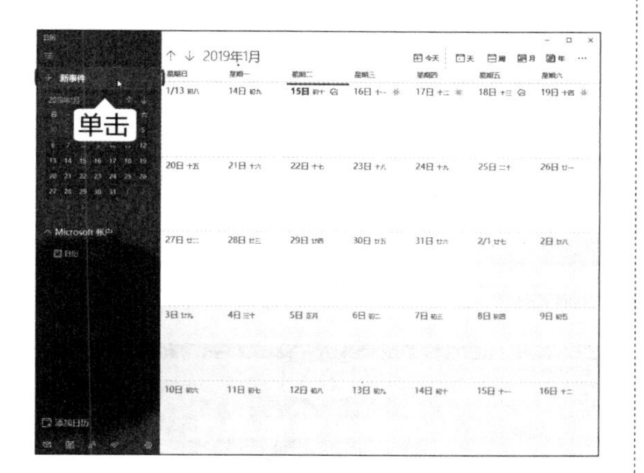

第 2 步 打开新事件【详细信息】窗口，可以在详细信息区域添加事项的详细信息。

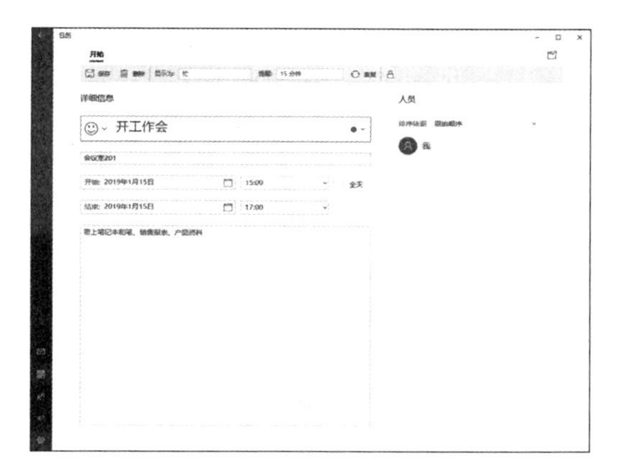

第 3 步 用户也可以单击【显示为】选项右侧的下拉按钮，设置显示状态。单击【提醒】右侧的下拉按钮，在弹出的下拉列表中设置提醒时间。

第 4 步 单击【重复】按钮，显示【重复】设置区域，在此处可以设置是否需要重复提醒以及重复提醒的日期与次数，完成后单击【保存】按钮。

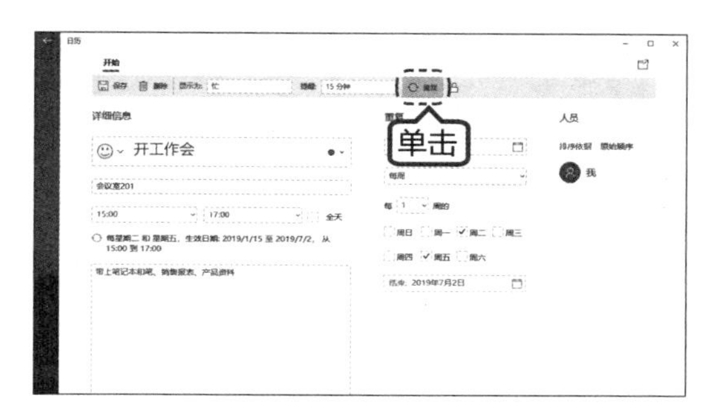

第 5 步 此时，即可看到日历界面已经显示新编辑的提醒事件。将鼠标指针移到有事件的日期上，即会弹出事件缩略窗口。

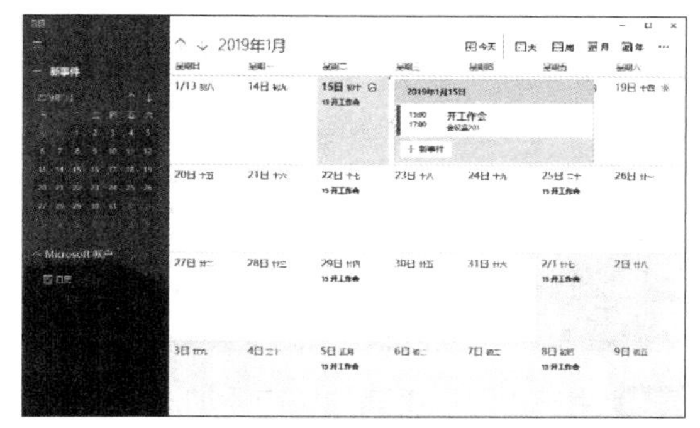

11.2 查看天气情况

天气关系着人们的生活，尤其是在出差或旅游时，一定要知道目的地当天的天气如何，这样才能有的放矢地准备自己的衣物。Windows 10 操作系统中集成了天气应用，可以方便地查看天气情况。具体步骤如下。

第 1 步 按【Windows】键，在弹出的开始屏幕中，单击【天气】磁贴图标。

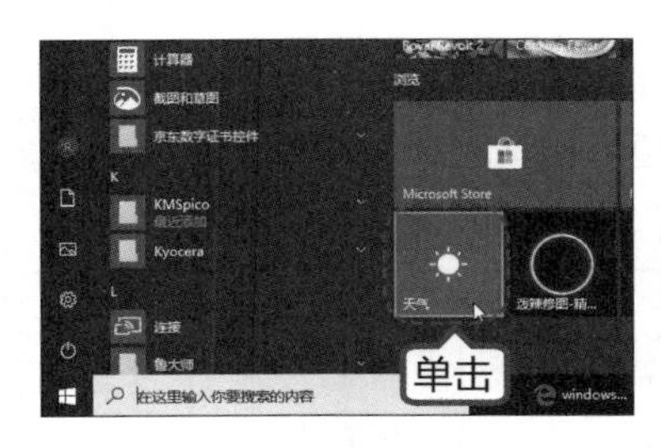

第2步 打开【天气】对话框，在【请选择您的默认位置】搜索框中输入所在城市的名称，并单击【搜索】按钮。

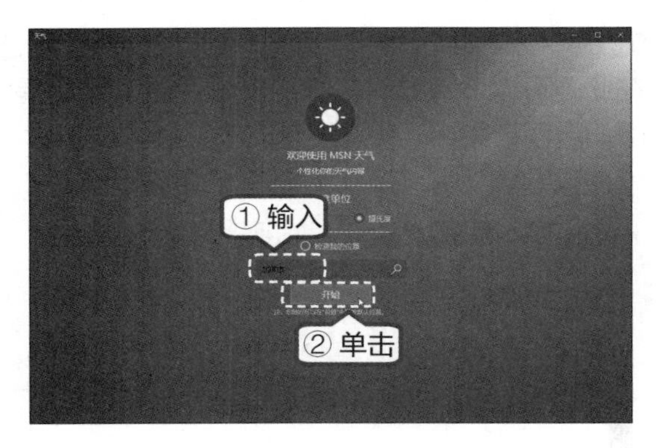

第3步 打开所在城市天气状况的窗口，可以查看当前所在城市的天气情况。

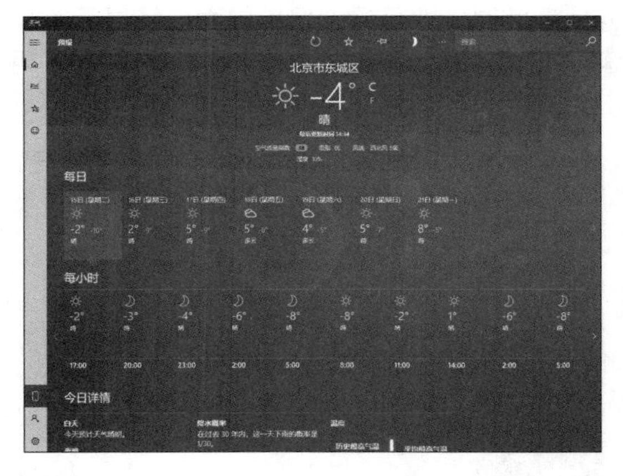

第4步 用户也可以将其他城市添加进【天气】程序，以方便随时查询天气状况。单击窗口左侧【收藏夹】按钮，打开【收藏夹】窗口，单击【收藏的位置】选项下的添加按钮。

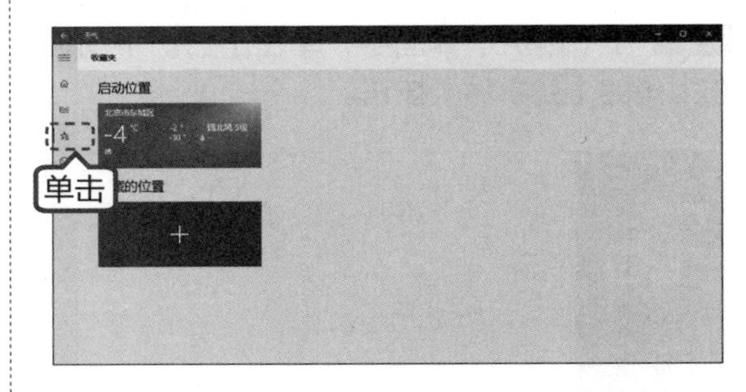

第5步 在打开的【添加到收藏夹】窗口中，输入常去城市的名称，如输入“天津”。

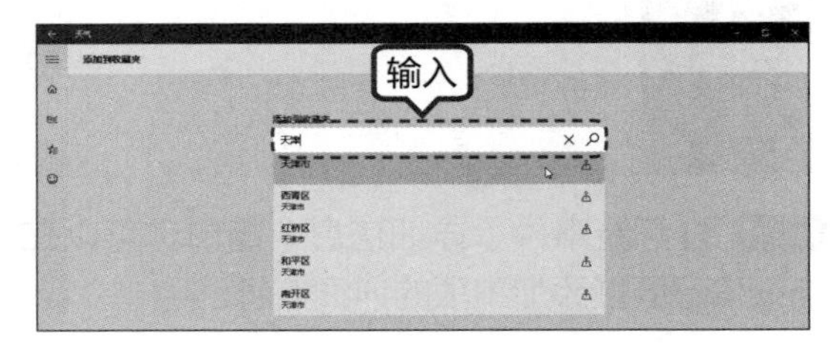

第6步 单击搜索按钮，即可将天津市添加到收藏夹，用户可以随时查看天津市的天气状况。

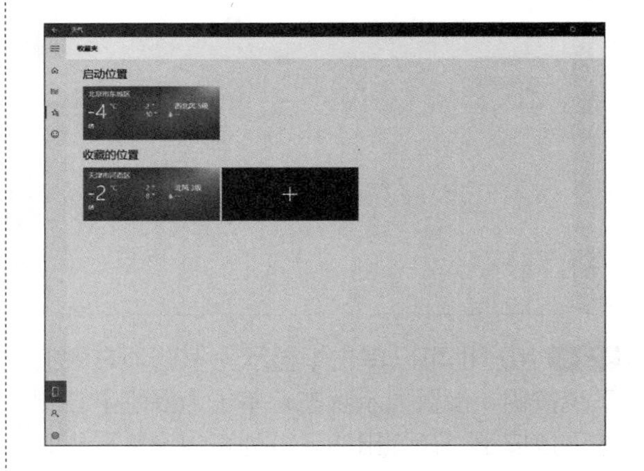

11.3 搜索租房信息

在网络中可以方便地查询搜索租房信息，本节将以在58同城网上搜索租房信息为例，介绍使用网络搜索租房信息的具体操作步骤。

第1步 打开 Microsoft Edge 浏览器，在地址栏中输入“58 同城”，按【Enter】键。

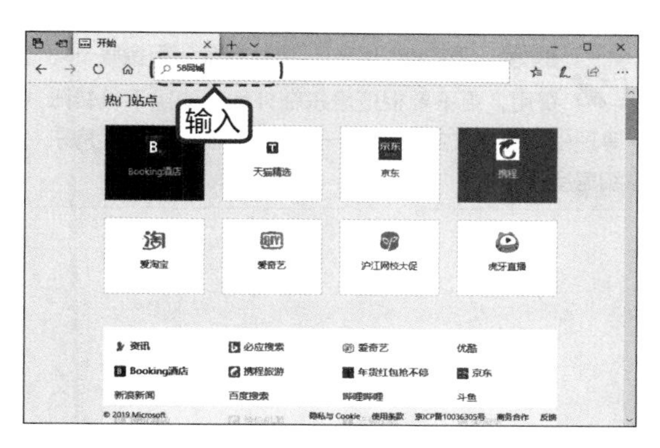

第 2 步 此时即可进行搜索，在搜索列表中，单击官方网站链接。

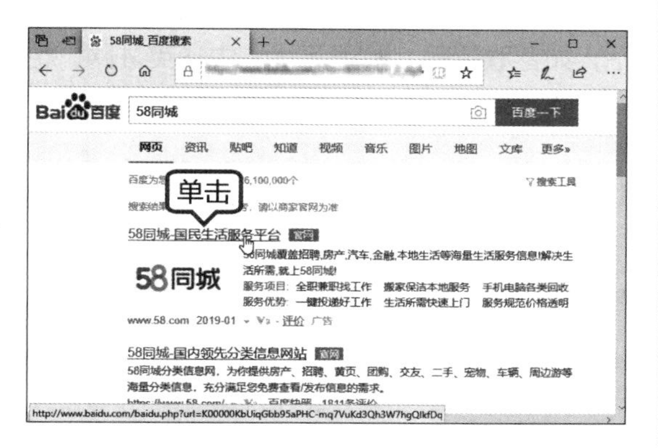

第 3 步 在页面上方左侧，可以单击【切换城市】超链接设置所在的城市，以方便找到对应城市的相关生活信息，这里设定为“北京”。在【北京】的【房产】分类下，单击出租链接，如单击【租房】超链接。

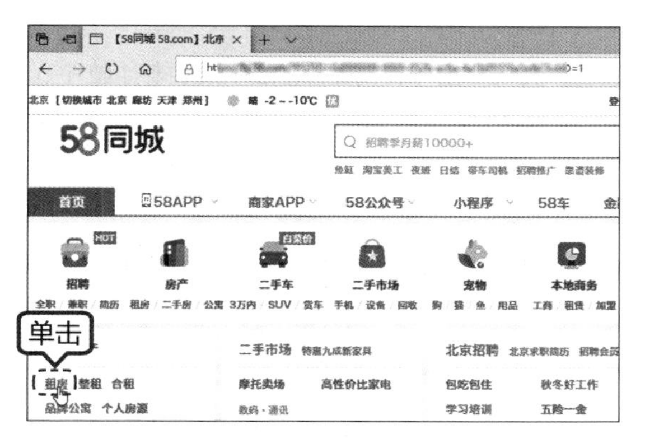

第 4 步 打开房屋出租页面，在区域地标选项下单击选择想要搜索的区域、租金等条件，如下图所示。

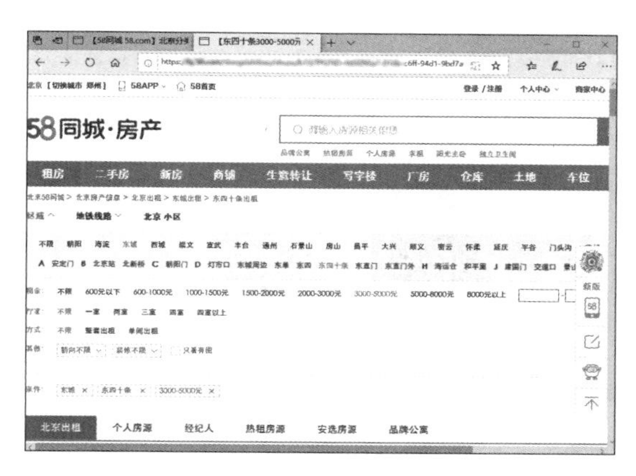

第 5 步 在筛选的房屋列表中单击【个人房源】选项卡，筛选个人房源，查看符合条件的房屋出租信息。

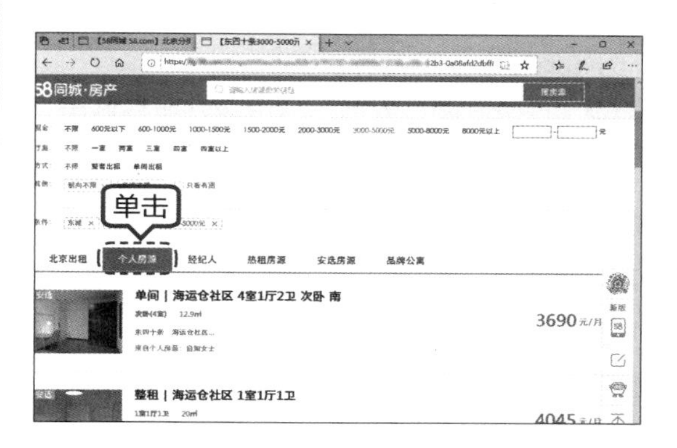

第 6 步 单击要查看的房源链接，即可进入详细信息页面。在详细信息页面列出了房屋的详细信息，如果房源满足要求，可单击【扫码看电话】按钮。

第 7 步 弹出二维码，扫描二维码下载 APP，即可查看房源电话信息。

> **提示** 签约前切勿付订金、押金、租金等一切费用，更不要相信房东在外地、使用手机转账等理由！务必去实地查看一下房源情况，并查验房东和房屋证件！

11.4 搜索招聘信息

在网上搜索招聘信息，主要通过专业的招聘网站，如智联招聘、前程无忧、中华英才网，也可以通过分类信息网站，如58同城和赶集网，查看企业的招聘信息。本节将以58同城网为例，介绍如何搜索招聘信息。

第1步 打开58同城网首页，设定好所在城市，单击网页顶部的【招聘】超链接。

第2步 进入招聘页面，在下方分类模块中选择求职的意向，如选择【人力 | 行政 | 管理】模块，在右侧单击【人事专员 / 助理】超链接。也可以在选择行业类别列表中，选择所属的行业类别，然后单击【找工作】按钮。

第3步 在弹出的页面中，还可以根据需要选择【区域】及【福利】等筛选条件，然后页面下方会自动筛选并显示满足搜索条件的职位。

第4步 选择满足自己需要的职位链接并单击，即可打开该岗位的具体要求及信息页面。如果自己对该职位感兴趣，可以单击【申请职位】按钮来给企业发送自己的简历。

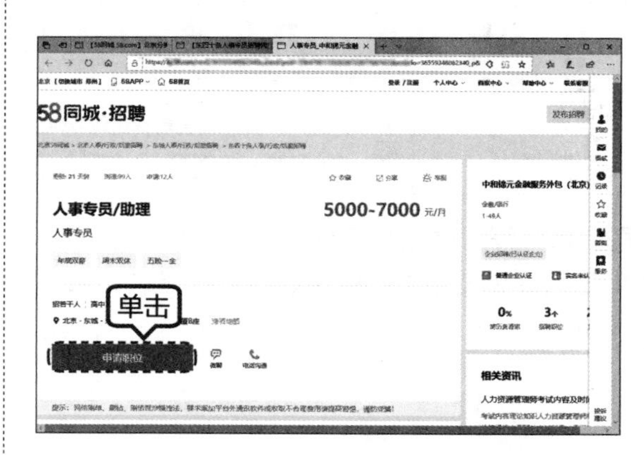

提示

在投递简历之前，需要先在网站上填写简历。

11.5 查询航班班次

飞机已经成为大多人出行的选择，本节将以在飞猪网查询航班班次为例，介绍查询航班班次的具体操作步骤。

第1步 打开浏览器，在地址栏中搜索“飞猪网”，进入飞猪网官方网站首页，单击【国内机票】超链接。

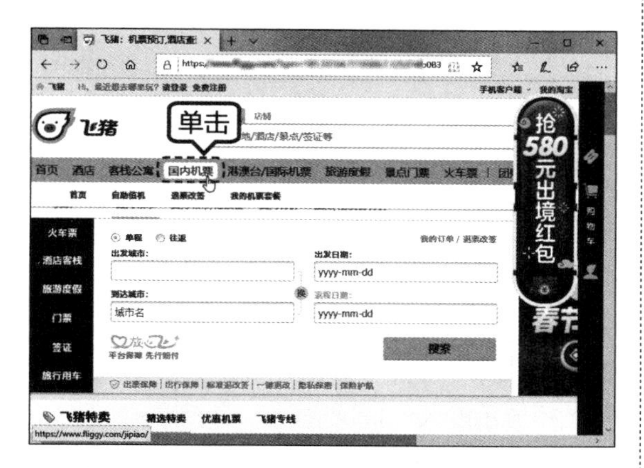

第2步 进入【国内机票】页面首页，在【国内城市】选项下选中【单程】单选按钮，单击【出发城市】文本框，在打开的列表中选择出发城市。

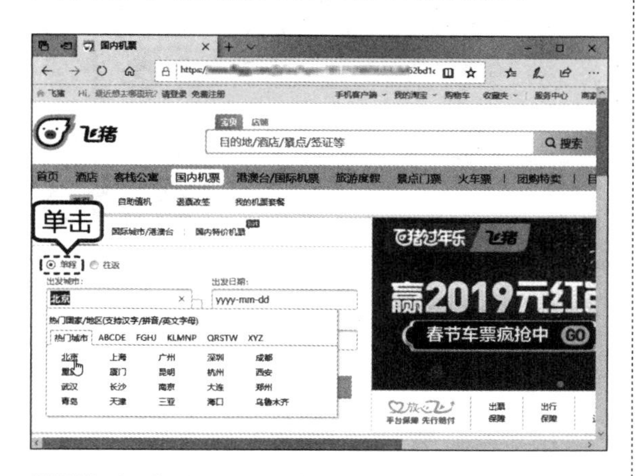

第3步 在【到达城市】文本框中可以直接输入目的城市，如下图所示。

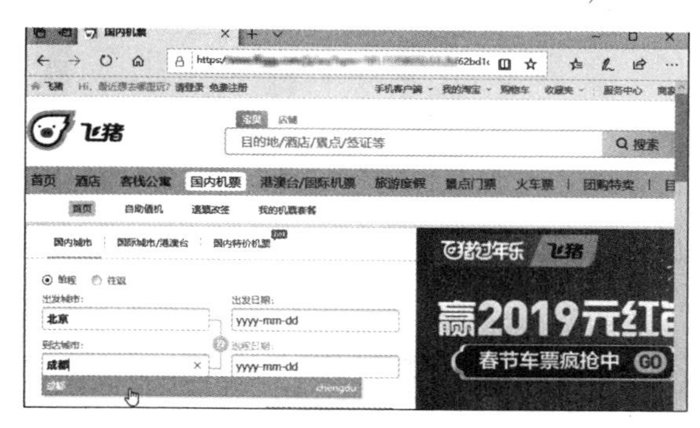

第4步 单击【出发日期】文本框，在打开的日期面板中单击选择出行的日期。

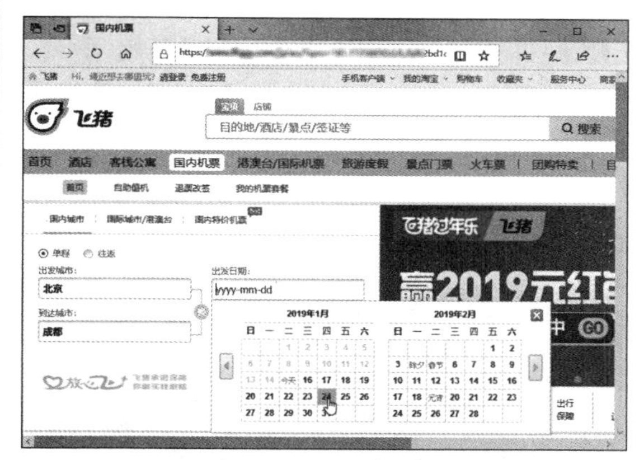

第5步 设置完毕后，单击【搜索】按钮，在打开的页面中即可列出所有符合自己查询条件的航班班次。

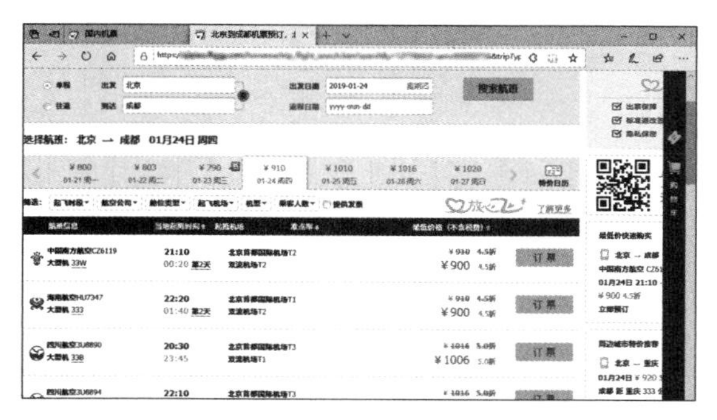

第 6 步 选择满足需求的航班，然后单击其后的【订票】按钮，即可显示全部报价信息。

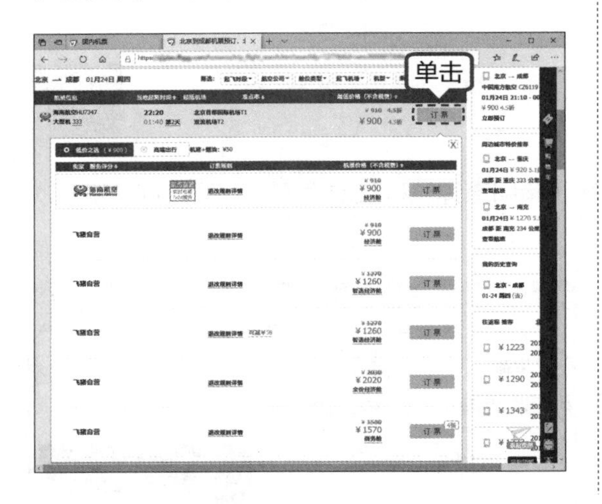

第 7 步 选择合适报价后的【订票】按钮，打开【订单填写】页面，输入相关信息后，可根据提示执行购票操作。

高手支招

技巧：在“开始”屏幕上动态显示天气情况

可以将“天气”磁贴设置为动态磁贴，以方便快速查看天气情况，具体操作步骤如下。

第 1 步 按【Windows】快捷键，打开“开始”屏幕，右键单击【天气】磁贴图标，并在弹出的快捷菜单中选择【更多】➤【打开动态磁贴】选项，即可打开“动态磁贴”功能。

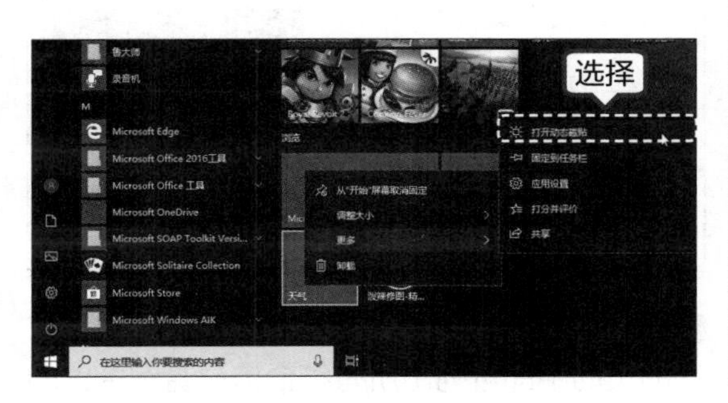

第 2 步 当再次打开“开始”屏幕，即可看到磁贴图标显示的天气情况。

第12章

学会网上购物

高手指引

网络除了可以方便人们娱乐、进行资料的下载外，还可以方便人们在网上购物，网购平台就是提供网络购物的站点，用户足不出户即可购买到所喜欢的商品。本章主要介绍如何在电脑端进行操作，使用同样方法，也可以在手机端进行便捷操作。

重点导读

- 学习网上购物
- 学习网上团购
- 学习电影选座
- 学习网上购买火车票
- 学习网上缴纳水电煤气费

12.1 网上购物

网上购买手机、订购车票、团购酒店等，都属于网上购物的范畴。网上购物指用户通过电脑、手机、平板电脑等联网设备，到电子商务网站搜索并购买喜欢的商品。用户可通过网上银行、担保交易（如支付宝、微信、易付宝等）、货到付款等支付方式购买，网上购物以其购买方便、无区域限制、价格便宜等优点，深受不少用户喜爱。

12.1.1 认识网购平台

购物网站有很多，用户可以根据自己需要购买的商品类目，选择合适的网站平台。下面列举一些较为常用的购物网站，其中有关运费的内容，各网站可能会有所调整，请以网站实际规定为准。

购物平台	网站类型	主营特色	优点	运费
淘宝网：淘宝集市	C2C	百货	商品种类齐全，可对比性高	分为买家承担和卖家承担两种，具体根据店铺费用说明
淘宝网：天猫商城	B2C	品牌商品	品牌齐全，质量有保证	分为买家承担和卖家承担两种，具体根据店铺费用说明
京东商城	B2C	电子产品	种类齐全，质量有保证，可开具发票	主要商品满 99 元免邮费，不满 99 元加收 6 元配送费，具体根据网站运费说明
当当网	B2C	书籍音像产品	中国比较大的图书网上商城，图书种类齐全，正品保障	一般地区满 59 元免运费，不满 59 元加收 5 元配送费，具体根据网站运费说明
苏宁易购	B2C	家电电器	线上与线下的整合，更具价格优势和便利性，优质的物流服务，提供了更佳的购物体验	满 99 元免运费，不满 99 元支付相应运费，具体根据网站运费说明
1 号店超市	B2C	百货	线上超市，价格低廉，被誉为“网上沃尔玛”	主要地区满 86 元包邮，具体根据网站运费说明

除了以上购物平台外，还有网易严选、国美在线、唯品会等，不再一一枚举。

> **提示** C2C 指消费者对消费者，即个人与个人之间的电子商务，简单来说，就是一个消费者在网上把商品卖给另外一个消费者，代表网站有淘宝等。B2C 指商家对客户，通俗来讲，就是商家在网上把商品卖给消费者的一种平台，代表网站有天猫商城、京东商城、当当网等。

12.1.2 网上购物流程

网上购物并不同于传统购物，只要掌握了它的购物流程，就可以快速完成购物。不管在哪家购物平台购买商品，其操作流程基本一致。

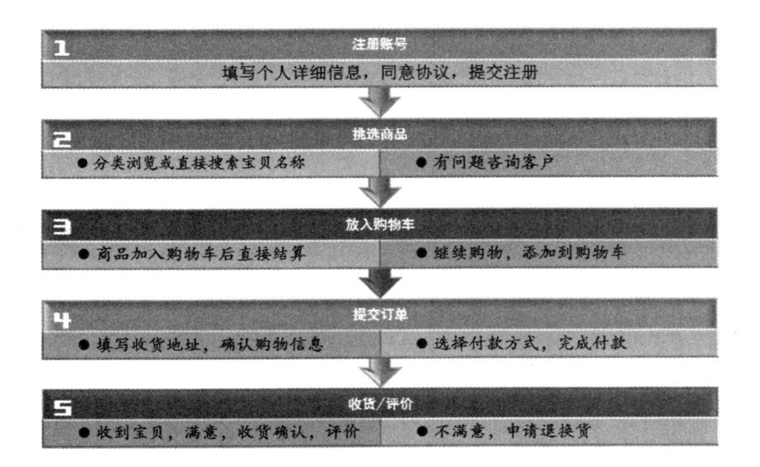

12.1.3 网上购物实战

了解了网上购物流程后，本小节将详细介绍如何在网上购买东西的，具体步骤如下。

1. 注册账号

注册账号是网上购物的一个前提，购买任何物品都需要在登录该账号的情况下，进行操作，方便购买者查询账户信息，也确保其隐私和安全。下面以淘宝网为例，讲述如何注册淘宝账户。

第 1 步 打开淘宝网主页，单击顶部【免费注册】链接，在弹出【注册协议】对话框中，单击【同意协议】按钮，进入账户注册页面。用户可以选择使用手机号码或邮箱两种方式进行注册，根据提示在文本框中输入相应的信息即可。

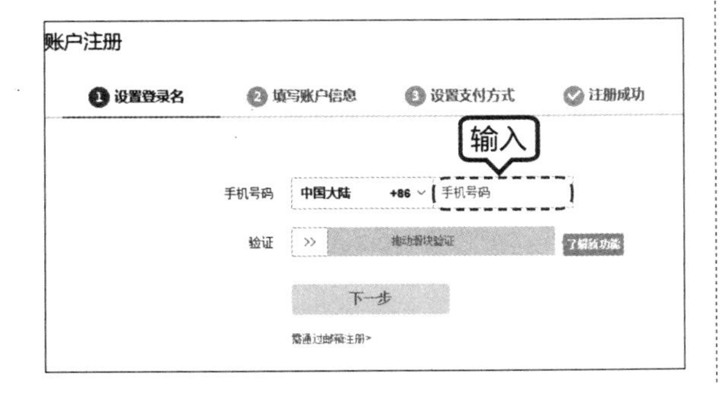

第 2 步 进入【验证手机】页面，将手机短信中获取的 6 位数字验证码输入文本框中，单击【确定】按钮，即可根据提示完成账号注册。

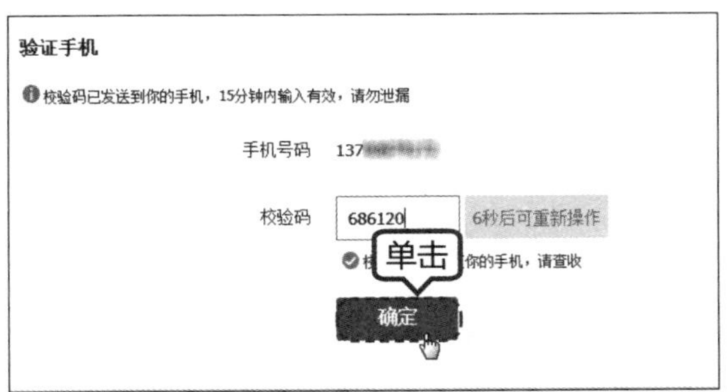

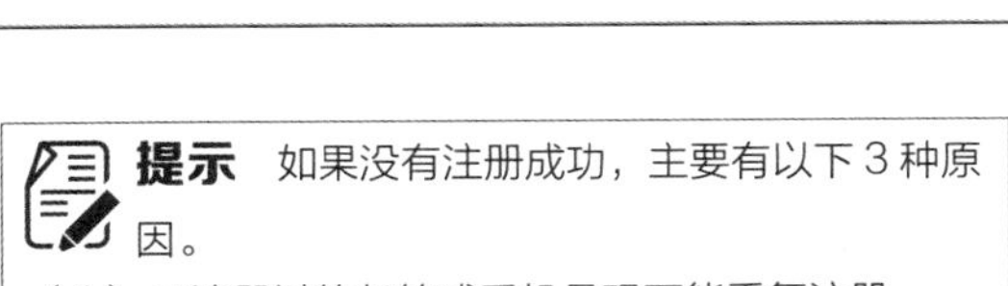

提示 如果没有注册成功，主要有以下 3 种原因。

（1）已注册过的邮箱或手机号码不能重复注册。

（2）请注意将输入法切换在半角状态，内容输入完毕后不要留空格。

（3）如果注册的会员名已被使用，请更换其他名称，会员名具有唯一性。

2. 挑选商品

注册了购物网站的账号后，用户就可以登录该账号，在这个网站上挑选并购买自己喜欢的商品。下面以淘宝网为例，具体操作步骤如下。

第1步 打开淘宝网的主页面，在搜索文本框中输入搜索商品的名称及信息。这里输入“无线路由器”，单击【搜索】按钮。

第2步 弹出搜索结果页面，用户筛选产品的属性、人气、价格等，然后在列表中单击选择查看喜欢的商品。

3. 放入购物车

选择好商品后，就可以将其加入购物车。下面以淘宝网为例，讲述如何添加到购物车。

第1步 在宝贝详情界面，选择要购买的商品属性和数量，然后单击【加入购物车】按钮。

> **提示** 在购买商品前，建议联系客服咨询产品的情况、运费及优惠信息等。例如，在淘宝网使用旺旺联系客服。
>
> 如果仅购买一件产品，在淘宝网、拍拍网等平台，可单击【立刻购买】按钮直接下订单，在京东商城、1号店超市等平台则需要先添加到购物车才可提交订单。

第2步 此时，即会提示【添加成功】的信息。如需继续购买商品，关闭该页面，继续将需要买的商品添加至购物车；如购买完毕，单击顶部【购物车】超链接查看购买的商品并进行结算。

4. 提交订单

选择好要购买的商品后，即可提交订单进行支付。具体步骤如下。

第1步 商品挑选完毕后，单击顶部右侧的【购物车】超链接，进入购物车页面，勾选要结算的商品；如需删除商品，可单击商品右侧的【删除】按钮，确定无误后，单击【结算】按钮。

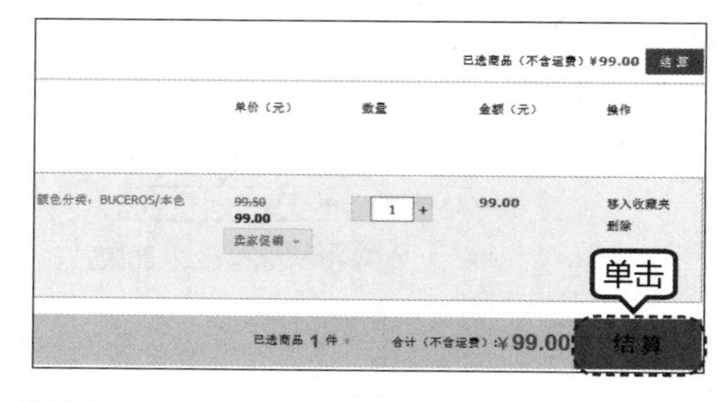

第2步 如未设置过收货地址，则首次购物时，会弹出【使用新地址】对话框。在文本框中对应填写收货地址信息，然后单击【保存】按钮。

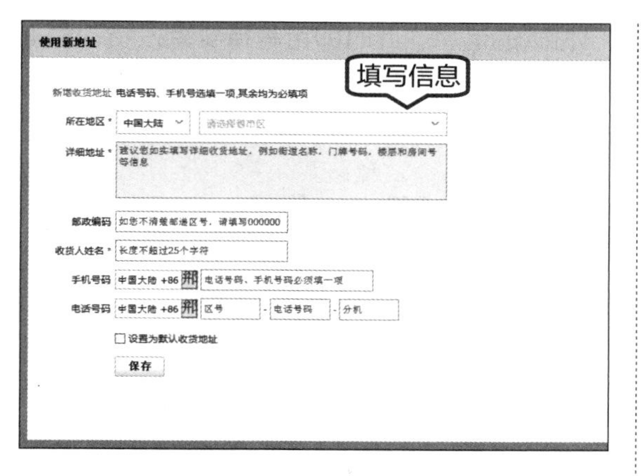

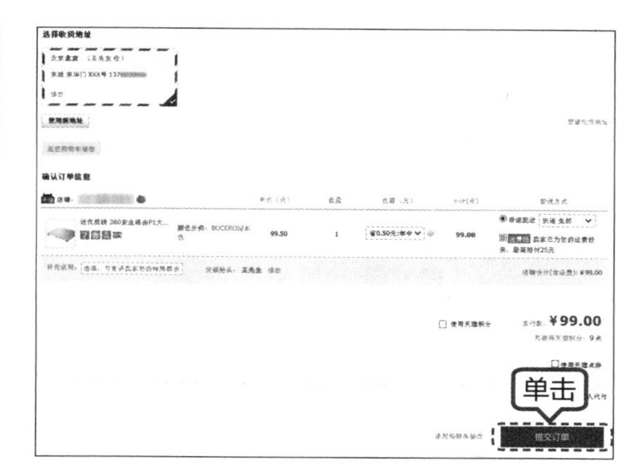

第 3 步 确认信息无误后，单击【提交订单】按钮。

第 4 步 转到支付宝付款界面，在页面中选择付款的方式。如果选用账户余额支付，在密码输入框中输入支付密码，单击【确定付款】按钮即可。如果选用储蓄卡或信用卡方式，可单击【+ 银行卡】按钮，再根据提示添加银行卡。

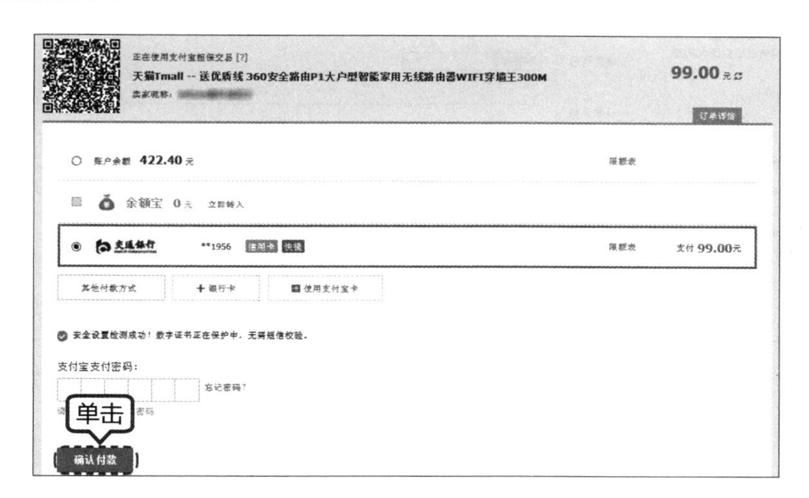

> **提示** 不管使用支付宝余额还是银行支付都需要提前开通支付宝业务。支付宝业务可使用邮箱或手机号码进行注册并与淘宝账号绑定，是第三方支付平台，使用方便快捷，购买淘宝网商品都需要它担保交易，以保障消费者的权益。如果收到货物没问题，支付宝会将交易款项打给卖家。如果有问题，买家可以和卖家协商退换货，或者使用消费维权。另外，与此相似的还有拍拍网的财付通等。

第 5 步 填写支付密码无误，成功支付后，系统会提示成功付款信息。单击【查看已买到宝贝】超链接，可查看已购买商品的信息。

第6步 在【已买到的宝贝】页面，可以看到显示的已付款的信息，此时即可等待买家发货。如果对于购买的宝贝不满意或者不想要了，可单击【退款 / 退货】超链接。

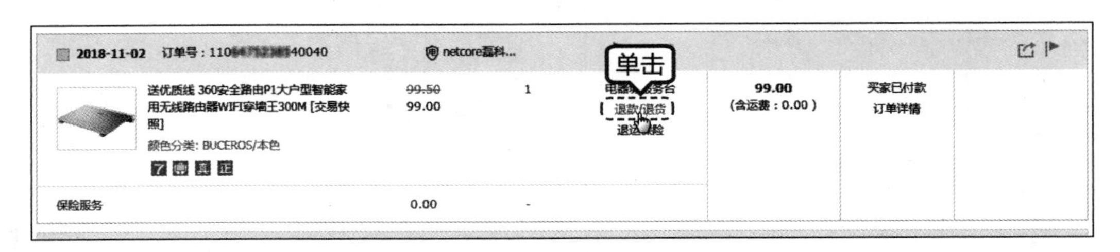

> **提示**
> 也可单击网页顶部【我的淘宝】超链接，在弹出的菜单中选择【已买到的宝贝】超链接，来进入该页面。

第7步 进入申请退款页面，在【退款原因】项中，单击下拉按钮，选择退款原因，可在【退款说明】框里选择性地填写退款说明，并单击【提交退款申请】按钮。

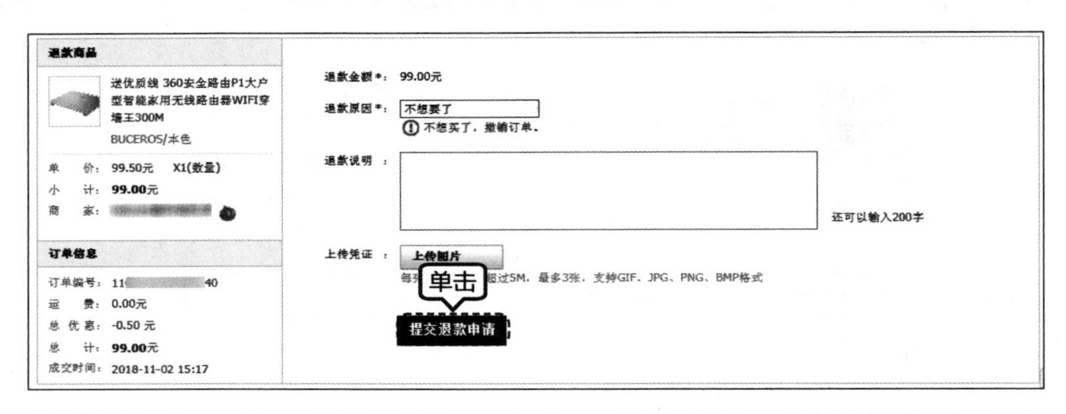

第8步 提交申请后，页面提示等待卖家处理。此时，可以联系卖家旺旺告之退款理由，以方便快速退款。

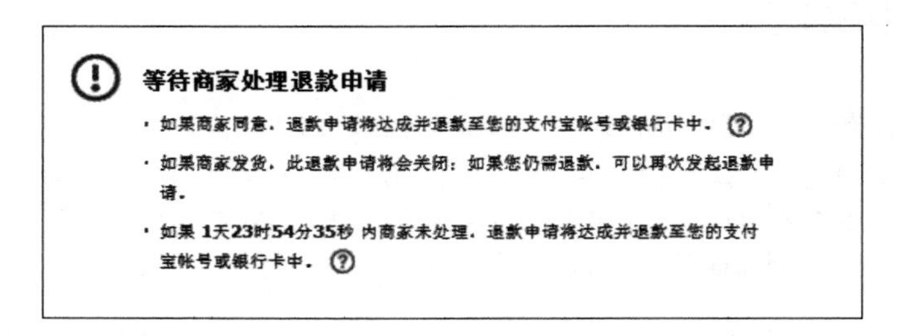

5. 收货 / 评价

确认收货是在确认商品没问题后，同意把交易款项支付给卖家。如果没有收到货物或者货物有问题，请不要进行任何操作，因此要特别注意。下面以淘宝网为例，介绍如何确认收货及进行商品评价。

第1步 如果收到卖家发的商品，且确认没有问题，可进入并登录淘宝网，单击顶部【我的淘宝】➤【已买到的宝贝】超链接，进入该页面。在需确定收货的商品右侧，单击【确认收货】按钮。

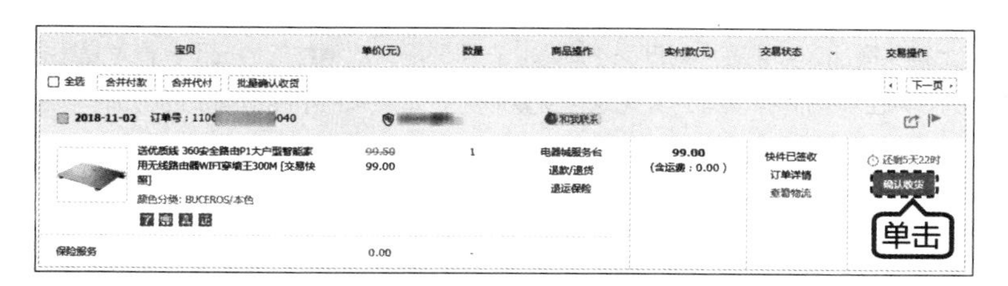

第 2 步 跳转至确认收货页面，在该页面输入支付密码，并单击【确定】按钮。

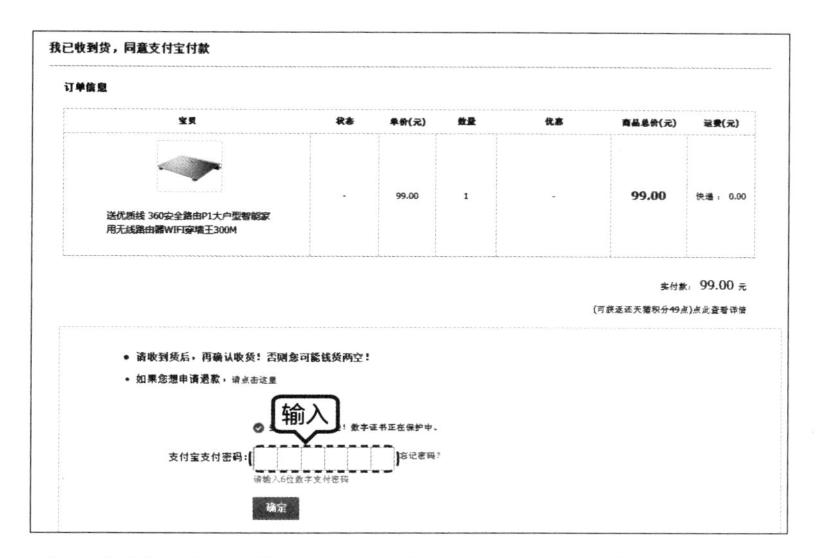

第 3 步 弹出【来自网页的消息】对话框中，单击【确定】按钮，即会将交易款项打给卖家；如不确定，请单击【取消】按钮。

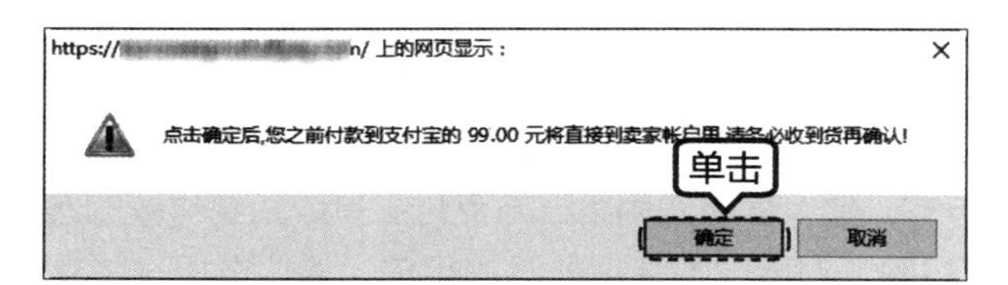

第 4 步 交易成功后，可发起对卖家的评价。在交易成功页面，单击右侧的下拉滑块，拖曳鼠标到页面底部，即可对商品进行评价。用户可以根据自己的购买体验对卖家和商品提出中肯的评价。

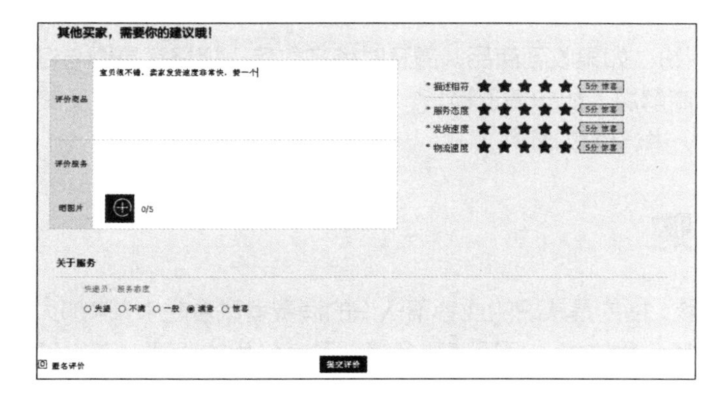

提示 在网上购买商品，如果客户对产品不满意，在不影响二次销售的情况下，卖家是不得以任何理由拒绝买家退换货的。网上购物同样享有7天无条件退款服务，如果遇到不能退换货的情况，买家可向网购平台投诉该卖家。

商品交易都有固定的交易时长，如果买家在交易时间内未对交易做出任何操作。交易超时后，淘宝网会将款项自动打给卖家。例如，淘宝网虚拟交易时间为3天，实物交易时间为10天，其他网站各不相同，可在交易详情页面查看。如果需要退换货，可自行延长收货时间或者联系卖家延长时间，以保护自己的权益。

如买家在规定时间内未对卖家做出评价，系统将默认好评。例如，淘宝网评论时间为确认交易后15天。

12.1.4 网上购物注意事项

虽然网络购物如今已经很成熟，但是依然存在着诸多陷阱，因此要时刻警惕，防止上当受骗。下面列出一些网络购物的注意事项。

（1）选择正规的网络购物平台。在选择购物平台时一定要选择知名度高、口碑好、官方认证、实行实名制的网站。

（2）慎填个人信息。注册账号时，能少填写的信息尽量少填写，例如邮箱，尽量选择工作以外的邮箱，防止商家广告的投放。

（3）账号安全。网上交易一定要在安全的电脑上进行，避免在网吧、公共场合输入账号、网银信息等。建议开启账号保护，如手机绑定、数字证书等业务。

（4）货比三家。在选择商品时，可选择一些销量好、评价好、卖家信誉好的商品，多方对比，如哪家更优惠、质量更有售前售后保障，但不要受广告所蛊惑。

（5）与卖家交流。在购物时，一定要使用网站认证的交流工具，和卖家确认商品的质量、规格、数量、发货方式、发货时间、质量问题处理方式等，对于交流的信息一定要保存完整，可在出现问题时，作为证据维护自己的权益。

（6）选择支付的方式。建议尽量使用第三方支付工具或货到付款的方式，用网银直接交易时要谨慎，以免出现交易纠纷。对网银不是很熟悉的用户，建议选择一些支持货到付款的卖家或购物平台。

（7）打款给卖家。在没有收到货物时，一定不要确认收货打款给对方。如果确定没有问题，再进行操作。

（8）合理处理纠纷。如果收到商品，请及时核实数量、规格等是否与订单一致，如果出现问题请及时联系卖家协商解决，如申请退换货、退款等操作。如果卖家违反交易约定或不予解决，可通过官方客服介入，进行维权。

12.2 网上团购

团购就是团体购物，指的是认识的或者不认识的消费者联合起来，来加大与商家的谈判能力，以求得最优价格的一种购物方式。根据薄利多销、量大价优的原理，商家可以给出低于零售价格

的团购折扣和单独购买得不到的优质服务。

现在团购的主要方式是网络团购，网友们一起消费、集体维权。同时团购网站也会提供网络监督，确保参与厂商的资质，监督产品质量和售后服务。

如今，团购被越来越多的人接受，它给人们带来方便的同时，也带来了更多的优惠。主流的团购网站主要以美食、酒店、电影、休闲娱乐、旅游、生活服务为主。

12.2.1 认识团购平台

目前，团购网站是百家争鸣，不少网站广为人知，如美团网、口碑、大众点评、聚划算等，各具特色，可让消费者享受最低折扣。下面简单介绍几个团购网站。

1. 美团网

美团网，为消费者发现值得信赖的商家，让消费者享受超低折扣的优质服务。美团网专注于做本地服务团购，完善对消费者的保障措施，以消费者的满意度为基础，并推出了“团购无忧”消费者保障体系，其中包括“七天内未消费无条件退款”“消费不满意，美团就免单”和“美团券过期未消费，无条件退款”等保障措施，消费者在团购过程中碰到的所有问题，都由美团网负责解决，在消费者群体中拥有非常好的口碑。

2. 口碑网

口碑网是阿里巴巴旗下的互联网本地生活服务平台，覆盖餐饮、超市、便利店、外卖、商圈、机场等众多线下场景，包含了商家搜索、口碑买单、商家点评、专属优惠、限时抢购等，为用户打造便捷丰富的生活消费平台。下图所示为口碑 APP 客户端首页界面。

3. 大众点评网

大众点评网，是我国领先的本地生活信息及交易平台，也是全球较早建立的独立第三方消费点评网站。大众点评网中的点评团与美团网类似，不仅为参团者提供较低折扣的服务，也提供餐厅预订、外卖及电子会员卡等服务。

除了上面列举的几个，还有很多优秀的团购网站，不再一一列举。在团购的时候，由于属于地域特色的商户团购，用户需要通过多方对比，如最近的团购商户、最优惠的折扣力度及退款服务等。与网上购物相比，团购更加方便，也更加本地化。

12.2.2 团购流程

团购的流程和网上购物的流程基本差不多，但又有所不同，它需要根据商家提供的团购券消费。

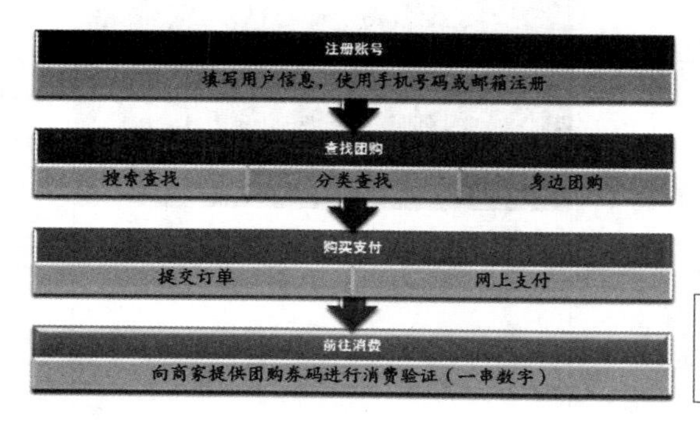

提示 用户也可以在选购团购商品后，根据提示，输入手机号码进行验证购买。

12.2.3 团购实战——团购美食

本小节以在美团网上团购美食为例，介绍团购的操作流程，具体操作步骤如下。

第1步 在浏览器地址栏中，搜索“美团网”，选择官方网站链接，即会跳转到所在城市的美团网站，也可单击【切换城市】超链接，切换所在城市。在首页，单击【立即登录】按钮。

> **提示** 如果没有账号，可以单击【注册】按钮，根据提示，使用手机号码进行注册。

第 2 步 进入登录页面，输入账号和密码，并单击【登录】按钮。

第 3 步 单击左侧【全部分类】下的【美食】超链接。

第 4 步 此时即可进入美食页面，可以看到分类、区域、价格及人数等筛选条件。

第 5 步 根据要团购的美食品种、所在位置及价格，对团购商家进行筛选，如下图所示。然后在筛选结果列表中，选择要团购的商家。

第 6 步 弹出商家信息，根据自己的需要选择要团购的商品，并单击【立即抢购】按钮。

第 7 步 进入订单页面，单击【提交订单】按钮，确认团购订单。

第8步 进入选择支付方式页面，用户可以选择订单支付方式，如支付宝、微信及网银等。这里选择“支付宝”支付方式，单击【去付款】按钮。

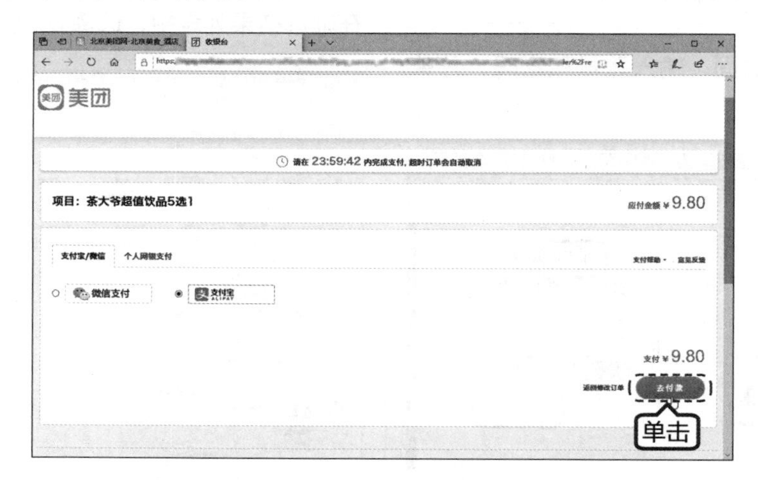

第9步 进入支付宝收银台页面，使用手机中的支付宝扫描页面中的二维码进行付款，也可以单击【登录账户付款】超链接，直接在网页上完成支付。

第10步 支付成功后，则跳转至美团网页面，即可看到提示已购买成功。其中【美团券】下方区域的12位密码为消费密码。当去商家消费时，可凭借该密码进行消费。

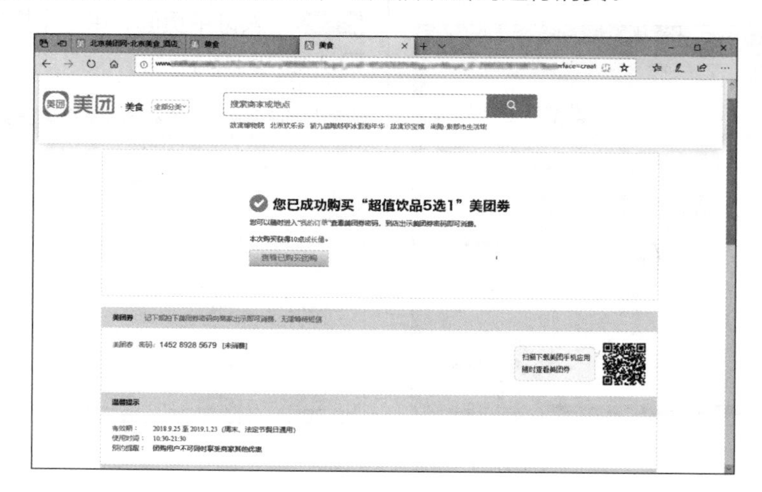

> **提示** 团购券的消费密码为用户到商家消费的唯一凭证，是不记名的，因此请保管好该密码，不要随便告诉他人。

另外，用户也可以选择在手机 APP 或微信小程序端进行上述团购操作。

12.2.4 申请退款

如果用户对于团购的东西不满意，或是因为其他原因不能前去消费，可以提出申请退款。不过申请退款需要在手机上登录 APP，具体操作步骤如下。

第 1 步 在手机上，启动美团 APP 并进入美团首页，然后点击【订单】按钮。

第 2 步 进入【我的订单】页面，即可看到最近订单情况，点击要退订的订单。

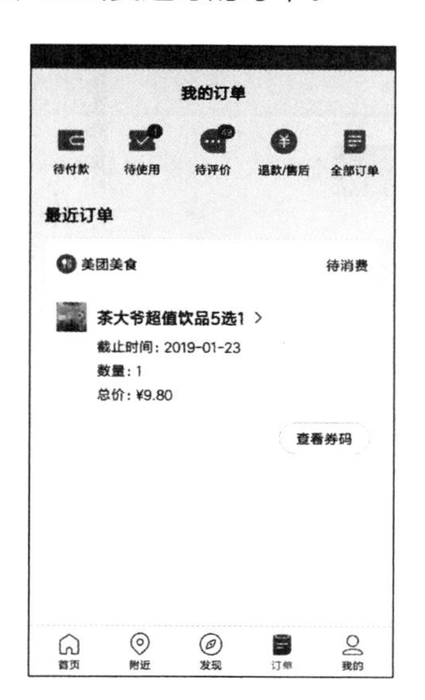

第 3 步 进入订单详情页面，然后点击页面中的【申请退款】按钮。

第 4 步 进入【申请退款】页面，勾选要退款的订单密码，选择退还方式和退款原因，然后拉至页面最底端，点击【申请退款】按钮。

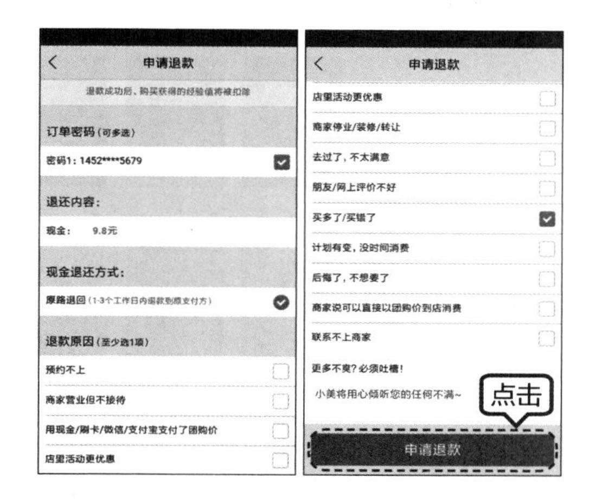

第5步 申请提交，进入如下页面，退款金额将在相应的时间内退还到指定账户上。

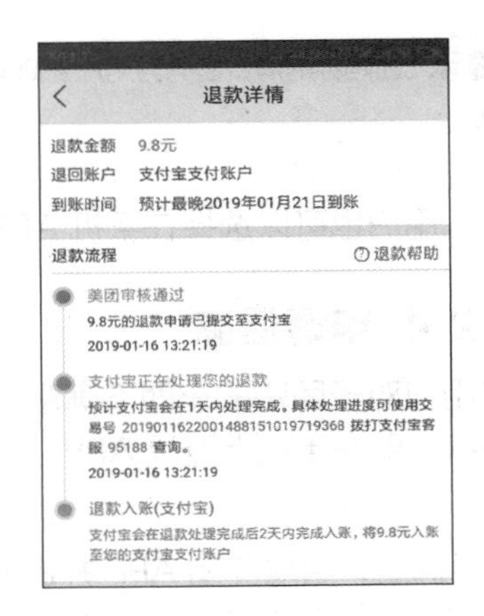

12.3 电影选座

用户也可以从网上电影购票平台购买电影票并在线选座。与团购相比，在线选座可以直接在网上选择观看电影的场次与座位，然后直接去电影院指定的取票平台取票即可，既节省时间精力，又能参与商家举办的优惠活动。

12.3.1 认识电影购票平台

近几年，很多电影院纷纷推出了自己的线上电影票订购平台，以方便用户合理安排时间购买电影票，例如万达影城、金逸影城等。

除了这些影城的直属平台，也有一些其他的商家跟电影院合作，同样可以在线选座购买电影票。知名的在线选座网站有以下几个。

1. 猫眼电影

猫眼电影是美团网旗下的一家集媒体内容、在线购票、用户互动社交、电影衍生品销售等服务的一站式电影互联网平台，是影迷使用较多、口碑比较好的电影购票平台。

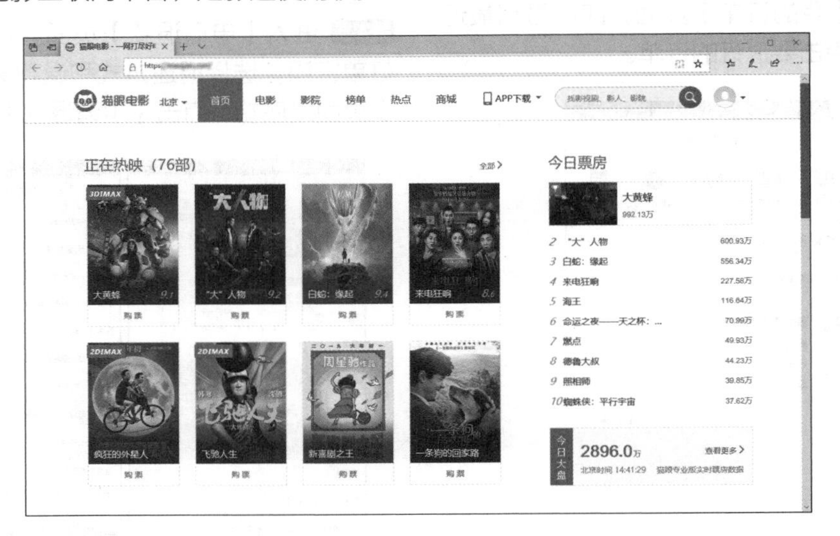

2. 淘票票

淘票票是阿里巴巴集团旗下的电影购票服务垂直平台，其与金逸、万达、卢米埃、上影、中影等 10 余家业内知名购票平台合作，自动展示最低价格，支持在线选座以及兑换券购买。

3. 时光网

时光网是专业的电影网，拥有专业的电影资料库，影迷可以在该网站查找最新的电影或影讯。时光网最主要的特色是免费下载和收看电影、查询电影资讯和写影评讨论等，拥有权威的电影信息。另外，用户也可以在影院页面，在线选座购买电影票。

12.3.2 电影选座流程

网上购买电影票，比较类似于团购，线上选座购票，线下取票消费，具体流程如下。

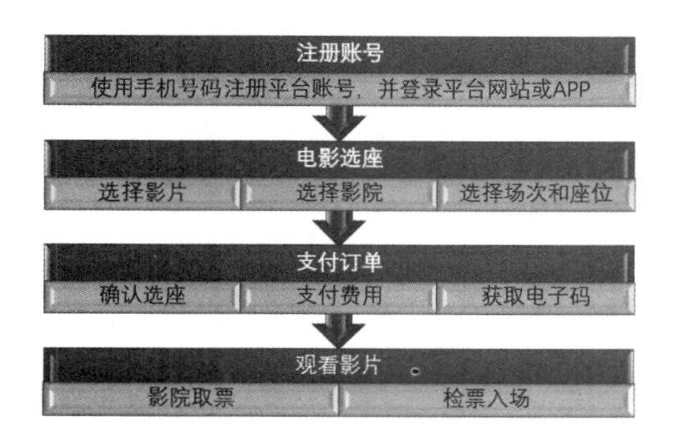

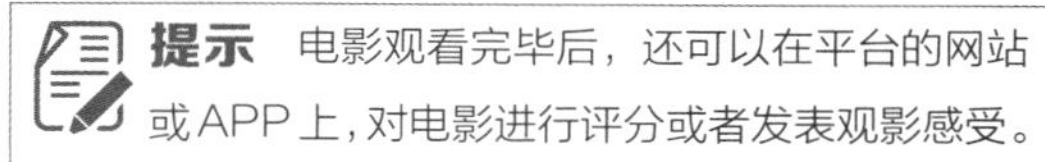

提示 电影观看完毕后，还可以在平台的网站或 APP 上，对电影进行评分或者发表观影感受。

12.3.3 电影选座注意事项

在网上购买电影票时，需要注意的事项有以下几种。

1. 位置

如果用户选择的是 IMAX 版本，最好选择靠后中间的位置；如果选择的是普通 2D 版本，可选择靠前 5~8 排的中间位置；如果是 3D 版本，可以选择尽量靠中间或偏后的位置，以便更好地体验观影效果。

2. 价格

目前在线选座的平台比较多，用户在购票时可以多平台对比，以购买到性价比较高的电影票。

3. 是否支持退换或改签

用户在购买前需先安排好自己的时间，同时应注意购买的电影票是否支持退换或改签。

4. 取票方法

购买后怎样取票，以及在哪里取票。如果是周末或节假日去观影，影院人流量会相对较大，应注意取票时是否需要排队等候，要安排留出足够时间去取票，以免误了观影入场时间。

5. 网站优惠

为了吸引顾客，许多网站会不定时推出各种优惠活动，用户在购买电影票时可以注意近期是否有优惠活动，以及在付款时是否可以使用优惠券，等等。

6. 付款

支付宝、微信或一般的储蓄卡、信用卡都可以在网上直接付款，用户需要按照网上提示的步骤一步步来，但为了保证网络交易安全，最好不要在公共场合的网络环境下交易，比如网吧、商场等。

12.3.4 电影选座实战——购买电影票

下面以在淘票票购买电影票为例，介绍网上购买电影票的流程，具体操作步骤如下。

第 1 步 打开浏览器，在地址栏中搜索“淘票票”，并在结果中选择官方网站链接，即会跳转到所在城市的淘票票网站。单击顶部左侧的【亲，请登录】超链接。

第 2 步 进入如下登录页面，输入账号和密码并单击【登录】按钮，也可以使用手机淘宝扫码登录。

提示

淘票票属于阿里巴巴旗下平台，用户可以使用淘宝或支付宝账户直接登录。

第 3 步 登录账号后，返回淘票票首页。此时，用户可以选择购票的城市，然后可以通过影片、影院、正在上映、即将上映及查看全部的方式，查看电影放映及售票情况。这里单击【查看全部】超链接。

第 4 步 进入如下界面，可以看到【正在热映】并可选座购票的电影列表，如下图所示。

第5步 拖曳浏览器右侧的滑块向下浏览，选择要观看的电影，如“冰雪奇缘 2”，单击缩略图下方的【选座购票】按钮，

第6步 从打开的页面中选择具体的电影院以及观看电影的时间场次，单击【选座购票】按钮。

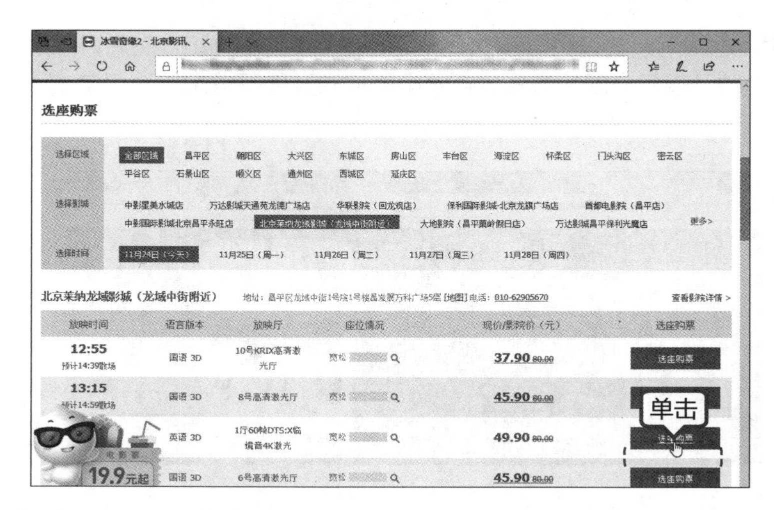

第7步 从影院选座页面选择具体观影时的座位，其中灰色为不可选座位。用户可根据观影人数选择具体需要的座位数，当座位显示为红色，即表示为选中座位，确定无误后，单击窗口右侧的【确认信息，下单】按钮。

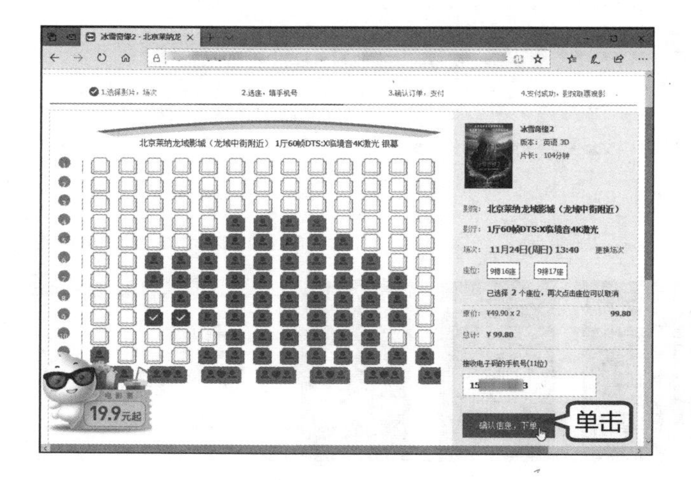

第8步 进入如下页面，影院会为所选座位保留15分钟支付时间，15分钟内支付有效，逾期则所选座位作废。确认信息无误后，单击【确认下单，立即支付】按钮，根据提示使用支付宝或银行卡支付即可。

提示

用户在选座购买电影票时需注意，有些在线选座的电影票在售出之后不予退换。

12.4 网上购买火车票

用户可以根据行程，提前在网上购买火车票，这样可以减少排队购买的时间。购买后，可凭借身份证或取票密码到火车站窗口、自助取票机等处取得纸质车票。本节将介绍如何在网上购买火车票。

第1步 进入“中国铁路12306”网站，设置【出发地】【到达地】和【出发日期】信息，然后单击【查询】按钮。

第2步 此时，即可搜索到相关的车次信息，也可以选择【车次类型】【出发车站】及【发车时间】

等进行筛选。选择要购买的车次后，单击【预订】按钮。

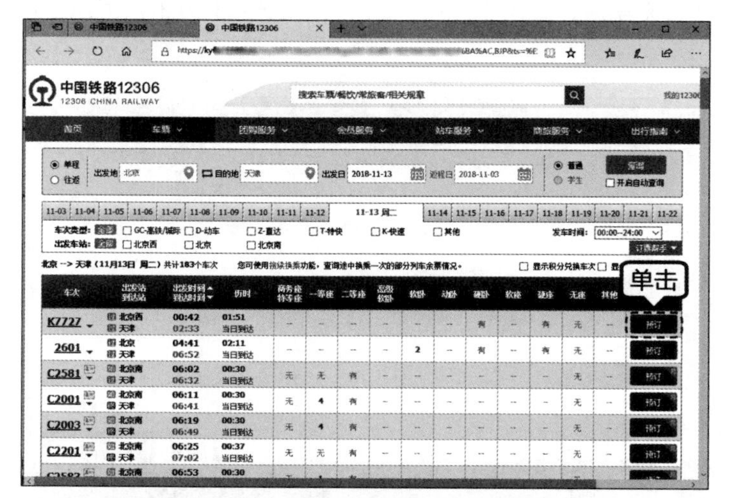

第3步 在弹出的登录对话框中，输入登录名和密码，并单击图片中的验证码，然后单击【立即登录】按钮。

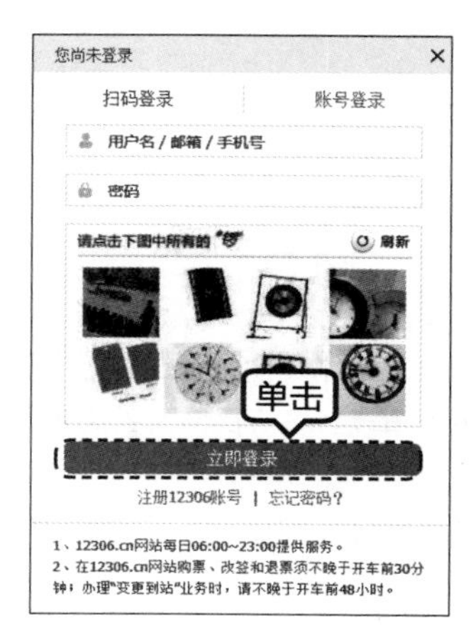

> **提示** 如无该网站账户，可单击【注册 12306 账号】超链接，注册购票账号。

第4步 选择乘客信息和席别，然后单击【提交订单】按钮。

提示 如果要添加新联系人（乘车人），可单击【新增乘客】超链接，在弹出的【新增乘客】对话框中，增加乘车人。

第 5 步 弹出【请核对以下信息】对话框，车次信息无误后，单击【确认】按钮。

第 6 步 进入【订单信息】页面，可以看到车厢和座位信息，确定无误后，单击【网上支付】按钮，然后选择支付方式进行支付即可。

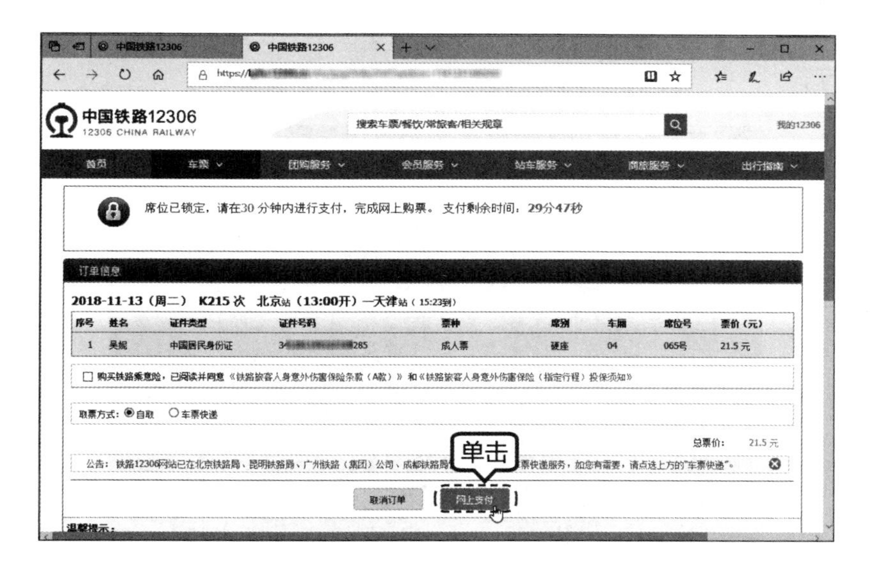

提示

需要在 30 分钟内完成支付，否则订单将被取消。

支付完成后，会提示“交易已成功”，用户届时即可拿着身份证去领取纸质车票。另外，单击【查看车票详情】按钮，可查看已完成订单，也可对未出行订单进行改签、变更到站和退票等操作。

12.5 网上缴纳水电燃气费

随着网络和移动支付越来越便利，可以直接通过电脑或手机缴纳各种生活费用，不用再跑到各大营业厅。目前，支持缴纳生活费用的平台有很多，如支付宝、微信、各大银行客户端等，用户可根据情况，选择网上缴纳渠道。本节将以支付宝为例，介绍如何缴纳水费。

第 1 步 打开浏览器，搜索“支付宝”，并进入其官方网站首页。一般情况下，都属于个人用户，这里单击【我是个人用户】按钮，如下图所示。

第2步 进入如下页面，单击【登录】按钮。如无支付宝账号，可单击【立即注册】按钮，根据提示进行注册即可。

第3步 进入登录页面，输入账号和密码，单击【登录】按钮。

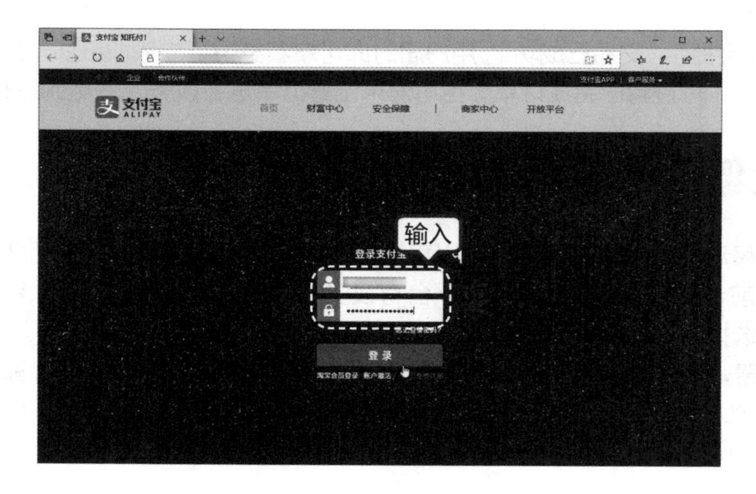

第 4 步 进入支付宝首页后，单击页面底部的【水电煤缴费】图标。

第 5 步 进入如下页面，选择【所在城市】及要缴纳的业务，如单击【缴水费】按钮。

第 6 步 选择要缴纳的单位并输入用户编号，单击【查询】按钮。

提示 如果有使用支付宝缴纳的记录，可单击【历史缴费账号】超链接，直接进行查询和缴费，无需再次输入账号。

第7步 如果查询欠费，则会显示需缴纳金额，如下图所示。确认缴纳信息无误后，输入要缴纳金额，单击【去缴费】按钮。

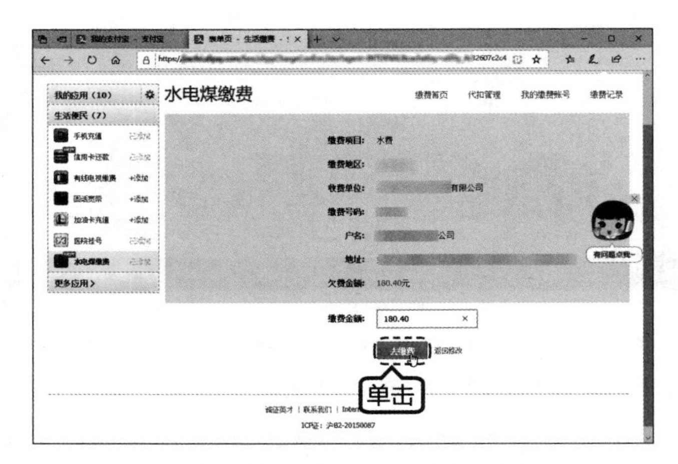

第8步 此时即会进入如下界面，用户可以通过支付宝APP创建的缴费订单进行付款，也可以单击【继续电脑付款】超链接。

第9步 进入支付页面，选择要付款的银行卡，然后输入支付密码，单击【确认付款】按钮。

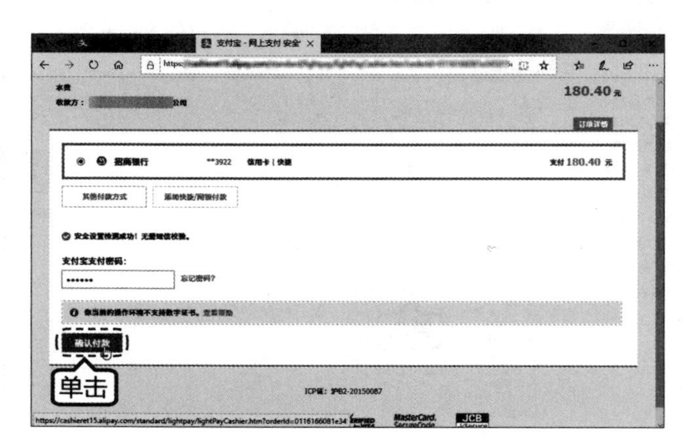

提示

如果是首次使用支付宝，则需根据提示添加个人银行卡信息。

第 10 步 支付成功后，则提示缴费成功信息，如下图所示。

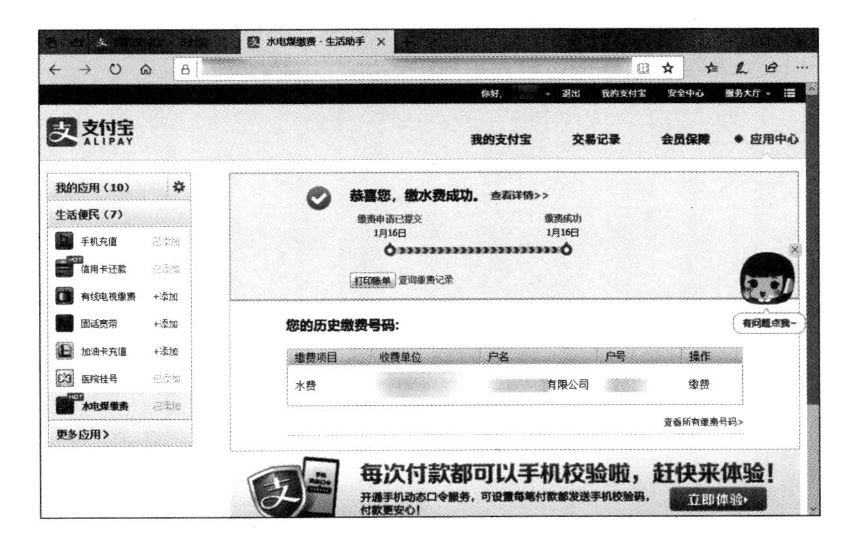

高手支招

技巧 1：认识网购交易中的卖家骗术

随着网络交易的增多，网络诈骗频频发生。骗子卖家利用买家喜欢物美价廉的商品的心理，发布一些价格特别低的商品信息，比较常见的有虚拟充值卡、手机和数码相机等。

骗子卖家常会采用以下几种手段欺骗买家。

（1）等到买家拍下商品并付款后，骗子卖家会以各种理由使买家尽快确认收货。此时，买家千万不能听信骗子卖家的花言巧语，一定要等到收到货后再进行确认。

（2）骗子卖家以各种手段引诱买家使用银行汇款。这里需要注意的是，买家一定要使用支付宝交易，以防上当。

（3）骗子卖家声称支持支付宝，引诱买家使用支付宝即时到账功能进行支付。对不认识的卖家，买家应谨慎使用这种功能。

技巧 2：网购时如何讨价还价

在网上购物时，买卖双方讨价还价同现实生活中一样，只是交流的方式从面对面变为了通过网络和一些辅助通信工具进行。那么，老年人如何在网络购物时与卖家进行讨价还价呢？

（1）分析宝贝的价格。

首先，要多了解市场行情，这是成功讲价的基础。根据市场行情，分析这种宝贝的价格大概在什么范围，再对照卖家的出价判断是否有讲价的可能性。如果卖家的出价并不是购物网站上的最低价，就可以试着与卖家讲价。一般通过买卖双方的沟通，大多数爽快的卖家都会适当减价。

（2）分析卖家的好评率。

通过查看卖家的信用等级来分析卖家的好评率，如部分购物网站将卖家分为“心级卖家”❤、“钻石级卖家”和“皇冠级卖家”等。“心级卖家”因为开店不久，所以对每一笔生意都很重视，大多数“心级卖家”都会在能承受的范围之内适当减价，只要买家能把握好这一点，一般都能成功讲价。“钻石级卖家”和“皇冠级卖家”基本上都具备了丰富的网上买卖经验，同时也拥有了大量的回头客，所以不太需要通过少量的小生意来换取好评，这使得讲价成功的可能性不大。当然，并不是所有的“钻石级卖家”和“皇冠级卖家”都是这样，也有许多因为销售量较大使货品反而便宜的例子，所以买家不要错过任何可与卖家讨价还价的机会。

第3篇

Office 2019 办公篇

第 13 章

使用 Word 2019 制作文档

➲ 高手指引

Word 是最常用的办公软件之一，也是目前广泛使用的文字处理软件，可以方便地完成各种办公文档的制作、编辑以及排版等。

➲ 重点导读

- 学习制作公司内部通知
- 学习制作公司宣传彩页
- 学习排版毕业论文
- 学习递交准确的年度报告

13.1 制作公司内部通知

通知是在学校、单位等公共场所经常可以看到的一种知照性公文。公司内部通知是一项仅限于公司内部人员知道或遵守的，为实现某一项活动或决策制定的说明性文件。常用的通知有会议通知、比赛通知、放假通知、任免通知等。

13.1.1 创建并保存 Word 文档

在制作公司内部通知前，首先需要创建一个 Word 文档，具体操作步骤如下。

第 1 步 在打开的 Word 文档中选择【文件】选项卡，在其列表中选择【新建】选项，在【新建】区域单击【空白文档】选项，即可新建空白文档。

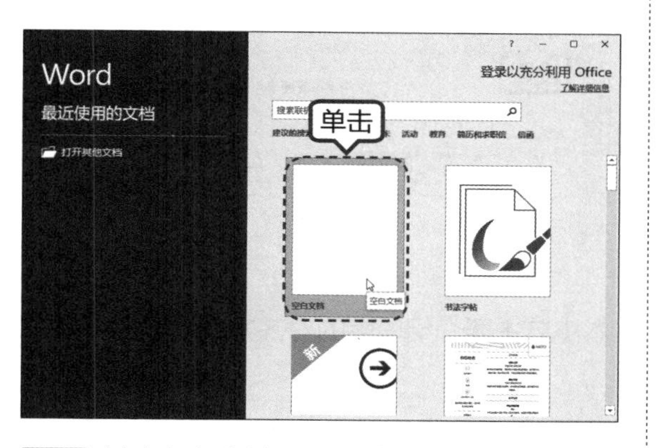

第 2 步 创建空白文档后，按【Ctrl+S】组合键，进入【另存为】界面，单击【浏览】选项。

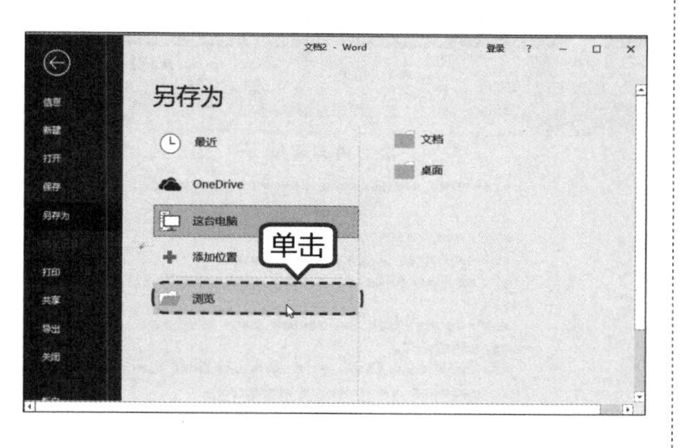

第 3 步 弹出【另存为】对话框，选择要保存的路径，在【文件名】文本框中输入“公司内部通知”，并单击【保存】按钮。

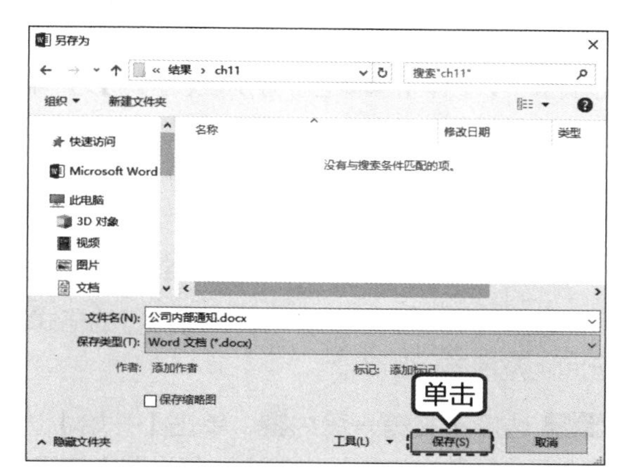

第 4 步 返回 Word 文档工作界面，即可看到文档被保存为“公司内部通知”。

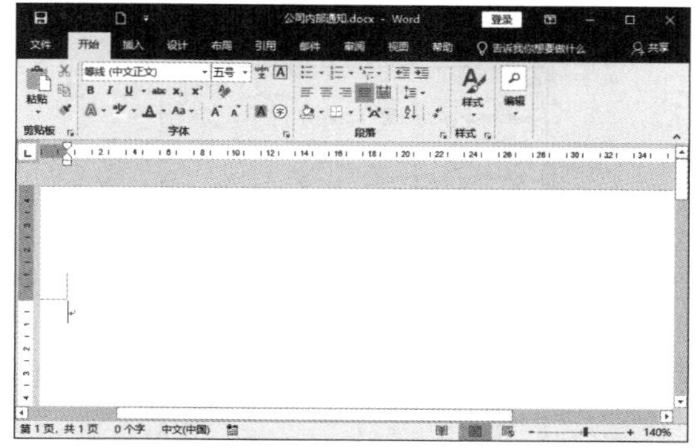

13.1.2 设置文本字体

字体外观的设置，直接影响到文本内容的阅读效果，美观大方的文本样式可以给人以简洁、清新、赏心悦目的阅读感受。

第1步 打开“素材\ch13\公司内部通知.txt”文件，将内容全部复制到新建的文档中。

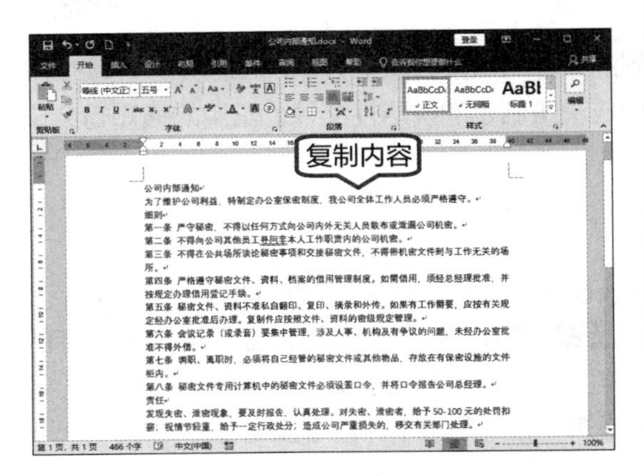

第2步 选择“公司内部通知”文本，在【开始】选项卡下【字体】选项组中分别设【字体】为“华文楷体”，【字号】为“二号”，并设置其“加粗”和“居中”显示。

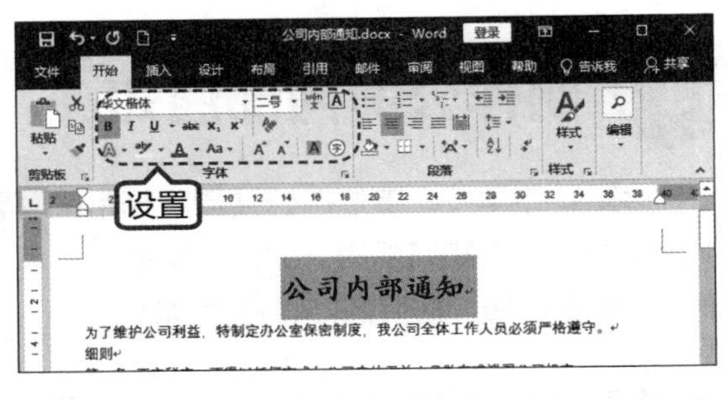

第3步 使用同样方式分别设置“细则”和“责任”，【字体】为“华文楷体”，【字号】为“小三”，并设置其“加粗”和“居中”显示。

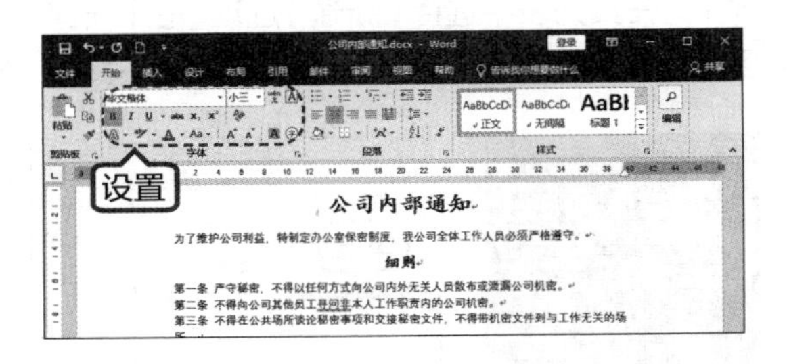

13.1.3 设置文本段落缩进和间距

段落样式是指以段落为单位所进行的格式设置。本小节主要介绍段落的对齐方式、段落的缩进、行间距及段落间距等。

第1步 选择正文第一段内容，单击【开始】选项卡下【段落】选项组中的【段落设置】按钮。在弹出的【段落】对话框中，分别设置【特殊格式】为“首行缩进”，【缩进值】为“2 字符”，【行距】为“1.5 倍行距”，然后单击【确定】按钮。

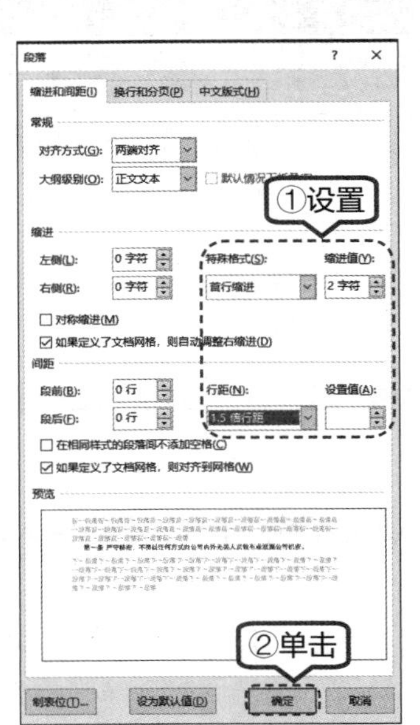

第2步 使用同样的方法设置其他段落，最终效果如下图所示。

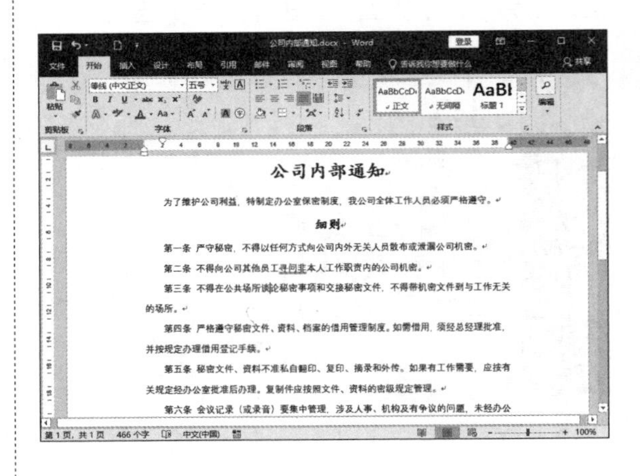

13.1.4 添加边框和底纹

边框是指在一组字符或句子周围应用边框；底纹是指为所选文本添加底纹背景。在文档中，为选定的字符、段落、页面以及图形设置各种颜色的边框和底纹，可以达到美化文档的效果。具体操作步骤如下。

第1步 按【Ctrl+A】组合键，选中所有文本，单击【开始】选项卡下【段落】选项组中【边框】按钮右侧的下拉按钮，在弹出的下拉列表中选择【边框和底纹】选项。

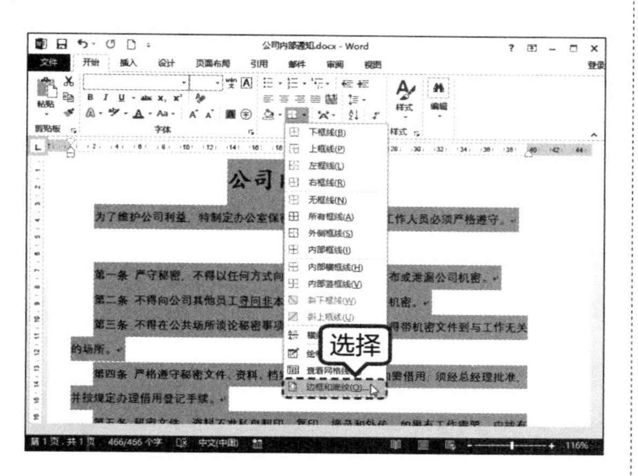

第2步 弹出【边框和底纹】对话框，在【设置】列表中选择【阴影】选项，在【样式】列表中选择一种线条样式，在【颜色】列表中选择【浅蓝】选项，在【宽度】列表中选择【1.5 磅】选项。

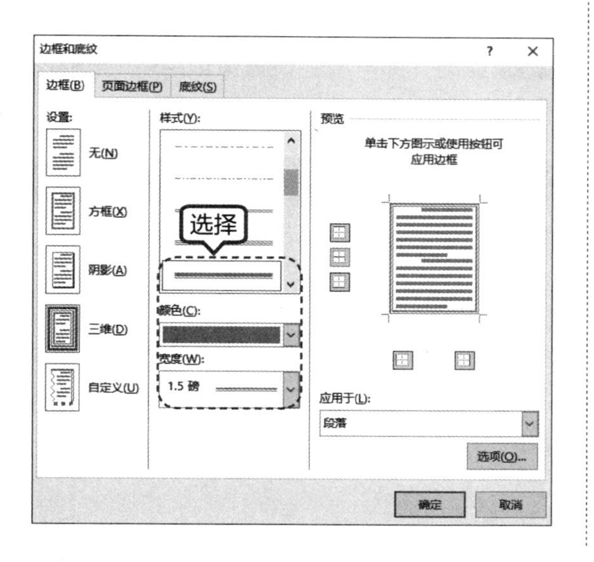

第3步 选择【底纹】选项卡，在【填充】颜色下拉列表中选择【金色，个性色 4，淡色 80%】选项，单击【确定】按钮。

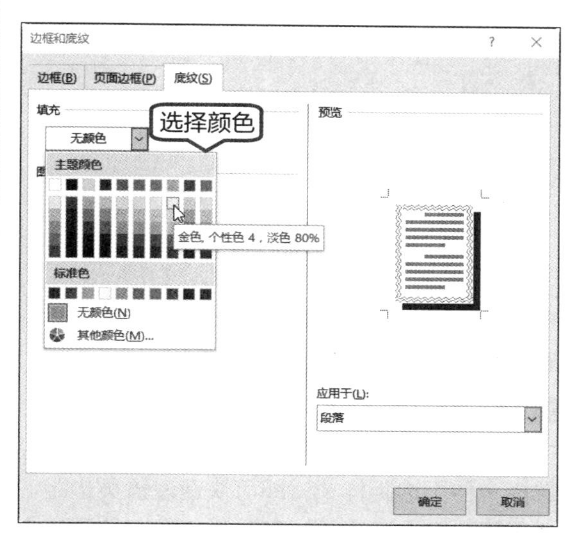

第4步 最终结果如下图所示，按【Ctrl+S】组合键保存该文档即可。

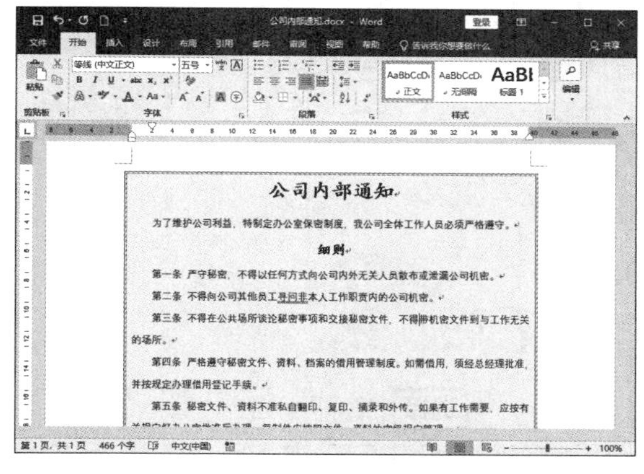

13.2 制作公司宣传彩页

宣传彩页要根据公司的性质确定主题色调和整体风格，这样更能突出主题，吸引客户。

13.2.1 设置页边距

页边距有两个作用：一是便于装订；二是可形成更加美观的文档。设置页边距，包括上、下、左、右边距以及页眉和页脚距页边界的距离，使用该功能可以十分精确地设置页边距。具体步骤如下。

第 1 步 新建空白 Word 文档，并将其另存为“公司宣传彩页 .docx”。

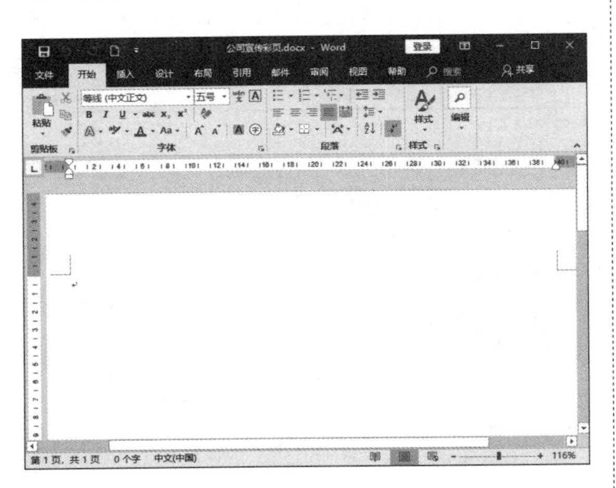

第 2 步 单击【布局】选项卡下【页面设置】组中的【页边距】按钮，在弹出的下拉列表中选择一种页边距样式，即可快速设置页边距。如果要自定义页边距，可在弹出的下拉列表中选择【自定义边距（A）】选项。

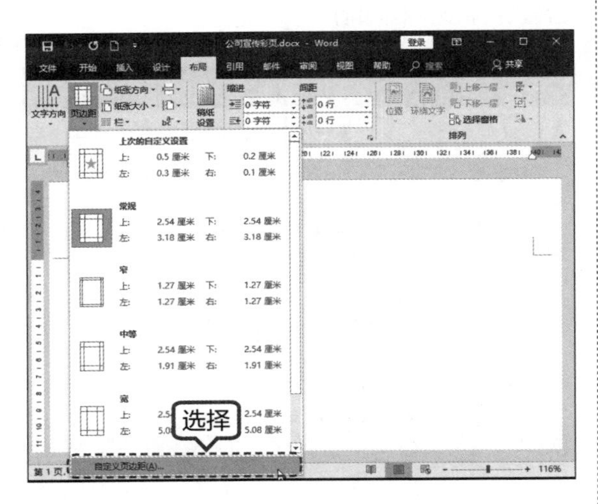

第 3 步 弹出【页面设置】对话框，在【页边距】选项卡下【页边距】区域可以自定义设置“上”“下”“左”“右”页边距。这里将【上】【下】边距设置为“1.5 厘米”，【左】【右】页边距设为“1.8 厘米”，在【预览】区域可以查看设置后的效果。单击【确定】按钮。

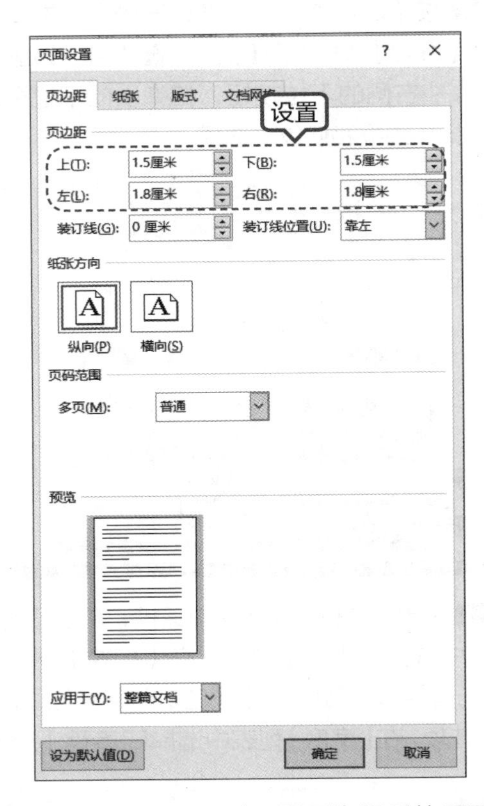

第 4 步 此时，即可看到设置页边距后的页面效果。

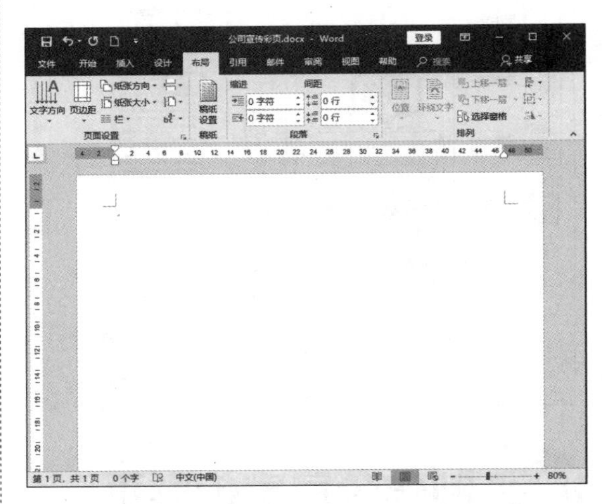

13.2.2 设置纸张的方向和大小

纸张的大小和方向，也影响着文档的打印效果，因此设置合适的纸张在 Word 文档制作过程中也是非常重要的。设置纸张包括设置纸张的方向和大小，具体操作步骤如下。

第1步 单击【布局】选项卡下【页面设置】组中的【纸张方向】按钮，在弹出的下拉列表中可以设置纸张方向为“横向”或“纵向”。这里单击【横向】选项。

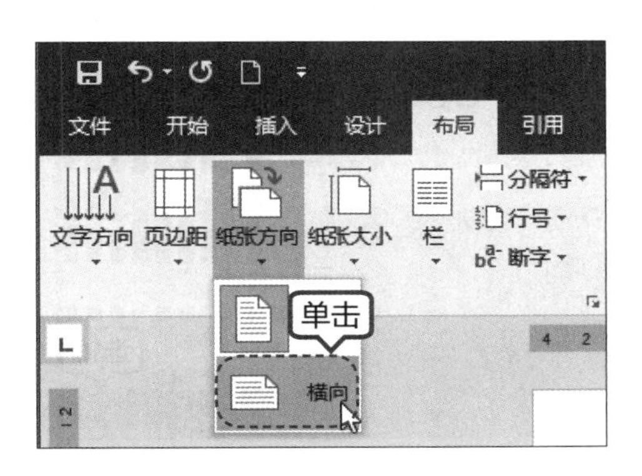

> **提示** 用户也可以在【页面设置】对话框【页边距】选项卡下的【纸张方向】区域设置纸张的方向。

第2步 单击【布局】选项卡【页面设置】选项组中的【纸张大小】按钮，在弹出的下拉列表中可以选择纸张大小。如果要设置其他纸张大小，则可选择【其他纸张大小】选项。

第3步 弹出【页面设置】对话框，在【纸张】选项卡下，将【纸张大小】设置为“自定义大小”，并将【宽度】设置为“32 厘米”，高度设置为“24 厘米”，单击【确定】按钮。

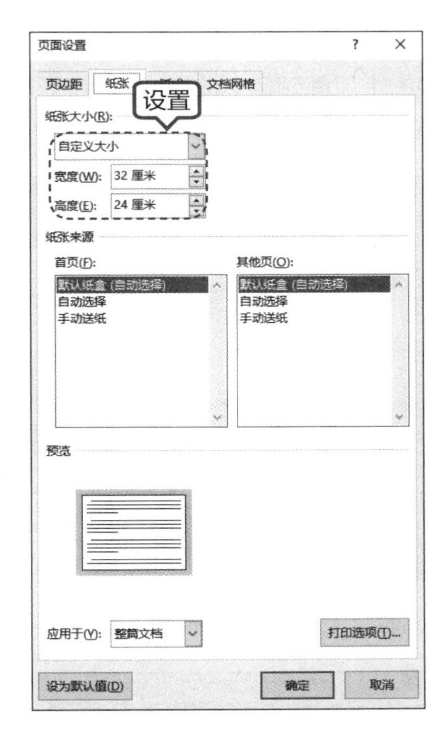

第4步 此时，即可完成纸张大小的设置，效果如下图所示。

13.2.3 设置页面背景

在 Word 2019 中可以通过设置页面颜色来设置文档的背景，以使文档更加美观。如设置纯色背景填充、填充效果、水印填充及图片填充等。

1. 纯色背景

使用纯色背景填充文档的具体操作步骤如下。

第1步 单击【设计】选项卡下【页面背景】选项组中的【页面颜色】按钮，在下拉列表中选择背景颜色，这里选择“浅蓝”。

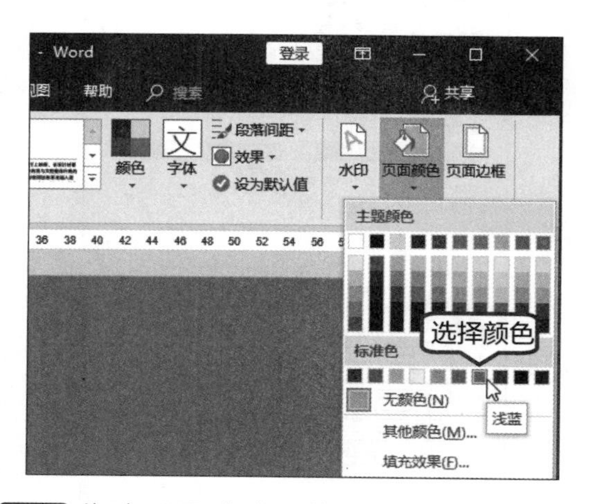

第2步 此时，页面颜色即填充为浅蓝色。

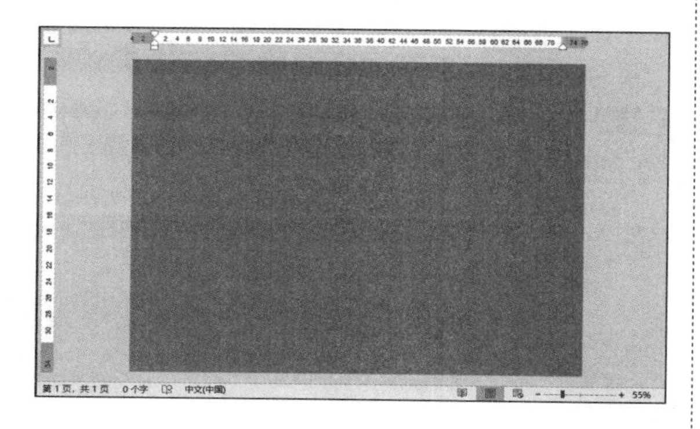

2. 填充背景

除了使用纯色填充以外，还可以使用填充效果来填充文档的背景，包括渐变填充、纹理填充、图案填充和图片填充等。具体操作步骤如下。

第1步 单击【设计】选项卡下【页面背景】选项组中的【页面颜色】按钮，在弹出的下拉列表中选择【填充效果】选项。

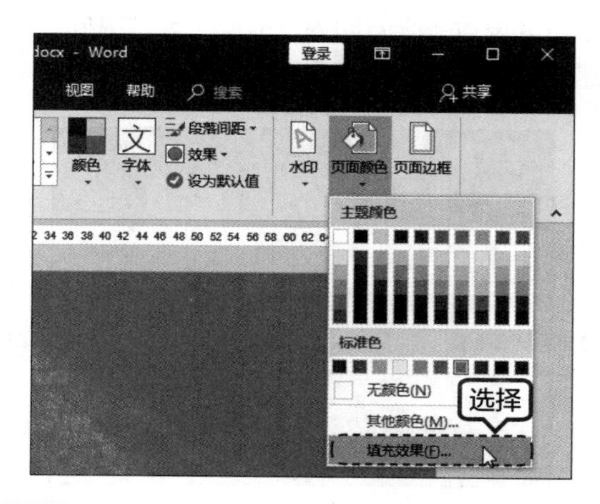

第2步 弹出【填充效果】对话框，单击选中【双色】单选项，分别设置右侧的【颜色 1】和【颜色 2】的颜色。

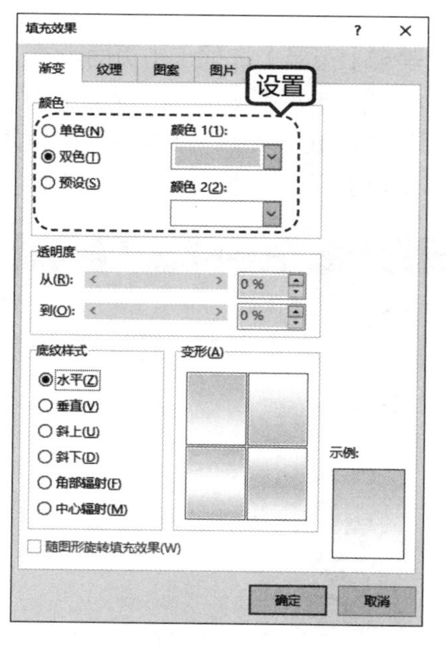

第3步 在下方的【底纹样式】组中，单击选中【角部辐射】单选项，然后单击【确定】按钮。

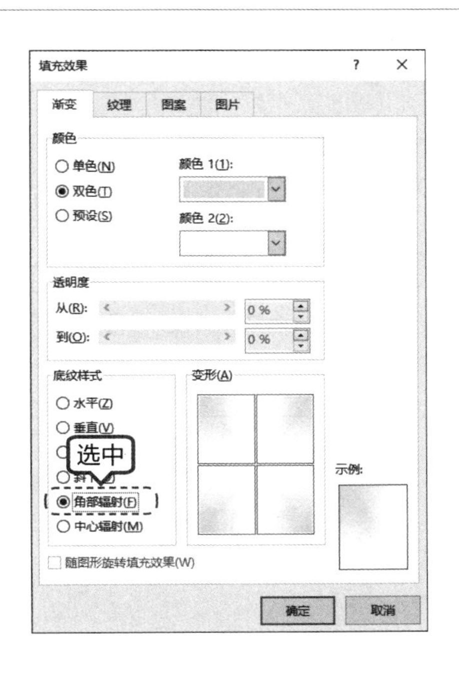

第 4 步 此时，即可看到设置渐变填充后的效果，如下图所示。

提示 纹理填充、图案填充和图片填充的操作类似，这里不再赘述。

13.2.4 使用艺术字美化宣传彩页

艺术字，是具有特殊效果的字体。艺术字不是普通的文字，而是图形对象，用户可以像处理其他图形那样对其进行处理。利用 Word 2019 提供的插入艺术字功能，不仅可以制作出美观的艺术字，而且操作非常简单。

创建艺术字的具体操作步骤如下。

第 1 步 单击【插入】选项卡下【文本】组中的【艺术字】按钮 艺术字，在弹出的下拉列表中选择一种艺术字样式。

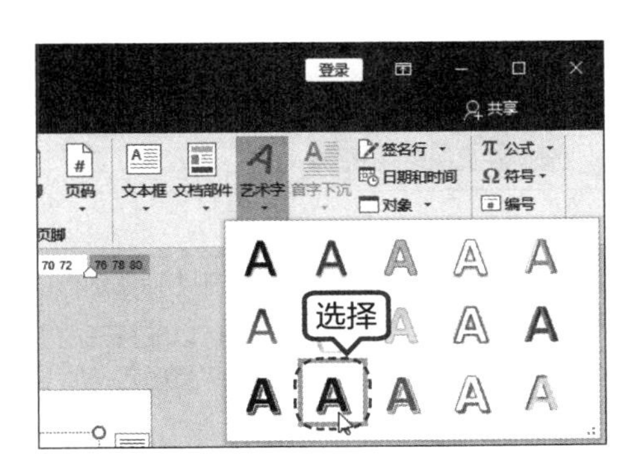

第 2 步 在文档中插入“请在此放置您的文字”艺术字文本框。

第 3 步 在艺术字文本框中输入“龙马电器销售公司”文本，即可完成艺术字的创建。

第 4 步 将鼠标指针放置在艺术字文本框上，单击并按住鼠标左键拖曳文本框，将艺术字文本框的位置调整至页面中间。

13.2.5 插入图片

图片可以使文档更加生动形象，插入的图片可以是一个剪贴画、一张照片或一幅图画。在 Word 2019 中，用户可以在文档中插入本地图片，还可以插入联机图片。在 Word 中插入保存在电脑硬盘中的图片的具体操作步骤如下。

第 1 步 打开“素材 \ch13\ 公司宣传彩页文本 .docx”文件，将其中的内容粘贴至“公司宣传彩页 .docx”文档中，并根据需要调整正文的字体、段落格式。

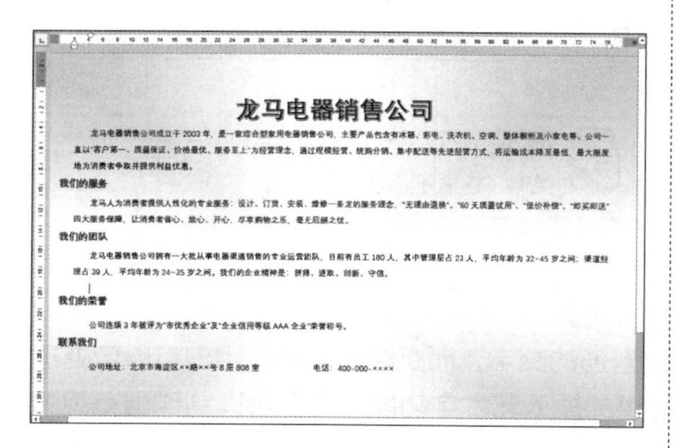

第 2 步 将光标定位于要插入的图片位置，单击【插入】选项卡下【插图】选项组中的【图片】按钮。

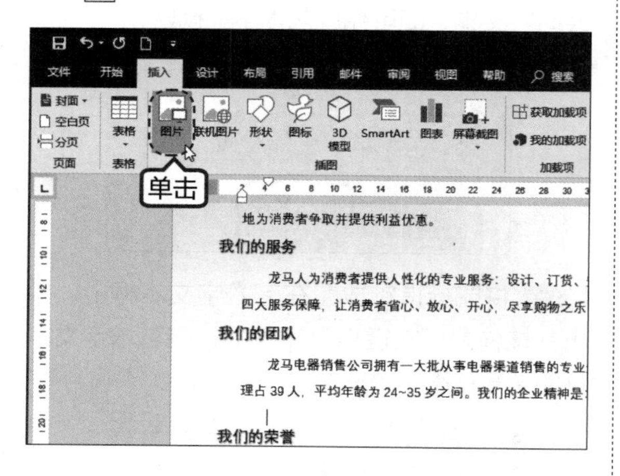

第 3 步 在弹出的【插入图片】对话框中选择需要插入的“素材 \ch13\01.jpg”图片，单击【插入】按钮。

第 4 步 此时，在 Word 文档中光标所在的位置就插入了所选择的图片。

> **提示** 单击【插入】选项卡下【插图】选项组中的【联机图片】按钮，可以在打开的【插入图片】对话框中搜索联机图片并将其插入 Word 文档。

13.2.6 设置图片的格式

插入 Word 文档中的图片，其设置不一定符合要求，这时就需要对图片进行适当的调整。

1. 调整图片的大小与位置

插入图片后可以根据需要调整图片的大小及位置，具体操作步骤如下。

第1步 选择插入的图片，将鼠标指针放在图片四个角的控制点上，当鼠标指针变为⤡形状或⤢形状时，单击并按住鼠标左键拖曳，即可调整图片的大小，效果如下图所示。

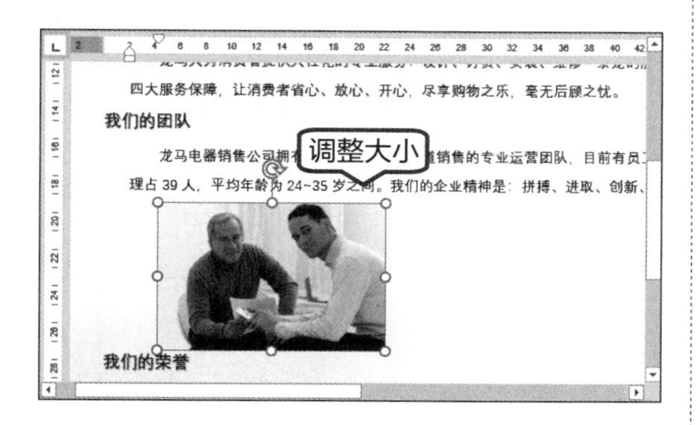

> **提示** 在【图片工具】➤【格式】选项卡下的【大小】组中可以精确调整图片的大小。

第2步 将光标定位至该图片后面，插入“素材\ch13\02.jpg”图片，并根据第1步所述的方法，调整图片的大小。

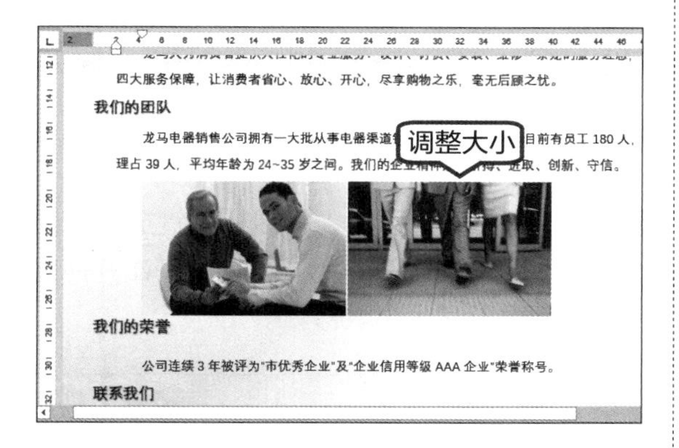

第3步 选择插入的图片，将其设置为居中位置。

第4步 在两张图片中间，可以使用【空格】键，使其留有空白。

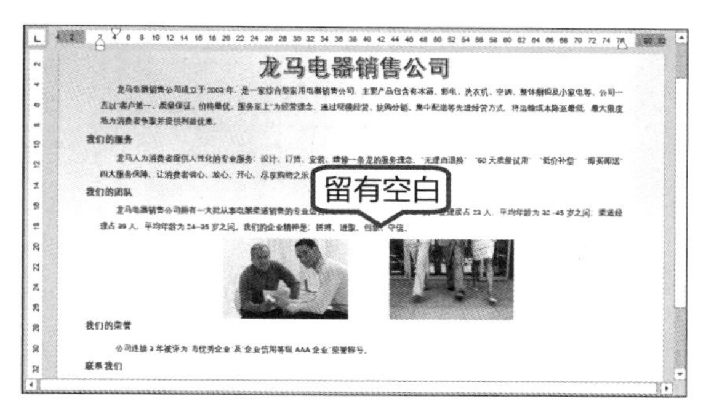

2. 美化图片

插入图片后，还可以调整图片的颜色、设置艺术效果、修改图片的样式，使图片更美观。美化图片的具体操作步骤如下。

第1步 选择要编辑的图片，单击【图片工具】➤【格式】选项卡下【图片样式】组中【其他】按钮，在弹出的下拉列表中选择任一选项，即可改变图片样式。这里选择【居中矩形阴影】。

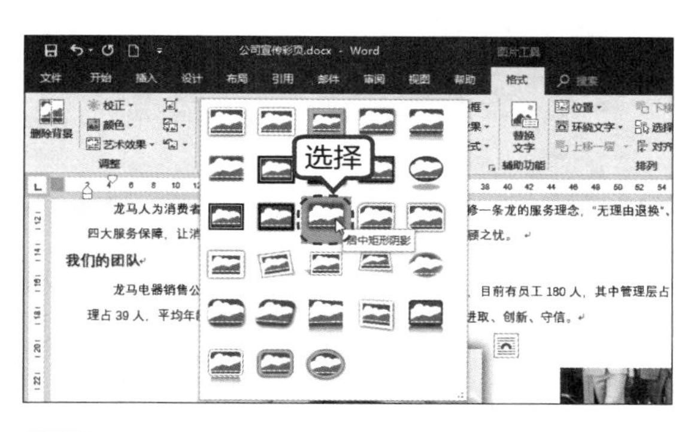

第2步 此时，即可应用图片样式效果，如下图所示。

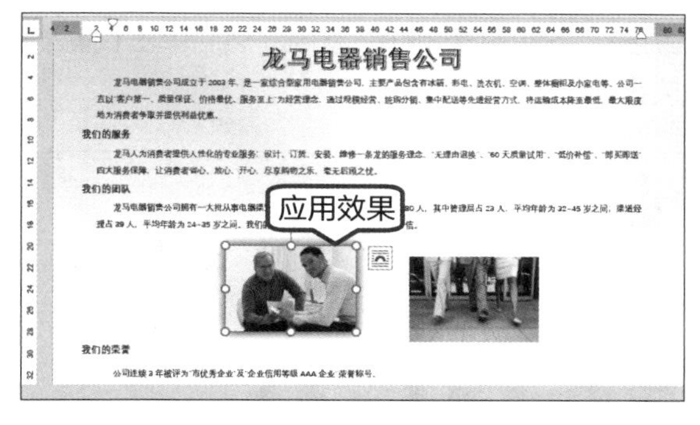

第3步 使用同样的方法，为第2张图片应用【居中矩形阴影】效果。

第4步 根据情况调整图片的位置及大小，最终效果如下图所示。

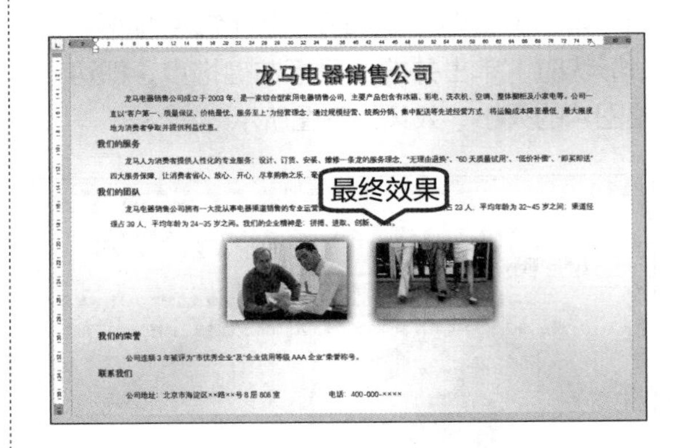

13.2.7 插入图标

Word 2019 中增加了【图标】功能，用户可以根据需要插入系统中自带的图标。具体步骤如下。

第1步 将光标定位在标题前的位置，并单击【插入】选项卡【插图】组中的【图标】按钮。

第2步 弹出【插入图标】对话框，可以在左侧选择图标分类，右侧则显示了对应的图标。这里选择“分析”类别下的图标，然后单击【插入】按钮。

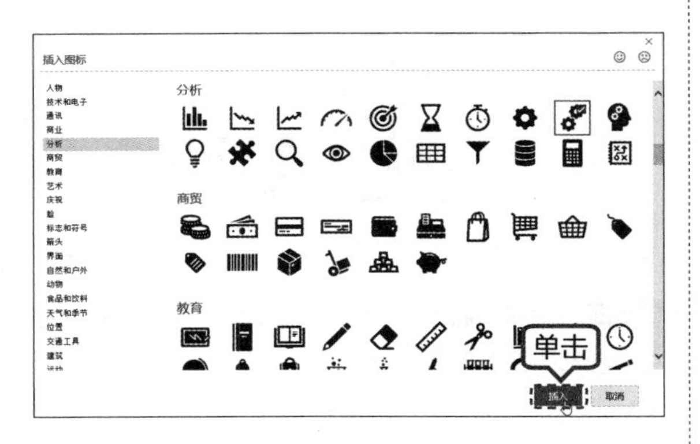

第3步 此时，即可在光标位置插入所选图标，如下图所示。

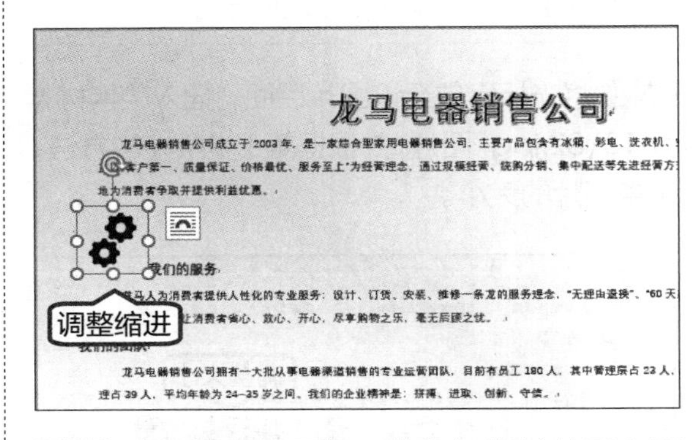

第4步 选择插入的图标，将鼠标指针放置在图标的右下角，指针变为↘形状时，单击并拖曳鼠标即可调整其大小。

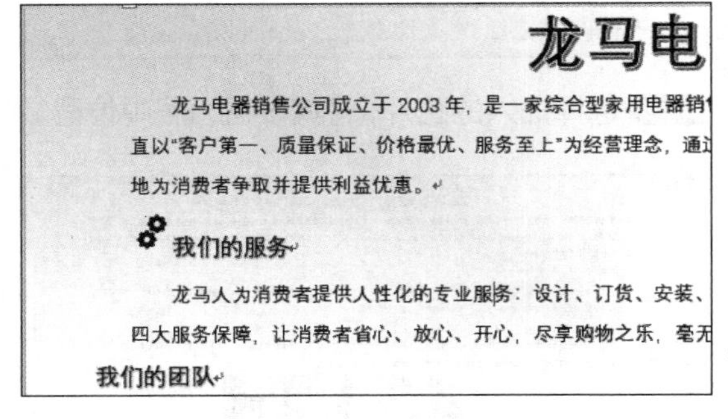

第5步 选择该图标，单击图标右侧显示的【布局选项】按钮，在弹出的列表中，选择【浮于文字上方】布局选项。

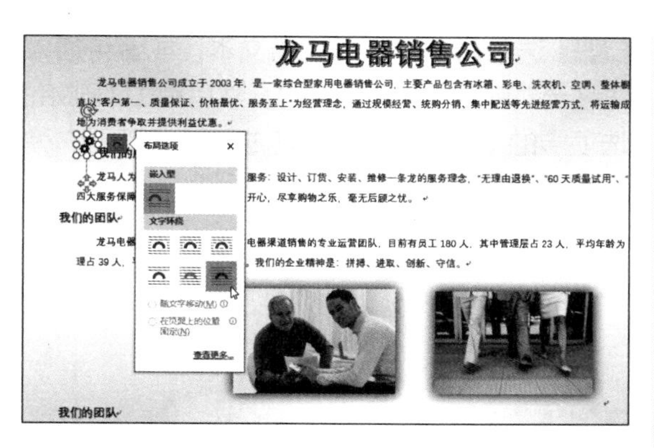

第 6 步 设置图标布局后，根据情况调整文字的缩进。调整后的效果如下图所示。

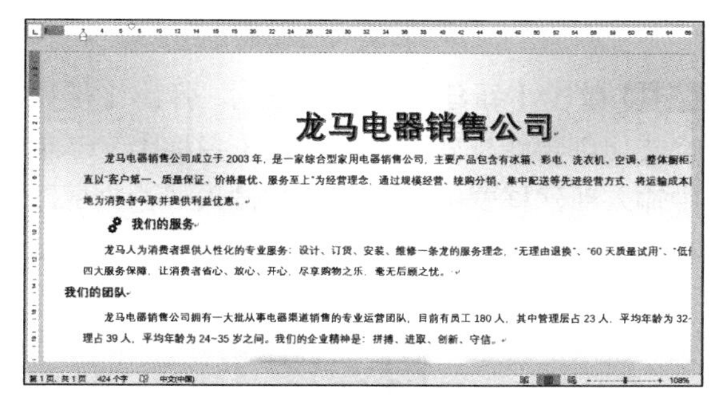

第 7 步 使用同样的方法设置其他标题的图标，效果如下图所示。

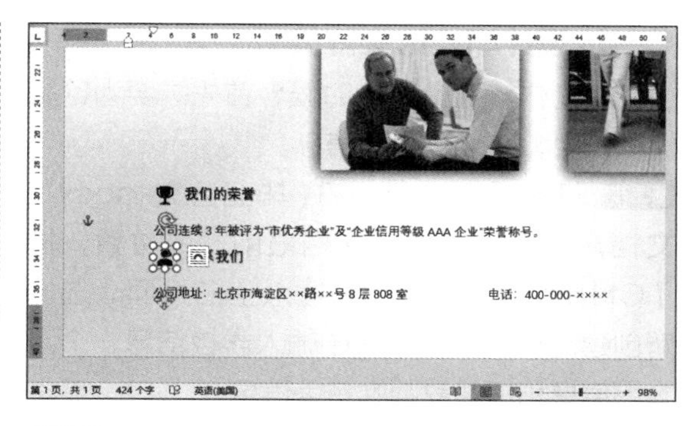

第 8 步 图标设置完成后，根据情况调整细节，并保存文档，效果如下图所示。

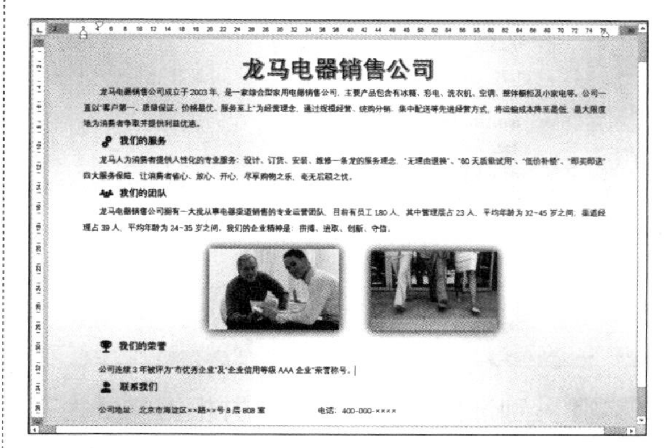

13.3 排版毕业论文

设计毕业论文时需要注意，文档中同一类别的文本的格式要统一，层次要有明显的区分，要对同一级别的段落设置相同的大纲级别。此外，某些页面还需要单独显示。下图即为常见的论文结构。

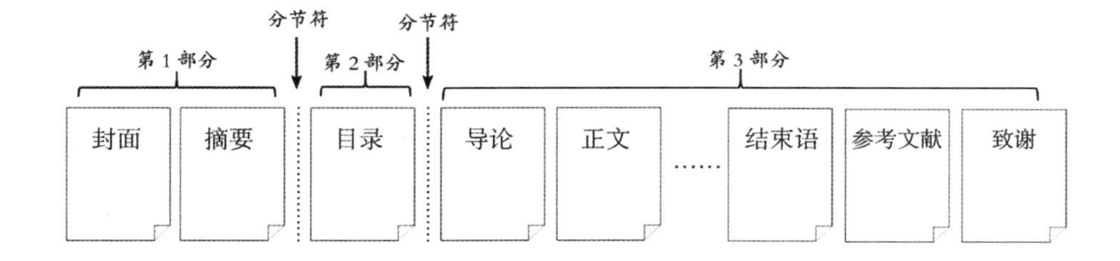

13.3.1 为标题和正文应用样式

排版毕业论文时，通常需要先制作毕业论文首页，然后为标题和正文内容设置并应用样式。

1. 设计毕业论文首页

在制作毕业论文的时候，首先需要为论文添加首页，来描述个人信息。

第1步 打开“素材\ch13\毕业论文.docx”文档，将光标定位至文档最前面的位置，按【Ctrl+Enter】组合键，插入空白页面。选择新创建的空白页，在其中输入学校信息、个人介绍信息和指导教师姓名等信息。

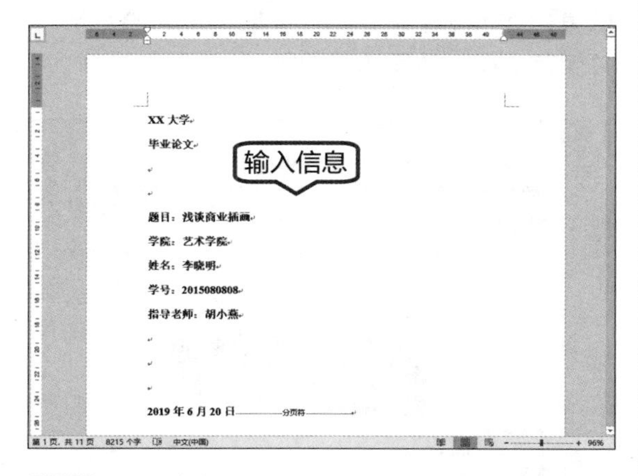

第2步 分别选择不同的信息，并根据需要为不同的信息设置不同的格式，使所有的信息占满论文首页。

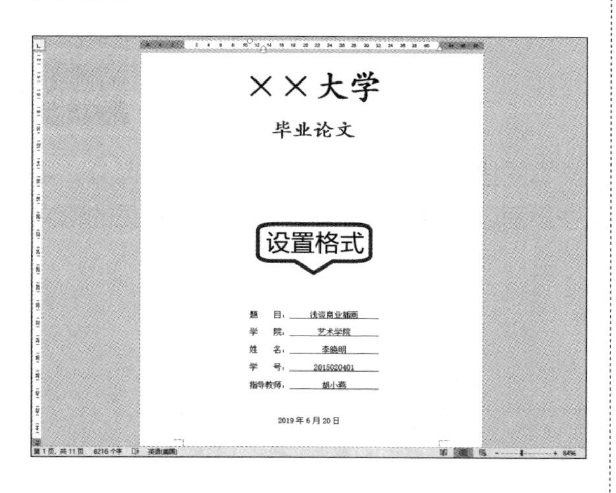

2. 设计毕业论文格式

毕业论文通常会统一要求格式，需要根据提供的格式统一样式。

第1步 选中需要应用样式的文本，或者将插入符移至“前言”文本段落内，然后单击【开始】选项卡的【样式】组中的【样式】按钮，弹出【样式】窗格。

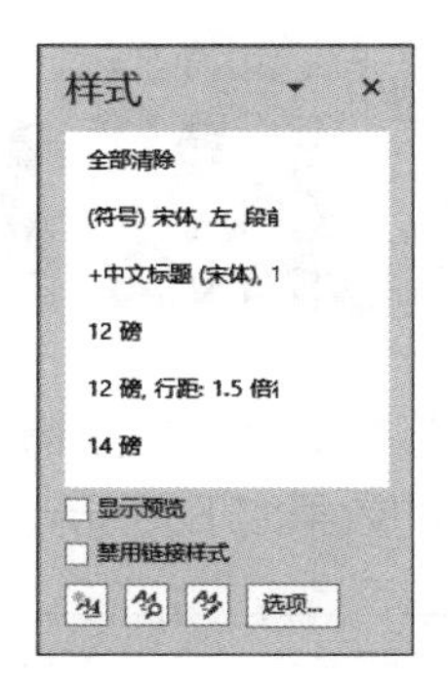

第2步 单击【新建样式】按钮，弹出【根据格式化创建新样式】窗口，在【名称】文本框中输入新建样式的名称，例如输入“论文标题1”，在【格式】区域分别根据规定设置字体样式。

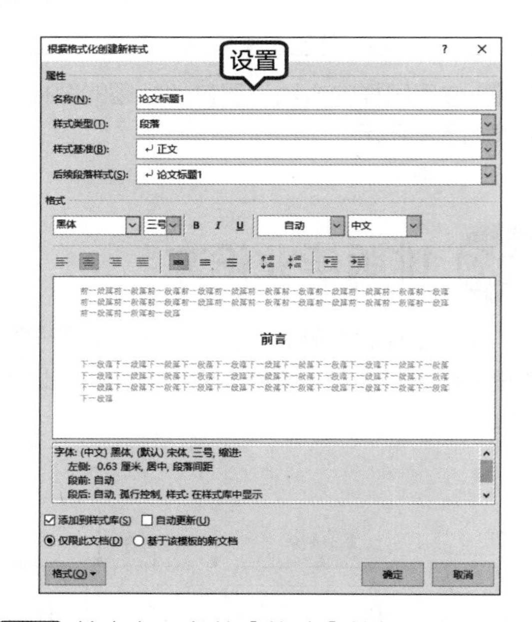

第3步 单击左下角的【格式】按钮，在弹出的下拉列表中选择【段落】选项，即可打开【段落】对话框，根据要求设置段落样式。在【缩进和间距】选项卡下的【常规】组中单击【大纲级别】文本框后的下拉按钮，在弹出的下拉列表中选择【1级】选项，单击【确定】按钮。

第 4 步 返回【根据格式化创建新样式】对话框，在中间区域浏览效果，单击【确定】按钮。

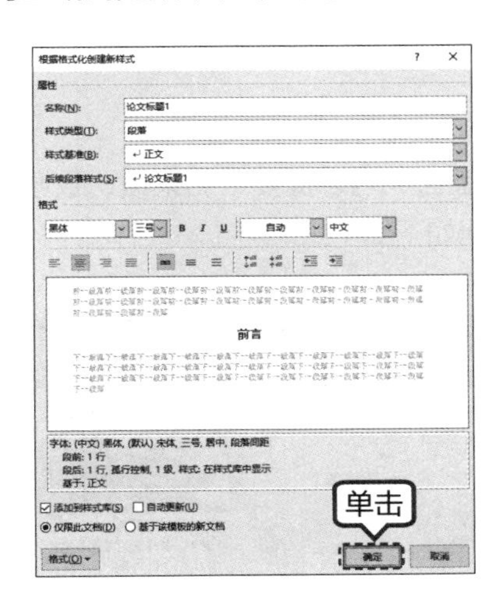

第 5 步 在【样式】窗格中可以看到创建的新样式，在 Word 文档中显示设置后的效果。

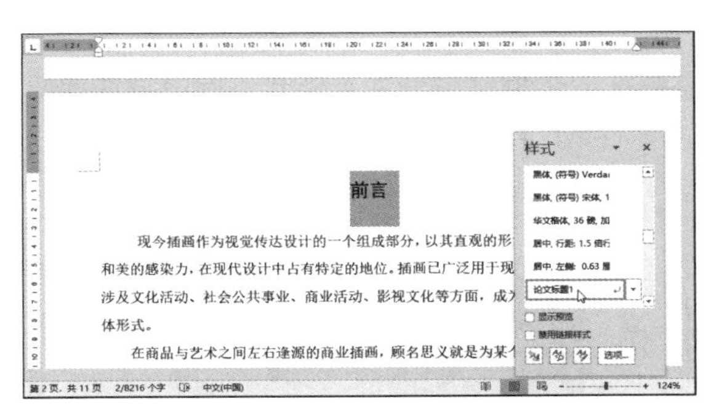

第 6 步 选择其他需要应用该样式的段落，单击【样式】窗格中的【论文标题 1】样式，即可将该样式应用到新选择的段落。使用同样的方法为其他标题及正文设计样式。最终效果如下图所示。

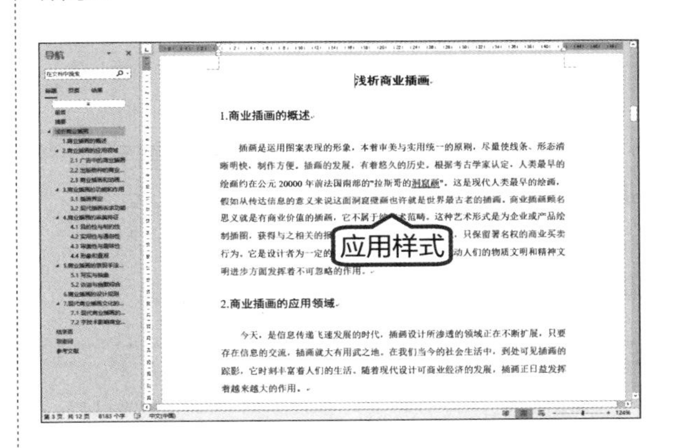

13.3.2 使用格式刷

在编辑长文档时，还可以使用格式刷快速应用样式。具体操作步骤如下。

第 1 步 选择参考文献下的第一行文本，设置其【字体】为“楷体”，【字号】为“12”，效果如下图所示。

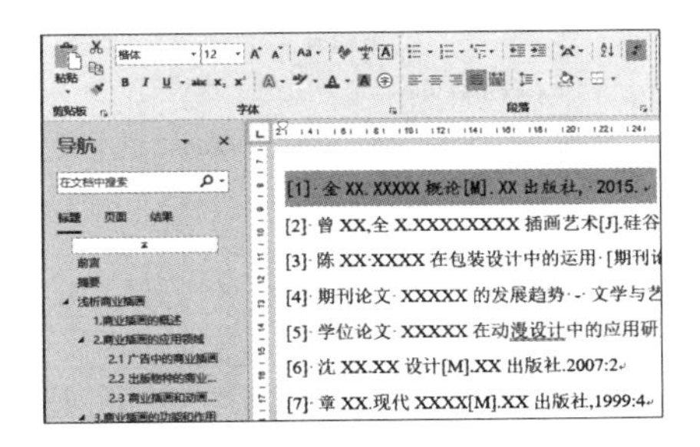

第 2 步 选择设置后的第一行文本，单击【开始】选项卡下【剪贴板】组中的【格式刷】按钮 格式刷 。

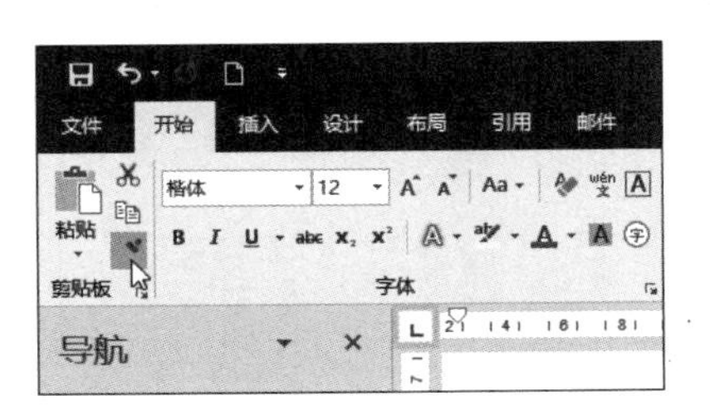

提示 单击【格式刷】按钮，可执行一次格式复制操作。如果Word文档中需要复制大量格式，则需双击该按钮，鼠标指针则显示为一个小刷子；若要取消操作，可再次单击【格式刷】按钮，或者按【Esc】键。

第3步 鼠标指针将变为样式，选择其他要应用该样式的段落。

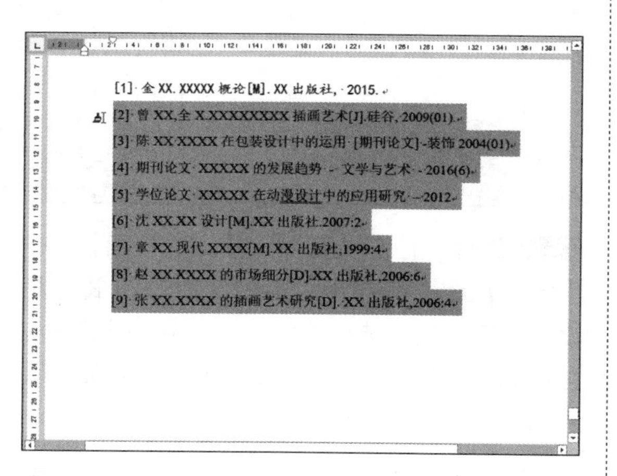

第4步 将该样式应用至其他段落中，效果如下图所示。

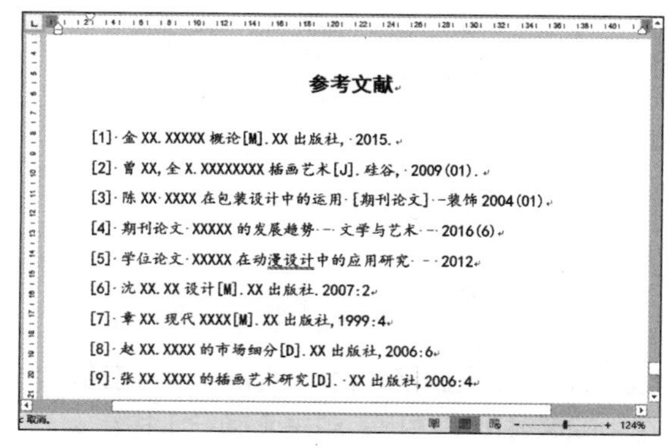

13.3.3 插入分页符

在排版毕业论文时，有些内容需要另起一页显示，如前言、内容提要、结束语、致谢词、参考文献等。可以通过插入分页符的方法实现，具体操作步骤如下。

第1步 将光标放在“参考文献”文本前。

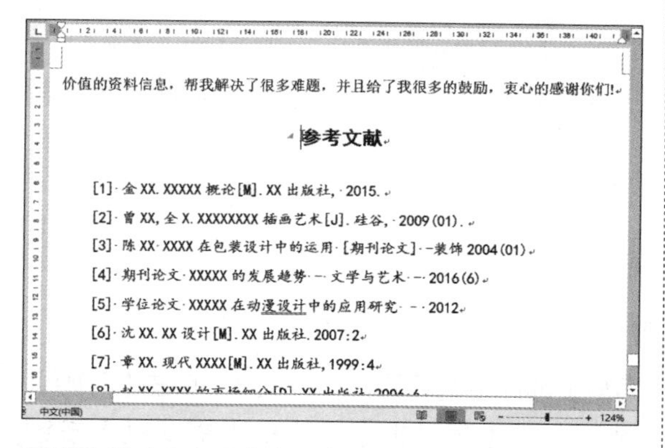

第2步 单击【布局】选项卡下【页面设置】组中【插入分页符和分节符】按钮的下拉按钮，在弹出的下拉列表中选择【分页符】>【分页符】选项。

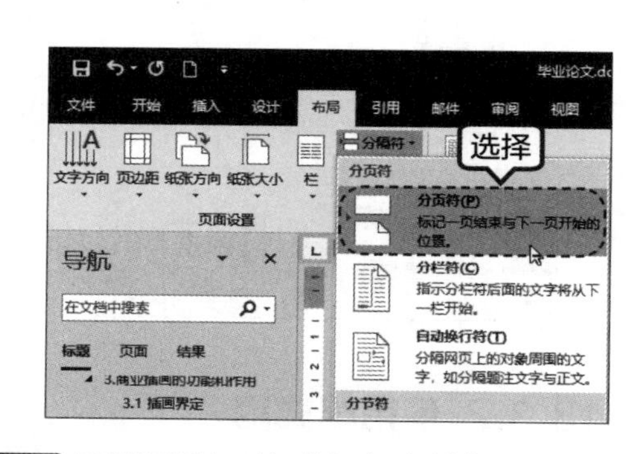

第3步 可以看到，将“参考文献”及其下方的内容另起一页显示。

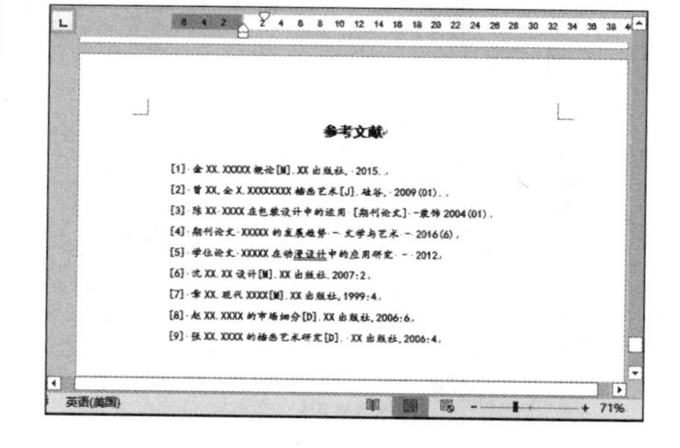

第 4 步 使用同样的方法，将其他需要另起一页显示的内容另起一页显示。

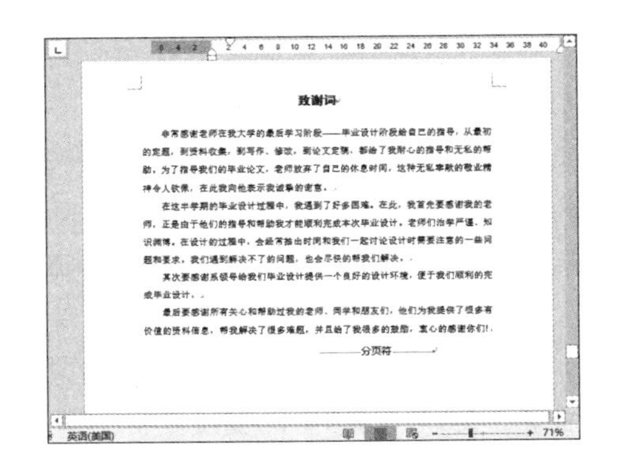

13.3.4 为论文设置页眉和页码

在毕业论文中可能需要插入页眉，以使文档看起来更美观。如果要提取目录，还需要在文档中插入页码。为论文设置页眉和页码的具体操作步骤如下。

第 1 步 单击【插入】选项卡【页眉和页脚】组中的【页眉】按钮，在弹出的【页眉】下拉列表中选择【空白】页眉样式。

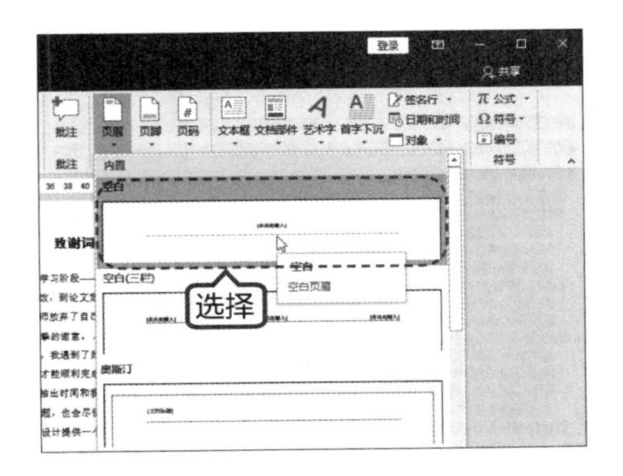

第 2 步 在【设计】选项卡的【选项】选项组中勾选【首页不同】和【奇偶页不同】复选框。

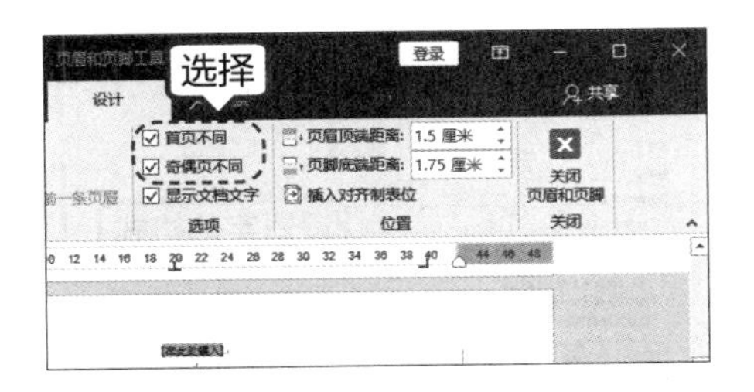

第 3 步 在奇数页页眉中输入内容，并根据需要设置字体样式。

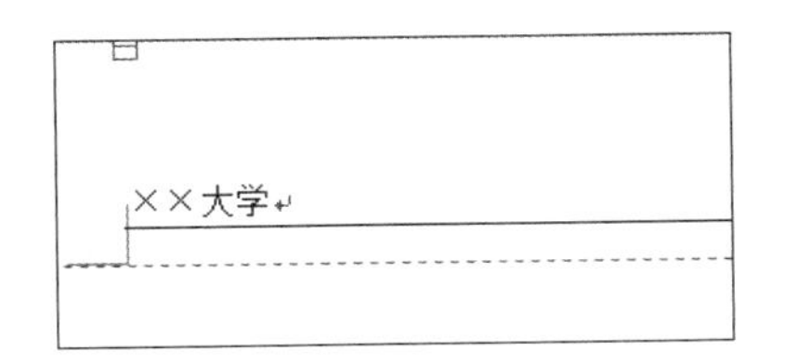

第 4 步 创建偶数页页眉，并设置字体样式。

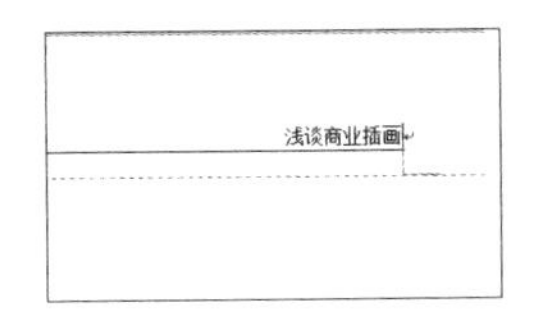

第 5 步 单击【设计】选项卡下【页眉和页脚】选项组中的【页码】按钮，在弹出的下拉列表中选择一种页码格式。

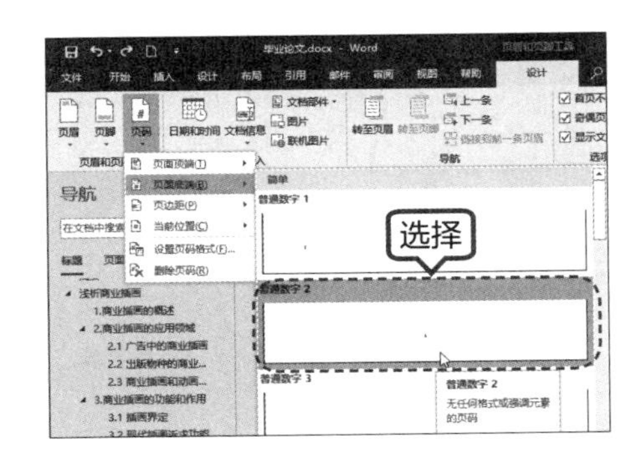

第 6 步 此时，即可在页面底端插入页码，单击【关闭页眉和页脚】按钮。

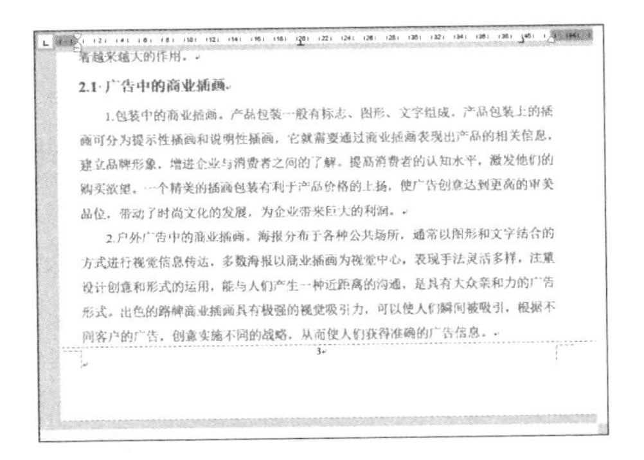

13.3.5 插入并编辑目录

格式设置完后，即可提取目录，具体步骤如下。

第1步 将光标定位至文档第 2 页页面最前的位置，单击【布局】➢【页面设置】➢【分隔符】按钮，在弹出的列表中选择【分节符】➢【下一页】选项，添加一个空白页。在空白页中输入“目录”文本，并根据需要设置字头样式。

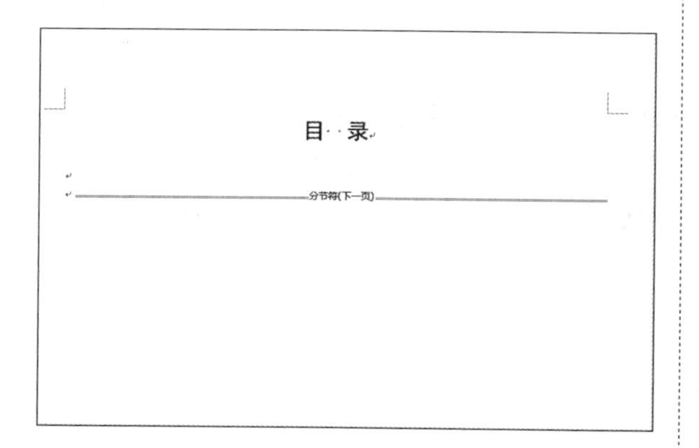

第2步 单击【引用】选项卡中【目录】组中的【目录】按钮，在弹出的下拉列表中选择【自定义目录】选项。

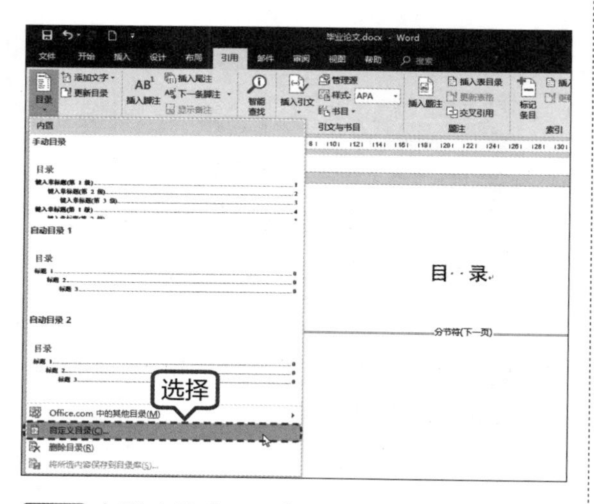

第3步 在弹出的【目录】对话框中，在【格式】下拉列表中选择【正式】选项，在【显示级别】微调框中输入或者选择显示级别为“3”，在预览区域可以看到设置后的效果。各选项设置完成后，单击【确定】按钮。

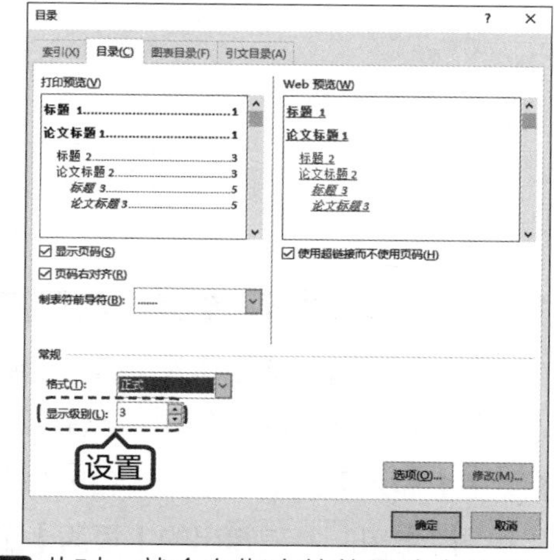

第4步 此时，就会在指定的位置建立目录。

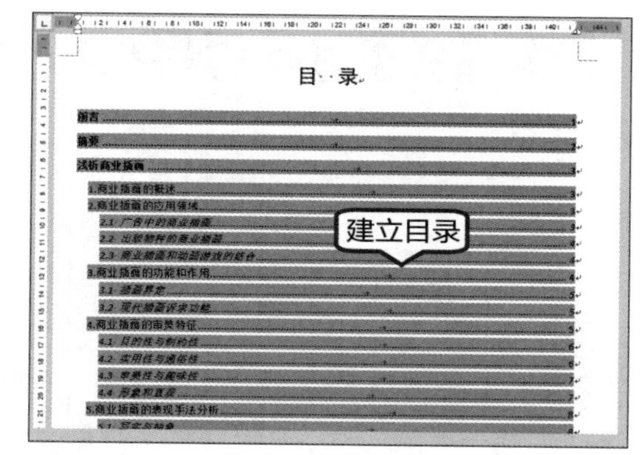

第5步 选择目录文本，根据需要设置目录的字体格式，效果如下图所示。

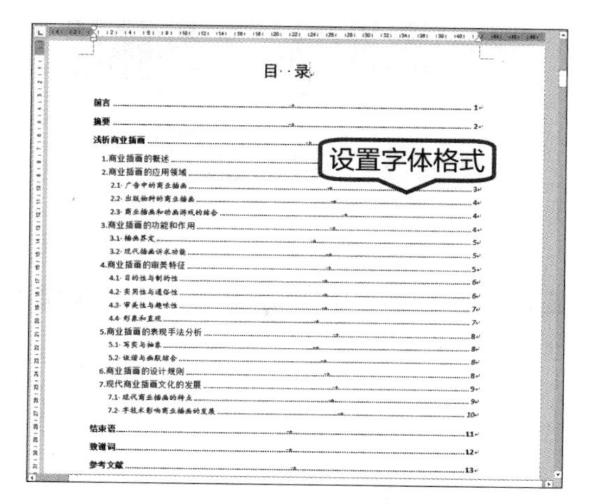

第6步 至此，就完成了毕业论文排版的操作，效果如下图所示。

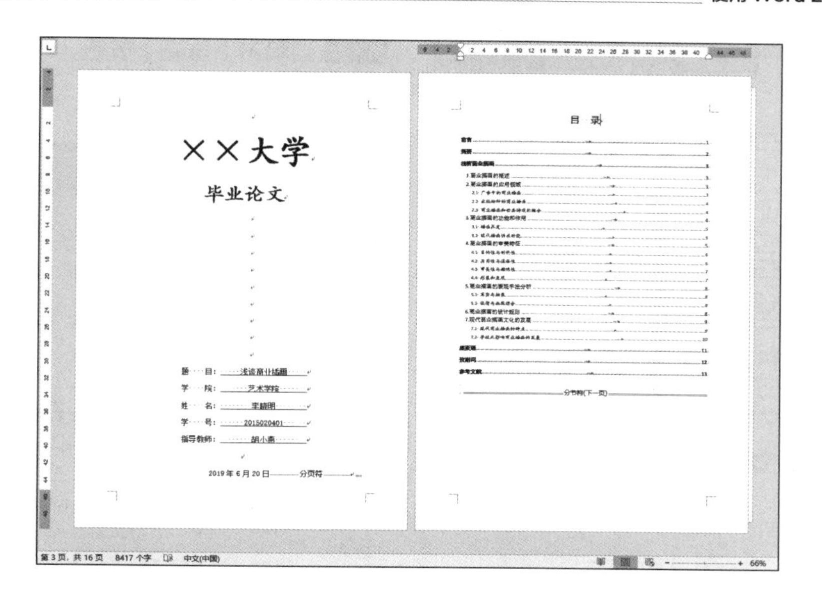

13.4 递交准确的年度报告

年度报告是整个公司会计年度的财务报告及其他相关文件，也可以是公司一年历程的简单总结，如向公司员工介绍公司一年的经营状况、举办的活动、制度的改革以及企业的文化发展等内容，以激发员工工作热情，增进员工与领导之间的交流，从而利于公司的良性发展。根据实际情况的不同，每个公司年度报告也不相同，但是对于年度报告的制作者来说，递交的年度报告必须是准确无误的。

13.4.1 像翻书一样“翻页”查看报告

在 Word 2019 中，默认是“垂直”的阅读模式，尤其是在阅读长文档时，如果使用鼠标拖曳滑块进行浏览，难免会效率低下。为了更好地阅读，可以使用“翻页”模式进行查看。

第1步 打开“素材 \ch13\ 公司年中工作报告.docx”素材文件，单击【视图】选项卡下【页面移动】组中的【翻页】按钮。

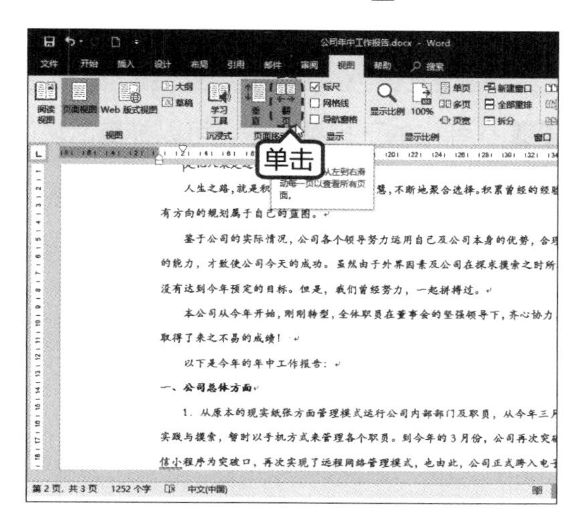

第2步 此时，即可进入【翻页】阅读模式，显示效果如下。

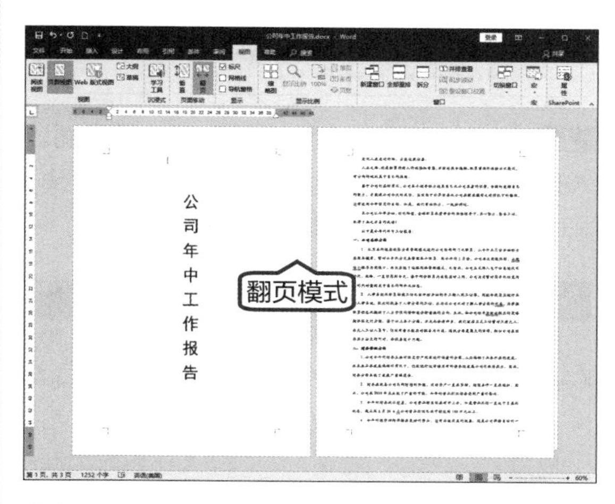

第3步 按【Page Down】键或者向下滚动一次鼠标滑轮即可向下翻页，如下图所示。

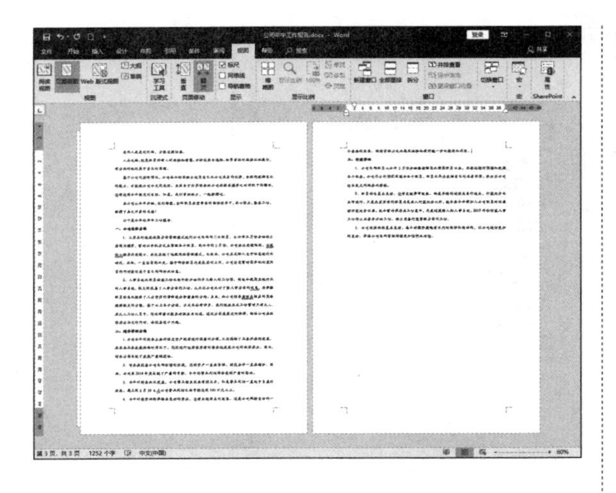

> **提示**
>
> 要向上翻页，则可以按【Page UP】键。

第4步 当单击【垂直】按钮，即会退出【翻页】模式。

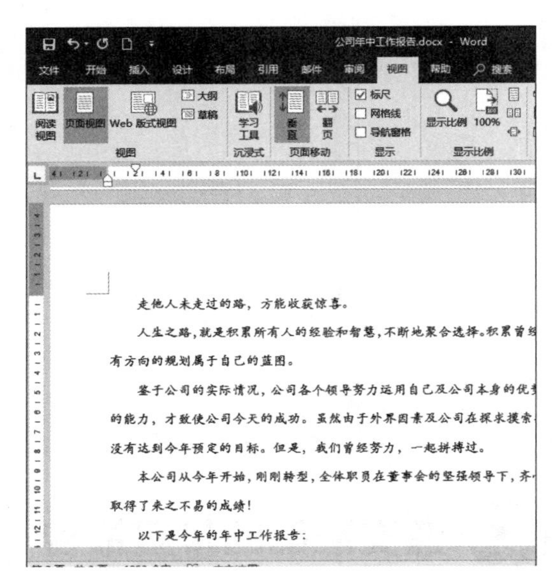

13.4.2 在沉浸模式下阅读报告

在 Word 2019 中，新增加了沉浸式学习功能，用户在该模式下，可以提高阅读体验。

第1步 单击【视图】选项卡下【沉浸式】组中的【学习工具】按钮。

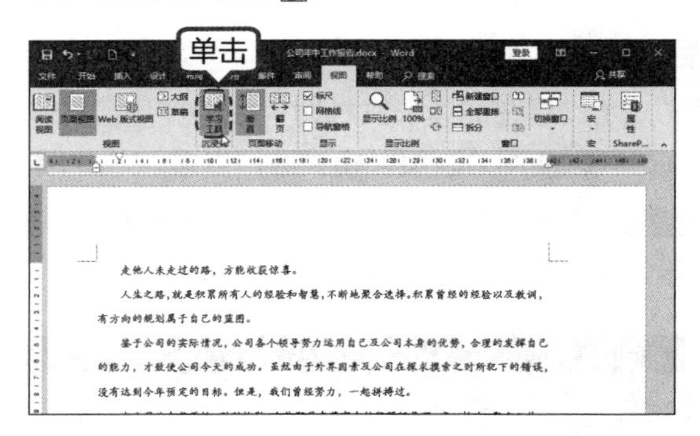

第2步 此时，即可进入沉浸式学习工具页面。单击【文字间距】按钮，可以增加文字间的距离，同时还会增加行宽，以方便查看文字。

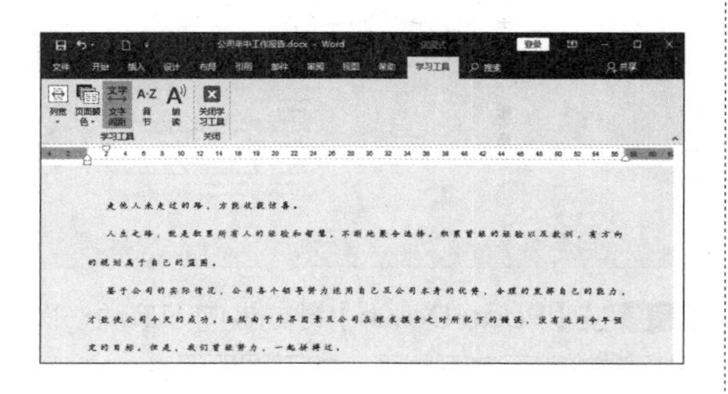

第3步 单击【朗读】按钮，可以朗读文档的内容，此时在文档的右上角会显示朗读的控制栏，单击【设置】按钮。

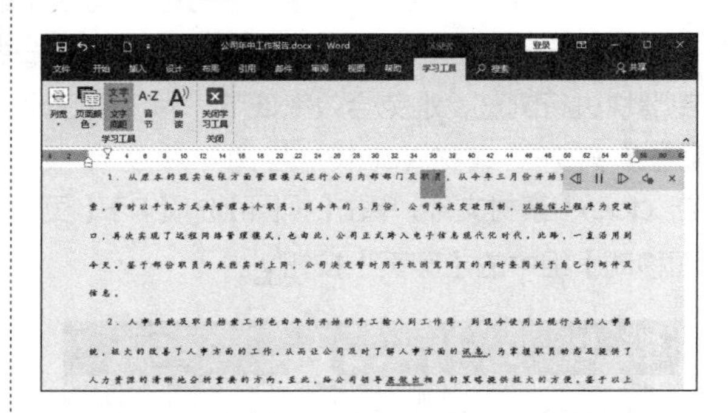

第4步 在弹出的下拉菜单中，可以拖曳滑块调整阅读速度，也可以对阅读语音进行选择。单击【关闭学习工具】按钮，即可退出。

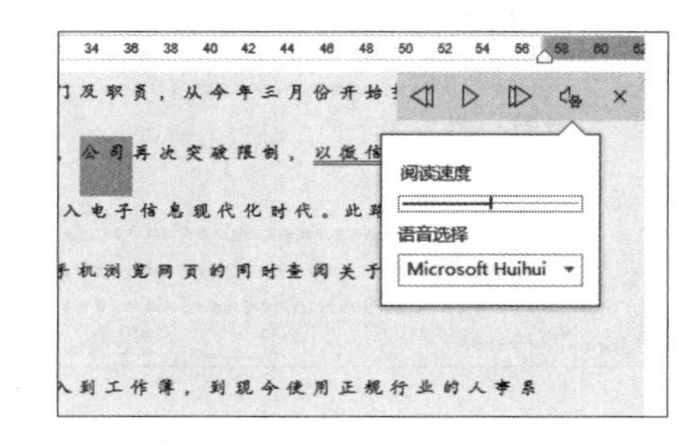

13.4.3 删除与修改错误的文本

删除错误的文本内容并修改为正确的文本内容，是文档编辑过程中的常用操作。删除文本的方法有多种。

键盘上有两个删除键，分别为【Backspace】键和【Delete】键。【Backspace】键是退格键，它的作用是使光标左移一格，同时删除光标左边位置上的字符或者删除选中的内容。【Delete】键是删除光标右侧的一个文字或选中的内容。

1. 使用【Backspace】键删除文本

将光标定位至要删除文本的后方，或者选中要删除的文本，按键盘上的【Backspace】键即可退格将其删除。

2. 使用【Delete】键删除文本

当输入错误时，选中错误的文本，然后按键盘上的【Delete】键即可将其删除。或者，将光标定位在要删除的文本内容前面，按【Delete】键即可将错误的文本删除。

第1步 将视图切换至页面视图，选择错误的或要删除的文本内容。

第2步 按【Delete】键即可将其删除，然后直接输入正确的内容即可。

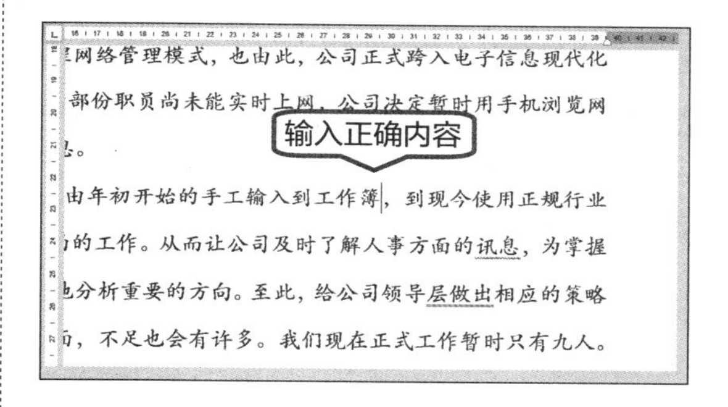

13.4.4 查找与替换文本

查找功能可以帮助用户定位所需内容，用户也可以使用替换功能将查找到的文本或文本格式替换为新的文本或文本格式。

1. 查找

查找功能可以帮助用户定位到目标位置以便快速找到想要的信息，查找分为查找和高级查找两种。

（1）查找。

第1步 在打开的素材文件中，单击【开始】选项卡下【编辑】组中的【查找】按钮 查找 右侧的下拉按钮，在弹出的下拉菜单中选择【查找】命令。

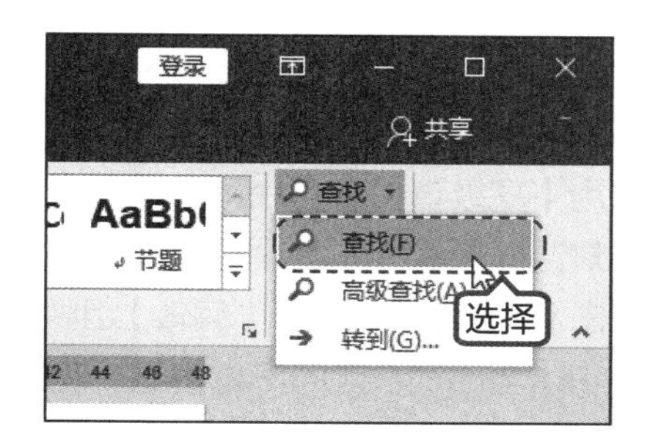

提示 用户也可以按【Ctrl+F】组合键来执行“查找”命令。

第2步 在 Word 文档的左侧打开【导航】任务窗格，在下方的文本框中输入要查找的内容，这里输入“公司”，此时在文本框的下方提示“29个结果”，并且在 Word 文档中查找到的内容都会以黄色背景显示。

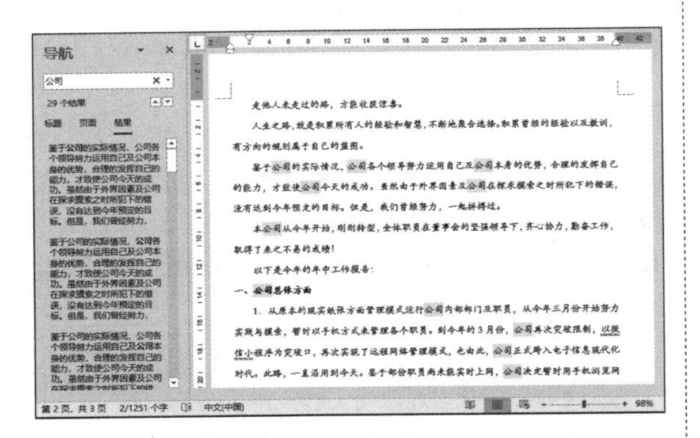

第3步 单击任务窗格中的【下一条】按钮▼，定位至第2个匹配项。每次单击【下一条】按钮，都可快速查找到下一条符合的匹配项。

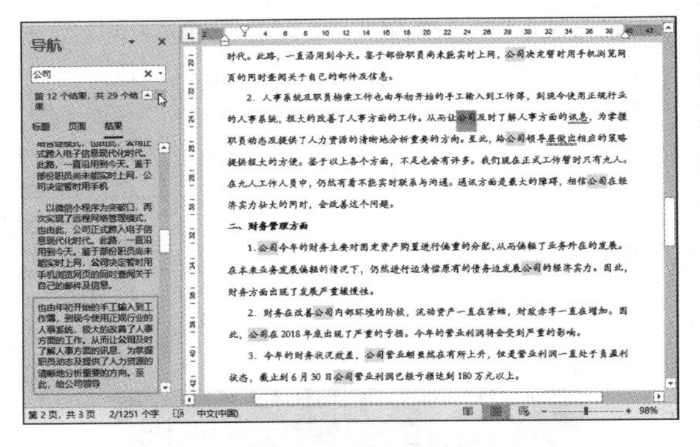

（2）高级查找。

使用【高级查找】命令可以打开【查找和替换】对话框来查找内容。

单击【开始】选项卡下【编辑】组中的【查找】按钮 查找 ▾ 右侧的下拉按钮，在弹出的下拉菜单中选择【高级查找】命令，弹出【查找和替换】对话框。

2. 替换

替换功能可以帮助用户快捷地更改查找到的文本或批量修改相同的内容。

第1步 在打开的素材文件中，单击【开始】选项卡下【编辑】组中的【查找】按钮 替换，或者按【Ctrl+H】组合键，弹出【查找和替换】对话框。

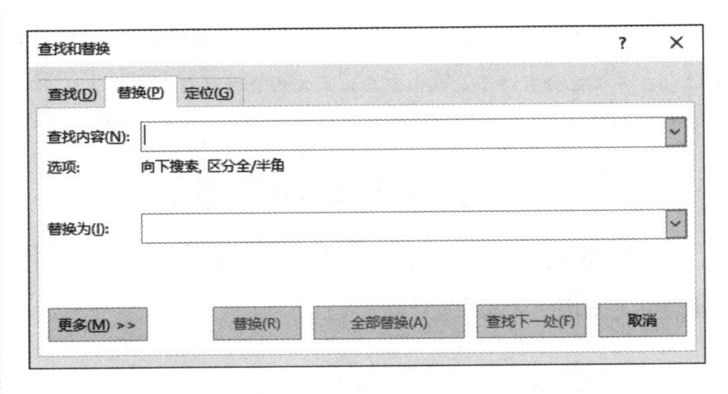

第2步 在【替换】选项卡中的【查找内容】文本框中输入需要被替换的内容（这里输入“完善”），在【替换为】文本框中输入替换后的新内容（这里输入“改善”）。

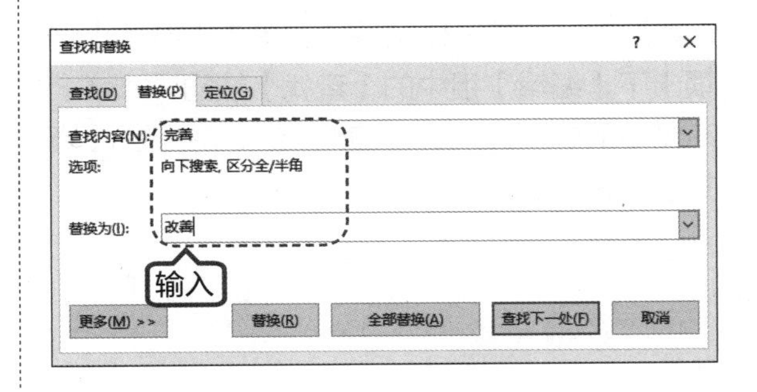

第3步 单击【查找下一处】按钮，定位到从当前光标所在位置起，第一个满足查找条件的文本位置，并以灰色背景显示。单击【替换】按钮就可以将查找到的内容替换为新的内容，并跳转至第二个查找内容。

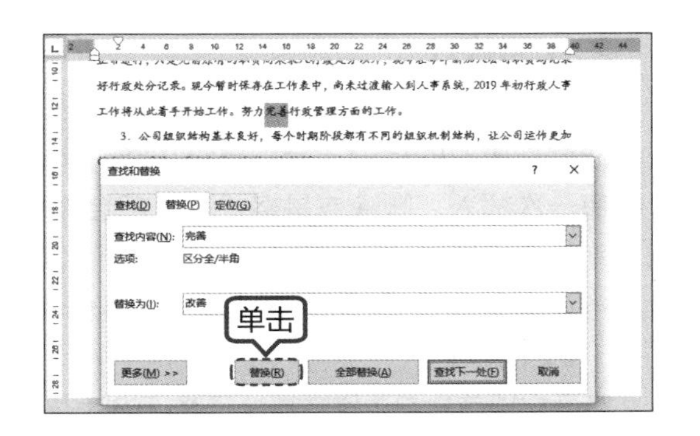

第4步 如果用户需要将 Word 文档中所有相同的内容都替换掉，单击【全部替换】按钮，Word 就会自动将整个文档内所有查找到的内容替换为新的内容，并弹出相应的提示框显示完成替换的数量。单击【确定】按钮关闭提示框。

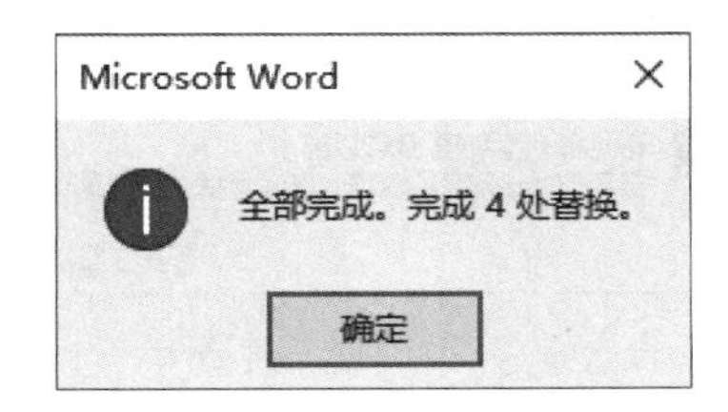

13.4.5 添加批注和修订

使用批注和修订可以方便文档制作者对文档进行修改，避免错误，从而使制作的文档更专业。

1. 批注文档

批注是文档的审阅者为文档添加的注释、说明、建议和意见等信息。在把文档分发给审阅者前设置文档保护，可以使审阅者只能添加批注而不能对文档正文进行修改，利用批注可以方便工作组的成员之间进行交流。

（1）添加批注。

批注也是对文档的特殊说明，添加批注的对象可以是文本、表格或图片等文档内的所有内容。Word 2019 会用有颜色的括号将批注的内容括起来，背景色也将变为相同的颜色。默认情况下，批注显示在文档页边距外的标记区，批注与被批注的文本使用与批注相同颜色的虚线连接。添加批注的具体操作步骤如下。

第1步 在打开的素材文件中选择要添加批注的文本，单击【审阅】选项卡【批注】组中的【新建批注】按钮。

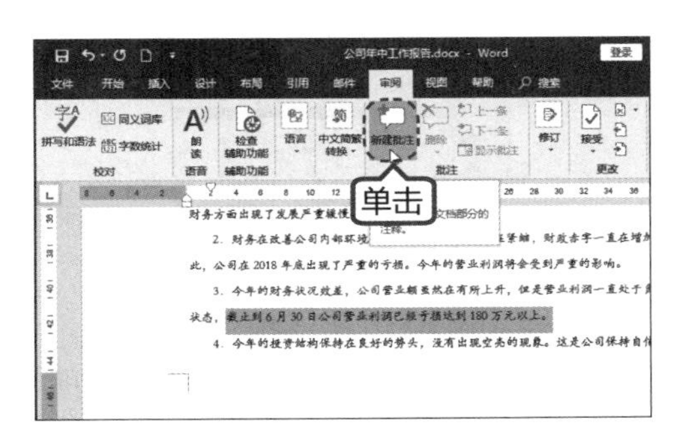

第2步 显示批注框，在后方的批注框中输入批注的内容即可。单击【答复】按钮，可以答复批注；单击【解决】按钮，可以显示批注完成。

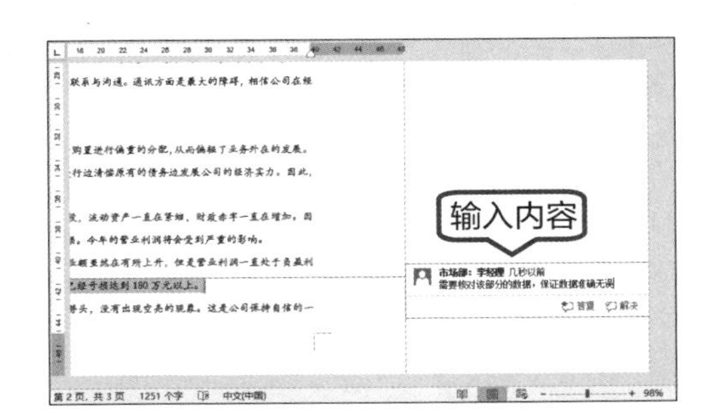

提示 选择要添加批注的文本并单击鼠标右键，在弹出的快捷菜单中选择【新建批注】选项也可以快速添加批注。此外，还可以将【插入批注】按钮添加至快速访问工具栏。

（2）编辑批注。

如果对批注的内容不满意，可以直接单击需要修改的批注，使其进入编辑状态，即可编辑批注。

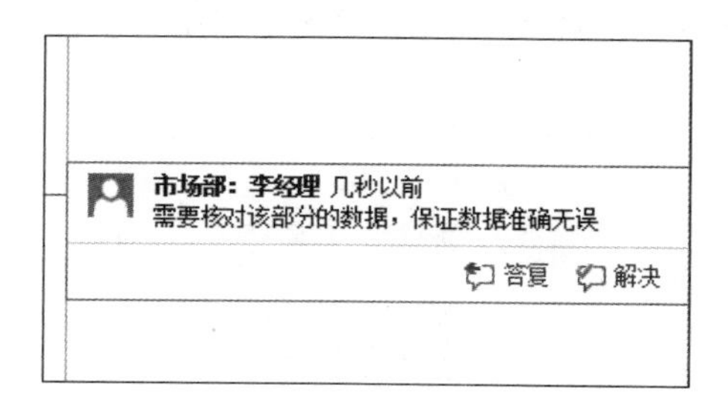

（3）删除批注。

当不需要文档中的批注时，用户可以将其删除，删除批注常用的方法有 3 种。

方法 1：选中要删除的批注，此时【审阅】选项卡下【批注】组的【删除】按钮处于可用状态，单击该按钮即可将选中的批注删除。删除之后，【删除】按钮处于不可用状态。

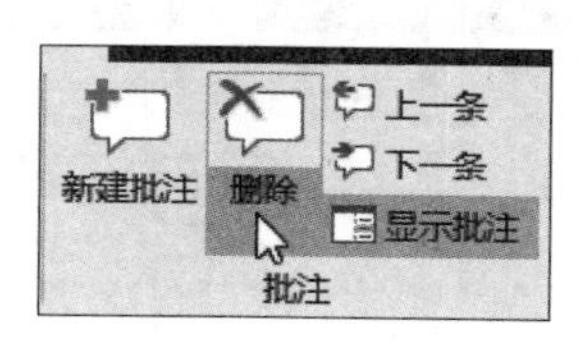

提示 单击【批注】组中的【上一条】按钮和【下一条】按钮可快速地找到要删除的批注。

方法 2：在需要删除的批注或批注文本上单击鼠标右键，在弹出的快捷菜单中选择【删除批注】菜单命令也可删除选中的批注。

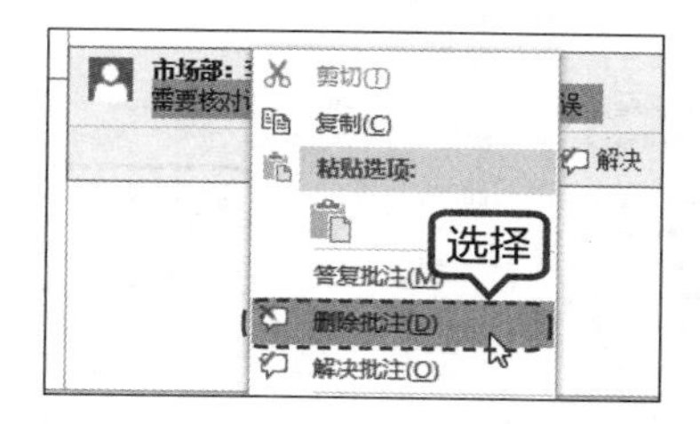

方法 3：如果要删除所有批注，可以单击【审阅】选项卡下【修订】组中的【删除】按钮下方的下拉按钮，在弹出的下拉菜单中选择【删除文档中的所有批注】命令，即可删除所有的批注。

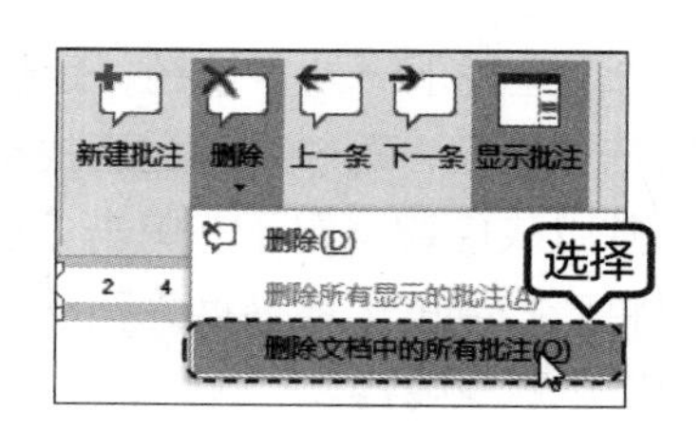

2. 使用修订

修订是显示文档中所做的诸如删除、插入或其他编辑更改的标记。启用修订功能，审阅者的每一次插入、删除或是格式更改都会被标记出来。这样能够让文档作者跟踪多位审阅者对文档所做的修改，并可接受或者拒绝这些修订。

（1）修订文档。

修订文档首先需要使文档处于修订的状态。

第 1 步 在打开的素材文件中，单击【审阅】选项卡下【修订】组中的【修订】按钮，即可使文档处于修订状态。

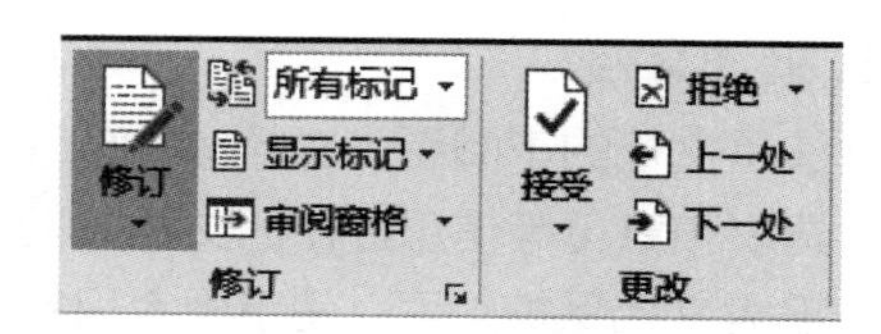

第 2 步 此后，对文档所做的所有修改都将会被记录下来。

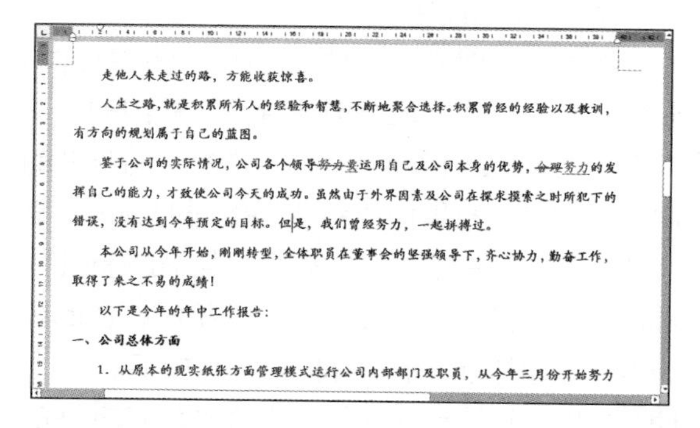

走他人未走过的路，方能收获惊喜。

人生之路，就是积累所有人的经验和智慧，不断地聚合选择。积累曾经的经验以及教训，有方向的规划属于自己的蓝图。

鉴于公司的实际情况，公司各个领导~~努力~~要运用自己及公司本身的优势，~~合理~~努力的发挥自己的能力，才致使公司今天的成功。虽然由于外界因素及公司在探求摸索之时所犯下的错误，没有达到今年预定的目标。但是，我们曾经努力，一起拼搏过。

本公司从今年开始，刚刚转型，全体职员在董事会的坚强领导下，齐心协力，勤奋工作，取得了来之不易的成绩！

以下是今年的年中工作报告：

一、公司总体方面

1. 从原本的现实纸张方面管理模式进行公司内部部门及职员，从今年三月份开始努力

（2）接受修订。

如果修订的内容是正确的，就可以接受修订。将光标放在需要接受修订的内容处，然后单击【审阅】选项卡下【更改】组中的【接受】按钮，即可接受文档中的修订。此时系统将选中下一处修订。

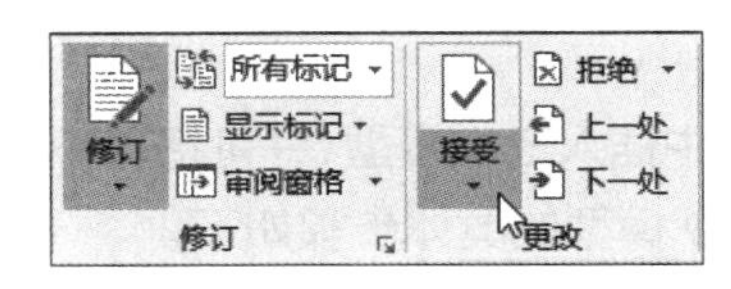

（3）拒绝修订。

如果要拒绝修订，可以将光标放在需要删除修订的内容处，单击【审阅】选项卡下【更改】组中的【拒绝】按钮下方的下拉按钮，在弹出的下拉列表中选择【拒绝并移到下一处】命令，即可拒绝修订。此时系统将选中下一处修订。

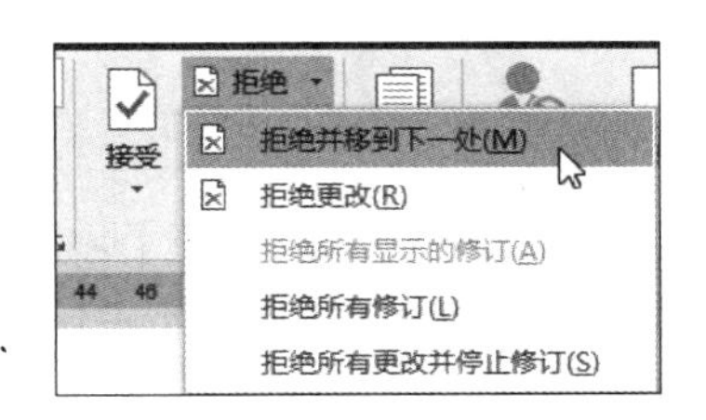

（4）删除修订。

单击【审阅】选项卡下【更改】组中【拒绝】按钮下方的下拉按钮，在弹出的下拉列表中选择【拒绝所有修订】命令，即可删除文档中的所有修订。

至此，就完成了修改公司年度报告的操作，最后只需要删除批注，并根据需要接受或拒绝修订即可。

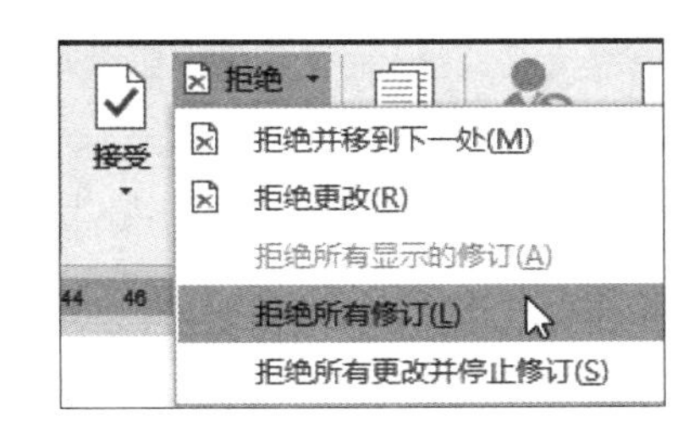

高手支招

技巧 1：巧用“声音反馈”，提高在 Word 中的工作效率

在 Office 2019 新版本中，融入了“声音反馈”功能，当进行一些操作时，会有声音提示进行通知，也可以确认已完成某项操作，如保存文档、共享文档等，它对于用户确定操作有一定的辅助作用。具体启用步骤如下。

第 1 步 单击【文件】选项，并在菜单上选择【选项】选项。

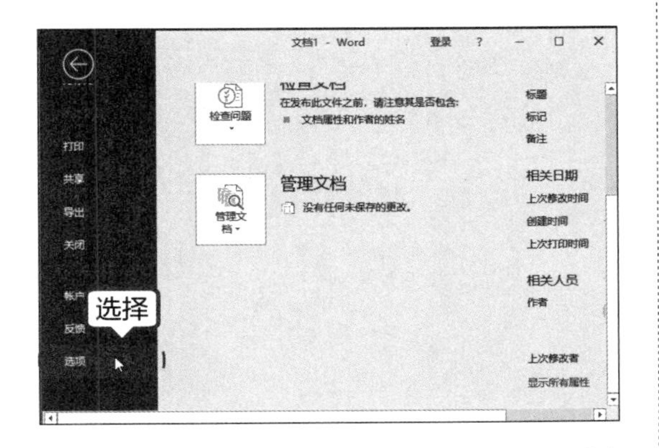

第 2 步 弹出【Word 选项】对话框，选择【轻松访问】选项，并在右侧的【反馈选项】区域下勾选【提供声音反馈】复选框，并选择“声音方案”下拉列表中的声音方案，如选择“经典”方案，则使用原始 Office 音效，单击【确定】按钮，即可启用声音反馈。

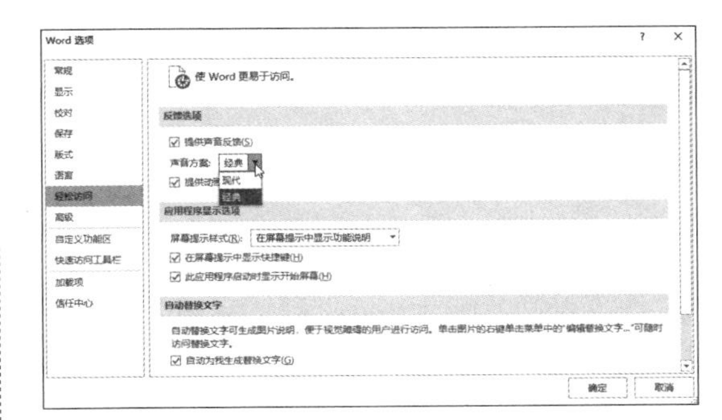

此时，用户进行操作时，即会听到声音反馈，如粘贴、复制、撤销等。当用户需要关闭声音反馈时，在上图所示对话框中取消勾选【提供声音反馈】复选框即可。

技巧 2：插入 3D 模型

在Word 2019中，新增了3D模型功能，用户可以在文档中插入三维模型，并可将3D对象旋转，以方便在文档中阐述观点或者显示对象的具体特性。插入 3D 模型的具体步骤如下。

第 1 步 新建一个 Word 空白文档，单击【插入】➢【插图】组中的【3D 模型】按钮 3D 模型 。

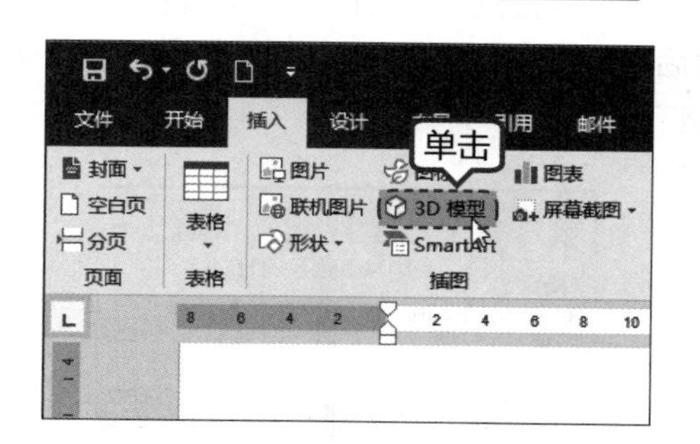

第 2 步 弹出【插入 3D 模型】对话框，选择“素材 \ch13\ 猫 .glb”文件，单击【插入】按钮。

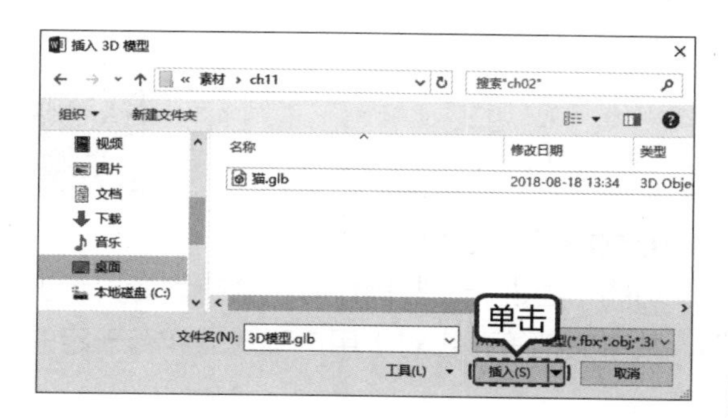

第 3 步 此时，即可在文档中插入 3D 模型。在 3D 模型中间会显示一个三维控件，可以向任何方向旋转或倾斜三维模型，只需单击并按住鼠标拖曳。

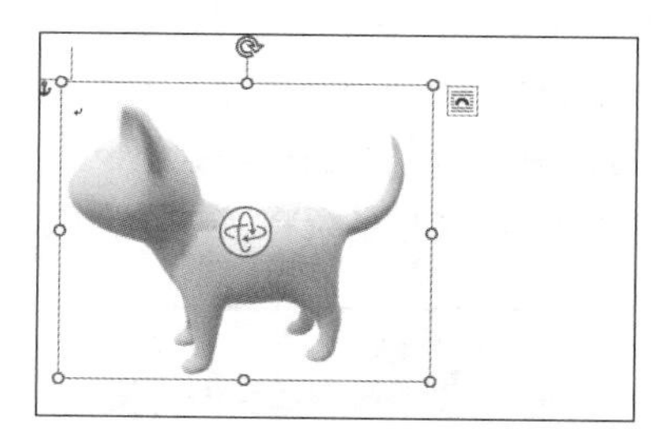

第 4 步 另外，单击【3D 模型工具】➢【格式】➢【3D 模型视图】组中的【其他】按钮，可以设置文件的显示视图，如下图所示。

第14章 使用 Excel 2019 制作报表

➲ 高手指引

Excel 2019 是微软公司推出的 Office 2019 办公系列软件的一个重要组成部分，主要用于电子表格的处理，可以高效地完成各种表格的设计，并进行复杂的数据计算和分析，大大提高了数据处理的效率。

➲ 重点导读

- 学习制作员工考勤表
- 学习制作汇总销售记录表
- 学习制作销售情况统计表
- 学习制作销售奖金计算表
- 学习制作销售业绩透视表和透视图

14.1 制作员工考勤表

员工考勤表是办公中常用的表格，用于记录员工每天的出勤情况，也是计算员工工资的一种参考依据。考勤表包括每个工作日的迟到、早退、旷工、病假、事假、休假等信息。本节将介绍如何制作一个简单的员工考勤表。

14.1.1 新建工作簿

在使用 Excel 时，首先需要创建一个工作簿，具体操作步骤如下。

第1步 启动 Excel 2019 后，在打开的界面单击右侧的【空白工作簿】选项。

第2步 系统会自动创建一个名称为“工作簿 1”的工作簿。

14.1.2 在单元格中输入文本内容

工作簿创建完成后，需要在单元格中填写考勤表的相关数据，如标题、表头内容等。

第1步 打开 Excel 2019，新建一个工作簿，在 A1 单元格中输入“2019 年 1 月份员工考勤表”。

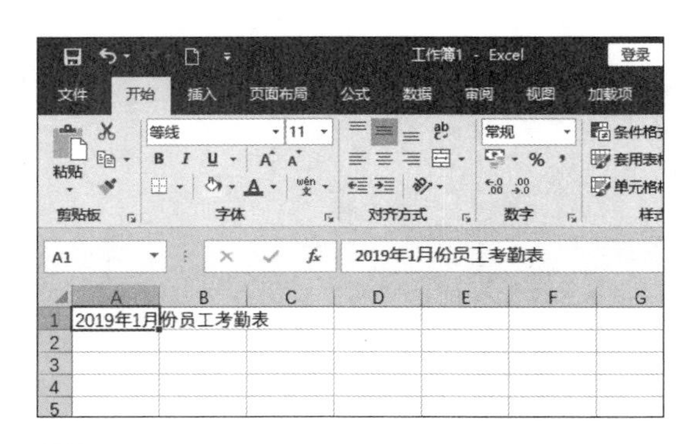

第2步 在工作表中分别输入如下图中所示的内容。

第3步 选择 D2:F3 单元格区域，向右填充至数字 31，即 AH 列，如下图所示。

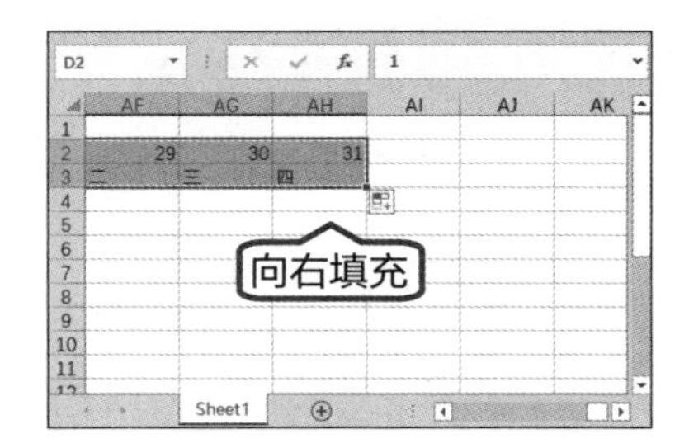

14.1.3 调整单元格

在制作考勤表时，为了使数据能在一张纸上打印出来，需要合理地调整行高和列宽，且根据需要调整单元格显示内容，必要时需要合并多个单元格。

第1步 选择 A2:AH3 单元格区域，单击【开始】➢【单元格】➢【格式】按钮，将其列宽设置为“自动调整列宽”。

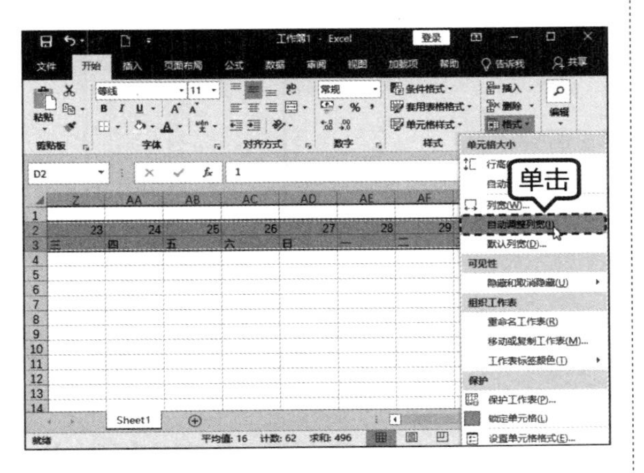

第2步 分别合并 A2:A3、B2:B3、A4:A5 和 B4:B5 单元格区域，并拖曳合并后的 A4 和 B4 单元格向下填充至第 17 行，如下图所示。

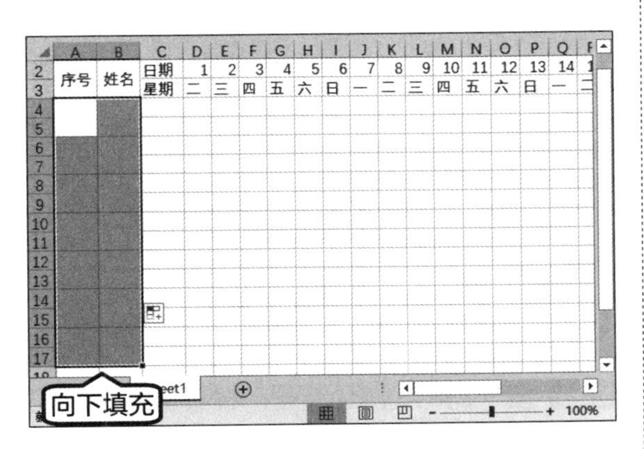

第3步 选择 A4:A17 单元格区域，按【Ctrl+1】组合键，打开【设置单元格格式】对话框，在【数字】分类选项卡下，选择【文本】选项，并单击【确定】按钮。

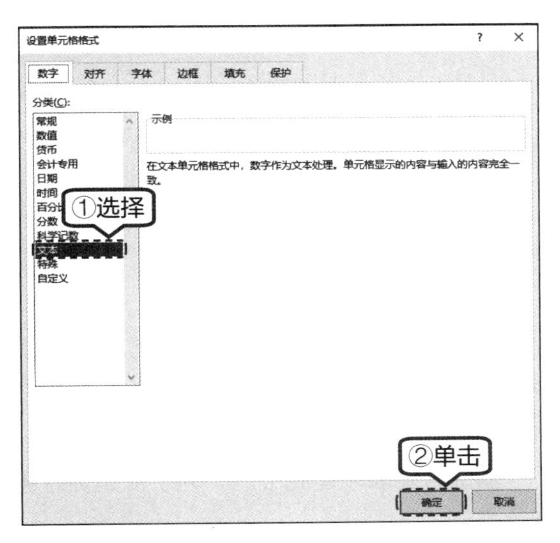

第4步 在 A4 单元格中输入序号，并进行递增填充，效果如下图所示。

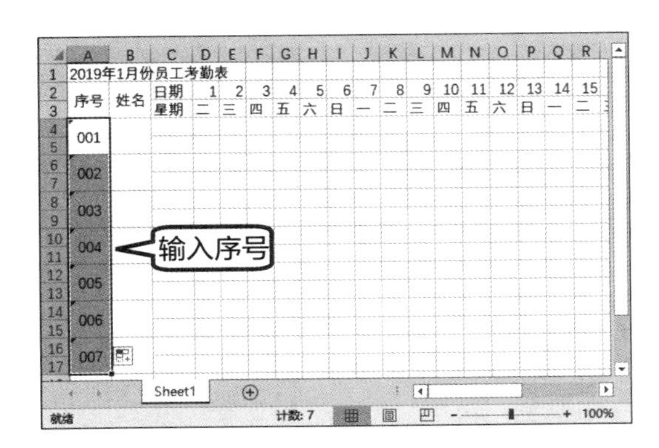

第5步 分别在 C4 和 C5 单元格中输入“上午”和“下午”，并使用填充柄向下填充，然后在 B 列输入员工姓名，如下图所示。

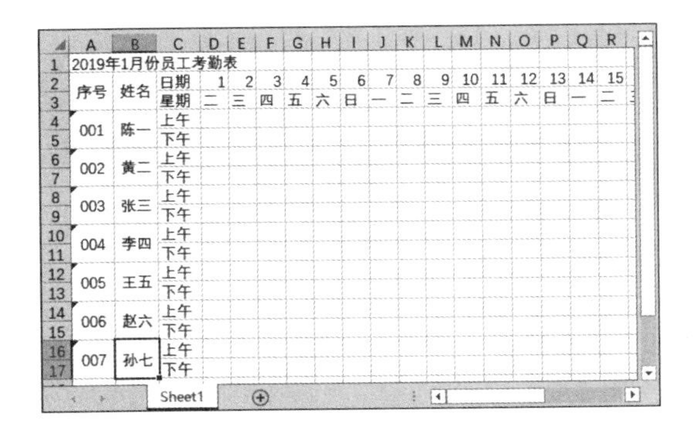

第 6 步 合并 A1:AH1 单元格区域，然后在第 18 行，输入如下图中的备注内容，即可完成简单的员工考勤表。然后将其保存为“员工考勤表”。

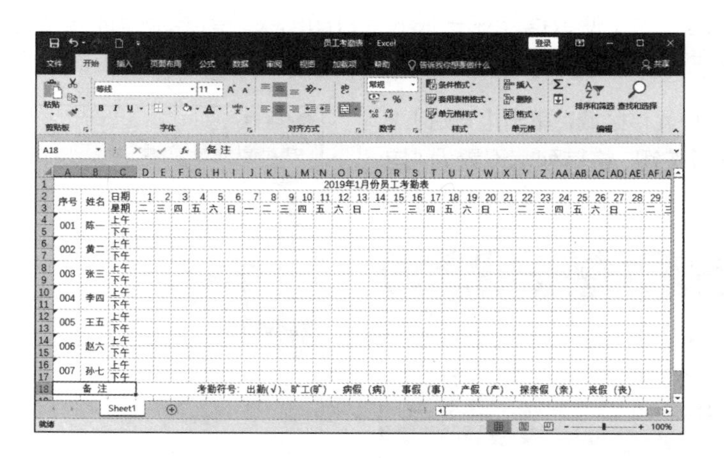

14.1.4 美化单元格

基础考勤表创建完成后，为了使其更好看，可以对单元格的字体、单元格格式、表格填充等进行美化。

第 1 步 选择 A1 单元格，将标题字体设置为“楷体”，字号为“18”，颜色为“蓝色”。

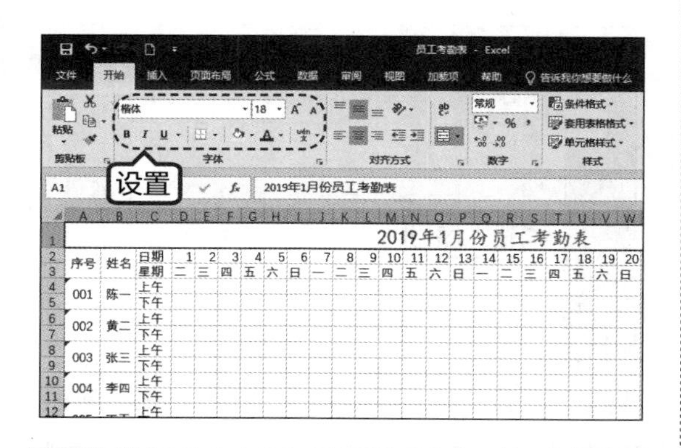

第 2 步 选择 A2:AG3 单元格区域，将对齐方式设置为“居中”，并设置字体为“华文中宋”。使用同样方法设置其他单元格区域的字体和对齐方式。

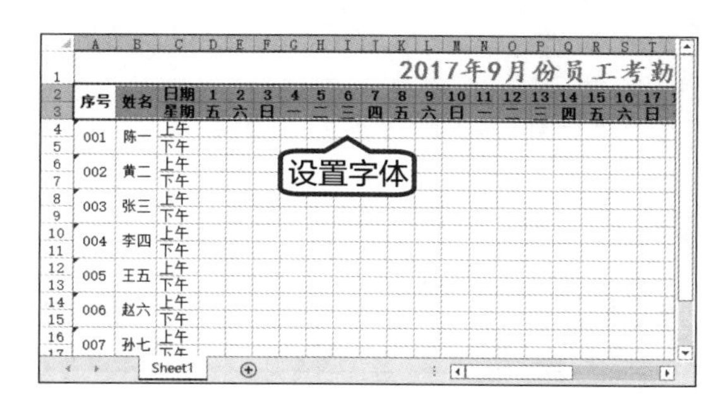

第 3 步 选择 A2:AH18 单元格区域，单击【开始】➢【字体】组中的⊞按钮，在弹出的下拉列表中，选择【所有框线】选项，即可添加边框线。

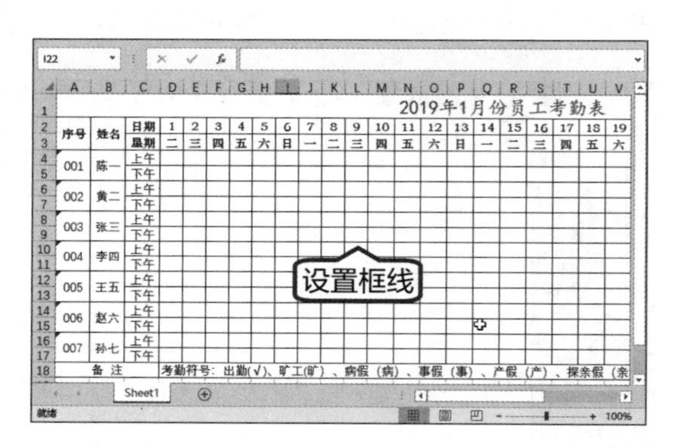

第 4 步 按【Ctrl+S】组合键，将其保存为“员工考勤表”。

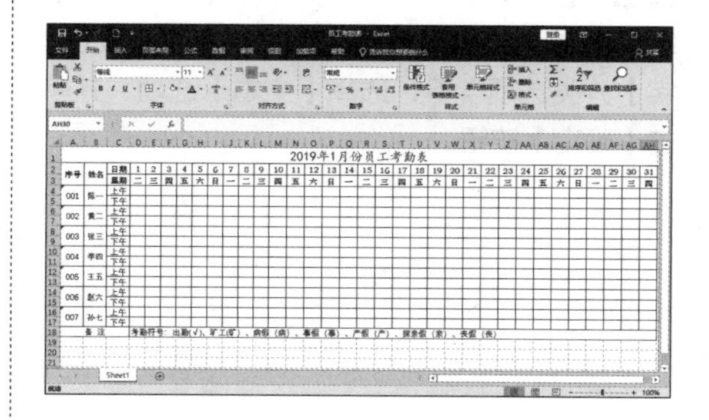

 制作汇总销售记录表

本节主要介绍销售记录表中数据的分类汇总以及显示与隐藏等操作。

14.2.1 对数据进行排序

在制作销售记录表时，用户可以根据需要，对表格原数据进行排序，以便查阅和分析数据。

第 1 步 打开“素材\ch14\汇总销售记录表.xlsx”工作簿，选中 B 列的任一单元格。

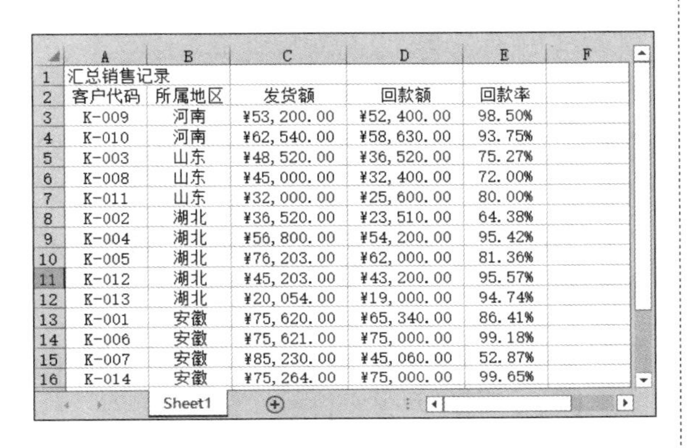

	A	B	C	D	E	F
1	汇总销售记录					
2	客户代码	所属地区	发货额	回款额	回款率	
3	K-009	河南	¥53, 200. 00	¥52, 400. 00	98. 50%	
4	K-010	河南	¥62, 540. 00	¥58, 630. 00	93. 75%	
5	K-003	山东	¥48, 520. 00	¥36, 520. 00	75. 27%	
6	K-008	山东	¥45, 000. 00	¥32, 400. 00	72. 00%	
7	K-011	山东	¥32, 000. 00	¥25, 600. 00	80. 00%	
8	K-002	湖北	¥36, 520. 00	¥23, 510. 00	64. 38%	
9	K-004	湖北	¥56, 800. 00	¥54, 200. 00	95. 42%	
10	K-005	湖北	¥76, 203. 00	¥62, 000. 00	81. 36%	
11	K-012	湖北	¥45, 203. 00	¥43, 200. 00	95. 57%	
12	K-013	湖北	¥20, 054. 00	¥19, 000. 00	94. 74%	
13	K-001	安徽	¥75, 620. 00	¥65, 340. 00	86. 41%	
14	K-006	安徽	¥75, 621. 00	¥75, 000. 00	99. 18%	
15	K-007	安徽	¥85, 230. 00	¥45, 060. 00	52. 87%	
16	K-014	安徽	¥75, 264. 00	¥75, 000. 00	99. 65%	

第 2 步 在【数据】选项卡中，单击【排序和筛选】选项组中的【升序】按钮，对“所属地区”列进行排序。

B3 安徽

	A	B	C	D	E	F
1	汇总销售记录					
2	客户代码	所属地区	发货额	回款额	回款率	
3	K-001	安徽	¥75, 620. 00	¥65, 340. 00	86. 41%	
4	K-006	安徽	¥75, 621. 00	¥75, 000. 00	99. 18%	
5	K-007	安徽	¥85, 230. 00	¥45, 060. 00	52. 87%	
6	K-014	安徽	¥75, 264. 00	¥75, 000. 00	99. 65%	
7	K-009	河南	¥53, 200. 00	¥52, 400. 00	98. 50%	
8	K-010	河南	¥62, 540. 00	¥58, 630. 00	93. 75%	
9	K-002	湖北	¥36, 520. 00	¥23, 510. 00	64. 38%	
10	K-004	湖北	¥56, 800. 00	¥54, 200. 00	95. 42%	
11	K-005	湖北	¥76, 203. 00	¥62, 000. 00	81. 36%	
12	K-012	湖北	¥45, 203. 00	¥43, 200. 00	95. 57%	
13	K-013	湖北	¥20, 054. 00	¥19, 000. 00	94. 74%	
14	K-003	山东	¥48, 520. 00	¥36, 520. 00	75. 27%	
15	K-008	山东	¥45, 000. 00	¥32, 400. 00	72. 00%	

14.2.2 数据的分类汇总

分类汇总是先对数据清单中的数据进行分类，然后在分类的基础上进行汇总。分类汇总时，用户不需要创建公式，系统会自动创建公式，对数据清单中的字段进行求和、求平均值和求最大值等函数运算。分类汇总的计算结果，将分级显示出来。具体步骤如下。

第 1 步 选择任一单元格，在【数据】选项卡中，【分级显示】选项组中的【分类汇总】按钮，弹出【分类汇总】对话框。

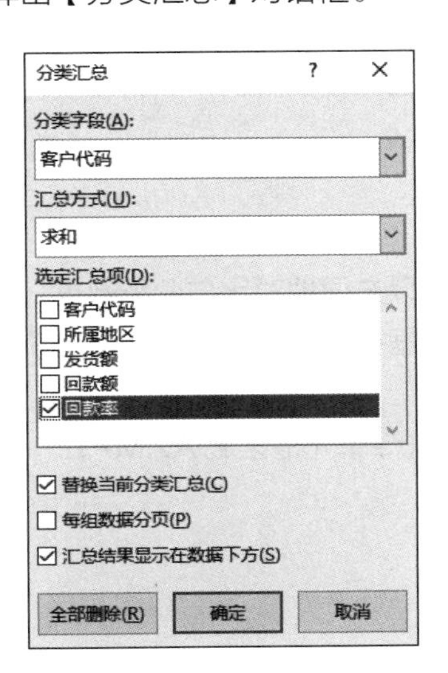

第 2 步 在【分类字段】列表中选择【所属地区】选项，在【选定汇总项】列表框中勾选【发货额】和【回款额】复选框，取消勾选【回款率】复选框。

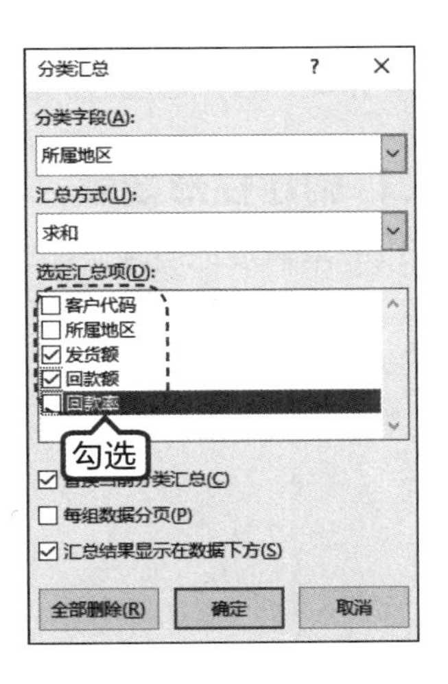

第 3 步 单击【确定】按钮，汇总结果如图所示。

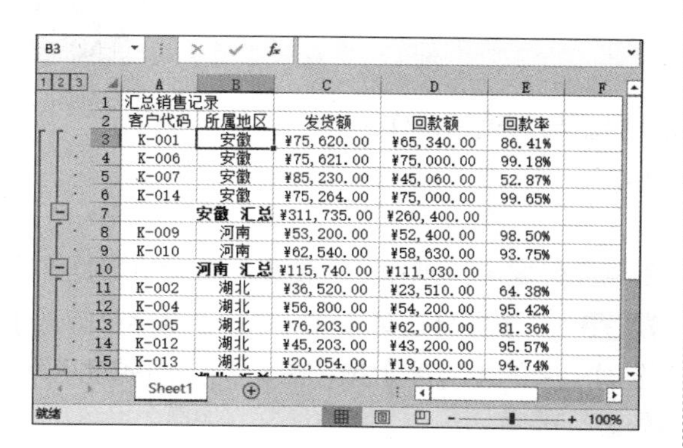

第 4 步 选择任一单元格，在【数据】选项卡中，单击【分级显示】选项组中的【分类汇总】按钮，弹出【分类汇总】对话框。在【汇总方式】下拉列表中选择【平均值】选项，取消勾选【替换当前分类汇总】复选框。

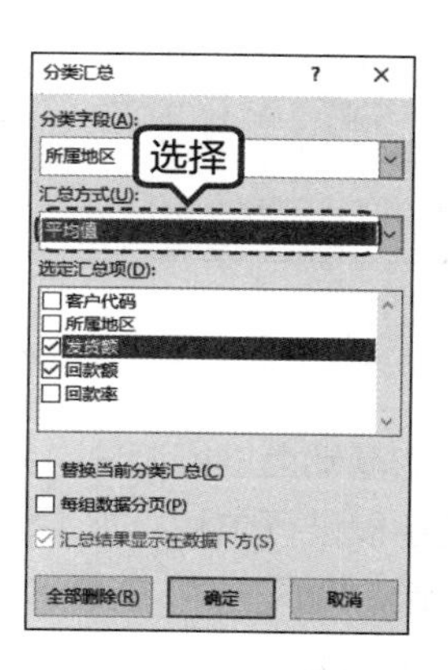

第 5 步 单击【确定】按钮，得到多级汇总结果，如下图所示。

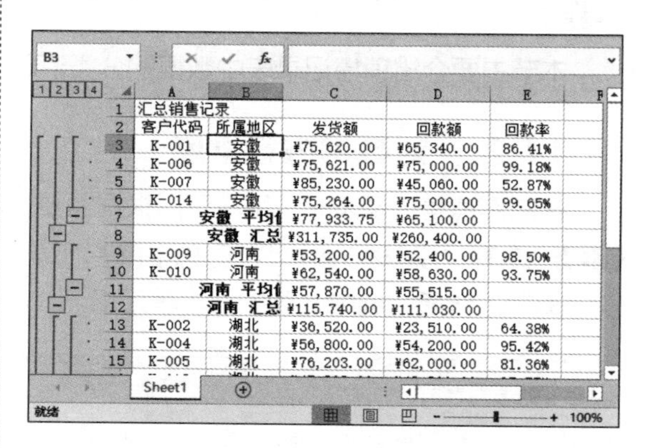

第 6 步 销售记录太多，可以将部分结果隐藏（如将“湖北”的汇总结果隐藏）。单击“湖北”销售记录左侧 3 按钮下方的 − 按钮，将隐藏湖北 3 级的数据。

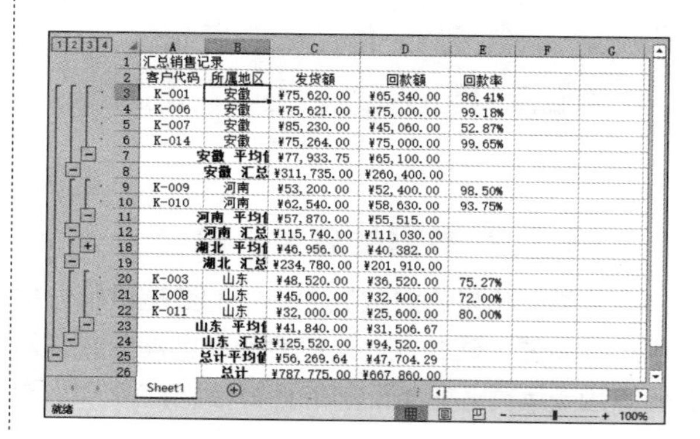

14.3 制作销售情况统计表

销售统计表是市场营销中最常用的一种表格，主要反映产品的销售情况，可以帮助销售人员根据销售信息做出正确的决策，也可以据此了解各员工的销售业绩情况。本节将以制作销售情况统计表为例，帮助读者熟悉图表的应用，具体操作步骤如下。

14.3.1 创建柱形图表

图表可以非常直观地反映工作表中数据之间的关系，可以方便地对比与分析数据。用图表表达数据，可以使表达结果更加清晰、直观和易懂，为使用数据提供了便利，而在销售统计表中，图表是最为常用的分析方式。

第 1 步 打开“素材 \ch14\ 销售情况统计表 .xlsx”工作簿，选择单元格区域 A2:M7。

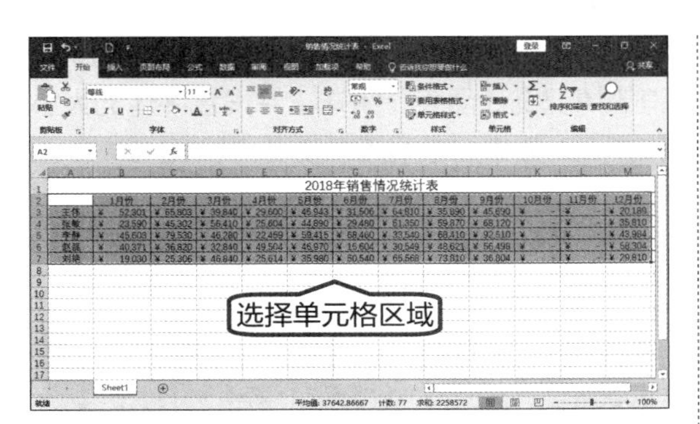

第2步 在【插入】选项卡中，单击【图表】选项组中【插入柱形图或条形图】按钮，在弹出的列表中选择【簇状柱形图】选项，即可插入柱形图。

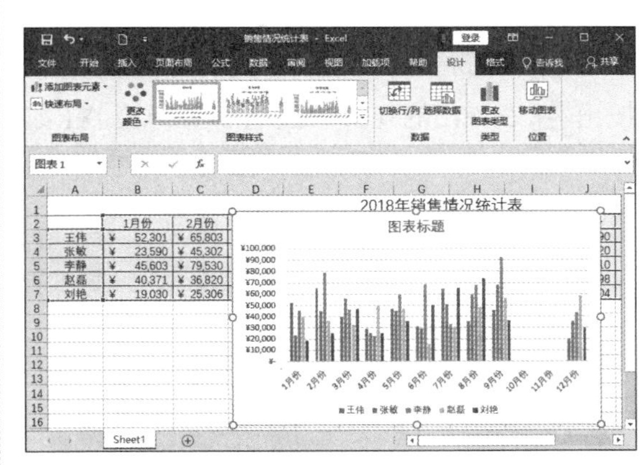

第3步 选择图表，调整图表的位置和大小，结果如下图所示。

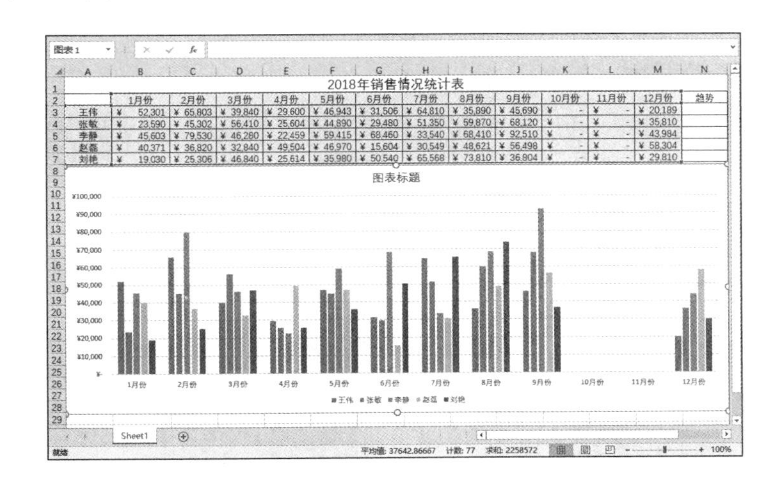

14.3.2 美化图表

为了使图表美观，可以设置图表的格式。具体步骤如下。

第1步 选择图表，单击【图表工具】➤【设计】选项卡下【图表样式】选项组中的按钮，在弹出的列表中选择一种样式应用于图表。

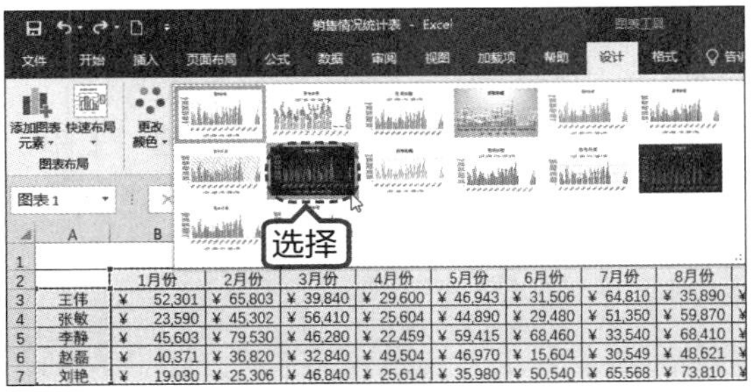

第2步 此时，即可应用该图表样式，效果如右图所示。

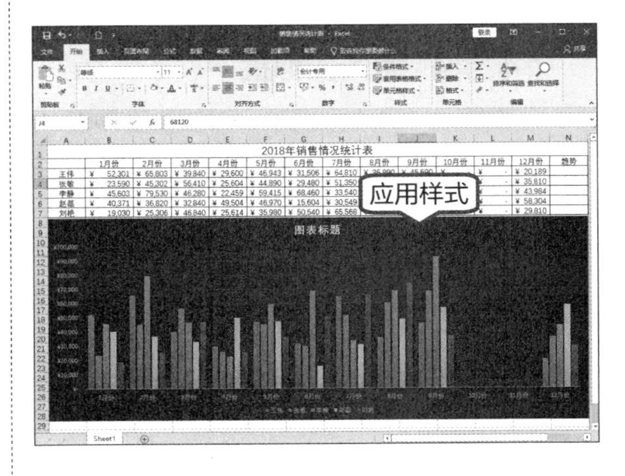

第 3 步 选择要添加数据标签的分类，如选择“王伟”柱体，单击【图表工具】➢【设计】选项卡下【图表布局】选项组中的【添加图表元素】按钮，在弹出的列表中选择【数据标签】➢【数据标签外】选项，即可添加数据，如下图所示。

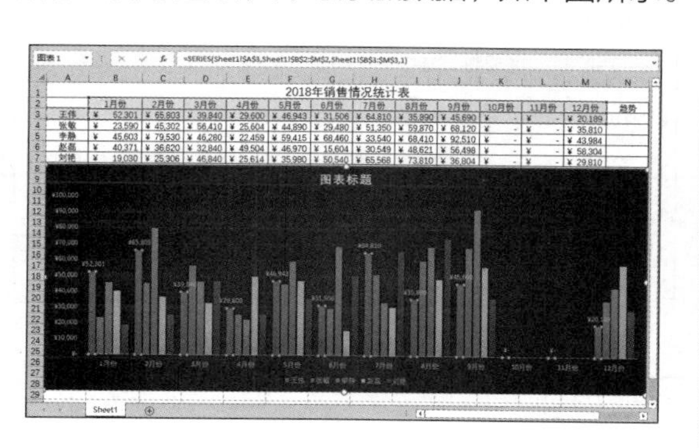

第 4 步 在【图表标题】文本框中输入“2018 年销售情况统计图表”字样，并设置字体的大小和样式，效果如下图所示。

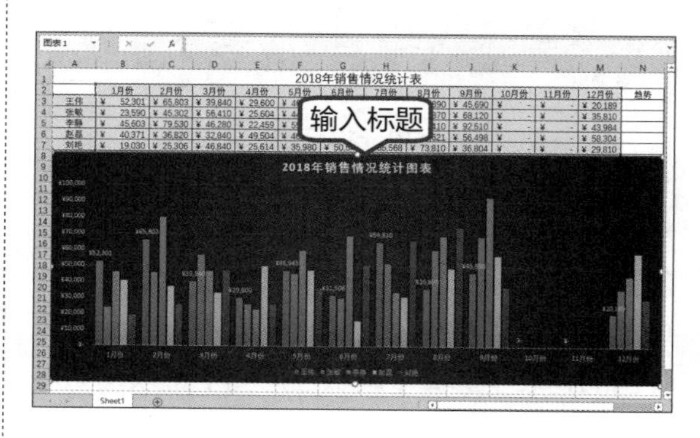

14.3.3 添加趋势线

通过添加图表数据趋势线，可以帮助用户分析数据的走向情况，具体操作步骤如下。

第 1 步 右键单击要添加趋势线的柱体，如首先选择“王伟”的柱体，在弹出的快捷菜单中，选择【添加趋势线】菜单命令，添加线性趋势线，并设置线条类型为“方点”线型。

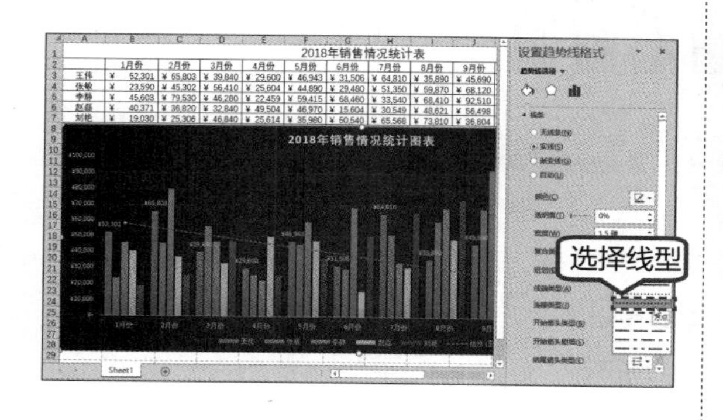

第 2 步 使用同样方法，为其他柱体添加趋势线，如下图所示。

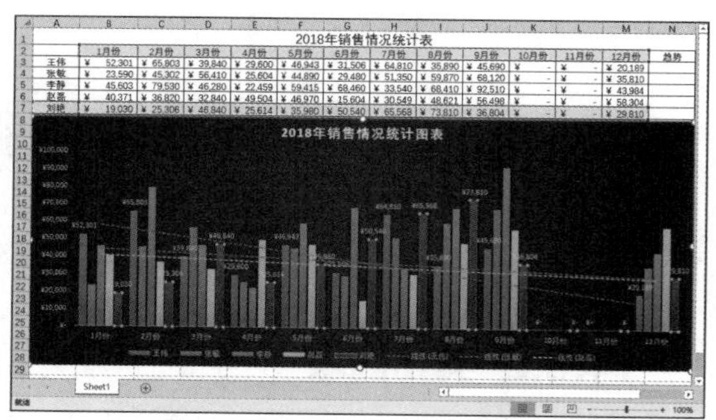

14.3.4 插入迷你图

迷你图是一种小型图表，可放在工作表内的单个单元格中。由于其尺寸已经过压缩，因此，迷你图能够以简明且非常直观的方式显示大量数据集所反映出的图案。

第 1 步 选择 N3 单元格，单击【插入】选项卡【迷你图】组中的【折线图】按钮，创建“王伟”销售迷你图。

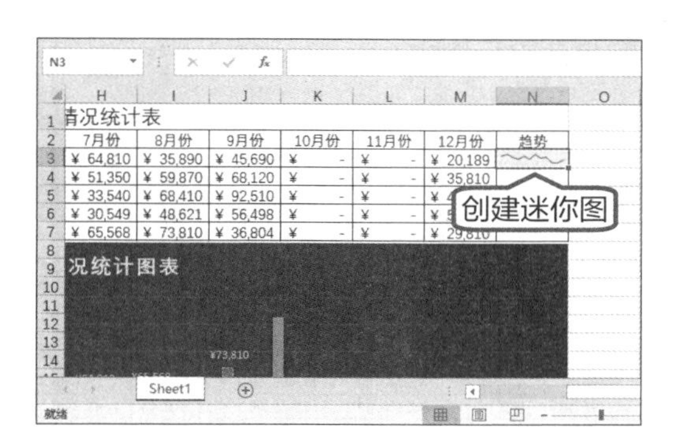

第 2 步 拖曳鼠标，为 N4:N7 单元格区域填充迷你图，如下图所示。

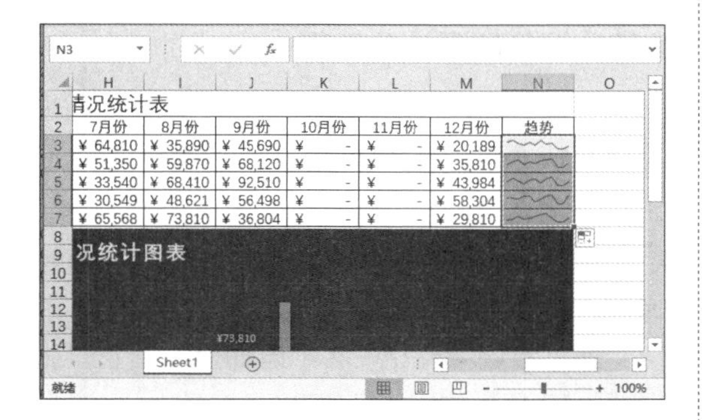

第 3 步 选择 N3:N7 单元格区域，单击【迷你图工具】➤【设计】选项卡，在【显示】组中，勾选【尾点】和【标记】复选框，并设置其样式为“深灰色，迷你图样式深色 #3”。

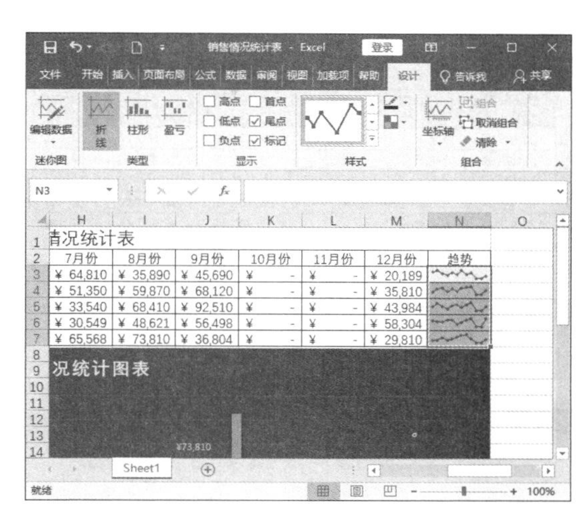

第 4 步 制作完成后，按【F12】键，打开【另存为】对话框，将工作簿保存，最终效果如下图所示。

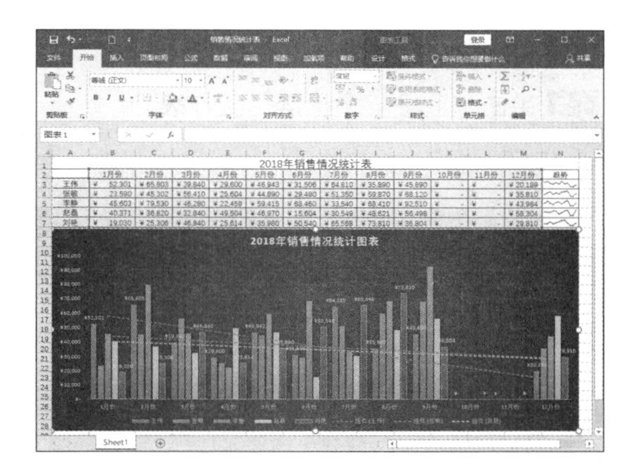

14.4 制作销售奖金计算表

销售奖金计算表是公司根据每位员工每月或每年的销售情况计算月奖金或年终奖的表格。销售业绩好，公司获得的利润就高，相应地员工得到的销售奖金也就越多。因此，人事部门合理有效地统计员工的销售奖金是非常必要的，不仅能充分调动员工的工作积极性，还能推动公司销售业绩的发展。

14.4.1 使用【SUM】函数计算累计业绩

SUM 函数是最常用的函数之一，主要用于计算出所选单元格中的数值之和，在本案例中是求出员工的累计业绩。

第 1 步 打开“素材 \ch14\ 销售奖金计算表 .xlsx”工作簿，其中包含 3 个工作表，分别为“业绩管理”“业绩奖金标准”和“业绩奖金评估”。单击【业绩管理】工作表，选择单元格 C2，在编辑栏中直接输入公式“=SUM(D3:O3)”，按【Enter】键即可计算出该员工的累计业绩。

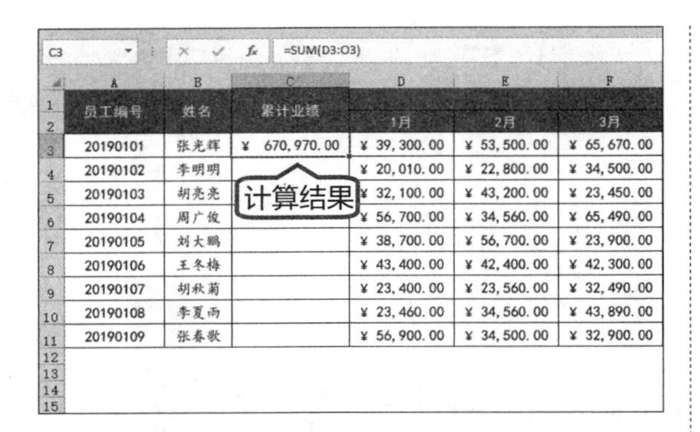

C3 =SUM(D3:O3)

员工编号	姓名	累计业绩	1月	2月	3月
20190101	张光辉	¥ 670,970.00	¥ 39,300.00	¥ 53,500.00	¥ 65,670.00
20190102	李明明		¥ 20,010.00	¥ 22,800.00	¥ 34,500.00
20190103	胡亮亮		¥ 32,100.00	¥ 43,200.00	¥ 23,450.00
20190104	周广俊		¥ 56,700.00	¥ 34,560.00	¥ 65,490.00
20190105	刘大鹏		¥ 38,700.00	¥ 56,700.00	¥ 23,900.00
20190106	王冬梅		¥ 43,400.00	¥ 42,400.00	¥ 42,300.00
20190107	胡秋菊		¥ 23,400.00	¥ 23,560.00	¥ 32,490.00
20190108	李夏雨		¥ 23,460.00	¥ 34,560.00	¥ 43,890.00
20190109	张春歌		¥ 56,900.00	¥ 34,500.00	¥ 32,900.00

第2步 利用自动填充功能，可将公式复制到该列的其他单元格中。

员工编号	姓名	累计业绩	1月	2月	3月
20190101	张光辉	¥ 670,970.00	¥ 39,300.00	¥ 53,500.00	¥ 65,670.00
20190102	李明明	¥ 399,310.00	¥ 20,010.00	¥ 22,800.00	¥ 34,500.00
20190103	胡亮亮	¥ 590,750.00	¥ 32,100.00	¥ 43,200.00	¥ 23,450.00
20190104	周广俊	¥ 697,650.00	¥ 56,700.00	¥ 34,560.00	¥ 65,490.00
20190105	刘大鹏	¥ 843,700.00	¥ 38,700.00	¥ 56,700.00	¥ 23,900.00
20190106	王冬梅	¥ 890,820.00	¥ 43,400.00	¥ 42,400.00	¥ 42,300.00
20190107	胡秋菊	¥ 681,770.00	¥ 23,400.00	¥ 23,560.00	¥ 32,490.00
20190108	李夏雨	¥ 686,500.00	¥ 23,460.00	¥ 34,560.00	¥ 43,890.00
20190109	张春歌	¥ 588,500.00	¥ 56,900.00	¥ 34,500.00	¥ 32,900.00

14.4.2 使用【VLOOKUP】函数计算销售业绩额和累计业绩额

VLOOKUP 函数是一个常用的查找函数，给定一个查找目标，可以从查找区域中查找返回想要找到的值。在本案例中，主要使用 VLOOKUP 函数进行快速查找，完成对销售业绩额和累计业绩额的计算。

第1步 单击“业绩奖金标准”工作表。

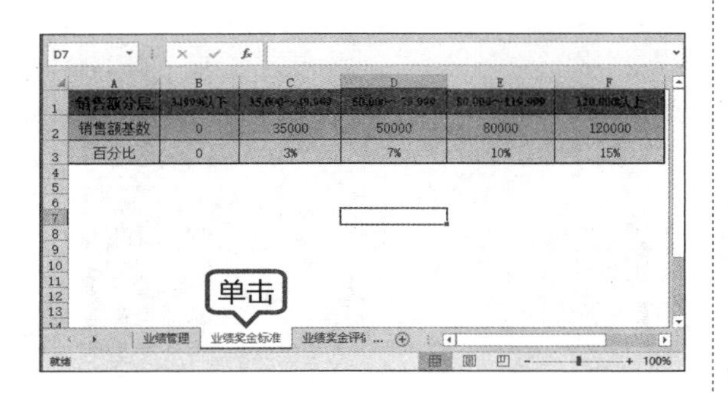

销售额分层	34999以下	[illegible]	[illegible]	[illegible]	120,000以上
销售额基数	0	35000	50000	80000	120000
百分比	0	3%	7%	10%	15%

> **提示** “业绩奖金标准”主要有以下几条：单月销售额在 34 999 元及以下的，没有基本业绩奖；单月销售额在 35 000~49 999 元的，按销售额的 3% 发放业绩奖金；单月销售额在 50 000~79 999 元的，按销售额的 7% 发放业绩奖金；单月销售额在 80 000~119 999 元的，按销售额的 10% 发放业绩奖金；单月销售额在 120 000 元及以上的，按销售额的 15% 发放业绩奖金，但基本业绩奖金不得超过 48 000 元；累计销售额超过 600 000 元的，公司给予一次性 18 000 元的奖励；累计销售额在 600 000 元及以下的，公司给予一次性 5 000 元的奖励。

第2步 设置自动显示销售业绩额。单击“业绩奖金评估”工作表，选择单元格 C2，在编辑栏中直接输入公式“=VLOOKUP(A2, 业绩管理 !$A$3:$O$11,15,1)”，按【Enter】键确认，即可看到单元格 C2 中自动显示员工“张光辉”12 月份的销售业绩额。

C2 =VLOOKUP(A2,业绩管理!$A$3:$O$11,15,1)

员工编号	姓名	销售业绩额	奖金比例	累计业绩额	基本业绩奖金
20190101	张光辉	¥ 78,000.00			
20190102	李明明				
20190103	胡亮亮				
20190104	周广俊				
20190105	刘大鹏				
20190106	王冬梅				
20190107	胡秋菊				
20190108	李夏雨				
20190109	张春歌				

计算结果

> **提示** 公式“=VLOOKUP(A2, 业绩管理 !$A$3:$O$11,15,1)”中第 3 个参数设置为“15”表示取满足条件的记录在“业绩管理 !$A$3:$O$11”区域中第 15 列的值。

第3步 按照同样的方法设置自动显示累计业绩额。选择单元格 E2，在编辑栏中直接输入公式“=VLOOKUP(A2, 业绩管理 !$A$3:$C$11, 3,1)”，按【Enter】键确认，即可看到单元格 E2 中自动显示员工“张光辉”的累计业绩额。

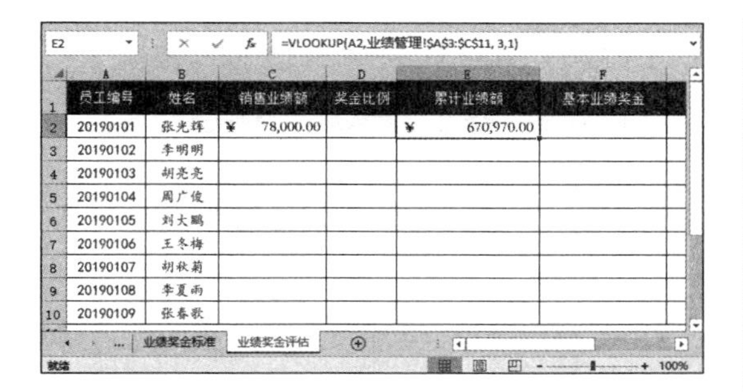

E2 =VLOOKUP(A2,业绩管理!$A$3:$C$11, 3,1)

	A	B	C	D	E	F
1	员工编号	姓名	销售业绩额	奖金比例	累计业绩额	基本业绩奖金
2	20190101	张光辉	¥ 78,000.00		¥ 670,970.00	
3	20190102	李明明				
4	20190103	胡亮亮				
5	20190104	周广俊				
6	20190105	刘大鹏				
7	20190106	王冬梅				
8	20190107	胡秋菊				
9	20190108	李夏雨				
10	20190109	张春歌				

业绩奖金标准 业绩奖金评估

第 4 步 使用自动填充功能，完成其他员工的销售业绩额和累计业绩额的计算。

E10 =VLOOKUP(A10,业绩管理!$A$3:$C$11, 3,1)

	A	B	C	D	E	F
1	员工编号	姓名	销售业绩额	奖金比例	累计业绩额	基本业绩奖金
2	20190101	张光辉	¥ 78,000.00		¥ 670,970.00	
3	20190102	李明明	¥ 66,000.00		¥ 399,310.00	
4	20190103	胡亮亮	¥ 82,700.00		¥ 590,750.00	
5	20190104	周广俊	¥ 64,800.00		¥ 697,650.00	
6	20190105	刘大鹏	¥ 157,640.00		¥ 843,700.00	
7	20190106	王冬梅	¥ 21,500.00		¥ 890,820.00	
8	20190107	胡秋菊	¥ 39,600.00		¥ 681,770.00	
9	20190108	李夏雨	¥ 52,040.00		¥ 686,500.00	
10	20190109	张春歌	¥ 70,640.00		¥ 588,500.00	

14.4.3 使用【HLOOKUP】函数计算奖金比例

HLOOKUP 函数与 LOOKUP 函数和 VLOOKUP 函数属于一类函数，HLOOKUP 是按行查找的，VLOOKUP 是按列查找的。本案例主要用于计算员工奖金比例。

第 1 步 选择单元格 D2，输入公式“=HLOOKUP(C2,业绩奖金标准!$B$2:$F$3,2)”，按【Enter】键即可计算出该员工的奖金比例。

D2 =HLOOKUP(C2,业绩奖金标准!$B$2:$F$3,2)

	A	B	C	D	E	F
1	员工编号	姓名	销售业绩额	奖金比例	累计业绩额	基本业绩奖金
2	20190101	张光辉	¥ 78,000.00	7%	¥ 670,970.00	
3	20190102	李明明	¥ 66,000.00		¥ 399,310.00	
4	20190103	胡亮亮	¥ 82,700.00		¥ 590,750.00	
5	20190104	周广俊	¥ 64,800.00		¥ 697,650.00	
6	20190105	刘大鹏	¥ 157,640.00		¥ 843,700.00	
7	20190106	王冬梅	¥ 21,500.00		¥ 890,820.00	
8	20190107	胡秋菊	¥ 39,600.00		¥ 681,770.00	
9	20190108	李夏雨	¥ 52,040.00		¥ 686,500.00	
10	20190109	张春歌	¥ 70,640.00		¥ 588,500.00	

第 2 步 使用自动填充功能，完成其他员工的奖金比例计算。

D2 =HLOOKUP(C2,业绩奖金标准!$B$2:$F$3,2)

	A	B	C	D	E	F
1	员工编号	姓名	销售业绩额	奖金比例	累计业绩额	基本业绩奖金
2	20190101	张光辉	¥ 78,000.00	7%	¥ 670,970.00	
3	20190102	李明明	¥ 66,000.00	7%	¥ 399,310.00	
4	20190103	胡亮亮	¥ 82,700.00	10%	¥ 590,750.00	
5	20190104	周广俊	¥ 64,800.00	7%	¥ 697,650.00	
6	20190105	刘大鹏	¥ 157,640.00	15%	¥ 843,700.00	
7	20190106	王冬梅	¥ 21,500.00	0%	¥ 890,820.00	
8	20190107	胡秋菊	¥ 39,600.00	3%	¥ 681,770.00	
9	20190108	李夏雨	¥ 52,040.00	7%	¥ 686,500.00	
10	20190109	张春歌	¥ 70,640.00	7%	¥ 588,500.00	

平均值: 7% 计数: 9 求和: 63%

提示 公式“=HLOOKUP(C2,业绩奖金标准!$B$2:$F$3,2)”中第 3 个参数设置为“2”，表示取满足条件的记录在“业绩奖金标准!$B$2:$F$3”区域中第 2 行的值。

14.4.4 使用【IF】函数计算基本业绩奖金和累计业绩奖金

IF 函数是在 Excel 中最常用的函数之一，它允许进行逻辑值和看到的内容之间的比较。在本案例中，可以使用 IF 函数判断员工的奖金获得情况。

第 1 步 计算基本业绩奖金。在“业绩奖金评估”工作表中选择单元格 F2，在编辑栏中直接输入公式“=IF(C2<=400000,C2*D2,“48,000”)”，按【Enter】键确认。

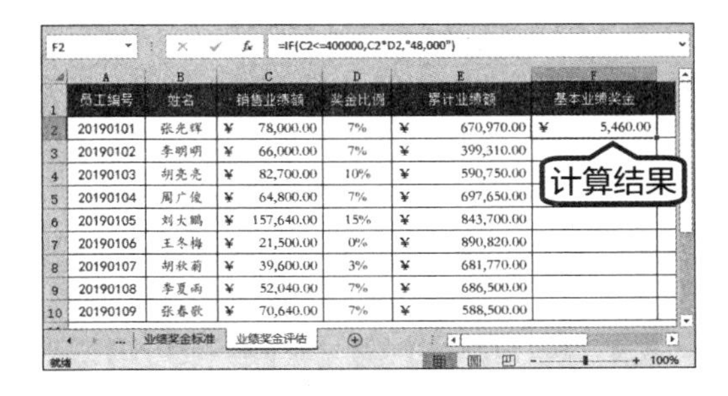

F2 =IF(C2<=400000,C2*D2,"48,000")

	A	B	C	D	E	F
1	员工编号	姓名	销售业绩额	奖金比例	累计业绩额	基本业绩奖金
2	20190101	张光辉	¥ 78,000.00	7%	¥ 670,970.00	¥ 5,460.00
3	20190102	李明明	¥ 66,000.00	7%	¥ 399,310.00	
4	20190103	胡亮亮	¥ 82,700.00	10%	¥ 590,750.00	
5	20190104	周广俊	¥ 64,800.00	7%	¥ 697,650.00	
6	20190105	刘大鹏	¥ 157,640.00	15%	¥ 843,700.00	
7	20190106	王冬梅	¥ 21,500.00	0%	¥ 890,820.00	
8	20190107	胡秋菊	¥ 39,600.00	3%	¥ 681,770.00	
9	20190108	李夏雨	¥ 52,040.00	7%	¥ 686,500.00	
10	20190109	张春歌	¥ 70,640.00	7%	¥ 588,500.00	

> **提示** 公式“=IF(C2<=400000,C2*D2,“48,000”)”的含义为：当单元格数据小于或等于 400 000 时，返回结果为单元格 C2 乘以单元格 D2，否则，返回 48 000。

第 2 步 使用自动填充功能，完成其他员工的销售业绩奖金的计算。

F2 =IF(C2<=400000,C2*D2,"48,000")

	A	B	C	D	E	F
1	员工编号	姓名	销售业绩额	奖金比例	累计业绩额	基本业绩奖金
2	20190101	张光辉	¥ 78,000.00	7%	¥ 670,970.00	¥ 5,460.00
3	20190102	李明明	¥ 66,000.00	7%	¥ 399,310.00	¥ 4,620.00
4	20190103	胡亮亮	¥ 82,700.00	10%	¥ 590,750.00	¥ 8,270.00
5	20190104	周广俊	¥ 64,800.00	7%	¥ 697,650.00	¥ 4,536.00
6	20190105	刘大鹏	¥ 157,640.00	15%	¥ 843,700.00	¥ 23,646.00
7	20190106	王冬梅	¥ 21,500.00	0%	¥ 890,820.00	¥ -
8	20190107	胡秋菊	¥ 39,600.00	3%	¥ 681,770.00	¥ 1,188.00
9	20190108	李夏雨	¥ 52,040.00	7%	¥ 686,500.00	¥ 3,642.80
10	20190109	张春歌	¥ 70,640.00	7%	¥ 588,500.00	¥ 4,944.80

业绩奖金标准 业绩奖金评估

就绪 平均值: ¥6,256.40 计数: 9 求和: ¥56,307.60 100%

第 3 步 使用同样的方法计算累计业绩奖金。选择单元格 G2，在编辑栏中直接输入公式“=IF(E2>600000,18000,5000)”，按【Enter】键确认，即可计算出累计业绩奖金。

G2 =IF(E2>600000,18000,5000)

	E	F	G	H
1	累计业绩额	基本业绩奖金	累计业绩奖金	业绩总奖金额
2	¥ 670,970.00	¥ 5,460.00	¥ 18,000.00	
3	¥ 399,310.00	¥ 4,620.00		
4	¥ 590,750.00	¥ 8,270.00		
5	¥ 697,650.00	¥ 4,536.00		
6	¥ 843,700.00	¥ 23,646.00		
7	¥ 890,820.00	¥ -		
8	¥ 681,770.00	¥ 1,188.00		
9	¥ 686,500.00	¥ 3,642.80		
10	¥ 588,500.00	¥ 4,944.80		

计算结果

第 4 步 使用自动填充功能，完成其他员工的累计业绩奖金的计算。

G2 =IF(E2>600000,18000,5000)

	E	F	G	H
1	累计业绩额	基本业绩奖金	累计业绩奖金	业绩总奖金额
2	¥ 670,970.00	¥ 5,460.00	¥ 18,000.00	
3	¥ 399,310.00	¥ 4,620.00	¥ 5,000.00	
4	¥ 590,750.00	¥ 8,270.00	¥ 5,000.00	
5	¥ 697,650.00	¥ 4,536.00	¥ 18,000.00	
6	¥ 843,700.00	¥ 23,646.00	¥ 18,000.00	
7	¥ 890,820.00	¥ -	¥ 18,000.00	
8	¥ 681,770.00	¥ 1,188.00	¥ 18,000.00	
9	¥ 686,500.00	¥ 3,642.80	¥ 18,000.00	
10	¥ 588,500.00	¥ 4,944.80	¥ 5,000.00	

平均值: ¥13,666.67 计数: 9 求和: ¥123,000.00 100%

14.4.5 计算业绩总奖金额

如果计算的数据不多，可以使用简单的公式快速得出计算结果。如本案例中计算业绩总奖金额，仅有 2 项数据相加，使用公式极为方便，具体操作步骤如下。

第 1 步 在单元格 H2 中输入公式“=F2+G2”，按【Enter】键确认，计算出业绩总奖金额。

H2 =F2+G2

	E	F	G	H
1	累计业绩额	基本业绩奖金	累计业绩奖金	业绩总奖金额
2	¥ 670,970.00	¥ 5,460.00	¥ 18,000.00	¥ 23,460.00
3	¥ 399,310.00	¥ 4,620.00	¥ 5,000.00	
4	¥ 590,750.00	¥ 8,270.00	¥ 5,000.00	
5	¥ 697,650.00	¥ 4,536.00	¥ 18,000.00	
6	¥ 843,700.00	¥ 23,646.00	¥ 18,000.00	
7	¥ 890,820.00	¥ -	¥ 18,000.00	
8	¥ 681,770.00	¥ 1,188.00	¥ 18,000.00	
9	¥ 686,500.00	¥ 3,642.80	¥ 18,000.00	
10	¥ 588,500.00	¥ 4,944.80	¥ 5,000.00	

第 2 步 使用自动填充功能，计算出所有员工的业绩总奖金额。

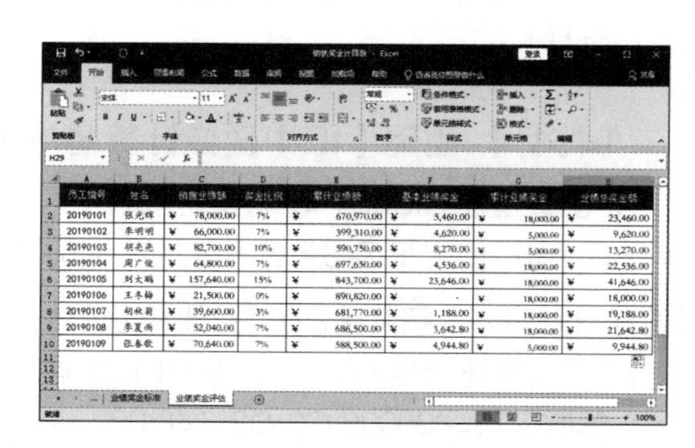

	A	B	C	D	E	F	G	H
1	员工编号	姓名	销售业绩额	奖金比例	累计业绩额	基本业绩奖金	累计业绩奖金	业绩总奖金额
2	20190101	张光辉	¥ 78,000.00	7%	¥ 670,970.00	¥ 5,460.00	¥ 18,000.00	¥ 23,460.00
3	20190102	李明明	¥ 66,000.00	7%	¥ 399,310.00	¥ 4,620.00	¥ 5,000.00	¥ 9,620.00
4	20190103	胡亮亮	¥ 82,700.00	10%	¥ 590,750.00	¥ 8,270.00	¥ 5,000.00	¥ 13,270.00
5	20190104	周广俊	¥ 64,800.00	7%	¥ 697,650.00	¥ 4,536.00	¥ 18,000.00	¥ 22,536.00
6	20190105	刘大鹏	¥ 157,640.00	15%	¥ 843,700.00	¥ 23,646.00	¥ 18,000.00	¥ 41,646.00
7	20190106	王冬梅	¥ 21,500.00	0%	¥ 890,820.00	¥ -	¥ 18,000.00	¥ 18,000.00
8	20190107	胡秋菊	¥ 39,600.00	3%	¥ 681,770.00	¥ 1,188.00	¥ 18,000.00	¥ 19,188.00
9	20190108	李夏雨	¥ 52,040.00	7%	¥ 686,500.00	¥ 3,642.80	¥ 18,000.00	¥ 21,642.80
10	20190109	张春歌	¥ 70,640.00	7%	¥ 588,500.00	¥ 4,944.80	¥ 5,000.00	¥ 9,944.80

至此，销售奖金计算表制作完毕，保存该表即可。

14.5 制作销售业绩透视表和透视图

销售业绩表是一种常用的工作表格，主要用于汇总销售人员的销售情况，可以为公司销售策略的制订及员工销售业绩的考核提供有效的基础数据。本节主要介绍如何制作销售业绩透视表和透视图。

14.5.1 创建销售业绩透视表

数据透视表是一种对大量数据快速汇总和建立交叉列表的交互式动态表格，能够帮助用户分析、组织既有数据，是 Excel 中的数据分析利器。下面介绍如何创建销售业绩透视表。

第 1 步 打开“素材 \ch14\ 销售业绩表 .xlsx”工作簿。

销售业绩表						
产品名称	销售员	销售时间	销售点	单价	销量	销售额
智能电视	关利	2019/1/1	人民路店	¥ 2,200	120	¥ 264,000
变频空调	赵锐	2019/1/1	新华路店	¥ 2,100	140	¥ 294,000
组合音响	张磊	2019/1/1	新华路店	¥ 4,520	90	¥ 406,800
变频空调	江涛	2019/1/1	黄河路店	¥ 4,210	80	¥ 336,800
电冰箱	陈晓华	2019/1/2	黄河路店	¥ 5,670	86	¥ 487,620
全自动洗衣机	李小林	2019/1/2	人民路店	¥ 3,210	97	¥ 311,370
液晶电视	成军	2019/1/2	长江路店	¥ 7,680	78	¥ 599,040
智能电视	王军	2019/1/3	长江路店	¥ 2,130	110	¥ 234,300
变频空调	李阳	2019/1/3	人民路店	¥ 3,210	105	¥ 337,050
组合音响	陆洋	2019/1/3	建设路店	¥ 4,000	40	¥ 160,000
智能电视	赵琳	2019/1/3	建设路店	¥ 3,420	45	¥ 153,900

第 2 步 在【插入】选项卡中，单击【表格】选项组中的【数据透视表】按钮，在弹出的下拉菜单中选择【数据透视表】选项，弹出【创建数据透视表】对话框。在对话框的【表 / 区域】文本框中输入销售业绩表的数据区域 A2:G13，在【选择放置数据透视表的位置】区域中选中【新工作表】单选钮。

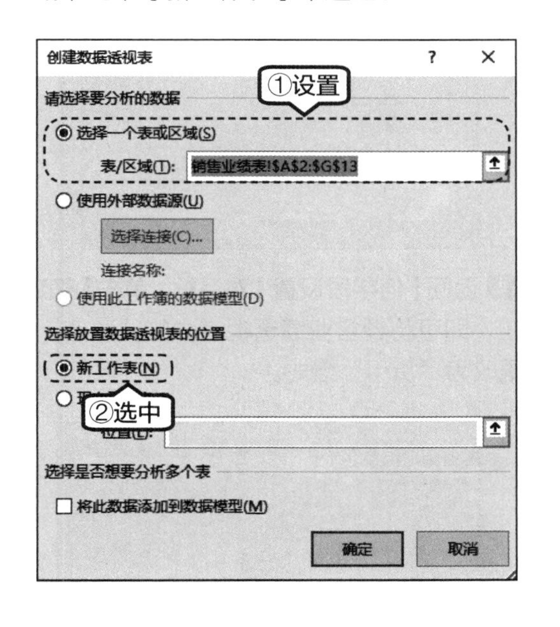

第 3 步 单击【确定】按钮，即可在新工作表中创建一个销售业绩透视表。

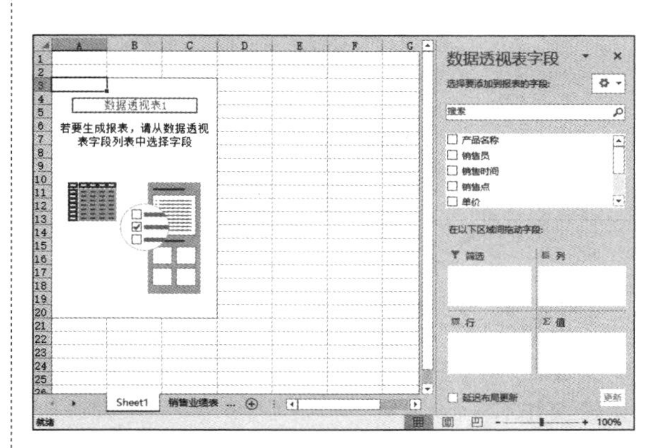

第 4 步 在【数据透视表字段】窗格中，将“产品名称”字段和“销售点”字段添加到【列标签】列表框中，将“销售员”字段添加到【行标签】列表框中，将“销售点”字段添加到【列标签】列表框中，将“销售额”字段添加到【Σ 值】列表框中。

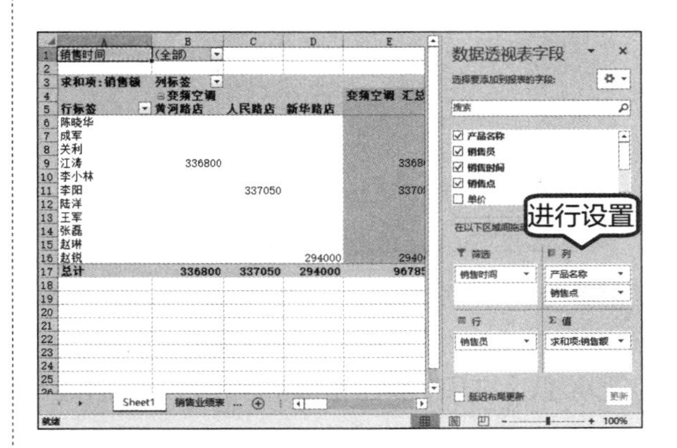

第 5 步 单击【数据透视表字段】窗格右上角的 ✕ 按钮，将该窗格关闭，并将此工作表的标签重命名为“销售业绩透视表”。

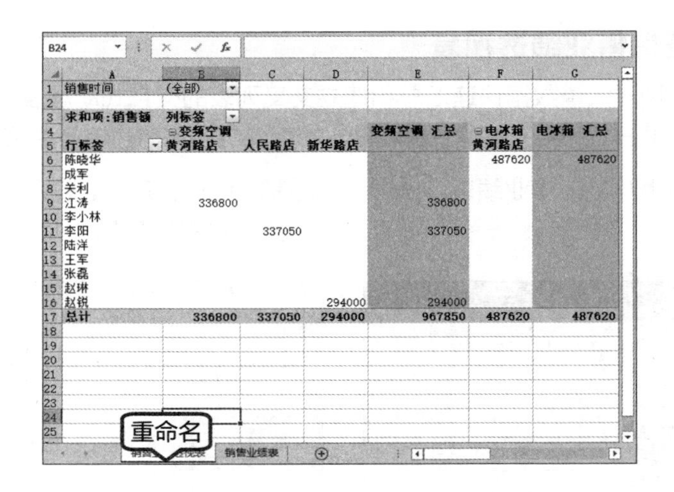

14.5.2 设置销售业绩透视表表格

在工作表中插入数据透视表后，还可以对数据表的格式进行设置，使数据透视表更加美观。具体步骤如下。

第 1 步 选择任一单元格，在【设计】选项卡中，单击【数据透视表样式】选项组中的按钮，在弹出的样式中选择一种。

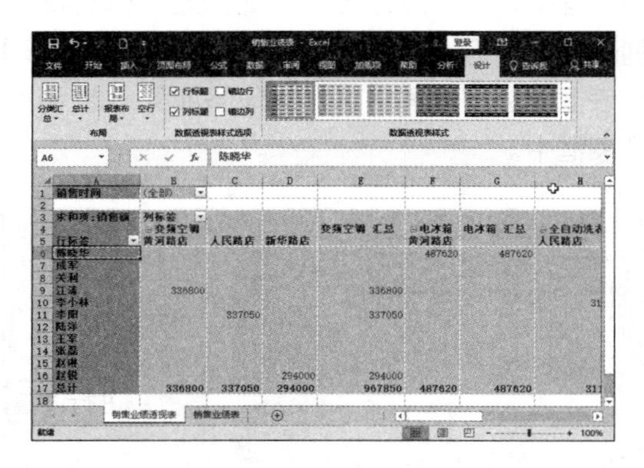

第 2 步 在“数据透视表”中代表数据总额的单元格上右键单击，在弹出的快捷菜单中选择【值字段设置】选项，弹出【值字段设置】对话框。

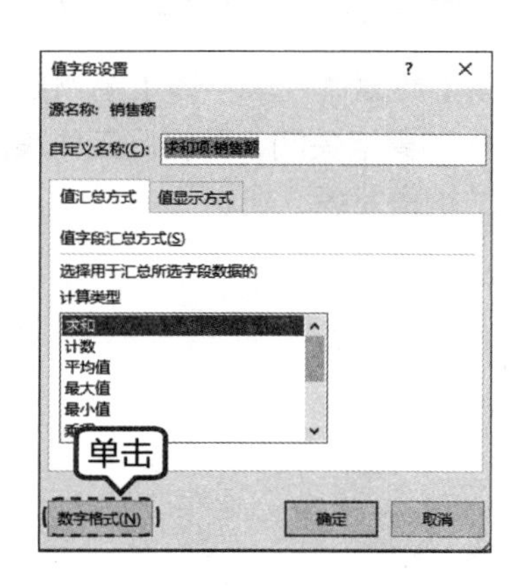

第 3 步 单击【数字格式】按钮，弹出【设置单元格格式】对话框，在【分类】列表框中选择【货币】选项，将【小数位数】设置为“0”，【货币符号】设置为“￥”，单击【确定】按钮。

第 4 步 返回【值字段设置】对话框，单击【确定】按钮，即可将销售业绩透视表中的“数值”格式更改为“货币”格式。

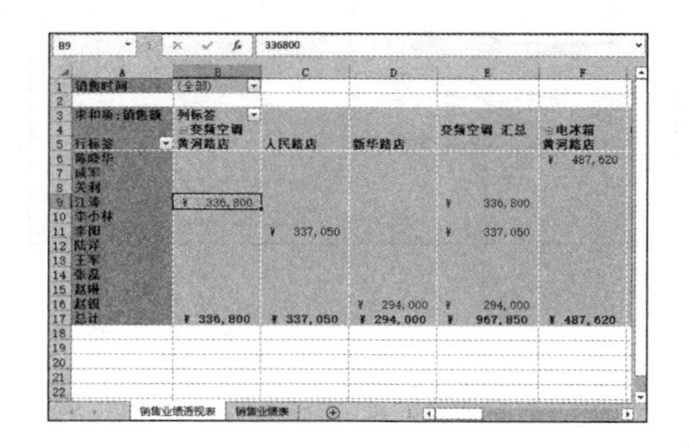

14.5.3 设置销售业绩透视表中的数据

在使用透视表分析数据时，可以根据需要设置数据的排序及显示等，具体操作步骤如下。

第 1 步 在销售业绩透视表中，单击【销售时间】右侧的按钮▼，在弹出的下拉列表中取消勾选【选择多项】复选框，然后选择“2019/1/1”选项。

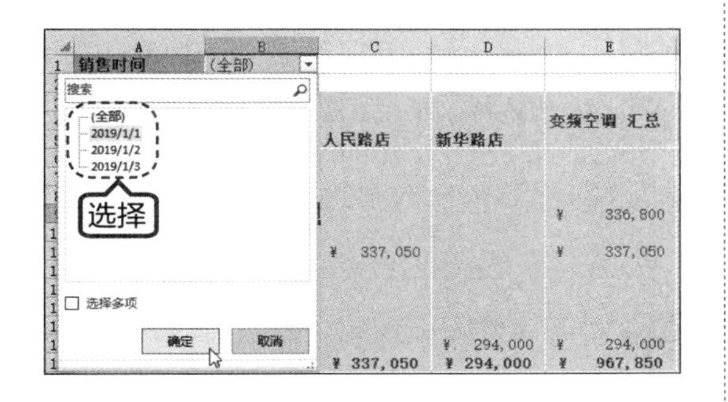

第 2 步 单击【确定】按钮，在销售业绩透视表中将显示 2019 年 1 月 1 日的销售数据。

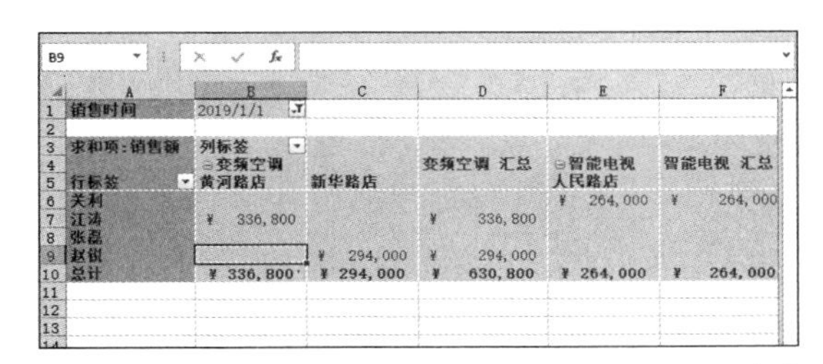

第 3 步 单击【黄河路店】，再单击【列标签】右侧的按钮▼，在弹出的下拉列表中取消勾选【全选】复选框，然后勾选【人民路店】复选框。

第 4 步 单击【确定】按钮，在销售业绩透视表中将显示“人民路店”在 2019 年 1 月 1 日的销售数据。

第 5 步 取消日期和店铺筛选，右键单击任一单元格，在弹出的快捷菜单中选择【值字段设置】选项，弹出【值字段设置】对话框，单击【值汇总方式】选项卡，在下拉列表框中选择【平均值】选项。

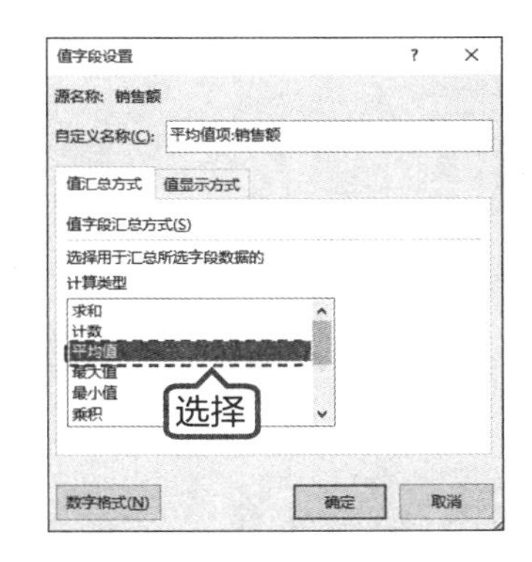

第 6 步 单击【确定】按钮，在销售业绩透视表中将显示数据的平均值。

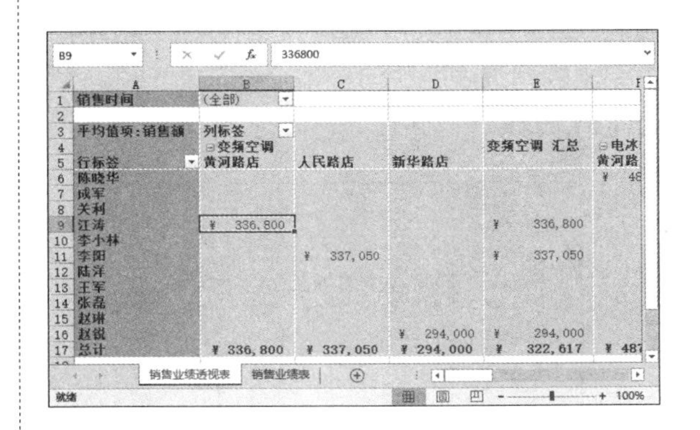

14.5.4 创建销售业绩透视图

数据透视图是数据透视表中的数据的图形表示形式。与数据透视表一样，数据透视图也是交互式的。创建数据透视图时，数据透视图将筛选显示在图表区中，以便排序和筛选数据透视图的基本数据。

第 1 步 选择任一单元格，在【数据透视表工具】➢【分析】选项卡中，单击【工具】选项组中的【数据透视图】按钮，弹出【插入图表】对话框。

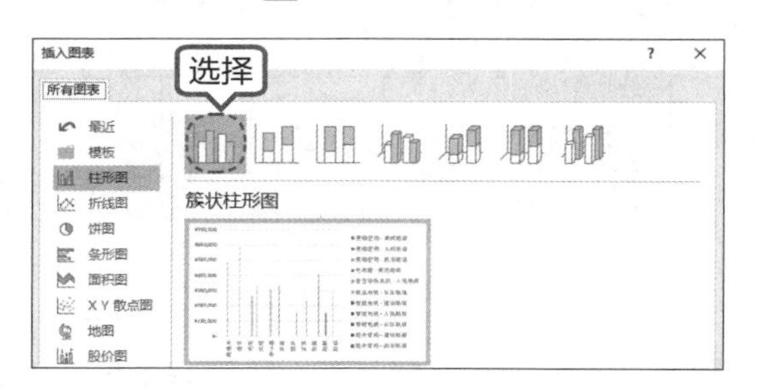

第 2 步 在【插入图表】对话框中选择【柱形图】中的任意一种柱形，单击【确定】按钮，即可在当前工作表中插入数据透视图，如下图所示。

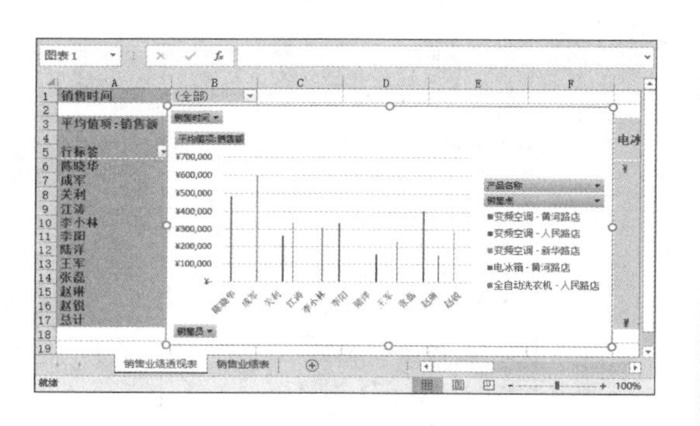

第 3 步 右键单击数据透视图，在弹出的快捷菜单中选择【移动图表】菜单命令，弹出【移动图表】对话框，选中【新工作表】单选项，并输入工作表名称“销售业绩透视图”。

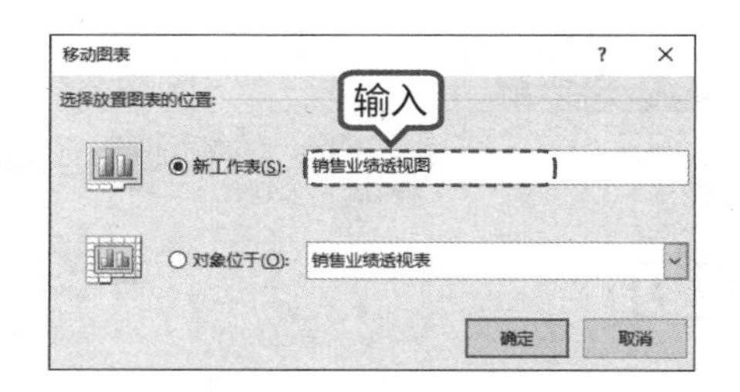

第 4 步 单击【确定】按钮，自动切换到新建工作表，并把销售业绩透视图移动到该工作表中。

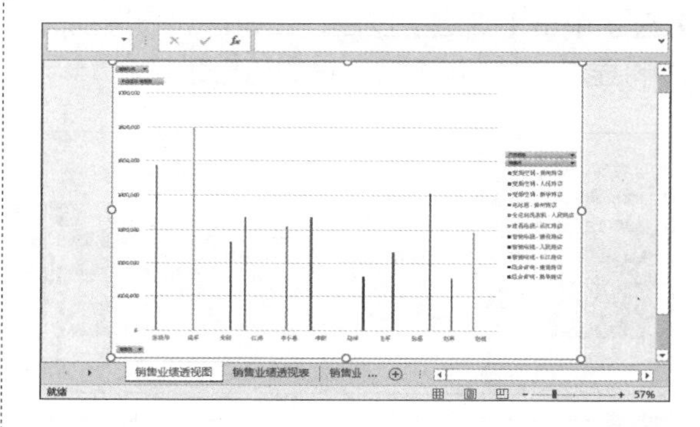

14.5.5 编辑销售业绩透视图

数据透视图创建完成后，同样可以根据需求，对透视图的图表类型、绘图区背景、显示元素等进行编辑和美化。具体步骤如下。

第 1 步 单击透视图左下角的【销售员】按钮，在弹出的列表中取消勾选【全选】复选框，然后勾选【陈晓华】和【李小林】复选框。

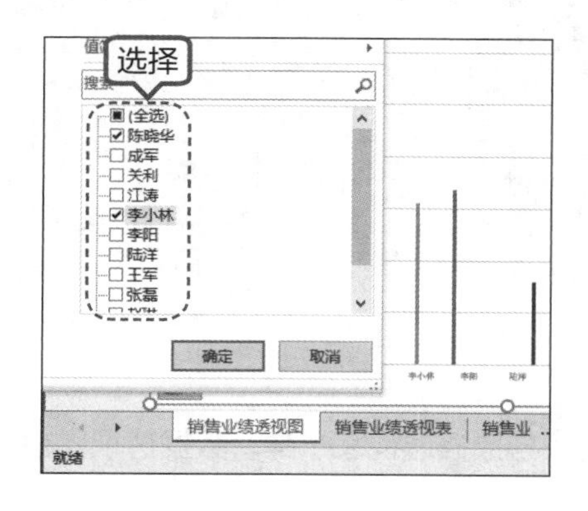

第 2 步 单击【确定】按钮，在销售业绩透视图中将只显示“陈晓华”和“李小林”的销售数据。

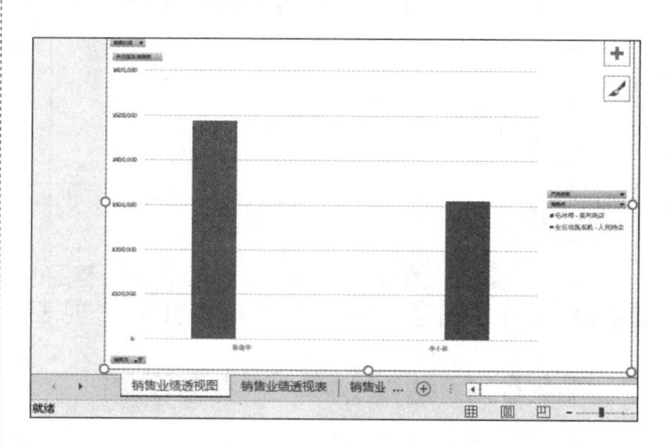

第 3 步 右键单击销售数据透视图，在弹出的快捷菜单中选择【更改图表类型】菜单命令，弹出【更改图表类型】对话框，选择【折线图】类型中的【堆积折线图】选项。

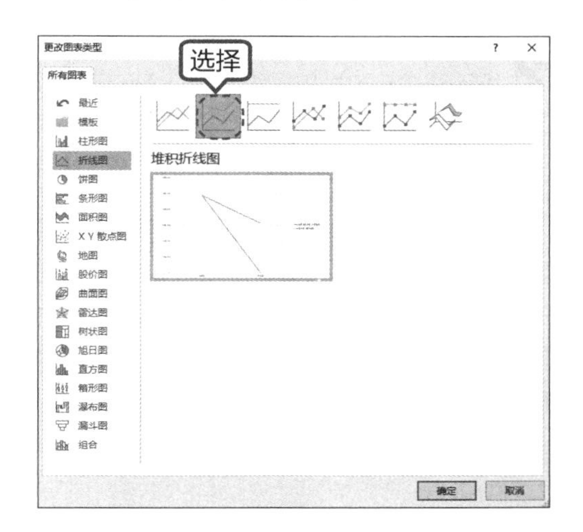

第 4 步 单击【确定】按钮，即可将销售业绩透视图类型更改为【折线图】类型。

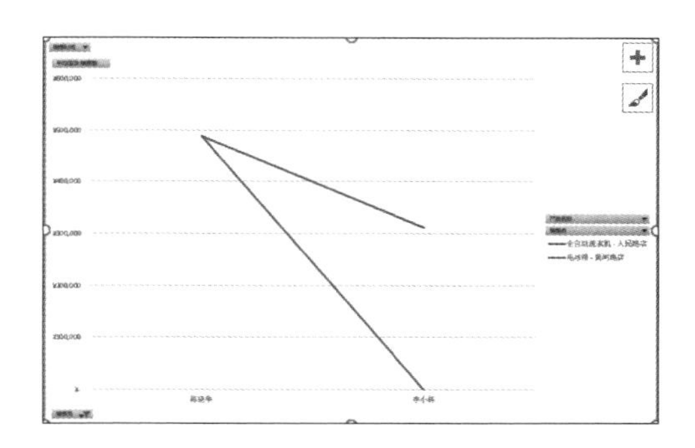

第 5 步 单击【数据图透视工具】➤【设计】➤【图表样式】组中的【其他】按钮▾，在弹出的图表样式列表中选择要应用的样式，即可应用，效果如下图所示。

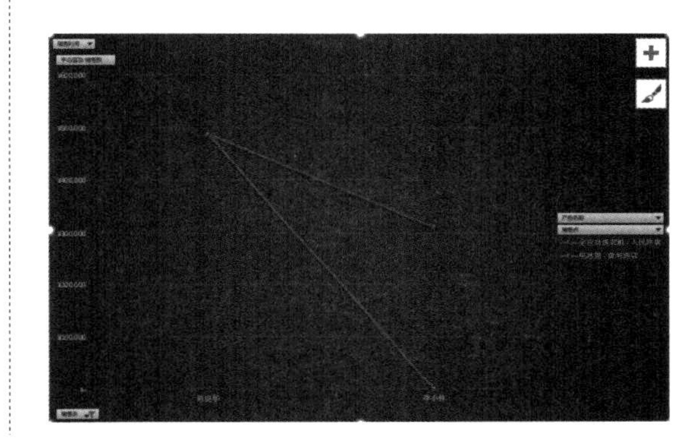

高手支招

技巧 1：输入以“0”开头的数字

如果输入以数字 0 开头的数字串，Excel 将自动省略 0。如果要保持输入的内容不变，可以先输入单引号“' ”，再输入数字或字符。

第 1 步 先输入一个半角单引号“' ”，然后在单元格中输入以 0 开头的数字。

	A	B	C
1	'0123456		
2			

> **提示** 在英文输入状态下，按键盘上的引号键■，即可输入半角单引号“' ”。

第 2 步 按【Tab】键或【Enter】键确认。

	A	B
1	0123456	
2		
3		
4		
5		
6		

技巧 2：在 Excel 中绘制斜线表头

在制作表格时，有时会涉及交叉项目，需要使用斜线表头。斜线表头主要分为单斜线表头和多斜线表头，下面介绍如何绘制这两种斜线表头。

1. 绘制单斜线表头

单斜线表头是较为常用的斜线表头，适用于两个交叉项目，具体绘制方法如下。

第 1 步 新建一个空白工作簿，在 B1 和 A2 单元格中输入数据，如下图所示。

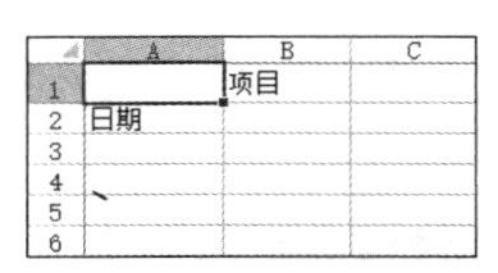

第 2 步 选择 A1 单元格，按【Ctrl+1】组合键，打开【设置单元格格式】对话框。单击【边框】选项卡，在【线条】列表中选择一种线型，然后在边框区域选择斜线样式。

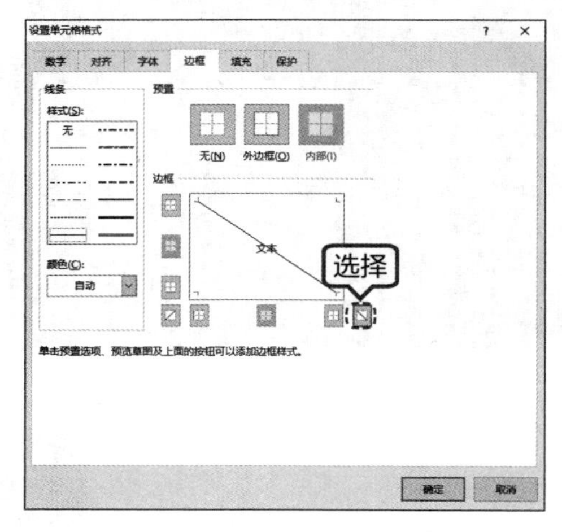

第 3 步 单击【确定】按钮，返回 Excel 工作表，即可看到 A1 单元格中添加的斜线。

	A	B	C
1		项目	
2	日期		
3			
4			
5			

提示 单击【开始】选项卡下【字体】组中的【边框】按钮，在弹出的列表中选择【绘制边框】菜单命令，也可以绘制斜线。

第 4 步 使用同样办法，选择 B2 单元格，设置同样的斜线边框样式，使其成为 A1:B2 单元格区域的对角线，最终效果如下图所示。

	A	B	C
1		项目	
2	日期		
3			
4			
5			

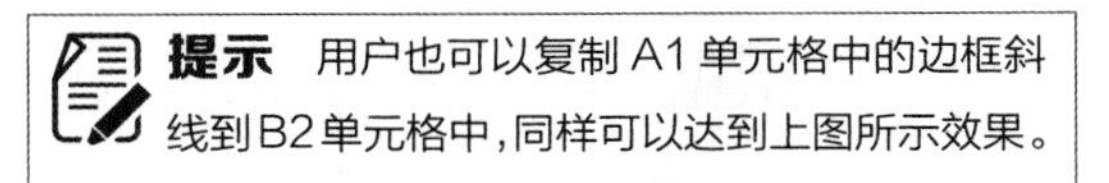

提示 用户也可以复制 A1 单元格中的边框斜线到 B2 单元格中，同样可以达到上图所示效果。

2. 绘制多斜线表头

如果有多个交叉项目，就需要绘制多斜线表达，如双斜线、三斜线等，而单斜线的绘制方法并不适合多斜线表头，因此可采用下述方法。

第 1 步 新建一个空白工作簿，选择 A1 单元格，并调整该单元格大小。

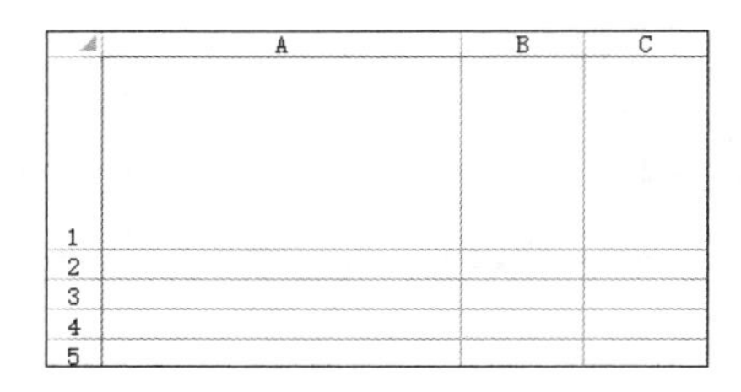

第 2 步 单击【插入】➤【形状】按钮，在弹出的形状列表中选择【直线】形状，根据需要在单元格中绘制多条斜线。

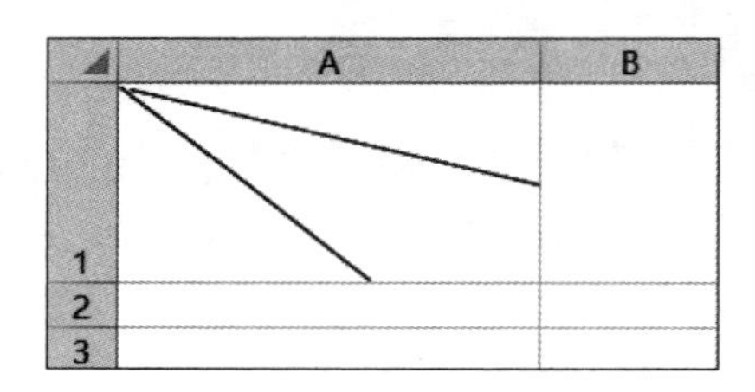

第 3 步 单击【插入】➤【文本框】按钮，在单元格中绘制文本框，输入文本内容，并设置文本框为“无轮廓”，最终效果如下图所示。

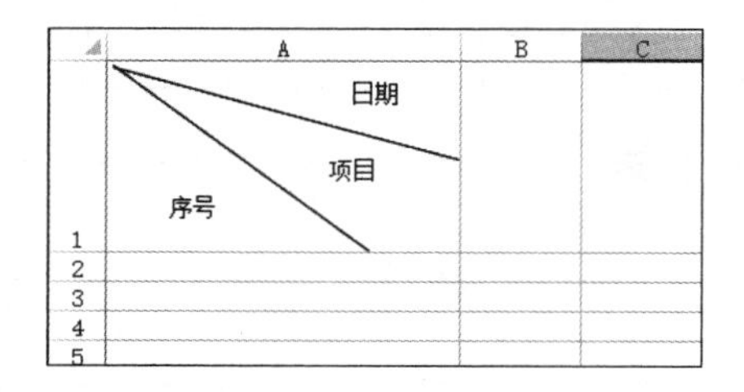

第15章 使用 PowerPoint 2019 制作演示文稿

➲ 高手指引

PowerPoint 2019 软件是 Office 2019 办公软件的重要组成部分，主要用于演示文稿的制作，应用于各大商务办公领域。使用 PowerPoint 2019 软件可制作出精美的幻灯片，用户可以在投影仪或计算机上进行演示。

➲ 重点导读

- 学习制作岗位竞聘演示文稿
- 学习制作沟通技巧培训 PPT
- 学习制作中国茶文化幻灯片
- 学习放映幻灯片

15.1 制作岗位竞聘演示文稿

通过竞聘上岗，可以增加选人用人的渠道。而精美的岗位竞聘演示文稿，可以帮助竞聘者在演讲时最大限度地介绍自己，让选民能够多方面地了解竞聘者的实际情况。

15.1.1 制作首页幻灯片

本节主要涉及幻灯片的一些基本操作，如选择主题、设置幻灯片大小和设置字体格式等内容。

第1步 启动 PowerPoint 2019，在【文件】选项卡下，单击【新建】选项，在右侧区域中选择【离子】模板，创建一个空白演示文稿。

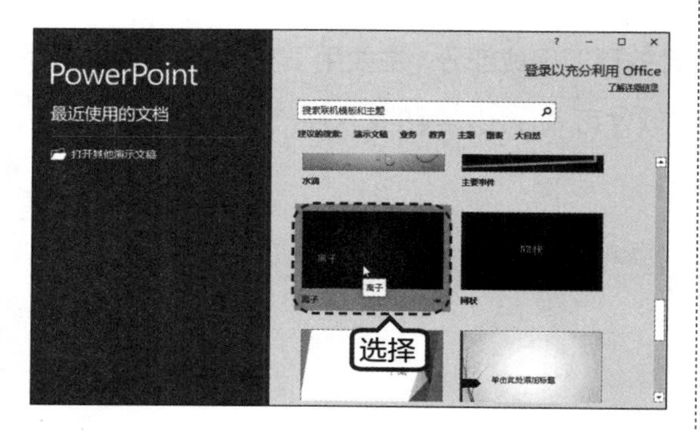

第2步 单击【单击此处添加标题】文本框，在文本框中输入“注意细节，抓住机遇”，并设置标题字体为“汉仪中宋简”，字号为“72”，字体颜色为“橙色”，文字效果为“文字阴影”，对齐方式为“居中对齐”。

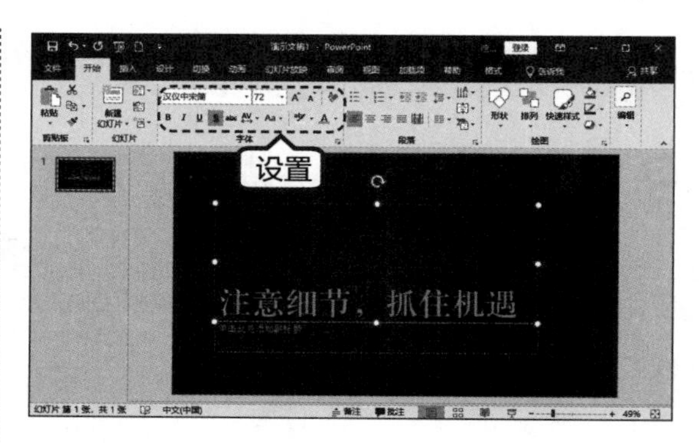

第3步 单击【单击此处添加副标题】文本框，在副标题中输入如下图所示文本内容，并设置字体为“幼圆”，字号为“24”，“颜色”为“白色”，对齐方式为“右对齐”。

15.1.2 制作岗位竞聘幻灯片

本小节主要介绍添加幻灯片、设置字体格式和添加编号等内容。具体步骤如下。

第1步 添加一张空白幻灯片，在幻灯片中插入横排文本框，输入如图所示文本内容，设置其字体为“方正楷体简体”，字号大小为“36”，字体颜色为“白色”。

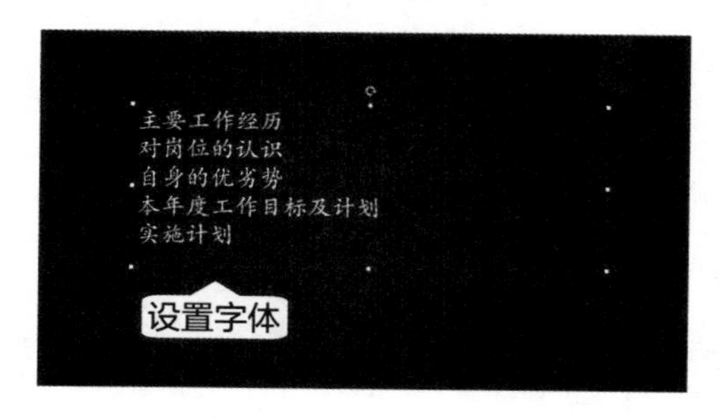

第 2 步 选中文本内容，单击【开始】选项卡下【段落】组中的【编号】按钮右侧的下拉按钮，在弹出的下拉列表中选择样式为“一、二、三”的编号。

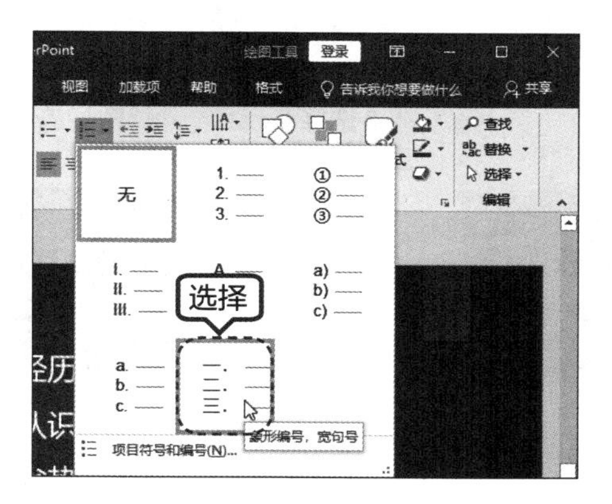

第 3 步 将文本内容的段前和段落间距设置为“12 磅”，如下图所示。

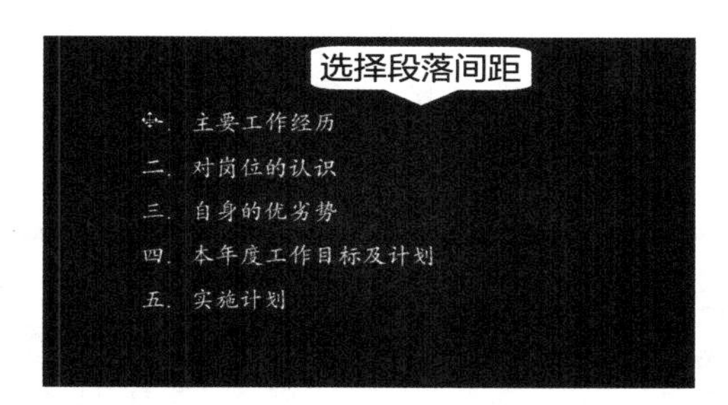

第 4 步 添加一张标题和内容幻灯片，在标题文本框中输入“一、主要工作经历”，设置标题字体为“方正楷体简体”，字号为“32”。打开“素材 \ch15\ 工作经历 .txt”，将其文本内容粘贴至内容文本框中，并设置字体为“等线”，字号为“28”，首行缩进为“2 厘米”，段前段后间距为“10 磅”，行距为“1.5倍行距”，如下图所示。

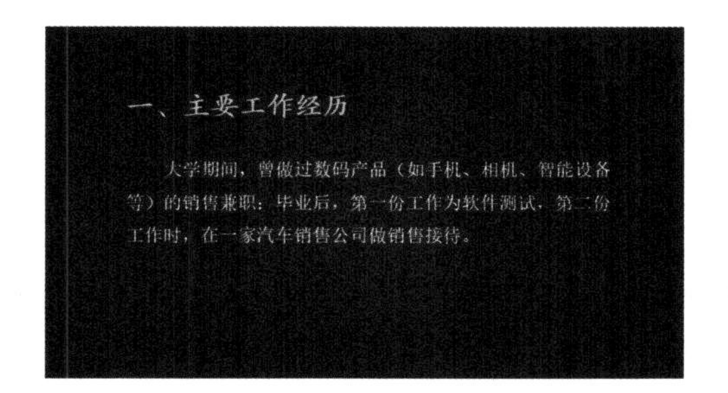

第 5 步 添加一张标题和内容幻灯片，在标题文本框中输入“二、对岗位的认识”，设置标题字体为“方正楷体简体”，字号为“32”。打开“素材 \ch15\ 岗位认识 .txt”，将其文本内容粘贴至内容文本框中，并设置字体为“等线”，字号为“24”，首行缩进“1.8 厘米”，段前段后间距为“10 磅”，行距为“1.5 倍行距”，如下图所示。

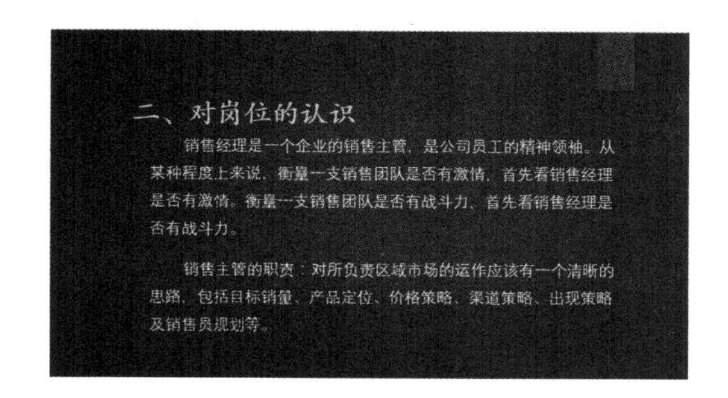

第 6 步 添加一张标题和内容幻灯片，在标题文本框中输入“三、自身的优劣势”。打开“素材 \ch15\ 自身的优劣势 .txt”，将其文本内容粘贴至副标题文本框中，按照**第 4 步**设置文字的字体和段落格式。

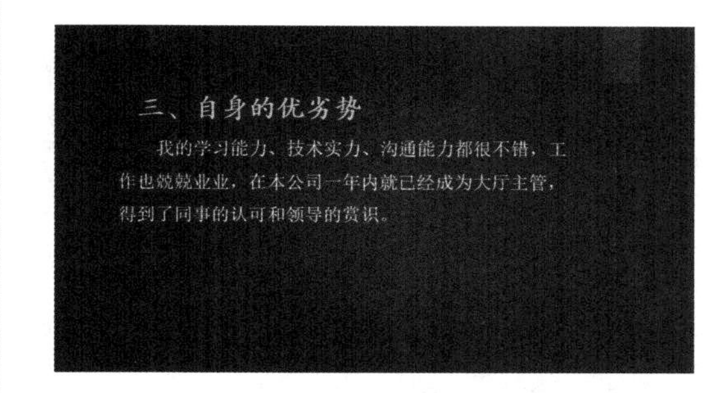

第 7 步 添加一张标题和内容幻灯片，在标题文本框中输入“四、本年度工作目标”。打开“素材 \ch15\ 本年度工作目标 .txt”，将其文本内容粘贴至副标题文本框中，按照第 4 步设置文字的字体和段落格式。

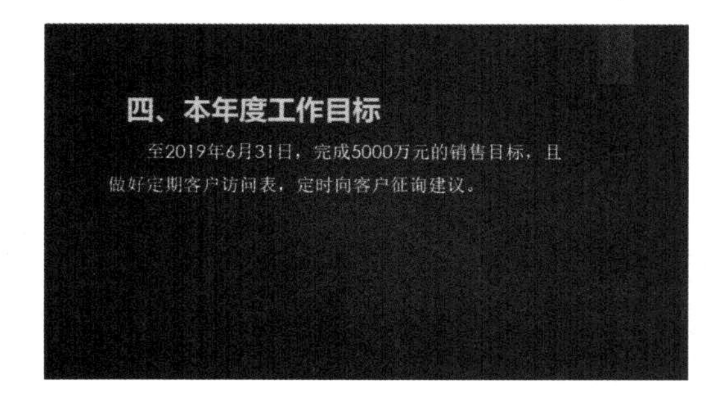

第8步 添加一张标题和内容幻灯片，在标题文本框中输入“五、实施计划”。打开“素材\ch15\实施计划.txt”，将其文本内容粘贴至副标题文本框中，按照**第4步**设置文字的字体和段落格式。

五、实施计划
在1-3月份，做春节促销活动
在4-5月份，做好车站期间的相关工作
在6-8月份，做好夏季展厅的服务工作
在9-10月份，做好车展期间的相关工作
在11-12月份，做好年底促销活动

第9步 选中文本内容，单击【开始】选项卡【段落】组中【项目符号】按钮右侧的下拉按钮，在弹出的下拉列表中选择一种项目符号。

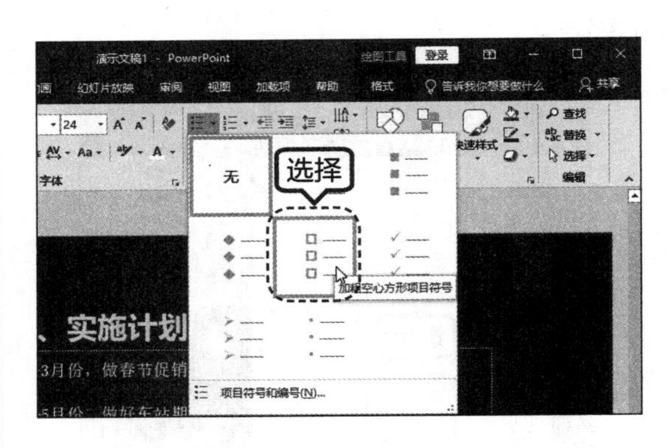

15.1.3 制作结束幻灯片

本小节主要涉及添加幻灯片、设置字体格式等内容。具体步骤如下。

第1步 添加一张空白幻灯片，并插入横排文本框，输入如下图所示文本内容。选中文本内容，设置其字体为“等线”，字号为“72”，在【格式】选项卡下设置艺术字样式为“填充—白色，文本1，阴影”。

给我一个舞台，
为您创造精彩世界！
设置字体

第2步 添加一张空白幻灯片，插入垂直文本框，输入“谢谢”，并设置其字体为“方正楷体简体”，字号为“88”，加粗，添加文本阴影效果，如下图所示。

15.2 设计沟通技巧培训 PPT

沟通是人与人之间、群体与群体之间思想与感情的传递和反馈过程，是社会交际中必不可少的技能。很多时候，沟通的成效直接影响着事业成功与否。

本节将制作一个介绍培训沟通技巧的演示文稿，展示提高沟通技巧的要素，具体操作步骤如下。

15.2.1 设计幻灯片母版

此演示文稿中除了首页和结束页外，其他所有幻灯片中都需要在标题处放置一个关于沟通交际的图片。为了体现版面的美观，会将四角设置为弧形。设计幻灯片母版的步骤如下。

第1步 启动 PowerPoint 2019，进入其工作界面，将新建文档另存为“沟通技巧.pptx”。

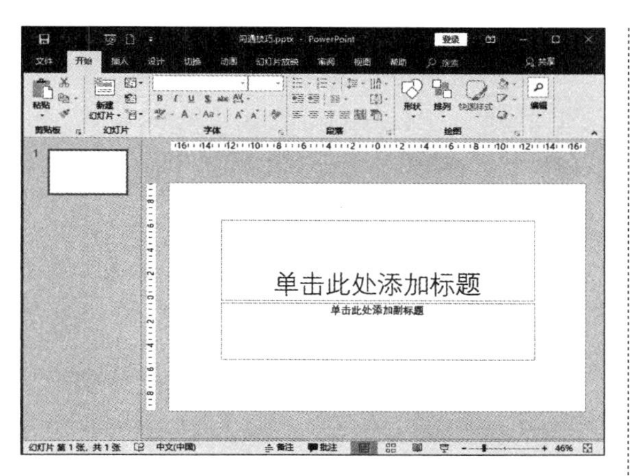

第 2 步 单击【视图】选项卡下【母版视图】中的【幻灯片母版】按钮，切换到幻灯片母版视图，并在左侧列表中单击第一张幻灯片。

第 3 步 单击【插入】选项卡【图像】组中的【图片】按钮，在弹出的对话框中选择“素材 \ch15\ 背景 1.png” 文件，单击【插入】按钮。

第 4 步 插入图片并调整图片的位置，如下图所示。

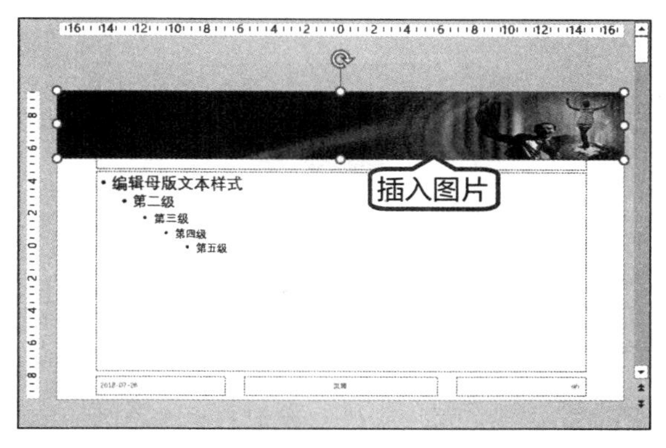

第 5 步 使用形状工具在幻灯片底部绘制一个矩形框，并填充颜色为蓝色(R:29，G:122，B:207)。

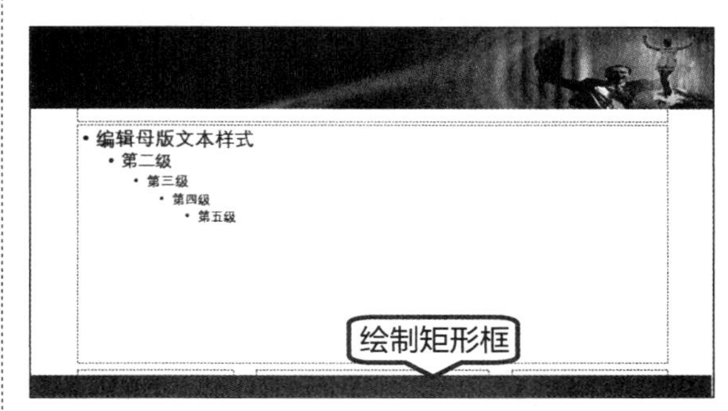

第 6 步 使用形状工具绘制 1 个圆角矩形，并拖曳圆角矩形左上方的黄点，调整圆角角度。设置【形状填充】为“无填充颜色”，设置【形状轮廓】为“白色”，【粗细】为“4.5 磅”。

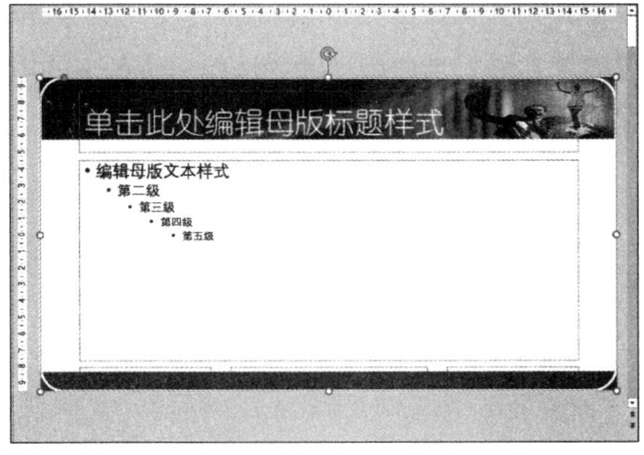

第 7 步 在左上角绘制一个正方形，设置【形状填充】和【形状轮廓】为“白色”并单击鼠标右键，在弹出的快捷菜单中选择【编辑顶点】选项，删除右下角的顶点，并单击斜边中点向左上方拖曳，调整为如下图所示的形状。

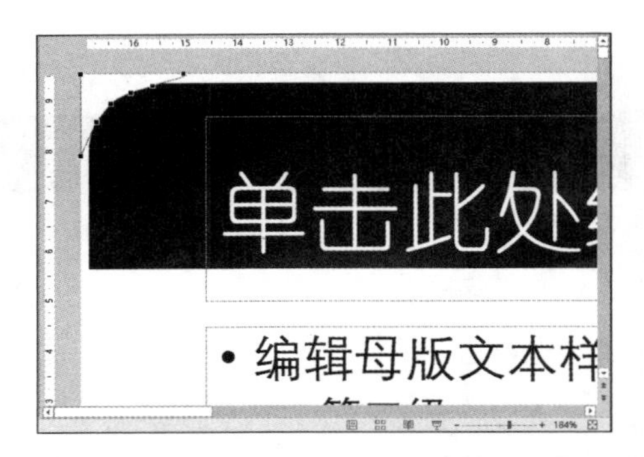

第 8 步 重复上面的操作，绘制并调整幻灯片其他角的形状。

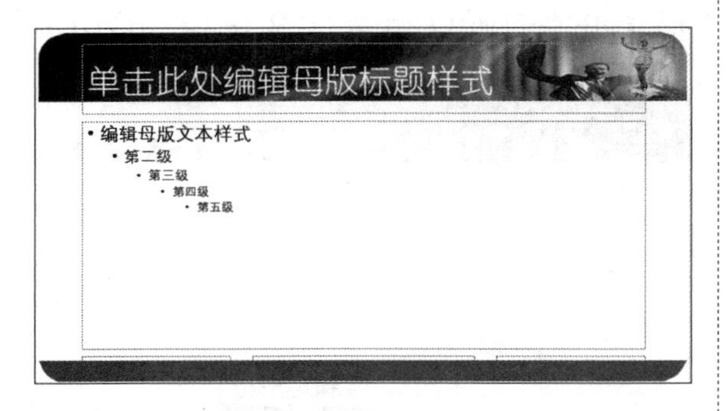

第 9 步 选择第 6 步 ~ 第 8 步中绘制的图形，并单击鼠标右键，在弹出的快捷菜单中选择【组合】➢【组合】菜单命令，将图形组合，效果如下图所示。

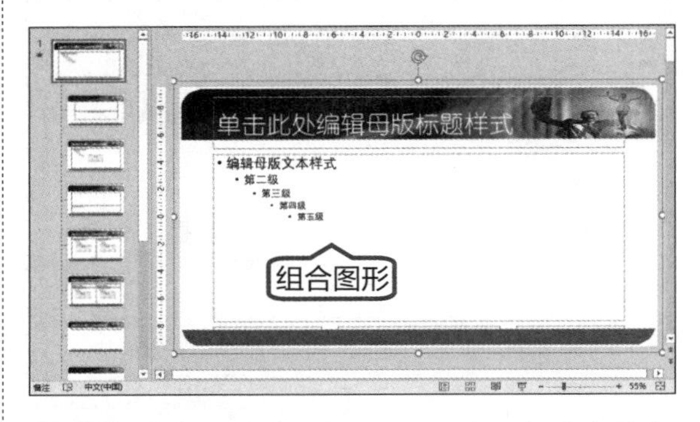

第 10 步 将标题框置于顶层，并设置内容字体为“幼圆”，字号为“50”，颜色为“白色”。

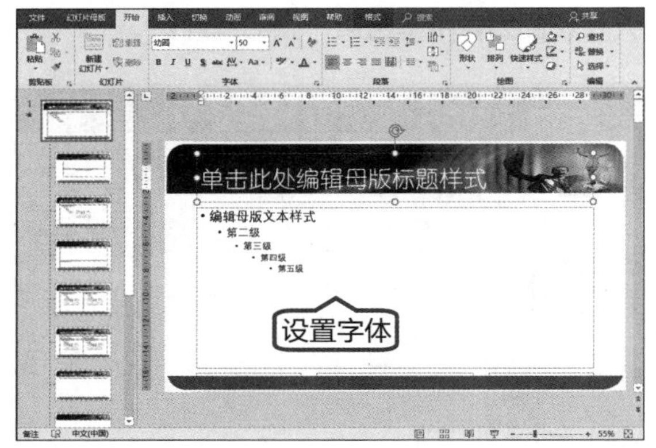

15.2.2 设计幻灯片首页

幻灯片首页由能够体现沟通交际的背景图和标题组成，设计幻灯片首页的具体操作步骤如下。

第 1 步 在幻灯片母版视图中选择左侧列表的第 2 张幻灯片。

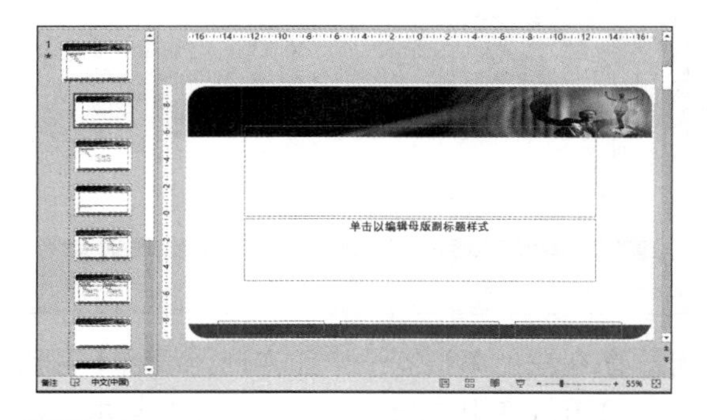

第 2 步 勾选【幻灯片母版】选项卡【背景】组中的【隐藏背景图形】复选框，将背景隐藏。

第 3 步 单击【背景】选项组右下角的【设置背景格式】按钮，弹出【设置背景格式】窗格，在【填充】区域中选中【图片或纹理填充】单选按钮，并单击【文件】按钮。

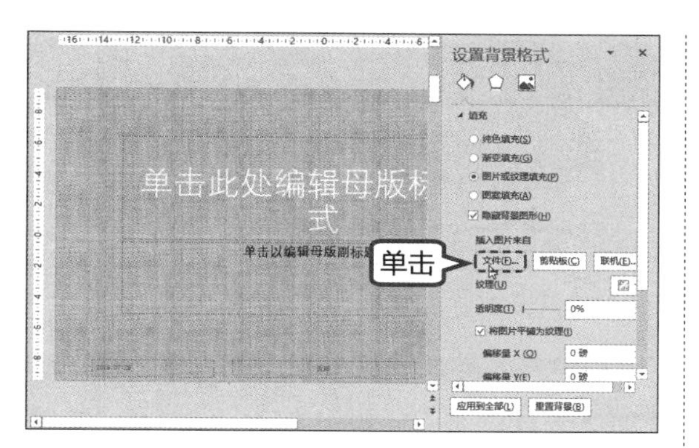

第4步 在弹出的【插入图片】对话框中选择“素材 \ch15\ 首页 .jpg”，单击【插入】按钮。

第5步 设置背景后的幻灯片如下图所示。

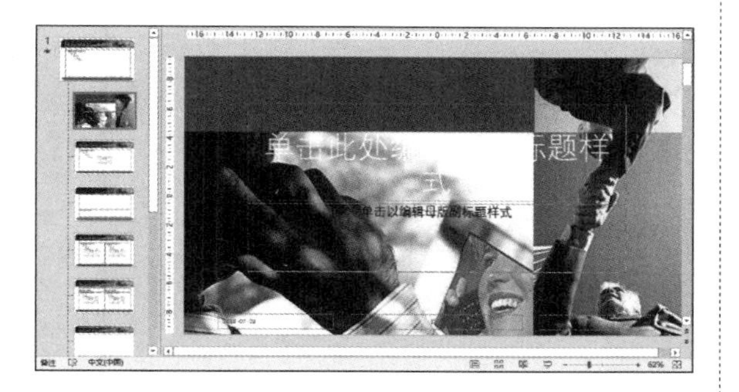

第6步 按照 15.2.1 小节**第6步** ~ **第9步**的操作，绘制图形，并将其组合，效果如下图所示。

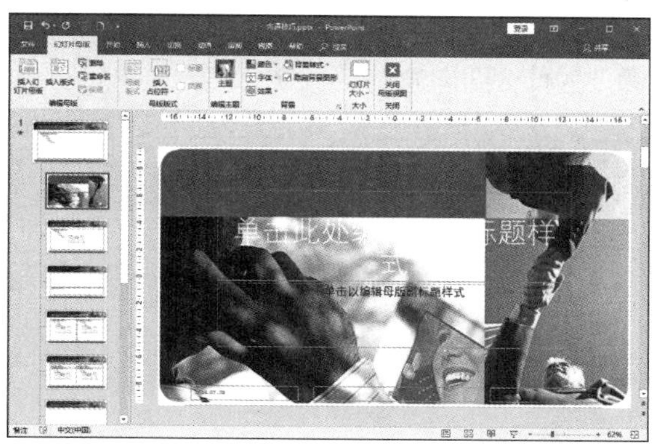

第7步 单击【关闭母版视图】按钮，返回普通视图。

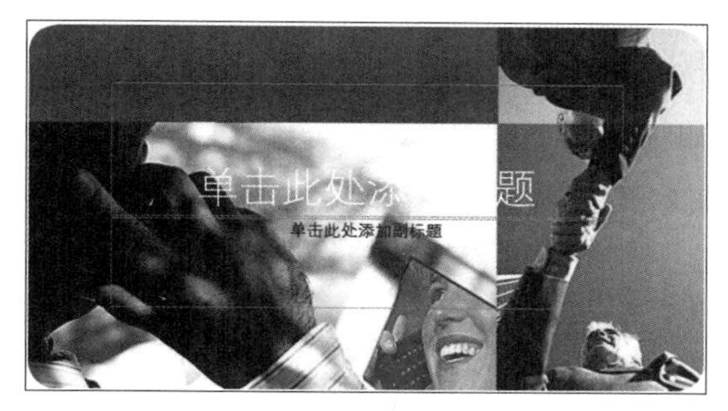

第8步 在幻灯片中标题文本占位符中输入“提升你的沟通技巧”文本，设置【字体】为“华文中宋”并“加粗”，并调整文本框的大小与位置，删除副标题文本占位符，制作完成的幻灯片首页如下图所示。

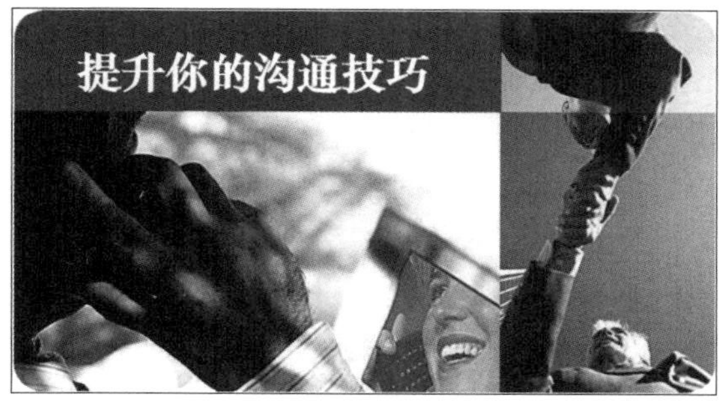

15.2.3 设计图文幻灯片

图文幻灯片的目的是使用图形和文字形象地说明沟通的重要性，设计图文幻灯片页面的具体操作步骤如下。

第1步 新建一张【仅标题】幻灯片，并输入标题“为什么要沟通？”。

第2步 单击【插入】选项卡【图像】组中的【图片】按钮，插入“素材 \ch15\ 沟通 .png”，并调整图片的位置。

第3步 使用形状工具插入两个“思想气泡：云”自选图形标注。

第4步 在云形图形上单击鼠标右键，在弹出的快捷菜单中选择【编辑文字】选项，并输入如下文字，根据需要设置字体样式。

第5步 新建一张【标题和内容】幻灯片，并输入标题“沟通有多重要？”。

第6步 单击内容文本框中的图表按钮，在弹出的【插入图表】对话框中选择【饼图】选项，单击【确定】按钮。

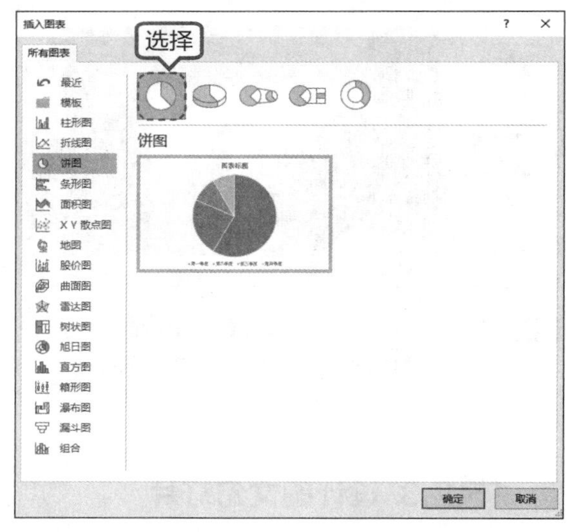

第7步 在打开的【Microsoft PowerPoint 中的图表】工作簿中修改数据，如下图所示。

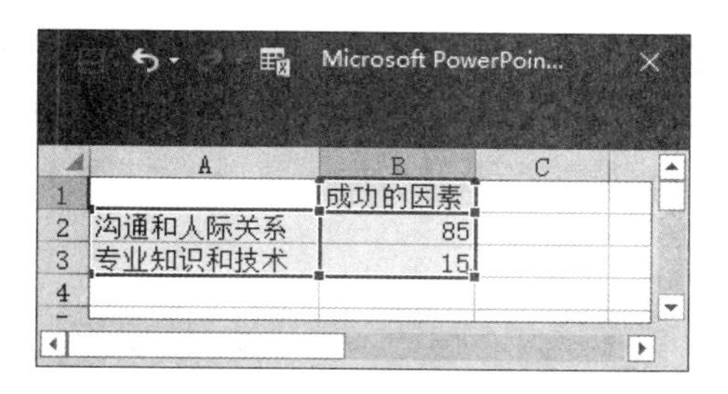

	A	B	C
1		成功的因素	
2	沟通和人际关系	85	
3	专业知识和技术	15	
4			

第8步 关闭【Microsoft PowerPoint 中的图表】工作簿，即可在幻灯片中插入图表。

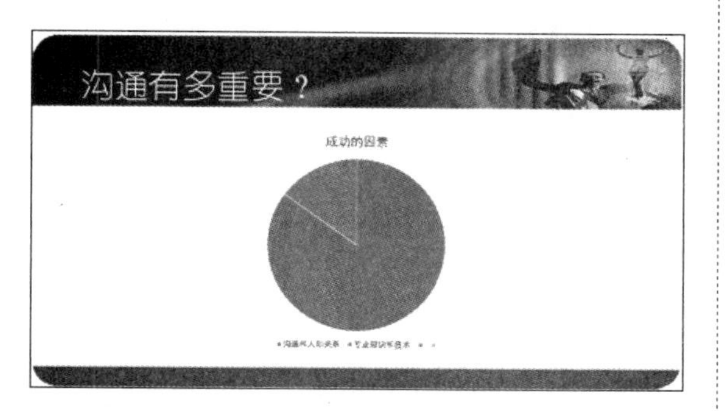

第9步 根据需要修改图表的样式，效果如下图所示。

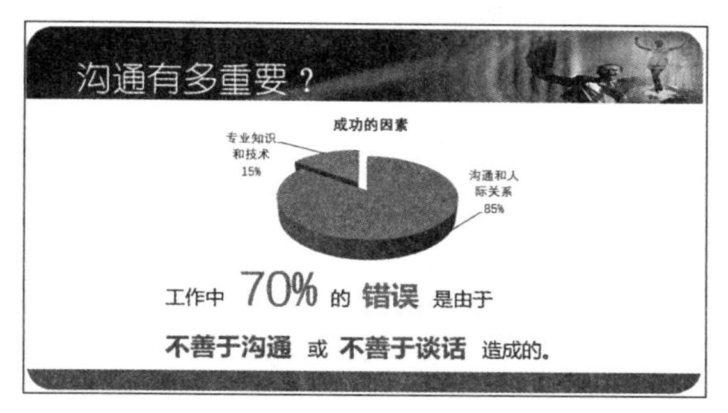

第10步 在图表下方插入一个文本框，输入内容，并调整文字的字体、字号和颜色，最终效果如下图所示。

15.2.4 设计图形幻灯片

使用各种形状图形和 SmartArt 图形可以直观地展示沟通的重要原则和高效沟通的步骤，具体操作步骤如下。

1. 设计“沟通重要原则”幻灯片

第1步 新建一张【仅标题】幻灯片，并输入标题内容“沟通的重要原则”。

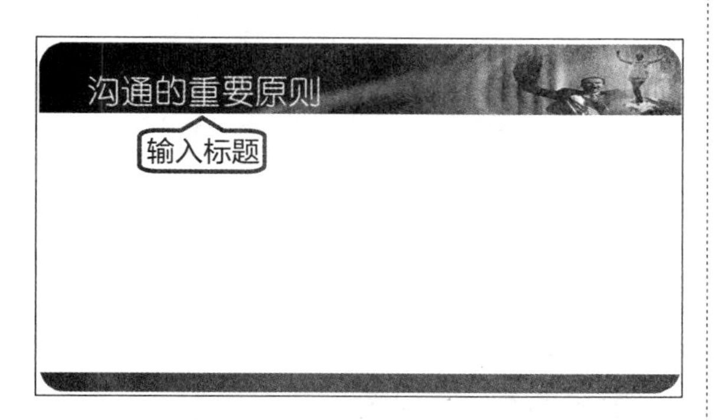

第2步 使用形状工具绘制 5 个圆角矩形，调整圆角矩形的圆角角度，并分别应用一种形状样式。

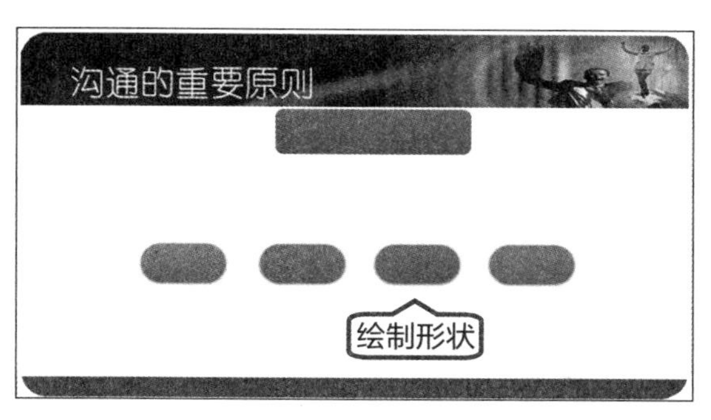

第3步 再绘制 4 个圆角矩形，设置【形状填充】为【无填充颜色】，分别设置【形状轮廓】为灰色、橙色、蓝色和绿色，并将其置于底层，然后绘制直线将图形连接起来。

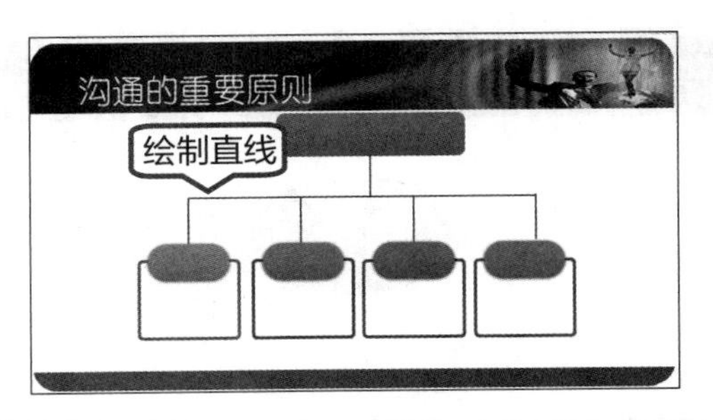

第4步 在形状上单击鼠标右键，在弹出的快捷菜单中选择【编辑文字】选项，根据需要输入文字，效果如下图所示。

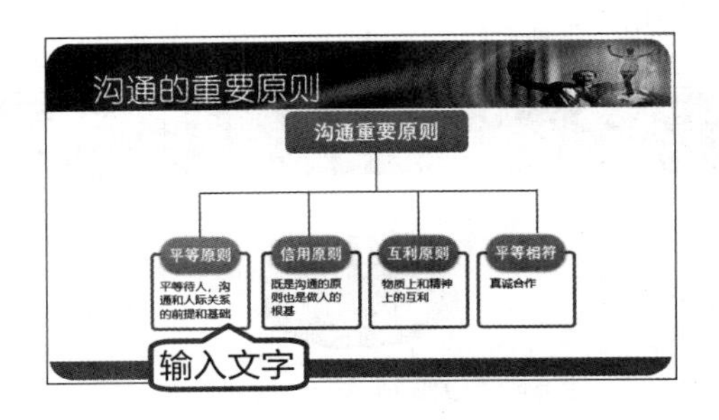

2. 设计“高效沟通步骤”幻灯片

第1步 新建一张【仅标题】幻灯片，并输入标题“高效沟通步骤”。

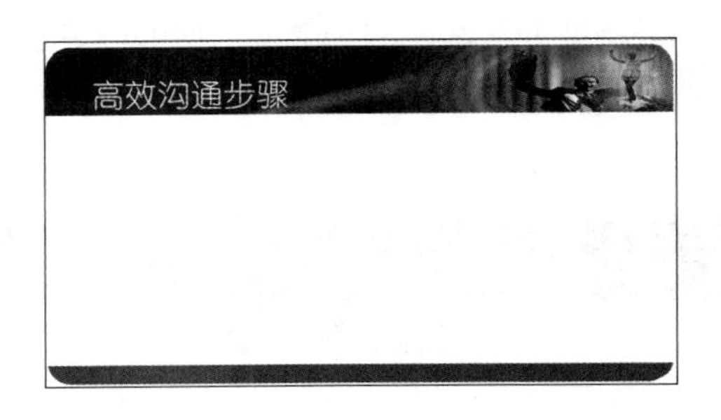

第2步 单击【插入】选项卡【插图】组中的【SmartArt】按钮，在弹出的【选择SmartArt图形】对话框中选择【连续块状流程】图形，单击【确定】按钮。在SmartArt图形中输入文字，如下图所示。

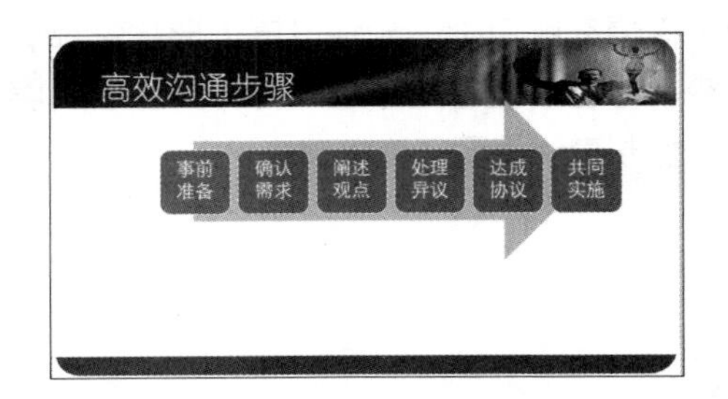

第3步 选择SmartArt图形，单击【设计】选项卡【SmartArt样式】组中的【更改颜色】按钮，在下拉列表中选择【彩色轮廓—个性色3】选项。

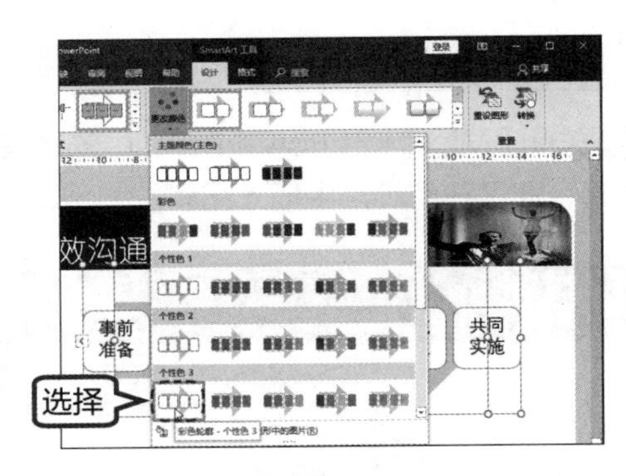

第4步 单击【SmartArt样式】组中的【其他】按钮，在下拉列表中选择【嵌入】选项。

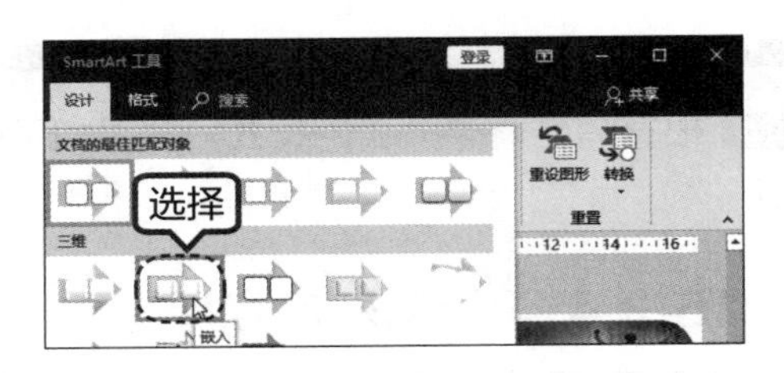

第5步 在SmartArt图形下方绘制6个圆角矩形，并应用蓝色形状样式。

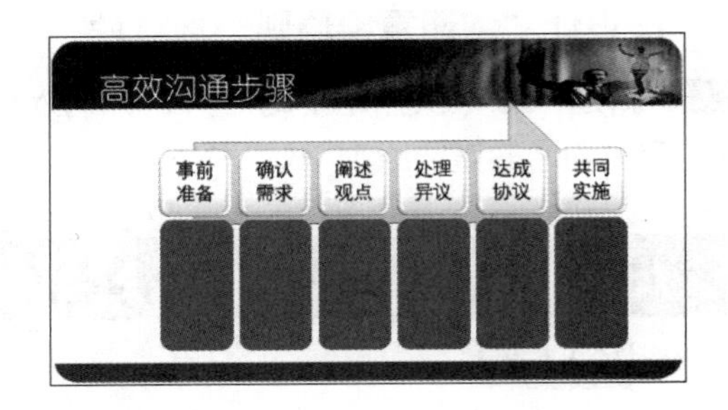

第6步 在圆角矩形中输入文字，为文字添加“√”形式的项目符号，并设置字体颜色为“白色”，如下图所示。

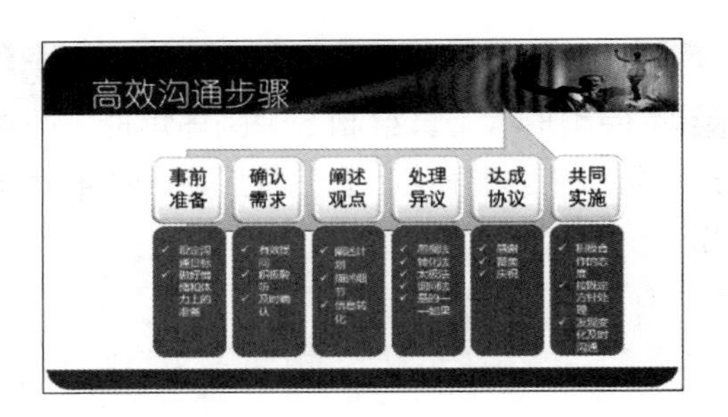

15.2.5 设计幻灯片结束页

结束页幻灯片和首页幻灯片的背景一致，只是标题内容不同。具体操作步骤如下。

第 1 步 新建一张【标题幻灯片】，如下图所示。

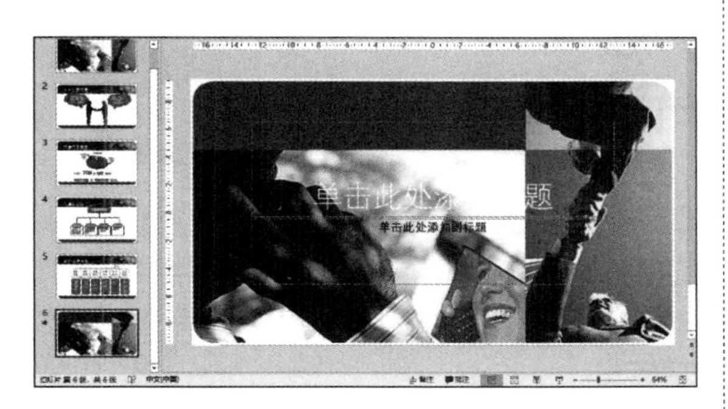

第 2 步 在标题文本框中输入“谢谢观看！”，并设置字体和位置。

第 3 步 选择第一张幻灯片，并单击【切换】选项卡【切换到此幻灯片】组中的【其他】按钮 ▽，应用【淡出】效果。

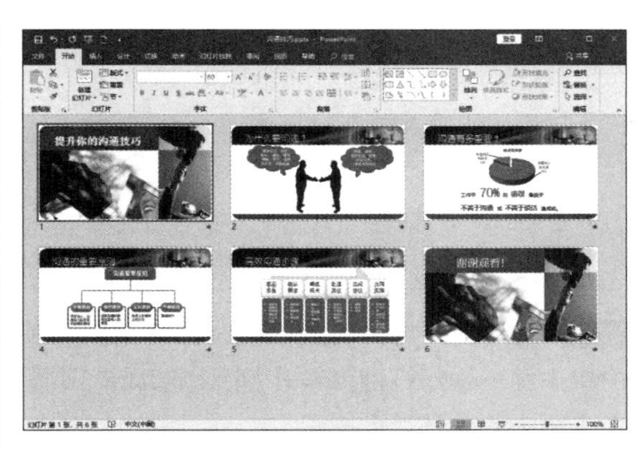

第 4 步 分别为其他幻灯片应用切换效果。

至此，沟通技巧 PPT 就制作完成了。

15.3 制作中国茶文化幻灯片

中国茶历史悠久，现在已发展成了独特的茶文化。中国人饮茶注重一个“品”字，“品茶”不但可以鉴别茶的优劣，还可以消除疲劳，振奋精神。本节就以中国茶文化为背景，制作一份中国茶文化幻灯片。

15.3.1 设计幻灯片母版

设计该幻灯片母版的步骤如下。

第 1 步 启动 PowerPoint 2019，新建幻灯片，并将其保存为“中国茶文化 .pptx”。单击【视图】选项卡【母版视图】组中的【幻灯片母版】按钮。

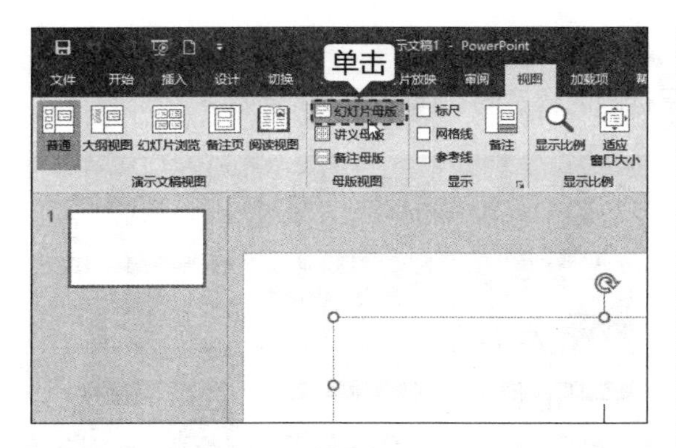

第 2 步 切换到幻灯片母版视图，并在左侧列表中单击第一张幻灯片，单击【插入】选项卡下【图像】组中的【图片】按钮。

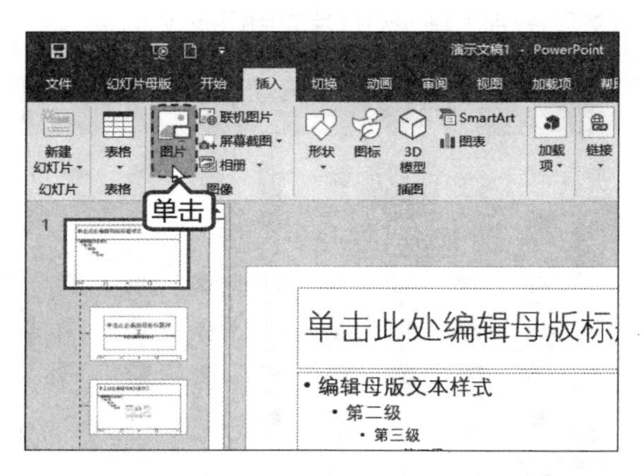

第 3 步 在弹出的【插入图片】对话框中选择“素材 \ch15\ 图片 01.jpg”文件，单击【插入】按钮，将选择的图片插入幻灯片中。选择插入的图片，根据需要调整图片的大小及位置。

第 4 步 在插入的背景图片上单击鼠标右键，在弹出的快捷菜单中选择【置于底层】➤【置于底层】菜单命令，将背景图片在底层显示。

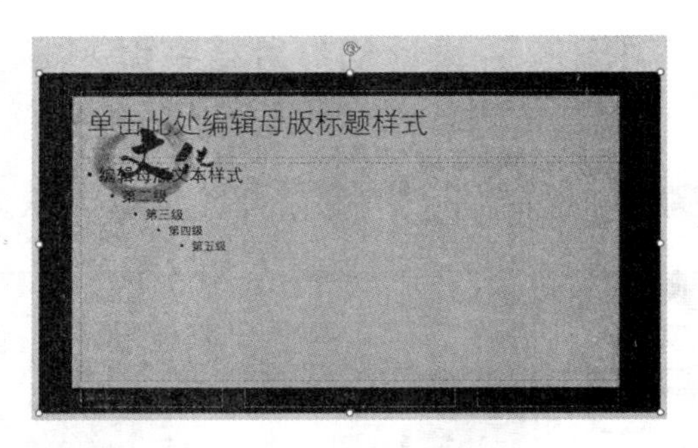

第 5 步 选择标题框内文本，单击【绘图工具】选项下【格式】选项卡【艺术字样式】组中的【其他】按钮，在弹出的下拉列表中选择一种艺术字样式。

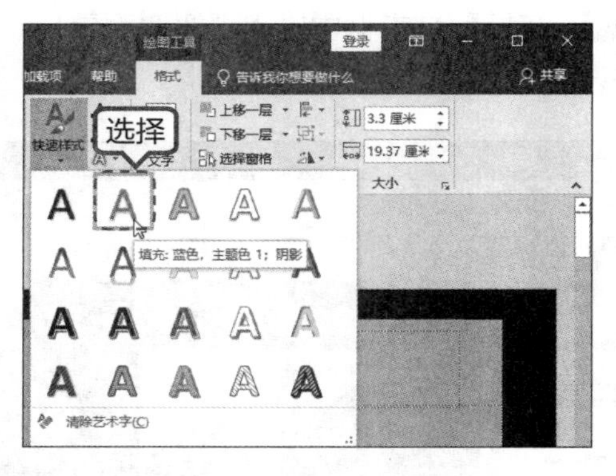

第 6 步 选择设置后的艺术字，根据需求设置艺术字的字体和字号，并设置【文本对齐】为“居中对齐”。此外，还可以根据需要调整文本框的位置。

> **提示** 如果设置字体较大，标题栏中不足以容纳“单击此处编辑母版标题样式”文本时，可以删除部分内容。

第 7 步 为标题框应用【擦除】动画效果，设置【效果选项】为“自左侧”，设置【开始】模式为“上一动画之后”。

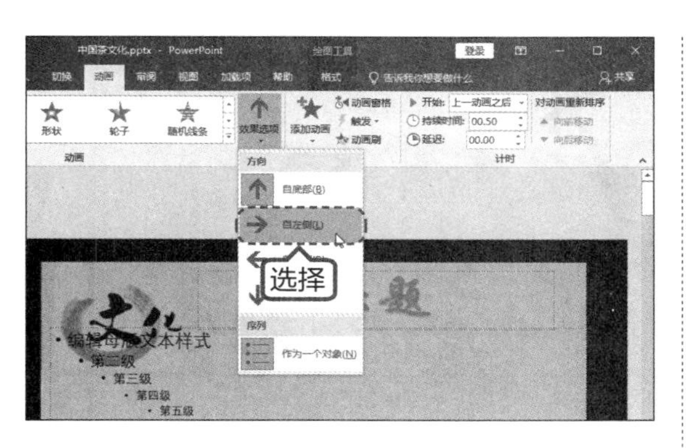

第 8 步 在幻灯片母版视图中，在左侧列表中选择第 2 张幻灯片，勾选【背景】组中的【隐藏背景图形】复选框，并删除文本框。

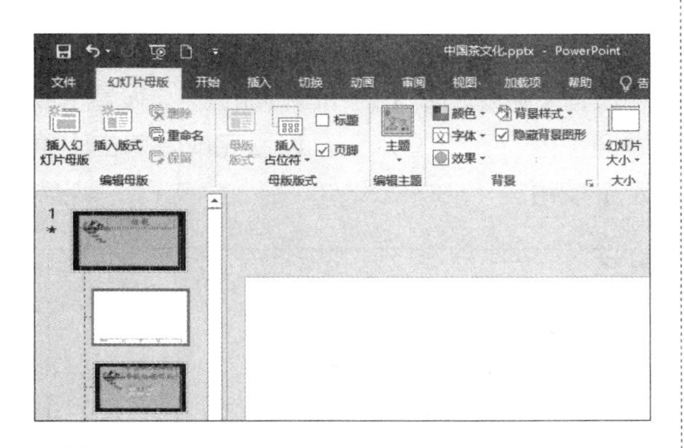

第 9 步 单击【插入】选项卡下【图像】组中的【图片】按钮，在弹出的【插入图片】对话框中选择“素材 \ch15\ 图片 02.jpg”文件，单击【插入】按钮，将图片插入幻灯片中 ，并调整图片位置的大小。

第 10 步 在插入的背景图片上单击鼠标右键，在弹出的快捷菜单中选择【置于底层】➢【置于底层】菜单命令，将背景图片在底层显示，并删除文本占位符。

15.3.2 设计幻灯片首页

幻灯片的母版制作完成后，即可设计幻灯片的首页内容，主要是设计主页的标题文字，具体步骤如下。

第 1 步 单击【幻灯片母版】选项卡中的【关闭母版视图按钮】按钮，返回普通视图。删除幻灯片页面中的文本框，单击【插入】选项卡下【文本】组中的【艺术字】按钮，在弹出的下拉列表中选择一种艺术字样式。

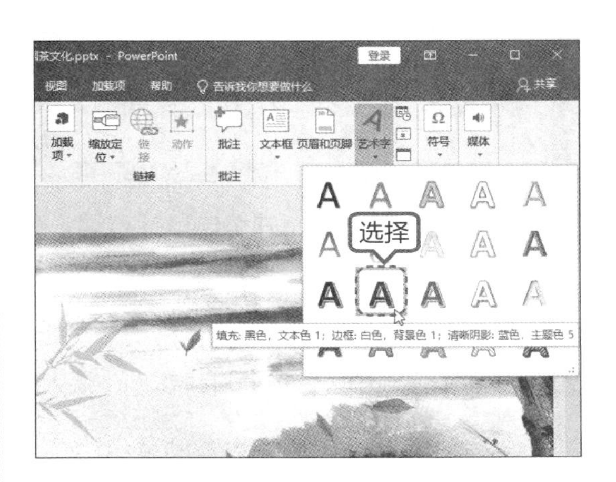

第 2 步 输入“中国茶文化”文本，根据需要调整艺术字的字体和字号以及颜色等，并适当调整文本框的位置。

15.3.3 设计茶文化简介页面

茶文化简介界面设计的具体步骤如下。

第 1 步 新建【仅标题】幻灯片页面，在标题栏中输入“茶文化简介”文本，设置其【对齐方式】为“左对齐”。

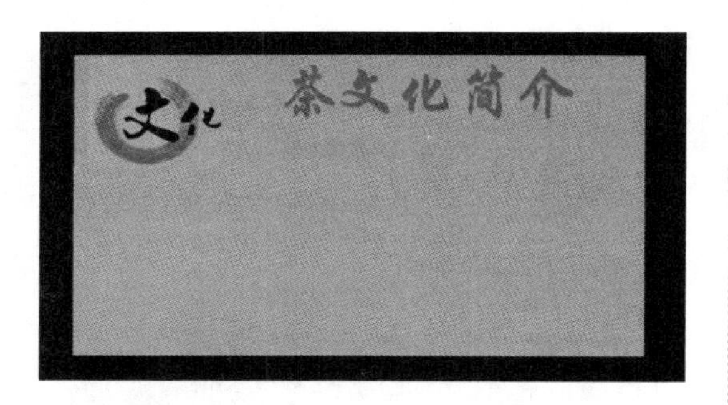

第 2 步 打开“素材 \ch15\ 茶文化简介 .txt”文件，将其内容复制到幻灯片页面中，适当调整文本框的位置以及字体和字号。

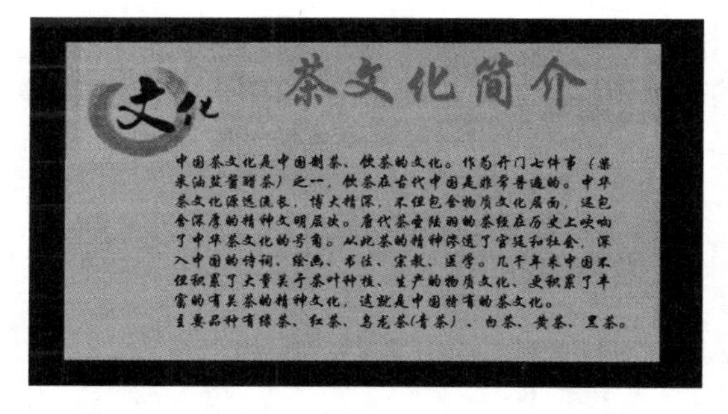

第 3 步 选择输入的正文，并单击鼠标右键，在弹出的快捷菜单中选择【段落】菜单命令，打开【段落】对话框，在【缩进和间距】选项卡下设置【特殊格式】为“首行缩进”，设置【度量值】为“1.75 厘米”。设置完成，单击【确定】按钮。

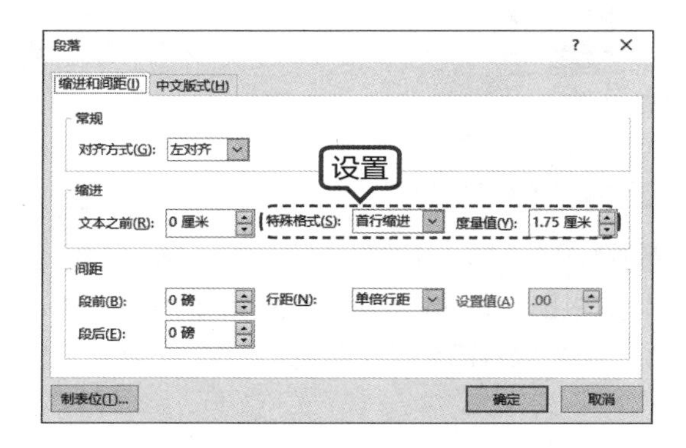

第 4 步 此时，即可看到设置段落样式后的效果。

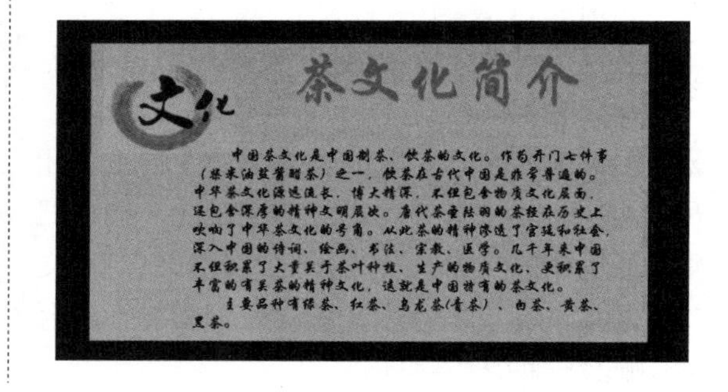

15.3.4 设计目录页面

设计目录页面的具体步骤如下。

第 1 步 新建【标题和内容】幻灯片页面，输入标题“茶品种”。

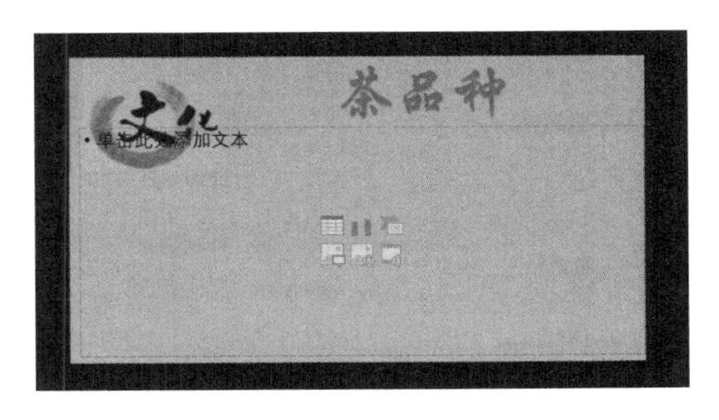

第2步 在下方输入茶的种类，并根据需要设置字体和字号等。

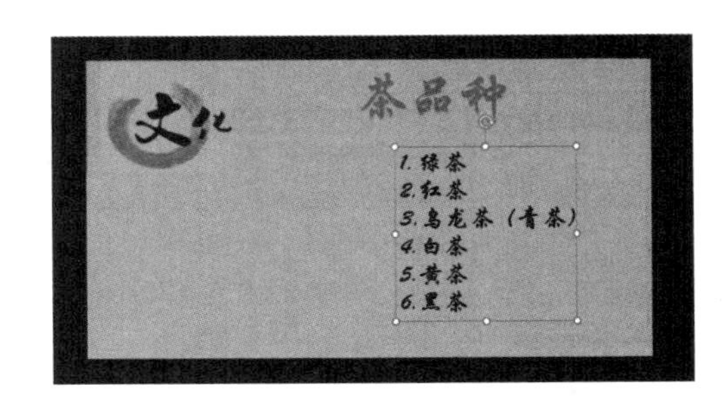

15.3.5 设计其他页面

下面介绍如何设计其他幻灯片页面，具体步骤如下。

第1步 新建【标题和内容】幻灯片页面，输入标题“绿茶”。

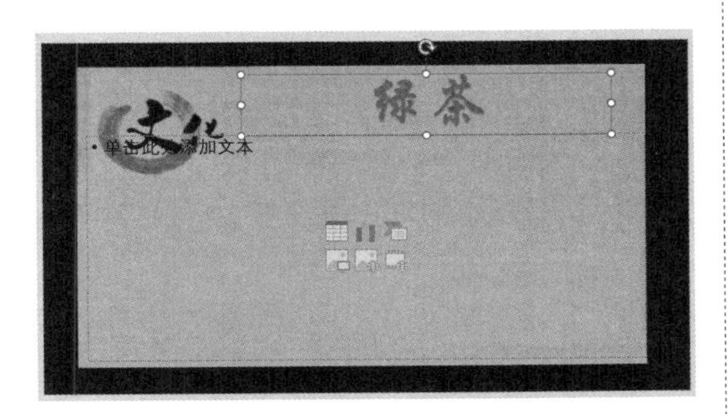

第2步 打开“素材 \ch15\ 茶种类 .txt”文件，将其“绿茶”下的内容复制到幻灯片页面中，适当调整文本框的位置以及字体和字号。

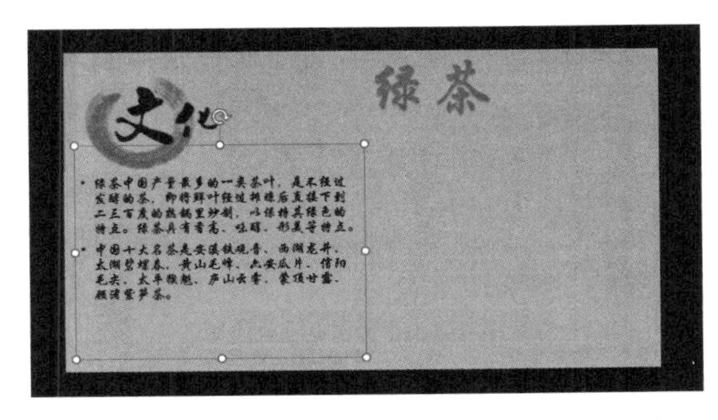

第3步 单击【插入】选项卡下【图像】组中的【图片】按钮。在弹出的【插入图片】对话框中选择“素材 \ch15\ 绿茶 .jpg”文件，单击【插入】按钮，将选择的图片插入幻灯片中，选择插入的图片，并根据需要调整图片的大小及位置。

第4步 选择插入的图片，单击【格式】选项卡下【图片样式】选项组中的【其他】按钮，在弹出的下拉列表中选择一种样式。

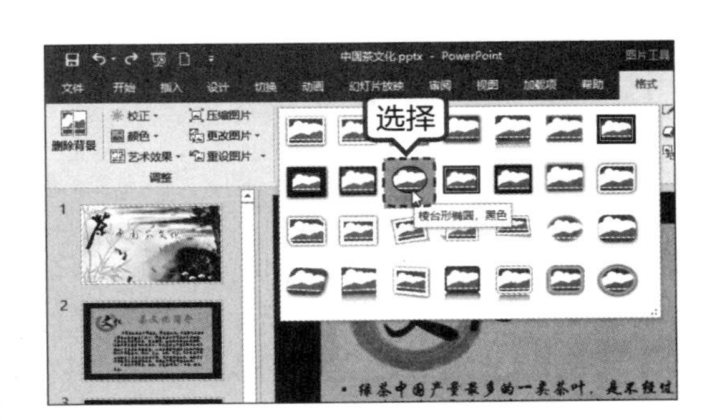

第5步 根据需要在【图片样式】组中设置【图片边框】【图片效果】及【图片版式】等。

第6步 重复第1步～第5步，分别设计红茶、乌龙茶、白茶、黄茶、黑茶等幻灯片页面。

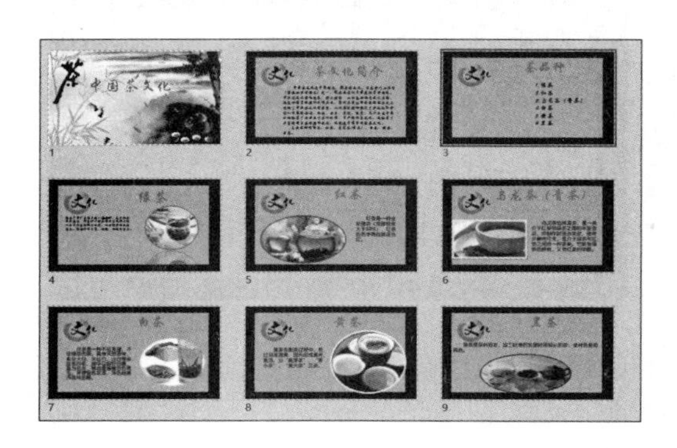

第7步 新建【标题】幻灯片页面。插入艺术字文本框，输入“谢谢欣赏！”文本，并根据需要设置字体样式。

15.3.6 设置超链接

在 PowerPoint 中，超链接可以是从一张幻灯片到同一演示文稿中另一张幻灯片的连接，也可以是从一张幻灯片到不同演示文稿中另一张幻灯片、到电子邮件地址、网页或文件的连接等。可以从文本或对象创建超链接，具体步骤如下。

第1步 在第 3 张幻灯片中选中要创建超链接的文本“1. 绿茶”，单击【插入】选项卡下【链接】选项组中的【超链接】按钮。

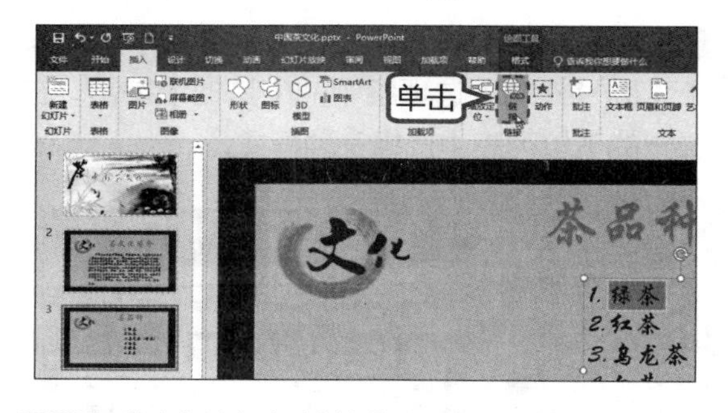

第2步 弹出【编辑超链接】对话框，选择【链接到】列表框中的【本文档中的位置】选项，在右侧的【请选择文档中的位置】列表框中选择【幻灯片标题】下方的【4. 绿茶】选项，然后单击【屏幕提示】按钮。

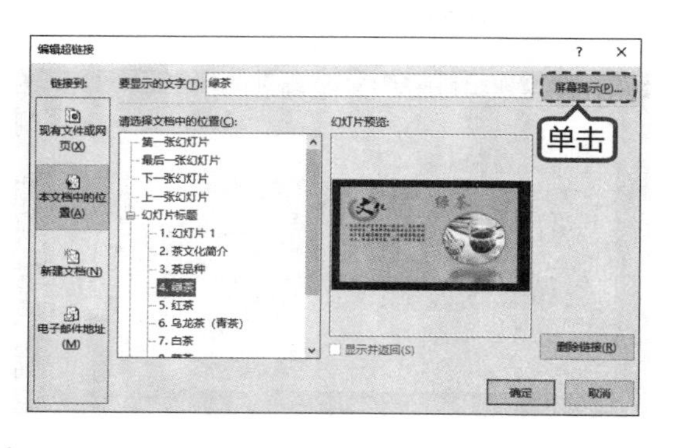

第3步 在弹出的【设置超链接屏幕提示】对话框中输入提示信息，然后单击【确定】按钮，返回【编辑超链接】对话框，单击【确定】按钮。

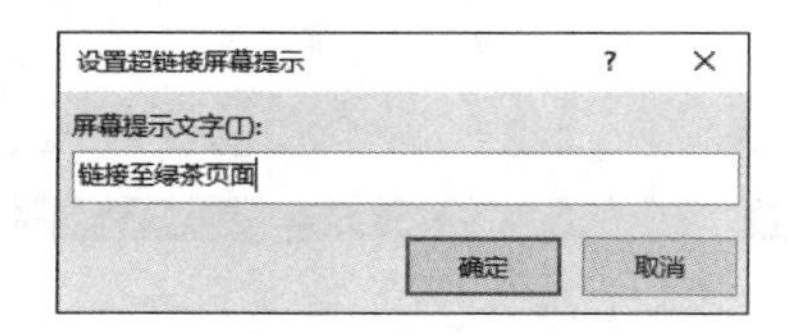

第4步 此时，即可将选中的文本链接到【产品策略】幻灯片，添加超链接后的文本以蓝色、下划线字显示。

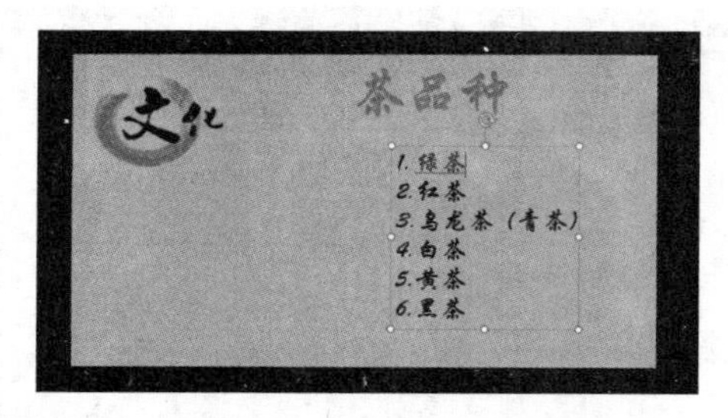

第5步 使用同样的方法可创建其他超链接。

15.3.7 添加切换效果

切换效果是指由一张幻灯片进入另一张幻灯片时屏幕显示的变化。用户可以选择不同的切换方案并且可以设置切换速度，具体步骤如下。

第 1 步 选择要设置切换效果的幻灯片，这里选择第一张幻灯片。

第 2 步 单击【切换】选项卡下【切换到此幻灯片】选项组中的【其他】按钮，在弹出的下拉列表中选择【华丽型】下的【帘式】切换效果，即可自动预览该效果。

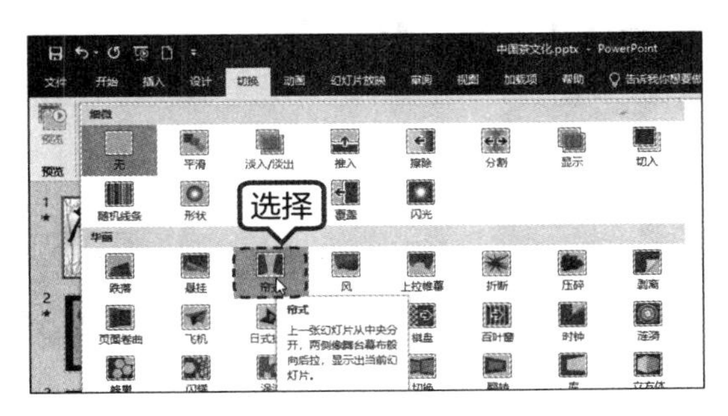

第 3 步 在【切换】选项卡下【计时】选项组中【持续时间】微调框中设置【持续时间】为“07.00”。

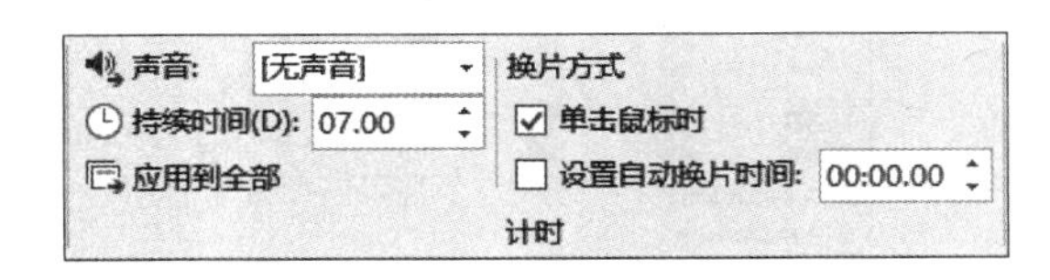

第 4 步 使用同样的方法，为其他幻灯片页面设置不同的切换效果。

15.3.8 添加动画效果

可以将 PowerPoint 2019 演示文稿中的文本、图片、形状、表格、SmartArt 图形和其他对象制作成动画，赋予它们进入、退出、大小或颜色变化甚至移动等视觉效果，具体步骤如下。

第 1 步 选择第一张幻灯片中要创建进入动画效果的文字。

第 2 步 单击【动画】选项卡【动画】组中的【其他】按钮，弹出如右图所示的下拉列表。

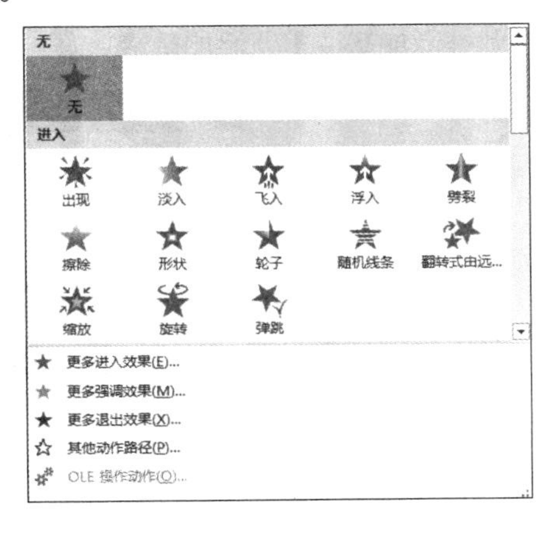

第3步 在下拉列表的【进入】区域中选择【浮入】选项，创建进入动画效果。

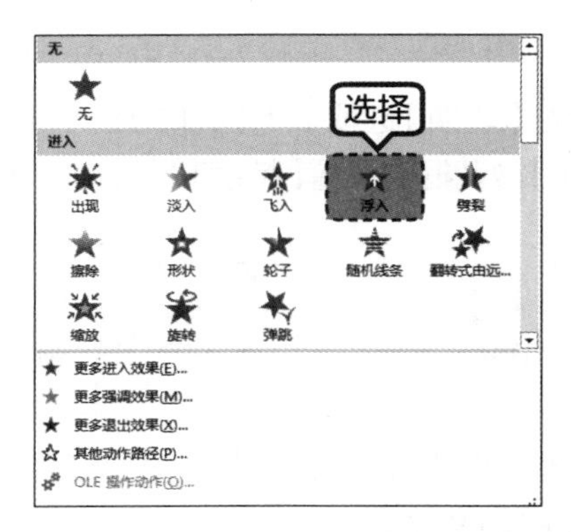

第4步 添加动画效果后，单击【动画】选项组中的【效果选项】按钮，在弹出的下拉列表中选择【下浮】选项。

第5步 在【动画】选项卡的【计时】选项组中设置【开始】为"上一动画之后"，设置【持续时间】为"02.25"。

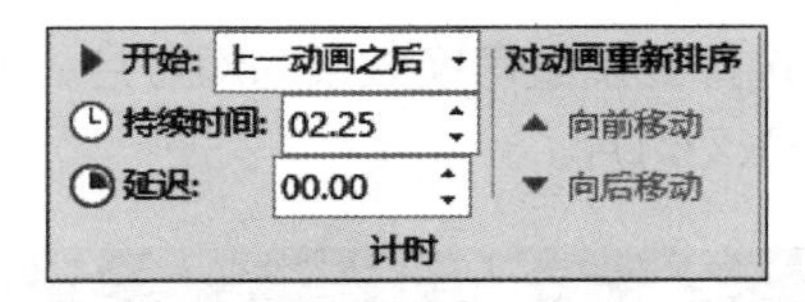

第6步 参照第1步～第5步为其他幻灯片页面中的内容设置不同的动画效果。设置完成后单击【保存】按钮，保存制作的幻灯片。

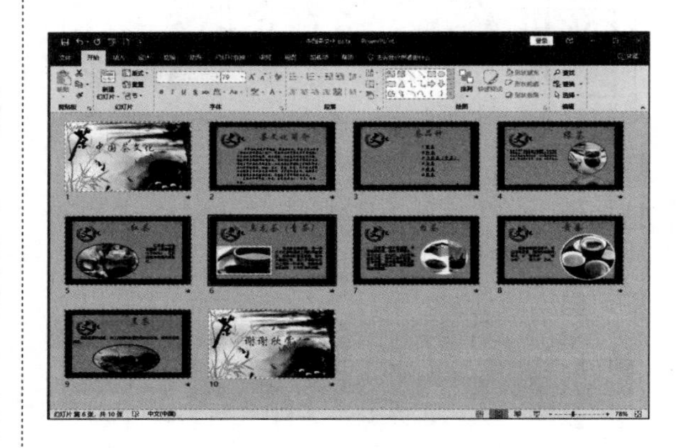

15.4 公司宣传片的放映

本节将通过实例介绍公司幻灯片的放映。

15.4.1 设置幻灯片放映

本小节主要涉及幻灯片放映的基本设置，如添加备注和设置放映类型等内容，具体步骤如下。

第1步 打开"素材\ch15\龙马高新教育公司.pptx"文件，选择第一张幻灯片，在幻灯片下方的【单击此处添加备注】处添加备注。

第 2 步 单击【幻灯片放映】选项卡下【设置】组中的【设置幻灯片放映】按钮，弹出【设置放映方式】对话框。在【放映类型】中选中【演讲者放映（全屏幕）】单选项，在【放映选项】区域中勾选【放映时不加旁白】和【放映时不加动画】复选框，然后单击【确定】按钮。

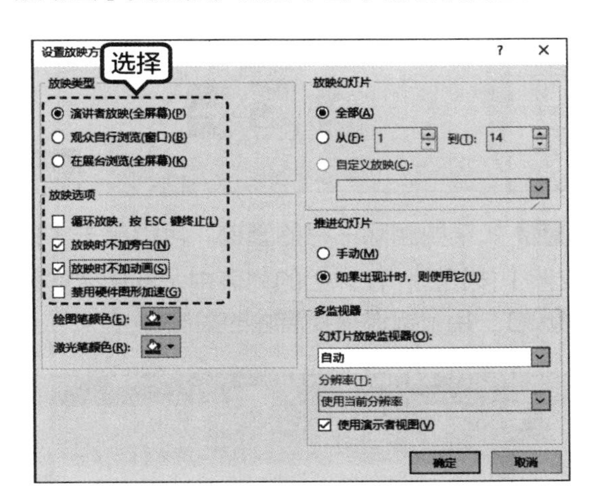

第 3 步 单击【幻灯片放映】选项卡下【设置】组中的【排练计时】按钮。

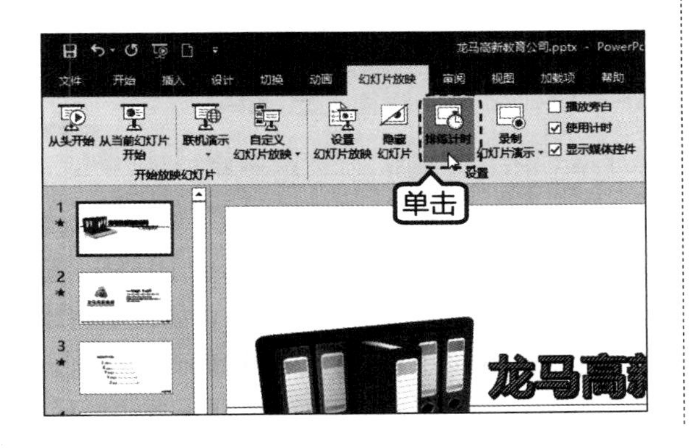

第 4 步 开始设置排练计时的时间。

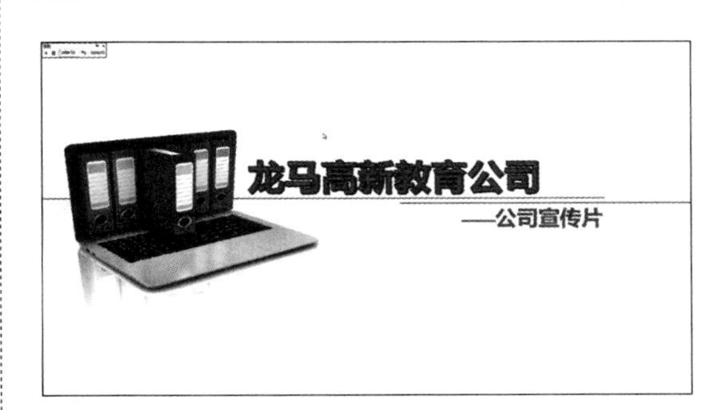

第 5 步 排练计时结束后，单击【是】按钮，保留排练计时。

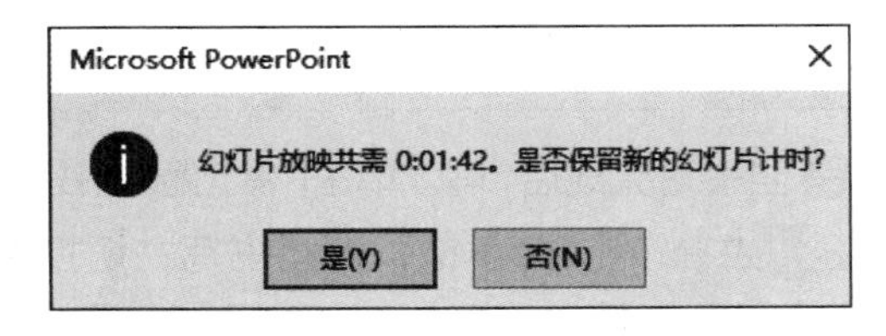

第 6 步 添加排练计时后的效果如下图所示。

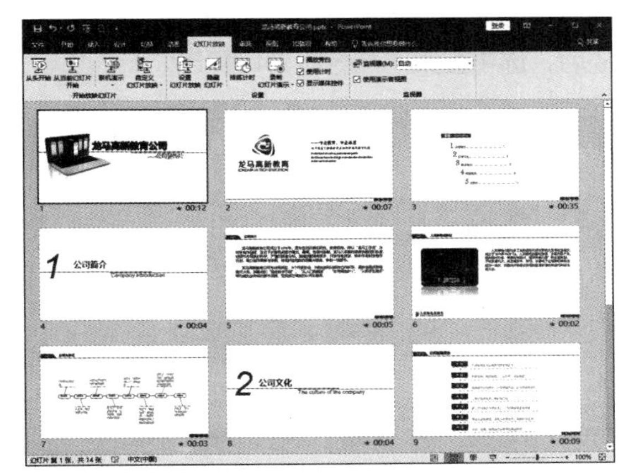

15.4.2 使用墨迹功能

PowerPoint 2019 支持墨迹功能，用户可以使用鼠标绘制，方便添加注释，突出显示文本，具体步骤如下。

第 1 步 单击【审阅】➤【墨迹】组中的【开始墨迹书写】按钮。

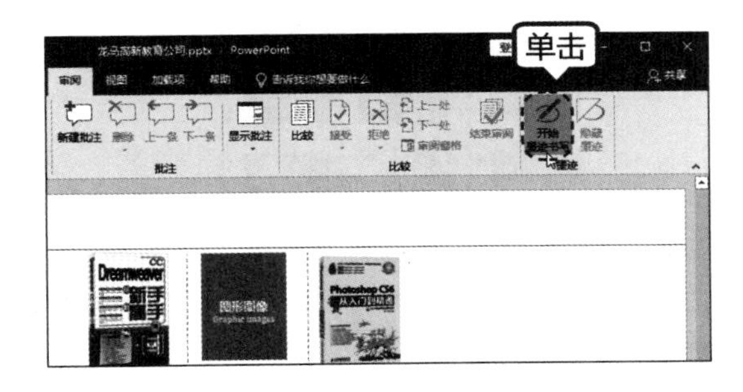

第 2 步 在显示的【墨迹书写工具】➤【笔】选项卡下，选择【写入】组中的【笔】按钮，并在【笔】组中选择笔样式、颜色和粗细等，即可在幻灯片中使用鼠标进行书写。

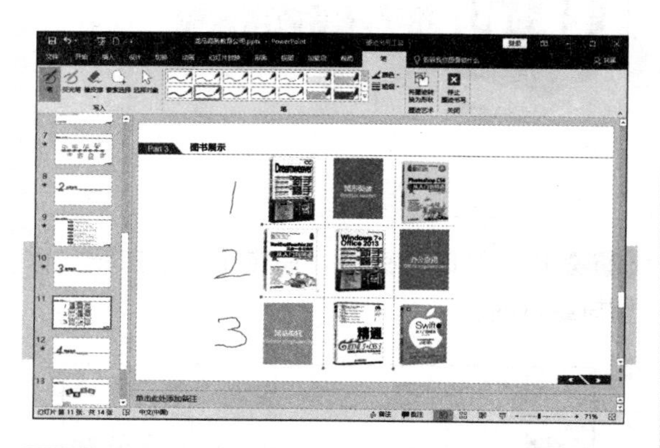

第 3 步 当书写完成后，可以单击【停止墨迹书写】按钮或者按【Esc】键，停止书写，切换笔光标为鼠标指针。单击【套索选择】按钮，围绕要选择书写或绘图的部分绘制一个圆，围绕所选部分会显示一个淡色虚线选择区域。完成后，选中套索的部分，即可移动。

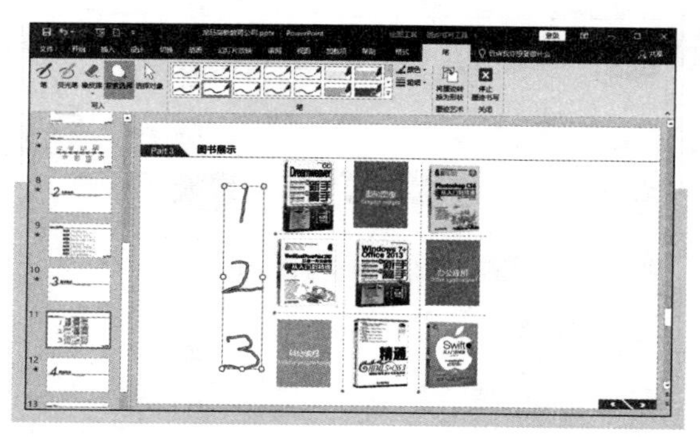

第 4 步 单击【荧光笔】按钮，可以在文字或重点内容上进行涂画，以突出重点内容。

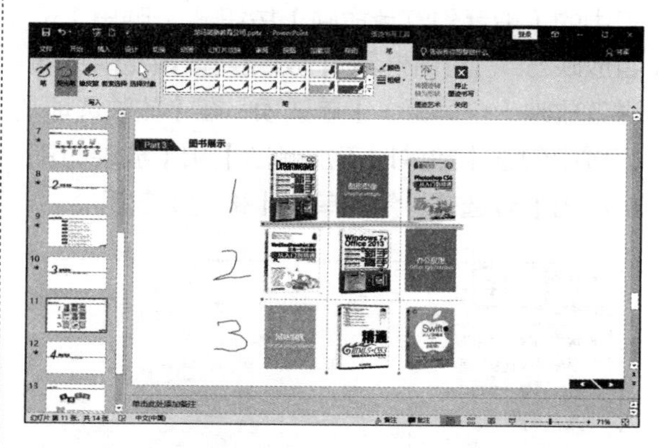

第 5 步 如果要删除书写的墨迹，可以单击【橡皮擦】按钮，在弹出的列表中，选择橡皮擦的尺寸，用鼠标选择要清除的墨迹。

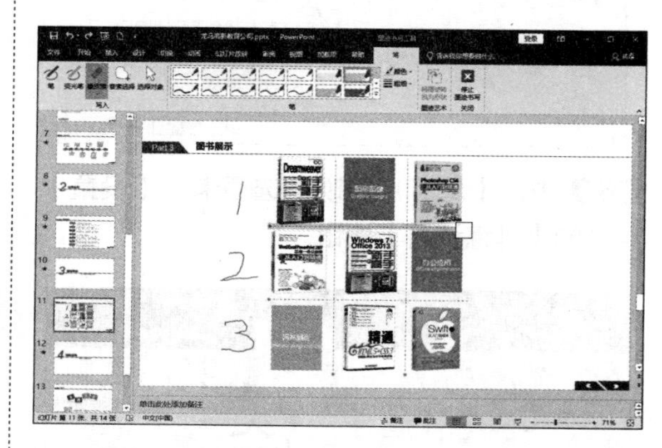

第 6 步 另外，在【墨迹书写工具】➤【笔】选项卡下，单击【将墨迹转换为形状】按钮，在幻灯片上绘制形状，PowerPoint 会自动将绘图转换为最相似的形状，例如绘制一个椭圆。单击【停止墨迹书写】按钮，即可退出墨迹书写。

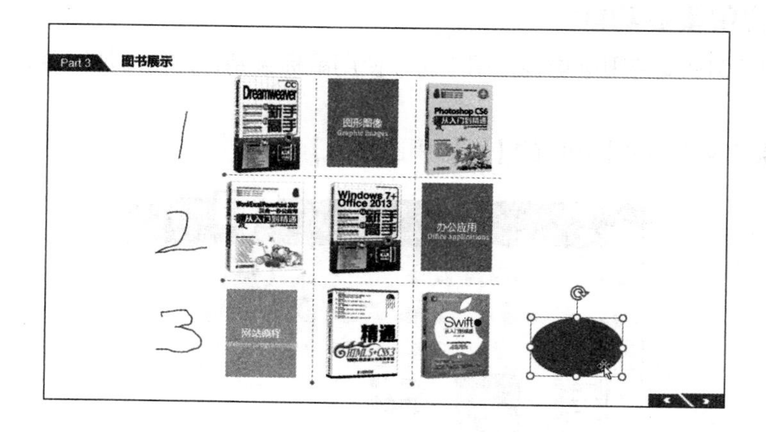

提示 将墨迹转换为形状功能，在绘制形状或流程图时是极其方便的，可以快速绘制基本图形。另外，如果要隐藏幻灯片中的墨迹，可以单击【审阅】➢【墨迹】组中的【隐藏墨迹】按钮。

高手支招

技巧 1：使用取色器为 PPT 配色

PowerPoint 2019 可以对图片的任何颜色进行取色，以便更好地搭配文稿颜色。具体操作步骤如下。

第 1 步 打开 PowerPoint 2019 软件，并应用任意一种主题。

第 2 步 在标题文本框，输入任意文字，然后单击【开始】➢【字体】组中的【字体颜色】按钮，在弹出的【主题颜色】面板中选择【取色器】选项。

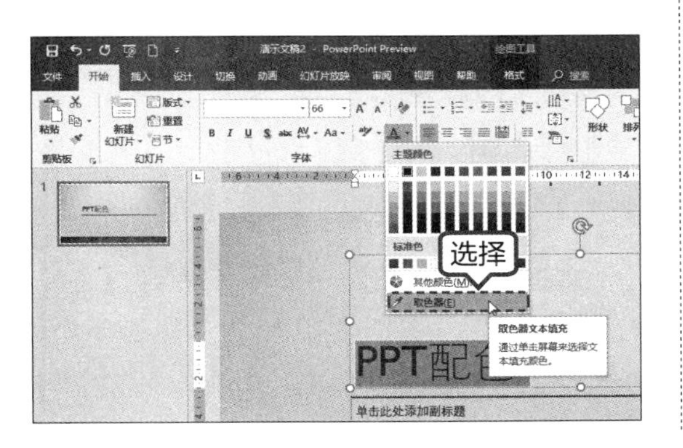

第 3 步 在幻灯片上任意一点单击，即可拾取颜色，并显示其颜色值。

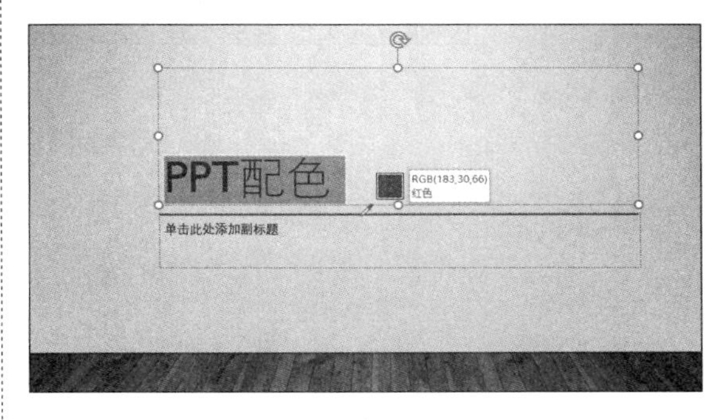

第 4 步 单击即可应用选中的颜色。

另外，在 PPT 制作中，幻灯片的背景、图形的填充也可以使用取色器进行配色。

技巧 2：用【Shift】键绘制标准图形

在使用形状工具绘制图形时，时常会遇到绘制得直线不直，或者圆形不圆、正方形不正的问题，此时【Shifit】键可以对解决绘图问题起到关键作用。

例如，单击【形状】按钮，选择【椭圆】工具，按住【Shift】键在工作表中绘制，即可绘制为标准的圆形，如下图所示。如果不按【Shift】键，则绘制出椭圆形。

同样，按住【Shifit】键可以绘制标准的正三角形、正方形、正多边形等。

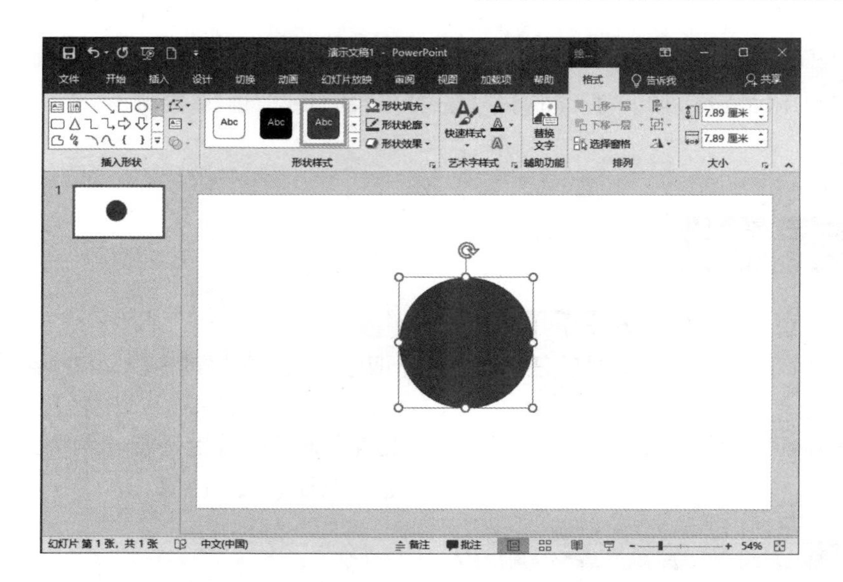
演示文稿1 - PowerPoint
文件
开始
插入
设计
切换
动画
幻灯片放映
审阅
视图
加载项
帮助
格式
告诉我
共享
形状填充
形状轮廓
形状效果
快速样式
替换文字
上移一层
下移一层
选择窗格
7.89 厘米
7.89 厘米
插入形状
形状样式
艺术字样式
辅助功能
排列
大小
幻灯片 第 1 张，共 1 张
中文(中国)
备注
批注
54%

第16章

Office文件的打印和复制

高手指引

打印机是自动化办公中不可缺少的一个组成部分，是重要的输出设备之一。通过打印机，用户可以将在电脑中编辑好的文档、图片等资料打印输出到纸上，从而将资料进行存档、报送及用作其他用途。

重点导读

- 学习打印 Word 文档
- 学习打印 Excel 表格
- 学习打印 PPT 演示文稿

16.1 打印机的安装与局域网共享

在打印文档之前，首先要安装打印机或者在电脑中添加办公室局域网中的打印机设备。本节主要介绍如何安装打印机、共享打印机及添加办公室局域网中的打印机。

16.1.1 安装打印机

目前，打印机接口有SCSI接口、EPP接口、USB接口3种。一般电脑使用的是EPP和USB两种。如果是USB接口打印机，使用其提供的USB数据线与电脑USB接口相连接，再接通电源即可。启动电脑后，系统会自动检测到新硬件，可按照向导提示进行安装，安装过程中只需指定驱动程序的位置。

如果没有检测到新硬件，可以按照如下方法安装打印机的驱动程序。本小节以“爱普生喷墨式打印机R330”为例，具体操作步骤如下。

第1步 将打印机通过USB接口连接电脑，双击EPSON 330打印机驱动程序。

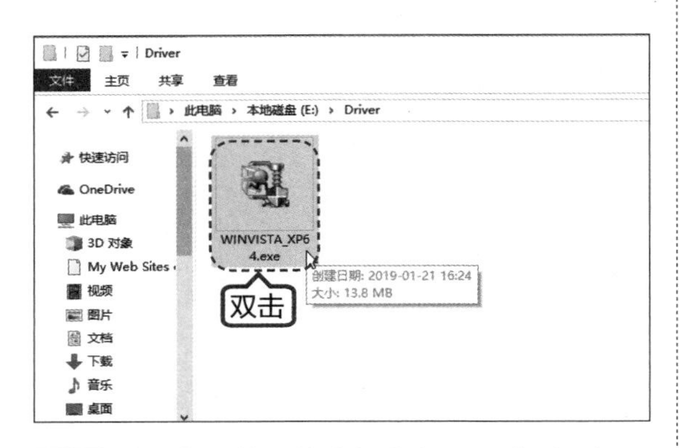

第2步 弹出【安装爱普生打印机工具】对话框，单击【确定】按钮。

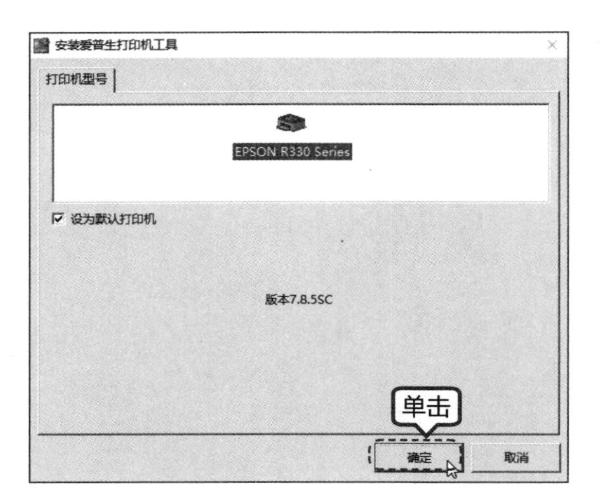

第3步 进入如下界面，选择“中文（简体）”，单击【确定】按钮。

第4步 弹出【许可协议】界面，单击【接受】按钮。

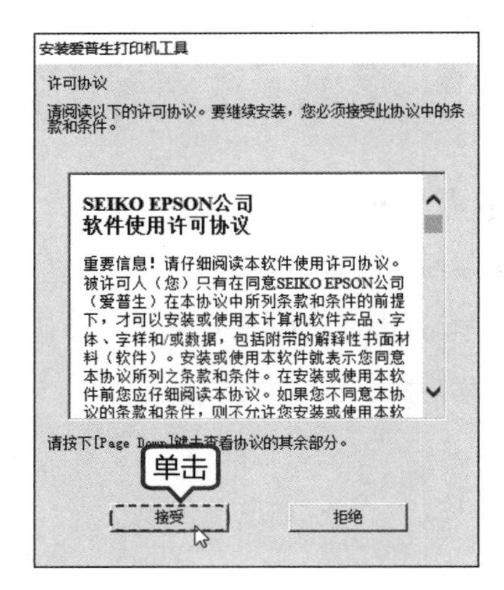

第5步 即可检测安装的打印机驱动程序，如下图所示。

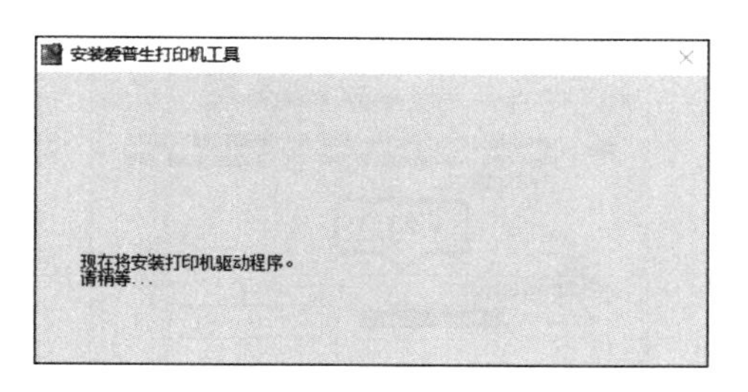

第 6 步 进入【安装爱普生打印机工具】对话框，配置打印机端口。此时，确认打印机已连接电脑，按下【电源】按钮，打印机将自动配置端口。

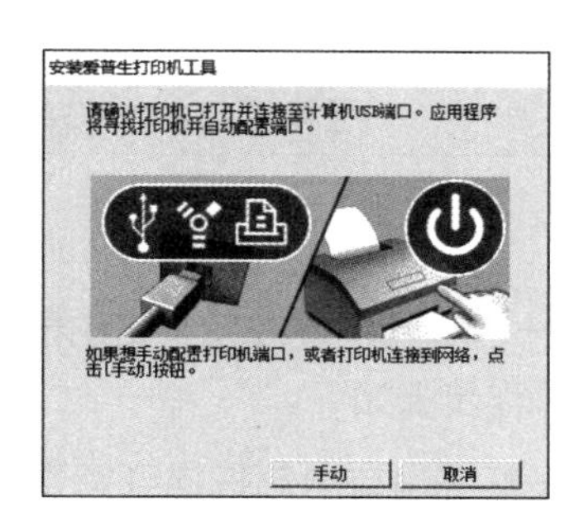

第 7 步 安装成功后，会自动弹出提示对话框，单击【确定】按钮完成安装。

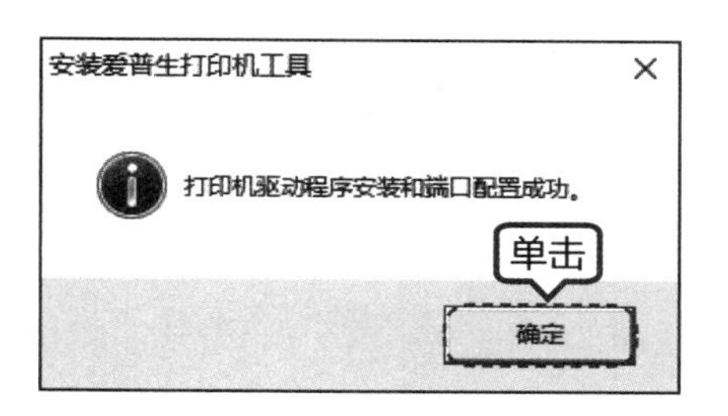

> **提示** 不同打印机的安装驱动程序也不尽相同，但方法基本相似，在此不一一赘述。如果附带的驱动光盘丢失或者电脑没有带光驱，可以从打印机厂商官网的服务支持页面中下载。

16.1.2 将打印机共享给其他电脑

在办公环境下，只需一台电脑连接打印机，就可以将打印机共享给局域网中的其他电脑，以方便别人使用。

第 1 步 按【Windows+I】组合键，打开【设置】界面，单击【设备】图标。

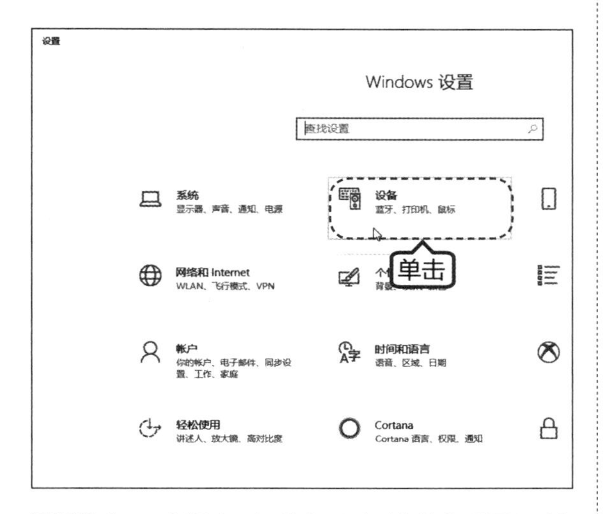

第 2 步 打开【设备-打印机和扫描仪】界面，选择需要共享的打印机，并单击下方显示的【管理】按钮。

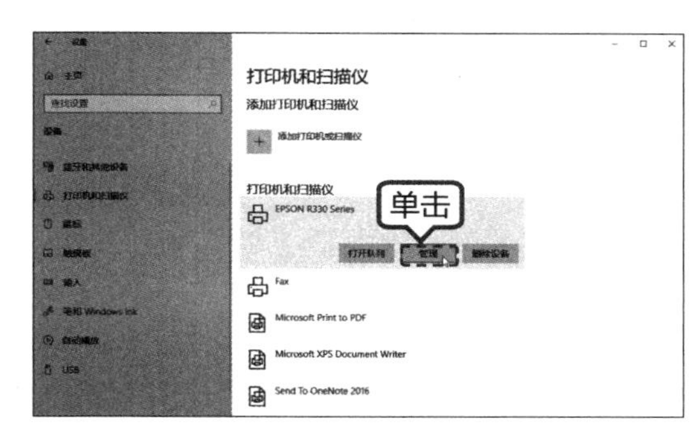

第 3 步 进入打印机管理页面，单击【打印机属性】超链接。

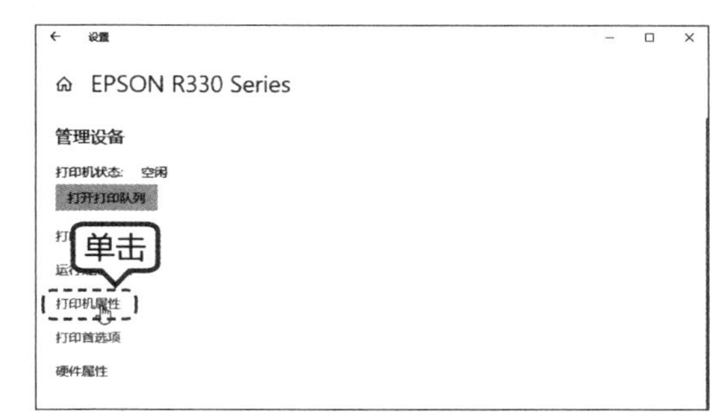

第 4 步 在弹出的对话框中勾选【共享这台打印机】和【在客户端计算机上呈现打印作业】复选框，还可以自定义共享的名称，这里采用默认的名称，单击【确定】按钮，即可完成打印机的共享操作。

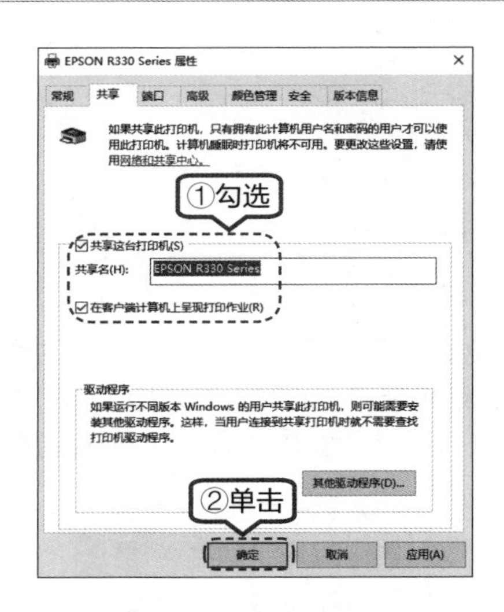

16.1.3 连接办公室局域网中的打印机

如果打印机没有与本地电脑连接，而是与局域网中的某一台电脑连接或者与路由器、无线网连接，可以在同一网络的电脑中添加使用这台打印机，具体操作步骤如下。

第 1 步 按【Windows+I】组合键，弹出【设置】界面，单击【设备】选图标。

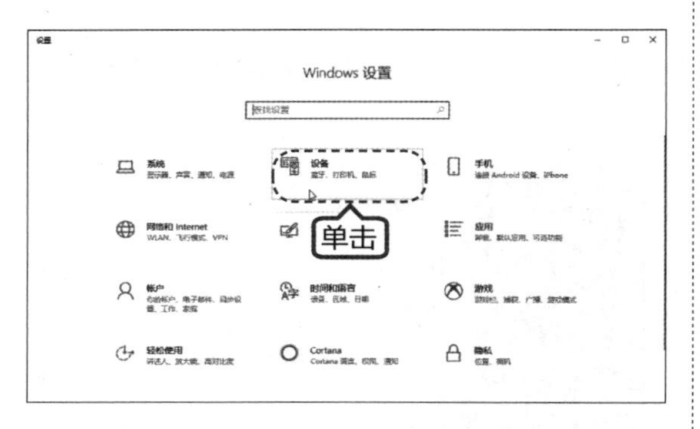

第 2 步 在打开的界面左侧列表中选择【打印机和扫描仪】选项，在右侧界面中单击【添加打印机或扫描仪】按钮。

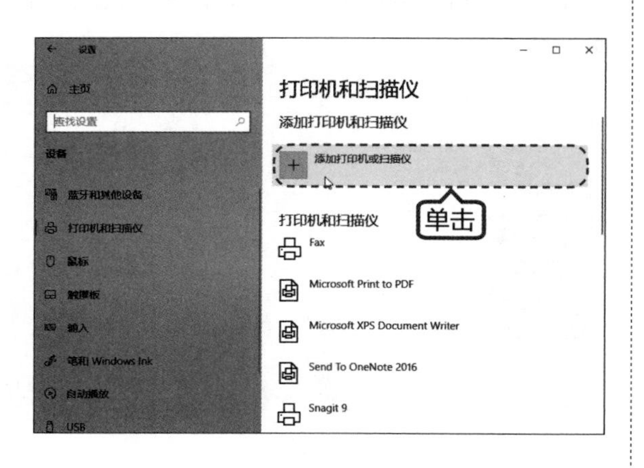

第 3 步 如果系统没有自动扫描到需要的局域网打印机，单击【我需要的打印机不在列表中】链接，如下图所示。

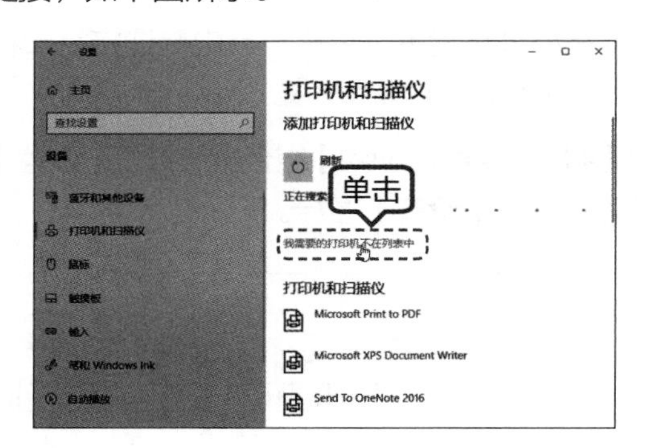

第 4 步 在弹出的【添加打印机】对话框中选中【按名称选择共享打印机】单选按钮，单击【下一步】按钮。

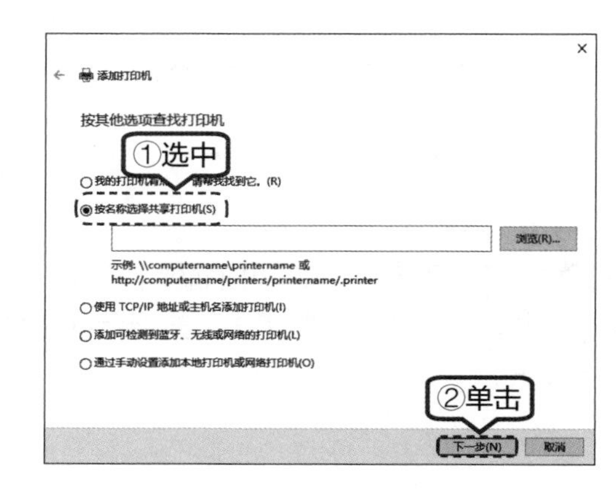

第5步 进入【网络】界面，自动搜索局域网中的主机，选择打印机所在的主机名称。

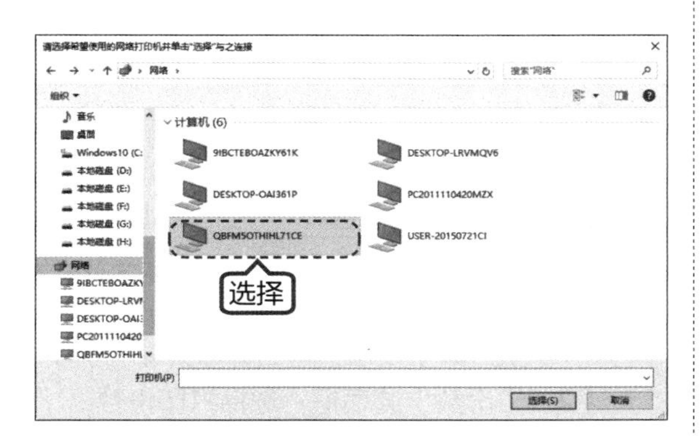

第6步 进入选择的主机共享界面后，选择共享的打印机，然后单击【选择】按钮。

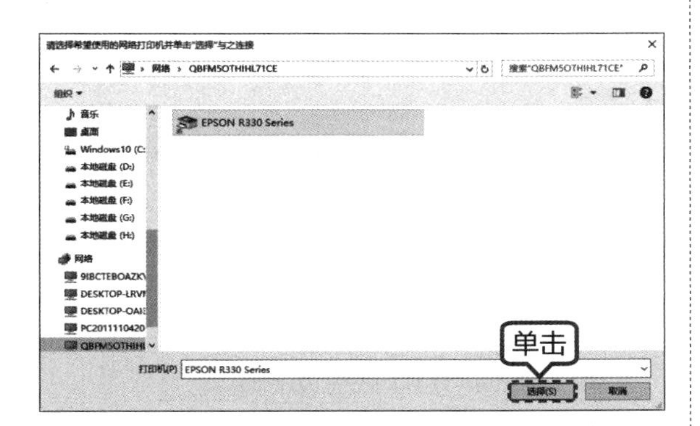

第7步 返回【添加打印机】对话框，单击【下一步】按钮。

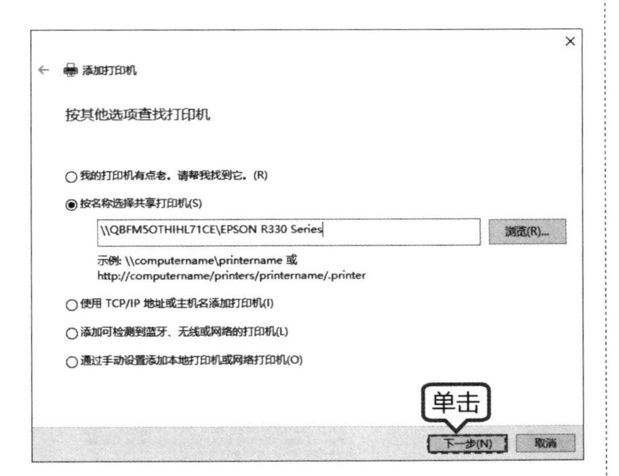

第8步 弹出成功添加的提示信息，此时打印机的驱动已经被安装到系统中，这里用户可以设置打印机的名称，然后单击【下一步】按钮。

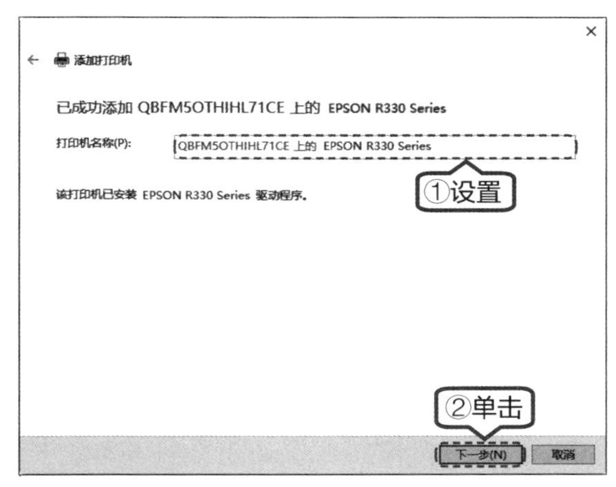

第9步 完成打印机的添加工作，勾选【设置为默认打印机】复选框。如果想测试打印机是否成功安装，可以单击【打印测试页】按钮，测试打印机能否正常工作，测试结束后单击【完成】按钮，即可完成打印机的添加。

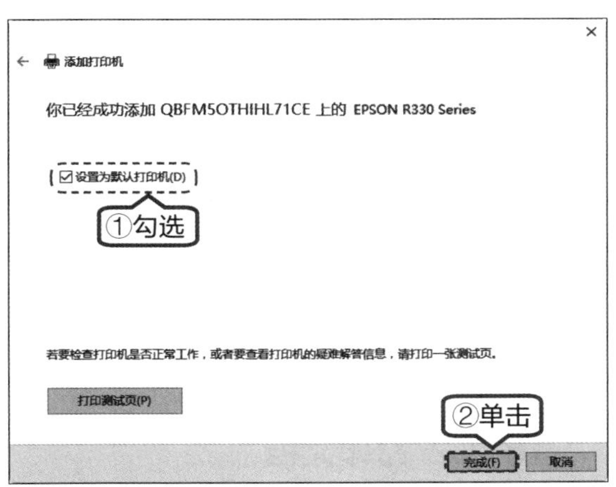

第10步 此时，返回【设备】界面，可以看到添加的打印机，如下图所示。

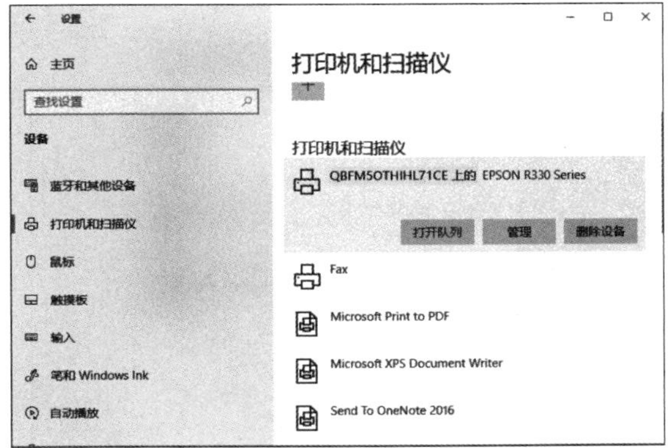

16.2 打印 Word 文档

打印机安装完成之后，用户就可以打印 Word 文档。

16.2.1 认识打印设置项

打开要打印的文档，单击【文件】选项卡，在其列表中选择【打印】选项，即可在【打印】区域查看并设置打印设置项。

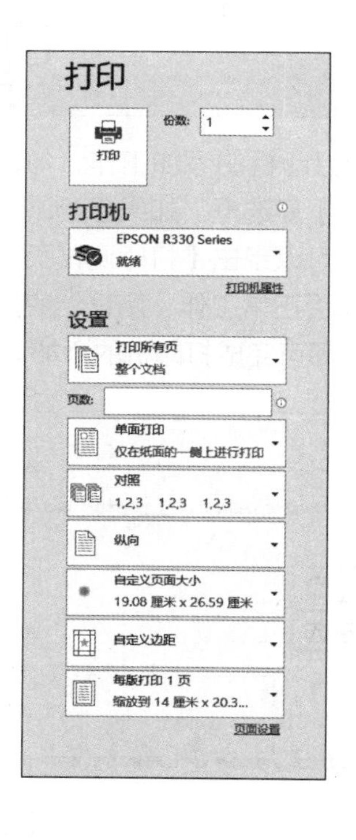

（1）【打印】按钮：单击即可开始打印。

（2）【份数】选项框：选择打印份数。

（3）【打印机】列表：在其下拉列表中可以选择打印机，单击【打印机属性】可设置打印机属性。

（4）【设置】区域：设置打印文档的相关信息。

① 选择打印所有页、打印所选内容或自定打印范围等。

② 选择自定义打印时，设置打印的页面。

③ 选择单面或双面打印。

④ 设置页面打印顺序。

⑤ 设置横向打印或纵向打印。

⑥ 选择纸张页面大小。

⑦ 选择页边距或自定义页边距。

⑧ 选择每版打印的 Word 页面数量。

16.2.2 打印文档

将 Word 文档打印 3 份的具体操作步骤如下。

第 1 步 打开“素材\ch16\年度工作报告.docx”文件，选择【文件】选项卡下列表中的【打印】选项。

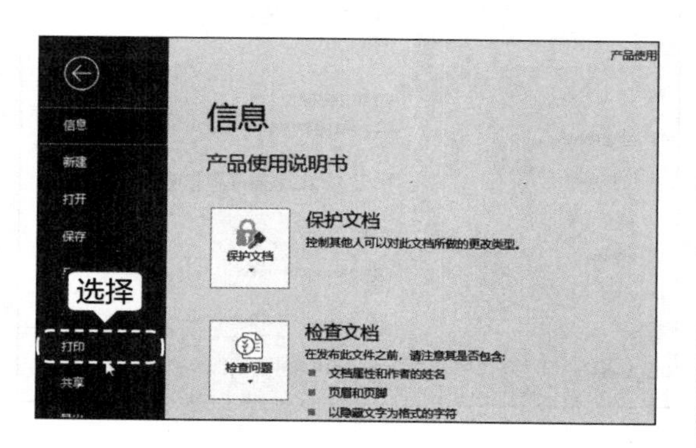

第 2 步 在【份数】微调框中输入“3”，在【打印机】下拉列表中选择要使用的打印机，单击【打印】按钮，即可开始打印文档。

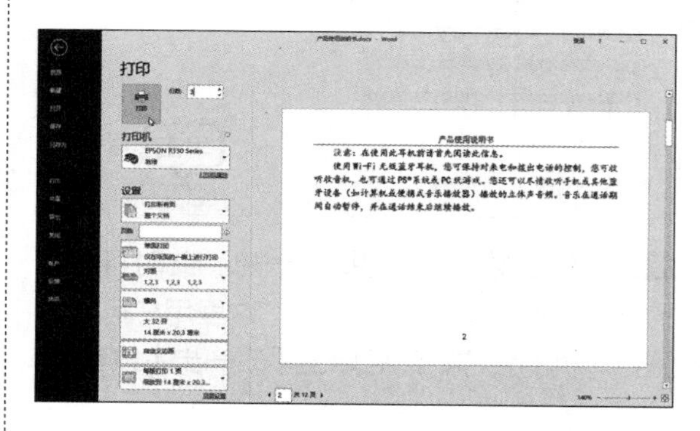

16.2.3 选择性打印

打印文档时，如果只需要打印部分页面，就需要进行相关的设置。例如，纵向打印文档的第 2 页的具体操作步骤如下。

第1步 打开“素材\ch16\年度工作报告.docx”文件，单击【文件】选项卡下列表中的【打印】选项。在【打印】区域的【设置】组下单击【打印所有页】的下拉按钮，在弹出的下拉列表中选择【打印自定义范围】选项。

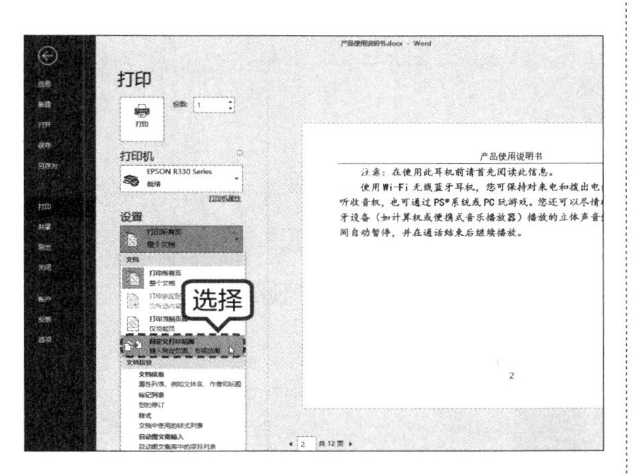

第2步 在【页数】文本框中输入要打印的页码或页码范围。在输入页码或页码范围时，需要用逗号隔开，如“1-3，6，9”，即表示打印第 1~3 页、第 6 页、第 9 页。设置完成，根据需要选择打印机，设置需要打印的份数，单击【打印】按钮即可纵向打印文档的第 2 个页面。

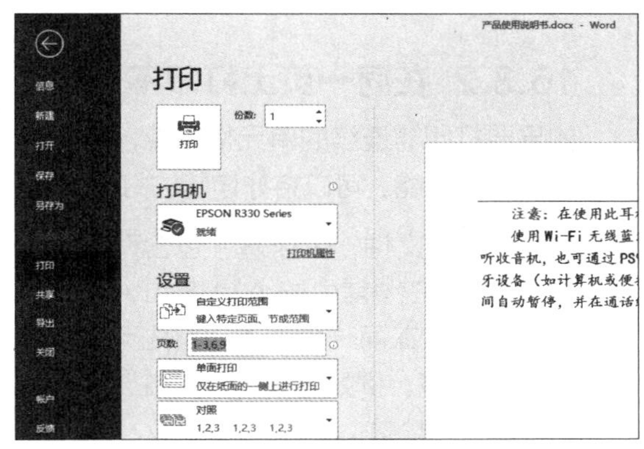

16.3 打印 Excel 表格

打印 Excel 表格时，用户也可以根据需要设置 Excel 表格的打印方法，如在同一页面打印不连续的区域、打印行号、列表或者每页都打印标题行等。

16.3.1 打印整张工作表

打印 Excel 工作表的方法与打印 Word 文档类似，需要选择打印机并设置打印份数。具体步骤如下。

第1步 打开“素材\ch16\商品库存清单.xlsx”文件，按【Ctrl+P】组合键，进入如下界面。在打印设置区域，在打印机列表中选择要使用的打印机。

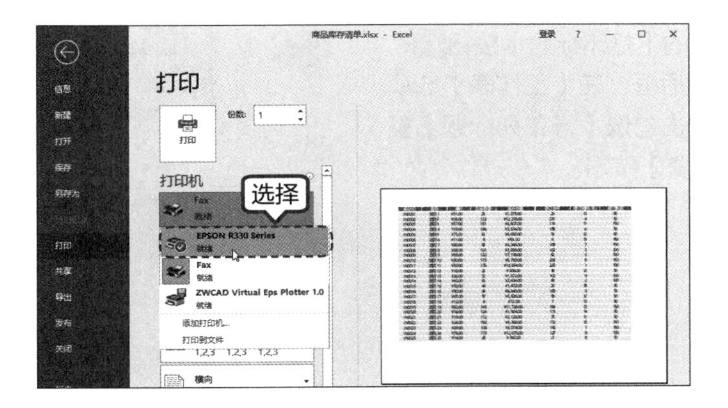

第 2 步 在【份数】微调框中输入“3”，即打印 3 份，单击【打印】按钮，即可开始打印 Excel 工作表。

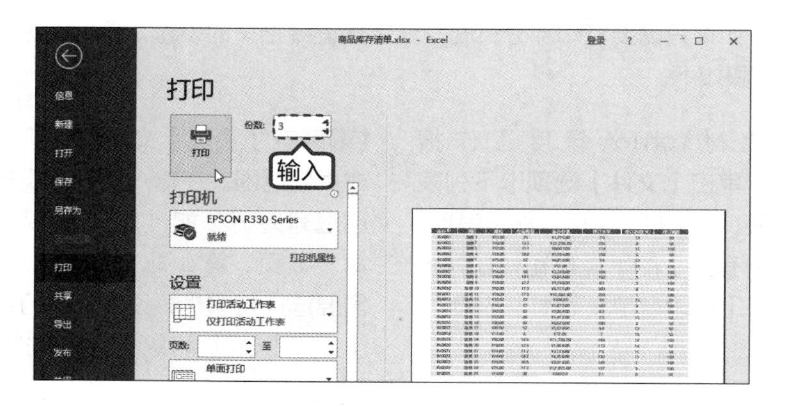

16.3.2 在同一页上打印不连续区域

如果要打印非连续的单元格区域，在打印输出时会将每个区域单独显示在不同的纸张页面。借助“摄影”功能，可以将非连续的打印区域显示在一张纸上，具体步骤如下。

第 1 步 打开素材文件，工作簿中包含两个工作表，如希望将工作表中的 A1:H8 和 A15:H21 单元格区域打印在同一张纸上，首先可以将其他区域进行隐藏，例如将 A9:H14 和 A22:H26 单元格区域进行隐藏。

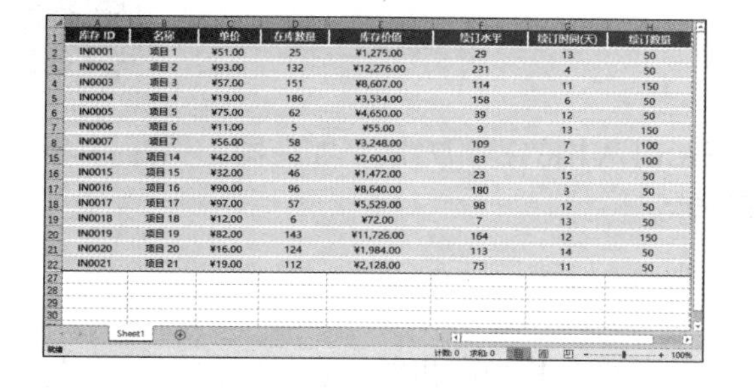

库存 ID	名称	单价	在库数量	库存价值	续订水平	续订时间(天)	续订数量
IN0001	项目 1	¥51.00	25	¥1,275.00	29	13	50
IN0002	项目 2	¥93.00	132	¥12,276.00	231	4	50
IN0003	项目 3	¥57.00	151	¥8,607.00	114	11	150
IN0004	项目 4	¥19.00	186	¥3,534.00	158	6	50
IN0005	项目 5	¥75.00	62	¥4,650.00	39	12	50
IN0006	项目 6	¥11.00	5	¥55.00	9	13	150
IN0007	项目 7	¥56.00	58	¥3,248.00	109	7	100
IN0014	项目 14	¥42.00	62	¥2,604.00	83	2	100
IN0015	项目 15	¥32.00	46	¥1,472.00	23	15	50
IN0016	项目 16	¥90.00	96	¥8,640.00	180	3	50
IN0017	项目 17	¥97.00	57	¥5,529.00	98	12	50
IN0018	项目 18	¥12.00	6	¥72.00	7	13	50
IN0019	项目 19	¥82.00	143	¥11,726.00	164	12	150
IN0020	项目 20	¥16.00	124	¥1,984.00	113	14	50
IN0021	项目 21	¥19.00	112	¥2,128.00	75	11	50

第 2 步 选择【文件】➤【打印】选项，单击【打印】按钮，即可打印。

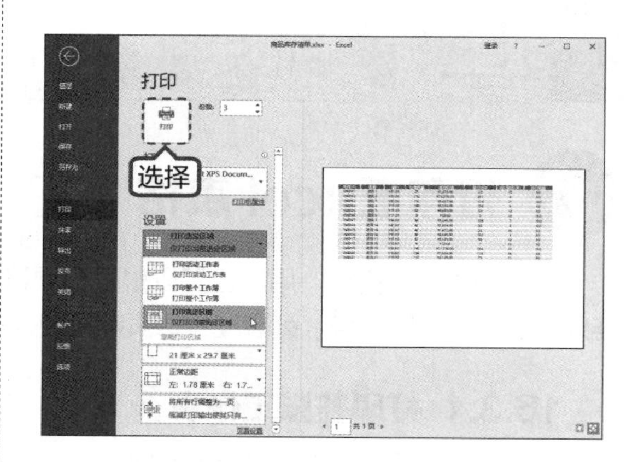

16.3.3 打印行号、列标

在打印 Excel 表格时，可以根据需要将行号和列标打印出来，具体操作步骤如下。

第 1 步 打开素材文件，单击【页面布局】选项卡下【页面设置】组中的【打印标题】按钮，弹出【页面设置】对话框。在【工作表】选项卡下【打印】组中单击勾选【行和列标题】复选框，单击【打印预览】按钮。

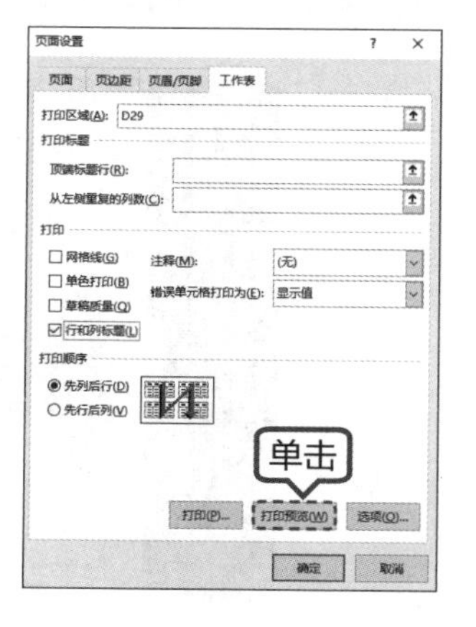

第 2 步 查看显示行号列标后的打印预览效果。

	A	B	C	D	E	F	G	H
1	库存 ID	名称	单价	在库数量	库存价值	续订水平	续订时间(天)	续订数量
2	IN0001	项目 1	¥51.00	25	¥1,275.00	29	13	50
3	IN0002	项目 2	¥93.00	132	¥12,276.00	231	4	50
4	IN0003	项目 3	¥57.00	151	¥8,607.00	114	11	150
5	IN0004	项目 4	¥19.00	186	¥3,534.00	158	6	50
6	IN0005	项目 5	¥75.00	62	¥4,650.00	39	12	50
7	IN0006	项目 6	¥11.00	5	¥55.00	9	13	150
8	IN0007	项目 7	¥56.00	58	¥3,248.00	109	7	100
15	IN0014	项目 14	¥42.00	62	¥2,604.00	83	2	100
16	IN0015	项目 15	¥32.00	46	¥1,472.00	23	15	50
17	IN0016	项目 16	¥90.00	96	¥8,640.00	180	3	50
18	IN0017	项目 17	¥97.00	57	¥5,529.00	98	12	50
19	IN0018	项目 18	¥12.00	6	¥72.00	7	13	50
20	IN0019	项目 19	¥82.00	143	¥11,726.00	164	12	150
21	IN0020	项目 20	¥16.00	124	¥1,984.00	113	14	50
22	IN0021	项目 21	¥19.00	112	¥2,128.00	75	11	50

提示 在【打印】组中勾选【网格线】复选框可以在打印预览界面查看网格线，勾选【单色打印】复选框可以以灰度的形式打印工作表，勾选【草稿品质】复选框可以节约耗材，提高打印速度，但打印质量会降低。

16.3.4 打印网格线

在打印 Excel 工作表时，一般都会打印没有网格线的工作表，如果需要将网格线打印出来，可以通过设置实现。

第 1 步 打开素材，在【页面布局】选项卡中，单击【页面设置】组中的【页面设置】按钮，在弹出的【页面设置】对话框中选择【工作表】选项卡，勾选【网格线】复选框。

第 2 步 单击【打印预览】按钮，进入【打印】页面，在其右侧区域中即可看到带有网格线的工作表。

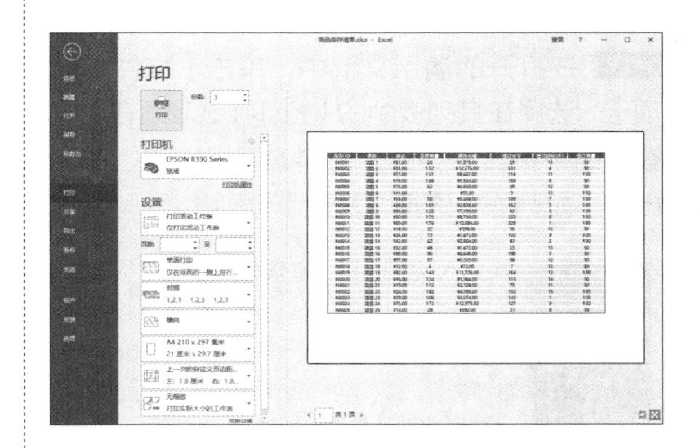

16.4 打印 PPT 演示文稿

常用的 PPT 演示文稿打印主要包括打印当前幻灯片、灰度打印以及在一张纸上打印多张幻灯片等。

16.4.1 打印当前幻灯片

打印当前幻灯片页面的具体操作步骤如下。

第 1 步 打开 "素材 \ch16\ 市场季度报告 .pptx" 文件，选择要打印的幻灯片页面，这里选择第 4 张幻灯片。

第 2 步 按【Ctrl+P】组合键，进入如下界面。在【打印】区域的【设置】组下单击【打印全部幻灯片】后的下拉按钮，在弹出的下拉列表中选择【打印当前幻灯片】选项，单击【打印】按钮即可打印。

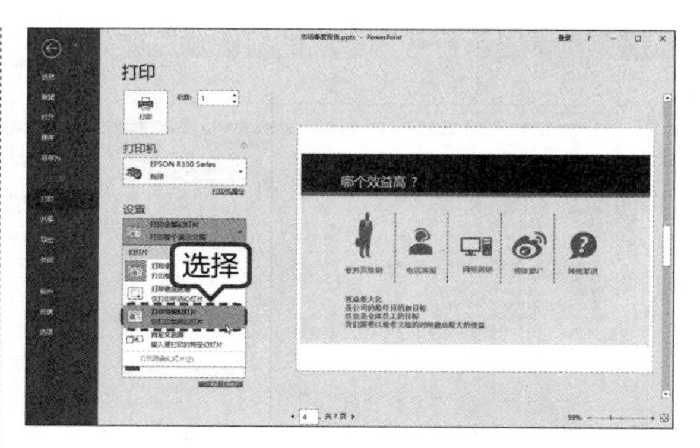

> **提示** 用户还可以根据需要选择打印机，以及设置打印份数。

16.4.2 打印 PPT 省墨的方法

幻灯片通常是彩色的，并且内容较少，因此在打印幻灯片时，可以以灰度的形式打印来省墨。设置灰度打印 PPT 演示文稿的具体操作步骤如下。

第 1 步 在打开的演示文稿中，单击【文件】选项卡，选择在其列表中的【打印】选项。在【设置】组下单击【颜色】右侧的下拉按钮，在弹出的下拉列表中选择【灰度】选项。

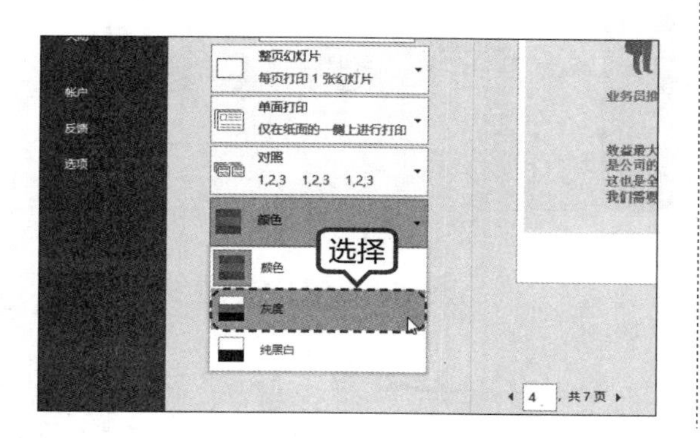

第 2 步 即可看到右侧预览区域中幻灯片以灰度的形式显示。

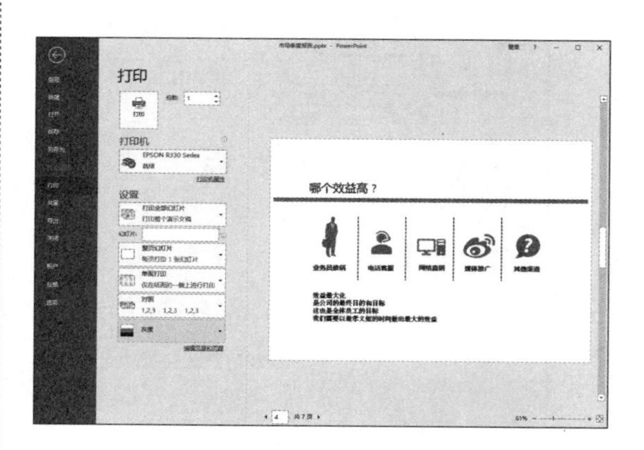

16.4.3 在一张纸上打印多张幻灯片

在一张纸上打印多张幻灯片，可以节省很多纸张。具体操作步骤如下。

第 1 步 在打开的“市场季度报告.pptx”演示文稿中，单击【文件】选项卡，选择【打印】选项。在【设置】组下单击【整页幻灯片】右侧的下拉按钮，在弹出的下拉列表中选择【9 张水平放置的幻灯片】选项，设置每张纸打印 9 张幻灯片。

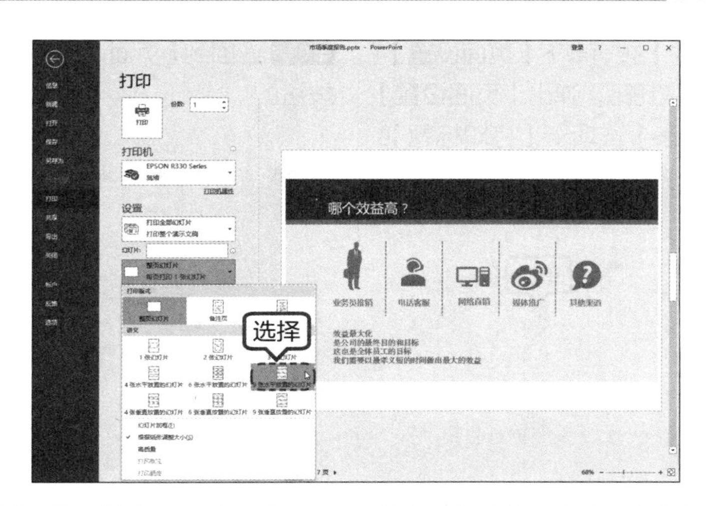

第 2 步 即可看到右侧预览区域中，一张纸上显示了该演示文稿的所有（7 张）幻灯片。

16.5 复印机的使用

复印机是从书写、绘制或印刷的原稿得到等倍、放大或缩小的复印品的设备。复印机复印的速度快，操作简便，与传统的铅字印刷、蜡纸油印、胶印等的主要区别是无需经过其他制版等中间手段，而能直接从原稿获得复印品。复印份数不多时较为经济。复印机发展的总体趋势是从低速到高速，从黑白过渡到彩色（数码复印机与模拟复印机的对比），至今，复印机、打印机、传真机已集于一体。

复印机的使用方法主要是，打开复印机翻盖，将要复印的文件放进去，把文档有字的一面向下，盖上机器的盖子，选择打印机上的【复印】按钮进行复制。部分机器需要按【复印】按钮后，再按一下打印机的【开始】或【启动】按钮进行复制。

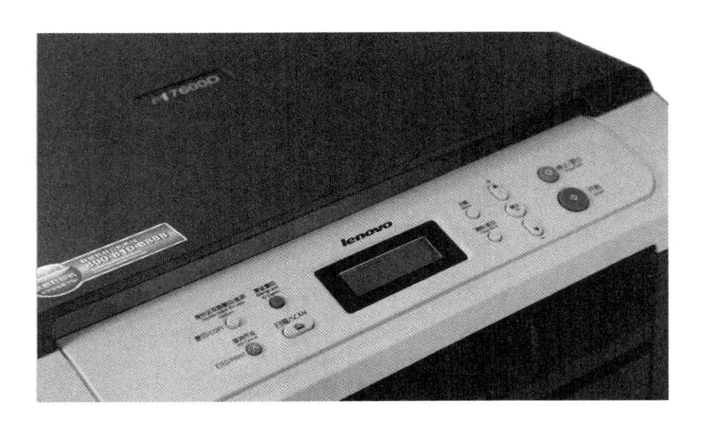

高手支招

技巧 1：打印 Excel 表格时让每页都有表头标题

在使用 Excel 表格时，可能会遇到超长表格，但是表头只有一个。为了更好地打印查阅，就需要将每页都能打印出表头标题，这时可以使用以下方法。

第 1 步 单击【页面布局】选项卡下【页面设置】组中的【打印标题】按钮，弹出【页面设置】对话框，单击【工作表】选项卡【打印标题】区域中【顶端标题行】右侧的按钮。

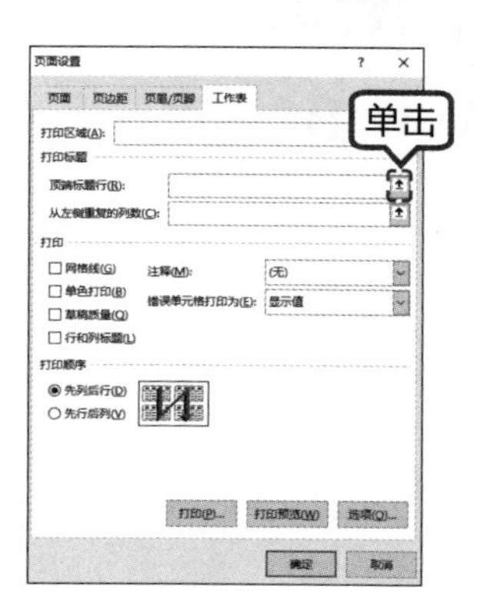

第 2 步 选择要打印的表头，单击【页面设置 - 顶端标题行】中的按钮。

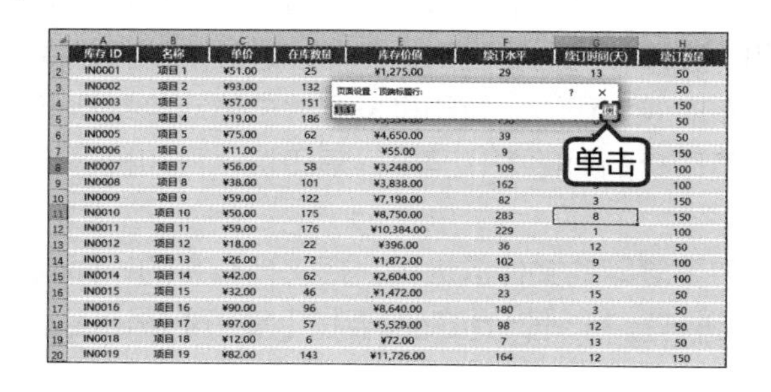

第 3 步 返回到【页面设置】对话框，单击【确定】按钮。

第 4 步 例如本表，选择要打印的两部分工作表区域，并按【Ctrl+P】组合键，在预览区域可以看到要打印的效果。

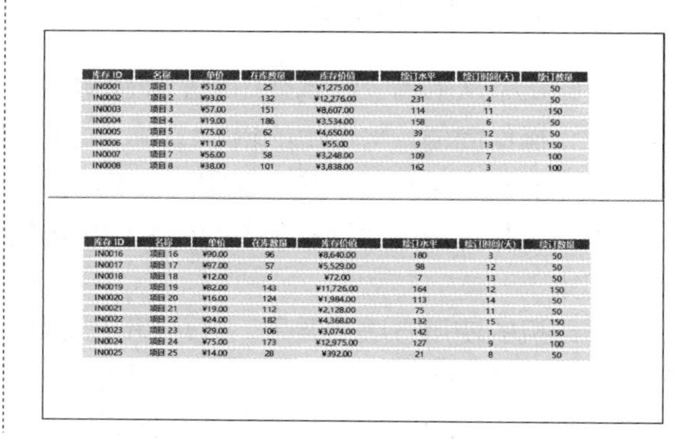

技巧 2：不打印工作表中的零值

在一些情况下，对工作表进行打印，如果表内数据包含“0”值，它不仅没有价值，而且影响美观。此时，我们可以根据需求，不打印工作表中的零值。

在打开的素材中，选择【文件】➤【选项】选项，打开【Excel 选项】对话框，然后选择【高级】选项，并在右侧的【此工作表的显示选项】栏中取消勾选【在具有零值的单元格中显示零】复选框，单击【确定】按钮。此时，再进行工作表打印，则不会打印工作表中的“0”值。

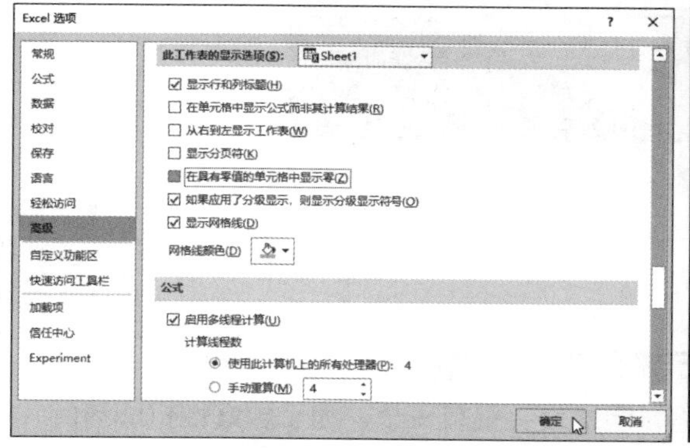

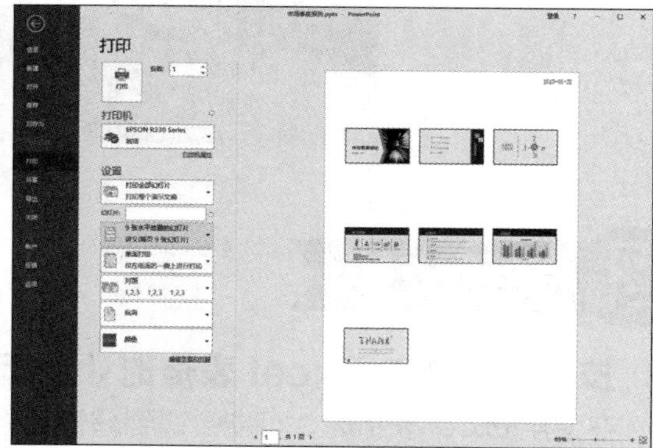

第 17 章

使用网络协助办公

高手指引

通过网络用户不仅可以搜索资源，还可以借助网络，方便同事、合作伙伴之间的交流互动，提高办公效率。本章主要介绍使用 Outlook 收 / 发邮件、使用其他网页邮箱、使用 OneNote 处理工作、使用 QQ 协同办公等。

重点导读

- 掌握 Outlook 收 / 发邮件的方法
- 熟悉其他网页邮箱的使用方法
- 学习用 OneNote 2019 处理工作
- 掌握使用 QQ 协助办公的方法

17.1 使用 Outlook 收 / 发邮件

Outlook 在办公中主要用于邮件的管理与发送。本节主要介绍配置 Outlook，创建、编辑和发送邮件，接收和回复邮件以及转发邮件等内容。

17.1.1 配置 Outlook

首次使用 Outlook，需要对 Outlook 进行配置。配置 Outlook 2019 的具体操作步骤如下。

第 1 步 打开 Outlook 软件后，在弹出的登录对话框中输入账户名称，然后单击【连接】按钮。

提示 Outlook 支持不同类型的电子邮件账户，包括 Office 365、Outlook.com、Google、Exchange 及 POP、IMAP 类型的邮箱，基本支持 QQ、网易、阿里、新浪、搜狐、企业邮箱等。

第 2 步 进入【输入密码】界面，输入邮箱密码，单击【登录】按钮。

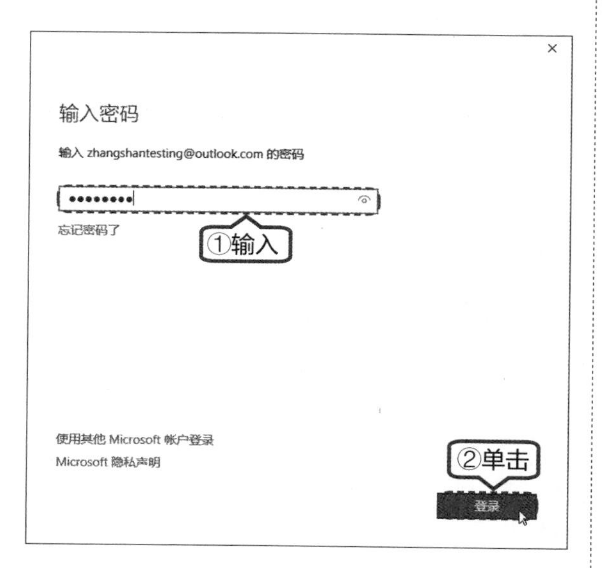

第 3 步 进入如下界面，单击【确定】按钮。

第 4 步 根据提示设置 PIN 码，成功添加账户后，单击【已完成】按钮，即可完成配置。

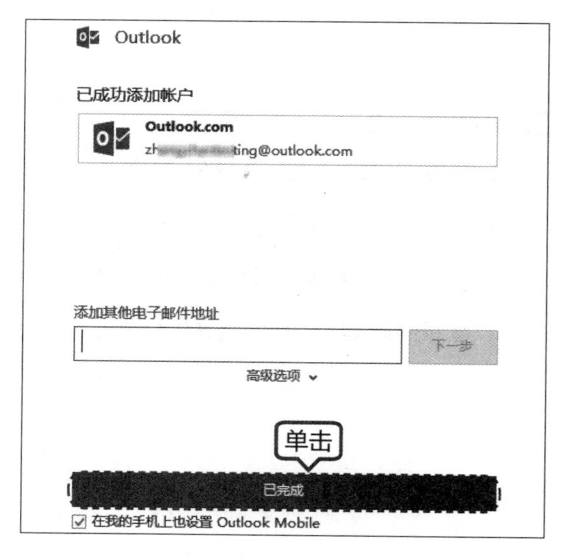

第 5 步 此时即可进入 Outlook 界面。

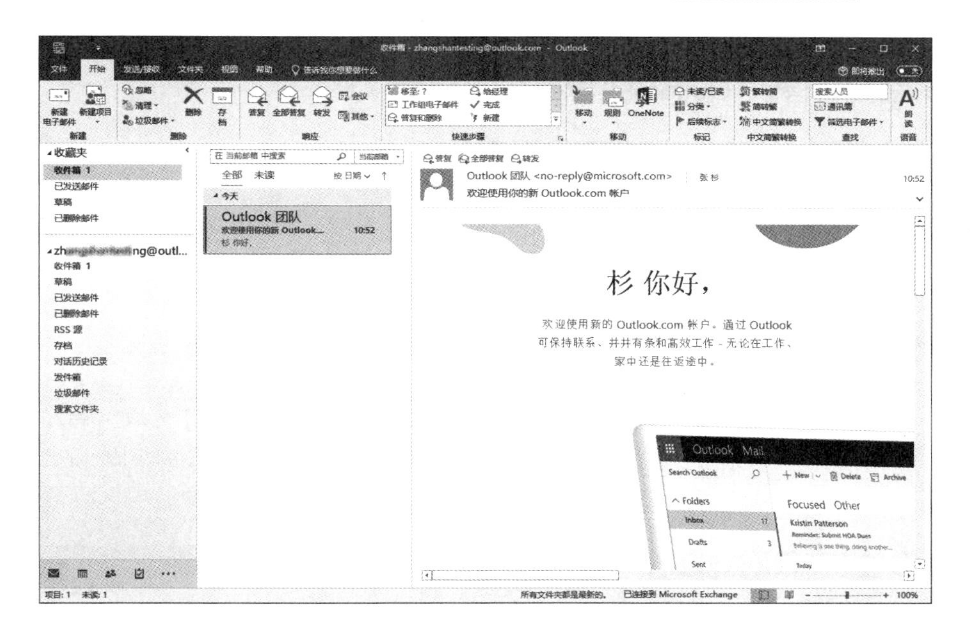

17.1.2 创建、编辑和发送邮件

电子邮件是 Outlook 2019 中最主要的功能，使用“电子邮件”功能，可以很方便地发送电子邮件。具体的操作步骤如下。

第 1 步 单击【开始】选项卡下【新建】组中的【新建电子邮件】按钮。

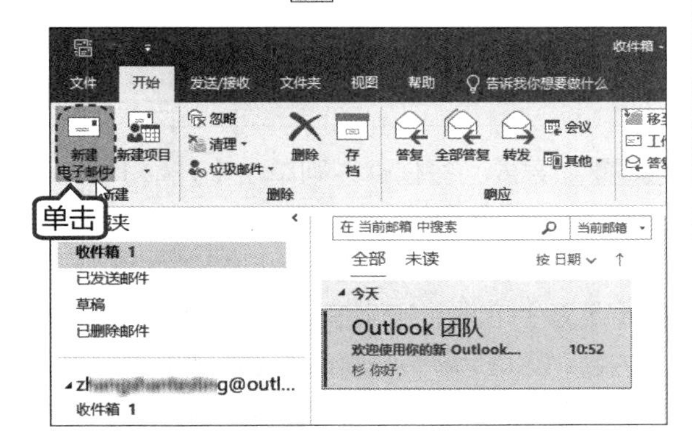

第 2 步 弹出【未命名 - 邮件（HTML）】对话框，在【收件人】文本框中输入收件人的 E-mail 地址，在【主题】文本框中输入邮件的主题，在邮件正文区中输入邮件的内容。

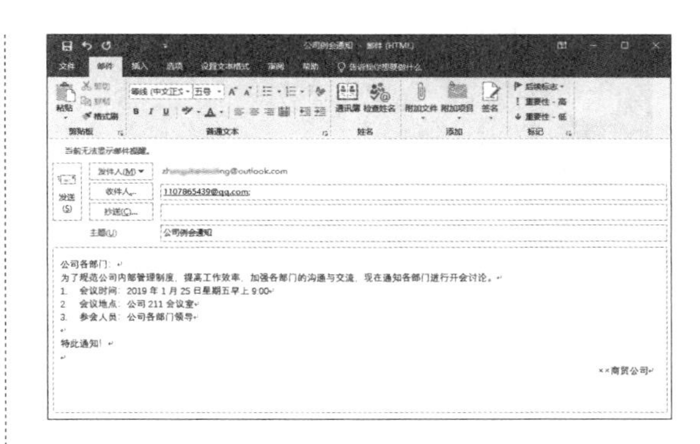

第 3 步 使用【邮件】选项卡【普通文本】选项组中的相关工具按钮，对邮件文本内容进行调整，调整完毕单击【发送】按钮。

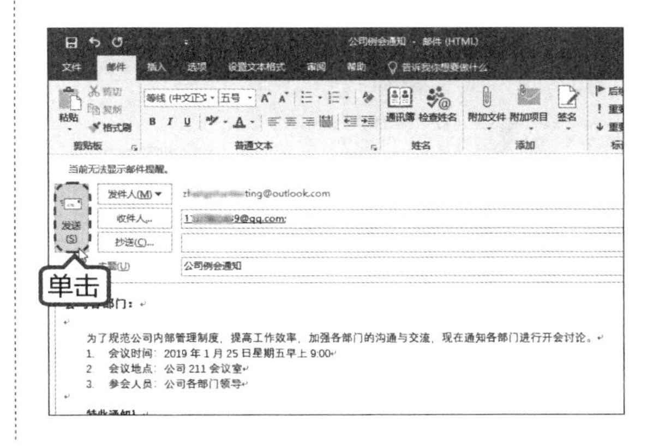

第4步 【邮件】工作界面会自动关闭并返回主界面，在导航窗格中的【已发送邮件】窗格中便多了一封已发送的邮件信息，Outlook 会自动将其发送出去。

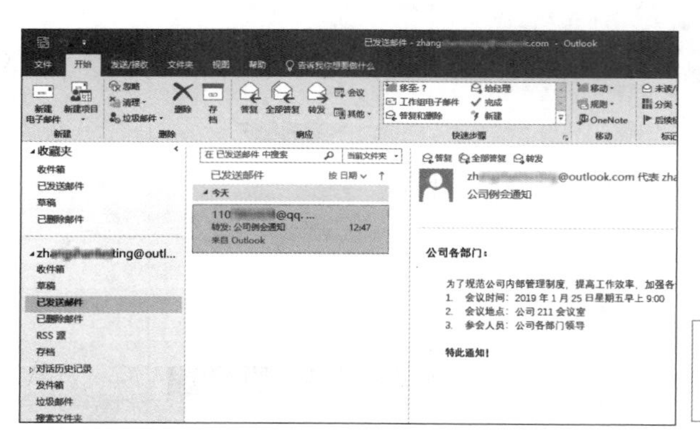

提示 若在【抄送】文本框中输入电子邮件地址，那么所填收件人将收到邮件的副本。

17.1.3 接收和回复邮件

接收和回复电子邮件是邮件操作中必不可少的一项，在 Outlook 2019 中接收和回复邮件的具体步骤如下。

第1步 当 Outlook 有接收到邮件时，会在桌面右下角弹出消息弹窗，如下图所示。

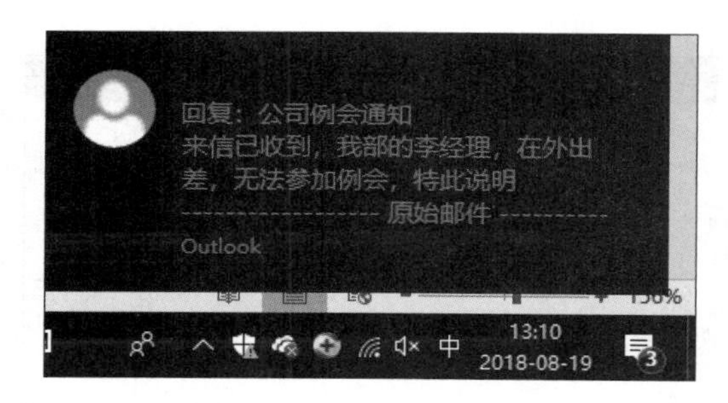

第2步 当要查看该邮件时，单击弹窗，即可打开 Outlook 软件，并进入【收件箱】页面。

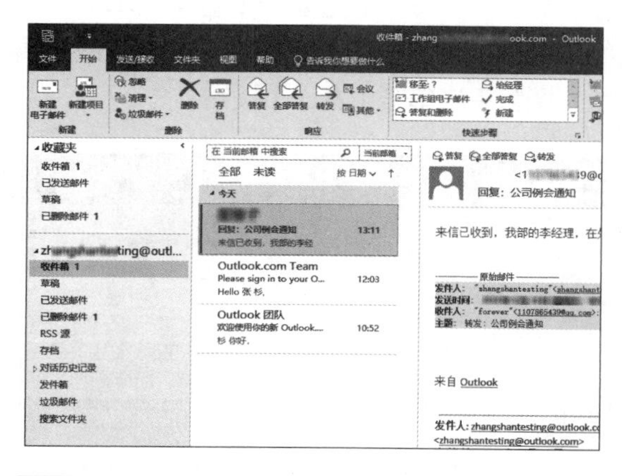

第3步 双击来信，即可打开如下窗格，显示来信的详细内容。

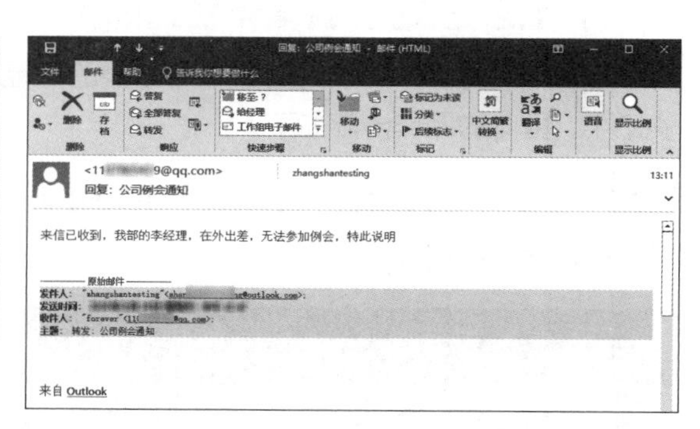

第4步 如果要回复信件，则单击【开始】选项卡下【响应】选项组中的【邮件】按钮或者按【Ctrl+R】组合键，即可弹出回复工作界面。在【主题】下方的邮件正文区中输入需要回复的内容，Outlook 系统默认保留原邮件的内容，可以根据需要删除。内容输入完成后单击【发送】按钮，即可完成邮件的回复。

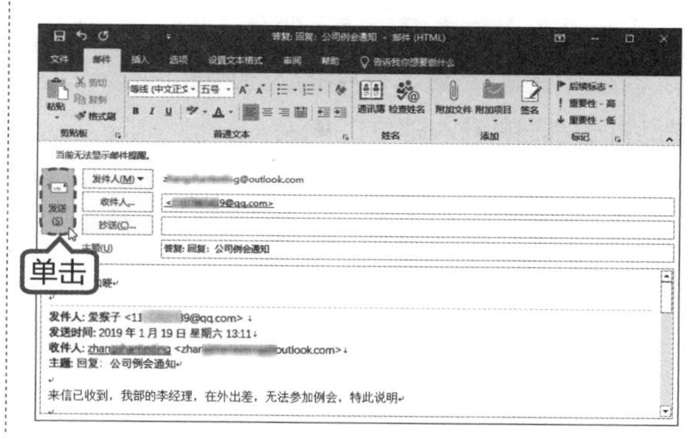

17.1.4 转发邮件

转发邮件即将邮件原文不变或者稍加修改后发送给其他联系人，用户可以利用 Outlook 2019 将所收到的邮件转发给一个或多个人。

第 1 步 选中需要转发的邮件，单击鼠标右键，在弹出的快捷菜单中选择【转发】菜单命令。

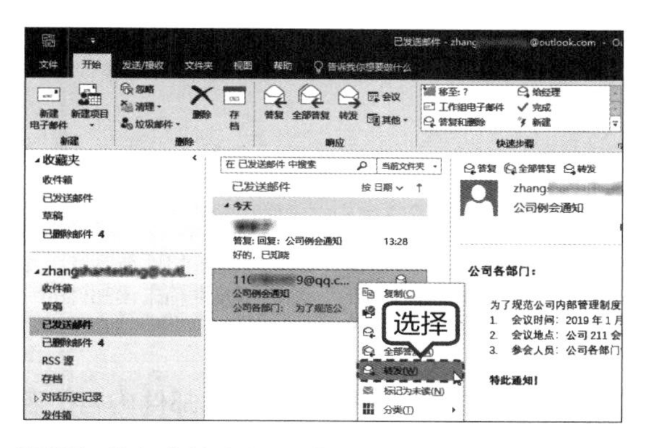

第 2 步 弹出【转发邮件】工作界面，在【主题】下方的邮件正文区中输入需要补充的内容，Outlook 系统默认保留原邮件内容，可以根据需要删除。在【收件人】文本框中输入收件人的电子邮箱，单击【发送】按钮，即可完成邮件的转发。

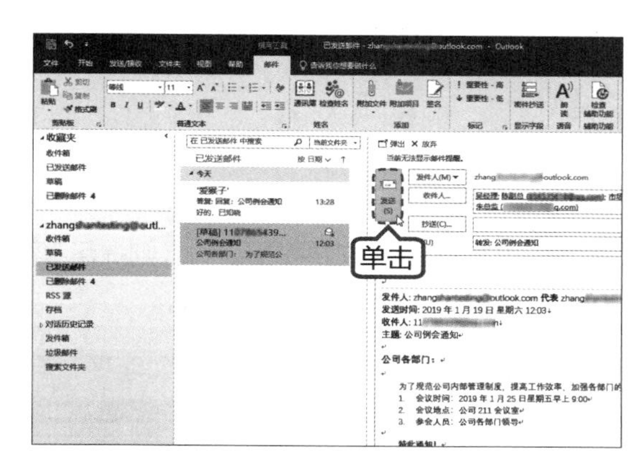

17.2 使用其他网页邮箱

除了 Outlook 邮箱外，还可以使用其他电子邮箱，如网易邮箱、QQ 邮箱、新浪邮箱、搜狐邮箱等，它们都支持以网页的形式登录，并可以进行任何收 / 发邮件的操作。本节将介绍 QQ 邮箱和网易邮箱的使用。

17.2.1 使用 QQ 邮箱

QQ 邮箱是腾讯公司推出的邮箱产品，如果用户拥有 QQ 号，则不需要单独注册邮箱，使用起来也较为方便。下面介绍一下 QQ 邮箱的使用方法。

第 1 步 在 QQ 客户端界面，单击顶端的【QQ 邮箱】图标。

第 2 步 即可启动默认浏览器，并进入 QQ 邮箱界面，如右图所示。

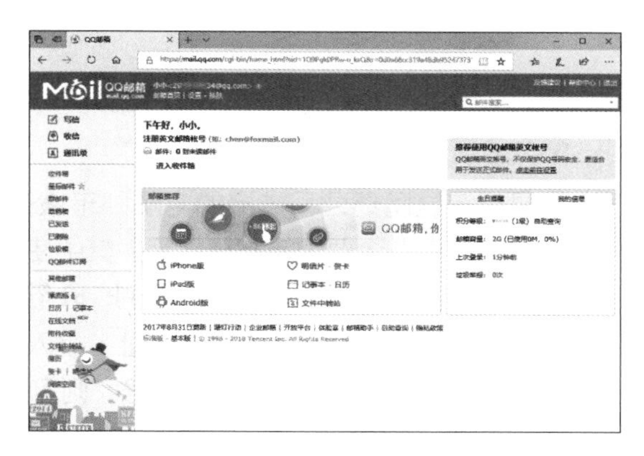

第 3 步 如要发送邮件，单击【写信】按钮，即可进入写信界面，如下图所示。创建一封邮件

时，需要包含收件人、邮件主题和邮件正文，还可以添加附件、图片等。内容添加完毕，单击【发送】按钮。

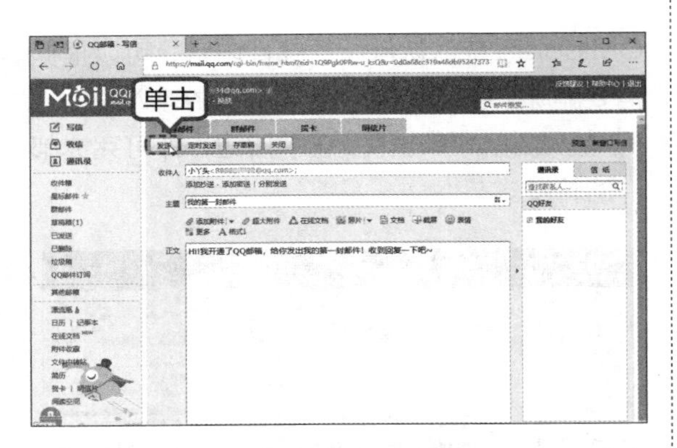

第 4 步 即可发送邮件，如果发送成功，则提示“您的邮件已发送”信息，如下图所示。

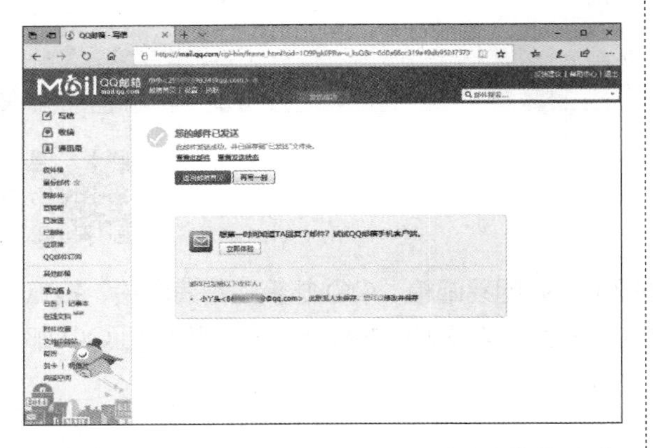

第 5 步 如果接收和回复邮件，可以单击【收信】或【收件箱】查看接收到的邮件。在邮件列表中，选择要阅读的邮件。

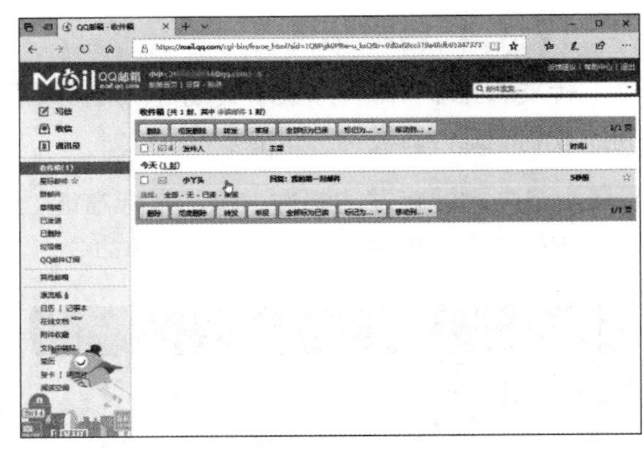

> **提示** 当 QQ 客户端界面顶端的【QQ 邮箱】图标由变为，则表示有新邮件待阅读；将鼠标指针指向该图标时，会显示收件箱未读邮件的数量。

第 6 步 即可打开该邮件显示详细邮件内容。若要回复邮件，可以单击【回复】按钮，进入写信页面，并且“收件人”及“主题”已自动输入，编辑好正文内容，单击【发送】按钮即可。另外，也可以通过【返回】【删除】【转发】等按钮，管理邮件。

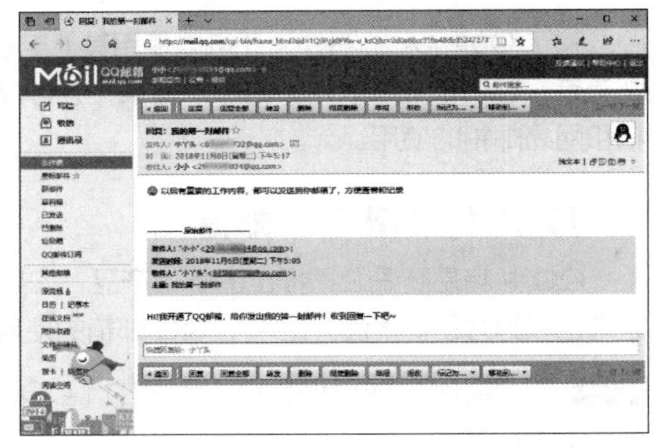

17.2.2 使用网易邮箱

网易邮箱是网易公司推出的电子邮箱服务，是中国主流的电子邮箱之一，主要包括 163、126、yeah、专业企业邮等邮箱品牌，其中使用较为广泛的是 163 免费邮和 126 免费邮，其操作方法基本相同。下面以 163 免费邮为例，介绍其使用方法。

第 1 步 在浏览器中输入 163 免费邮地址，进入其登录界面。如果有网易邮箱账号，可输入账号和密码直接登录；如果没有网易邮箱账号，则可以单击【注册】按钮进行注册。

第 2 步 登录邮箱后，进入网易邮箱首页，如下图所示。单击【写信】按钮，可编辑邮件；单击【收信】，可查收邮件。这里单击【写信】按钮。

第 3 步 即可进入写信界面，如下图所示。用户可添加收件人、主题及正文内容，编辑完成后，单击【发送】按钮，即可完成发送。

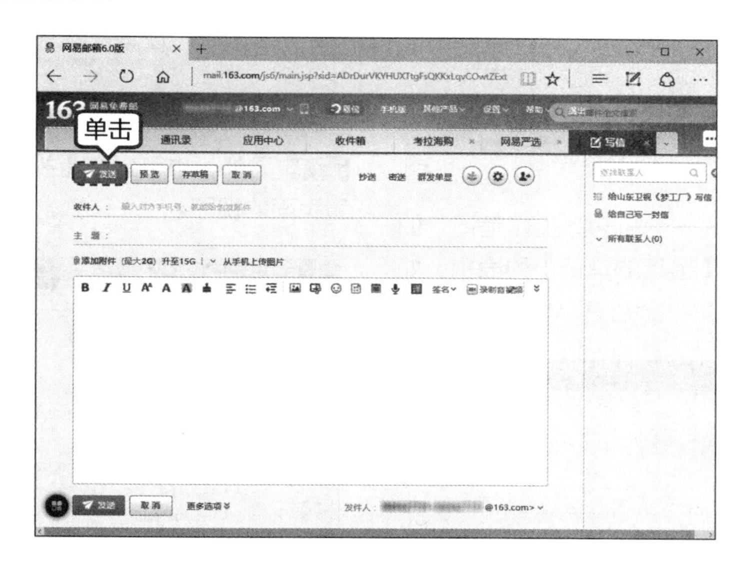

17.3 使用 OneNote 处理工作

OneNote 是一款自由度很高的笔记应用，用户可以在任何位置随时使用它记录自己的想法，添加图片，记录待办事项，甚至是即兴的涂鸦。本节将介绍如何使用 OneNote 处理工作，提高工作效率。

17.3.1 高效地记录工作笔记

在 OneNote 程序中，记笔记是极为方便的功能，用户不仅可以记录生活笔记，还可以记录工作中的笔记。下面介绍记录工作笔记的方法。

第 1 步 启动 OneNote，单击左下角窗格的【新建笔记本】按钮＋笔记本。

第2步 弹出【新笔记本】对话框，输入笔记本名称，单击【创建笔记本】按钮。

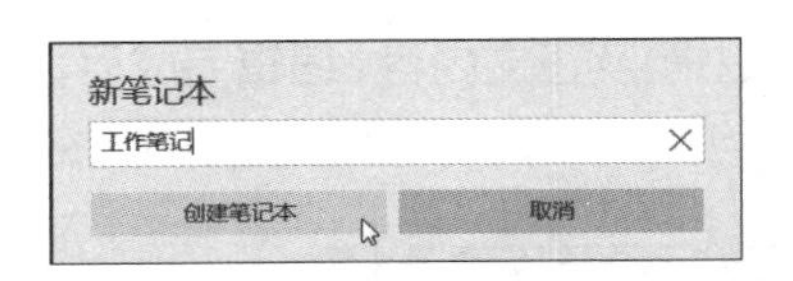

> **提示** OneNote笔记本是一个相对独立的文件，需要用户创建后才可以使用。

第3步 此时即可创建一个名为“工作笔记”的笔记本，并显示在【最近的笔记】列表中，如下图所示。

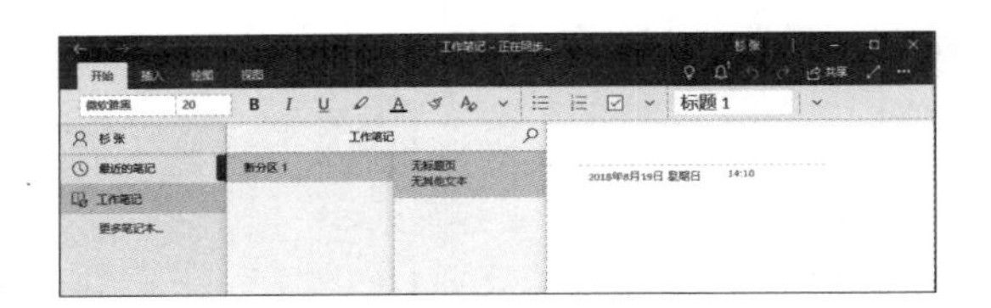

第4步 默认情况下，新建笔记本后，会包含一个“新分区1”的分区，分区相当于活页夹中的标签分割片，用户可以创建不同的分区，以方便管理。如将“新分区1”重命名为“Office办公学习”，并可以根据需要创建其他分区。

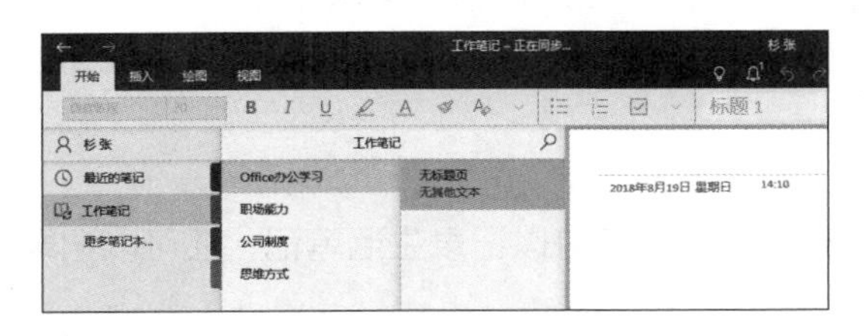

第5步 单击操作页名称，即可隐藏导航窗格，如下图所示。

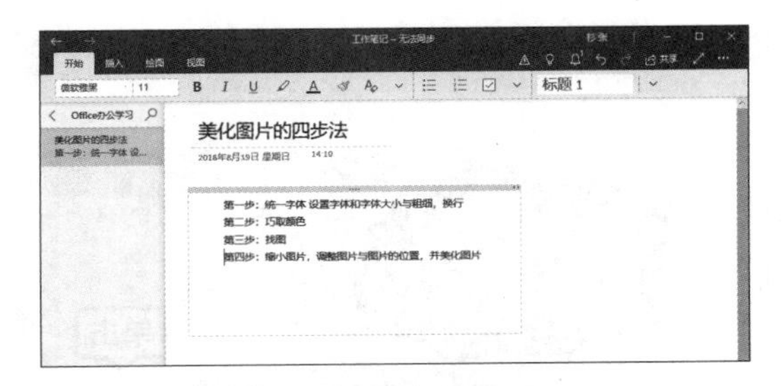

第6步 另外，用户还可以根据需求，单击【插入】选项卡中的工具按钮，在笔记中添加表格、文件、图片、标记和声音等多媒体文件。下图所示为添加了文件的效果。

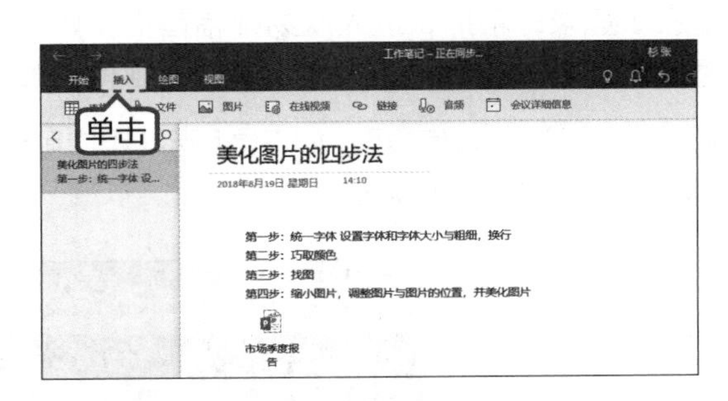

第7步 另外，也可以在【视图】选项卡下，设置页面的视图。

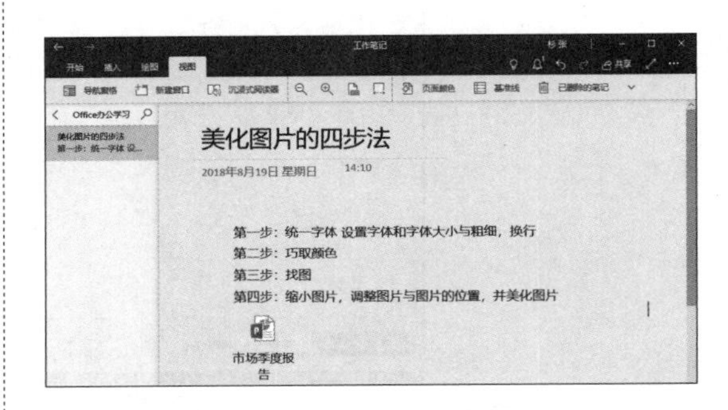

第8步 单击【新建页面】按钮[+ 页面]，可以创建新的操作页，并添加新的笔记。

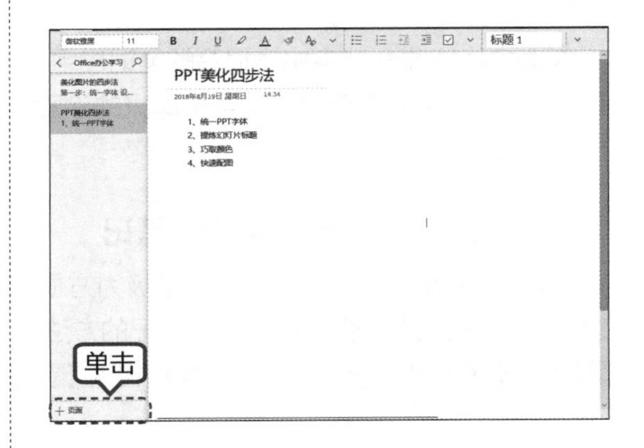

17.3.2 OCR 让办公更加快捷

OneNote 提供了 OCR（光学字符识别）功能，在联机状态下，用户可以将需要识别文字的图片插入笔记中，识别图片中的文字，这样可以大大提高办公效率。

第 1 步 打开 OneNote 2019，新建一个页面，并输入“图片转文字”标题。

第 2 步 单击【插入】选项卡下的【图片】按钮 图片，在弹出的列表中选择【来自文件】选项。

第 3 步 此时即可将图片插入笔记中，如下图所示。

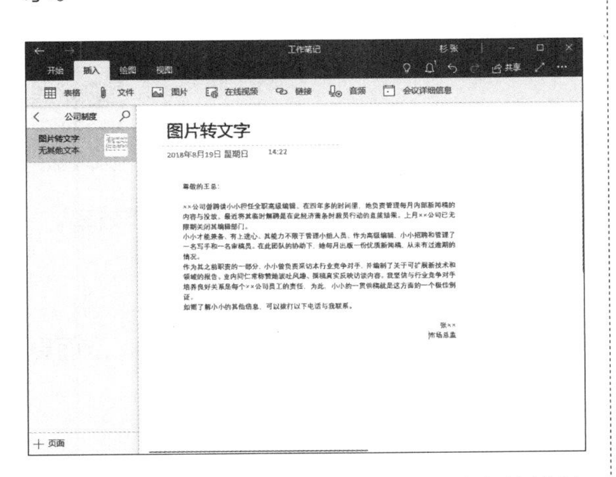

第 4 步 在页面中右键单击图片，在弹出的快捷菜单中选择【图片】菜单命令。

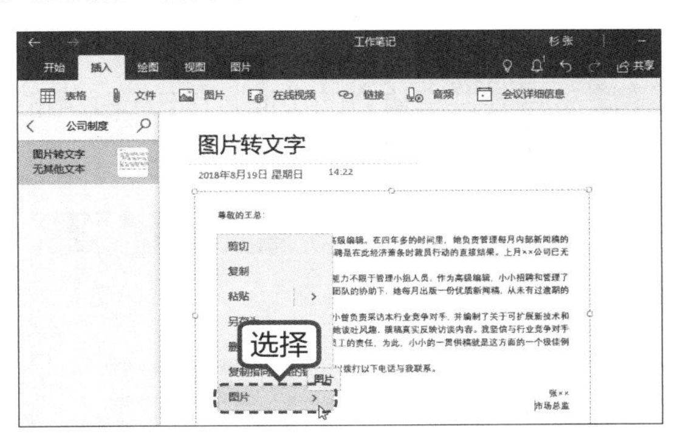

第 5 步 在弹出的子菜单中，单击【复制文本】菜单命令。

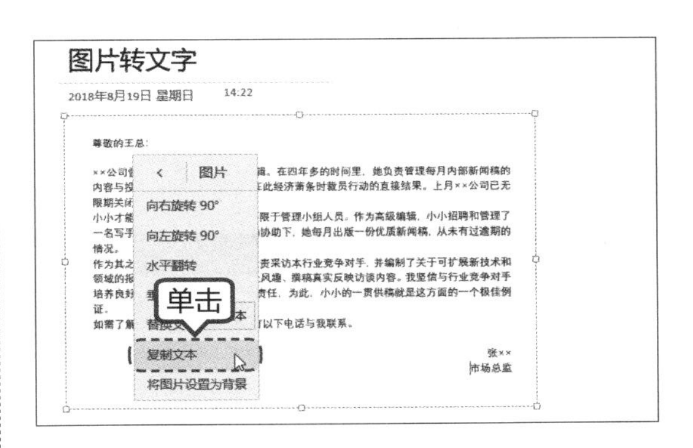

第 6 步 选择笔记本空白处，按【Ctrl+V】组合键执行粘贴命令，将文本粘贴到笔记本中。

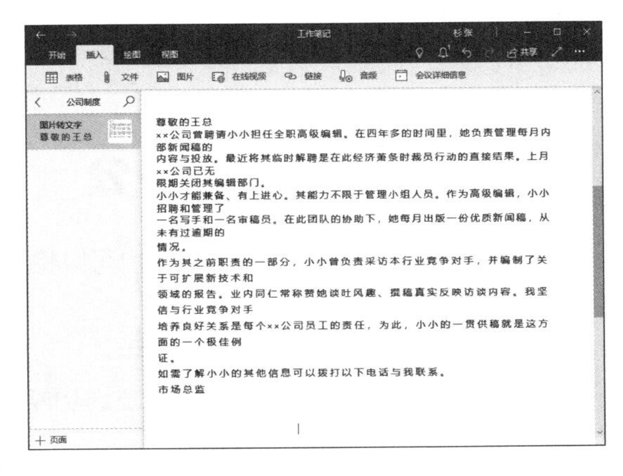

> **提示** 扫描识别出的文字可能不完全正确，也可能会出现排版错误，因此需要对扫描的文本中的排版或者个别错误进行手动修改。

17.3.3 与同事协同完成工作

OneNote 支持共享功能，不仅可以在多个平台之间进行共享，还可以通过多种方式在不同用户之间进行共享，达到信息的最大化利用，尤其在实际工作中，可以方便同事间协同办公，完成工作。

第1步 选择要共享协作的页面，单击右上角的【共享】按钮 共享。

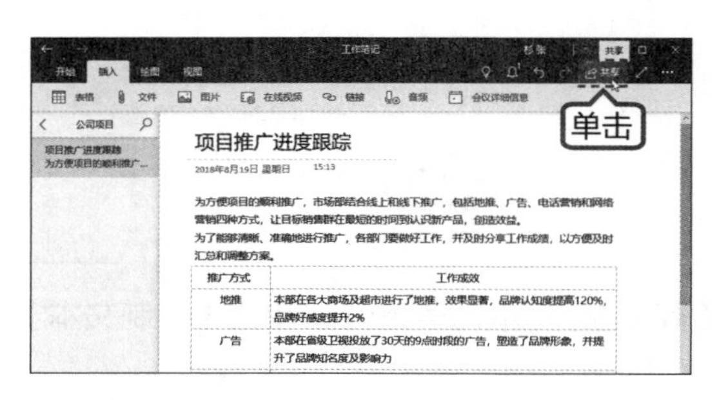

第2步 在右侧弹出【共享】窗格，输入对方的邮箱地址或联系人姓名，在下方【权限】下拉列表框中选择“可编辑”选项，然后单击【共享】按钮。

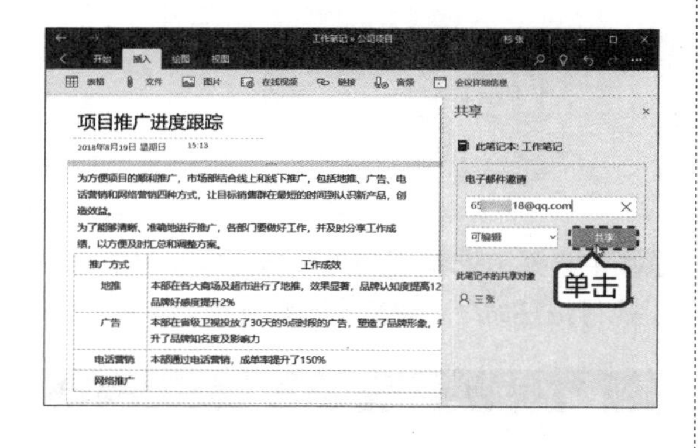

第3步 共享成功后，在共享对象列表下显示共享对象，对方将收到电子邮件，直接进行编辑即可。

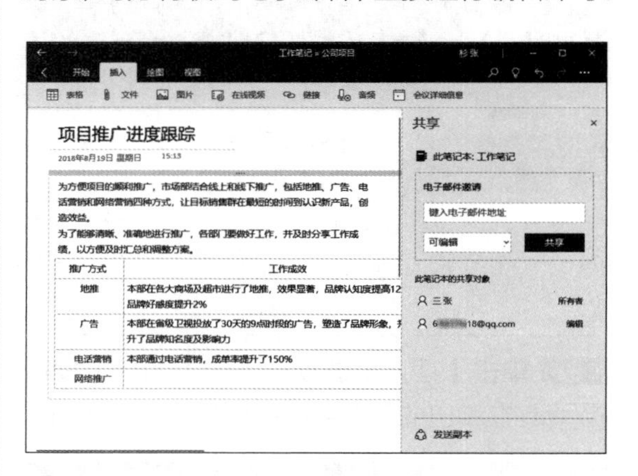

提示 若要在电子邮件中发送当前页的副本（或屏幕截图），可以单击“共享”窗格底部的“发送副本”按钮。如果之后对笔记做出更改，之前使用此选项发送给他人的任何副本不会自动更新。

17.4 使用 QQ 协助办公

QQ 除了可以日常沟通聊天外，也可以将其应用到办公中，协助处理工作，提高工作效率。

17.4.1 即时互传重要文档

QQ 支持文件的在线传输和离线发送功能，用户在日常办公中，可以用来发送文件，从而更方便双方的沟通。

1. 在线发送文件

在线发送文件，主要是在双方都在线的情况下，对文件进行实时发送和接收。具体步骤如下。

第1步 打开聊天对话框，将要发送的文件拖曳到信息输入框中，然后单击【发送】按钮 发送(S)。

第 2 步 文件即会显示在右侧【传送文件】列表下，如下图所示。

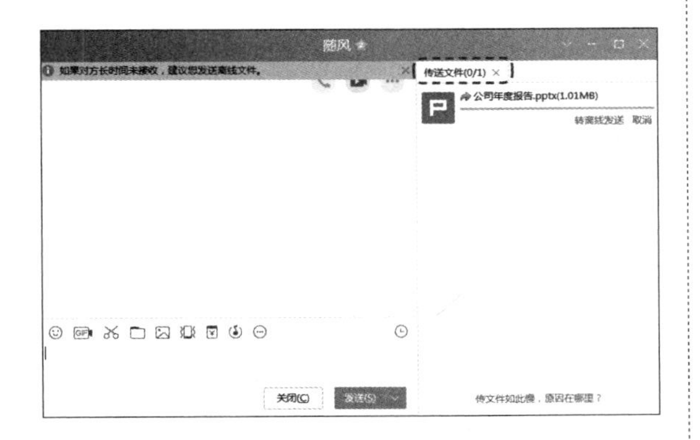

> **提示** 如果对方长时间未接收，单击【转离线发送】按钮，即可以离线文件的方式发送。即便对方不在线或者不接收，也可以将文件发送给对方，对方看到后即可接收文件。

第 3 步 此时，接收文件方桌面右下角即会弹出如下图所示窗口，可以单击【接收】选项直接接收该文件，也可以单击【另存为】选项，将文件接收并保存到指定位置。

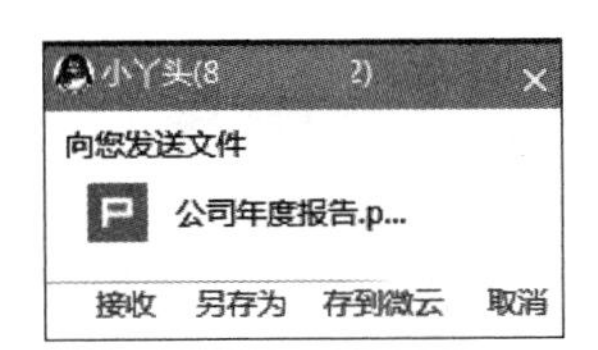

第 4 步 如果接收文件方与对方的 QQ 聊天窗口处于打开状态，窗口右侧则显示传送文件列表。

第 5 步 接收完毕后，单击【打开】选项，可打开该文件；单击【打开文件夹】选项，可以打开该文件所保存位置的文件夹；单击【转发】选项，可将其转发给其他好友。

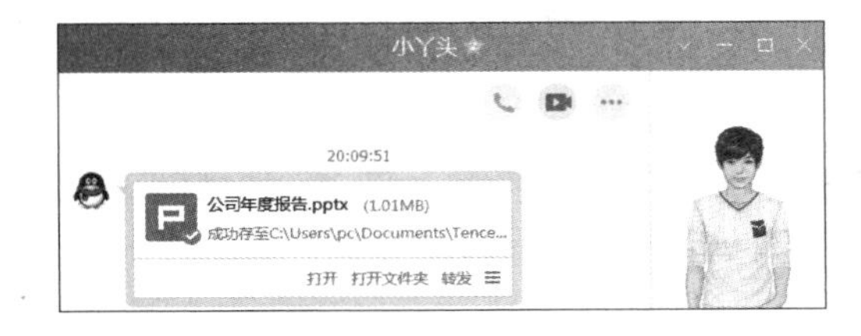

2. 离线发送文件

离线发送文件，是通过服务器中转的形式，将文件发送给好友，不管其是否在线，都可以完成文件发送，而且提高了上传和下载速度。主要有两种方法发送离线文件。

方法 1：在线传送时，单击【转离线发送】链接。

方法 2：单击聊天对话框中的 🗀 按钮，在弹出的列表中选择【发送离线文件】选项，然后选择要发送的文件，即可发送离线文件。

17.4.2 创建公司内部沟通群

在公司内部，为方便多人协同办公和交流，可以使用QQ群，它支持更多的成员加入。下面介绍如何创建QQ群。

第1步 在QQ面板中，单击【联系人】选项卡下的【加好友】图标⊞，在弹出的快捷菜单中，单击【创建群聊】菜单项。

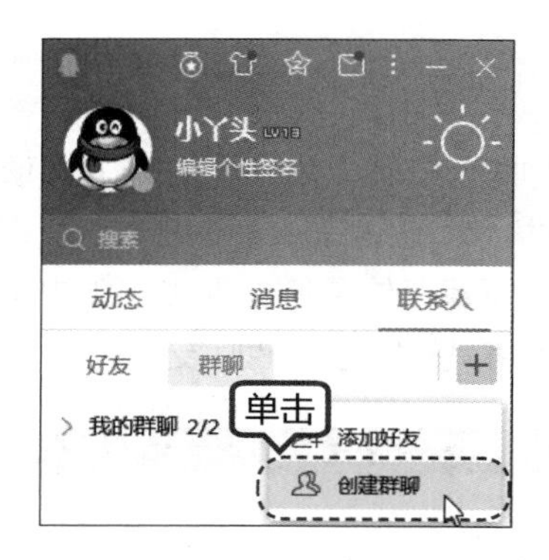

第2步 弹出【创建群聊】窗口，选择创建群的类别，如这里选择“同事同学”类别。

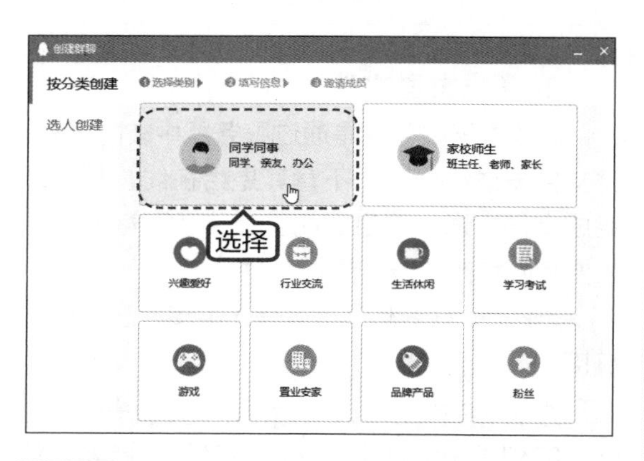

第3步 在下方窗口中，填写分类、公司、群地点、群名称及群规模等信息，单击【下一步】按钮。

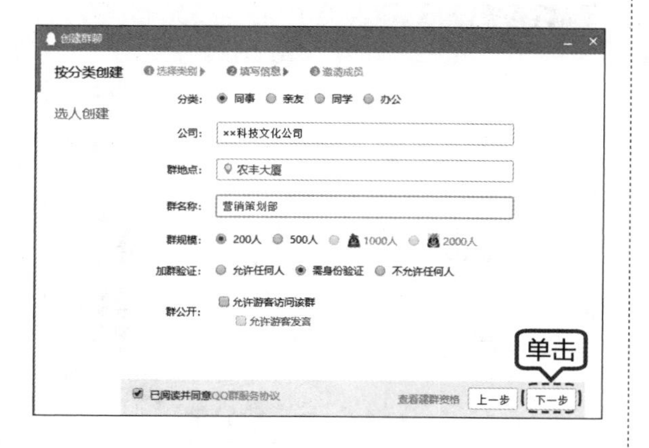

第4步 在好友列表中，选择邀请群成员，将其添加到【已选成员】列表中，并单击【完成创建】按钮进行群的创建。

第5步 创建成功后，即弹出如下图所示窗口。用户可将二维码分享给其他成员，用手机QQ扫描申请入群，也可以单击【分享该群】按钮，将其分享到微博、QQ空间、好友等。

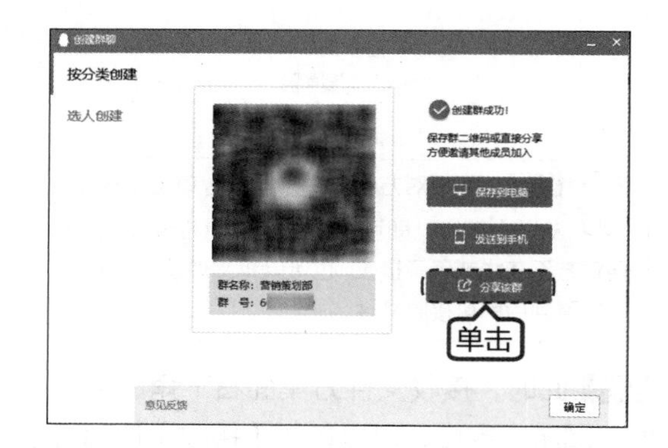

第6步 在QQ面板中，单击【联系人】选项下的【群聊】选项，即可看到所创建的群及所加入的群。

第 7 步 双击群名称，即可打开群聊天窗口，可以在该窗口进行聊天。管理员也可以在该窗口管理群成员、群公告、群应用等。

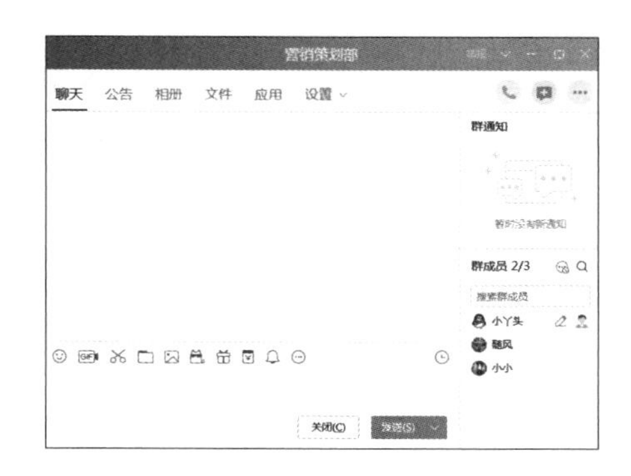

高手支招

技巧 1：设置签名邮件

Outlook 中可以设置签名邮件，具体操作步骤如下。

第 1 步 打开【未命名 - 邮件（HTML）】面板，选择【邮件】选项卡下【添加】组中的【签名】➤【签名】选项。

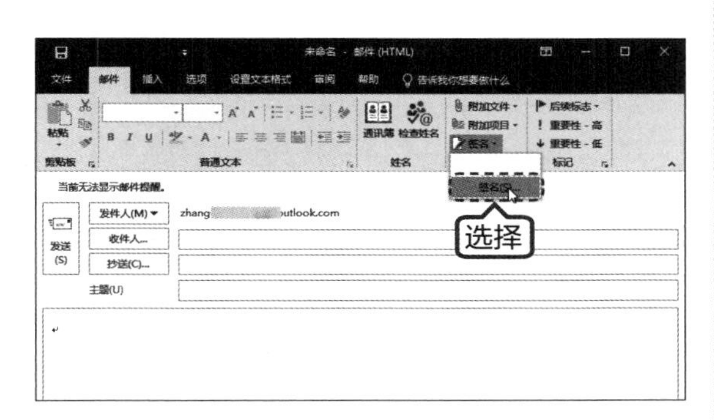

第 2 步 弹出【签名和信纸】对话框，单击【电子邮件签名】选项卡下【选择要编辑的签名】区域中的【新建】按钮。

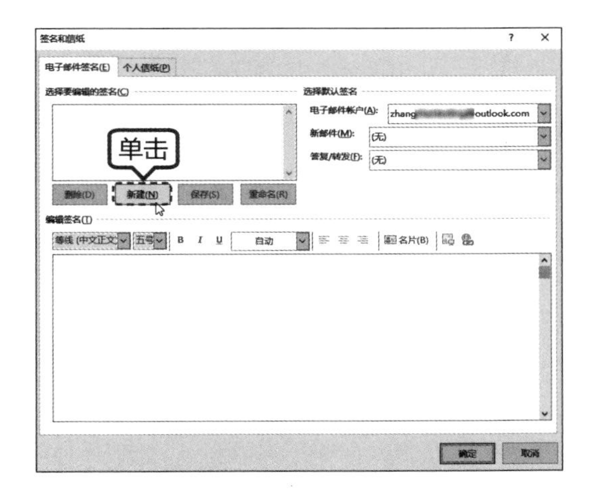

第 3 步 弹出【新签名】对话框，在【键入此签名的名称】文本框中输入名称，单击【确定】按钮。

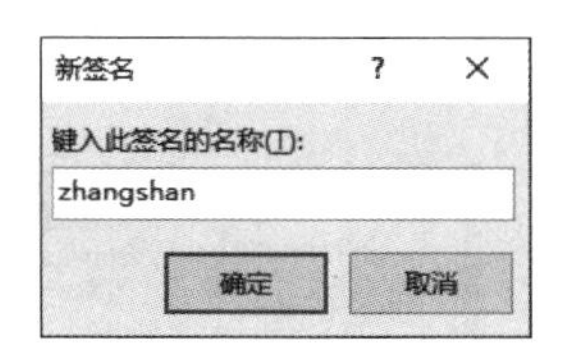

第 4 步 返回【签名和信纸】对话框，在【编辑签名】区域输入签名的内容，编辑文本格式后单击【确定】按钮。

第 5 步 在【未命名 - 邮件（HTML）】面板中，单击【邮件】选项卡下【添加】组中的【签名】按钮 签名 右侧的下拉按钮，在弹出的下拉列表中选择新建的签名名称选项。

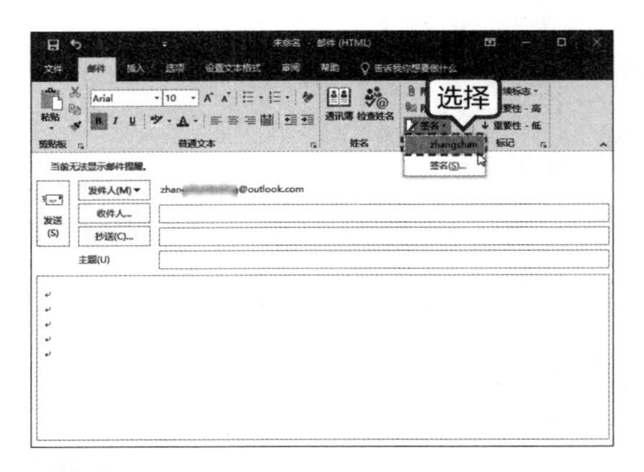

第 6 步 此时即可在邮件主题下方的编辑区域出现签名。

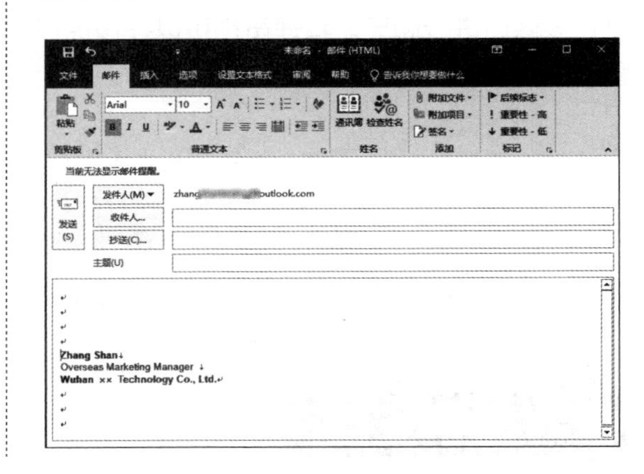

技巧 2：为 OneNote 分区添加密码保护

用户可以对 OneNote 进行加密，这样可以更好地保护个人隐私。具体步骤如下。

第 1 步 右键单击要加密的分区，在弹出的快捷菜单中单击【密码保护】命令。

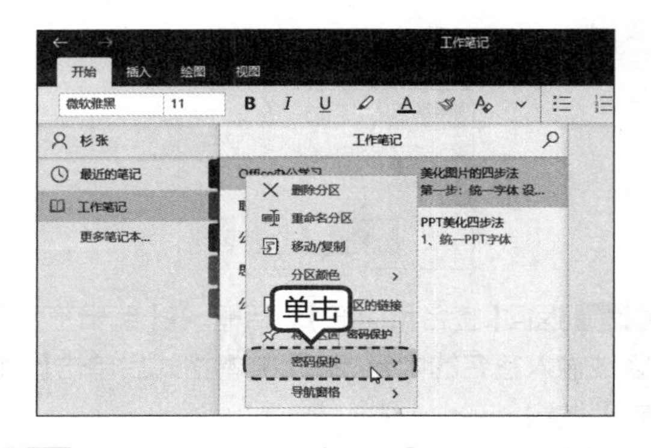

第 2 步 在弹出的子菜单中单击【添加密码】命令。

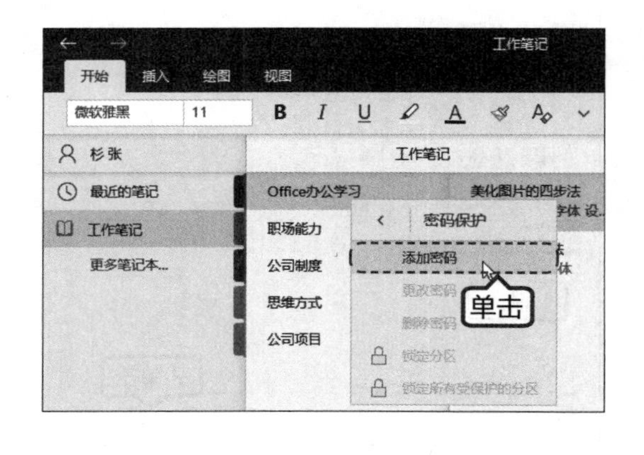

第 3 步 在弹出的【密码保护】对话框中，输入密码和确认密码，然后单击【确定】按钮。

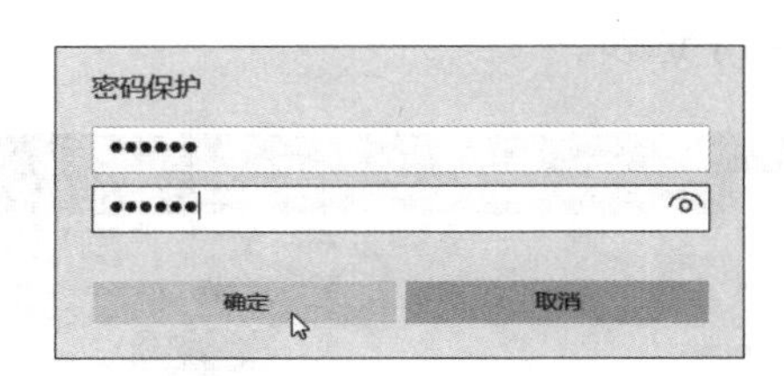

第 4 步 在 OneNote 界面中即可看到分区中多了🔒符号，表示已经添加成功。

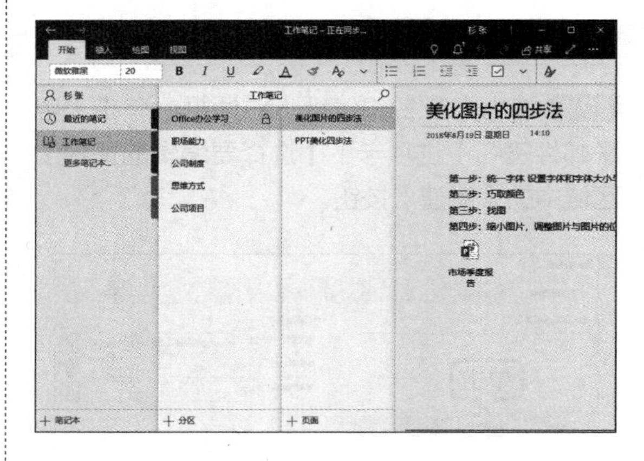

第18章 Office 2019的共享与协作

高手指引

Office 组件之间可以通过资源共享和相互协作，实现文档的分享及多人调用，以提高工作效率。使用 Office 组件间的共享与协作方式进行办公，可以发挥 Office 办公软件的最大能力。本章主要介绍 Office 2019 组件共享与协作的相关知识。

重点导读

- 掌握 Office 2019 的共享
- 掌握 Word 2019 与其他组件的协同
- 掌握 Excel 2019 与其他组件的协同
- 掌握 PowerPoint 2019 与其他组件的协同

18.1 Office 2019 的共享

用户可以将 Office 文档存放在网络或其他存储设备中，以便于查看和编辑；还可以跨平台、跨设备与其他人协作，共同编写论文，准备演示文稿，创建电子表格，等等。

18.1.1 保存到云端 OneDrive

云端 OneDrive 是微软公司推出的一项云存储服务，用户可以通过自己的 Microsoft 账户登录，并上传自己的图片、文档等到 OneDrive 中进行存储。无论身在何处，用户都可以访问 OneDrive 上的所有内容。

1. 将文档保存至云端 OneDrive

下面以 PowerPoint 2019 为例，介绍将文档保存到云端 OneDrive 的具体操作步骤。

第 1 步 打开要保存到云端的文件。单击【文件】选项卡，在打开的列表中选择【另存为】选项，在【另存为】区域选择【OneDrive】选项，单击【登录】按钮。

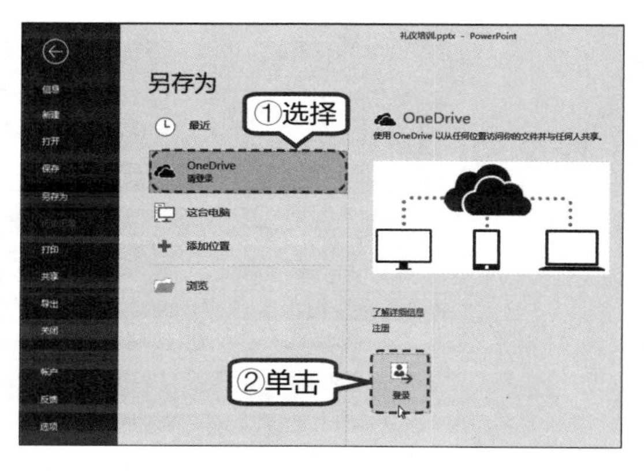

第 2 步 弹出【登录】对话框，输入与 Office 一起使用的账户的电子邮箱地址，单击【下一步】按钮，根据提示登录。

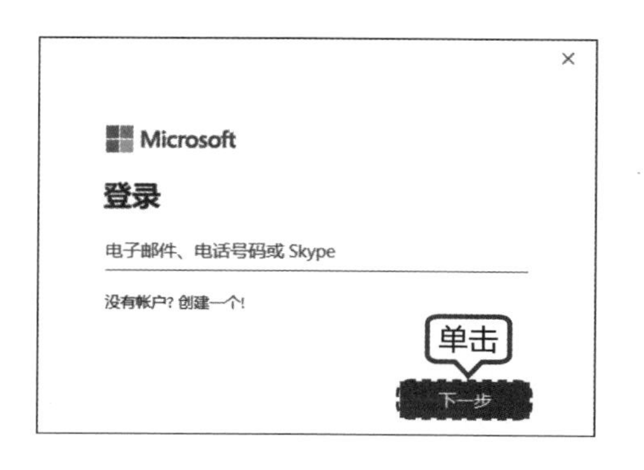

第 3 步 登录成功后，在 PowerPoint 的右上角显示登录的账号名，在【另存为】区域单击【OneDrive- 个人】选项。

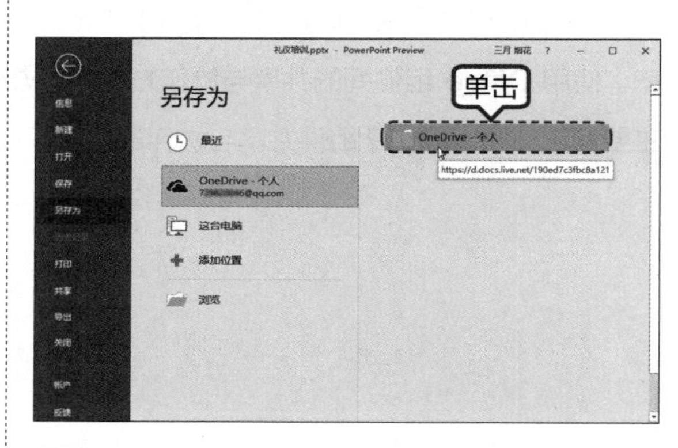

第 4 步 弹出【另存为】对话框，在对话框中选择文件要保存的位置，这里选择保存在 OneDrive 的【文档】目录下，单击【保存】按钮。

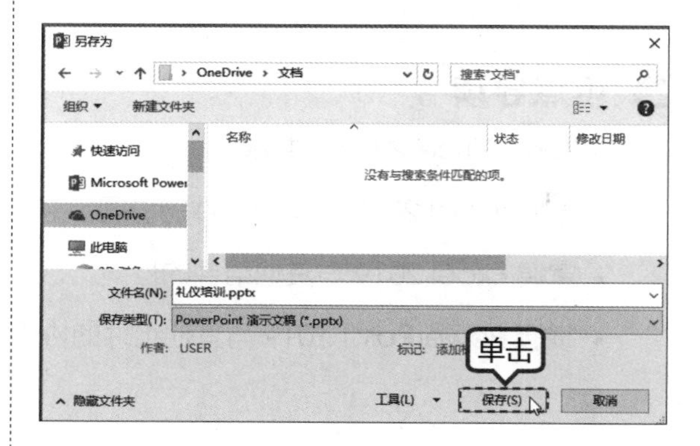

第 5 步 返回 PowerPoint 界面，在界面下方显示“正在上载到 OneDrive”字样。上载完毕后即可将文档保存到 OneDrive 中。

第 6 步 打开电脑上的 OneDrive 文件夹，即可看到保存的文件。

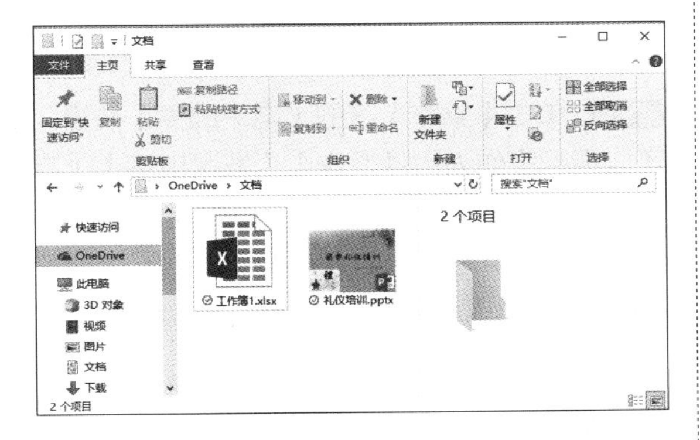

2. 在电脑中将文档上传至 OneDrive

用户可以直接打开【OneDrive】窗口上传文档，具体操作步骤如下。

第 1 步 在【此电脑】窗口中选择【OneDrive】选项，或者在任务栏的【OneDrive】图标上单击鼠标右键，在弹出的快捷菜单中选择【打开你的 OneDrive 文件夹】选项，都可以打开【OneDrive】窗口。

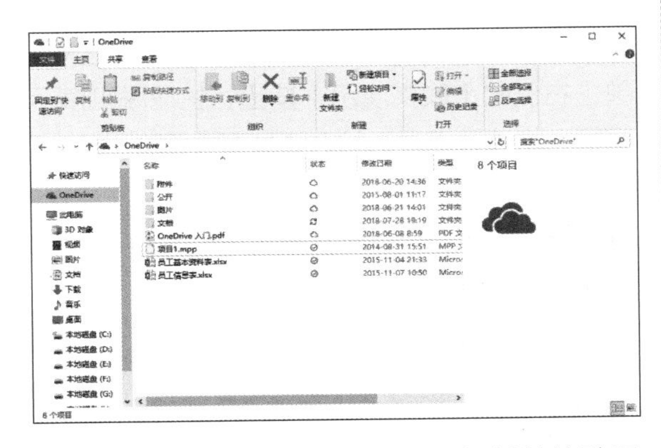

第 2 步 选择要上传的文件，将其复制并粘贴至【OneDrive】文件夹，或者直接拖曳文件至【文档】文件夹中。

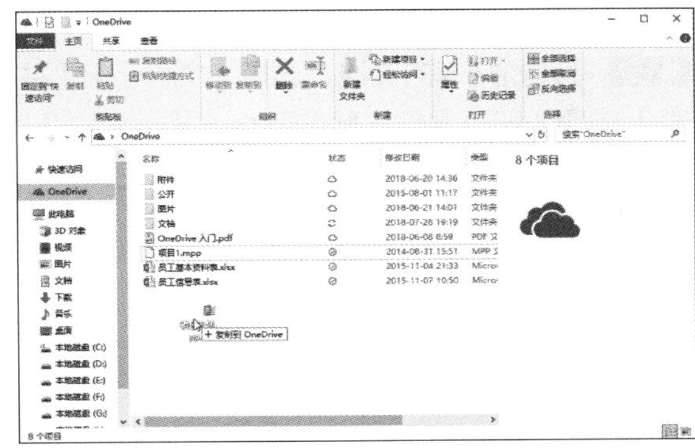

第 3 步 此时，即可上传到 OneDrive，如下图所示。

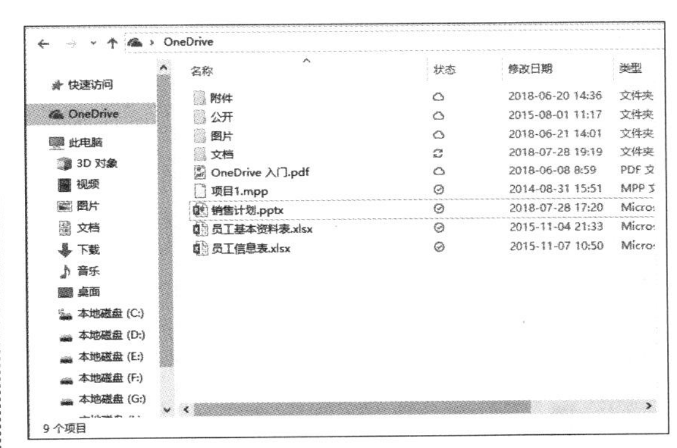

第 4 步 在任务栏单击【OneDirve】图标，即可打开 OneDrive 窗口查看使用记录。

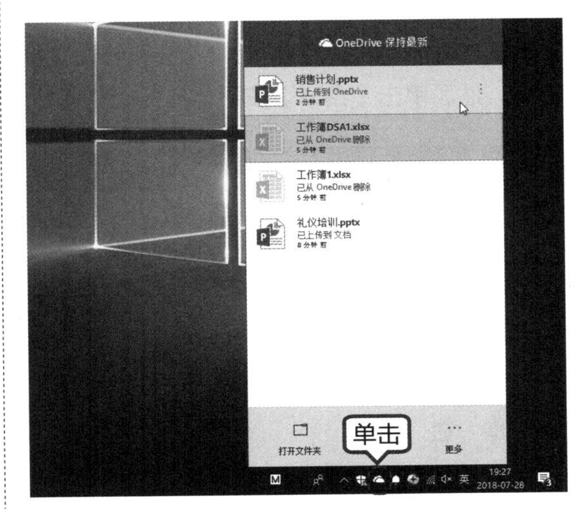

18.1.2 共享 Office 文档

Office 2019 提供了多种共享方式，包括与人共享、电子邮件、联机演示和发布到博客，其中最为常用的主要是前三种。下面简单介绍共享 Office 文档的方法。

第 1 步 打开要共享的文档，选择【文件】➢【共享】选项，即可看到右侧的共享方式。

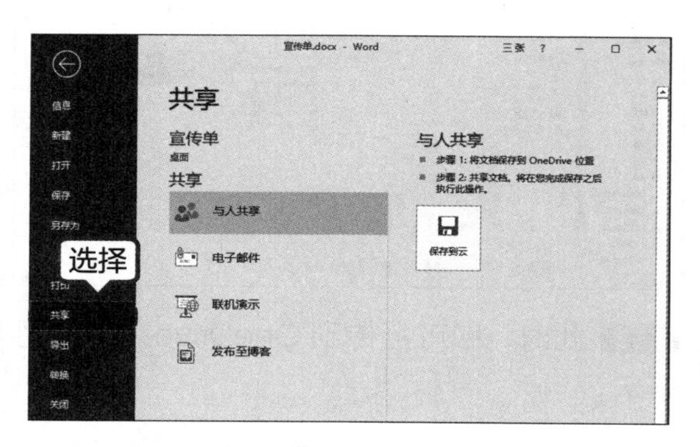

第 2 步 要将文档保存至 OneDrive 中，可以单击【与人共享】➢【与人共享】按钮。

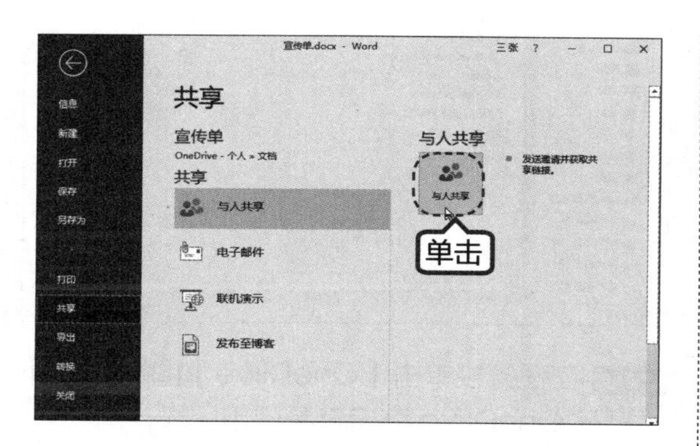

第 3 步 在文档界面右侧弹出的【共享】窗格中，输入要共享的人员，并设置共享权限，如编辑、查看，然后单击【共享】按钮，

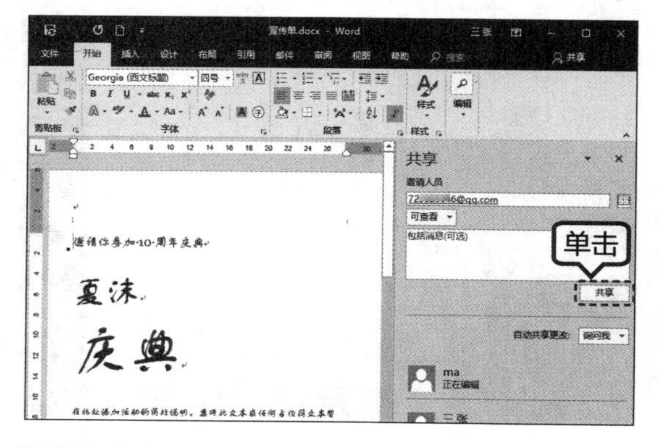

第 4 步 共享邀请成功后，即可看到共享人员的信息及权限。

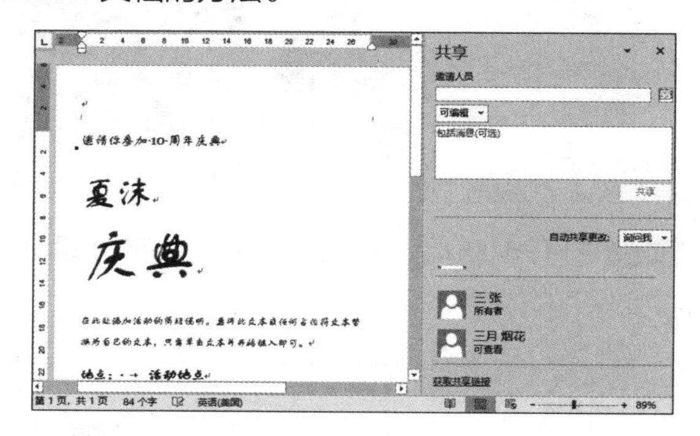

第 5 步 单击【共享】下的【电子邮件】按钮，可以看到【作为附件发送】【发送链接】【以 PDF 形式发送】【以 XPS 形式发送】和【以 Internet 传真形式发送】5 种形式，不过在使用邮件分享时，电脑上需要安装邮箱客户端，如 Outlook、Foxmail 等。

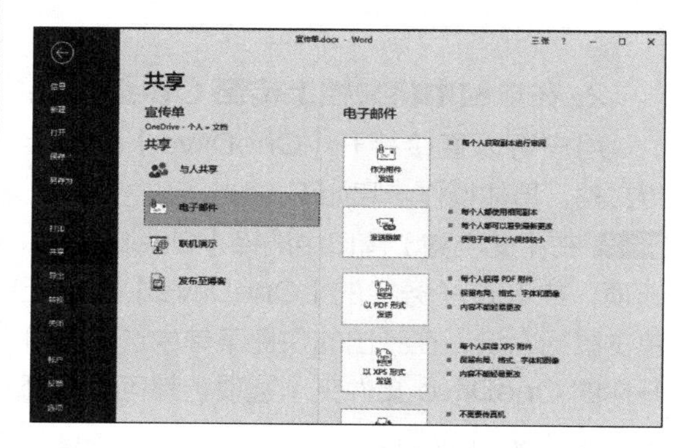

第 6 步 单击【共享】下的【联机演示】按钮，可以通过浏览器的形式将文档分享给其他人，单击右侧的【联机演示】按钮，生成联机演示链接，将该链接发送给对方即可共享。

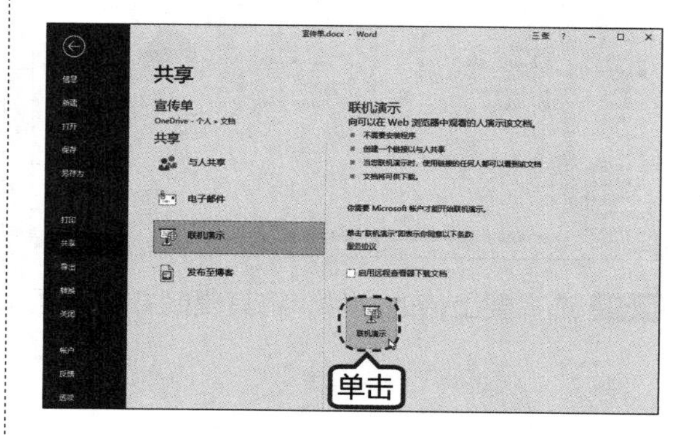

18.1.3 使用云盘同步重要数据

随着云技术的快速发展，各种云盘也相继涌现，它们不仅功能强大，而且具备了很好的用户体验。上传、分享和下载是各类云盘最主要的功能，用户可以将重要数据文件上传到云盘空间，可以将文件分享给其他人，也可以在不同的客户端下载云盘空间上的数据，从而可以方便地在不同用户、不同客户端之间对文件进行直接交互。下面介绍百度云盘上传、分享和下载文件的方法。

第1步 下载并安装【百度云管家】客户端后，在【此电脑】中，双击【百度云管家】图标，打开该软件。

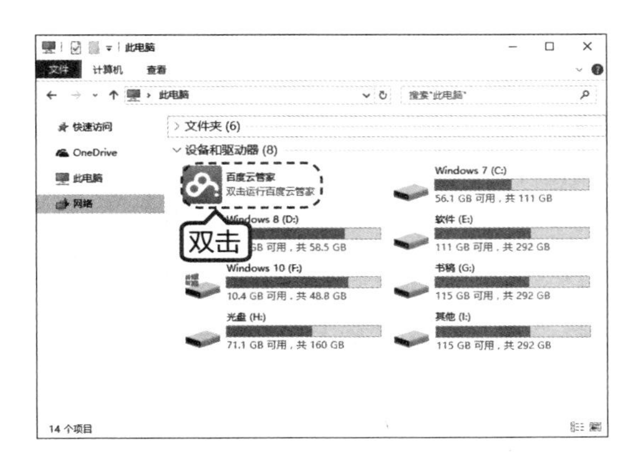

> **提示** 云盘软件一般均提供网页版，但是为了更好的功能体验，建议安装客户端版。

第2步 打开百度云管家客户端，在【我的网盘】界面中，用户可以新建目录，也可以直接上传文件。这里单击【新建文件夹】按钮，新建一个分类的目录，并将其命名为“重要数据”。

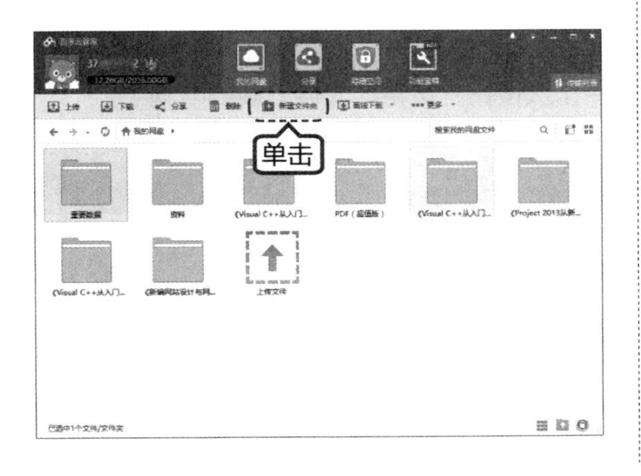

第3步 打开“重要数据”文件夹，选择要上传的重要资料，并将其拖曳到客户端界面上。

> **提示** 用户也可以单击【上传】按钮，通过选择路径的方式，上传资料。

第4步 此时，资料即会上传至云盘中，如下图所示。

第5步 上传完毕后，当将鼠标指针移动到想要分享的文件后面，就会出现【创建分享】标志。

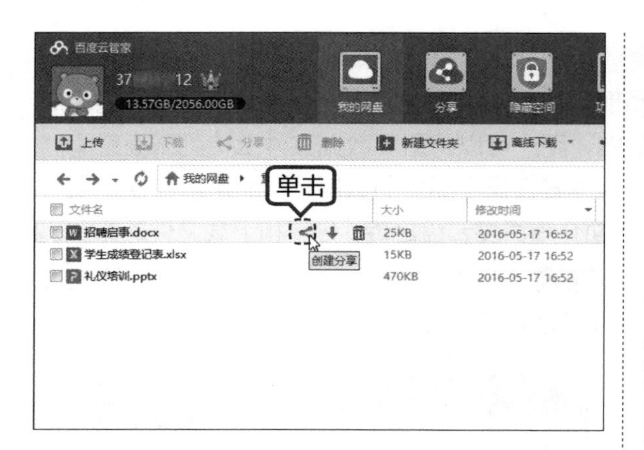

提示 也可以先选择要分享的文件或文件夹，再单击菜单栏中的【分享】按钮。

第6步 单击该标志，显示了分享的三种方式：公开分享、私密分享和发给好友。如果创建公开分享，该文件会显示在分享主页，其他人都可下载。如果创建私密分享，系统会自动为每个分享链接生成一个提取密码，只有获取密码的人才能通过链接查看并下载私密共享的文件。如果发给好友，选择好友并发送即可。这里单击【私密分享】选项卡下的【创建私密链接】按钮。

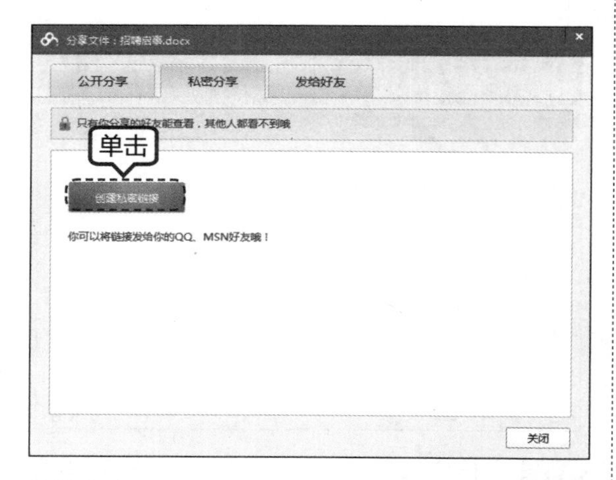

第7步 可看到生成的链接和密码，单击【复制链接及密码】按钮，即可将复制的内容发送给好友进行查看。

第8步 在【我的云盘】界面，单击【分类查看】按钮，并单击左侧弹出的分类菜单【我的分享】选项，弹出【我的分享】对话框，列出了当前分享的文件，带有标识则表示为私密分享文件，否则为公开分享文件。勾选分享的文件，然后单击【取消分享】按钮，即可取消分享的文件。

第9步 返回【我的网盘】界面，当将鼠标指针移动到列表文件后面，会出现【下载】标志，单击该按钮，可将该文件下载到电脑中。

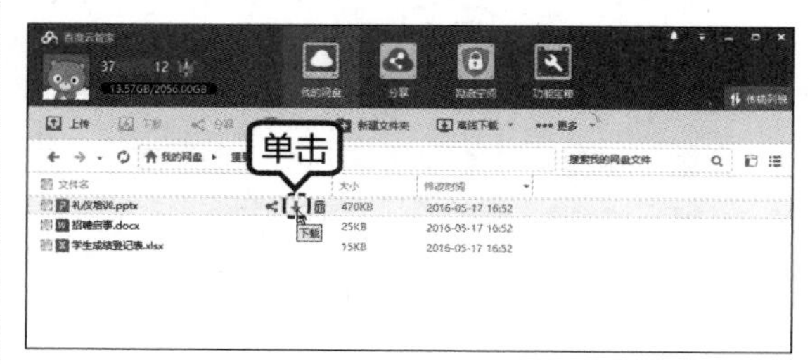

提示 单击【删除】按钮，可将其从云盘中删除。另外，单击【设置】按钮，可在【设置】➤【传输】对话框中，设置文件下载的位置和任务数等。

第 10 步 单击界面右上角的【传输列表】按钮，可查看下载和上传的记录，单击【打开文件】按钮，可查看该文件；单击【打开文件夹】按钮，可打开该文件所在的文件夹；单击【清除记录】按钮，可清除该文件传输的记录。

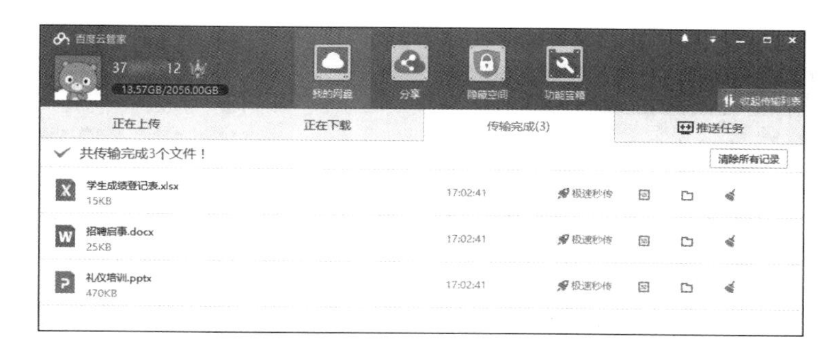

18.2 Word 2019 与其他组件的协同

在 Word 中不仅可以创建 Excel 工作表，而且可以调用已有的 PowerPoint 演示文稿，来实现资源的共用。

18.2.1 在 Word 中创建 Excel 工作表

在 Word 2019 中可以创建 Excel 工作表，这样不仅可以使文档的内容更加清晰，表达的意思更加完整，还可以节约时间。具体操作步骤如下 。

第 1 步 打开 "素材 \ch18\ 创建 Excel 工作表 .docx" 文件，将光标定位至需要插入表格的位置，单击【插入】选项卡下【表格】选项组中的【表格】按钮，在弹出的下拉列表中选择【Excel 电子表格】选项。

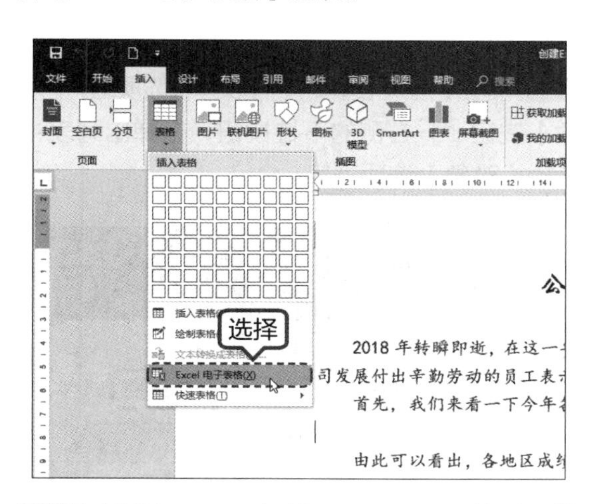

第 2 步 返回 Word 文档，即可看到插入的 Excel 电子表格，双击插入的电子表格即可进入工作表的编辑状态。

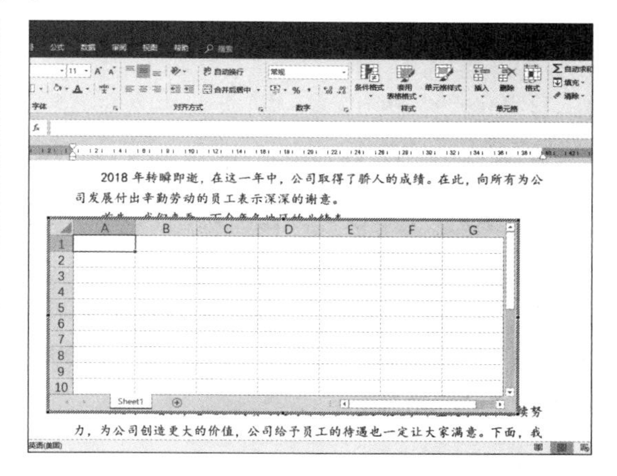

第 3 步 在 Excel 电子表格中输入如图所示的数据，并根据需要设置文字及单元格样式。

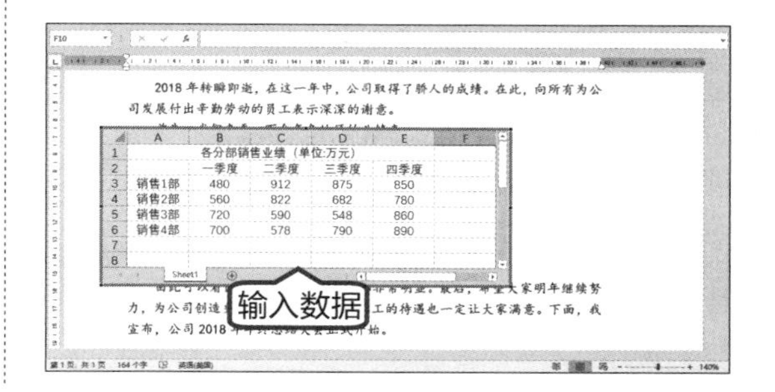

第 4 步 选择单元格区域 A2:E6，单击【插入】选项卡下【图表】组中的【插入柱形图】按钮，在弹出的下拉列表中选择【簇状柱形图】选项。

第 5 步 在图表中插入下图所示的柱形图，将鼠标指针放置在图表上，当指针变为 ✥ 形状时，单击并按住鼠标左键拖曳图表到合适位置，并根据需要调整表格的大小。

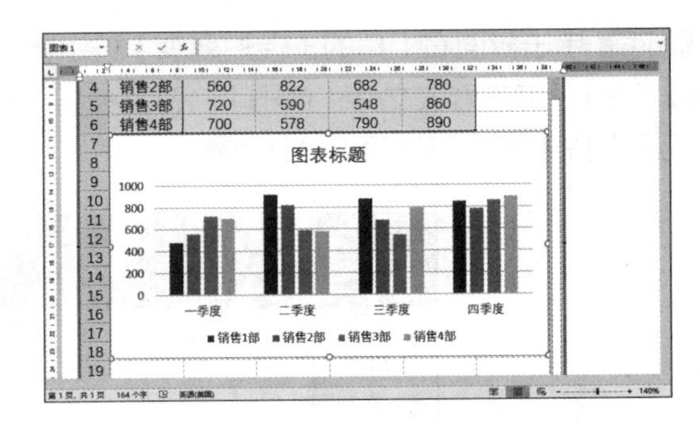

第 6 步 在图表区【图表标题】文本框中输入“各分部销售业绩”，并设置其【字体】为“华文楷体”，【字号】为“14”，单击 Word 文档的空白位置，结束表格的编辑状态，效果如下图所示。

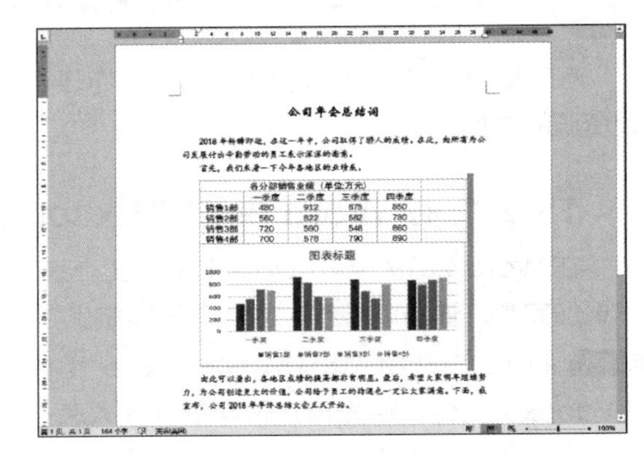

18.2.2 在 Word 中调用 PowerPoint 演示文稿

在 Word 中不仅可以直接调用 PowerPoint 演示文稿，还可以播放演示文稿，具体操作步骤如下。

第 1 步 打开“素材\ch18\Word 调用 PowerPoint .docx”文件，将光标定位在要插入演示文稿的位置。

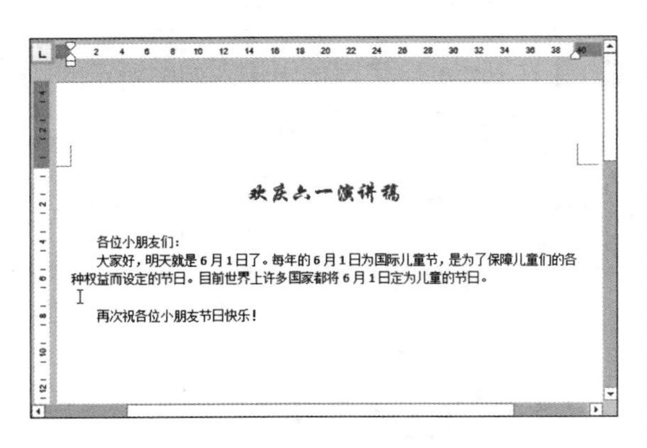

欢庆六一演讲稿

各位小朋友们：

大家好，明天就是 6 月 1 日了。每年的 6 月 1 日为国际儿童节，是为了保障儿童们的各种权益而设定的节日。目前世界上许多国家都将 6 月 1 日定为儿童的节日。

再次祝各位小朋友节日快乐！

第 2 步 单击【插入】选项卡下【文本】选项组中【对象】按钮 ▭ 右侧的下拉按钮，在弹出列表中选择【对象】选项。

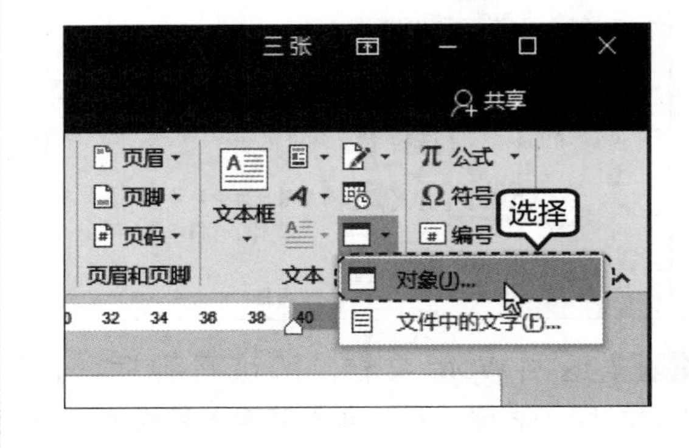

第 3 步 弹出【对象】对话框，选择【由文件创建】选项卡，单击【浏览】按钮。

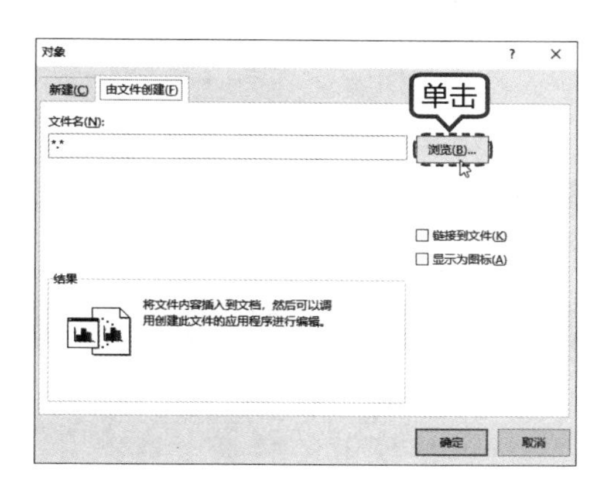

第 4 步 在打开的【浏览】对话框中选择“素材 \ch18\ 六一儿童节快乐 .pptx”文件，单击【插入】按钮，返回【对象】对话框，单击【确定】按钮，即可在文档中插入所选的演示文稿。

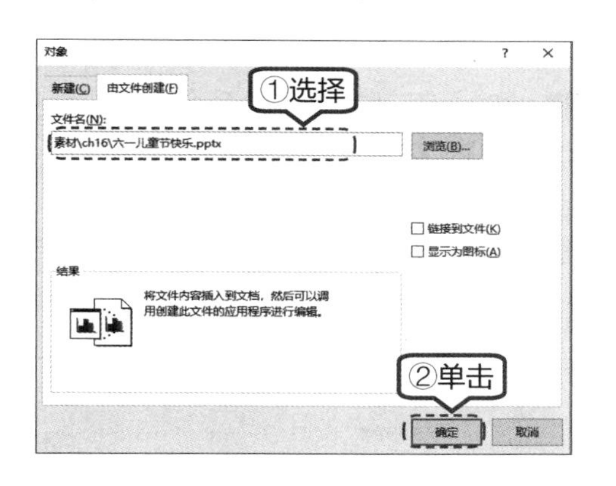

第 5 步 插入 PowerPoint 演示文稿后，拖曳演示文稿四周的控制点可调整演示文稿的大小。在演示文稿中单击鼠标右键，在弹出的快捷菜单中选择【“Presentation”对象】➢【显示】选项。

第 6 步 播放幻灯片，效果如图所示。

18.2.3 在 Word 中使用 Access 数据库

在日常生活中，经常需要处理大量的通用文档，这些文档的内容既有相同的部分，又有格式不同的标识部分。例如通讯录，表头一样，但是内容不同。此时如果使用 Word 的邮件合并功能，就可以将二者有效地结合起来。其具体的操作方法如下。

第 1 步 打开“素材 \ch18\ 使用 Access 数据库 .docx”文件，单击【邮件】选项卡下选项组中【选择收件人】按钮 选择收件人 ，在弹出的下拉列表中选择【使用现有列表】选项。

第 2 步 在打开的【选取数据源】对话框中，选

择“素材 \ch18\ 通讯录 .accdb”文件，然后单击【打开】按钮。

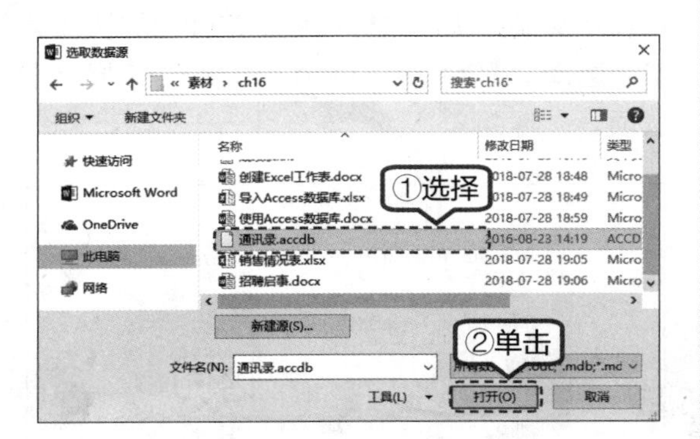

第3步 将光标定位在第 2 行第 1 个单元格中，然后单击【邮件】选项卡【编写和插入域】选项组中的【插入合并域】按钮，在弹出的下拉列表中选择【姓名】选项，结果如图所示。

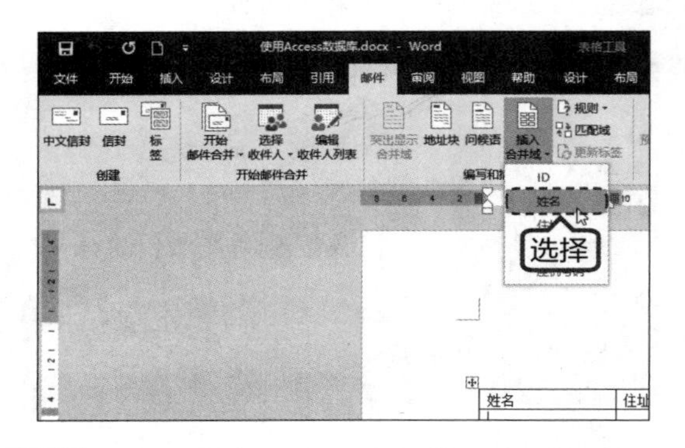

第4步 根据表格标题，依次将第 1 条“通讯录 .accdb”文件中的数据填充至表格中，然后单击【完成并合并】按钮，在弹出的下拉列表中选择【编辑单个文档】选项。

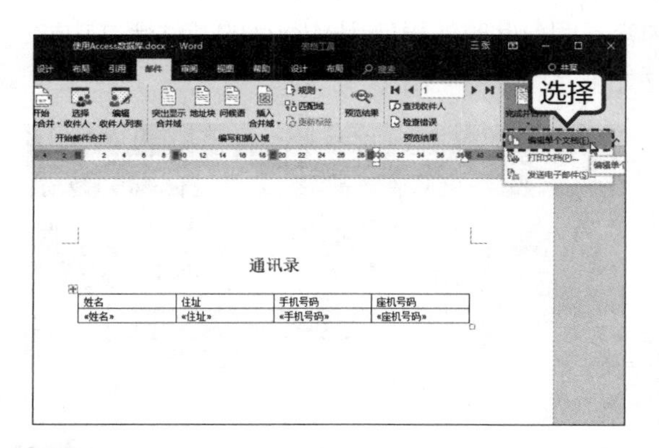

第5步 弹出【合并到新文档】对话框，单击选中【全部】单选按钮，然后单击【确定】按钮。

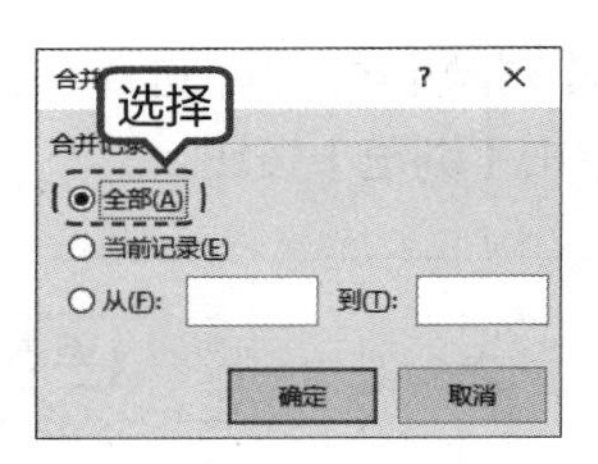

第6步 此时，新生成一个名称为“信函 1”的文档，该文档对每人的通讯录分页显示。

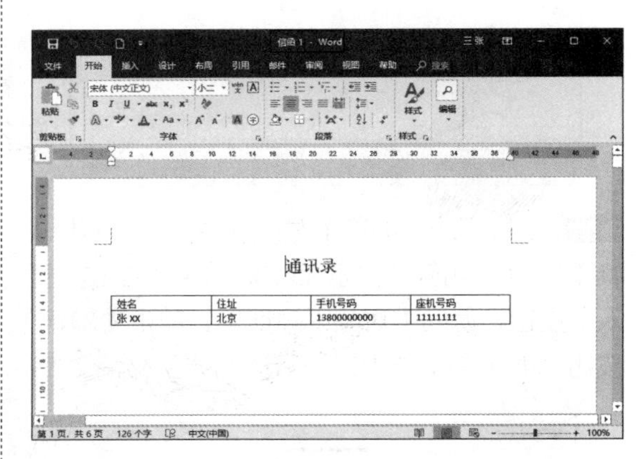

第7步 此时，可以使用替换命令，将分页符替换为换行符。在【查找和替换】对话框中，将光标定位在【查找内容】文本框中，单击【特殊格式】按钮，在弹出的列表中选择【分节符】命令。

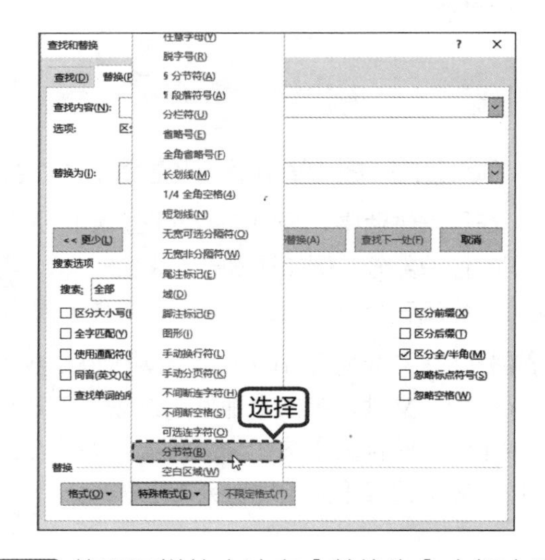

第8步 使用同样的方法在【替换为】本框中选择【段落标记】命令，然后单击【全部替换】按钮。

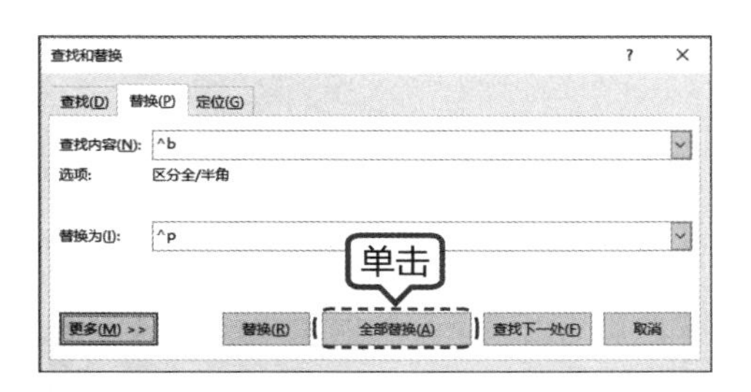

第 9 步 弹出【Microsoft Word】对话框，单击【确定】按钮。

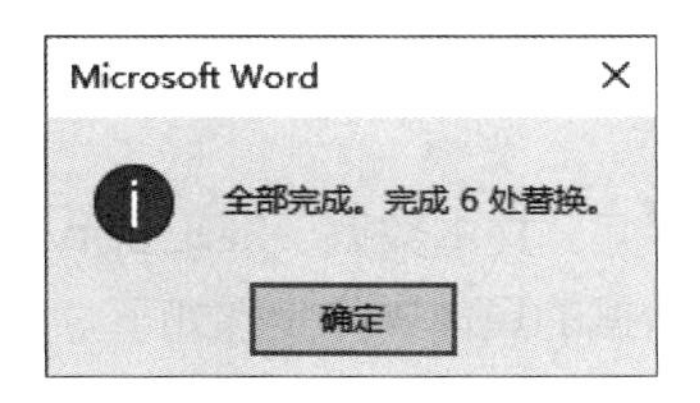

第 10 步 最终效果如下图所示。

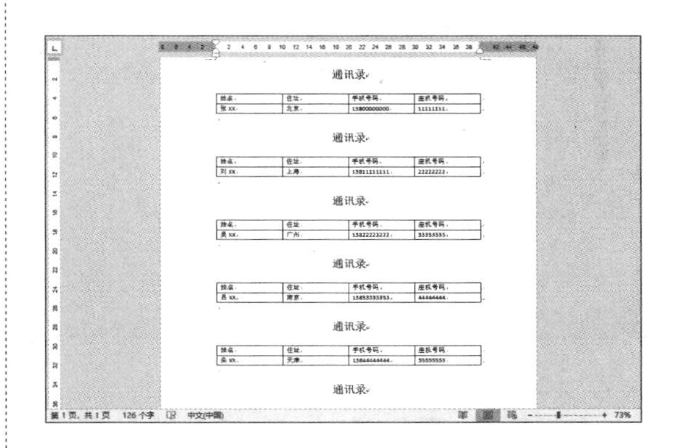

18.3 Excel 2019 与其他组件的协同

在 Excel 工作簿中可以调用 PowerPoint 演示文稿和其他文本文件数据。

18.3.1 在 Excel 中调用 PowerPoint 演示文稿

在 Excel 2019 中调用 PowerPoint 演示文稿的具体操作步骤如下 。

第 1 步 新建一个 Excel 工作表，单击【插入】选项卡下【文本】选项组中【对象】按钮。

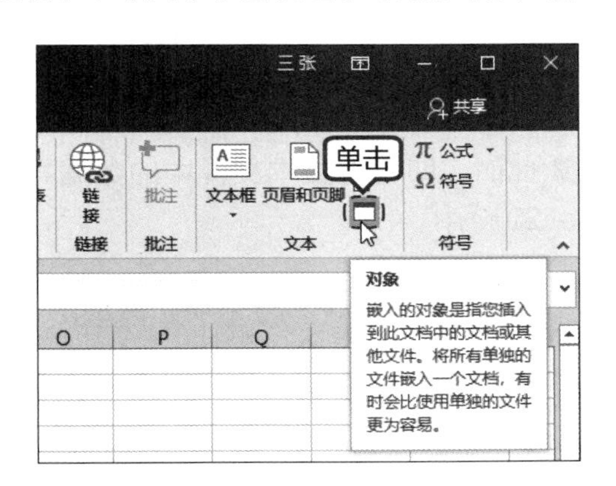

第 2 步 弹出【对象】对话框，选择【由文件创建】选项卡，单击【浏览】按钮，在打开的【浏览】对话框中选择将要插入的 PowerPoint 演示文稿，此处选择 “素材 \ch18\ 统计报告 .pptx” 文件，然后单击【插入】按钮，返回【对象】对话框，单击【确定】按钮。

第 3 步 此时就在文档中插入了所选的演示文稿。插入 PowerPoint 演示文稿后，还可以调整演示文稿的位置和大小。

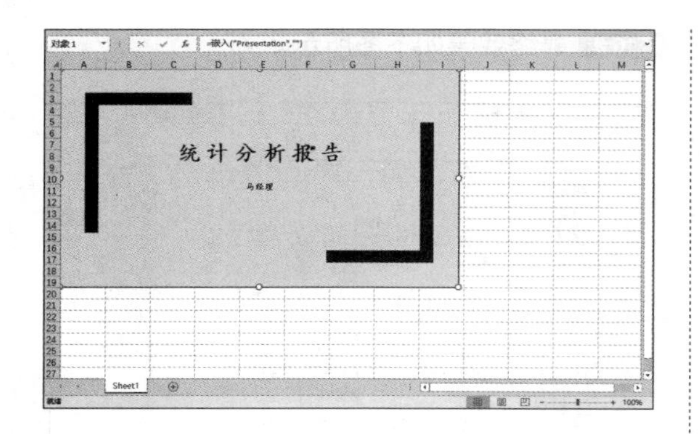

第4步 双击插入的演示文稿，即可进行播放。

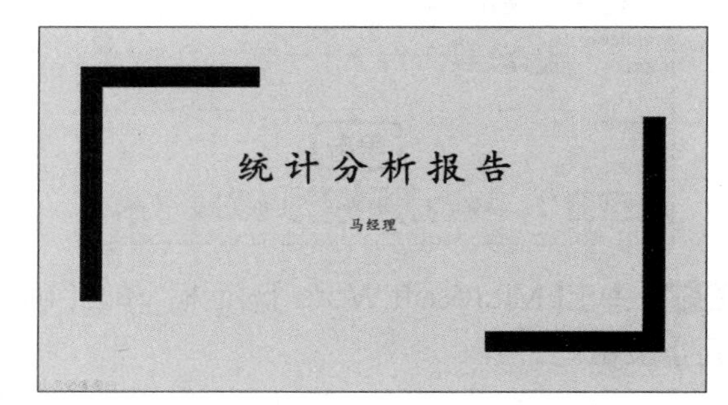

18.3.2 导入来自文本文件的数据

在 Excel 2019 中还可以导入 Access 文件数据、网站数据、文本数据、SQL Server 数据库数据以及 XML 数据等外部数据。在 Excel 2019 中导入文本数据的具体操作步骤如下。

第1步 新建一个 Excel 工作表，将其保存为“导入来自文件的数据 .xlsx”，单击【数据】选项卡下【获取和转换数据】选项组中【从文本 / CSV】按钮从文本/CSV。

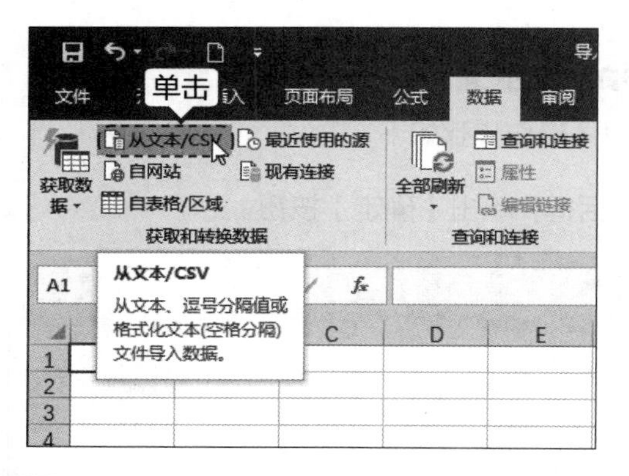

第2步 弹出【导入数据】对话框中，选择“素材 \ch18\ 成绩表 .txt”文件，单击【导入】按钮。

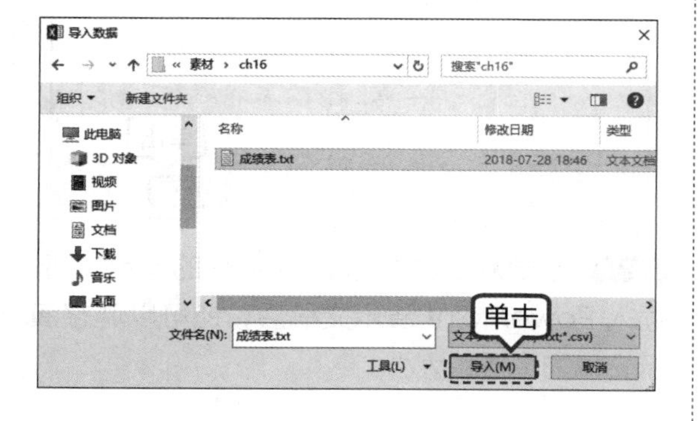

第3步 弹出【成绩表 .txt】对话框，单击【加载】按钮。

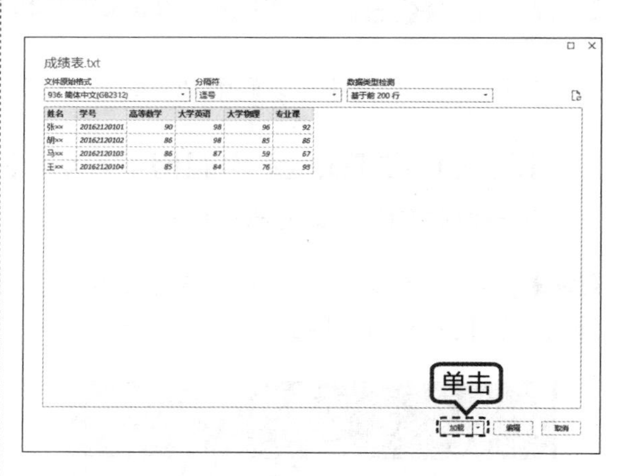

第4步 此时，即可将文本文件中的数据导入 Excel 2019 中。

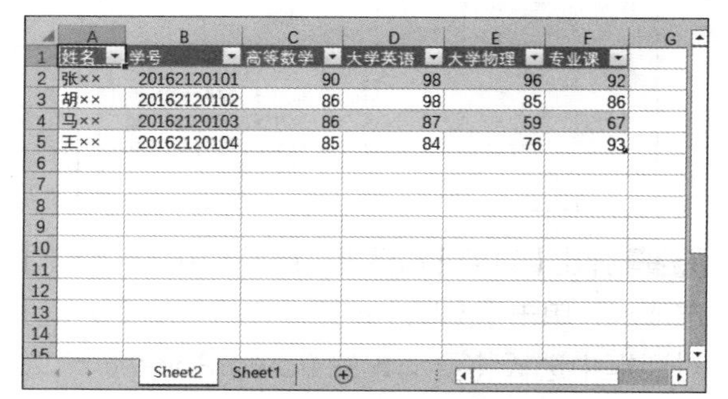

18.4 PowerPoint 2019 与其他组件的协同

在 PowerPoint 2019 中不仅可以调用 Excel 等组件，还可以将 PowerPoint 演示文稿转化为 Word 文档。

18.4.1 在 PowerPoint 中调用 Excel 工作表

在 PowerPoint 2019 中调用 Excel 工作表的具体操作步骤如下 。

第1步 打开 “素材\ch18\调用 Excel 工作表 .pptx”文件，选择第 2 张幻灯片，然后单击【新建幻灯片】按钮，在弹出的下拉列表中选择【仅标题】选项。

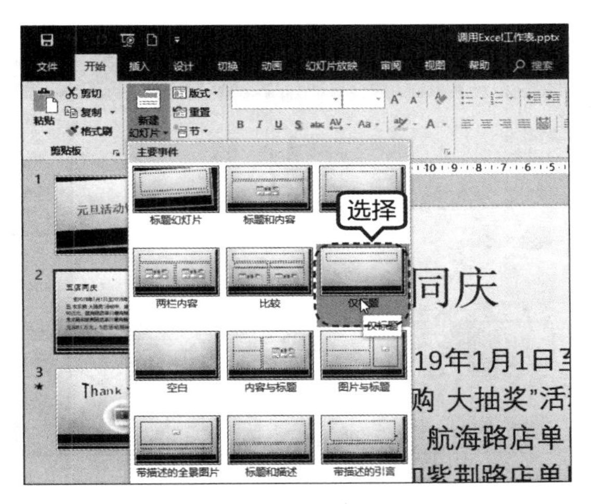

第2步 新建一张标题幻灯片，在【单击此处添加标题】文本框中输入“各店销售情况”。

第3步 单击【插入】选项卡下【文本】组中的【对象】按钮，弹出【插入对象】对话框，单击选中【由文件创建】单选项，然后单击【浏览】按钮。

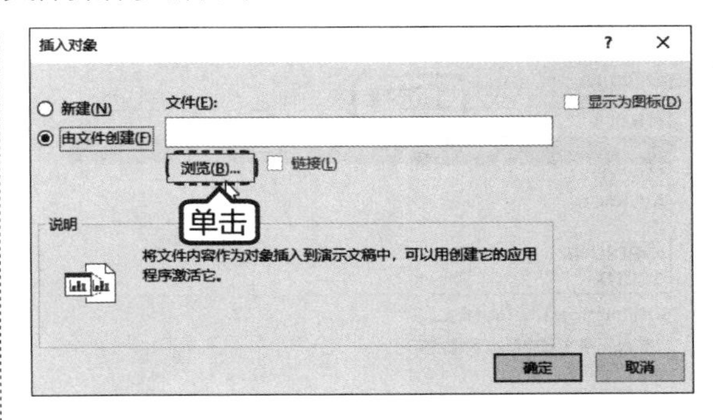

第4步 在弹出的【浏览】对话框中选择“素材\ch18\销售情况表 .xlsx”文件，然后单击【确定】按钮，返回【插入对象】对话框，再单击【确定】按钮。

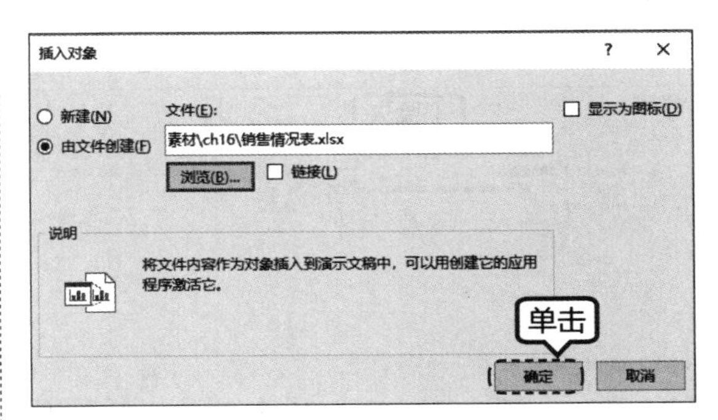

第5步 此时就在演示文稿中插入了Excel表格。双击表格，进入 Excel 工作表的编辑状态，调整表格的大小。

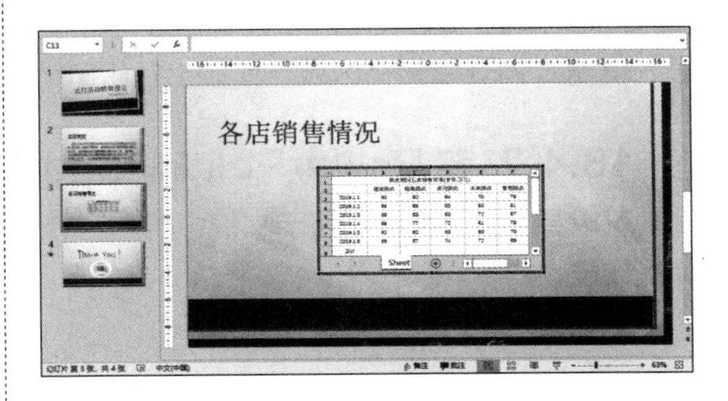

第 6 步 单击 B9 单元格，单击编辑栏中的【插入函数】按钮，弹出【插入函数】对话框，在【选择函数】列表框中选择【SUM】函数，单击【确定】按钮。

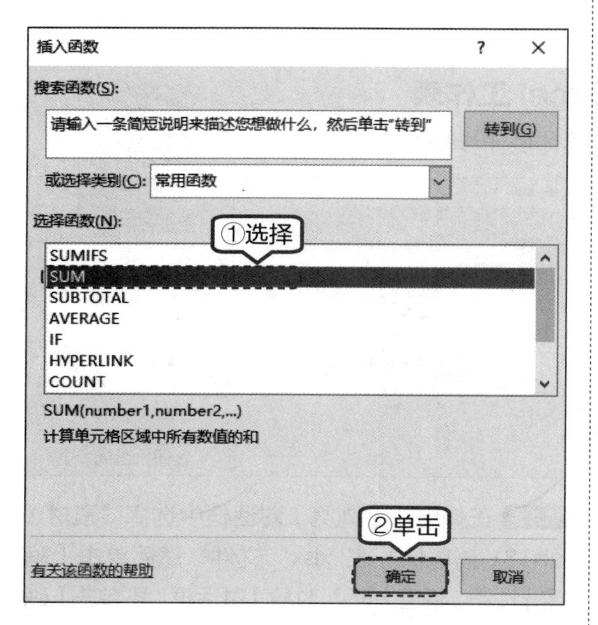

第 7 步 弹出【函数参数】对话框，在【Number1】文本框中输入"B3:B8"，单击【确定】按钮。

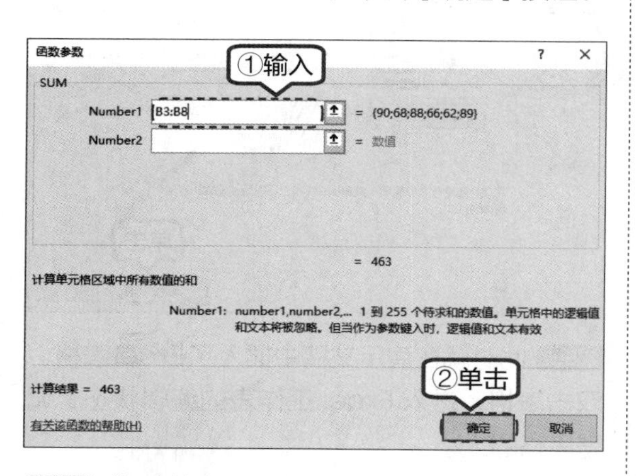

第 8 步 此时就在 B9 单元格中计算出了总销售额，填充 C9:F8 单元格区域，计算出各店总销售额。

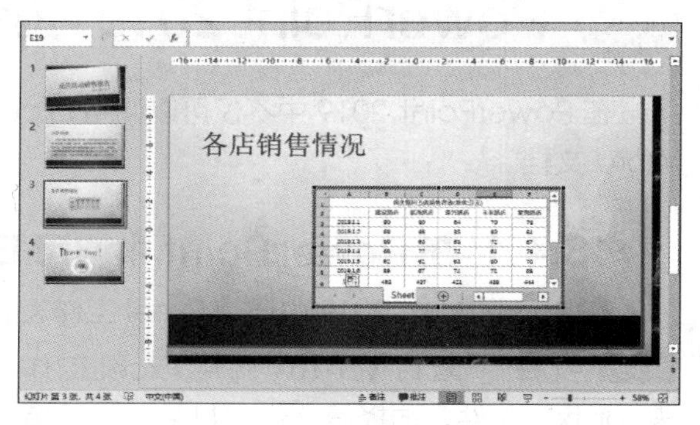

第 9 步 选择单元格区域 A2:F8，单击【插入】选项卡下【图表】组中的【插入柱形图】按钮，在弹出的下拉列表中选择【簇状柱形图】选项。

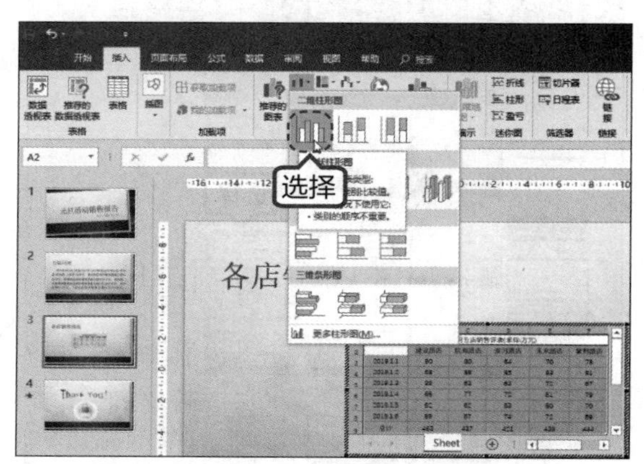

第 10 步 插入柱形图后，设置图表的位置和大小，并根据需要美化图表。最终效果如下图所示。

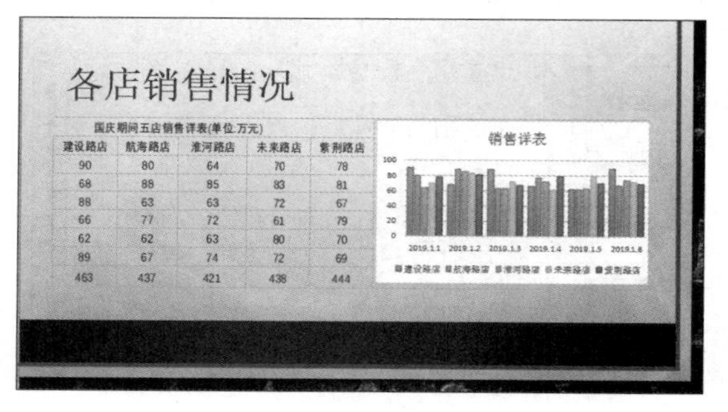

18.4.2 将 PowerPoint 转换为 Word 文档

可以将 PowerPoint 演示文稿中的内容转化到 Word 文档中，以方便阅读、打印和检查。具体操作步骤如下。

第1步 打开上面的素材文件，单击【文件】选项卡，选择【导出】选项，在右侧【导出】区域选择【创建讲义】选项，然后单击【创建讲义】按钮。

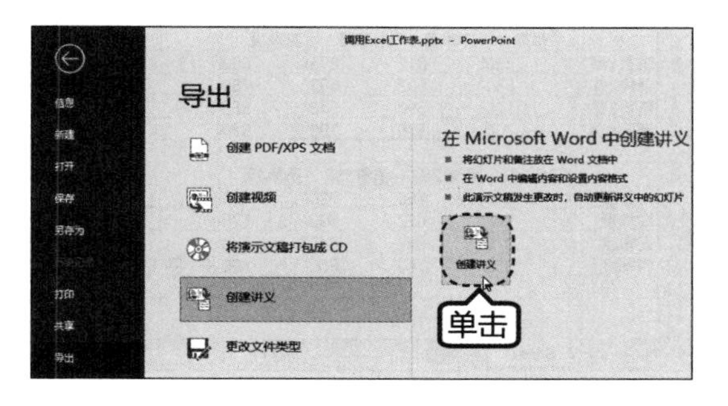

第2步 弹出【发送到 Microsoft Word】对话框，单击选中【只使用大纲】单选项，然后单击【确定】按钮，即可将 PowerPoint 演示文稿转换为 Word 文档。

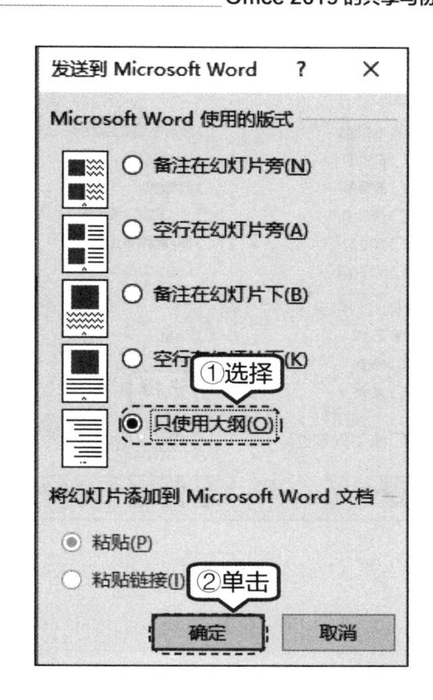

高手支招

技巧：用 Word 和 Excel 实现表格的行列转置

在用 Word 制作表格时经常会遇到需要将表格的行与列转置的情况，具体操作步骤如下。

第1步 在 Word 中创建表格，然后选定整个表格，单击鼠标右键，在弹出的快捷菜单中选择【复制】命令。

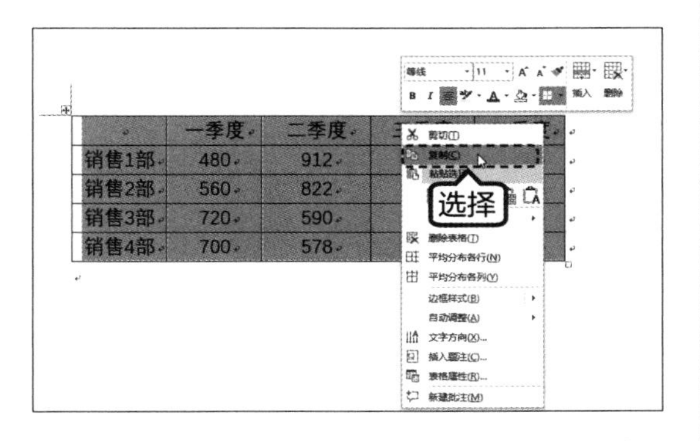

第2步 打开 Excel 表格，在【开始】选项卡下【剪贴板】选项组中选择【粘贴】➢【选择性粘贴】选项，在弹出的【选择性粘贴】对话框中选择【文本】选项，单击【确定】按钮。

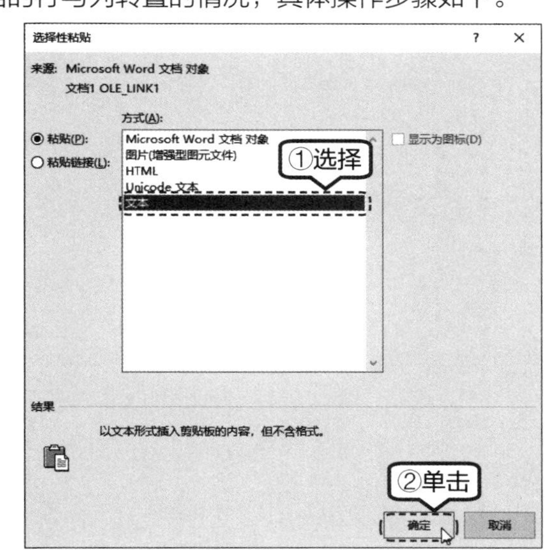

第3步 复制粘贴后的表格，在任一单元格上单击，选择【粘贴】➢【选择性粘贴】选项，在弹出的【选择性粘贴】对话框中勾选【转置】复选框。

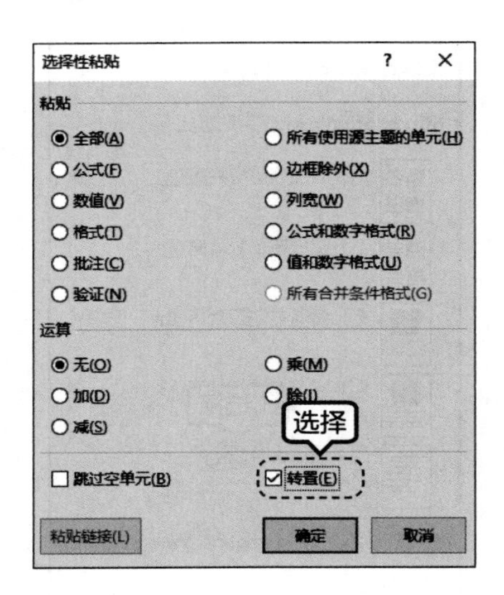

第 4 步 单击【确定】按钮，即可将表格行与列转置，最后将转置后的表格复制到 Word 文档中。

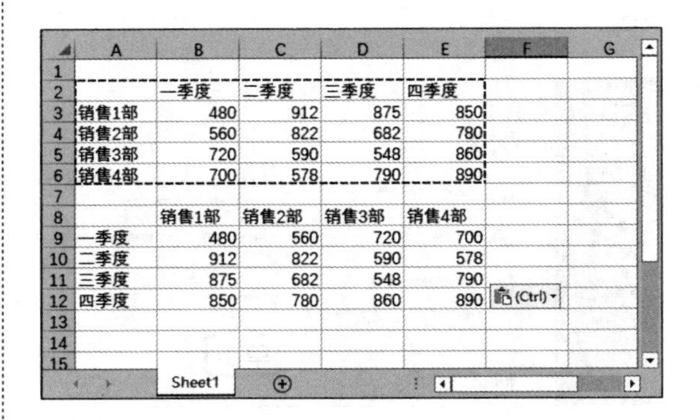

	A	B	C	D	E	F	G
1							
2		一季度	二季度	三季度	四季度		
3	销售1部	480	912	875	850		
4	销售2部	560	822	682	780		
5	销售3部	720	590	548	860		
6	销售4部	700	578	790	890		
7							
8		销售1部	销售2部	销售3部	销售4部		
9	一季度	480	560	720	700		
10	二季度	912	822	590	578		
11	三季度	875	682	548	790		
12	四季度	850	780	860	890	(Ctrl)	
13							
14							
15							

Sheet1

第 4 篇

高手秘籍篇

- 第 19 章 电脑系统安全与优化
- 第 20 章 电脑系统的备份、还原与重装
- 第 21 章 电脑硬件故障处理

第19章 电脑系统安全与优化

高手指引

在使用电脑的过程中，不仅需要对电脑的性能进行优化，而且需要对木马病毒进行防范，对电脑系统进行维护等，以确保电脑的正常使用。本章主要介绍对电脑的优化和维护，包括系统安全与防护、优化电脑等内容。

重点导读

- 掌握系统安全与防护
- 掌握优化电脑的开机和运行速度
- 掌握硬盘的优化与管理

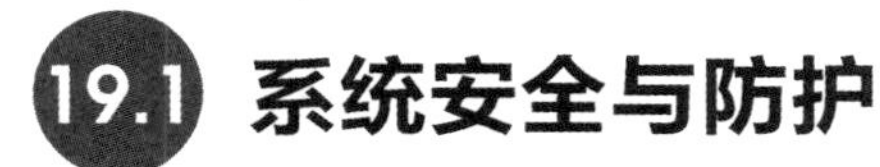

19.1 系统安全与防护

当前，电脑病毒十分猖獗，而且更具破坏性和潜伏性。电脑染上病毒，不但会影响电脑的正常运行，使机器速度变慢，严重的时候还会造成整个电脑的彻底崩溃。本节主要介绍系统漏洞的修补与查杀病毒的方法。

19.1.1 修补系统漏洞

系统本身的漏洞是重大隐患之一，用户必须及时修复系统的漏洞。下面以 360 安全卫士修复系统漏洞为例进行介绍，具体操作如下。

第1步 打开 360 安全卫士软件，在其主界面单击【系统修复】图标按钮。

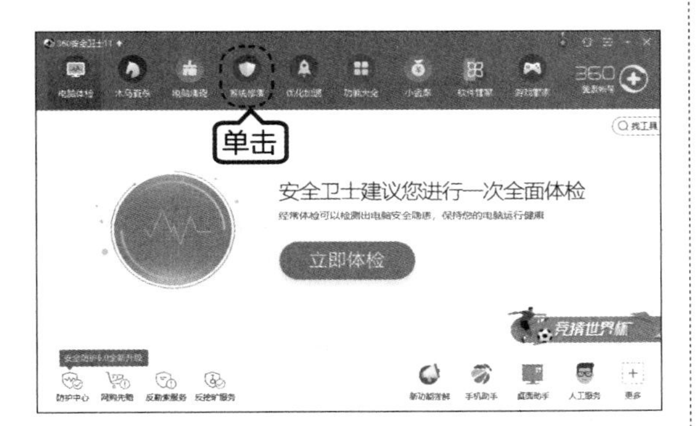

第2步 打开如下工作界面，可以单击【全面修复】按钮，修复电脑的漏洞、软件、驱动等。也可以在右侧的修复列表中选择【漏洞修复】选项，进行单项修复。这里选择【漏洞修复】选项。

第3步 打开【漏洞修复】工作界面，在其中开始扫描系统中存在的漏洞。

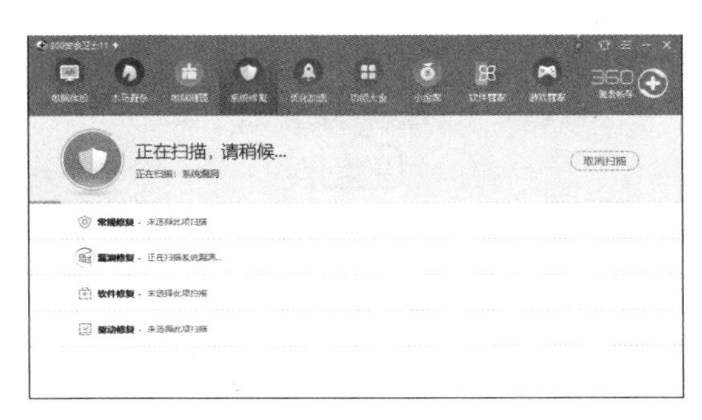

第4步 如果存在漏洞，按照软件指示进行修复即可。

第5步 如果没有漏洞，则会显示如下界面，单击【返回】按钮即可。

19.1.2 查杀电脑中的病毒

电脑感染病毒是很常见的，但是当遇到电脑故障的时候，很多用户不知道电脑是否感染了病毒，即便知道了是病毒故障，也不知道该如何查杀病毒。下面将以“360 安全卫士”软件为例，介绍具体操作步骤如下。

第 1 步 打开 360 安全卫士，单击【木马查杀】图标，进入该界面，单击【快速查杀】按钮。

> **提示** 单击【全盘查杀】按钮，可以查杀整个硬盘；单击【按位置查杀】按钮，可以查杀指定位置。

第 2 步 软件即可进行系统设置以及常用软件、内存及关键系统位置等病毒查杀。

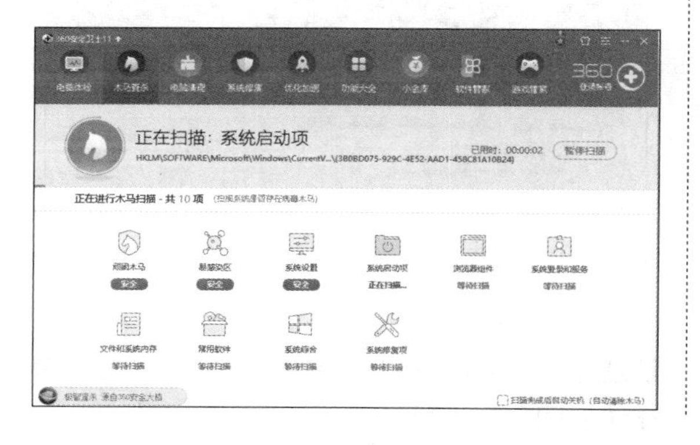

第 3 步 扫描完成后，如果发现病毒或危险项，即会显示相关列表，用户可以逐个处理，也可以单击【一键处理】按钮，进行全部处理。

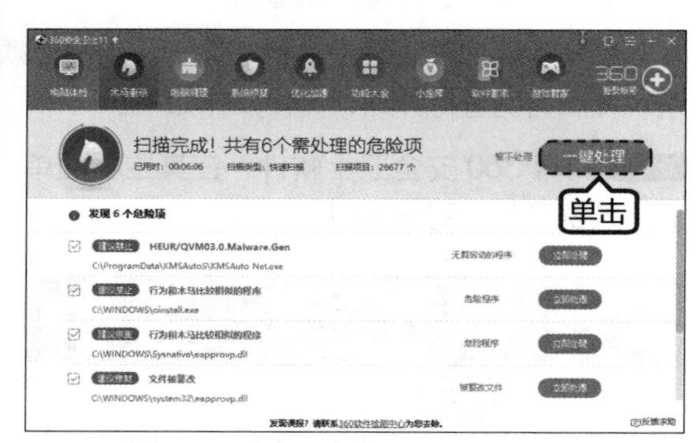

第 4 步 处理成功后，软件会根据情况要求用户是否重启电脑，根据提示操作即可。

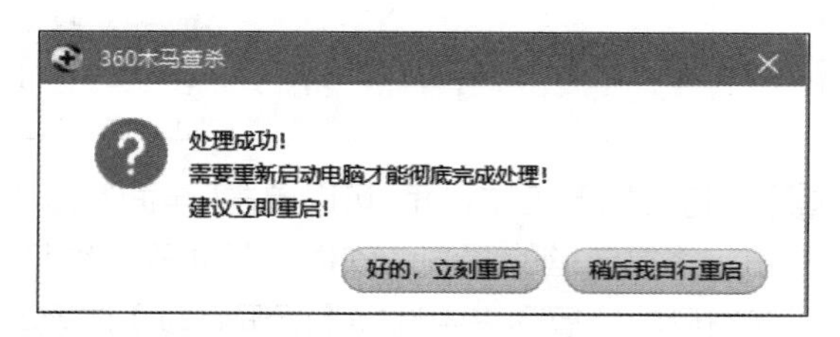

19.1.3 使用 Windows Defender

Windows Defender 是 Windows 10 中自带的反病毒软件，不仅能够扫描系统，而且可以对系统和防火墙等进行实施监控，查看设备性能和运行情况等。Windows Defender 会利用实时保护，扫描下载内容以及用户在设备上运行的程序。此外，Windows 更新会自动下载适用于 Windows 安全中心的更新，以帮助保护设备的安全，使电脑免受威胁。

第 1 步 单击状态栏中的 Windows Defender 图标。

第2步 此时，即可打开【Windows Defender 安全中心】界面，可以看到设备的安全性和运行情况。其中，绿色状态表示设备受到充分保护，没有任何建议的操作；黄色表示有供用户采纳的安全建议；而红色表示警告，需要用户立即关注和处理。

提示 Windows 安全中心具有 7 个区域，这些区域可以保护用户的设备，并允许用户指定希望保护设备的方式。

（1）病毒和威胁防护。监控设备威胁、运行扫描并获取更新来帮助检测最新的威胁。

（2）账户保护。访问登录选项和账户设置，包括 Windows Hello 和动态锁屏。

（3）防火墙和网络保护。管理防火墙设置，并监控网络和 Internet 连接的状况。

（4）应用和浏览器控制。更新 Windows Defender SmartScreen 设置来帮助设备抵御具有潜在危害的应用、文件、站点和下载内容。还提供 Exploit Protection，因此可以为设备自定义保护设置。

（5）设备安全性。查看有助于保护设备免受恶意软件攻击的内置安全选项。

（6）设备性能和运行状况。查看有关设备性能运行状况的状态信息，维持设备干净并更新至最新版本的 Windows10。

（7）家庭选项。在家里跟踪孩子的在线活动和设备。

第3步 打开 Windows Defender 防病毒实时保护。单击【病毒和威胁服务】服务图标，进入该界面，将【Windows Defender 防病毒软件选项】下的【定期扫描】设置为“开”。

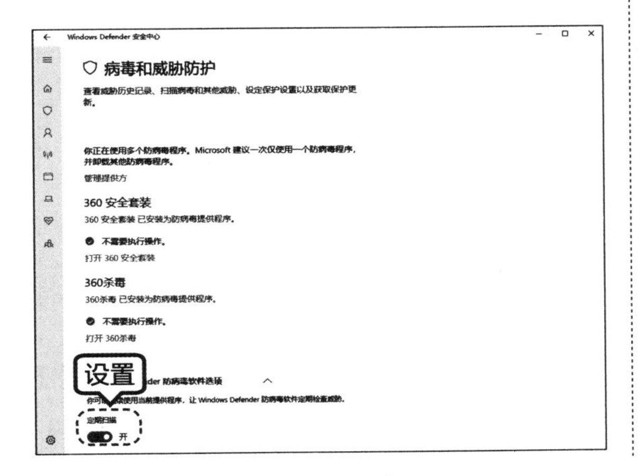

第4步 此时，即可开始实时保护，单击【威胁历史记录】区域下的【立即扫描】按钮。

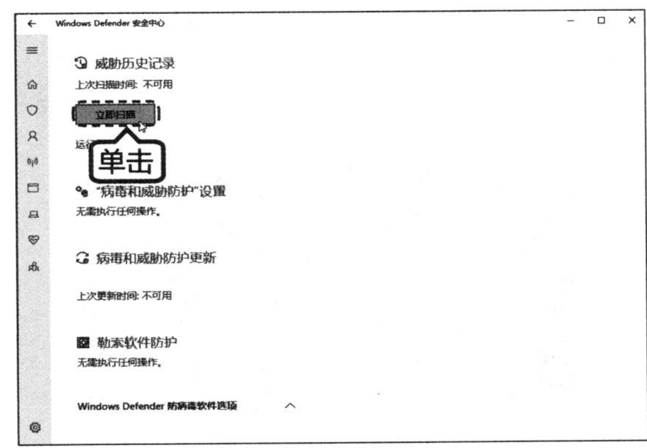

第5步 软件即开始快速扫描，并显示进度，如下图所示。

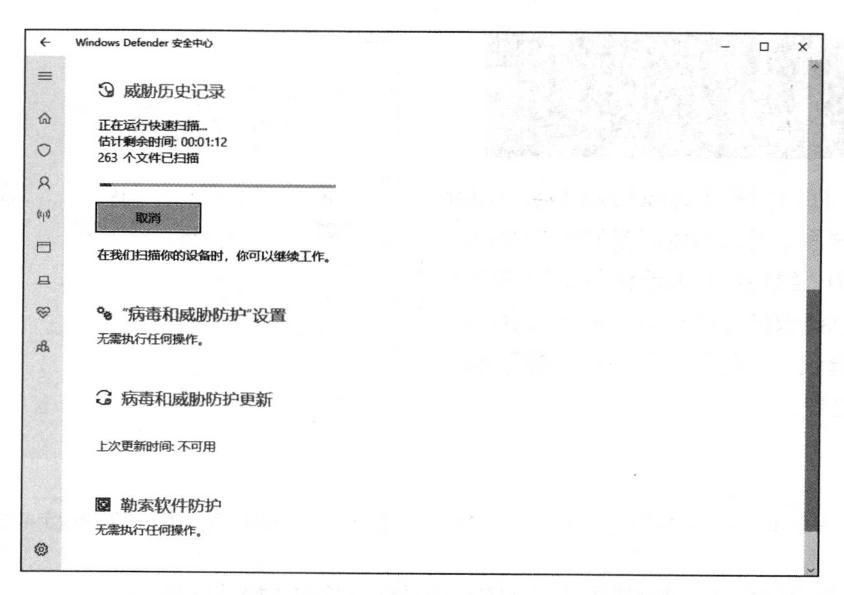

如果不需要，将【定期扫描】设置为“关”即可。除了上面的防护设置外，还可以对其他安全区域进行设置。

19.2 优化电脑的开机和运行速度

电脑开机启动项过多，就会影响电脑的开机速度。此外，系统、网络和硬盘等都会影响电脑运行速度。为了更好地使用电脑，需要定时对其进行优化。

19.2.1 使用【任务管理器】进行启动优化

在 Windows 10 自带的【任务管理器】中，不仅可以查看系统进程、性能、应用历史记录等，还可以查看启动项，并对其进行管理，具体操作步骤如下。

第 1 步 在空白任务栏任意处，单击鼠标右键，在弹出的快捷菜单中，单击【任务管理器】命令。

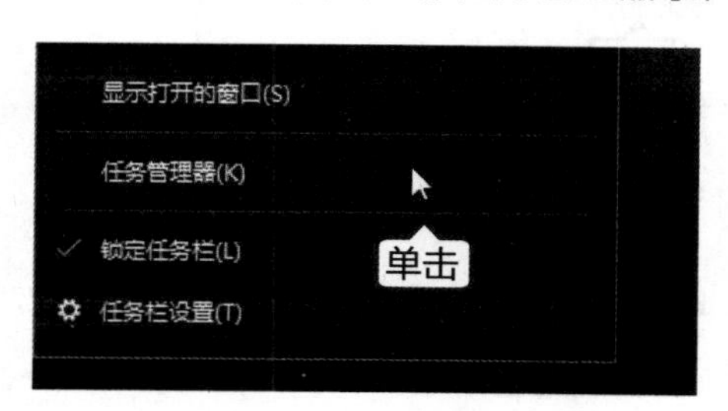

第 2 步 此时，即可打开【任务管理器】对话框，如下图所示。默认选择【进程】选项卡，显示程序进度情况。

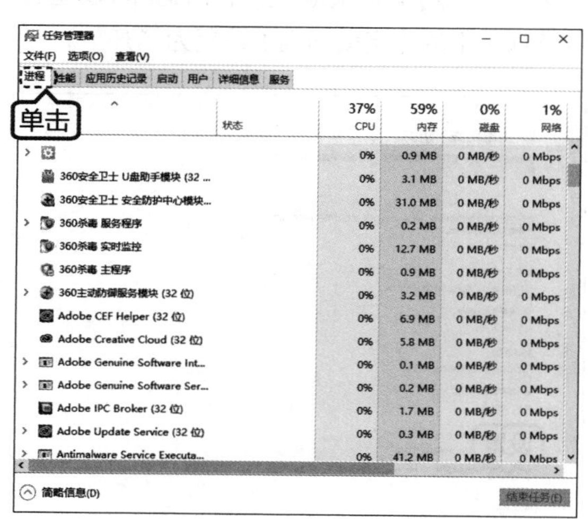

第3步 单击【启动】选项卡，选择要禁止的启动项，单击【禁用】按钮。

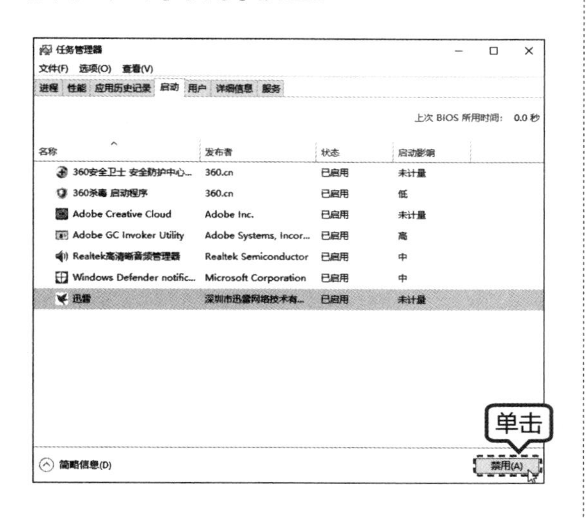

第4步 此时，即可禁用该程序，软件状态显示为“已禁用”，当电脑再次启动时，则不会启动该软件。当希望启动时，单击【启用】按钮即可。

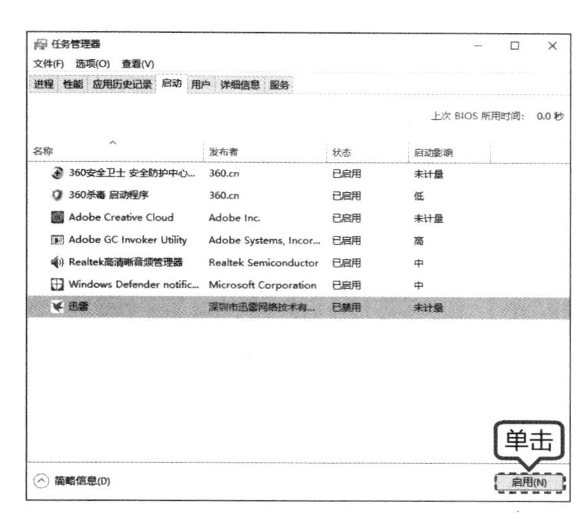

19.2.2 使用 360 安全卫士进行优化

除了上述方法，还可以使用 360 安全卫士的优化加速功能提升开机速度、系统速度、上网速度和硬盘速度。具体操作步骤如下。

第1步 打开【360 安全卫士】界面，单击【优化加速】图标，进入该界面，单击【全面加速】按钮。

第2步 软件即会对电脑进行扫描，如下图所示。

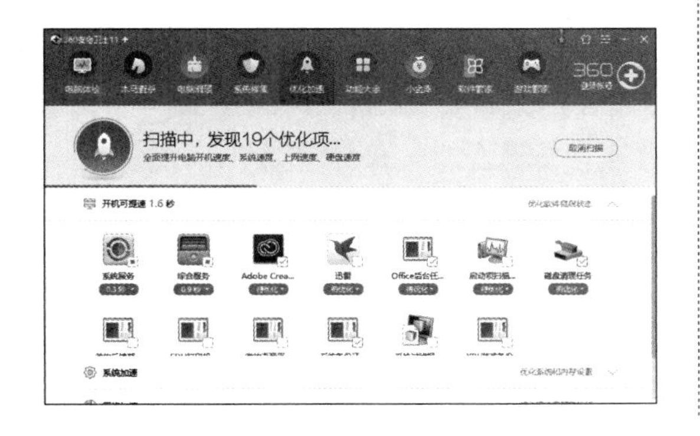

第3步 扫描完成后，会显示可优化项，单击【立即优化】按钮。

第4步 弹出【一键优化提醒】对话框，勾选需要优化的选项。如需全部优化，单击【全选】按钮；如需进行部分优化， 在需要优化的项目前，勾选该复选框，然后单击【确认优化】按钮。

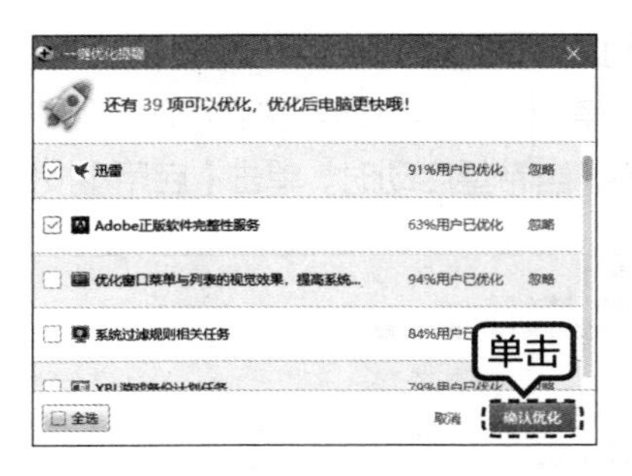

第5步 对所选项目优化完成后，即可提示优化的项目及优化提升效果，单击【完成】按钮即可。

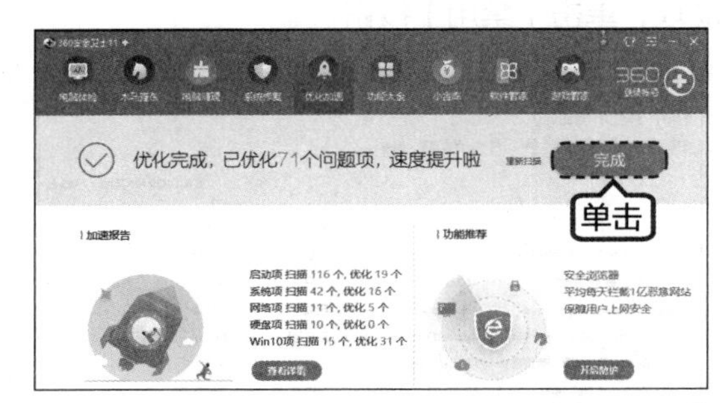

19.3 硬盘的优化与管理

硬盘是存储系统和文件的重要位置，它时刻影响着电脑的正常运行。本节主要讲述如何优化和管理硬盘。

19.3.1 对电脑进行清理

电脑使用时间长了，就会产生冗余文件，不仅影响了电脑运行速度，而且占用磁盘空间。下面以“360 安全卫士”为例，介绍如何对电脑进行清理。

第1步 打开360安全卫士界面，单击【电脑清理】图标，进入如下界面，单击【全面清理】按钮。

第2步 软件即开始对电脑进行扫描，并显示进度，如下图所示。

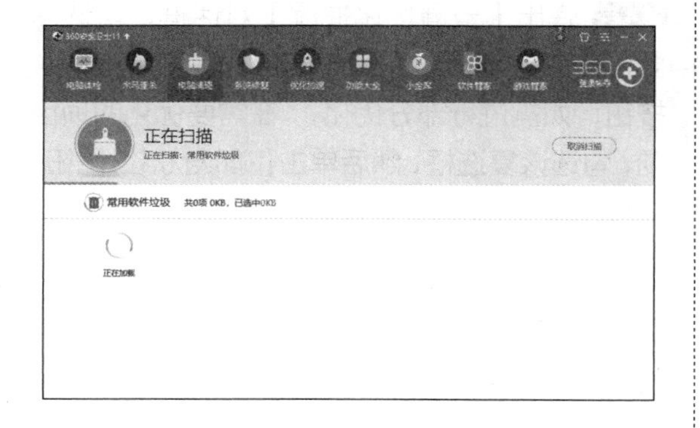

第3步 扫描完成后，选择要清理的软件、软件垃圾、系统垃圾及使用痕迹等，单击【一键清理】按钮。

第4步 清理完成后，即可显示清理结果，如下图所示。如果要清理更多垃圾，可单击【深度清理】按钮。

19.3.2 为系统盘瘦身

如果系统盘可用空间太小，则会影响系统的正常运行。本小节主要介绍如何使用 360 安全卫士的【系统盘瘦身】功能，释放系统盘空间。

第 1 步 打开【360 安全卫士】界面，单击【功能大全】图标，进入如下界面，然后单击【系统工具】选项中的【系统盘瘦身】图标。

第 2 步 初次使用需要进行添加，添加完成后，打开【系统盘瘦身】工具，工具会自动扫描系统盘。此时，单击【立即瘦身】按钮，即可进行优化。

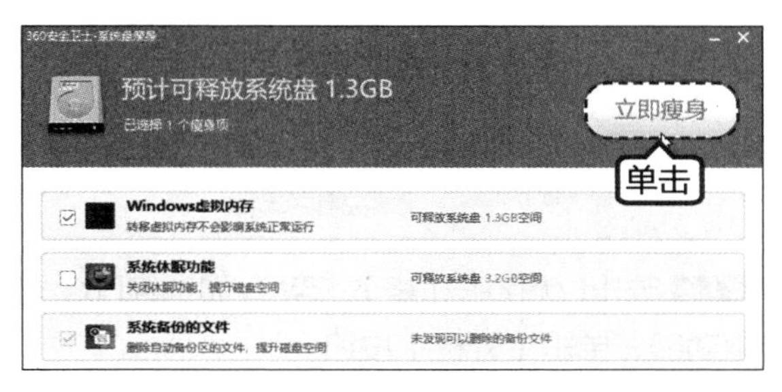

第 3 步 完成后，即可看到释放的磁盘空间。由于部分文件需要重启电脑后才能生效，单击【立即重启】按钮，重启电脑。

19.3.3 整理磁盘碎片

用户保存、更改或删除文件时，硬盘卷上会产生碎片。用户所保存的对文件的更改通常存储在卷上与原始文件所在位置不同的位置。这不会改变文件在 Windows 中的显示位置，而只会改变组成文件的信息片段在实际卷中的存储位置。随着时间推移，文件和卷本身都会碎片化，而电脑也会跟着变慢，因为电脑打开单个文件时需要查找不同的位置。

磁盘碎片整理实质是指合并卷（如硬盘或存储设备）上的碎片数据，以便卷能够更高效地工作。磁盘碎片整理程序能够重新排列卷上的数据并重新合并碎片数据，有助于电脑更高效地运行。在 Windows 操作系统中，磁盘碎片整理程序可以按计划自动运行，用户也可以手动运行该程序或者更改该程序使用的计划。

提示

如果电脑使用的是固态硬盘，则不需要对磁盘碎片进行整理。

第 1 步 打开【此电脑】窗口，选择需要整理碎片的磁盘分区，单击【管理】选项卡下的【优化】按钮。

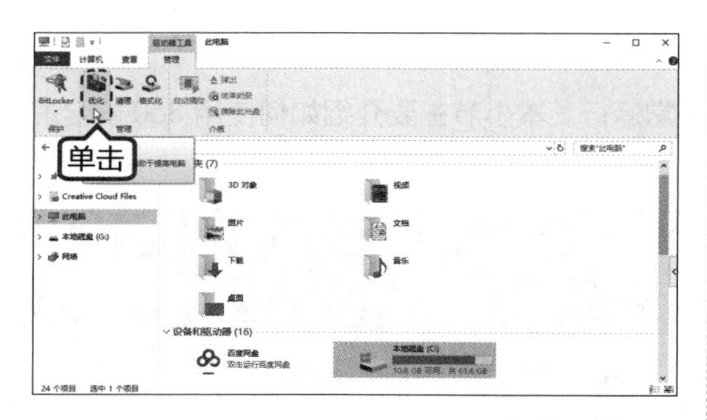

第2步 弹出【优化驱动器】对话框，如选择【(C:)】驱动器，单击【分析】按钮。

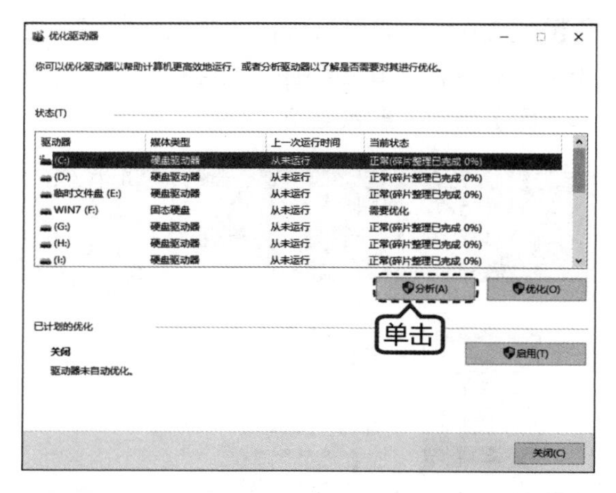

第3步 系统开始自动分析磁盘，在对应的当前状态栏下显示碎片分析的进度。

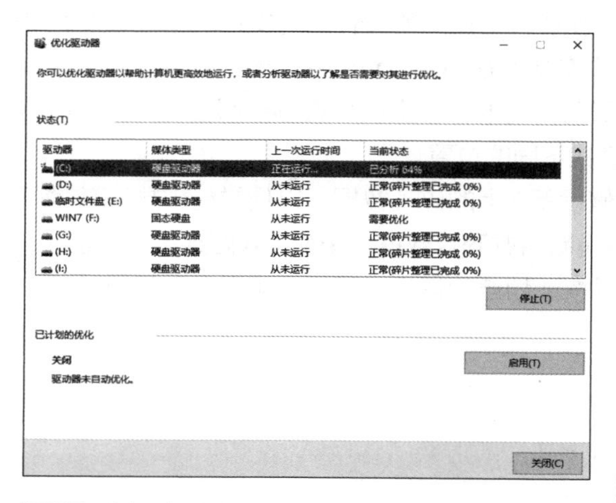

第4步 分析完成后，单击【优化】按钮，系统开始自动对磁盘碎片进行整理操作。

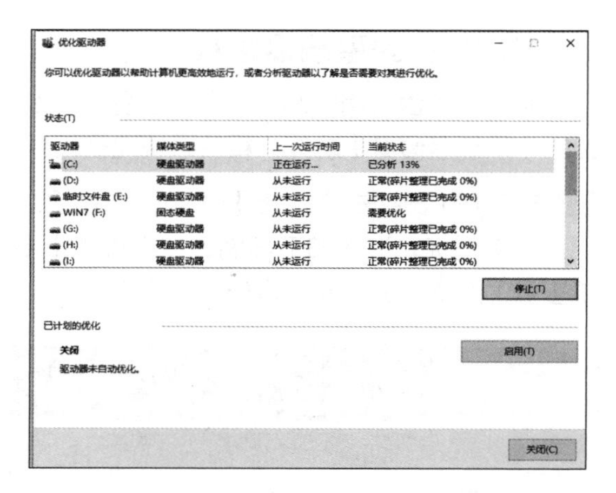

第5步 除了手动整理磁盘碎片外，用户还可以设置自动整理碎片的计划。单击【启用】按钮，弹出【优化驱动器】对话框，勾选【按计划运行】复选框，用户可以设置自动检查碎片的频率、日期、时间和磁盘分区，设置完成后，单击【确定】按钮。

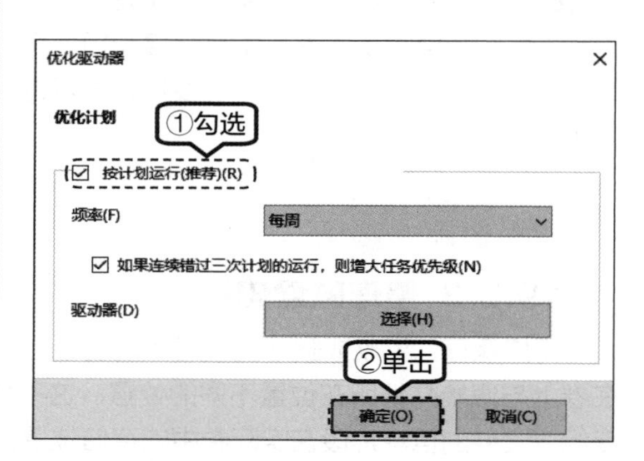

第6步 返回【优化驱动器】窗口，单击【关闭】按钮，即可完成磁盘的碎片整理及设置。

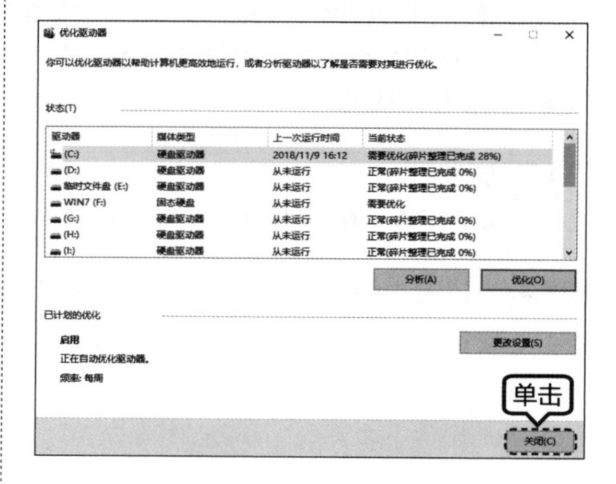

19.3.4 开启和使用存储感知

存储感知是 Windows 10 新版本中推出的一个新功能，可以利用存储感知从电脑中删除不需要的文件或临时文件，以达到释放磁盘空间的目的。

第1步 按【Windows+I】组合键，打开【设置】面板，并单击【系统】图标选项。

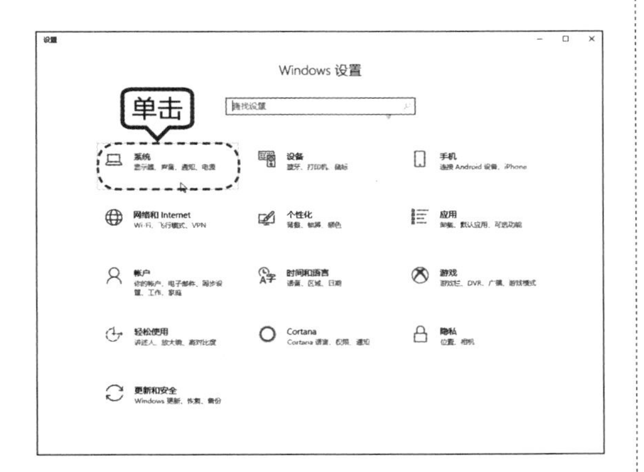

第2步 进入【系统】面板页面，单击左侧【存储】选项，在【存储感知】区域，将其按钮设置为“开”，即可开启该功能。

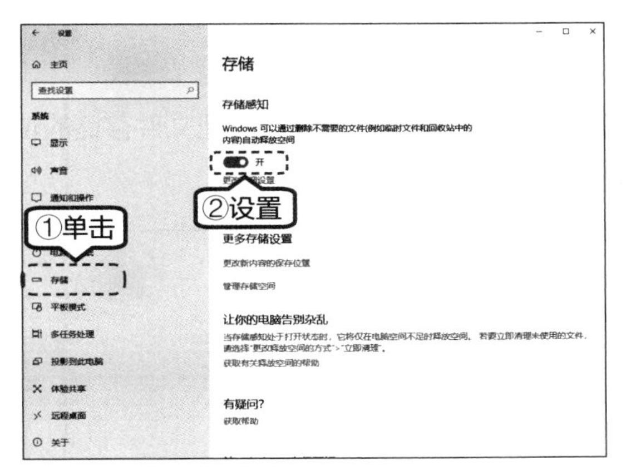

第3步 单击【更改详细设置】选项，进入该页面。用户可以设置“运行存储感知”的时间，还可以设置“临时文件”的删除文件规则，如下图所示。

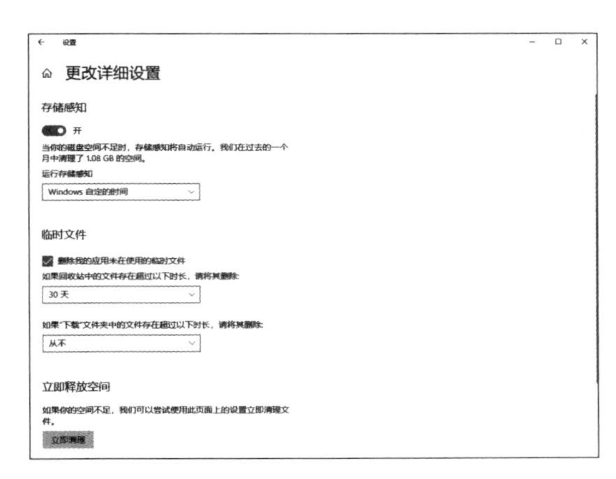

第4步 单击【立即清理】按钮，则会进入如下图所示界面，并会扫描可以删除的文件。勾选要删除的文件，单击【删除文件】按钮，即可清理所选文件。

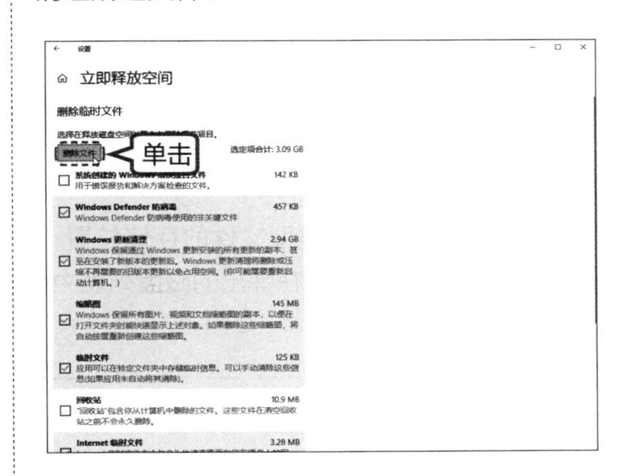

技巧：更改新内容的保存位置

在安装新应用和下载文档、音乐时，用户可以针对不同的文件类型，对其指定保存的位置。下面介绍一下如何更改新内容的保存位置。

第1步 打开【设置—系统】界面，单击【存储】选项，在其右侧区域，单击【更改新内容的保存位置】选项。

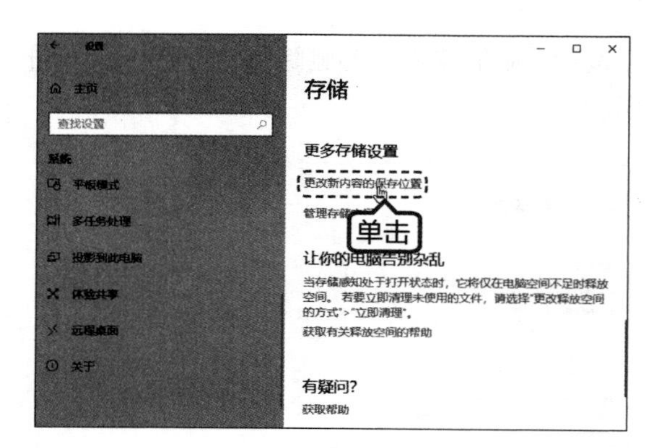

第2步 进入【更改新内容的保存位置】界面，即可看到应用、文档、音乐、图片等默认的保存位置。

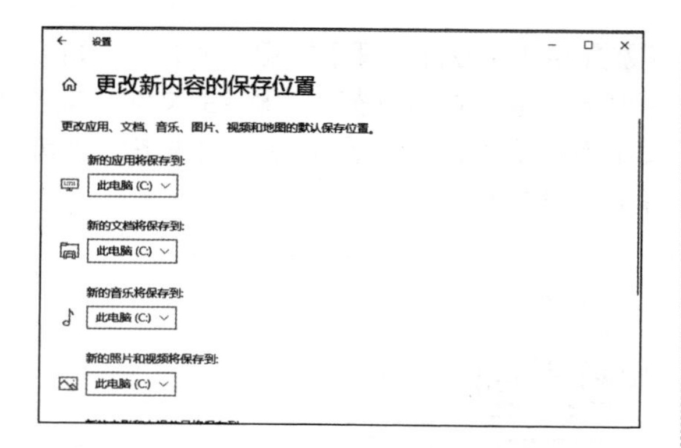

第3步 如果要更改某个类型文件的存储位置，单击其下方的下拉按钮，在弹出的磁盘列表中，选择要存储的磁盘。

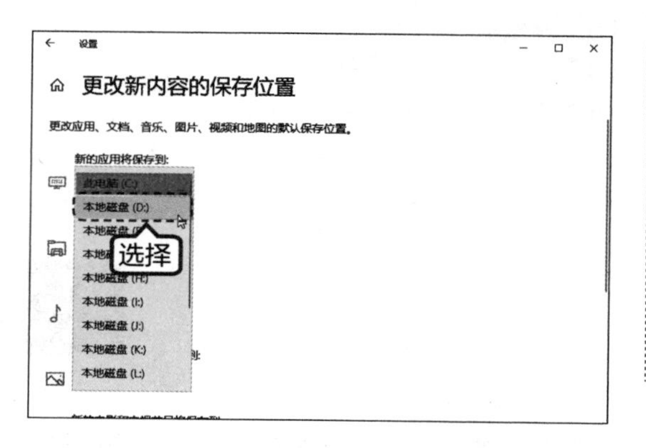

第4步 选择磁盘后，单击右侧显示的【应用】按钮。

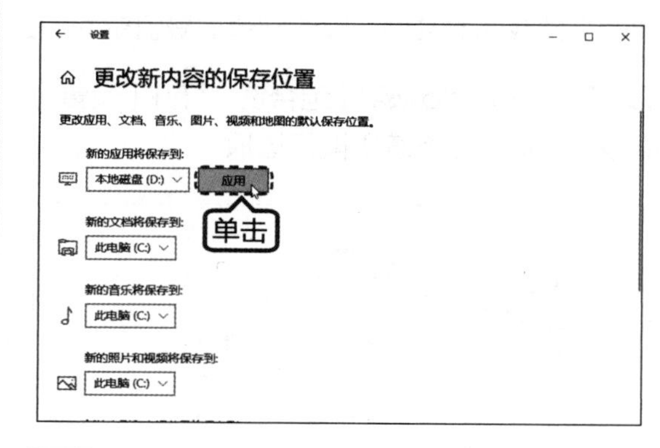

第5步 此时，即可更改成功，如下图所示。

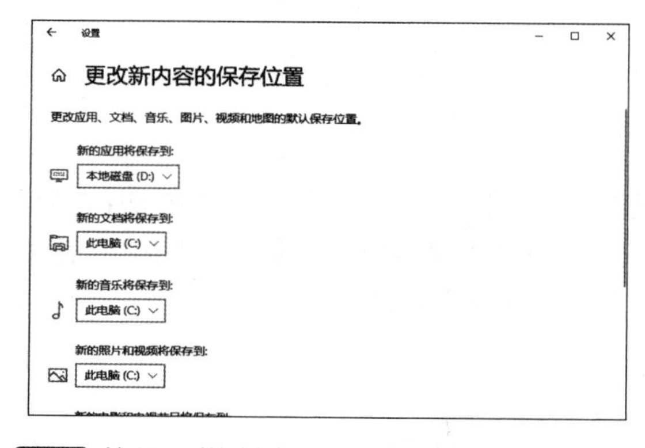

第6步 使用同样方法，修改其他文件存储的位置，效果如下图所示。

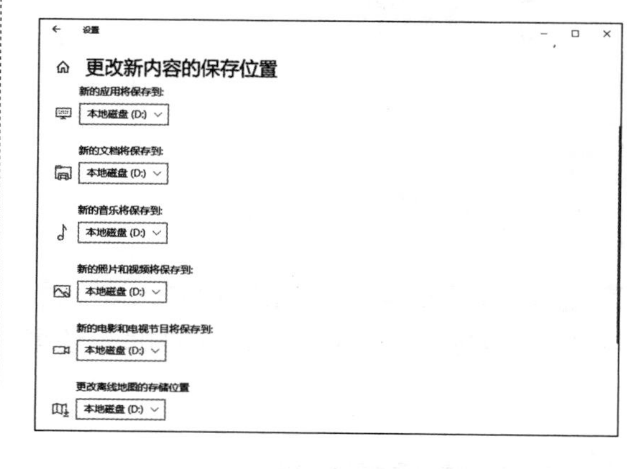

第20章 电脑系统的备份、还原与重装

高手指引

用户在使用电脑的过程中，有时会不小心删除系统文件，或系统遭受病毒与木马的攻击，这些都有可能导致系统崩溃或无法进入操作系统，这时用户就不得不重装系统。但是如果进行了系统备份，那么就可以直接将其还原，以节省时间。

重点导读

- 学习备份与还原系统
- 学习重置电脑系统
- 学习重装电脑系统

20.1 使用 Windows 系统工具备份与还原系统

Windows 10 操作系统中自带了备份工具，支持对系统的备份与还原，在系统出问题时可以使用创建的还原点，恢复到还原点状态。

20.1.1 使用 Windows 系统工具备份系统

Windows 操作系统自带的备份还原功能非常强大，支持 4 种备份还原工具，分别是文件备份还原、系统映像备份还原、早期版本备份还原和系统还原，为用户提供了高速度、高压缩的一键备份还原功能。

1. 开启系统还原功能

因为部分系统或某些优化软件会关闭系统还原功能，所以要想使用 Windows 系统工具备份和还原系统，需要开启系统还原功能。具体的操作步骤如下。

第 1 步 右键单击电脑桌面上的【此电脑】图标，在弹出的快捷菜单中，选择【属性】菜单命令。

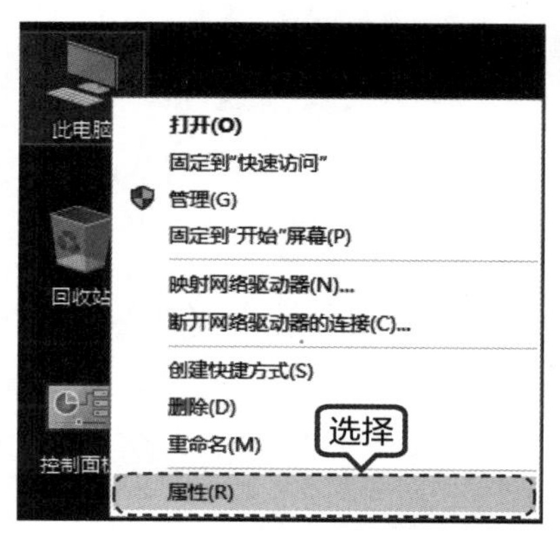

第 2 步 在打开的窗口中，单击【系统保护】超链接。

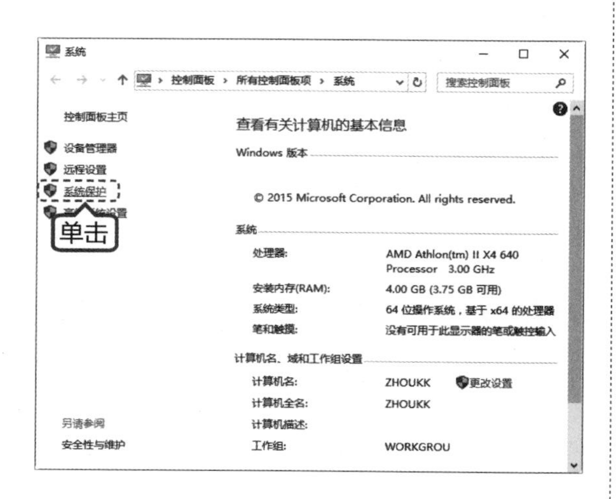

第 3 步 弹出【系统属性】对话框，在【系统保护】选项卡的【保护设置】列表框中选择系统所在的分区，并单击【配置】按钮。

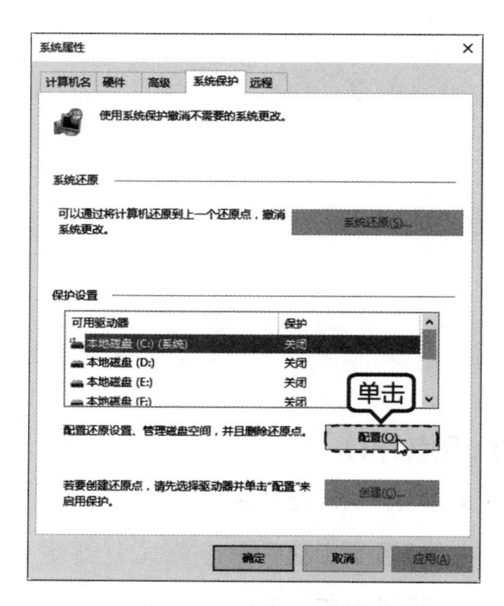

第 4 步 弹出【系统保护本地磁盘】对话框，单击选中【启用系统保护】单选按钮，拖动鼠标调整【最大使用量】滑块到合适的位置，然后单击【确定】按钮。

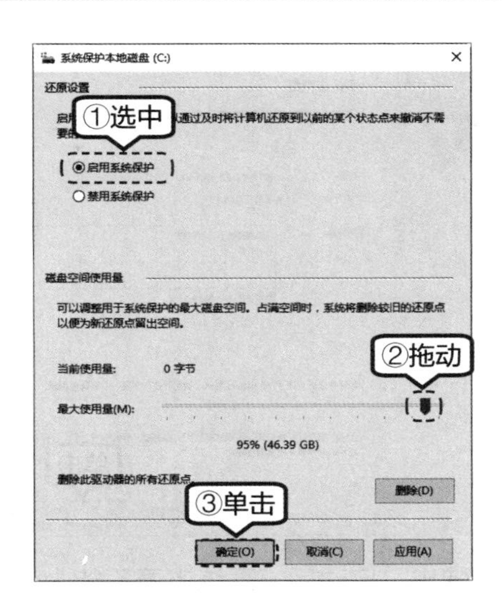

2. 创建系统还原点

开启系统还原功能后，默认打开保护系统文件和设置的相关信息，保护系统。用户也可以创建系统还原点，当系统出现问题时，就可以方便地恢复到创建还原点时的状态。具体步骤如下。

第1步 根据上述的方法，打开【系统属性】对话框，在【系统保护】选项卡选择系统所在的分区，然后单击【创建】按钮。

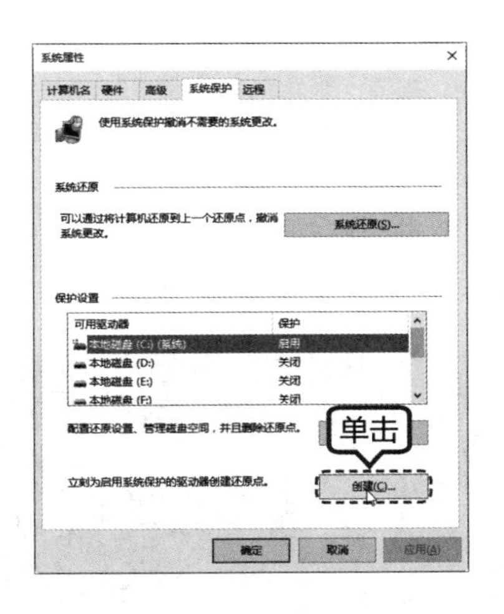

第2步 弹出【创建还原点】对话框，在文本框中输入还原点的描述性信息，单击【创建】按钮。

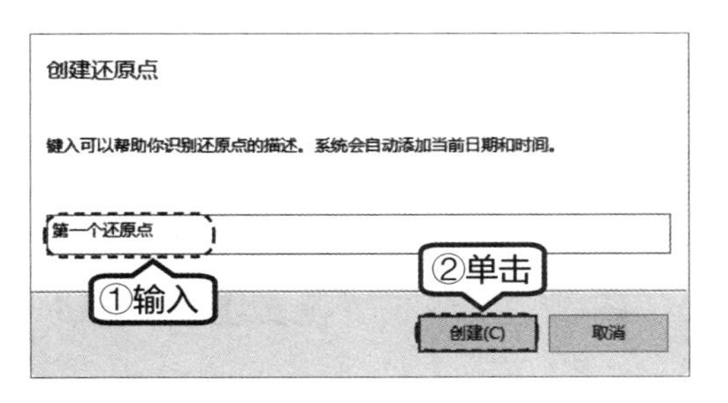

第3步 即可开始创建还原点。

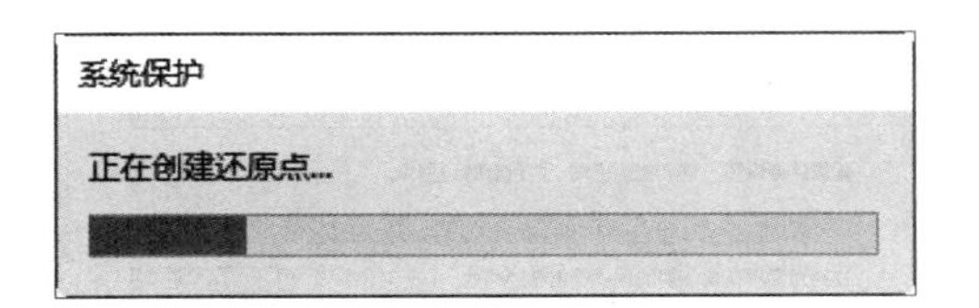

第4步 创建还原点的时间比较短，稍等片刻就可以了。创建完毕后，将弹出“已成功创建还原点”提示信息，单击【关闭】按钮即可。

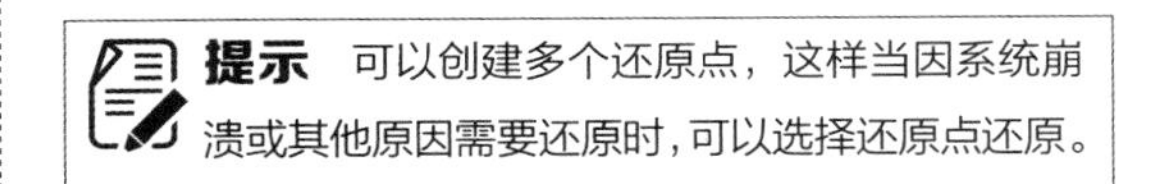

提示 可以创建多个还原点，这样当因系统崩溃或其他原因需要还原时，可以选择还原点还原。

20.1.2 使用 Windows 系统工具还原系统

在为系统创建好还原点之后，一旦系统遭到病毒或木马的攻击致使系统不能正常运行，就可以将系统恢复到指定还原点。

下面介绍如何还原到创建的还原点，具体操作步骤如下。

第1步 打开【系统属性】对话框，在【系统保护】选项卡下，单击【系统还原】按钮。

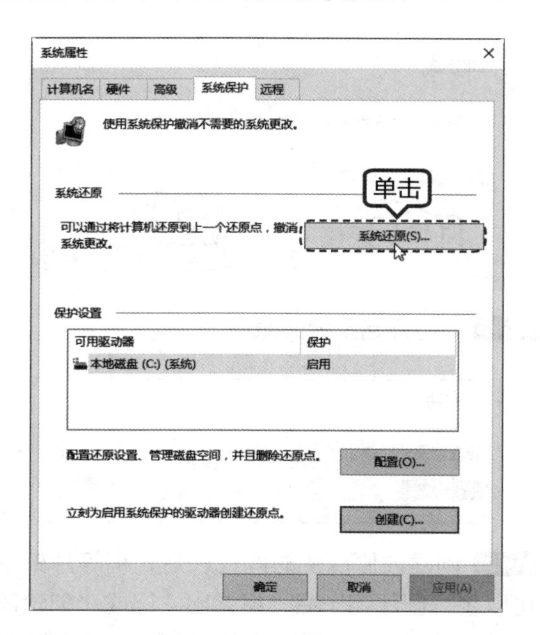

第2步 弹出【系统还原】对话框，单击【下一步】按钮。

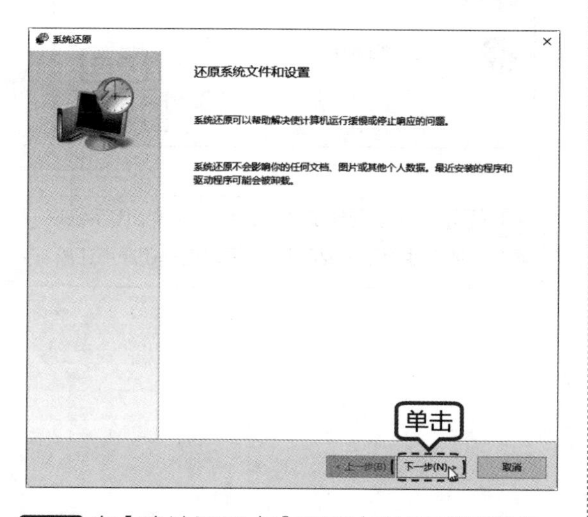

第3步 在【确认还原点】界面中显示了还原点。如果多个还原点，建议选择距离出现故障时间最近的还原点，单击【完成】按钮。

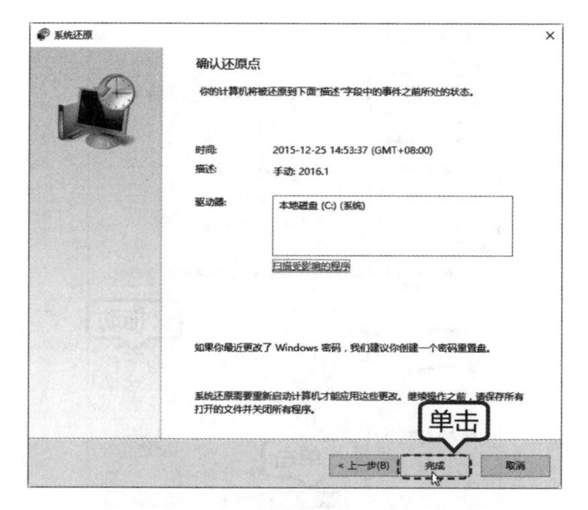

第4步 弹出“启动后，系统还原不能中断。你希望继续吗？”提示框，单击【是】按钮。

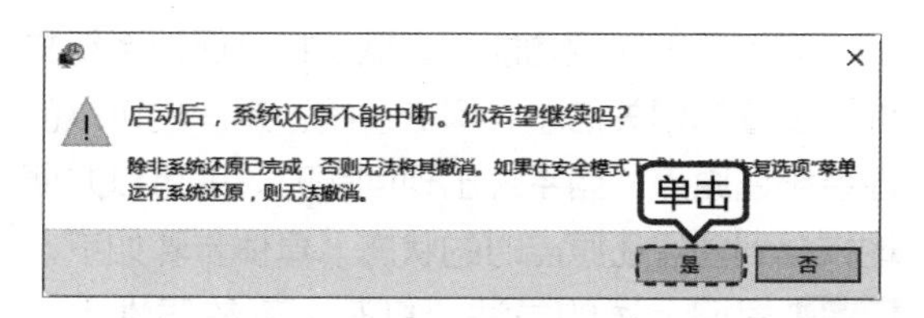

第5步 即会显示正在准备还原系统，当进度条结束后，电脑自动重启。

第6步 进入配置更新界面，如下图所示，无需任何操作。

第7步 配置更新完成后，即会还原 Windows 文件和设置。

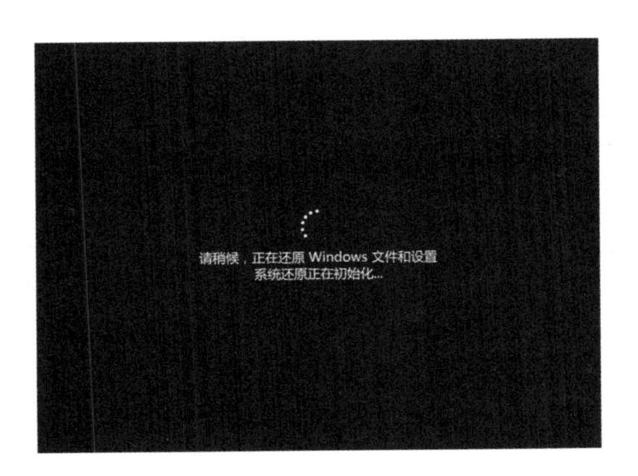

第8步 系统还原结束后，再次进入电脑桌面即可看到还原成功提示，如下图所示。

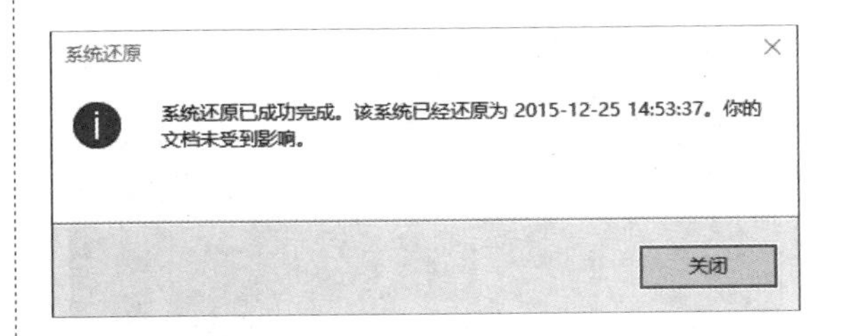

20.1.3 系统无法启动时进行系统还原

当系统出问题而无法正常启动时，就无法通过【系统属性】对话框进行系统还原，就需要通过其他办法进行系统恢复。具体解决办法，可以参照以下步骤。

第1步 当系统启动失败两次后，第三次启动即会进入【选择一个选项】界面，单击【疑难解答】选项。

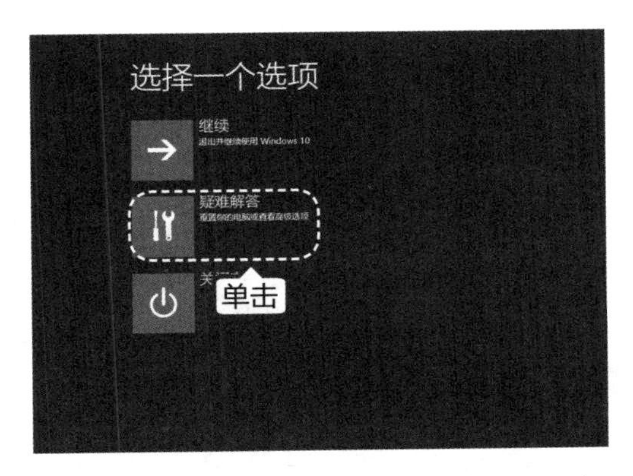

> **提示** 如果没有创建系统还原，则可以单击【重置此电脑】选项，将电脑恢复到初始状态。

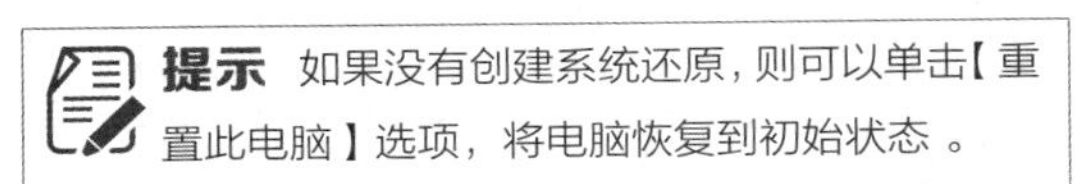

第2步 打开【疑难解答】界面，单击【高级选项】选项。

第3步 打开【高级选项】界面，单击【系统还原】选项。

第4步 电脑即会重启，显示“正在准备系统还原”界面，如下图所示。

第 5 步 进入【系统还原】界面，选择要还原的账户。

第 6 步 选择账户后，在文本框输入该账户的密码，并单击【继续】按钮。

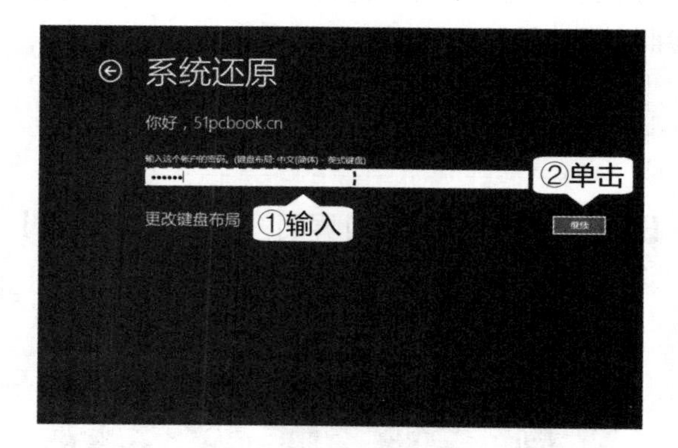

第 7 步 弹出【系统还原】对话框，用户即可根据提示进行操作，这里不再赘述。

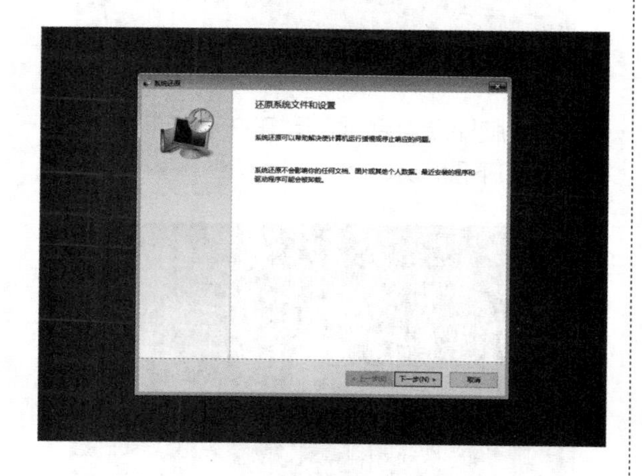

第 8 步 在【将计算机还原到所选事件之前的状态】界面中，选择要还原的点，单击【下一步】按钮。

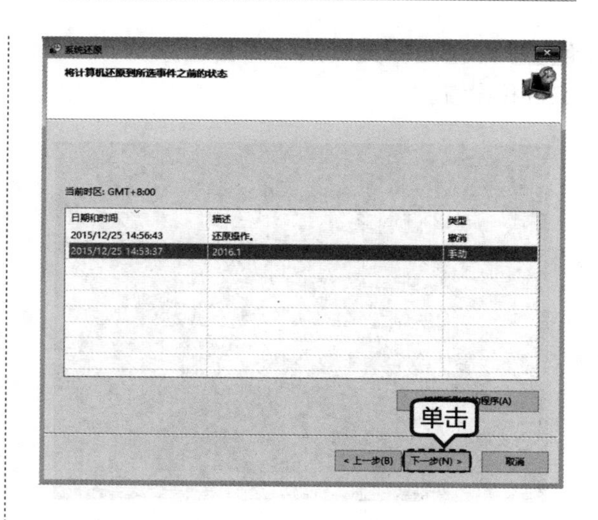

第 9 步 在【确认还原点】界面中，单击【完成】按钮。

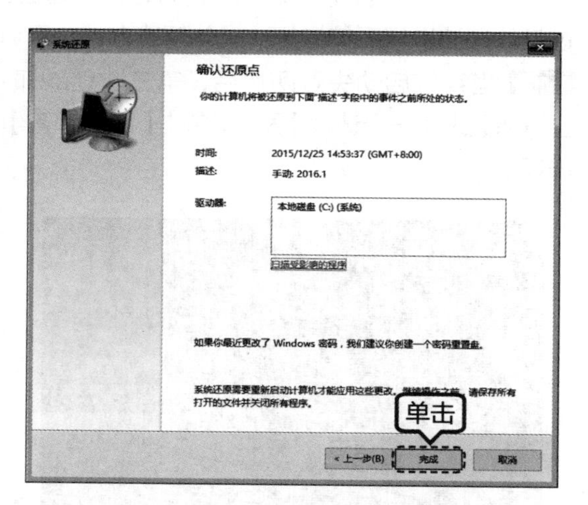

第 10 步 系统即进入还原中，如下图所示。

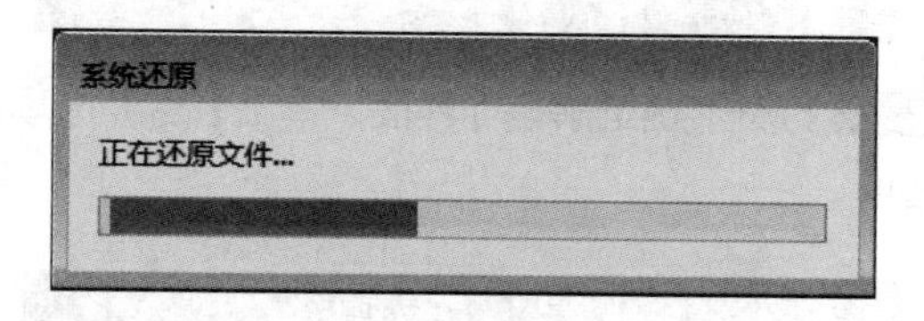

第 11 步 提示系统还原成功后，单击【重新启动】按钮即可。

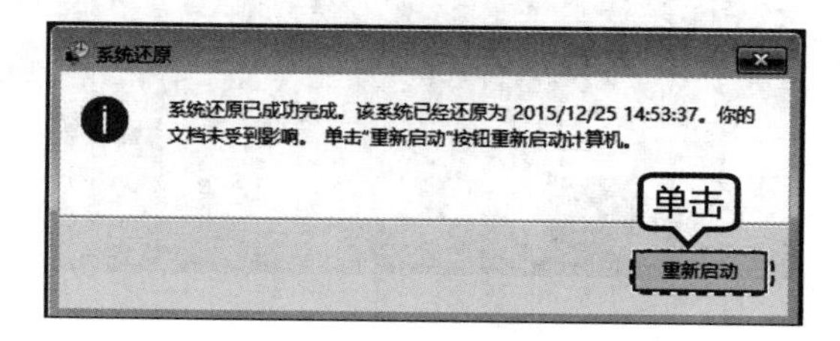

20.2 使用 GHOST 一键备份与还原系统

虽然 Windows 10 操作系统中自带了备份工具，但操作较为麻烦。下面介绍一种快捷的备份和还原系统的方法——使用 GHOST 备份和还原。

20.2.1 一键备份系统

使用一键 GHOST 备份系统的操作步骤如下。

第1步 下载并安装一键 GHOST 后，即可打开【一键恢复系统】对话框，此时一键 GHOST 开始初始化。初始化完毕后，将自动选中【一键备份系统】单选项，单击【备份】按钮。

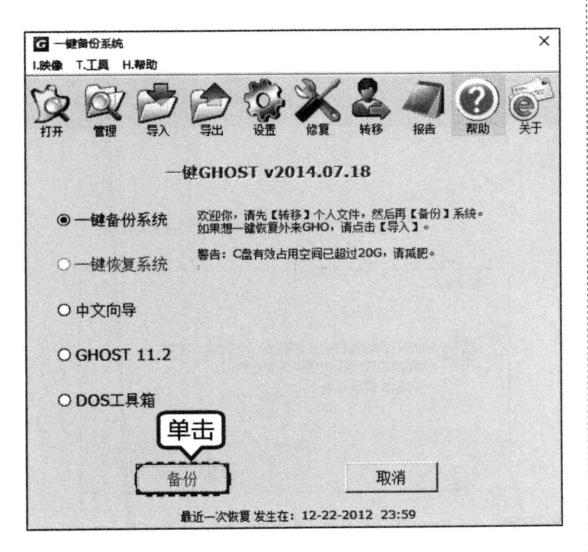

第2步 打开【一键 Ghost】提示框，单击【确定】按钮。

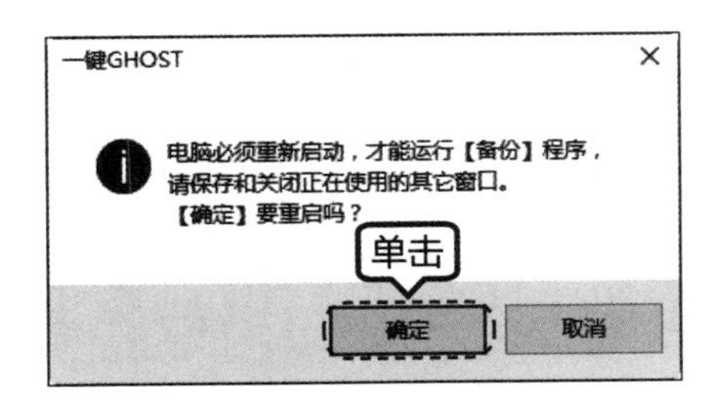

第3步 系统开始重新启动，并自动弹出 GRUB4DOS 菜单，在其中选择第一个选项，表示启动一键 GHOST。

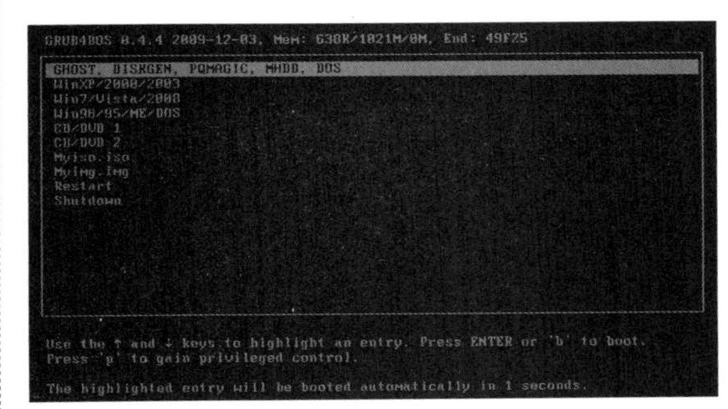

第4步 系统自动选择完毕后，接下来会弹出【MS-DOS 一级菜单】界面，在其中选择第一个选项，表示在 DOS 安全模式下运行 GHOST 11.2。

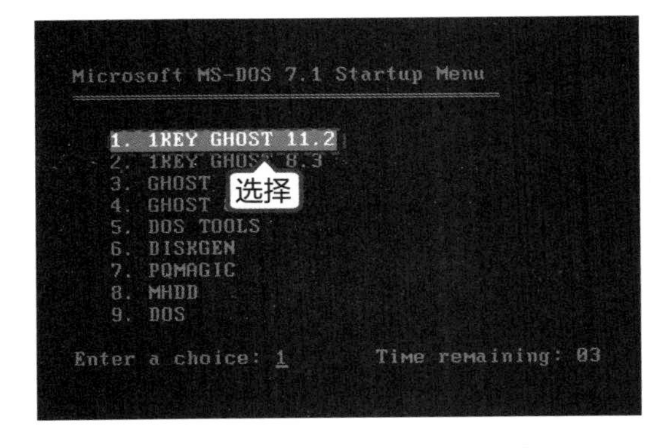

第5步 选择完毕后，接下来会弹出【MS-DOS 二级菜单】界面，在其中选择第一个选项，表示支持 IDE、SATA 兼容模式。

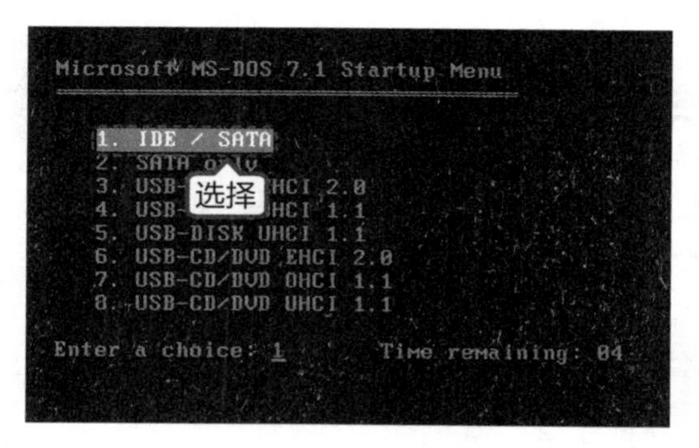

第6步 根据磁盘是否存在映像文件，将会从主窗口自动进入【一键备份系统】警告窗口，提示用户开始备份系统。选择【备份】按钮。

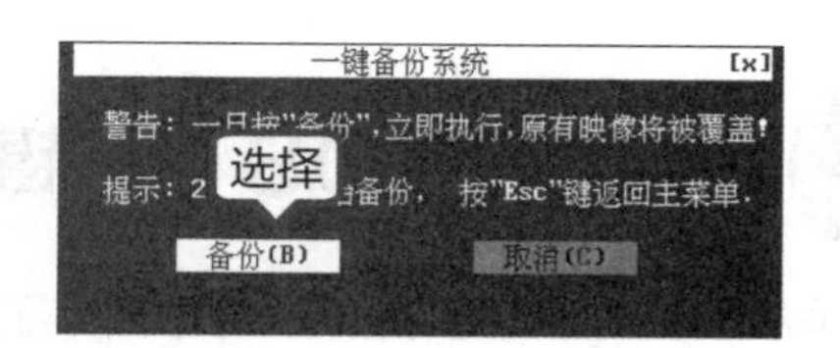

第7步 此时，开始备份系统，如下图所示。

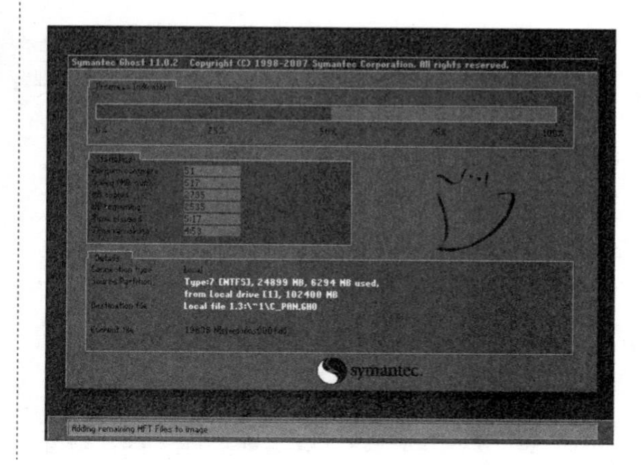

20.2.2 一键还原系统

使用一键 GHOST 还原系统的操作步骤如下。

第1步 打开【一键 GHOST】对话框。单击【恢复】按钮。

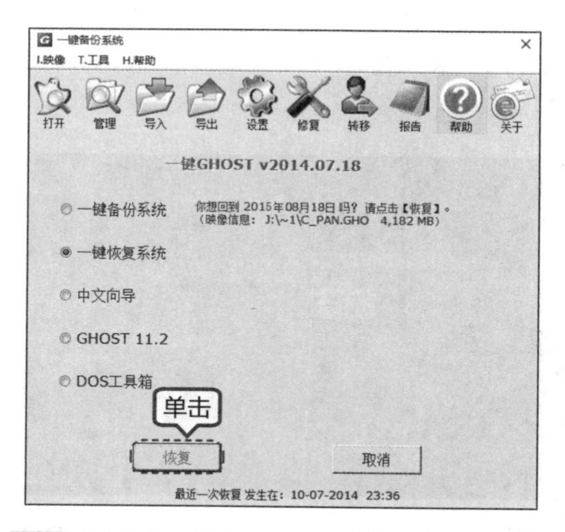

第2步 打开【一键 GHOST】对话框，提示用户“电脑必须重新启动，才能运行【恢复】程序”。单击【确定】按钮。

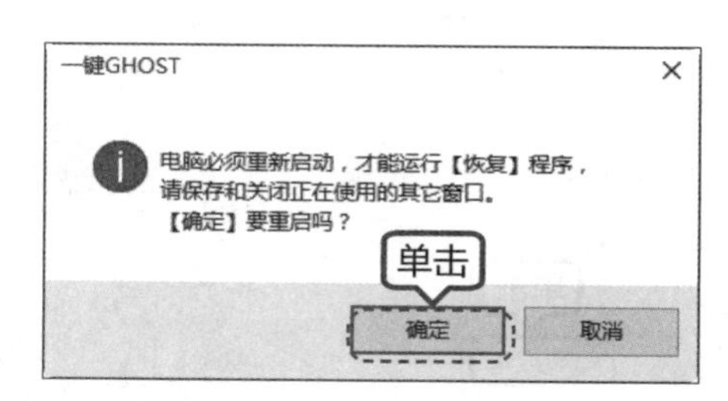

第3步 系统开始重新启动，并自动弹出 GRUB4DOS 菜单，在其中选择第一个选项，表示启动一键 GHOST。

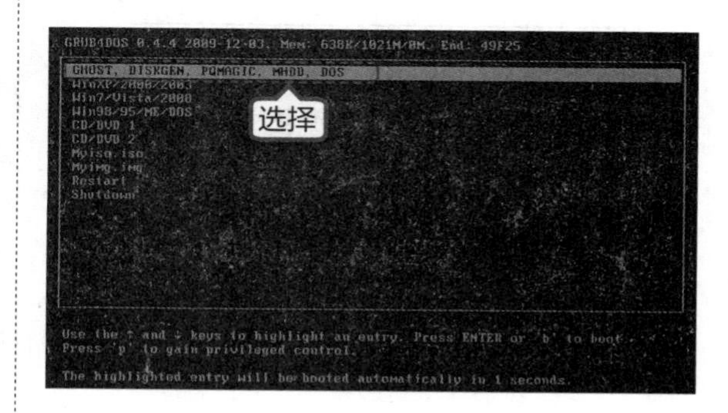

第4步 系统自动选择完毕后，接下来会弹出【MS-DOS 一级菜单】界面，在其中选择第一个选项，表示在 DOS 安全模式下运行 GHOST 11.2。

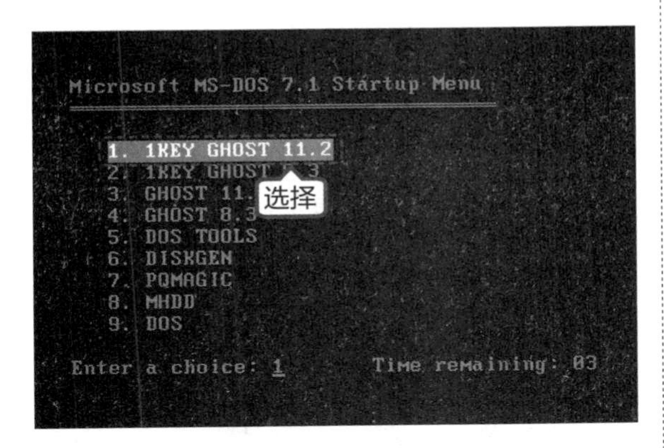

第5步 选择完毕后，接下来会弹出【MS-DOS 二级菜单】界面，在其中选择第一个选项，表示支持 IDE、SATA 兼容模式。

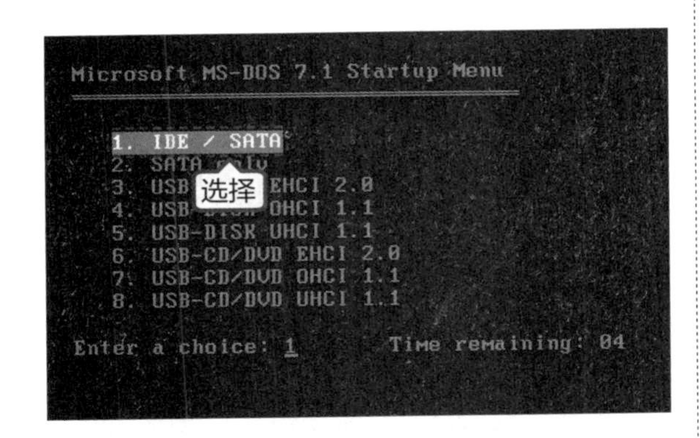

第6步 根据磁盘是否存在映像文件，将会从主窗口自动进入【一键恢复系统】警告窗口，提示用户开始恢复系统。选择【恢复】按钮，即可开始恢复系统。

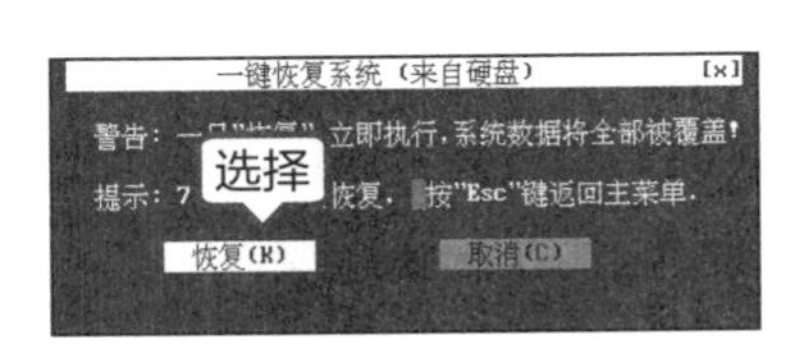

第7步 此时，开始恢复系统，如下图所示。

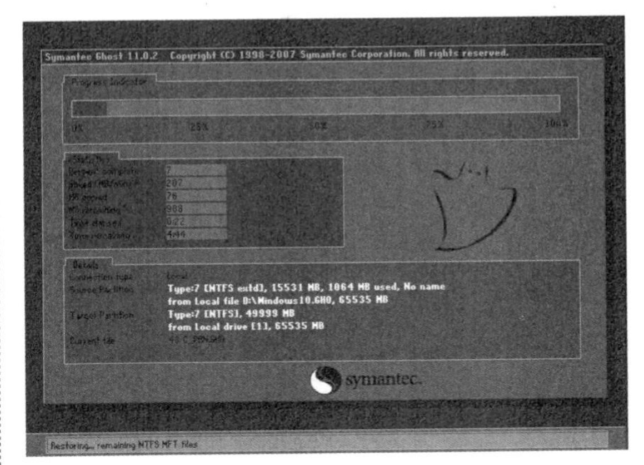

第8步 在系统还原完毕后，将弹出一个信息提示框，提示用户恢复成功，单击【Reset Computer】按钮重启电脑，然后选择从硬盘启动，即可将系统恢复到以前的系统。至此，就完成了使用 GHOST 工具还原系统的操作。

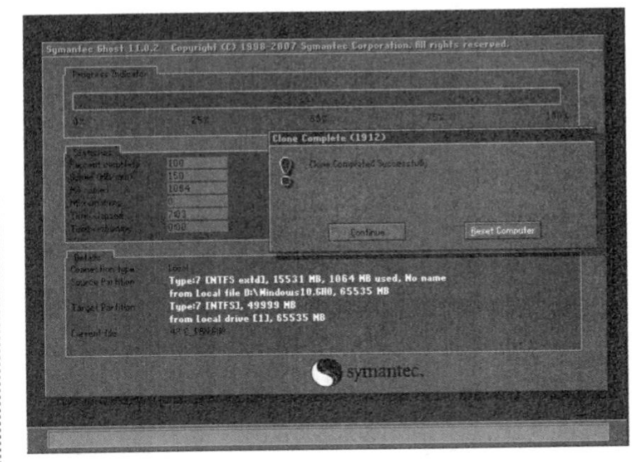

20.3 重置电脑系统

Windows 10 操作系统中提供了重置电脑功能，用户可以在电脑出现问题、无法正常运行或者需要恢复到初始状态时重置电脑，具体操作步骤如下。

第1步 按【Windows+I】组合键，打开【设置】界面，单击【更新和安全】➢【恢复】选项，在右侧的【重置此电脑】区域单击【开始】按钮。

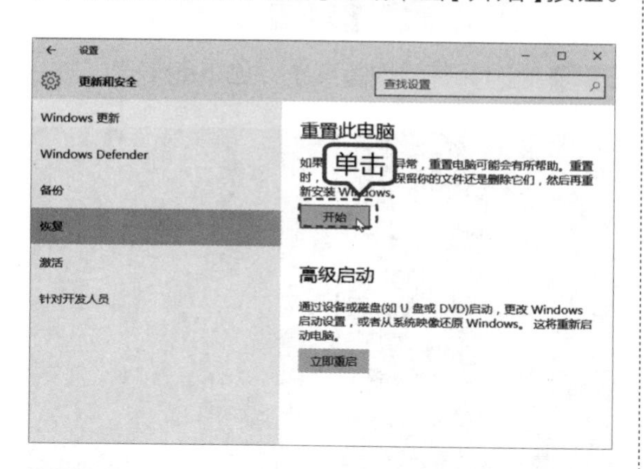

第2步 弹出【选择一个选项】界面，选择【保留我的文件】选项。

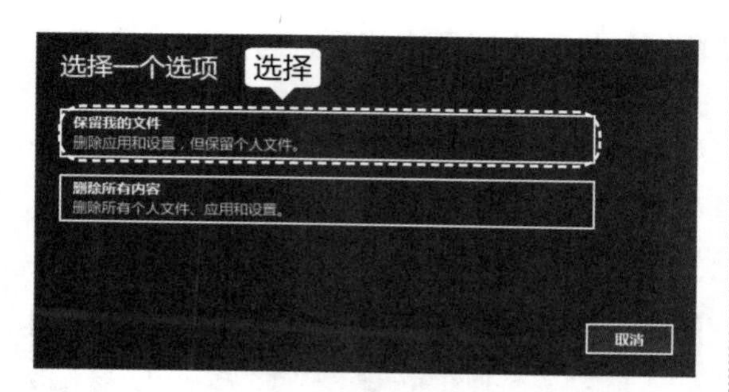

第3步 弹出【将会删除你的应用】界面，单击【下一步】按钮。

第4步 弹出【警告】界面，单击【下一步】按钮。

第5步 弹出【准备就绪，可以重置这台电脑】界面，单击【重置】按钮。

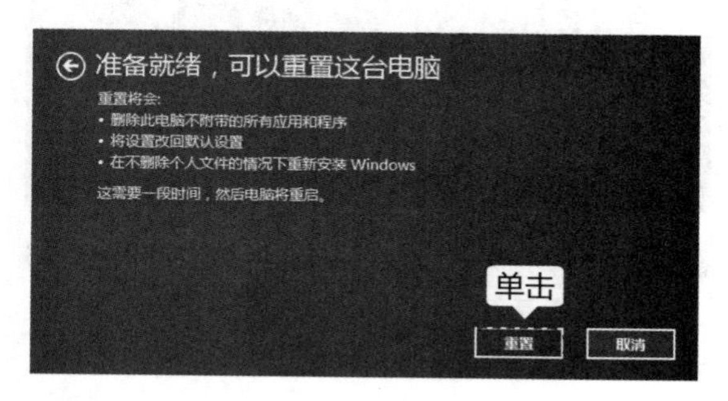

第6步 电脑重新启动，进入【重置】界面。

第7步 重置完成后会进入Windows 安装界面。

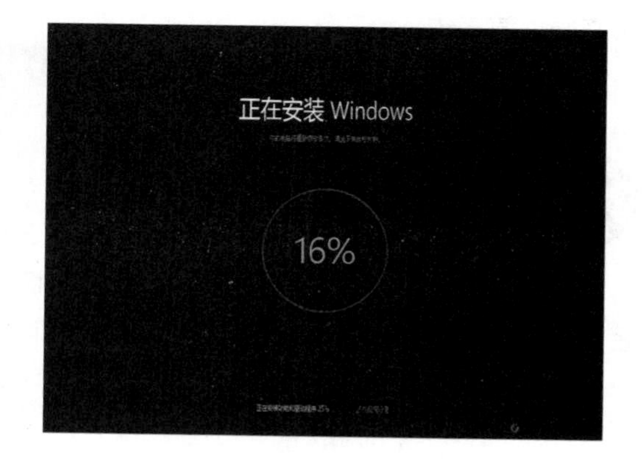

第8步 安装完成后自动进入 Windows 10 桌面，并显示恢复电脑时删除的应用列表。

20.4 重装电脑系统

用户误删除系统文件、病毒程序将系统文件破坏等，都会导致系统中的重要文件丢失或受损，甚至使系统崩溃无法启动，此时就不得不重装系统了。另外，有些时候，系统虽然能正常运行，但是却经常出现不定期的错误提示，甚至系统修复之后也不能消除这一问题，那么也必须重装系统。

20.4.1 什么情况下重装系统

具体来讲，当系统出现以下三种情况之一时，就必须考虑重装系统了。

（1）系统运行变慢。

系统运行变慢的原因有很多，如垃圾文件分布于整个硬盘而又不便于集中清理和自动清理，或者是计算机感染了病毒或其他恶意程序而无法被杀毒软件清理，等等。这时就需要对磁盘进行格式化处理并重装系统了。

（2）系统频繁出错。

众所周知，操作系统是由很多代码和程序组成，在操作过程中可能由于误删除某个文件或者是被恶意代码改写等原因，致使系统出现错误。此时，如果该故障不便于准确定位或轻易解决，就需要考虑重装系统了。

（3）系统无法启动。

导致系统无法启动的原因很多，如 DOS 引导出现错误、目录表被损坏或系统文件“Nyfs.sys”丢失等。如果无法查找出系统不能启动的原因，或者无法修复系统以解决这一问题，就需要重装系统。

另外，一些电脑爱好者为了能使电脑在最优的环境下工作，也会经常定期重装系统，这样就可以为系统减肥。但是，不管是哪种情况下重装系统，重装系统的方式分为两种，一种是覆盖式重装，另一种是全新重装。前者是在原操作系统的基础上进行重装，其优点是可以保留原系统的设置，缺点是无法彻底解决系统中存在的问题。后者则是对系统所在的分区重新格式化，其优点是彻底解决系统的问题。因此，在重装系统时，建议选择全新重装。

20.4.2 重装前应注意的事项

在重装系统之前，用户需要做好充分的准备，以避免重装之后造成数据的丢失等严重后果。那么在重装系统之前应该注意哪些事项呢?

（1）备份数据。

在因系统崩溃或出现故障而准备重装系统前，首先应该想到的是备份好自己的数据。这时，一定要静下心来，仔细罗列一下硬盘中需要备份的资料，把它们一项一项地写在一张纸上，然后逐一对照进行备份。如果硬盘不能启动，这时需要考虑用其他启动盘启动系统，然后复制自己的数据，或者将硬盘挂接到其他电脑上进行备份。但是，最好的办法是在平时就养成备份重要数据的习惯，这样就可以有效减小硬盘数据不能恢复而造成的损失。

（2）格式化磁盘。

重装系统时，格式化磁盘是解决系统问题最有效的办法，尤其是在系统感染病毒后，最好不要只格式化 C 盘，如果有条件将硬盘中的数据全部备份或转移，应尽量将整个硬盘都进行格式化，以保证新系统的安全。

（3）牢记安装序列号。

安装序列号相当于一个人的身份证号，标识这个安装程序的身份。如果不小心弄丢自己的安装序列号，那么在重装系统时，如果采用的是全新安装，安装过程将无法进行下去。正规的安装光盘的序列号会在软件说明书中或光盘封套的某个位置上。如果用的是某些软件合集光盘中提供的测试版系统，那么这些序列号可能是存在于安装目录中的某个说明文本中，如 SN.TXT 等文件。因此，在重装系统之前，首先要将序列号读出并记录下来以备稍后使用。

20.4.3 重新安装系统

如果系统不能正常运行，就需要重新安装系统。下面以 Windows 10 为例，简单介绍重装的方法。

> **提示**
> 如果不能正常进入系统，可以使用 U 盘、DVD 等重装系统，具体操作可参照第 1 章。

直接运行目录中的 setup.exe 文件，在许可协议界面，勾选【我接受许可条款】复选框，并单击【接受】按钮。

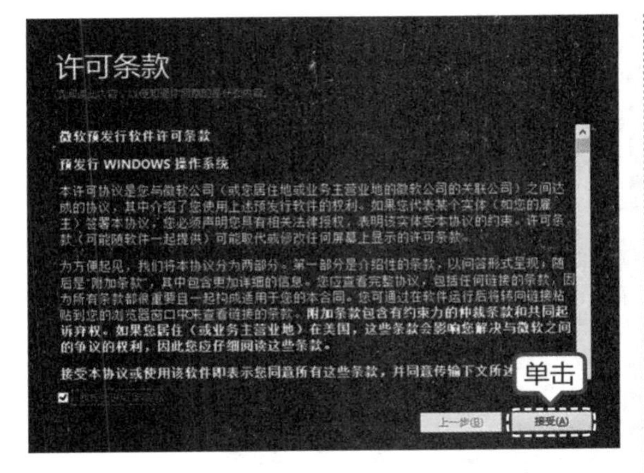

第 2 步 进入【正在确保你已准备好进行安装】界面，检查安装环境界面，检测完成，单击【下一步】按钮。

第 3 步 进入【你需要关注的事项】界面，在显示结果界面即可看到注意事项，单击【确认】按钮，然后单击【下一步】按钮。

第 4 步 如果没有需要注意的事项，则会出现下图所示界面，单击【安装】按钮即可。

> **提示** 如果要更改升级后需要保留的内容。可以单击【更改要保留的内容】链接，在下图所示的窗口中进行设置。

第 5 步 此时，即可开始重装 Windows 10，显示【安装 Windows 10】界面。

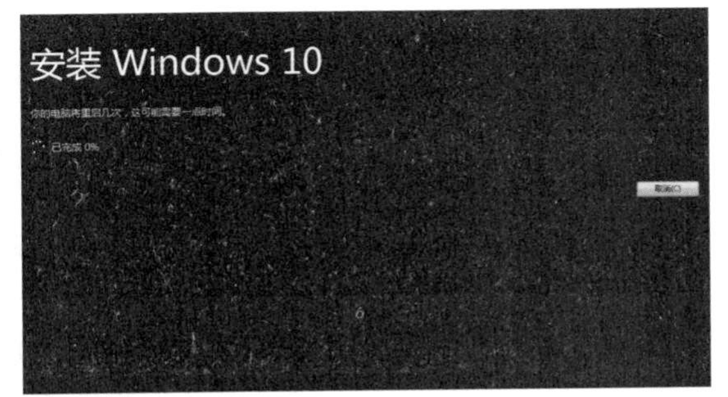

第 6 步 电脑会重启几次后，进入 Windows 10 界面，表示完成重装。

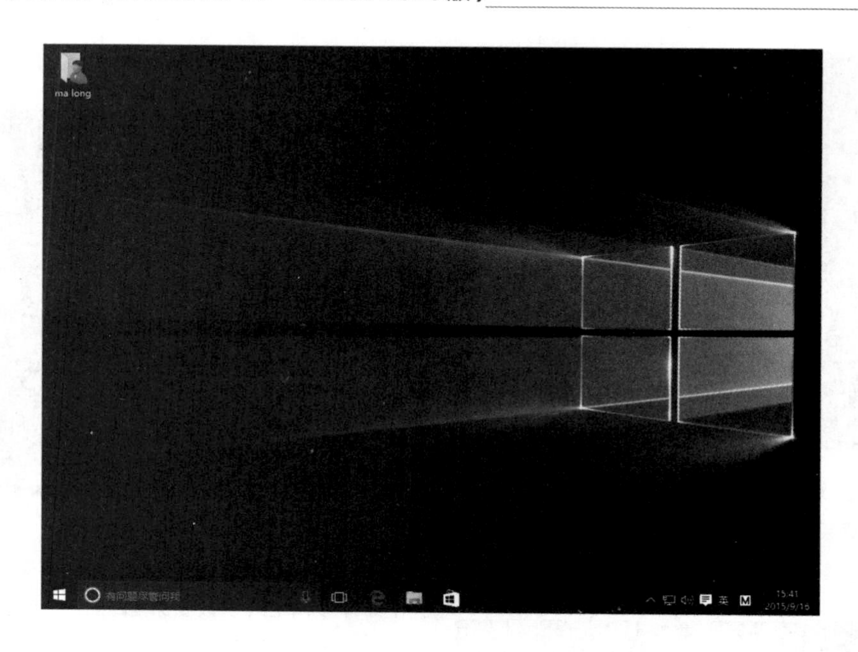

高手支招

技巧：进入 Windows 10 安全模式

Windows 10 以前版本的操作系统，可以在开机进入 Windows 系统启动画面之前按【F8】键，或者在启动电脑时按住【Ctrl】键进入安全模式。安全模式下，可以在不加载第三方设备驱动程序的情况下启动电脑，使电脑运行在系统最小模式，这样用户就可以方便地检测与修复系统的错误。下面介绍在 Windows 10 操作系统中进入安全模式的操作步骤。

第 1 步 按【Windows+I】组合键，打开【设置】窗口，单击【更新和安全】图标选项。

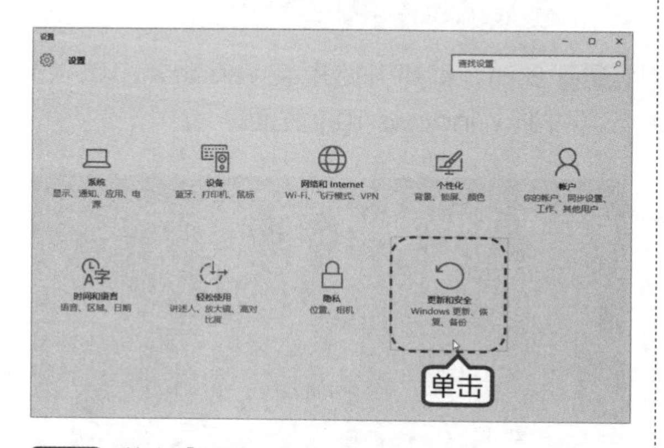

第 2 步 弹出【更新和安全】设置窗口，在左侧列表中选择【恢复】选项，在右侧【高级启动】区域单击【立即重启】按钮。

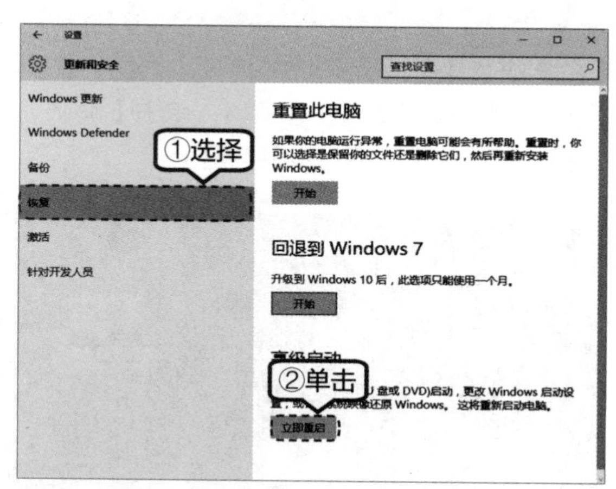

第 3 步 打开【选择一个选项】界面，单击【疑难解答】选项。

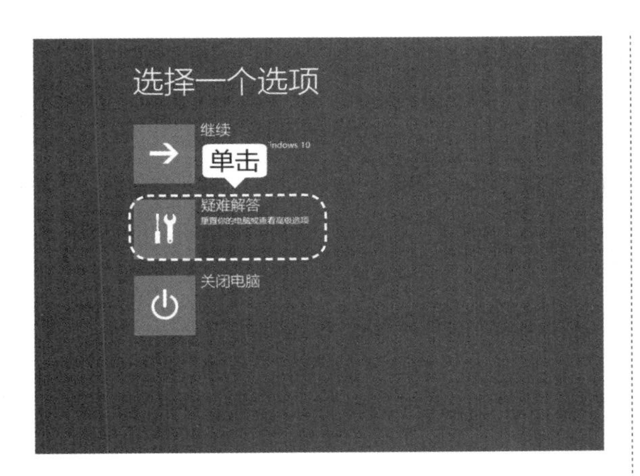

> **提示** 在 Windows 10 桌面，按住【Shift】键的同时依次选择【电源】➢【重新启动】选项，也可以进入该界面。

第 4 步 打开【疑难解答】界面，单击【高级选项】选项。

第 5 步 进入【高级选项】界面，单击【启动设置】选项。

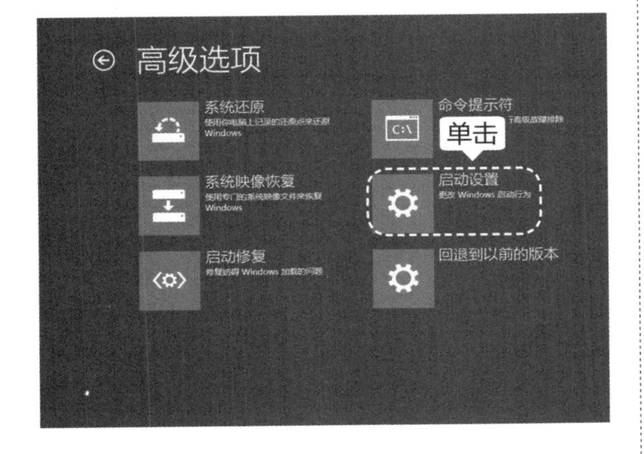

第 6 步 进入【启动设置】界面，单击【重启】按钮。

第 7 步 系统即可开始重启，重启之后会看到下图所示的界面。按【F4】键或数字【4】键选择“启用安全模式”。

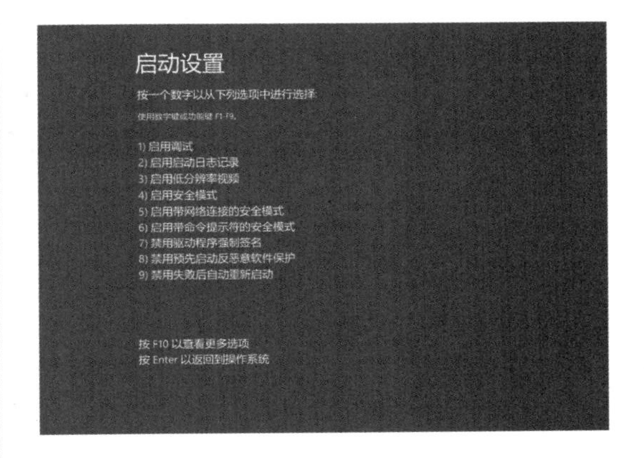

> **提示** 如果需要使用互联网，可按【5】键或【F5】键进入“网络安全模式”。

第 8 步 电脑即会重启，进入安全模式，如下图所示。

提示 打开【运行】对话框，输入“msconfig”后单击【确定】按钮，在打开的【系统配置】对话框中选择【引导】选项卡，在【引导选项】组中勾选【安全引导】复选框，然后单击【确定】按钮，系统提示重新启动后，进入安全模式。

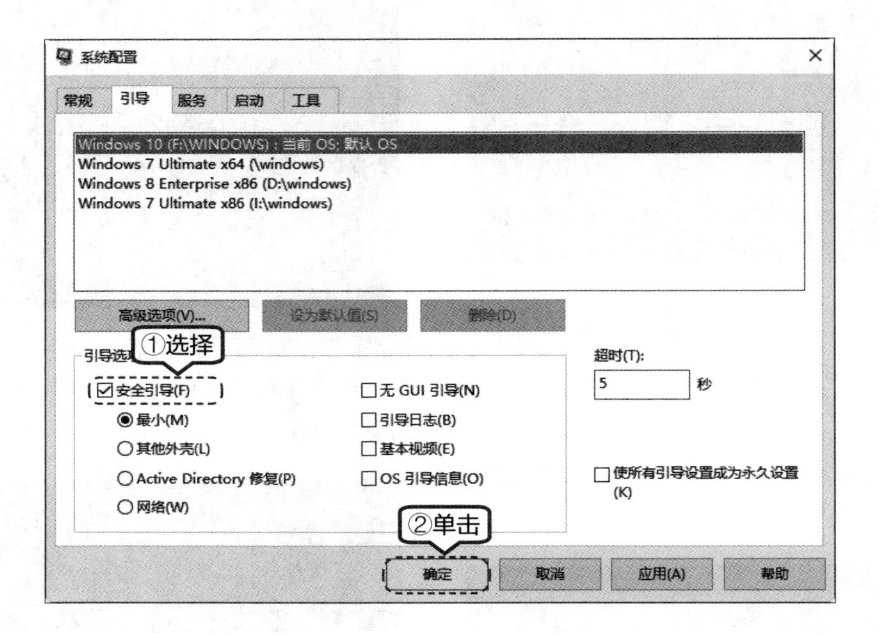

第21章

电脑硬件故障处理

➲ 高手指引

硬件故障主要是指电脑硬件中的元器件发生故障，而不能正常工作。一旦出现硬件故障，用户就需要及时维修，从而保证电脑的正常运行。本章主要介绍各硬件常见故障的诊断与维修。

➲ 重点导读

- 学习 CPU、内存、主板常见故障诊断与维修
- 学习显卡、硬盘、显示器常见故障诊断与维修
- 学习键盘、打印机、U 盘常见故障诊断与维修

21.1 CPU 常见故障诊断与维修

CPU 是电脑中最关键的部件之一，它关系到整个电脑的性能好坏，是电脑的运算核心和控制核心。电脑中所有的操作都由 CPU 负责读取指令、对指令译码并执行指令，一旦其出了故障，电脑的问题就比较严重。本节主要介绍 CPU 常见故障诊断与维修。

21.1.1 故障 1：CPU 超频导致黑屏

【故障表现】：电脑 CPU 超频后，开机后显示器会显示黑屏现象，同时无法进入 BIOS。

【故障诊断】：这种故障是由于超频引起的。由于 CPU 频率设置太高，造成 CPU 无法正常工作，并造成显示器点不亮且无法进入 BIOS 中进行设置，因此也就无法给 CPU 降频。

【故障处理】：打开电脑机箱，在主板上找到 CMOS 电池，将其取下并放电，几分钟后安装上电池，重新启动并按【Delete】键进入 BIOS 界面，将 CPU 的外频重新调整到 66MHz，即可正常使用。

21.1.2 故障 2：CPU 温度过高导致系统关机重启

【故障表现】：电脑在使用一段时间后，会出现自动关机并重新启动系统，然后过几分钟又关机重启的现象。

【故障诊断】：首先可能是因为电脑中病毒，使用杀毒软件进行全盘扫描杀毒；如果没有发现病毒，就用 Windows 的“磁盘碎片整理”程序进行磁盘碎片整理；若问题还没有解决，那么关闭电源，打开机箱，用手触摸电脑 CPU，如果发现很烫手，则说明温度比较高，CPU 的温度过高会引起不停重启的现象。

【故障处理】：解决 CPU 温度高引起的故障的具体操作步骤如下。

（1）打开电脑机箱，开机并观察电脑自动关机时的症状，如果发现 CPU 的风扇停止转动，就关闭电源，将风扇拆下，用手转一下风扇，若风扇转动很困难，说明风扇出了问题。

（2）使用软毛刷将风扇清理干净，重点清理风扇转轴的位置，并在该处滴几滴润滑油，经过处理后试机。如果故障依然存在，可以换个新的风扇，再次通电试机，若电脑运行正常，则故障排除。

（3）为了更进一步提高 CPU 的散热能力，可以除去 CPU 表面旧的硅胶，重新涂抹新的硅胶，这样也可以加快 CPU 的散热，提高系统的稳定性。

（4）检查电脑是否超频。电脑超频工作会带来散热问题。用户可以使用鲁大师检查一下电脑的温度，如果是因为超频带来的高温问题，可以重新设置 CMOS 的参数。

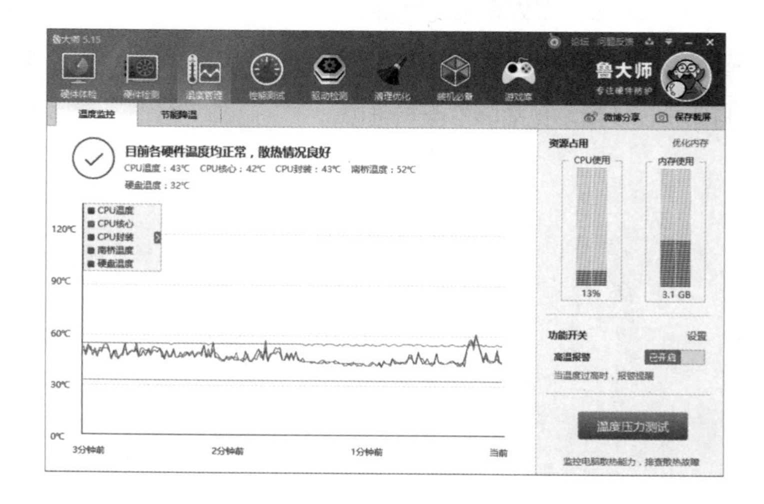

21.1.3 故障3：CPU供电不足

【故障表现】：电脑在使用过程中不稳定，会发生莫名其妙的重启，或者启动不了的现象。

【故障诊断】：发生此类故障应该是由于升级了显卡或者CPU等器件，跟以前器件功率不同，造成电源超负荷运行，从而导致供电不足现象；再者就是CPU或显卡超频后导致部分器件功率大增，从而导致供电不足。

【故障处理】：如果是升级了新的器件，只需要换用新的高功率电源就可以。若是因为CPU、显卡等器件超频造成的，则还原CPU等器件的原有频率就可以解决此类问题。

21.1.4 故障4：CPU温度上升过快

【故障表现】：一台电脑在运行时CPU温度上升很快，开机才几分钟温度就由31℃上升到51℃，然而到了53℃就稳定下来了，不再上升。

【故障诊断】：一般情况下，CPU表面温度不能超过50℃，否则会出现电子迁移现象，从而缩短CPU寿命。对于CPU来说53℃的温度太高了，长时间使用易造成系统不稳定和硬件损坏。

【故障处理】：根据现象分析，升温太快、稳定温度太高应该是CPU风扇的问题，只需更换一个质量较好的CPU风扇即可。

21.2 内存常见故障诊断与维修

内存是电脑中一个重要的部件，是系统临时存放数据的地方，一旦其出了问题，将会导致电脑系统的稳定性下降、黑屏、死机和开机报警等故障。本节将介绍电脑内存的常见故障现象，并通过对故障的诊断，解决内存故障问题。

21.2.1 故障1：开机长鸣

【故障表现】：电脑开机后一直发出“嘀，嘀，嘀……”的长鸣，显示器无任何显示。

【故障诊断】：从开机后电脑一直长鸣可以判断出是硬件检测不过关，根据声音的间断为一声，可以判断为内存问题。关机后拔下电源，打开机箱并卸下内存条，仔细观察发现，内存的“金手指”表面覆盖了一层氧化膜，而且主板上有很多灰尘。因为机箱内的湿度过大，内存的“金手指”发生了氧化，从而导致内存的“金手指”和主板的插槽之间接触不良，而且灰尘也是导致元器件接触不良的常见因素。

【故障处理】：排除该故障的具体操作步骤如下。

（1）关闭电源，取下内存条，用皮老虎清理一下主板上的内存插槽。

（2）用橡皮擦一下内存条的“金手指”，将内存插回主板的内存插槽中。在插入的过程中，双手拇指用力要均匀，将内存压入到主板的插槽中，当听到“啪”的一声表示内存已经和内存卡槽卡好，内存成功安装。

（3）接通电源并开机测试，电脑成功自检并进入操作系统，表示故障已排除。

21.2.2 故障2：内存接触不良引起死机

【故障表现】：电脑在使用一段时间后，出现频繁死机现象。

【故障诊断】：造成电脑死机故障的原因有硬件不兼容、CPU过热、感染病毒、系统故障。使用杀毒软件查杀病毒后，未发现病毒，故障依然存在。以为是系统故障，在重装完系统后，故障依旧。

【故障处理】：打开电脑机箱，检查CPU风扇，发现有很多灰尘，但是转动正常。另外主板、内存上也沾满了灰尘。在将风扇、主板和内存的灰尘处理干净后，再次打开电脑，故障消失。

21.2.3 故障3：电脑重复自检

【故障表现】：开机时系统自检，需要重复3遍才可通过。

【故障诊断】：随着电脑基本配置内存容量的增加，开机内存自检时间越来越长，有时可能需要进行几次检测，才可检测完内存，此时用户可使用【Esc】键直接跳过检测。

【故障处理】：开机时，按【Delete】键进入BIOS设置程序，选择“BIOS Features Setup”选项，把其中的“Quick Power On Self Test”设置为“Enabled”，然后存盘退出，系统将跳过内存自检。或者使用【Esc】键手动跳过自检。

21.2.4 故障4：内存显示的容量与实际内存容量不相符

【故障表现】：一台电脑内存为金士顿DDR3 1666，内存容量为4GB，在电脑属性中查看内存容量为3.2GB，而主板支持最多4GB的内存，内存显示的容量与实际内存容量不相符。

【故障诊断】：内存的显示容量和实际内存容量不相符，一般和显卡或系统有关。

【故障处理】：① 电脑的主板是否采用的是集成显卡，因为集成显卡会占用一部分内存来做显存；如果是集成显卡，可以升级内存或者买一个新的显卡，故障就会解除。

② 如果电脑是独立显卡，可以初步判断是操作系统不支持的问题。如果Windows系列操作系统为32位，则无法识别4GB内存。所以为解决内存显示的容量与实际内存容量不相符故障，需要将32位操作系统更换为64位操作系统。

21.2.5 故障5：内存损坏，安装系统提示解压缩文件出错

【故障表现】：一台旧电脑由于病毒入侵导致系统崩溃，之后开始重新安装Windows操作系统，但是在安装过程中突然提示“解压缩文件时出错，无法正确解开某一文件”，导致意外退出而不能继续安装。重新启动电脑再次安装操作系统，故障依然存在。

【故障诊断】：出现上述故障最大的原因是内存损坏或稳定性差，也有可能是因为光盘质量差或光驱读盘能力下降。用户首先可更换其他的安装光盘，并检查光驱是否有问题。如果发现故障与光盘和光驱无关，这时可检测内存是否出现故障，或者内存插槽是否损坏，并更换内存进行检测。如果能继续安装，则说明是原来的内存出现了故障，这就需要更换内存。

【故障处理】：更换一根性能良好的内存条，启动电脑后，故障排除。

21.3 主板常见故障诊断与维修

主板是整个电脑的关键部件，在电脑中起着至关重要的作用，主要负责电脑硬件系统的管理

与协调工作。主板的性能直接影响着电脑的性能，如果主板产生故障将会影响到整个PC系统的工作。本节将介绍主板常见故障的诊断与维修。

21.3.1 使用诊断卡判断主板故障

诊断卡的检测顺序是：复位—CPU—内存—显卡—其他。正常能用的电脑开机后，诊断卡的数码应如下显示。

（1）首先是复位灯亮一下，表示复位正常。如果复位灯长亮的话，就表示有些硬件没有准备好，这就要慢慢排查是哪个地方没有复位了，同时数码卡会显示FF。

（2）检测到复位正常后，数码会显示“FF”或“00”，这是正在检测CPU。如果定在“FF”或“00”上，表示主板没有检测到CPU，通过了CPU的话代码就会直接跳到“C1”，显示内存的检测情况了。如果停在C1不动的话，一般就是表示主板检测不到内存了。

（3）显示C1后正常的话代码会不断地变化，这些可以不看，只要数码在跳就表示内存检测已通过了。接着会看到数码跳到“25”或“26”，这就表示主板在检测显卡了。

（4）已检测到显卡正常后，那么数码会继续跳动，这些代码我们也可以一直不管，等到最后会跳到“FF”。这表示电脑开机检测已全部通过，诊断卡的工作也就到此结束了。

针对正常主机诊断卡的代码顺序，我们就可以用诊断卡来对不正常的主机进行检测了。通过看诊断卡停在什么代码上，就可以对号入座，基本判断出主机是什么位置有问题了。

常见的代码及故障部位如下。

① 00、FF、E0、C0、F0、F8：这些表示主板没有检测到CPU，有可能是CPU坏，也有可能是CPU的工作电路不正常。

② C1、D1、E1、D7、A1：这些都表示主板没有检测到内存，有可能是内存坏，也有可能是内存的供电电路坏。

③ 25、26：通常这两个代码是表示没有检测到显卡。

21.3.2 故障1：主板温控失常，导致开机无显示

【故障表现】：电脑主板温控失常，导致开机无显示。

【故障诊断】：由于CPU发热量非常大，所以许多主板都提供了严格的温度监控和保护装置。一般CPU温度过高或主板上的温度监控系统出现故障时，主板就会自动进入保护状态，拒绝加电启动或报警提示，导致开机后电脑无显示。

【故障处理】：重新连接温度监控线，再重新开机。当主板无法正常启动或报警时，应该先检查主板的温度监控装置是否正常。

21.3.3 故障2：接通电源，电脑自动关机

【故障表现】：电脑开机自检完成后，就自动关机了。

【故障诊断】：出现这种故障的原因是开机按键按下后未弹起、电源损坏导致供电不足或者主板损坏导致供电出问题。

【故障处理】：首先需要检查主板，测试是否是主板故障，检查过后发现不是主板故障。然后检查是否开机按键损坏，拔下主板上开机键连接的线，用螺丝刀短接开机针脚，启动电脑后，几秒后仍是自动关机，看来并非开机键原因。那么最有可能的就是电源供电不足，用一个好电源连接电脑主板，再次测试，电脑顺利启动，未发生中途关机现象，因此确定是电源故障。

将此电脑的电源拆下来，打开盖检查，发现有一个较大点的电容鼓泡了。找一个同型号的新电容换上，将此电源再次连接主板，开机测试，顺利进入系统。至此，故障彻底排除。

21.3.4 故障 3：电脑开机时，反复重启

【故障表现】：电脑开机后不断自动重启，无法进入系统，有时开机几次后能进入系统。

【故障诊断】：观察到电脑开机后，在检测硬件时会自动重启，分析应该是硬件故障导致的。故障原因主要包括 CPU 损坏、内存接触不良、内存损坏、显卡接触不良、显卡损坏、主板供电电路故障等。

【故障处理】：对于这个故障，应该先检查故障率高的内存，然后再检查显卡和主板。

① 用替换法检查 CPU、内存、显卡，都没有发现问题。

② 检查主板的供电电路，发现 12V 电源的电路对地电阻非常大，检查后发现，电源插座的 12V 针脚虚焊了。

③ 将电源插座针脚加焊，再开机测试，故障解决。

21.3.5 故障 4：电脑频繁死机

【故障表现】：一台电脑经常出现死机现象，在 CMOS 中设置参数时也会出现死机，重装系统后故障依然不能排除。

【故障诊断】：出现此类故障一般是由于 CPU 有问题、主板 Cache 有问题或者主板设计散热不良。

【故障处理】：起初以为电脑感染病毒，在查杀后未发现任何病毒。后判断可能是硬盘碎片过多，导致系统不稳定。但整理硬盘碎片，甚至格式化 C 盘重做系统，一段时间后又反复死机。然后触摸 CPU 周围主板元件，发现其非常烫手。在更换大功率风扇之后，死机故障得以解决。如果上述方法还是不能解决问题，可以更换主板或 CPU。

21.4 显卡常见故障诊断与维修

显卡是计算机最基本、最重要的配件之一，显卡发生故障可导致电脑开机无显示，用户无法正常使用电脑。本节主要介绍显卡常见故障诊断与维修。

21.4.1 故障 1：开机无显示

【故障表现】：启动电脑时，显示器出现黑屏现象，而且机箱喇叭发出一长两短的报警声。

【故障诊断】：此类故障一般是因为显卡与主板接触不良或者主板插槽有问题。对于一些集成显卡的主板，如果显存共用主内存，则需注意内存条的位置，一般在第一个内存条插槽上应插有内存条。

【故障处理】：① 首先判断是否由于显卡接触不良引发的故障。关闭电脑电源，打开电脑机箱，将显卡拔出来，用毛笔刷将显卡板卡上的灰尘清理掉。接着用橡皮擦来回擦拭板卡的“金手指”，清理完成后将显卡重新安装好，查看故障是否已经排除。

② 显卡接触不良的故障，比如一些劣质的机箱背后挡板的空档不能和主板 AGP 插槽对齐，在强行上紧显卡螺丝以后，过一段时间可能会导致显卡 PCB 变形的故障，这时候松开显卡的螺丝，

故障就可以排除。如果使用的主板 AGP 插槽用料不是很好，AGP 槽和显卡 PCB 不能紧密接触，可以使用宽胶带将显卡挡板固定，把显卡的挡板夹在中间。

③ 检查显卡“金手指”是否已经被氧化，使用橡皮清除显卡锈渍后仍不能正常工作的话，可以使用除锈剂清洗“金手指”，然后在“金手指”上轻轻敷上一层焊锡，以增加“金手指”的厚度，但一定注意不要让相邻的“金手指”之间短路。

④ 检查显卡与主板是否存在兼容问题，此时可以使用新的显卡插在主板上，如果故障解除，则说明兼容问题存在。另外，也可以将该显卡插在另一块主板上，如果也没有故障，则说明这块显卡与原来的主板确实存在兼容问题。对于这种故障，最好的解决办法就是换一块显卡或主板。

⑤ 检查显卡硬件本身的故障，一般是显示芯片或显存烧毁。可以将显卡拿到别的机器上试一试，若确认是显卡问题，更换显卡后就可解决故障。

21.4.2 故障 2：显卡驱动程序自动丢失

【故障表现】：电脑开机后，显卡驱动程序载入，运行一段时间后，驱动程序自动丢失。

【故障诊断】：此类故障一般是由于显卡质量不佳或者显卡与主板不兼容，使得显卡温度太高，从而导致系统运行不稳定或出现死机。此外，还有一类特殊情况，以前能载入显卡驱动程序，但在显卡驱动程序载入后，进入 Windows 时出现死机。

【故障处理】：前一种故障只需更换显卡就可以排除故障。后一种故障可更换其他型号的显卡，在载入驱动程序后，插入旧显卡给予解决。如果还不能解决此类故障，则说明是注册表故障，对注册表进行恢复或者重新安装操作系统即可解决。

21.4.3 故障 3：更换显卡后经常死机

【故障表现】：电脑更换显卡后经常在使用中突然黑屏，然后自动重新启动。重新启动有时可以顺利完成，但是大多数情况下自检完就会死机。

【故障诊断】：这类故障可能是显卡与主板兼容不好，也可能是 BIOS 中与显卡有关的选项设置不当。

【故障处理】：在 BIOS 里的 Fast Write Supported(快速写入支持)选项中，如果用户的显卡不支持快速写入或不了解是否支持，建议设置为 No Support 以求得最大的兼容。

21.4.4 故障 4：玩游戏时系统无故重启

【故障表现】：电脑在一般应用时正常，但在运行 3D 游戏时出现重启现象。

【故障诊断】：一开始以为是电脑中病毒，经查杀病毒后故障依然存在。然后对电脑进行磁盘清理，但是故障还是没有排除，最后重装系统，发现故障依然存在。

在一般应用时电脑正常，而在玩 3D 游戏时死机，很可能是因为玩游戏时显示芯片过热导致的，检查显卡的散热系统，看有没有问题。另外，显卡的某些配件，如显存出现问题，玩游戏时也可能会出现异常，造成系统死机或重新启动。

【故障处理】：如果是散热问题，可以更换更好的显卡散热器。如果显卡显存出现问题，可以采用替换法检验一下显卡的稳定性，如果确认是显卡的问题，可以维修或更换显卡。

21.5 硬盘常见故障诊断与维修

硬盘是电脑的主要存储设备。本节主要介绍硬盘常见故障诊断与维修。

21.5.1 故障 1：硬盘坏道故障

【故障表现】：电脑在打开、运行或复制某个文件时硬盘出现操作速度变慢，同时出现硬盘读盘异响，或者干脆系统提示“无法读取或写入该文件”。每次开机时，磁盘扫描程序自动运行，但不能顺利通过检测，有时启动时硬盘无法引导，用软盘或光盘启动后可看见硬盘盘符，但无法对该区进行操作或者干脆就看不见盘符。具体表现如，开机自检过程中屏幕提示“Hard disk drive failure”，读写硬盘时提示“Sector not found”或“General error in reading drive C”等类似错误信息。

【故障诊断】：硬盘在读、写时出现这种故障，基本上都是硬盘出现坏道的明显表现。硬盘坏道分为逻辑坏道和物理坏道两种，逻辑坏道又称为软坏道，这类故障可用软件修复，因此称为逻辑坏道。后者为真正的物理性坏道，这种坏道是由于硬件因素造成的且不可修复，因此称为物理坏道，只能通过更改硬盘分区或扇区的使用情况来解决。

【故障处理】：对于硬盘的逻辑坏道，推荐使用 MHDD 配合 THDD 与 HDDREG 等硬盘坏道修复软件进行修复，一般均可很好地识别坏道并修复。

对于物理坏道，需要低级格式化硬盘，但是这样的处理方式是有后果的，即使能够恢复暂时的正常，硬盘的寿命也会受到影响，因此需要备份数据并且准备更换硬盘。

21.5.2 故障 2：Windows 初始化时死机

【故障表现】：电脑在开机自检时停滞不前且硬盘和光驱的灯一直常亮不闪。

【故障诊断】：出现这种故障的原因是系统启动时，从 BIOS 启动，然后再去检测 IDE 设备，系统一直检查，而设备未准备好或者根本就无法使用，这时就会造成死循环，从而导致计算机无法正常启动。

【故障处理】：应该检查硬盘数据线和电源线的连接是否正确或是否有松动，让系统找到硬盘，故障就可以排除。

21.5.3 故障 3：硬盘被挂起

【故障表现】：电脑在没有进行任何操作闲置 3 分钟后，听到好像硬盘被挂起的声音，然后打开电脑中的某个文件夹时，能够听到硬盘起转的声音，感觉打开速度明显减慢。

【故障诊断】：这类故障可能是由于在电脑的“电源管理”选项中设置了三分钟后关闭硬盘的设置。

【故障处理】：在电脑中依次打开【开始】➢【设置】➢【控制面板】➢【电源选项】，然后把“关闭硬盘”一项设置为“从不”，然后单击【确定】按钮，就可以更改设置，故障排除。

21.5.4 故障 4：开机无法识别硬盘

【故障表现】：系统从硬盘无法启动，从软盘或光盘引导启动也无法访问硬盘，使用 CMOS 中的自动检测功能也无法发现硬盘的存在。

【故障诊断】：这类故障有两种情况，一种是硬故障，另一种是软故障。硬故障包括磁头损坏、盘体损坏、主电路板损坏等故障。磁头损坏的典型现象是开机自检时无法通过自检，并且硬盘因为无法寻道而发出有规律的“咔嗒、咔嗒”的声音。相反，如果没有听到硬盘马达的转动声音，用手贴近硬盘感觉没有明显的震动，倘若排除了电源及连线故障，则可能是硬盘电路板损坏导致的故障；软故障大都是出现在连接线缆或 IDE 端口上。

【故障处理】：① 硬故障，如果是硬盘电路板烧毁这种情况一般不会伤及盘体，找到相同型号的电路板更换，或者换新硬盘即可。

② 软故障，可通过重新插接硬盘线缆或者改换 IDE 接口及电缆等进行替换试验，就会很快发现故障的所在。如果新接上的硬盘也不被接受，常见的原因就是硬盘上的主从跳线设置问题，如果一条 IDE 硬盘线上接两个设备，就要分清主从关系。

21.5.5 故障 5：无法访问分区

【故障表现】：电脑开机自检能够正确识别出硬盘型号，但不能正常引导系统，屏幕上显示“Invalid partition table”，可从软盘启动，但不能正常访问所有分区。

【故障诊断】：造成该故障的原因一般是硬盘主引导记录中的分区表有错误，当指定了多个自举分区或病毒破坏了分区表时将有上述提示。

【故障处理】：这类处理一般用可引导的软盘或光盘启动到 DOS 系统，用 FDISK/MBR 命令重建主引导记录，然后用 Fdisk 或其他软件进行分区格式化。但是对于主引导记录损坏和分区表损坏这类故障，推荐使用 Disk Genius 软件来修复。启动后，可在【工具】菜单下选择【重写主引导记录】项来修复硬盘的主引导记录。选择【恢复分区表】项需要以前做过备份，如果没有备份过，就选择【重建分区表】项来修复硬盘的分区表错误。一般情况下经过以上修复后，就可以让一个分区表遭受严重破坏的硬盘得以在 Windows 下看到正确分区。

21.6 显示器常见故障诊断与维修

显示器是计算机最基本的配置之一，显示器发生故障可导致电脑开机不显示画面，用户无法正常使用电脑。本节主要介绍显示器常见故障诊断与维修。

21.6.1 故障 1：显示屏画面模糊

【故障表现】：一台显示器，以前一直很正常，可最近发现刚打开显示器时屏幕上的字符比较模糊，过一段时间后才渐渐清楚。将显示器换到别的主机上，故障依旧。

【故障诊断】：将显示器换到别的主机上，故障依旧，因此可知此类故障是显示器故障。

【故障处理】：显示器工作原理是显像管内的阴极射线管必须由灯丝加热后才可以发出电子束。如果阴极射线管开始老化了，那么灯丝加热过程就会变慢。所以在打开显示器时，阴极射线管没有达到标准温度，所以无法射出足够电子束，造成显示屏上的字符因没有足够电子束轰击荧光屏而变得模糊。因此这是由于显示器的老化，只需更换新的显示器就可以解决故障。如果显示器购买时间不长，很可能是显像管质量不佳或以次充好，这时候可以到供货商处进行更换。

21.6.2 故障 2：显示器屏幕变暗

【故障表现】：显示器屏幕变得暗淡，而且还越来越严重。

【故障诊断】：出现这类故障一般是由于显示器老化、频率不正常、显示器灰尘过多等原因。

【故障处理】：一般新显示器不会发生这样的问题，只有老显示器才有可能出现。这与显卡刷新频率有关，这需要检查几种显示模式。如果全部显示模式都出现同样现象，说明与显卡刷新频率无关。如果在一些显示模式下屏幕并非很暗淡，可能是显卡的刷新频率不正常，这时可以尝试改变刷新频率或升级驱动程序。如果显示器内部灰尘过多或显像管老化也会导致颜色变暗，这时可以自行清理一下灰尘（不过最好还是到专业修理部门去）。当亮度已经调节到最大而无效时，发暗的图像四个边缘都消失在黑暗之中，这就是显示器高电压的问题，只有进行专业修理了。

21.6.3 故障3：显示器色斑故障

【故障表现】：打开电脑显示器，显示器屏幕上出现一块块色斑。

【故障诊断】：开始以为是显卡与显示器连接不紧造成。重新拔插后，问题依存。最后，准备替换显示器测试故障时，发现是由于音箱在显示器的旁边，导致显示器被磁化。

【故障处理】：显示器被磁化产生的主要表现有，一些区域出现水波纹路和偏色，通常在白色背景下可以很容易地发现屏幕局部颜色发生细微的变化，这就可能是被磁化的结果。显示器被磁化的原因大部分是由于显示器周围可以产生磁场的设备对显像管产生了磁化作用，如音箱、磁化杯、音响等。当显像管被磁化后，首先要让显示器远离强磁场，然后看一看显示器屏幕菜单中有无消磁功能。显示器一般的消磁步骤如下：按显示器的【菜单键】按钮MENU，激活显示器设定菜单，通过左方向键和右方向键选择到【消磁】图标A，再按下显示器的【菜单键】按钮MENU进行确认，即可发现显示器出现短暂的抖动。大家尽可放心，这属于正常消磁过程。对于不具备消磁功能的老显示器，可利用每次开机自动消磁。因为所有显示器都包含消磁线圈，每次打开显示器，显示器就会自动进行短暂的消磁。如果上面的方法都不能彻底解决问题，就需要拿到厂家维修中心那里用消磁线圈或消磁棒来消磁。

21.6.4 故障4：显卡问题引起的显示器花屏

【故障表现】：一台电脑，在上网时只要用拖动鼠标指针上下移动，就会出现严重的花屏现象，如果不上网，花屏现象就会消失。

【故障诊断】：造成这类故障的原因有，① 显卡驱动程序问题；② 显卡硬件问题；③ 显卡散热问题。

【故障处理】：① 首先下载最新的显卡驱动程序，然后将以前的显卡驱动程序删除并安装新下载的驱动程序，安装完成后，开机进行检测，发现故障依然存在。

② 接下来使用替换法检测显卡，替换显卡后，故障消失，因此可知是由显卡问题引起的故障，只需更换显卡。

21.7 键盘常见故障诊断与维修

鼠标与键盘是电脑的外接设备，也是使用频率最高的设备。本节主要介绍键盘与鼠标常见故障诊断与维修。

21.7.1 故障1：某些按键无法键入

【故障表现】：一个键盘已使用了一年多，最近在按某些按键时不能正常键入，而其余按键正常。

【故障诊断】：这是典型的由于键盘太脏而导致的按键失灵故障，通常只需清洗一下键盘内部。

【故障处理】：关机并拔掉电源后拔下键盘接口，将键盘翻转用螺丝刀旋开螺丝，打开底盘，用棉球沾无水酒精将按键与键帽相接的部分擦洗干净即可。

21.7.2 故障 2：键盘无法接进接口

【故障表现】：刚组装的电脑，键盘很难插进主板上的键盘接口。

【故障诊断】：这类故障一般是由于主板上键盘接口与机箱接口留的孔有问题。

【故障处理】：注意检查主板上键盘接口与机箱接口留的孔，看主板是偏高还是偏低，个别主板有偏左或偏右的情况；如有以上情况，要更换机箱，或者更换另外长度的主板铜钉或塑料钉。塑料钉更好，因为可以直接打开机箱，用手按住主板键盘接口部分，插入键盘，解决主板有偏差的问题。

21.7.3 故障 3：按键显示不稳定

【故障表现】：最近使用键盘录入文字时，有时候某一排键都没有反应。

【故障诊断】：该故障很可能是因为键盘内的线路有断路现象。

【故障处理】：拆开键盘，找到断路点并焊接好即可。

21.7.4 故障 4：键盘按键不灵

【故障表现】：一个键盘，开机自检能通过，但敲击 A、S、D、F 和 V、I、O、P 这两组键时打不出字符来。

【故障诊断】：这类故障是由于电路金属膜问题，导致短路现象，键盘按键无法打字。

【故障处理】：拆开键盘，首先检查按键是否能够将触点压在一起，一切正常。仔细检查发现连接电路中有一段电路金属膜掉了一部分，用万用表一量，电阻非常大。可能是因为电阻大了电信号不能传递，而且那两组字母键共用一根线，所以导致成组的按键打不出字符来。要将塑料电路连接起来很麻烦，因为不能用电烙铁焊接，一焊接，塑料就会化掉。于是先将导线两端的铜线拔出，在电阻很小的可用电路两边扎两个洞（避开坏的那一段），将从导线拔出的铜线从洞中穿过去，就像绑住电路一样，另一头也用相同的方法穿过。再用万用表测量，发现能导电。然后用外壳将其压牢，垫些纸以防松动。重新使用时一切正常，故障排除。

21.8 打印机常见故障诊断与维修

打印机是电脑的输出设备之一，用于将计算机处理结果打印在相关介质上。本节主要介绍打印机常见故障诊断与维修。

21.8.1 故障 1：装纸提示警报

【故障表现】：打印机装纸后出现缺纸报警声， 装一张纸时胶辊不拉纸，需要装两张以上的纸胶辊才可以拉纸。

【故障诊断】：一般针式或喷墨式打印机的纸胶辊下都装有一个光电传感器，来检测是否缺纸。在正常的情况下，装纸后光电传感器感触到纸张的存在，产生一个电信号返回，控制面板上就给出一个有纸的信号。如果光电传感器长时间没有清洁，其表面就会附有纸屑、灰尘等，使传感器表面脏污，不能正确地感光，就会出现误报。因此此类故障是光电传感器表面脏污所致。

【故障处理】：查找到打印机光电传感器，使用酒精棉轻拭光头，擦掉脏污，清除周围灰尘。通电开机测试，问题解决。

21.8.2 故障2：打印字迹故障

【故障表现】：使用打印机打印时字迹一边清晰，而另一边不清晰。

【故障诊断】：此类故障主要是打印头导轨与打印辊不平行，导致两者距离有远有近所致。

【故障处理】：调节打印头导轨与打印辊的间距，使其平行。分别拧松打印头导轨两边的螺母，在左右两边螺母下有一调节片，移动两边的调节片，逆时针转动调节片使间隙减小，顺时针转动可使间隙增大，最后把打印头导轨与打印辊调节平行就可解决问题。要注意调节时找准方向，可以逐渐调节，多试打几次。

21.8.3 故障3：通电后打印机无反应

【故障表现】：打印机开机后没有任何反应，根本就不通电。

【故障诊断】：打印机都有过电保护装置，当电流过大时就会引起过电保护，此现象出现基本是由于打印机保险管烧坏。

【故障处理】：打开机壳，在打印机内部电源部分找到保险管（内部电源部分在打印机的外接电源附近可以找到），看其是否发黑，或者用万用表测量一下是否烧坏。如果烧坏，换一个与其基本相符的保险管就可以了（保险管上都标有额定电流）。

21.8.4 故障4：打印纸出黑线

【故障表现】：打印时纸上出现一条条粗细不匀的黑线，严重时整张纸都是如此效果。

【故障诊断】：此种现象一般出现在针式打印机上，原因是打印头过脏，或是打印头与打印辊的间距过小，或是打印纸张过厚。

【故障处理】：卸下打印头，清洗一下，或是调节一下打印头与打印辊间的间距，故障就可以排除。

21.8.5 故障5：无法打印纸张

【故障表现】：在使用打印机打印时感觉打印头受阻，打印一会儿就停下发出长鸣或在原处震动。

【故障诊断】：这类故障一般是由于打印头导轨长时间滑动会变得干涩，打印头移动时就会受阻，到一定程度就会使打印停止，严重时可以烧坏驱动电路。

【故障处理】：这类故障的处理方法是在打印导轨上涂几滴仪表油并来回移动打印头，以使其均匀。重新开机，如果还有此现象，那有可能是驱动电路烧坏，这时候就需要进行维修了。

21.9 U盘常见故障诊断与维修

U盘是一种可移动存储设备。本节主要介绍U盘常见故障诊断与维修。

21.9.1 故障1：电脑无法检测U盘

【故障表现】：将一个U盘插入电脑后，电脑无法检测到U盘。

【故障诊断】：这类故障一般是由于U盘数据线损坏或接触不良、U盘的USB接口接触不良、U盘主控芯片引脚虚焊或损坏等原因引起的。

【故障处理】：① 先检查U盘是不是正确地插入电脑USB接口，如果使用USB延长线，最好去掉延长线，直接插入USB接口。

② 如果U盘插入正常，将其他的USB设备接到电脑中测试，或者将U盘插入另一个USB接口中测试。

③ 如果电脑的USB接口正常，查看电脑BIOS中的USB选项设置是否为“Enable”。如果不是，将其设置为“Enable”。

④ 如果BIOS设置正常，拆开U盘，查看USB接口插座是否虚焊或损坏。如果是，要重焊或者更换USB接口插座；如果不是，接着测量U盘的供电电压是否正常。

如果供电电压正常，检查U盘时钟电路中的晶振等元器件。如果损坏，更换元器件；如果正常，接着检测U盘的主控芯片的供电系统，并加焊；如果还不行，则更换主控芯片。

21.9.2 故障2：U盘插入提示错误

【故障表现】：U盘插入电脑后，提示“无法识别的设备”。

【故障诊断】：这种故障一般是由电脑感染病毒、电脑系统损坏、U盘接口问题等原因造成的。

【故障处理】：① 首先用杀毒软件杀毒后，插入U盘测试。如果故障没解除，将U盘插入另一台电脑检测，发现依然无法识别U盘，判断这应该是U盘的问题引起的。

② 拆开U盘外壳，检查U盘接口电路，如果发现有损坏的电阻，及时更换电阻。

如果没有损坏，检查主控芯片是否有故障。如果有损坏，则及时更换主控芯片。

21.9.3 故障3：U盘容量变小故障

【故障表现】：将8GB的U盘插入电脑后，发现电脑中检测到的“可移动磁盘”的容量只有2MB。

【故障诊断】：产生这类故障的原因如下。

① U盘固件损坏。

② U盘主控芯片损坏。

③ 电脑感染病毒。

【故障处理】：① 首先使用杀毒软件对U盘进行查杀病毒，查杀之后，重新将U盘插入电脑测试，如果故障依旧，接着准备刷新U盘固件。

② 先准备好U盘固件刷新的工具软件，然后重新刷新U盘的固件。

③ 刷新后，将U盘接入电脑进行测试，发现U盘的容量恢复正常，U盘使用正常，故障排除。

21.9.4 故障4：U盘无法保存文件

【故障表现】：将文件保存到U盘中，但是尝试几次都无法保存。

【故障诊断】：这类故障是由闪存芯片、主控芯片以及其固件引起的。

【故障处理】：① 首先使用U盘的格式化工具将U盘格式化，然后测试故障是否消失。如果故障依然存在，就拆开 U 盘外壳，检查闪存芯片与主控芯片间的线路中是否有损坏的元器件或者有断线故障。如果有损坏的元器件，更换损坏的元器件就可以。

② 如果没有损坏的元器件，接着检测 U 盘闪存芯片的供电电压是否正常，如果不正常，检测供电电路故障。如果正常，重新加焊闪存芯片，然后看故障是否消失。

③ 如果故障依旧，更换闪存芯片，然后再进行测试。如果更换闪存芯片后，故障还是存在，则是主控芯片损坏，更换主控芯片就可以。

技巧：硬盘故障代码含义

在出现硬盘故障时，往往会弹出相关代码，常见的代码含义如下表所示。

代码	代码含义
1700	硬盘系统通过（正常）
1701	不可识别的硬盘系统
1702	硬盘操作超时
1703	硬盘驱动器选择失败
1704	硬盘控制器失败
1705	要找的记录未找到
1706	写操作失败
1707	道信号错误
1708	磁头选择信号有错
1709	ECC 检验错误
1710	读数据时扇区缓冲器溢出
1711	坏的地址标志
1712	不可识别的错误
1713	数据比较错误
1780	硬盘驱动器 C 故障
1781	D 盘故障
1782	硬盘控制器错误
1790	C 盘测试错误
1791	D 盘测试错误